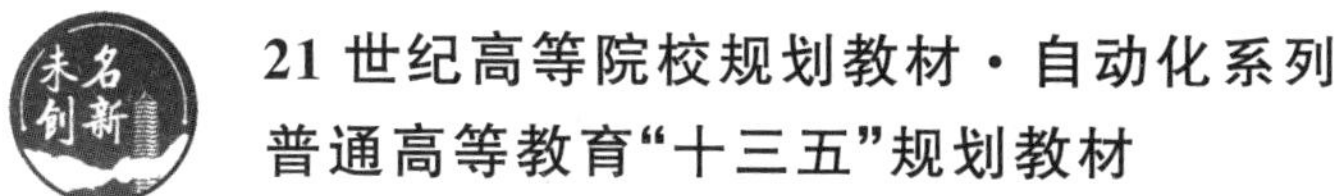

21世纪高等院校规划教材·自动化系列

普通高等教育“十三五”规划教材

过程控制系统

姜 萍 王 霞 孟 丽 田 静 编著

内容简介

本书系统讲解了工业过程控制系统的分析和设计方法。首先，介绍了过程控制系统的结构、分类、特点及性能指标，通过机理法和测试法两种方法讨论了工业过程的动态特性和建模方法，给出了常用控制规律及实现方法；然后，重点介绍了简单控制系统及复杂控制系统（串级、前馈、Smith 预估、比值、解耦、选择、均匀和分程等）的结构和方案设计；最后，以火力发电厂控制系统为代表性应用实例，介绍了如何根据特定工程需求进行控制系统设计和调试，并给出某过程控制实验装置的 PLC 开发过程。书后附录给出了工业过程中常用的两种图例标准，有助于学生进一步完成从课本到工程实践的过渡。

本书可作为过程控制系统课程的教材或参考书，适合高等学校自动化及相关专业（含化工、电气、机械、能源工程及自动化等）学生学习，也适合相关领域的科学工作者和工程技术人员阅读使用。

图书在版编目(CIP)数据

过程控制系统/姜萍等编著. —北京：北京大学出版社，2023. 6

21 世纪高等院校规划教材. 自动化系列

ISBN 978-7-301-33906-0

Ⅰ. ①过…　Ⅱ. ①姜…　Ⅲ. ①过程控制 – 自动控制系统 – 高等学校 – 教材　Ⅳ. ①TP273

中国国家版本馆 CIP 数据核字（2023）第 061179 号

书　　名	过程控制系统 GUOCHENG KONGZHI XITONG
著作责任者	姜　萍　王　霞　孟　丽　田　静　编著
策 划 编 辑	巩佳佳
责 任 编 辑	巩佳佳
标 准 书 号	ISBN 978-7-301-33906-0
出 版 发 行	北京大学出版社
地　　址	北京市海淀区成府路 205 号　100871
网　　址	http://www.pup.cn　　新浪微博：@ 北京大学出版社
电 子 邮 箱	编辑部 zyjy@pup.cn　总编室 zpup@pup.cn
电　　话	邮购部 010-62752015　发行部 010-62750672　编辑部 010-62704142
印 刷 者	河北文福旺印刷有限公司
经 销 者	新华书店
	787 毫米 × 1092 毫米　16 开本　22. 75 印张　613 千字
	2023 年 6 月第 1 版　2024 年 12 月第 2 次印刷
定　　价	68. 00 元

前　言

“过程控制系统”是自动化相关专业的核心课程，是一门以自动控制原理为理论基础，以工艺流程分析为主体，以仪器仪表和计算机为技术手段，用于工业生产过程控制系统分析、设计和实现的综合性、工程应用型课程。本课程涉及的概念、观点、方法广泛应用于电力、石油、化工、冶金、造纸、医药等工业领域。

本书坚持以党的二十大精神为指导，坚持从问题导向和系统观念出发，紧密围绕实际工业过程控制系统的分析和设计方法，主要介绍了以下内容：

(1) 工业过程中“容量”的概念及其与数学模型阶数、参数之间的关系；

(2) 测试建模法的基本思想及建立数学模型的几种基本实验方法；

(3) 基本控制规律的原理及特性分析；

(4) 单回路控制系统构建方法及其控制器参数的工程整定方法；

(5) 几种复杂控制系统的结构及设计方法；

(6) 火力发电站的典型控制系统分析与案例。

为了使读者更好地掌握相关知识，本书进行了以下设计：

(1) 每章内容由“本章学习导言”引入，给出本章主要内容和学习中的注意事项，核心知识点以思维导图形式展现，以帮助学生快速建立清晰的知识架构，把握知识点之间的相互联系。

(2) 在易错或难理解的知识点处加入了“考考你”，并以二维码形式提供参考答案，便于学生实现知识内化并即时获得信息修正。

(3) 除了常见的“例题”之外，部分章节还采用了“贯穿式案例解析”形式，运用控制理论详尽剖析内在机理，同时，考虑工程中各种因素的影响，采用仿真实验验证的形式展开介绍。所谓“贯穿式”，即在某独立章节采用同一个被控过程来进行研究，从控制方案的结构设计、控制规律和参数整定等多方面逐步介绍相关知识点和应用方法。

(4) 课后题设有“巩固练习”“综合训练”和“拓展思考”三个模块，以进行知识、能力和素质的全面训练和培养。

(5) 为了方便学生进行工程应用，建立理论与实践的衔接，以附录的形式给出了工程实际中管道及仪表流程图和控制系统 SAMA 图的常用符号。

在阅读和学习中，需注意以下几方面：

（1）过程控制系统的理论分析具有一定抽象性，从千变万化的工艺流程中抽象出共有的特性（如容量、通道等概念），控制系统的结构类型有一定通用性，系统分析与设计方法具有一定普适性。

（2）理论与实际的联系与差别：一方面用物理实例验证理论结果，另一方面也用理论方法分析和解释实验现象，同时应认识到数学模型描述的简化和理想化是导致理论与实验存在差异的原因。

（3）虽然水箱液位控制系统比较简单，但其工质流动及平衡关系、检测控制装置，以及物理量之间的逻辑关系等都颇具代表性，因此常被作为过程控制系统建模、分析及控制策略设计的典型实例。

参加本书编写工作的人员有河北大学的姜萍、王霞、孟丽和田静，具体分工为：姜萍负责第 1 章、第 3 章、第 5 章和附录，王霞负责第 2 章和第 4 章，孟丽负责第 6 章，田静负责第 7 章，全书由姜萍负责统稿。

本书提供主要章节配套微视频教学资源，可在“学银在线”官方网站的“示范教学包”中搜索“河北大学过程控制”或扫描下方二维码，观看相关视频资源。

由于编者水平有限，不妥之处敬请读者批评指正。

编者

2023 年 4 月

微视频
教学资源

“考考你”
参考答案

目　　录

第 1 章　绪论 …………………………………………………………………………………… (1)
1.1　过程控制系统 ……………………………………………………………………… (3)
1.1.1　过程控制系统的含义 ………………………………………………………… (3)
1.1.2　过程控制系统的结构 ………………………………………………………… (3)
1.1.3　过程控制系统的分类 ………………………………………………………… (8)
1.1.4　过程控制系统的特点 ……………………………………………………… (11)
1.2　过程控制系统的性能指标 ……………………………………………………… (12)
1.2.1　过程控制系统的运动过程 ………………………………………………… (13)
1.2.2　单项性能指标 ……………………………………………………………… (15)
1.2.3　综合性能指标 ……………………………………………………………… (18)
1.3　过程控制的任务和过程控制系统的设计步骤 ………………………………… (19)
1.3.1　过程控制的任务 …………………………………………………………… (19)
1.3.2　过程控制系统的设计步骤 ………………………………………………… (20)
1.4　过程控制的发展历程和发展趋势 ……………………………………………… (22)
1.4.1　过程控制的发展历程 ……………………………………………………… (22)
1.4.2　过程控制的发展趋势 ……………………………………………………… (24)
第 2 章　工业过程数学模型的建立 ………………………………………………………… (28)
2.1　基础知识 ………………………………………………………………………… (30)
2.1.1　工业过程数学模型的概念 ………………………………………………… (30)
2.1.2　为工业过程建立数学模型的作用 ………………………………………… (30)
2.1.3　为被控过程建模的方法 …………………………………………………… (31)
2.2　机理法建模 ……………………………………………………………………… (31)
2.2.1　建模原理 …………………………………………………………………… (31)
2.2.2　单容过程建模 ……………………………………………………………… (32)
2.2.3　多容过程建模 ……………………………………………………………… (38)
2.2.4　容积滞后与纯滞后 ………………………………………………………… (43)
2.2.5　具有反向特性的过程 ……………………………………………………… (44)
2.2.6　典型工业过程的动态特性 ………………………………………………… (45)
2.2.7　过程特性仿真分析 ………………………………………………………… (46)
2.3　测试法建模 ……………………………………………………………………… (50)
2.3.1　阶跃响应曲线法建模 ……………………………………………………… (50)
2.3.2　频域法建模 ………………………………………………………………… (57)
第 3 章　控制规律 …………………………………………………………………………… (62)
3.1　控制规律简介 …………………………………………………………………… (64)

3.2 双位控制 …… (64)
3.2.1 双位控制规律 …… (64)
3.2.2 双位控制系统的工作过程分析 …… (66)
3.2.3 双位控制的特点及应用 …… (68)
3.3 PID 控制 …… (69)
3.3.1 比例(P)控制 …… (70)
3.3.2 积分(I)控制与比例积分(PI)控制 …… (79)
3.3.3 微分(D)控制与比例微分(PD)控制 …… (90)
3.3.4 PID 控制 …… (97)
3.4 数字 PID 控制算法 …… (100)
3.4.1 位置式 PID 控制算法 …… (100)
3.4.2 增量式 PID 控制算法 …… (101)
3.4.3 速度式 PID 控制算法 …… (102)
3.4.4 离散 PID 控制器的特点 …… (102)
3.4.5 采样周期 T_s 的选择 …… (103)
3.5 PID 控制的几种改进形式 …… (104)
3.5.1 对积分控制的改进 …… (104)
3.5.2 对微分作用的改进 …… (107)
3.5.3 设定值滤波 …… (110)
3.5.4 带不灵敏区的 PID 控制 …… (111)
3.5.5 间歇式 PID 控制 …… (111)
第 4 章 简单控制系统 …… (114)
4.1 简单控制系统的组成 …… (116)
4.2 被控量与控制量的选择 …… (117)
4.2.1 被控量的选择 …… (117)
4.2.2 控制量的选择 …… (119)
4.3 检测仪表及其选择 …… (124)
4.3.1 检测仪表的基本技术指标 …… (124)
4.3.2 常用检测仪表 …… (127)
4.3.3 传感器和变送器的选择 …… (130)
4.4 执行器及其选择 …… (132)
4.4.1 概述 …… (132)
4.4.2 调节阀的气开、气关形式 …… (133)
4.4.3 调节阀的流通能力 …… (134)
4.4.4 调节阀的流量特性 …… (134)
4.4.5 调节阀的选型 …… (137)
4.4.6 电/气转换器与阀门定位器 …… (139)
4.5 控制器的选择 …… (141)
4.5.1 控制规律的选择 …… (141)
4.5.2 控制器正反作用的选择 …… (142)

4.5.3 简单控制系统参数的工程整定法 …… (143)
4.6 简单控制系统设计实例 …… (153)
第 5 章 复杂控制系统 …… (157)
5.1 串级控制系统 …… (159)
5.1.1 串级控制系统的由来、结构和工作过程 …… (159)
5.1.2 串级控制系统的理论分析及特点 …… (168)
5.1.3 串级控制系统的设计及参数整定 …… (175)
5.2 前馈控制系统 …… (183)
5.2.1 前馈控制系统的基本原理 …… (183)
5.2.2 前馈控制系统的常用结构 …… (187)
5.2.3 前馈控制系统的工程设计 …… (190)
5.3 大滞后过程控制系统 …… (197)
5.3.1 大滞后过程 …… (198)
5.3.2 采样控制 …… (199)
5.3.3 Smith 预估补偿控制 …… (201)
5.3.4 Smith 预估补偿控制律的实现方法 …… (207)
5.3.5 Smith 预估补偿控制实施中的问题及对策 …… (210)
5.4 解耦控制系统 …… (215)
5.4.1 被控过程的耦合问题 …… (215)
5.4.2 解耦控制方法 …… (216)
5.5 比值控制系统 …… (221)
5.5.1 比值控制系统及常用类型 …… (222)
5.5.2 比例系数的计算 …… (226)
5.5.3 比值控制系统的工程设计 …… (229)
5.6 选择性控制系统 …… (232)
5.6.1 选择性控制系统的组成及作用 …… (233)
5.6.2 选择性控制系统的类型 …… (233)
5.6.3 选择性控制系统的工程设计 …… (239)
5.7 均匀控制系统 …… (240)
5.7.1 均匀控制方案的提出及特点 …… (240)
5.7.2 常用的均匀控制设计方案 …… (241)
5.7.3 均匀控制系统的设计要点 …… (244)
5.8 分程控制系统 …… (246)
5.8.1 分程控制系统的基本概念 …… (246)
5.8.2 分程控制系统中调节阀的动作特性 …… (247)
5.8.3 分程控制系统的工程应用 …… (248)
5.8.4 分程控制系统的设计及实施 …… (250)
第 6 章 火力发电厂典型控制系统 …… (255)
6.1 火力发电厂单元机组的自动控制 …… (257)
6.1.1 概述 …… (257)

6.1.2 锅炉汽包水位控制系统 …………………………………………… (261)
6.1.3 锅炉蒸汽温度控制系统 …………………………………………… (269)
6.1.4 单元机组负荷控制系统 …………………………………………… (275)
6.1.5 锅炉燃烧控制系统 ………………………………………………… (282)
6.2 火力发电厂单元机组控制系统案例 …………………………………… (290)
6.2.1 给水控制实例 ……………………………………………………… (290)
6.2.2 主蒸汽温度控制实例 ……………………………………………… (296)
6.2.3 机组负荷控制实例 ………………………………………………… (299)
6.2.4 燃烧控制实例 ……………………………………………………… (303)
第7章 过程控制系统设计实训 …………………………………………… (312)
7.1 明确实训目的及任务 ………………………………………………… (314)
7.2 了解实训平台构成 …………………………………………………… (315)
7.2.1 三容四参数实验装置 ……………………………………………… (315)
7.2.2 自动化集成装置的架构 …………………………………………… (318)
7.3 双容水箱液位控制系统的设计与实现 ………………………………… (321)
7.3.1 系统组态 …………………………………………………………… (322)
7.3.2 控制组态 …………………………………………………………… (323)
7.3.3 画面组态 …………………………………………………………… (337)
附录 …………………………………………………………………………… (340)
附录A 管道及仪表流程图 ………………………………………………… (342)
A.1 文字符号 ……………………………………………………………… (342)
A.2 常用图形符号 ………………………………………………………… (344)
A.3 管道及仪表流程图示例 ……………………………………………… (349)
附录B 控制系统SAMA图 ………………………………………………… (350)
B.1 SAMA图的图例外形分类 …………………………………………… (350)
B.2 常用SAMA图的图例符号 …………………………………………… (350)
B.3 SAMA图绘制实例 …………………………………………………… (352)
参考文献 ……………………………………………………………………… (355)

第1章 绪　　论

本章学习导言

在现代科学技术的众多领域中，自动控制技术发挥着越来越重要的作用。目前，自动控制技术已经被广泛地应用于军事、航天、核动力、生物医学、工业生产等领域，已成为现代社会活动中不可缺少的重要组成部分。

将原料加工成为成品材料的物质转化过程，是包含物理、化学反应的气液固多相共存的连续的复杂过程，因此对连续工业过程进行控制就称为过程控制，主要涉及连续变量的调节任务。过程控制是自动控制技术的重要分支，大多数工业生产过程的经济性、安全性、可靠性和易操作性等，在很大程度上都取决于生产过程控制系统性能的优劣。

本章核心知识点思维导图

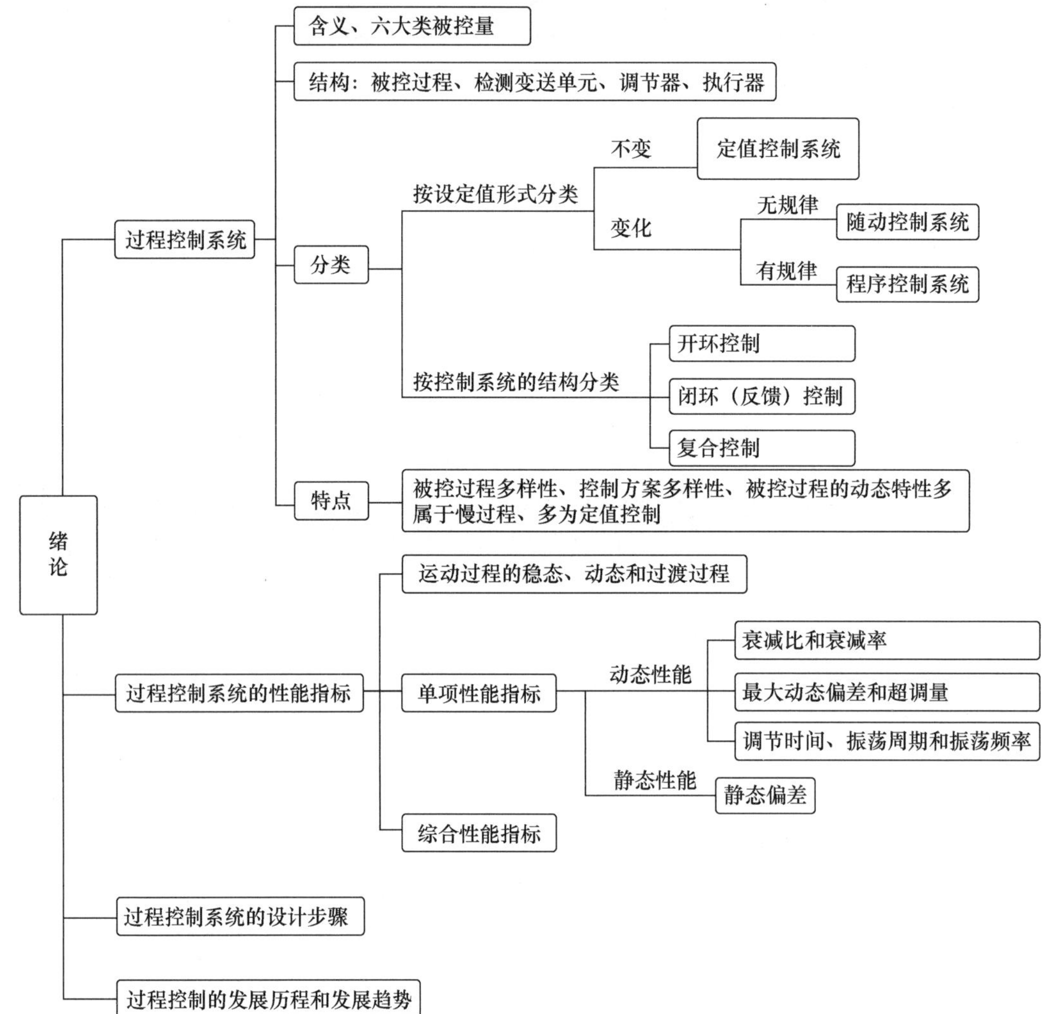

1.1 过程控制系统

1.1.1 过程控制系统的含义

过程控制系统(Process Control System)是指以表征工业生产过程的参数为被控量,使之接近设定值或保持在给定范围内的自动控制系统。我们可以从以下四个方面来理解过程控制系统。

第一,过程控制系统属于自动控制系统的研究范畴。自动控制系统是指在没有人直接参与的情况下,利用控制装置,使机器、设备或生产过程自动地按照预定的规律运行的控制系统。

第二,工业生产过程是指物料经过若干加工步骤而成为产品的过程。该过程中通常会发生物理化学反应、生化反应、物质能量的转换与传递等。工业生产过程也是物流变化的过程。此过程包含两类信息:一类是体现物流性质的信息(如物理特性、化学成分),另一类是操作条件信息[如温度、压力、流量、液(物)位等]。

工业生产过程一般分为连续过程、离散过程和间歇过程三大类。其中,连续过程所占的比重最大,电力、石油、化工、冶金、造纸、医药、纺织、食品等工业部门的生产过程基本都是连续过程。过程控制系统的控制对象就是连续工业生产过程。过程控制主要解决连续生产过程的自动控制任务,因此实际应用范围十分广泛,在国民经济中占有重要地位。

第三,过程控制系统的被控量通常有六大类:温度、压力、流量、液(物)位、成分(如含氧量、浓度)、物性(即物化性质,如比热、熔点)。因此,通常认为过程控制是针对这六大类参数的控制。

这六大类参数直接或间接表征生产过程,对产品的数量和质量起着决定性的作用。

第四,过程控制系统的目标是使被控量接近设定值或保持在给定范围。只有较好地实现该目标,才能保证在可获得的原料和能源条件下,以安全、稳定和经济的途径生产出预期的合格产品。

1.1.2 过程控制系统的结构

这里以水箱水位控制系统为例来介绍过程控制系统的结构。

1. 控制方式

假设有一个水箱,水箱的进水量可通过改变进水阀门的开度进行控制,但出水管道的阀门开度是不变的。如果对水箱的水位进行控制,则有手动控制和自动控制两种方式。

(1) 手动控制

若不加控制装置,由人对水箱的水位进行手动控制的话,需要经过这样的过程:首先,需要用眼睛观察水箱的实际水位，将实际水位与要求的水位进行比较，得出两者的偏差（高或低以及高或低的幅度，即偏差的正负方向及大小）；接着，根据偏差的方向和大小，大脑进行思考，得出调节进水阀门开度的指令，当实际水位大于要求水位时，应关小进水阀门，否则应开大进水阀门；然后，指令通过神经被传输到手，最终由手来完成改变阀门开度的动作，从而改变水位。此时，眼睛仍在观测水箱实际水位，大脑不断根据当前的偏差值得出相应的调节指令，最终达到实际水位与要求水位保持一致的控制目标，如图 1-1 所示。

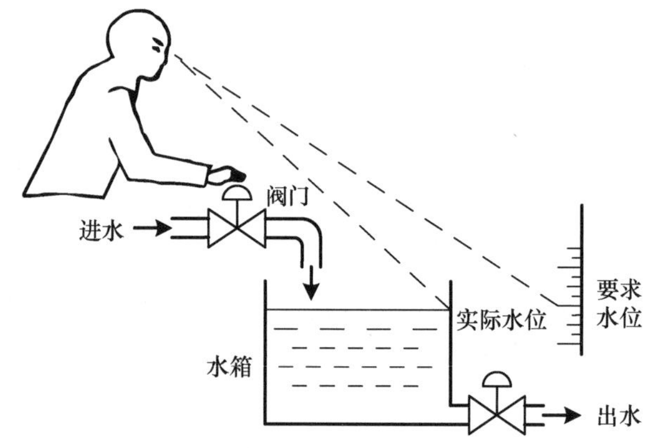

图 1-1　水箱水位手动控制示意图

（2）自动控制

若在水箱上增加浮子、连杆、电位器、放大器、伺服电机、减速器等装置，则可实现无人直接干预的自动控制，各装置的作用如下：

① 浮子：测量变送作用；

② 连杆、电位器：比较作用；

③ 放大器：调节作用；

④ 伺服电机、减速器、阀门：执行作用。

当实际水位小于要求水位时，电位器输出电压值为正，且大小反映其差值，放大器输出信号有正的变化，伺服电机带动减速器使阀门开度增加，直到实际水位与要求水位相等为止，如图 1-2 所示。当实际水位大于要求水位时，则操作过程相反。

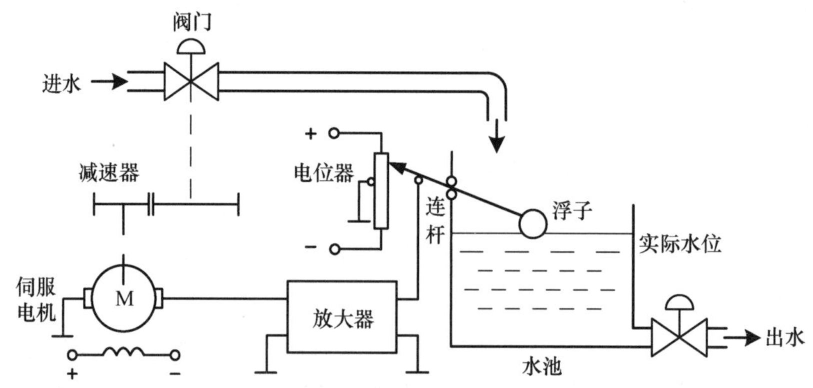

图 1-2　水箱水位自动控制示意图

2. 控制方式对比

根据水箱水位手动控制示意图和自动控制示意图，可绘制出两种控制方式的结构方框图，如图 1-3 所示。

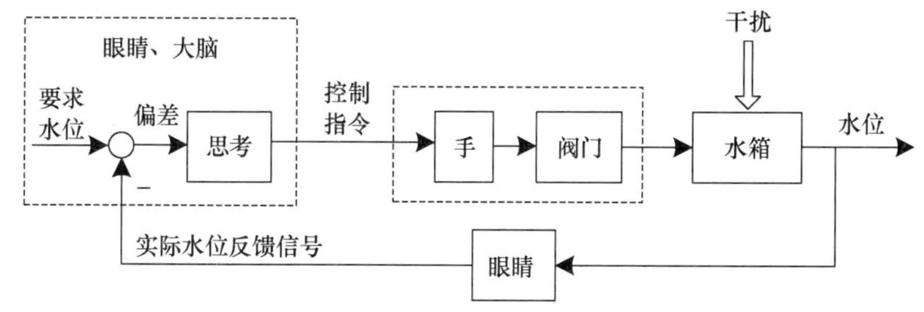

(a) 手动控制结构方框图

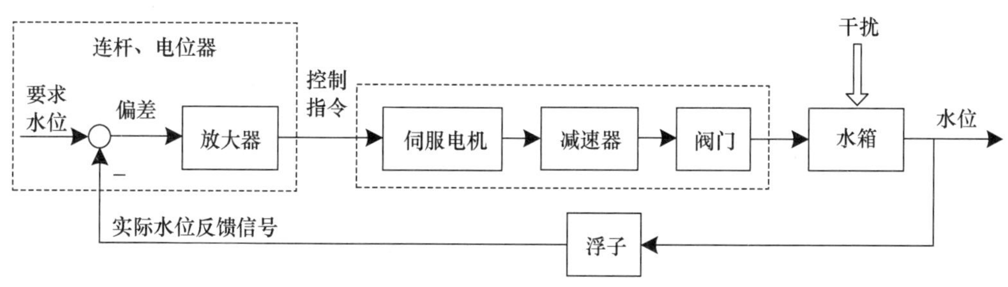

(b) 自动控制结构方框图

图 1-3 水箱水位手动控制与自动控制的结构方框图

可见，在手动控制中，人用眼睛完成观测，用大脑实现判断并给出调节指令，用手改变阀门开度，从而完成控制的任务。自动控制中则用测量变送单元、调节单元、执行单元来完成控制任务。这说明控制仪表能够代替人完成对水箱水位的控制，达到要求的目标。在手动控制中，是凭人的经验支配双手实现操作，调节的效果在很大程度上取决于经验；而在自动控制中，调节单元是根据偏差信号，按一定规律去调节阀门开度的，其效果在很大程度上取决于调节单元的调节规律选用是否恰当。

3. 过程控制系统的典型结构

由以上分析可以看出，过程控制系统是一个反馈控制系统。过程控制系统的典型结构为单回路闭环结构，其结构方框图如图 1-4 所示。

在图 1-4 中，方框表示装置、元件或流程设备；带箭头的线表示变量（通常为代表物质、能量、状态等的信号或物理量）；综合点为信号的代数叠加关系；引出点处的信号是完全相同的；方框由带箭头的线进行连接，连接关系满足实际物理系统的逻辑关系（通常为物质的传输流动、能量的转换、信号的传递等）。

(1) 过程控制系统典型结构的组成

过程控制系统的典型结构主要由以下四个部分组成。

① 被控过程

被控过程又称被控对象、控制对象等，是需要控制的设备或生产过程。该过程的输入量是控制量和扰动，输出量是被控量。注意，此处强调的是控制量到被控量之间的过程（不一定都能对应某一具体的实体）。

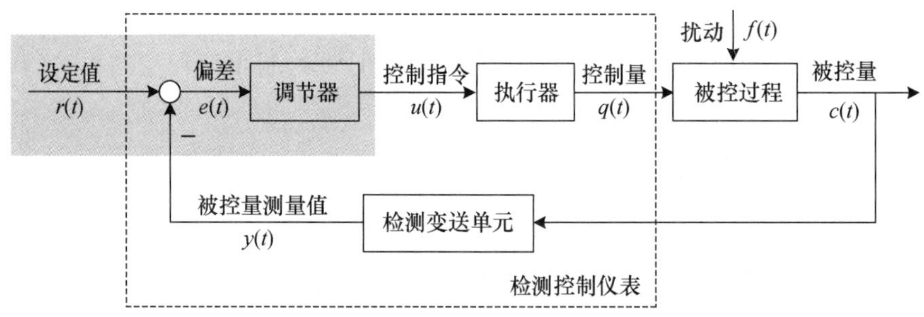

(a) 划分为检测控制仪表和被控过程两部分

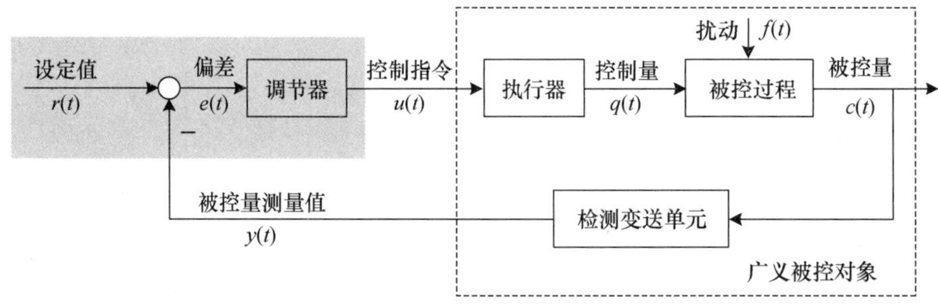

(b) 划分为控制单元和广义被控对象两部分

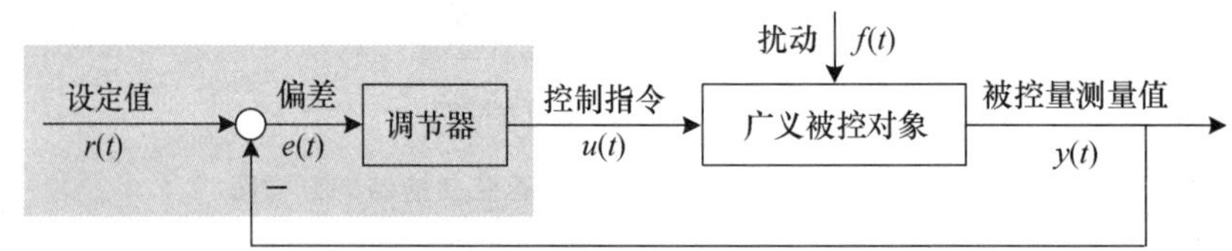

(c) 理论分析中常见的单位负反馈控制系统结构

图 1-4 过程控制系统典型结构方框图

② 检测变送单元

检测变送单元负责把被控量转化为测量值并将其作为反馈信号传送到调节器。检测变送单元通常包含传感器和变送器两部分，传感器负责完成从物理量到电信号的转换，变送器负责把测量信号转化为统一的标准电信号(如 4～20 mA DC、0～10 mA DC、1～5 V DC)或气压信号(如 20～100 kPa)。

③ 调节器

调节器又称控制器、控制单元等，调节器根据偏差的正负、大小和变化情况，按某种预定的控制规律给出控制指令(或发挥控制作用)，使被控量达到所期望的目标值。这是自动控制系统设计的核心。

偏差由比较单元[图 1-4(a)中表示为综合点]根据设定值(给定的被控量期望值)与反馈信号(被控量测量值)求差后得到。

在工程应用中，比较单元和给定单元(设置设定值)通常都包含在调节器中，图 1-4 中的阴影部分通常被认为是调节器。

④ 执行器

执行器根据调节器给出的控制指令，通过驱动阀门、挡板等调节机构来改变控制量，从而改变被控对象的输入量，最终达到控制被控对象输出量的目的。

执行器一般由执行机构和调节机构（如调节阀）两部分组成，图 1-3(b)中的伺服电机和减速器就属于执行机构。

在过程控制系统典型结构中，检测变送单元、调节器和执行器是人为加装的检测控制仪表，因此，过程控制系统典型结构也可认为包括检测控制仪表和被控过程两大部分，如图 1-4(a)所示。

此外，也可以将控制单元之外的部分，即被控过程、检测变送单元和执行器这三部分视为一个整体，称为广义被控对象，此时，可认为过程控制系统典型结构包括控制单元和广义被控对象两大部分，如图 1-4(b)所示。图 1-4(b)可进一步简化为图 1-4(c)的形式，这就是理论分析中常见的单位负反馈控制系统结构。

在工程实践中，被控过程和设计安装完成后的执行器、检测变送单元一般不再进行调整，因此，过程控制系统在生产运行过程中的任务主要是针对调节器的。或者说，从理论分析的角度看，广义被控对象的特性一般是固有特性，过程控制系统的设计任务主要是对控制单元进行设计和调整。所以图 1-4(b)、图 1-4(c)在实际中也得以广泛应用。

(2) 过程控制系统典型结构中的主要变量

在图 1-4 中，带箭头的线表示过程控制系统的各个变量，过程控制系统典型结构中主要有以下几个变量。

① 被控量 $c(t)$，也称被调量，指表征生产过程是否符合工况的物理量/过程变量（温度、压力、流量等前面所述的六大类），如前文中的水位。

② 被控量测量值 $y(t)$：也称被调量测量值，指过程变量经过检测变送单元后转化得到的统一标准信号值，多为便于传输和处理的电信号，如电流值、电压值等。

③ 设定值 $r(t)$，也称给定值，指被控量需要达到的期望值（目标值），如前文中的要求水位。

④ 偏差 $e(t)$：理论上，偏差是被控量与设定值之差。实际中，被控量是得不到的。因此，偏差是被控量测量值与设定值之差。偏差是过程控制系统进行调节的依据。在生产过程中，人们通常希望偏差越小越好，稳定时尽可能为 0，动态调节过程中的最大偏差也要求不能过大。

⑤ 控制指令 $u(t)$：指偏差信号经由调节器计算处理后得到的指令，用于校正被控量的变化。

⑥ 控制量 $q(t)$：指由调节机构改变的某种物质的流量或能量，是用以控制被控量变化的物理量，如水箱水位控制中的进水量。

⑦ 扰动 $f(t)$：指生产过程中引起被控量偏离设定值的各种因素，如水箱水位控制中的出水量变化、进水管道的压力变化等，实际生产过程中通常会同时存在多种扰动因素，当然都是人们不希望发生的干扰。

如果扰动发生在控制回路外部（如外界负荷），称为外扰；如果扰动发生在控制回路内部，称为内扰。其中，由于调节机构开度变化造成的扰动，称为基本扰动；由于变更控制器设定值造成的扰动，称为设定值扰动。

1.1.3 过程控制系统的分类

随着控制理论和自动控制技术在过程控制系统中应用的不断发展和完善，涌现出了各种各样的过程控制系统类型。根据不同的分类标准，过程控制系统可分为不同的种类，常见的分类有以下几种。

(1) 根据被调物理量进行分类

根据被调物理量不同，过程控制系统可分为液位控制系统、温度控制系统、压力控制系统、流量控制系统等。

(2) 根据设定值形式进行分类

根据设定值形式不同，过程控制系统可分为定值控制系统、随动控制系统、程序控制系统。

(3) 根据控制系统的结构进行分类

根据控制系统结构不同，过程控制系统可分为开环控制系统、闭环(反馈)控制系统、复合控制系统。

(4) 根据被控参数的数量进行分类

根据被控参数的数量不同，过程控制系统可分为单变量系统与多变量系统。

(5) 根据控制装置进行分类

根据控制装置不同，过程控制系统可分为常规仪表系统与计算机控制系统(直接数字控制系统、集散控制系统、现场总线控制系统)。

(6) 根据控制回路进行分类

根据控制回路不同，过程控制系统可分为单回路系统与多回路(串级)系统。

(7) 根据控制系统处理的信号进行分类

根据控制系统处理的信号不同，过程控制系统可分为模拟系统与数字系统。

(8) 根据被控系统数学模型进行分类

根据是否包含非线性环节，过程控制系统可分为线性系统和非线性系统；根据过程变量随时间是否是连续变化，过程控制系统可分为连续系统和离散系统；根据系统模型参数是否随时间变化，过程控制系统可分为定常系统和时变系统等。

不同的分类标准适用于不同的研究应用领域。其中，根据被调物理量分类常见于实际工业流程的控制中，如锅炉主蒸汽温度控制系统、供水塔的液位控制系统等；根据被控系统数学模型分类常见于控制理论的分析研究中，如线性系统与非线性系统的控制理论研究。

下面将详细介绍根据设定值形式和控制系统结构进行的分类。

1. 根据设定值形式进行的分类

(1) 定值控制系统

定值控制系统也称恒值控制系统，即设定值保持不变，自动控制的主要任务是使被控量也相应保持同样的恒定值，在这个过程中，要克服各种扰动对被控量的影响，当被控量偏离设定值时，要通过控制作用最终使被控量与设定值相等。

例如，恒温箱的温度控制系统要尽可能使温度保持等于设定值，尽量减小或消除外界干扰，使生产过程处于稳定状态。定值控制系统是生产过程中应用最多的一种控制系统，因为各种设备或工质通常要求温度、压力、液位、流量等在运行过程中保持恒定的目标值。

(2) 随动控制系统

这类控制系统的设定值是变化的，且变化规律事先未知或不能确定，随动控制系统的控制任务是使被控量克服一切扰动，准确而及时地跟随设定值的变化而变化。

在工业生产中常见的比值控制系统中，工艺往往要求主物料流量 Q_1 和副物料流量 Q_2 按一定的比例进行配合，然后送入下一工序，主物料通常是经常发生变化的生产负荷，其变化事先未知或无确定规律，因此副物料流量 Q_2 的自动控制就属于随动控制。例如，在加热炉燃烧控制系统中，空气量应跟随燃料量的变化而变化，从而保证实现最佳燃烧。

过程控制系统中常见的随动控制还有串级控制系统中的副回路控制系统。导弹跟踪控制系统、雷达天线控制系统等虽属于随动控制系统，但一般不在过程控制系统的研究范畴。

(3) 程序控制系统

在程序控制系统中，被控量的设定值是按预定的变化规律(如已知的时间函数)而变化的，被控量应尽快跟踪设定值，即控制系统的控制任务是使被控量按规定的程序自动变化。

冶金工业中退火炉的温度控制系统，汽机启动中要求汽轮机转速按一定程序升降的控制系统，间歇生产流程中的控制系统等，都属于设定值按已知变化规律变化的程序控制系统。

根据设定值形式进行分类时，需要区分以下两点：

(1) 三种控制系统可归结为设定值恒定(定值控制系统)和设定值变化(随动控制系统、程序控制系统)两大类。其控制任务是不同的，定值控制系统的任务主要是克服干扰的影响，保持被控量恒定；而随动控制系统和程序控制系统的任务更侧重于快速跟踪设定值的变化。因此，这两类控制系统的性能指标要求与定值控制系统不同，在分析和设计时采用的方法和解决方案也就有所不同。

(2) 随动控制系统和程序控制系统的设定值都是变化的，但是二者也有区别：随动控制系统的设定值的变化规律事先未知或不确定，程序控制系统的设定值的变化规律事先已知，即设定值的变化符合已知的时间函数。

2. 根据控制系统的结构进行的分类

(1) 开环控制系统

在开环控制系统中，控制装置与被控对象之间只有顺向联系而无反向联系，在控制结构图中信号没有形成闭合回路，信号传递关系是开环的，因此而得名。开环控制系统的特点是系统的输出量(即被控量)没有发挥调节作用，因此，该系统通常只在控制任务对被控量精度要求不高时采用。

开环控制系统又可以分为按设定值进行控制和按扰动量进行控制两种：

① 按设定值进行控制

图 1-5 所示为按设定值进行控制的开环控制系统结构方框图。在该系统中，控制作用直接由系统的输入量(设定值)产生，设定一个输入值，就有一个输出值(被控量的值)与之相

对应。这种系统的优点是结构简单、调整方便、成本低，缺点是缺乏抗干扰的能力，控制精度也不高。这种系统在控制品质要求不高和扰动影响较小的场合仍有一定使用价值。

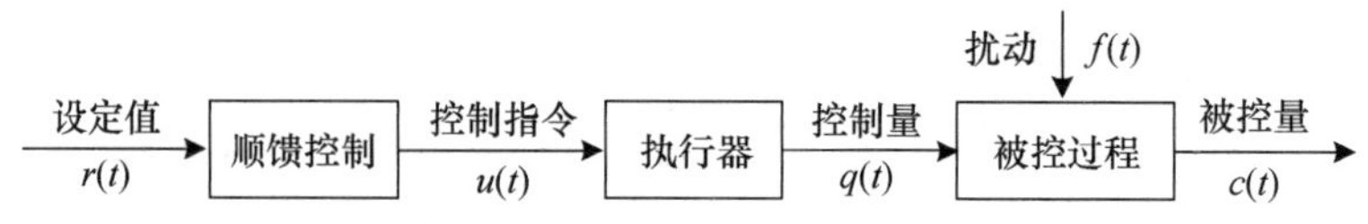

图 1-5 按设定值进行控制的开环控制系统结构方框图

② 按扰动量进行控制

按扰动量进行控制的开环控制又称前馈控制，其结构方框图如图 1-6 所示。若生产过程中存在影响系统正常运行的干扰信号，而且干扰信号又是可测量的，那么可以主动对干扰信号进行控制，以消除或补偿干扰对系统造成的不利影响，这种基于扰动补偿原理建立的控制结构就是前馈控制。

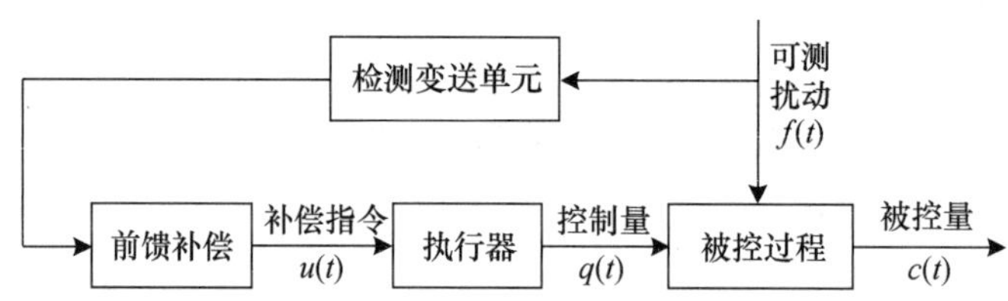

图 1-6 按扰动量进行控制的开环控制系统结构方框图

前馈控制是直接根据扰动量进行校正的控制结构，能在干扰影响被控量之前就将其消除或削弱，因此，这种系统抗扰动的效果快速及时。由于被控量没有被检测和反馈，在信号传输上没有形成闭合回路，故前馈控制系统也属于开环控制系统。前馈控制只能针对某一种扰动信号进行设计，实际系统往往同时存在多种干扰，某些干扰是不确定的或不可测的，无法做到一一补偿，所以前馈控制系统在实际生产过程中通常是不能单独应用的。

(2) 闭环(反馈)控制系统

闭环控制系统又称反馈控制系统，是根据系统偏差进行控制的，最后能达到消除或减小偏差的目的，其结构方框图如图 1-4 所示，被控量的测量值被反馈到控制设备的输入端，控制设备将其与设定值进行比较得到偏差，这是控制设备进行控制的依据。从系统结构方框图可以看出，该系统通过反馈通道构成了信号的闭合回路，故称闭环控制系统。这是过程控制系统中最基本的一种结构。

基于偏差进行控制的闭环控制系统，无论什么原因(扰动)使被控量偏离设定值(出现偏差)，都能发挥控制作用，以减小或消除这个偏差，最终使被控量与设定值趋于一致。可见，闭环控制系统具有抑制各种扰动的能力，有较高的控制精度，因此得以广泛应用。

但是，闭环控制系统的被控过程往往存在一定的惯性和时滞性，反馈信号及偏差信号总是落后于干扰，即其控制作用存在滞后性，因此，对于惯性时滞较大的对象而言，该系统的控制品质不够理想。

(3) 复合控制系统

前馈控制具有对特定扰动及时补偿的优势，反馈控制具有能克服多种扰动对被控量的影响，使被控量在稳态时准确稳定在设定值的特点，因此过程控制中常采用前馈-反馈复合控制系统结构形式。复合控制系统综合了前馈控制系统和反馈控制系统的优点，可显著提高控制品质，其结构方框图如图 1-7 所示。

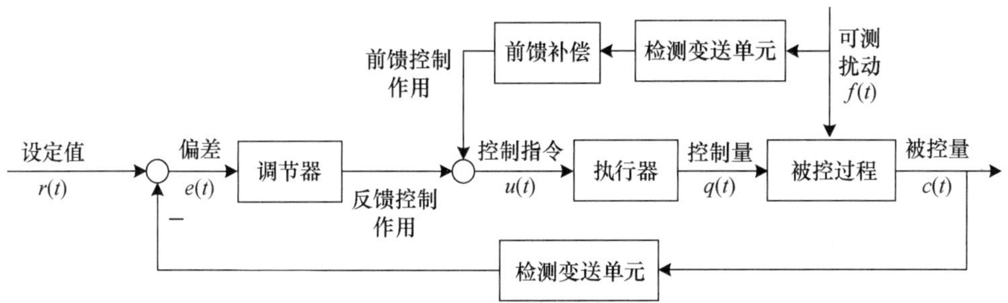

图 1-7 前馈-反馈复合控制系统结构方框图

若将按设定值进行开环控制的系统结构与反馈控制结构进行复合，可形成如图 1-8 所示的复合控制系统。

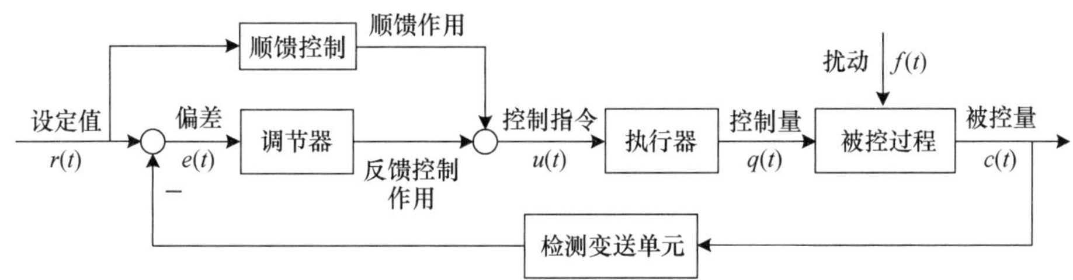

图 1-8 按设定值进行控制的前馈-反馈复合控制系统结构方框图

1.1.4 过程控制系统的特点

过程控制系统主要解决连续工业过程的控制问题。

呈流动状态的各种原材料在生产过程中一般都伴随着物理反应、化学反应、生化反应、物质能量的转化与传递，存在不确定性、时变性等，这个过程就是连续工业过程。并且，过程工业常常处于恶劣的生产环境中，如高温、高压、低温、真空、易燃、易爆、有毒等，且更强调实时性和整体性，需要协调复杂的耦合与制约因素，以求得全局优化。

生产过程的工艺参数是决定产品产量和质量的关键因素，它们不仅受生产过程内部条件的影响，也受外界条件的影响，这就增加了对工艺参数进行控制的复杂性和特殊性，从而也决定了过程控制系统的特点、任务及要求与一般自动控制系统有所不同。

过程控制系统主要具有以下几个特点。

1. 被控过程多样性

过程工业涉及的行业和范围十分广泛(如火力发电过程、石油化工过程、冶金工业过程、核动力反应过程等)，其物料加工产品和工艺流程各不相同，其工作机理及动态特性各异，有些属于大惯性、大延时的过程，而有些过程又变化较为迅速；有些具有非线性特性，有些因比较复杂而难以建立精确的数学模型。

被控过程的多样性造成了控制任务和要求的多样化：有的对精度要求很高，如钢铁生产过程要求轧钢板的厚度误差非常小；有的要求运行平稳，只允许存在极小的静态误差；有的要求兼顾多个被控量之间的协调;有的要求对被控量进行迅速跟踪;等等。

2. 控制方案多样性

针对多样性的被控过程和不一样的控制任务,必须制订相应的控制方案,才能保证工业生产的安全、稳定、经济运行,这就导致控制方案也具有多样性。控制方案的多样性主要表现在以下三个方面。

(1) 控制系统结构的多样性

除了最基本的单回路控制结构之外,实际中还常采用串级(双回路)控制、解耦补偿、复合控制、选择性控制等多种复杂控制结构。

(2) 控制策略的多样性

除了常规 PID 控制(比例、积分、微分控制)策略之外,还有前馈补偿、Smith 预估补偿、解耦补偿,以及模糊控制、神经网络控制等智能控制策略。

(3) 控制装置的多样性

除了传统的模拟式仪表,还有数字式仪表,目前应用最多的控制装置是计算机控制系统。

3. 被控过程的动态特性多属于慢过程

连续工业过程通常是物质流动、转化的过程,物理、化学、生化反应以及物质能量的转换与传递过程普遍存在较大的惯性和时间延迟,表征物质流动过程中的各种状态信息(如温度、压力、流量、物位、物性、成分等)是随时间连续、缓慢变化的,因此其数学描述中时间 T 和纯滞后时间 τ 较大。简言之,被控过程的动态特性具有大惯性、大时延(滞后)的特点,多属于慢过程。

4. 多为定值控制

在大部分的连续工业过程中,被控量的设定值是恒定的。减小或消除外界干扰对被控量的影响,使被控量保持在设定值上,使生产平稳运行,这是过程控制系统的主要任务。

1.2 过程控制系统的性能指标

工业过程对控制系统的评价标准(或者说对控制品质的要求)主要有三点:稳定性、准确性和快速性。

过程控制系统的任务是使被控量接近设定值,但对定值控制系统和随动控制系统而言,控制任务却不尽相同。在定值控制系统中,扰动发生以后,控制任务是克服扰动的影响,使被控量稳定、准确、快速地保持在给定的范围;而随动控制系统的控制任务主要是使被控量稳定、准确、快速地跟踪设定值。尽管二者的控制任务不同,但都有稳定、准确、快速这三点要求。

(1) 稳定性

稳定性是由系统本身的结构和参数决定的,与外界因素无关。当系统输入(设定值和扰动)不变时,系统能够达到一种平衡状态(系统中各个组成部分均不发生变化,其输出信号都保持不变而且处于相对静止状态),则称之为稳定的系统。

(2) 准确性

人们一般用稳态误差来衡量系统在稳态时的控制精确程度,用最大动态偏差来衡量动态调节过程中的准确性。

(3) 快速性

快速性是系统的动态性能指标,是对系统过渡过程的形式和速度提出的要求。

评价过程控制系统性能好坏仅有定性要求还远远不够,还需要有定量的要求。人们把对过程控制系统的定量要求称为性能指标或质量指标。工程应用中通常有两类性能指标:单项性能指标和综合性能指标。

1.2.1 过程控制系统的运动过程

在连续工业过程中,各个物理量或状态信息都随着时间的变化而变化,人们把这种变化称为运动过程。研究、设计和评价过程控制系统其实就是对过程控制系统的运动过程做出衡量,需要分析工业生产过程中出现的各种状态和规律。

在设定值变化的情况下,过程控制系统的典型运动状态如图 1-9 所示。从图 1-9 可以看出,整个过程经历了三个阶段:初始的稳态、中间的动态和新的稳态。人们把初始稳态到新的稳态的变化过程称为系统的过渡过程。

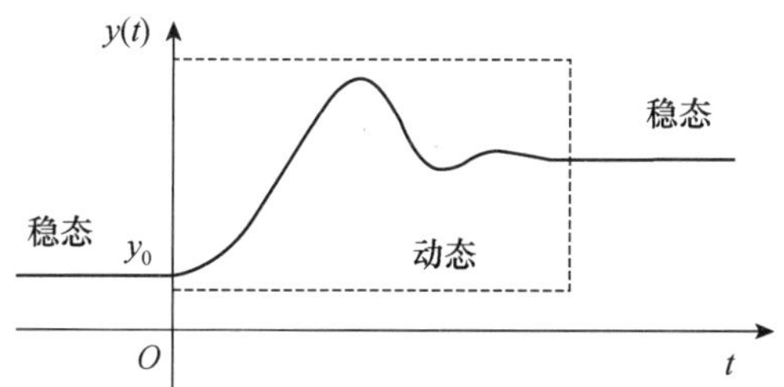

图 1-9 设定值变化情况下过程控制系统的典型运动状态

1. 平衡状态(稳态)

当控制系统的输入(包括设定值输入和扰动输入)不变时,被控量不随时间变化而变化,人们把这种平衡状态称为稳态(或静态)。此时,整个控制系统都处于平衡状态。对于闭环控制系统而言,被控量不再变化,那么控制器输出的控制指令就保持不变,执行器的阀门、挡板等的开度也将保持不变。

要注意,平衡状态下,生产过程中并非没有物质和能量的流动,“平衡”意味着“相等”,即流动中的物质或能量达到了一种相等的关系,通常指“流入量等于流出量”,使表征过程某些特性的物理量的变化率为零,从而达到了一种平衡关系。例如,在某温度控制系统中,当传入生产过程的热量等于传出生产过程的热量时,温度就不再变化而处于稳态;又如,在锅炉汽包水位控制系统中,当给水量与出汽量相等时,液位变化率为零,则系统处于稳态。

2. 动态

当处于稳态的控制系统的输入信号发生变化(人为改变设定值或发生各种干扰)时,系统的平衡状态被破坏,被控量就会偏离原有稳态值,随时间而变化,此时系统就处于动态。

当系统处于动态时,对系统中的任何一个环节来说,输入的变化引起了输出的变化,其间的关系都是动态的。要评价一个过程控制系统的品质,只考察其稳态时的表现(稳定运行品质)是不够的,更重要的是要了解和掌握其动态特性(扰动作用下的调节能力)。

3. 过渡过程

当处于稳态的系统出现输入变化时,系统将从原来的稳态经历动态过程进入(达到)新的稳态(设定值输入下应达到新的设定值附近,扰动输入下应回到原设定值或其附近)的过程,就是控制系统的过渡过程。

从平衡状态角度来看,过渡过程是一个起始于某平衡状态,在平衡状态遭到破坏后,经过调整逐渐建立新的平衡状态的过程;从运动状态角度来看,过渡过程是一个由初始稳态,历经动态过程又进入新的稳态的运动变化过程。

在阶跃输入信号的作用下,过渡过程有几种典型的形式,定值控制系统中干扰引起的过渡过程形式如图 1-10 所示,随动控制系统中设定值扰动引导起的过渡过程形式如图 1-11 所示。从波动特性来看,这些形式主要有非振荡和振荡两类;从收敛性来看,这些形式主要有衰减、等幅和发散之分。

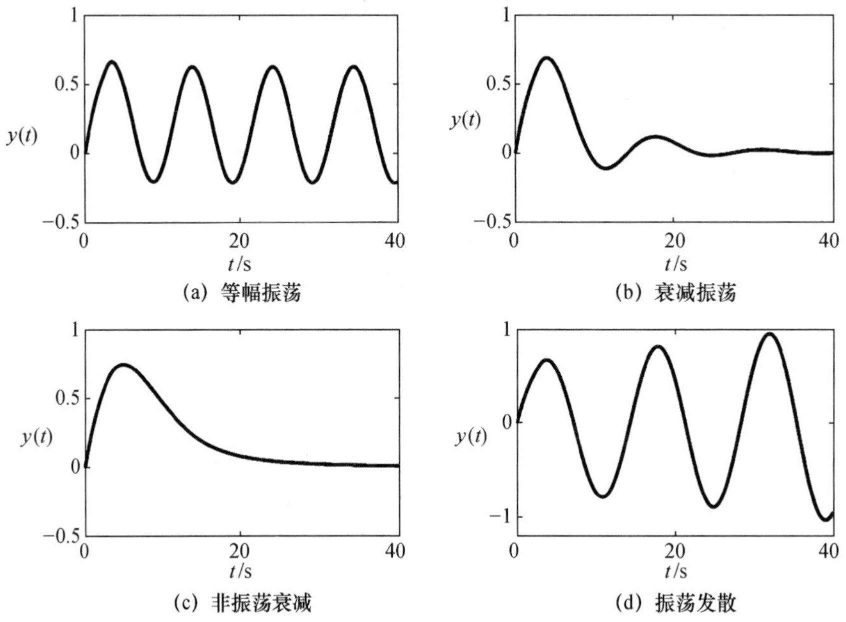

图 1-10 定值控制系统中干扰引起的过渡过程形式

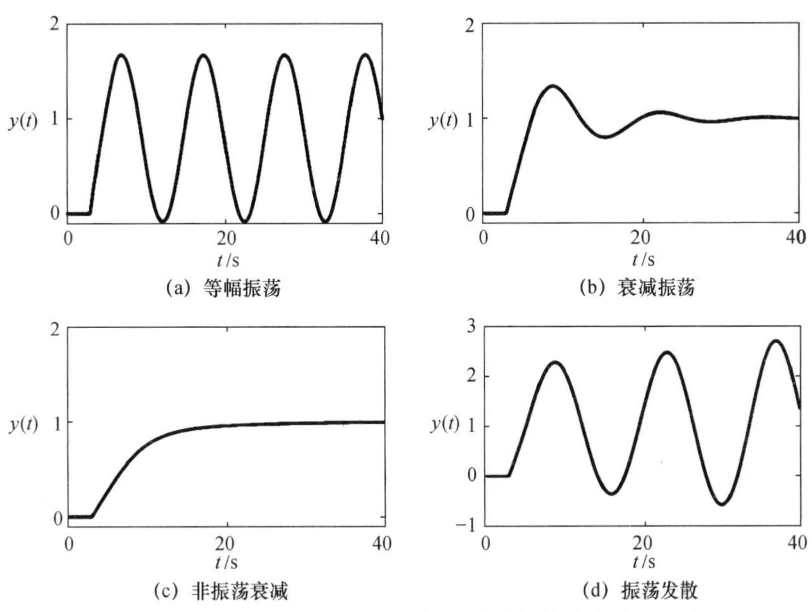

图 1-11 随动控制系统中设定值扰动引起的过渡过程形式

1.2.2 单项性能指标

一个稳定的过程控制系统通常采用典型阶跃输入信号作用下被控量的响应曲线来定义性能指标。这一方面是因为实际中经常发生的突然改变设定值、工作状态或负荷突变等情况都属于阶跃输入作用;另一方面是因为阶跃输入信号对系统的影响比较大,若一个控制系统对阶跃输入信号有较好的响应,那么它对其他形式输入信号就能有更好的响应。定值控制系统扰动阶跃响应曲线和随动控制系统设定值阶跃响应曲线分别如图 1-12(a)和 1-12(b)所示。

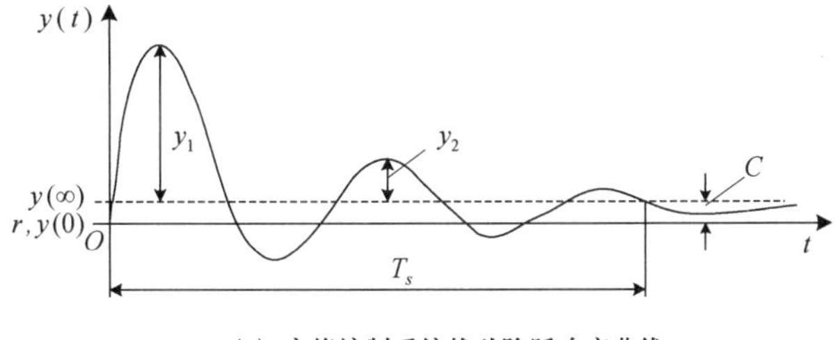

(a) 定值控制系统扰动阶跃响应曲线

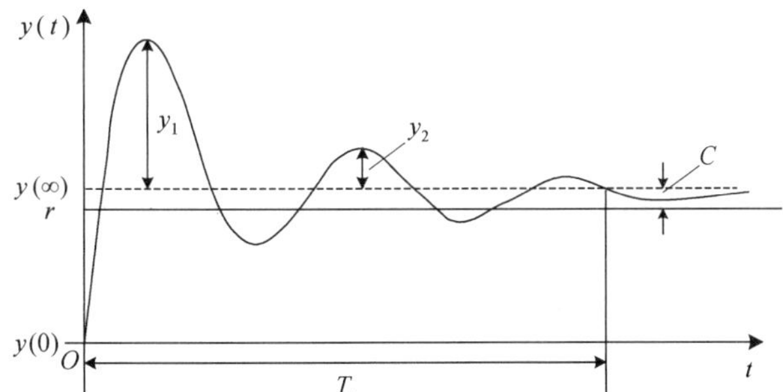

(b) 随动控制系统设定值阶跃响应曲线

图 1-12 定值控制系统扰动阶跃响应曲线和随动控制系统设定值阶跃响应曲线

1. 衰减比 n 和衰减率 φ

衰减比是指在阶跃响应曲线中第一个波峰与第二个同向波峰的振幅值之比，用 n 来表示，通常取整数，计算公式如式(1-1)所示。衰减比 n 反映了系统振荡过程的衰减程度，是衡量过渡过程稳定性的一个动态指标。

$$n=\frac{y_1}{y_2} \tag{1-1}$$

其中，y_1 为偏离稳态值的第一个波峰幅值；y_2 为偏离稳态值的第二个同向波峰幅值。

衰减率是指在阶跃响应曲线中，经过一个周期以后，波动幅度衰减的百分比，用 φ 来表示，计算公式如式(1-2)所示。

$$\varphi=\frac{y_1-y_2}{y_1}=1-\frac{y_2}{y_1}=1-\frac{1}{n} \tag{1-2}$$

工程上常用衰减率来描述过渡过程的衰减速度。

根据 n 和 φ 的值，可以判断过渡过程的性质和形式。

(1) 当 $n>1$ 时，$0<\varphi<1$，过渡过程为衰减振荡形式。

(2) 当 $n=1$ 时，$\varphi=0$，表明过渡过程是等幅振荡形式，系统处于临界稳定状态，在某些不利因素的影响下，过渡过程可能变为发散振荡。

(3) 当 $n<1$ 时，$\varphi<0$，意味着阶跃响应曲线的振幅愈来愈大，这时系统是不稳定的。

(4) 当 n 趋于无穷时，φ 趋于 1，过渡过程为非振荡衰减形式。

可见衰减比 n 越大，衰减率 φ 越接近于 1，系统的稳定性越高。

由此可知衰减比 n 和衰减率 φ 与过渡过程形式的关系，如表 1-1 所示。

表 1-1　衰减比 n 和衰减率 φ 与过渡过程形式的关系

衰减比 n	衰减率 φ	过渡过程形式	系统的稳定性
$n<1$	$\varphi<0$	发散振荡	不稳定
$n=1$	$\varphi=0$	等幅振荡	临界稳定
$n>1$	$0<\varphi<1$	衰减振荡	稳定
$n\to\infty$	$\varphi\to 1$	非振荡衰减	稳定

在工程上，要考虑生产过程的特点和保证足够的稳定裕量，由此确定合适的衰减比或衰减率。一般的过渡过程约有两个波，被控量在经历两个周期后基本接近稳态，因此常取衰减比为 4∶1～10∶1，对应的衰减率为 0.75～0.9。

定值控制系统通常要求衰减率 $\varphi=0.75$，即衰减比＝4∶1；随动控制系统更侧重跟踪的快速性，通常要求衰减率 $\varphi=0.9$，即衰减比＝10∶1。那些不希望有振荡过程的系统，则要求达到非振荡衰减形式。

2. 最大动态偏差 A 和超调量 δ

最大动态偏差是指过渡过程中第一个波峰值偏离最终稳态值的幅度，就是图 1-12 中的 y_1，用 A 来表示。

超调量是指 y_1 与被控量稳态值变化幅度之比，是一个表示为百分数的相对值，用 δ 来表示。A 和 δ 的计算公式如式(1-3)所示。

最大动态偏差 A 和超调量 δ 主要用来描述被控量偏离稳态值的最大程度，是过渡过程的动态准确性指标。

$$A = y_1, \delta = \frac{y_1}{y(\infty) - y(0)} \times 100\% \tag{1-3}$$

实际应用中，定值控制系统常用最大动态偏差 A 来描述动态准确性；随动控制系统常用超调量 δ 来描述动态准确性。

A 和 δ 是工程应用中的重要质量指标。A、δ 的值愈大，表示被控量偏离生产规定的状态愈远。一个符合要求的系统，应该在实际可能出现的最大扰动下，根据工艺条件需要，严格控制 A 和 δ 的允许范围。

3. 静态偏差(残余偏差)C

静态偏差是指被控量的稳态值 $y(\infty)$ 与设定值 r 之间的长期偏差，用 C 来表示，计算公式如式(1-4)所示。

$$C = r - y(\infty) \tag{1-4}$$

静态偏差主要用来反映控制系统的调节精度，是衡量系统控制准确性的重要指标之一。静态偏差的大小要根据工艺生产过程对系统精度的要求来确定。

在定值控制系统中，假设初始稳态达到设定值，即有 $y(0)=r$，如图 1-12(a)所示。而在随动控制系统中，设定值是在初始稳态之后新给的 r 值。

4. 调节时间 T_s、振荡周期和振荡频率

调节时间也称过渡过程时间，是指从被控量受到扰动开始变化直到调整结束进入新的稳态所需要的时间，用 T_s 来表示。理论上这个时间是无限长的，在工程中，被控量进入稳态值的±5%或±2%范围内，并且以后不再越出此范围，即认为过渡过程结束。

调节时间是反映控制系统控制速度的一个指标，调节时间越短，意味着控制系统的过渡越快，说明即使扰动发生频繁，系统也能在较短时间内恢复稳态。

振荡周期是指相邻同向波峰(谷)的时间间隔，用 T 来表示。振荡频率是振荡周期(也称工作周期)的倒数，用 f 来表示。

$$f = \frac{1}{T} \tag{1-5}$$

衰减比相同的条件下，振荡频率越高，调节时间越短；而在振荡频率相同的条件下，衰减比越大，则调节时间越短。因此，振荡频率也可作为衡量控制系统调节速度的指标。

例题： 某温度定值控制系统的设定温度为 800℃，要求控制过程中温度偏离设定值最大不得超过 20℃，该系统在最大干扰下的过渡过程曲线如图 1-13 所示。

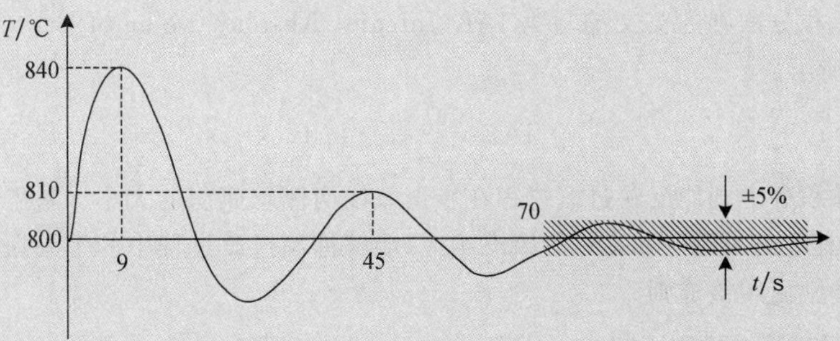

图 1-13 某温度定值控制系统在最大干扰下的过渡过程曲线

问题：

(1) 求最大动态偏差、衰减比、振荡周期和调节时间；

(2) 判断该系统能否满足工艺要求。

解：(1) 最大动态偏差 $A=840-800=40(℃)$；

衰减比 $n=\frac{y_1}{y_2}=\frac{40}{10}=4$；

振荡周期 $T=45-9=36(s)$；

调节时间 $T_s=70(s)$。

(2) 因为最大动态偏差超出了工艺要求，所以该系统不能满足工艺要求。

在同一系统中，上述单项性能指标通常是互相制约或相互矛盾的。例如，超调量和调节时间就很难兼顾。在不同系统中，这些性能指标各有其重要性。因此，在设计过程控制系统时，应该根据生产工艺的具体情况和要求分清主次，统筹兼顾，对主要的性能指标应优先予以保证。

1.2.3 综合性能指标

除了采用单项性能指标衡量过程控制系统的质量外，人们也常用综合性能指标来对系统的过渡过程进行综合评价。一个过程控制系统的质量好坏主要看偏差的变化情况，人们常采用偏差与时间的某种积分关系，即误差积分来衡量系统的质量。

1. 误差积分准则

误差积分准则也称线性积分准则，英文缩写为 IE(Integral of Error Criterion)，公式如式(1-6)所示。

$$\mathrm{IE}=\int_0^{\infty} e(t)\mathrm{d}t \tag{1-6}$$

误差积分准则的优点是比较简单，能估计控制系统的控制效果，但是不能保证控制系统具有合适的衰减率，不能抑制过渡过程中等幅振荡的情况，因此，仅靠该指标不能衡量系统的稳定性。实际应用时，可以在规定衰减率的情况下，将其作为性能指标。

2. 绝对误差积分准则

绝对误差积分准则的英文缩写为 IAE(Integral Absolute value of Error Criterion)，公式如式(1-7)所示。

$$\mathrm{IAE}=\int_0^{\infty} |e(t)|\mathrm{d}t \tag{1-7}$$

绝对误差积分准则能反映过渡过程在零误差线两侧总面积的大小。基于该准则设计的控制系统，具有适当的阻尼和良好的瞬态响应，能够抑制过渡过程中的等幅振荡。定值控制系统的设计中常使用该准则。

3. 平方误差积分准则

平方误差积分准则的英文缩写为 ISE(Integral of Squared Error Criterion)，公式如式(1-8) 所示。

$$\mathrm{ISE}=\int_{0}^{\infty} e^{2}(t)\,\mathrm{d}t \tag{1-8}$$

平方误差积分准则加强了对大偏差的关注程度，能反映过渡过程中等幅振荡和大误差等现象，但不能反映微小偏差对系统的影响。基于该准则设计的控制系统，常常具有较快的响应速度和较大的振荡性，易产生小幅度振荡，相对稳定性较差。

4. 时间乘绝对误差积分准则

时间乘绝对误差积分准则的英文缩写为ITAE（Integral of Time Multiplied by the Absolute Error Criterion），公式如式(1-9)所示。

$$\mathrm{ITAE}=\int_{0}^{\infty} t\,|e(t)|\,\mathrm{d}t \tag{1-9}$$

时间乘绝对误差积分准则对初始误差和随机误差不敏感，对过渡过程后期的偏差非常敏感。基于该准则设计的控制系统，过渡过程的振荡较小，可以降低初始大误差对性能指标的影响，着重调节过渡时间过长的情况。随动控制系统的设计中常使用该准则，

5. 时间乘平方误差积分准则

时间乘平方误差积分准则的英文缩写为ITSE（Integral of Time Multiplied by the Squared Error Criterion），公式如式(1-10)所示。

$$\mathrm{ITSE}=\int_{0}^{\infty} te^{2}(t)\,\mathrm{d}t \tag{1-10}$$

时间乘平方误差积分准则能反映过渡过程后期出现的误差，较少反映大的起始误差。

除以上几个综合性能指标外，在实际应用中，也可考虑对其他一些因素（如控制量的作用）进行加权组合，得到更符合生产需求的综合性能指标。例如，同时考虑误差、控制代价和调节时间等因素的复合型误差积分准则 J，计算公式如式(1-11)所示。

$$J=\int_{0}^{\infty} t\,|e(t)|\,\mathrm{d}t + K\int_{0}^{\infty} |u(t)|\,\mathrm{d}t \tag{1-11}$$

1.3 过程控制的任务和过程控制系统的设计步骤

1.3.1 过程控制的任务

工业过程包含一个或多个生产工序，每个生产工序的任务是将进入该工序的原料加工成下道工序所需要的半成品材料。

工业生产的目标是在可能获得的原料和能源的基础上，以最经济的途径将原料加工成预期的合格产品。为了实现这个目标。过程控制系统必须满足以下三个方面的要求。

(1) 安全性要求

在整个生产过程中，确保人身和设备的安全是最重要和最基本的要求。这就要求生产中各种物理量的数值要维持在一定的范围之内。为了做到这一点，除了连续量的回路控制之外，人们通常还用越限报警、事故报警和联锁保护等逻辑控制措施来保证生产过程的安

全。另外，在线故障预测与诊断、容错控制等也常被用于进一步提高生产过程的安全性。

(2) 稳定性要求

工业运行环境(尤其是恶劣的环境)、原料成分的变化、能源系统的波动等均有可能影响生产过程的稳定运行。过程控制系统应将生产过程参数与生产状态的变化控制在一定范围内，消除或减少外部干扰可能造成的不良影响，确保生产过程长期稳定运行。

(3) 经济性要求

经济性要求，即在满足以上两个基本要求的基础上，做到低成本、高效益。这就要求过程控制系统的设计要不断优化，即要进行以经济效益为目标的整体优化。

过程控制的任务就是在了解或掌握工艺流程和生产过程的动静态特性的基础上，根据安全性、稳定性和经济性的要求，应用相关理论，对控制系统进行分析，最后采用适宜的技术手段实现对生产过程的有效控制。

过程控制是将生产过程与工艺、控制理论、自动化仪表和计算机技术等相结合的一门应用型科学技术，如图 1-14 所示。

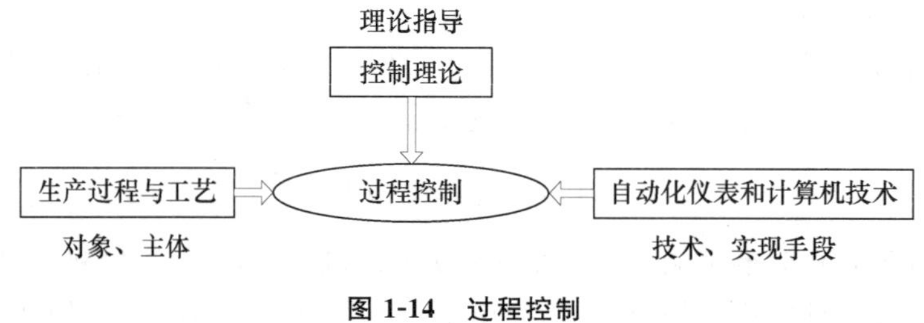

图 1-14　过程控制

过程控制可以帮人们实现保证产品质量、提高产量、降低能耗、保证生产安全、改善生产劳动条件、提高管理水平等目标。除了可以给人们带来直接量化的经济效益之外，过程控制还将产生提高生产效率、改善劳动者从业环境、改善生态环境、助力可持续发展目标等社会效益。

1.3.2　过程控制系统的设计步骤

过程控制系统的设计主要有以下几个步骤。

1. 确定控制目标

由过程控制的多样性特点可知其控制目标也具有多样性，即便是同样的被控对象，根据具体运行情况亦可提出不同的控制目标。

例如：某加热炉在安全运行条件下可有以下几种控制目标。

(1) 保证被加热物料出口温度稳定；

(2) 保证被加热物料出口温度稳定并且烟气含氧量稳定；

(3) 保证被加热物料出口温度稳定并且加热炉效率最高。

三种控制目标都包括出口温度稳定，后两种控制目标在出口温度稳定的基础上对生产工艺提出了更高的要求，第二种目标对加热炉的燃烧过程平稳性提出了要求，即要求燃料与空气进行合理配比；第三种目标进一步提出了加热炉效率最高的要求，即要求在燃料控制系统中进行寻优设计。

2. 选择测量参数,确定被控量

确定控制目标后,无论采用何种控制方案,都需要获取生产过程的某些参数并对其进行监测,然后将监测结果作为反馈或者前馈信号参与调节。例如,加热炉的参数主要有被加热物料出口温度、烟气含氧量、燃料油压力、炉膛负压等。在众多参数中还需确定选取哪一个作为被控量,通常应尽量选择能直接反映产品质量的物理量作为被控量。

确定了测量参数后,需要选择合适的测量元件和变送器。有的过程参数不能直接测量,可先对与其相关的其他参数进行测量,然后通过计算来进行估计。

3. 选择控制量(操作量)

控制量通常由工艺流程来规定,例如,通过调节燃油量来控制热油出口温度,通过用烟气挡板改变烟气流量来控制烟气含氧量,通过调节减温水流量来控制过热器出口温度等。

但在耦合多变量系统中,用哪个输入变量作为控制量来对某个输出变量进行控制,需要根据具体的耦合影响关系来确定。

4. 确定控制方案

控制方案需要根据控制目标、工艺流程、对象的动静态特性和控制精度要求等进行确定,是整个设计中最关键的一个环节。

例如,在前面的加热炉控制系统中,第一个控制目标仅是保证被加热物料出口温度稳定,那么设计一个简单控制系统(单回路系统)即可。但是若控制精度要求较高,并且加热炉的动态特性较为迟缓的话,就需要考虑设计成串级控制系统。

第二个控制目标除了保证被加热物料出口温度稳定之外,还对燃烧过程提出了要求,这就需要增加一个烟气含氧量的简单控制系统,可用两个独立的单回路来完成控制任务。如果生产工艺对出口温度以及烟气含氧量的控制精度要求都比较高(例如,温度变化不超过±2℃,烟气含氧量变化维持在±0.5%以内)的话,由于这两个单回路之间存在耦合因素,就应进一步分析被控过程的动态特性,把加热炉看作一个多输入、多输出的系统,采用适当的解耦方法来减小两个回路之间的相互影响,从而提升控制精度。

第三个控制目标除了仍要保证被加热物料出口温度稳定之外,还增加了加热炉效率最高的要求。此时再采用定值控制就难以满足需求,需要建立燃烧过程数学模型,使之在不同工况下,寻求含氧量设定值优化调整算法,以保持加热炉的效率最高。

5. 选择控制算法

确定了控制方案就确定了控制系统的结构。对于一般的过程控制系统,通常采用常规的 PID 算法就能满足要求。但是对于一些性能要求较高,或者被控对象特性复杂的过程控制系统,常需要采用解耦控制、预测控制、最优控制、模糊控制、神经网络控制等先进控制算法,这些算法往往借助计算机才能够实现。

6. 选择执行器

控制算法计算出控制指令后,需要由执行器来完成调节控制量的操作,从而影响被控过程的输出参数,达到控制目标。在过程控制系统中,用得最多的执行器是调节阀。具体应用中,需要根据对操作量的限制、要求和调节阀的特性来选择合适的调节阀。

7. 设计报警和联锁保护系统

当关键参数超过工艺要求的极限值时,系统应产生报警信号,以提醒操作人员注意,避免发生事故。当出现异常情况时，各设备应按预先设好的程序紧急停止运行，以保障人身和设备的安全。

例如，加热炉的出口温度设定值为 300℃，当实测温度超出了工艺要求的高/低限（例如分别为 305℃和 295℃）时，控制系统将发出声、光报警信号，提醒操作人员密切注视生产状况，及时采取措施，避免发生事故。

若装有联锁保护系统，当生产出现危险情况时，为保护人身和设备安全，各个设备将按一定次序紧急停止运转。例如，当在加热炉运行中出现危险情况时，在联锁保护系统作用下，系统先立即关停燃油泵，然后关掉燃油阀，经过一定时间后停止引风机，最后再切断热油阀。这一套联锁保护动作操作下来，能有效避免严重事故的发生。如果没有联锁保护系统，在忙乱中，操作人员可能错误地先关热油阀以致烧坏热油管；或者先停引风机，致使炉内积累大量燃油气，使再次点火时出现爆炸事故。

这些针对生产过程设计的报警和联锁保护系统是保证生产过程安全运行的重要措施。

从以上工作原理可以看出，报警与联锁保护系统都属于对逻辑量进行控制的系统。

8. 控制系统的调试和投运

各种控制设备安装完成后，将随生产过程进行试运行，其间需检查各控制仪表、设备的工作状况，完成控制器参数整定，然后才能正式投入运行。

以上为过程控制系统的设计步骤。在实际应用中，除上述介绍的内容外，若想实现工业生产过程安全运行的目的，还需要信号检测、顺序（程序）控制、信号联锁保护等几个方面的配合。

（1）信号检测

信号检测就是对生产过程中各物理参数、化学量（温度、压力、液位和流量等）及各生产设备的工作状态参数（如电机的正转、反转、停止等）进行测量、指示、记录等，用以监视生产过程的运行情况或趋势。

（2）顺序（程序）控制

顺序（程序）控制就是按生产过程工艺要求预先拟定的顺序，有计划、有步骤地自动进行的一系列操作，属于对逻辑量的控制。例如，设备的自动启动或停止，设备定期排污、吹灰等。

（3）信号联锁保护

信号联锁保护是指当工艺参数超出限制范围时，系统发出声光报警信号，出现危险状况或发生事故时，系统自动打开安全阀或切换状态，必要时紧急停止运行。这也属于对逻辑量的控制。

1.4 过程控制的发展历程和发展趋势

1.4.1 过程控制的发展历程

20 世纪 40 年代以前，工业生产中多是操作员对生产设备及物料等的火候、冷热、色泽、形状等进行观察，通过手工操作阀门等装置来调整生产过程的运行。这种仅凭操作员的经验来手动控制生产过程的方式，劳动生产率很低，并且设备和人身安全无法得到保障。

20世纪50年代前后，一些工厂的生产实现了仪表控制和局部自动化，当时主要以基地式仪表和部分单元组合仪表（多数是气动仪表）为检测和控制装置，采用单输入/单输出控制系统结构，可对温度、压力、流量和液位等被控参数进行调节，控制目的是保持这些参数的稳定，消除或者减少对生产过程的主要扰动。当时将轨迹法和频率法等作为解决单输入/单输出定值控制系统分析和综合问题的基本理论基础。经典控制理论在工程应用中最突出的贡献就是提出PID控制，时至今日，PID控制仍然是应用最为广泛的控制算法。

20世纪60年代，工厂实现了车间或大型装置的集中控制。由于生产过程迅速向大型化、连续化的方向发展，工业过程的非线性、耦合性和时变性等特点十分突出，原有的单回路控制系统已经无法满足需求。当时，除经典控制理论以外，现代控制理论开始应用于工程设计。在状态空间分析法基础上，以最小二乘法为基础的系统辨识，以极大值原理和动态规划为主要方法的最优控制，和以卡尔曼滤波理论为核心的最佳估计等三部分，为高水平的自动化技术奠定了理论基础。当时，电子技术迅速发展，工业生产中大量采用单元组合仪表（包括气动与电动，以及组装仪表），以适应比较复杂的、模拟和逻辑规律相结合的控制系统的需求。与此同时，计算机技术开始用于过程控制领域，到20世纪60年代中期，出现了直接数字控制（Direct Digital Control，DDC）和计算机监督系统（Supervisory Computer Control，SCC）。

20世纪70—90年代，工业生产已经发展到现代过程控制的新阶段，即全盘自动化阶段。随着大规模集成电路和微处理器的问世，计算机的功能越来越强大，冗余技术和软硬件自动诊断等措施使计算机的可靠性基本上能够满足工业控制的需求，20世纪70年代，工业生产自动化进入了计算机时代。特别是针对工业生产规模大、过程参数和控制回路多等特点，出现了一种分布式控制系统，又称集散控制系统（Distributed Control System，DCS）。这种系统是集计算机技术、控制技术、通信技术和CRT显示技术（即4C技术）为一体的控制系统。同期，可编程逻辑控制器（Programmable Logic Control，PLC）也得以广泛应用。集散控制系统和可编程逻辑控制器的出现和广泛应用，为过程控制提供了强有力的软件与硬件平台，将工业自动化向前推进了一大步，也取得了良好的效果。这个时期，随着状态空间分析、系统辨识与状态估计、最优滤波与预报等现代控制理论在工业过程领域的应用，过程控制系统由单变量系统到多变量复杂系统，由PID控制规律到特殊控制规律，由定值控制到最优控制、自适应控制等，由仪表控制系统到智能化计算机分布式控制系统，取得了很大的发展。

20世纪90年代以后，过程控制方面出现了优化与控制两层结构，在集散控制系统的基础上实现了先进控制和操作优化，在硬件上采用上位机和集散控制（或电动单元仪表）组合的方式构成了二级计算机优化系统。随着计算机及网络技术的发展，集散控制系统逐渐发展为开放式系统，实现了多层次计算机网络构成的管控一体化，此时过程控制进入综合自动化发展阶段。并且，从20世纪80年代以后发展起来的智能控制也逐步被推广应用于工业控制领域，成为自动控制的前沿学科之一。

智能控制被认为是继经典控制理论和现代控制理论之后出现的新一代控制理论。人工智能的内容非常广泛，知识表示、问题求解、语言理解、机器学习、模式识别、机器视觉、逻辑推理、人工神经网络、专家系统、智能调度和决策、自动程序设计、机器学习等，都是人工智能的研究和应用领域。目前主要有三种形式的人工智能可用于过程控制：专家系统、模糊控制和人工神经网络控制。它们各自可以单独运用,也可以与其他形式结合起来;可以用于基层控制,也可以用于过程建模、操作优化、故障检测、计划调度和经营决策等不同层次。

另外,现场总线技术带来了传统控制系统结构的变革,形成了新型的网络集成式全分布控制系统——现场总线控制系统(Fieldbus Control System,FCS)。现场总线控制系统没有了集散控制系统中通信由专用网络的封闭系统来实现的缺陷。它把封闭专用的解决方案变成了公开化、标准化的解决方案,这样就可以把来自不同厂商、遵守同一协议规范的自动化设备,通过现场总线网络连接成系统,实现综合自动化的各种功能;同时,又把集散控制系统中集中与分散相结合的系统结构变成新型的全分布式结构,把控制功能彻底下放到现场,依靠现场智能设备便可实现基本控制功能。现场总线控制系统标志着控制系统结构的重大变革,开辟了控制系统的新纪元。

1998 年,人们又提出了将控制器与传感器通过串行口通信线路做成闭环的一种网络环境下实现的控制系统——网络控制系统(Network Control System,NCS)。该系统是对某个区域内现场检测、控制及操作设备和通信线路的集合,用以支持设备之间的数据传输,可使不同地点的设备、用户实现资源共享、相互协调。通过该系统,可实现设定值、过程变量、控制输入等信息在控制器、执行器、传感器等组件之间的交换,实现了将不同地域的传送、控制、执行等用网络连接,把经营、管理、调度、过程优化、故障诊断联系起来,进一步扩大网络和控制系统的应用领域的目标。

综上,从控制理论、实现工具、控制要求和控制水平等方面我们可将过程控制的发展分成三个阶段,如表 1-2 所示。

表 1-2 过程控制的三个发展阶段

发展阶段	20 世纪 70 年代之前	20 世纪 70—90 年代	20 世纪 90 年代之后
控制理论	经典控制理论	现代控制理论	控制论、信息论、系统论、人工智能等交叉
实现工具	常规仪表、直接数字控制	集散控制系统	现场总线控制系统和网络控制系统
控制要求	安全、稳定	优质、高产、低耗	市场预测、快速响应、柔性生产、创新管理
控制水平	简单控制系统	先进控制系统	综合自动化

1.4.2 过程控制的发展趋势

生产过程自动控制技术是伴随着电子仪器、计算机、通信网络、控制理论和智能算法等的发展而发展的,是一个从简单形式到复杂形式、从局部自动化到全局自动化、从低级智能到高级智能的发展过程。

当 2013 年德国提出“工业 4.0”后,我国也在 2015 年发布《中国制造 2025》的行动纲领,我国的工业发展进入利用信息技术促进产业变革的时代,即智能化时代。在此发展背景下,智能、优化、高效、绿色等目标对过程控制系统提出了更高的要求,同时也促进其快速发展。过程控制主要有以下几个发展趋势。

1. 先进控制策略逐步成为发展主流

在工业现场,尽管以经典控制理论为基础的 PID 控制占比达到 90%左右,但常规的 PID 控制已经难以处理工业过程中普遍存在的耦合性、非线性和时变性等复杂特性带来的问题,人们常常会采取一些措施来改进 PID 控制的品质,通常手段是将常规 PID 控制与模糊控制、神经网络控制和一些智能优化算法相结合，构成先进 PID 控制策略。

企业的高柔性、高效益等需求和人类社会可持续发展的需求，也对工业生产的控制方案提出了更高的要求。以多变量预测控制为代表的先进控制策略的提出和成功应用，使先进控制策略受到业界的普遍关注。目前，国内外许多软件公司和集散控制生产商都在竞相开发先进控制和优化控制的商业化工程软件包。先进控制策略主要包括多变量预测控制、推断控制、软测量技术、自适应控制、鲁棒控制和智能控制（如专家控制、模糊控制和神经网络控制）等。

计算机技术的飞速进步，使复杂的先进控制算法的工程实现成为可能，也使其可能被推广到更多的过程控制系统中。

2. 传统的集散控制系统进一步走向国际统一标准的开放式系统

计算机技术被应用到过程控制之后，主要经历了直接数字控制系统、集散控制系统、现场总线控制系统和网络控制系统几个阶段。直接数字控制系统由于集中控制造成危险集中的固有缺陷，未能普及和推广就被集散控制系统所替代。第一套集散控制系统诞生以后，多年来各个生产厂商的产品大多不能与之兼容，随着综合自动化的发展和计算机科学技术的发展，出现了现场总线控制系统，该系统以智能化现场仪表、全数字化、彻底的分散性、采用国际通信协议标准等为特征。

在现场总线控制系统和网络控制系统出现后，集散控制系统并未被淘汰，而是综合新技术和新理念不断改进，正在进一步走向国际统一标准的开放式系统。

3. 过程优化得以迅速发展

工业过程控制系统不仅要使回路控制层的输出很好地跟踪控制回路设定值，使反映相应加工过程的运行指标（即表征加工半成品材料的质量和效率、资源消耗以及加工成本的工艺参数）在目标值范围内，而且要优化控制指令，与其他工序的过程控制系统实现协同优化，从而实现全流程生产线的综合生产指标（产品质量、产量、消耗、成本、排放）的优化控制。因此，工业过程控制系统的最终目标是实现全流程生产线综合生产指标的优化，以获得最大的经济效益和社会效益。

生产过程的优化是在各种约束条件下求取目标函数的最优值，通常是复杂的非线性优化问题，运用传统优化理论计算往往比较困难。由于系统的复杂性，求全局最优值往往也十分困难，并且实际过程并不一定要求取最优值，往往只要求得到优化区域或满意解即可。在优化过程中，实际的最优值往往处于约束的边界上，有人提出把工艺设计和控制整体考虑，在工艺设计的同时考虑控制的实施方案及效果，就可以在工艺设计阶段消除那些可能导致控制困难的因素，这种思路受到越来越多人的关注。

4. 系统故障预报与诊断受到普遍关注

故障预报与诊断技术是对系统的异常状态检测、异常状态识别，以及包括异常状态预报在内的各种技术的总称。

随着现代工业及科学技术的迅速发展，生产设备日趋大型化、高速化、自动化和智能化，人们对系统的安全性、可靠性和有效性的要求日益突出，故障预报与诊断技术也越来越受到人们的重视。这是一门综合性技术，涉及多个领域的知识，如现代控制理论、可靠性理论、数理统计、模糊集理论、信号处理、模式识别、人工智能等。故障预报与诊断的主要作用是提高故障的正确检测率，降低故障的漏报率和误报率。

5. 大数据和工业云技术促进过程控制向智慧、优化的综合自动化方向发展

过程工业自动化在20世纪90年代以前仍是自动化孤岛模式，20世纪90年代后，国际市场竞争越来越激烈，过程工业受到环境保护的巨大社会压力，少投入多产出的高效生产和减少污染的洁净生产逐渐成为企业的生产目标。很多企业把提高综合自动化水平作为提高竞争力的重要途径。因此，集常规控制、先进控制、过程优化、生产调度、企业管理、经营决策等功能为一体的综合自动化成为自动化发展的趋势。

综合自动化就是在计算机通信网络和分布式数据库的支持下，实现信息与功能的集成，充分调动经营系统、技术系统及组织系统，最终形成一个能适应生产环境不确定性和市场需求多变性的、全局优化的、高质量高效益的、高柔性的智能生产系统。

而综合自动化要求工业过程控制系统成为智慧优化控制系统，要求过程工业资源、计划、调度等决策系统成为智能优化决策系统。

工业过程智慧优化控制系统将控制、计算机（嵌入式软件、云计算）和工业互联网的计算资源与工业过程的物理资源紧密结合与协同，在控制、优化、故障诊断与自愈控制，以及自适应、自学习、可靠性和可用性方面远远超过目前的工业过程优化控制系统。

智慧优化控制系统是工业过程控制系统的发展方向。

工业大数据技术、工业互联网技术和工业云的发展使研制市场需求变化、资源属性变化和生产条件变化的智能感知系统，为智能优化决策系统和智慧优化控制系统的自适应决策与控制的仿真实验、自主学习、工程实现提供支撑成为可能；使研制生产制造全流程、远程、移动与可视化安全运行监控系统成为可能。

课后题

巩固练习

1. 过程控制系统的典型结构由哪四部分组成？若将这四部分划分为两大部分的话，有哪两种划分方式？这两种方式分别在什么场合下应用？

2. 什么是被控过程的静态特性和动态特性？二者之间有什么联系？

3. 对比定值控制系统和随动控制系统在控制任务、过渡过程形式和性能指标等方面的异同。

4. 评价过程控制系统动态性能的单项性能指标有哪些？各自的定义是什么？

5. 某工艺流程中被控量为液位 h，在初始工况 50 mm 时，设定值突然被调整为 100 mm，控制系统调节过程曲线如图1-15所示，液位最终稳定在105 mm。试求该控制系统的衰减比、振荡周期、超调量、调节时间和最大静态偏差等单项性能指标，并按常规工程要求对该液位控制系统进行评价。

6. 图1-16为某水箱液位控制系统，以进水阀门开度 μ 为控制量；图1-17为某换热器出口温度控制系统，被加热物料流量 Q_1 为主要扰动量，热蒸汽阀门开度 μ 为控制量。

(1) 请分别绘制这两个控制系统的结构方框图，并标注出相关的设备、信号和物理量；

(2) 按控制系统结构分类来看，这两个系统分别属于哪种结构？两者有何区别？

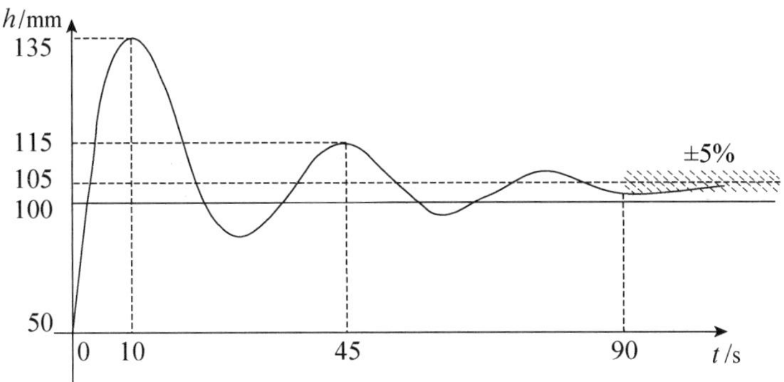

图 1-15 某液位控制系统的调节过程曲线

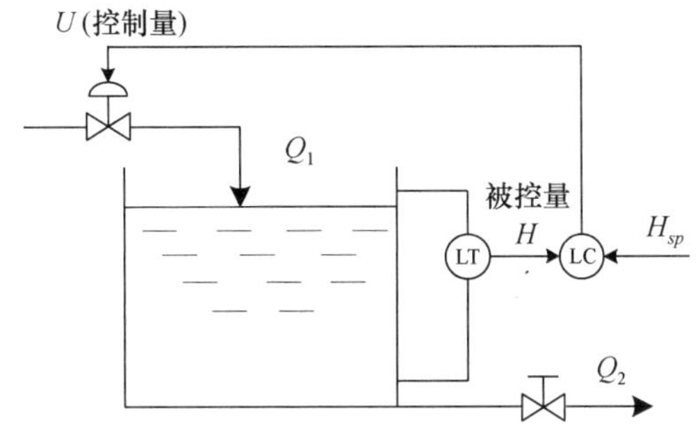

图 1-16 某水箱液位控制系统

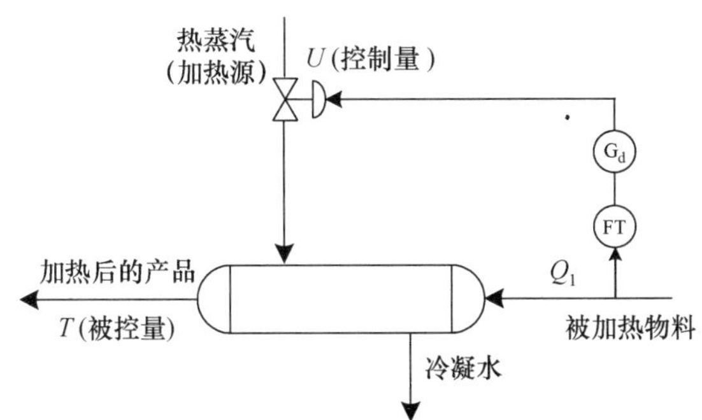

图 1-17 某换热器出口温度控制系统

拓展思考

1. 查找相关文献，了解当前社会发展对工业生产过程控制技术的需求及其发展趋势，结合所学专业思考个人学习和未来发展规划。

2. 通过文献检索了解中国近现代科学家的生平及科技报国事迹，思考当代大学生的责任与担当。

第2章 工业过程数学模型的建立

本章学习导言

本章首先介绍工业过程数学模型的概念，为工业过程建立数学模型的作用、要求和方法，然后详细介绍了工业过程数学建模的两种方法：机理法和测试法。在机理法中利用流入量和流出量的概念着重分析了几类典型的过程特性及其模型特点。在测试法中主要介绍了建模实验的原理和步骤。

本章核心知识点思维导图

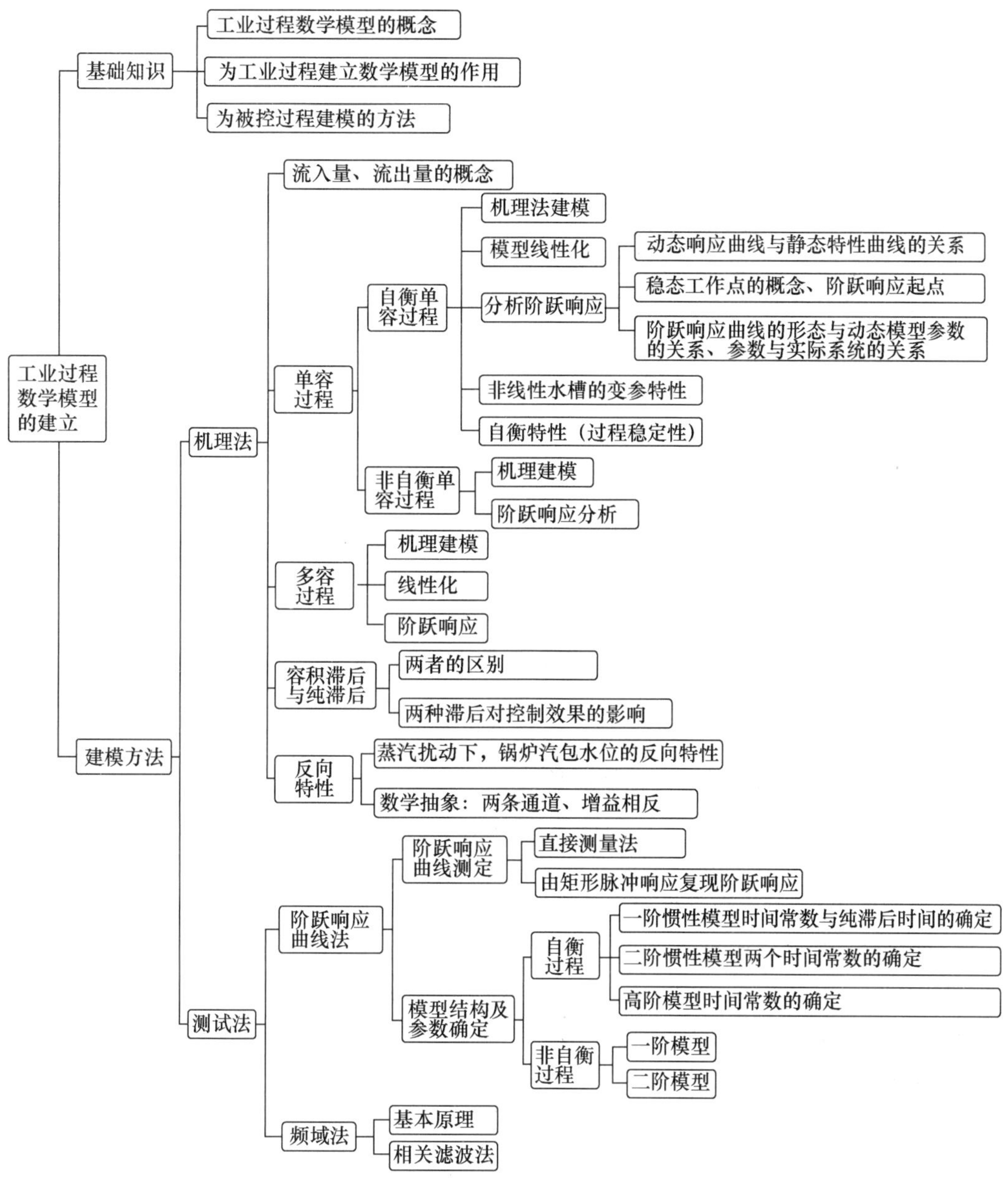

2.1 基础知识

2.1.1 工业过程数学模型的概念

工业过程作为一个因果系统，输出量随时间的变化和稳态值都受到输入量的影响。所谓工业过程数学模型，就是系统输入对输出影响关系的数学描述。描述系统稳态下输入输出对应关系的数学模型称为稳态数学模型，描述系统动态过程中输入输出对应关系随时间变化情况的数学模型称为动态数学模型。

过程控制系统所关心的稳定性、准确性和快速性需要通过动态数学模型加以分析，所以本书只讨论工业过程的动态数学模型。连续生产过程的动态数学模型具有多种形式，如微分方程、差分方程、状态方程等，人们往往根据分析或设计的需要选择合适的形式，不同形式的模型可以互相转化。具体的数学表达式属于参量形式的数学模型。在实际中，一些生产过程极其复杂，非线性特性显著，难以用规整的数学表达式来描述，常用数据表格或典型响应曲线来表示系统的特性，这些表格和曲线属于非参量形式的数学模型。

2.1.2 为工业过程建立数学模型的作用

建立数学模型简称建模，为工业过程建模主要有如下五个方面的作用。

1. 设计过程控制系统和整定控制器参数

工业过程的数学模型是选择控制通道、确定控制方案、进行检测仪表和执行器选型，以及设计控制算法、整定控制器参数的重要依据，一些控制器（如预测控制器、前馈补偿控制器、最优控制器等）是基于数学模型进行设计的。

2. 指导生产设备结构设计

为工业过程建模有助于确定有关因素对整个被控过程的影响，有助于工作人员对生产设备的结构设计提出合理的要求和优化操作。

3. 进行模拟实验

对于成本高、危害大（或具有破坏性）、不能重复进行或不允许实际进行的实验，可以利用数学模型对被控过程及相关设备进行模拟仿真，获得近乎真实的过程数据，从而大大降低设计成本，缩短开发周期。

4. 培训操作人员

利用仿真技术建立的仿真培训系统可用来培训操作人员。这样可以有效避免因操作失误带来的事故和损失，保障人员和设备安全，降低培训成本。

5. 进行故障检测与诊断

利用数学模型可以进行工业过程的故障检测与诊断，有助于工作人员及时发现系统的故障及原因,并尽早找到正确的解决途径。

数学模型要准确可靠,但并非越准确越好,超过实际需要的准确性要求必然会导致不必要的浪费和效率的降低。应根据实际需求,突出主要因素,忽略次要因素,做合理的近似处理(如线性化、分布参数系统集总化和模型降阶等)。一般地,为控制系统设计的数学模型并不要求非常准确,因为闭环控制本身具有一定的鲁棒性,模型的误差相当于系统的干扰,能够被控制器克服。因此,被控过程的数学模型往往不超过三阶,一阶、二阶与纯滞后环节组合是较为常用的形式。

2.1.3 为被控过程建模的方法

为被控过程建模的方法主要有两种:机理法和测试法。

机理法就是通过分析生产过程发生变化的机理,根据流入流出关系写出各种有关的平衡方程,并对这些方程进行整理,从而获得所需的数学模型。工业过程中的平衡方程主要有物质平衡方程、能量平衡方程、动量平衡方程、相平衡方程,从而得到反映流体流动、传热、传质、化学反应等基本规律的运动方程、物性参数方程和某些设备的特性方程等。使用机理法建模的首要条件是人们已经充分掌握了生产过程的机理,并且可对生产过程进行比较确切的数学描述。除非是非常简单的被控对象,否则很难得到紧凑的数学形式表达式。

测试法一般只用于建立输入输出模型,该方法是对工业过程中输入和输出的实测数据进行某种数学处理从而得到模型的。测试法的主要特点是把被研究的工业过程视为一个黑匣子,完全从外部特性上测试和描述它的动态性质,不深入掌握其内部机理。但对系统内部机理的定性了解(如哪些主要因素在起作用,它们之间的因果关系如何等)有助于测试法的实施。用测试法建模一般比用机理法建模要简单和省力,尤其是对那些复杂的工业过程。如果两种方法能达到同样的目的,一般采用测试法建模。

2.2 机理法建模

2.2.1 建模原理

工业生产过程中的被控对象千差万别、工艺各异,但它们在本质上有许多相似之处。过程控制中所涉及的被控对象、工作过程几乎都离不开物质或能量的流动。因此,可以把被控对象视为一个隔离体,将单位时间内从外部流入对象内部的物质或能量称为流入量,将单位时间内从对象内部流出的物质或能量称为流出量。显然,只有流入量与流出量保持平衡时,过程变量才不会随时间变化,才会处于稳定平衡的状态。平衡关系一旦遭到破坏,物质或能量在系统中必然会体现为某一个量的变化。例如,物位变化反映了工质平衡遭到破坏,温度变化反映了热量平衡遭到破坏。

用机理法建立被控过程的动态模型时,可以从流入流出量的不平衡关系入手,得到每个存储环节不平衡状态下变量变化的微分方程，然后对微分方程加以整理，得到需要的系统动态模型。

反映流入流出量不平衡关系的动态平衡方程式为：

被控过程内部物质(能量)存储量的变化率＝

单位时间内物质(能量)流入量－单位时间内物质(能量)流出量

这是机理法建模的核心所在。

在过程控制中，流入流出量是非常重要的概念，通过此概念才能正确理解被控对象动态特性的实质。但是，流入流出量与输入输出量不同。在控制系统方框图中，无论是流入量还是流出量，作为引起被控量变化的原因，它们都应被看作被控对象的输入量。

2.2.2 单容过程建模

1. 单容自衡水槽

(1) 机理法建模

所谓单容过程，是指只有一个储蓄容量的被控过程。图 2-1 所示为一个典型的单容自衡水槽。生产过程中，不断有水流入水槽内，同时也有水不断从水槽中流出。流入水量 Q_i 由进水阀开度 μ 加以调节，流出水量 Q_o 取决于水槽内的液位高度(考虑出水阀开度不变的情况)。单位时间内流入水量与流出水量的差值就是水槽单位时间内的储水变化量，体现为液位 H 的变化速度。若将液位 H 作为被控量，则改变进水阀开度 μ 可以影响流入水量，从而改变液位。

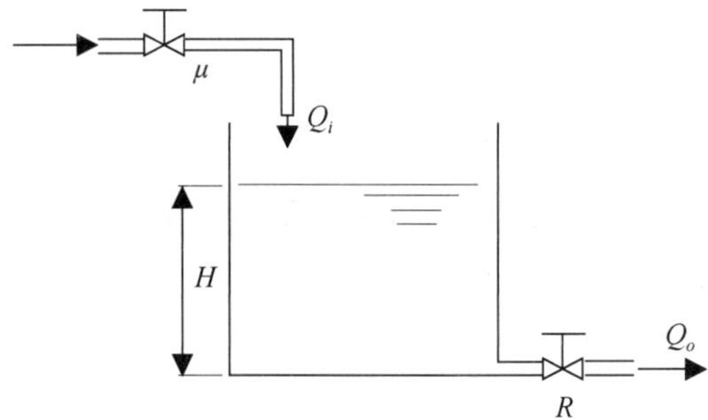

图 2-1　一个典型的单容自衡水槽

这里将进水阀开度 μ 作为输入量建立此单容自衡水槽的数学模型。根据物料动态平衡关系可列出如下微分方程

$$A\frac{\mathrm{d}H}{\mathrm{d}t}=Q_i-Q_o \tag{2-1}$$

其中，A 为水槽的底面积。考虑进水阀为线性阀门，流入水量 $Q_i=k_\mu\mu$，流出水量 $Q_o=k\sqrt{H}$。在供水压力一定时，k_μ 为常数；在出水阀开度一定、水槽底面积 A 恒定时，k 也为常数。将这些关系代入式(2-1)，并且将被控量 H 放到等式左边，将控制量 μ 放到等式右边，

可整理得到单容自衡水槽的动态数学模型

$$A\frac{\mathrm{d}H}{\mathrm{d}t}+k\sqrt{H}=k_{\mu}\mu \tag{2-2}$$

(2) 模型在稳态工作点的小偏差线性化

式(2-2)所示的单容自衡水槽数学模型是一个非线性微分方程，非线性项$\sqrt{H}$会给分析和设计带来很大的困难，因此，通常需要在一定条件下对该方程作线性化处理。小偏差线性化是常用的线性化处理方法之一，此方法往往将方程中的非线性项在稳态工作点展开成泰勒级数，然后略去非线性高次项，从而达到线性化的目的。

这里设(μ_0,H_0)为一个稳态工作点，即进水阀开度μ_0对应的进水量Q_{i0}与液位H_0导致的出水量Q_{o0}相等，即

$$k\sqrt{H_0}=Q_{o0}=Q_{i0}=k_{\mu}\mu_0 \tag{2-3}$$

将非线性项$\sqrt{H}$在稳态工作点(μ_0,H_0)处展开为泰勒级数

$$\sqrt{H}=\sqrt{H_0}+\frac{1}{2\sqrt{H_0}}(H-H_0)+\cdots \tag{2-4}$$

在实际的液位H离稳态工作点H_0很近的情况下，式(2-4)中的高次项可以忽略，得到

$$\sqrt{H}-\sqrt{H_0}\approx\frac{1}{2\sqrt{H_0}}(H-H_0) \tag{2-5}$$

将式(2-2)与式(2-3)左右两端做减法，可得到

$$A\frac{\mathrm{d}H}{\mathrm{d}t}+k(\sqrt{H}-\sqrt{H_0})=k_{\mu}(\mu-\mu_0) \tag{2-6}$$

再利用式(2-5)的近似关系，可得到近似线性化的系统模型

$$A\frac{\mathrm{d}H}{\mathrm{d}t}+\frac{k}{2\sqrt{H_0}}(H-H_0)=k_{\mu}(\mu-\mu_0) \tag{2-7}$$

流出水量的变化量为$\frac{k}{2\sqrt{H_0}}(H-H_0)$，相当于液位变化量除以$R=\frac{2\sqrt{H_0}}{k}$，因此，将$R$称为液阻。以稳态工作点$(\mu_0,H_0)$为参考零点，重新定义液位和进水阀开度$\Delta H=H-H_0$，$\Delta\mu=\mu-\mu_0$，式(2-7)可以整理成

$$AR\frac{\mathrm{d}\Delta H}{\mathrm{d}t}+\Delta H=k_{\mu}R\Delta\mu \tag{2-8}$$

将稳态工作点(μ_0,H_0)作为进水阀开度和液位的参考零点，则可以去掉式(2-8)中的增量符号Δ，得到

$$AR\frac{\mathrm{d}H}{\mathrm{d}t}+H=k_{\mu}R\mu \tag{2-9}$$

这就是单容自衡水槽系统的线性微分方程，将其两端在零初始条件下进行拉普拉斯变换，可以得到此水槽系统的传递函数为惯性环节

$$\frac{H(s)}{\mu(s)}=\frac{K}{Ts+1} \tag{2-10}$$

其中，时间常数$T=AR$和静态增益$K=k_{\mu}R$除与水槽本身的底面积、出水阀开度等系统结

构参数有关之外，还与线性化稳态工作点(μ_0，H_0)的位置有关。

(3) 利用线性化模型分析水槽的阶跃响应

处于稳态工作点(μ_0，H_0)的水槽，当进水阀的开度从 μ_0 阶跃到 $\mu_0+\Delta\mu$ 后，其液位随时间的变化过程可通过求解微分方程(2-8)得到

$$\Delta H(t)=K\Delta\mu(1-e^{-t/T}) \tag{2-11}$$

将 μ_0，H_0 作为 μ 和 H 的坐标零点，则单容自衡水槽液位阶跃响应曲线如图 2-2 所示。

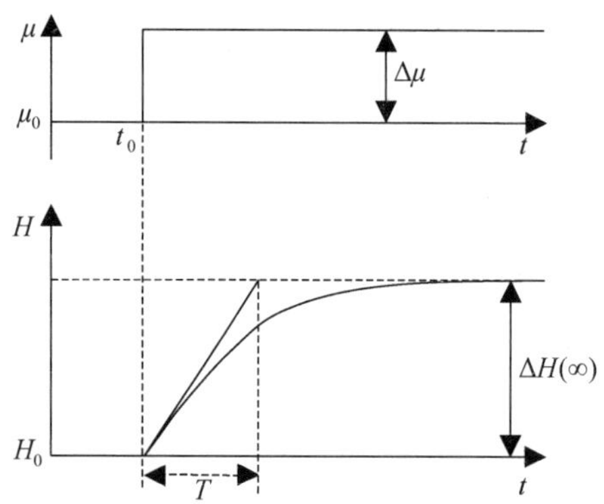

图 2-2 单容自衡水槽液位阶跃响应曲线

阶跃响应曲线的起始点通常并不是零液位高度，而是一个作为参考零点的稳定工况(μ_0，H_0)，进水阀开度阶跃增加后，流入量大于流出量，打破了原来流入流出量的平衡，导致水槽储水液位上升。由于出水量也随着液位的增高而增加，流入流出的不平衡量逐渐减小，直到出水量与增加后的进水量达到新的平衡，液位停止到一个新的高度。

线性化模型(2-10)中的参数 K 和 T 影响阶跃响应曲线的形态，具体的物理意义如下：

时间常数 T：对(2-11)求导得到$\left.\frac{\mathrm{d}\Delta H}{\mathrm{d}t}\right|_{t=0}=\left.\frac{K\Delta\mu e^{-t/T}}{T}\right|_{t=0}=\frac{K\Delta\mu}{T}=\frac{\Delta H(\infty)}{T}$，时间常数 T 表示液位从 $t=0$ 以最大速度一直变化到稳态值所需的时间，反映了系统的响应速度。时间常数越小，系统响应速度越快。

静态增益 K：物理意义是输出稳态值变化量与导致此变化的输入变化幅度的比值。当 $t\to\infty$时，$\Delta H(\infty)=K\Delta\mu$，输入变化量放大 K 倍成为输出的稳态变化量。静态增益 K 越大，说明输入对输出的影响能力越强。

(4) 水槽的非线性变参特性

由式(2-10)可知，不同稳态工作点线性化所得到的模型参数不同，这被称为非线性对象的变参特性，这是实际系统中普遍存在的现象。其中，静态增益随工作点变化的特性被称为变增益特性。令式(2-2)中$\frac{\mathrm{d}H}{\mathrm{d}t}=0$，可得稳态时液位与进水阀开度之间的非线性关系(如图 2-3 所示)为

$$H=\left(\frac{k_\mu}{k}\right)^2\mu^2 \tag{2-12}$$

在图 2-3 中，曲线斜率的变化就是非线性变增益特性的体现。

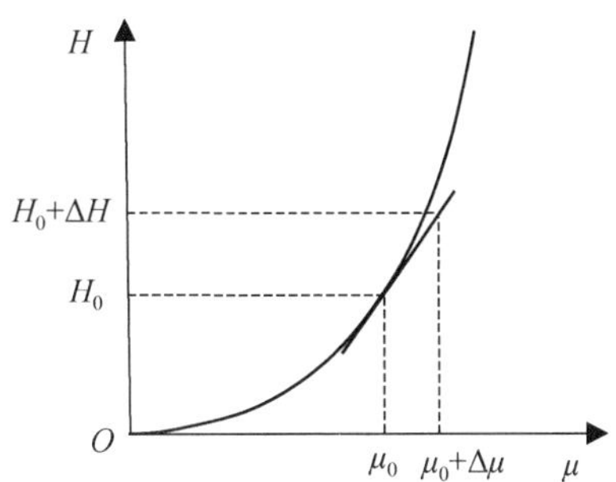

图 2-3　单容自衡水槽稳态特性曲线

在近似线性化的系统模型中，令(2-8)中 $\frac{\mathrm{d}\Delta H}{\mathrm{d}t}=0$，可得系统的稳态线性化模型 $\Delta H=\frac{2k_\mu\sqrt{H_0}}{k}\Delta\mu=K\Delta\mu$。在图 2-3 中，线性化模型的稳态特性是非线性 H—μ 关系曲线在稳定工况(μ_0，H_0)处的切线，K 为直线斜率。可见，只有在(μ_0，H_0)附近才能近似为一直线，这也是小偏差线性化的"小"之所在。由式(2-10)可知，当稳定工况(μ_0，H_0)发生变化时，近似线性化模型参数 K 和 T 都将发生变化，因此线性化模型的参数均是针对某一稳定工况点而言的。

> **考考你 2-1**　水槽底面积的大小、线性化稳态工作点位置的高低以及出水阀开度大小对阶跃响应曲线的形态分别有何影响？

(5) 自衡特性

一些被控过程在原来的物质或能量平衡关系遭到破坏后，流入流出的不平衡量会随着被控量的变化(存储量变化导致)而逐渐减小，从而使流入流出量自动达到新的平衡(具有存储阻力)，过程的这种性质被称为自衡特性，具有自衡特性的过程被称为自衡过程。

例如，式(2-2)描述的单容自衡水槽的结构可用方框图 2-4 表示，从其中的反馈可以看出，随着液位 H 的升高，流出量也会增加，流入流出的不平衡量会随之消失，这就是阻碍存储的因素。

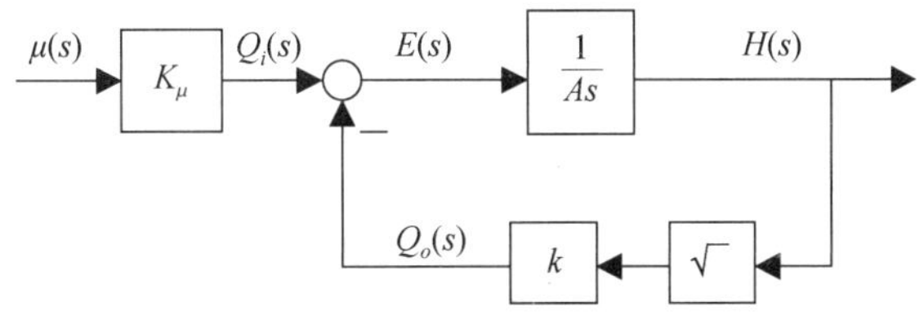

图 2-4　单容自衡水槽结构方框图

凡是只具有一个储蓄容积，同时具备存储阻力的过程都具有相似的动态特性，单容自衡水槽只是一个典型的代表。图 2-5 所示的贮气罐、电加热槽和混合槽都属于这一类被控对象。图 2-5 中分别给出了它们的容积和阻力分布情况，输入端的阻力符号 R 代表储量变化会影响输入量，输出端的阻力符号 R 代表储量变化会影响输出量，并且这种影响会消除流入流出量的失衡。

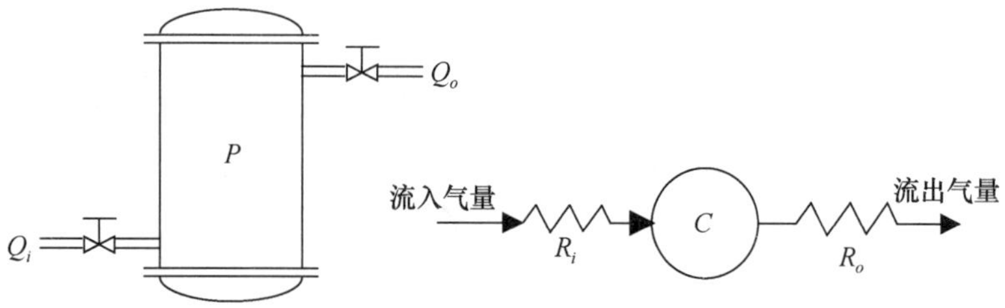

(a) 贮气罐

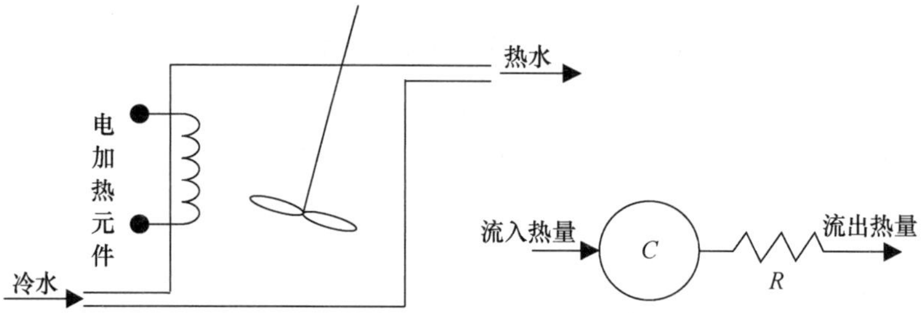

(b) 电加热槽

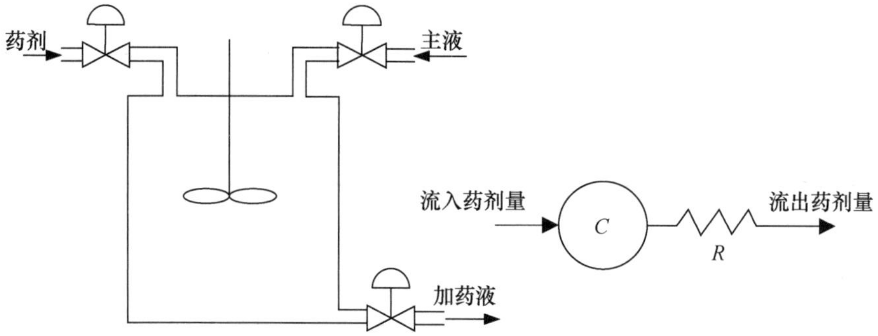

(c) 混合槽

图 2-5 其他单容自衡被控对象举例

具有自衡特性的过程都是稳定的过程，因而输出能够复现输入的运动形式，体现到线性化的传递函数中，就是其极点在复平面的左半平面。

(6) 自衡率

自衡过程的自平衡能力被称为自衡率，用 ρ 来表示，它是静态增益 K 的倒数。

$$\rho=\frac{1}{K} \tag{2-13}$$

例如，单容自衡水槽的自衡率 $\rho=\frac{1}{K}=\frac{\Delta\mu}{\Delta H(\infty)}$，对于进水阀开度变化 $\Delta\mu$，液位改变 $\frac{\Delta\mu}{\rho}$ 就能重新恢复平衡，ρ 越大，输出需要做出的改变越小，系统自平衡能力越强。

2. 单容积分水槽

若过程的流入流出量与系统储量无关，那么系统在平衡关系遭到破坏后将不能建立新的平衡，这样的过程不具有自衡特性，被称为非自衡过程。

如果在水槽的出口安装定量水泵，使流出水量不再受到液位的影响，这样的水槽就是单容积分水槽，单容积分水槽的工艺流程图和结构方框图如图 2-6 所示。

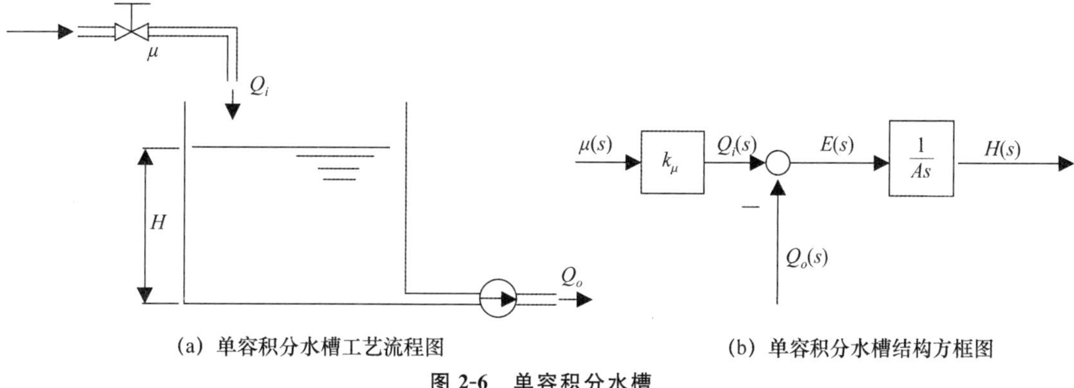

(a) 单容积分水槽工艺流程图　　(b) 单容积分水槽结构方框图

图 2-6　单容积分水槽

在非自衡过程中，当发生扰动使进水量突然发生变化，原有的平衡关系被打破时，由于出水量由定量水泵决定，不会随着液位的变化而变化，因此流入水量与流出水量的不平衡将一直存在，水槽内的水会不断增加，液位也会不停升高。单容积分水槽的液位阶跃响应曲线如图 2-7 所示。

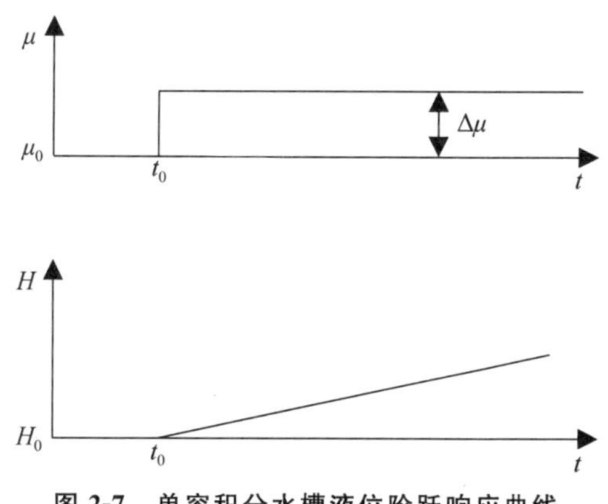

图 2-7　单容积分水槽液位阶跃响应曲线

用类似于单容自衡水槽的建模过程，可以得到单容积分水槽的数学模型

$$\frac{\mathrm{d}\Delta H}{\mathrm{d}t}=\frac{k_\mu}{A}\Delta\mu \tag{2-14}$$

取初始稳态作参考零点，则可得此水槽系统的传递函数是个积分环节

$$\frac{H(s)}{\mu(s)}=\frac{k_\mu}{As} \tag{2-15}$$

不难发现，方程(2-14)的左侧少了液位的 0 阶导数项(这一项来源于流出量与液位的联系)。这一项的缺失说明系统流入流出量的失衡不会随着存储过程的进行而消失，系统自身不具备达到新平衡的能力。

2.2.3 多容过程建模

前面讨论了只有一个储蓄容积的被控过程，实际生产中被控过程要复杂一些，往往具有一个以上的储蓄容积，这类过程被称为多容过程。下面用多容液位过程分析多容过程的特性。图 2-8 所示为分离式双容自衡水槽(两个水槽都是独立的单容自衡过程，出水量只与自身液位有关)。

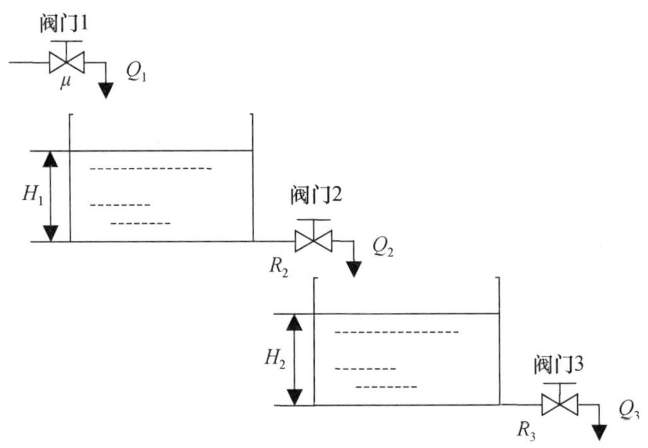

图 2-8 分离式双容自衡水槽

该过程的输入量为上水槽进水阀门 1 的开度 μ，输出量为下水槽的液位 H_2，假设阀门 2 与阀门 3 开度固定，分别列写上水槽和下水槽容积存储变化的动态平衡方程式为

$$A_1\frac{\mathrm{d}H_1}{\mathrm{d}t}=Q_1-Q_2 \tag{2-16}$$

$$A_2\frac{\mathrm{d}H_2}{\mathrm{d}t}=Q_2-Q_3 \tag{2-17}$$

其中，$Q_1=k_\mu\mu$，$Q_2=k_1\sqrt{H_1}$，$Q_3=k_2\sqrt{H_2}$，可得

$$A_1\frac{\mathrm{d}H_1}{\mathrm{d}t}=k_\mu\mu-k_1\sqrt{H_1} \tag{2-18}$$

$$A_2\frac{\mathrm{d}H_2}{\mathrm{d}t}=k_1\sqrt{H_1}-k_2\sqrt{H_2} \tag{2-19}$$

由于构成此双容过程的两个单容过程都是自衡过程，因此，这个双容水槽也具有自衡特性。进水阀开度 μ 使进水量从 Q_1 变为 Q_1' 时，会打破上水槽的物质平衡，使上水槽液位 H_1 发生变化；H_1 的变化会导致上水槽出水量 Q_2 发生变化，从而打破下水槽的物质平衡，使下水槽液位 H_2 发生变化。由于两个水槽都具有自衡特性，H_1 的变化会逐渐减小上水槽的物质不平衡，使之逐渐趋于新的平衡，H_1 会停留在与进水量对应的高度 H_1'。同时下水槽的进水量(上水槽的出水量)Q_2'也会趋于一个新的稳定数值，之后 H_2 同样会停留在与此进水量对应的高度 H_2'。

设双容水槽的稳态工作点为(μ_0, H_{10}, H_{20})，进水阀开度μ_0对应的进水量Q_{10}与液位H_{10}对应的出水量Q_{20}相等，同时H_{20}对应的出水量Q_{30}与Q_{20}相等。系统的物质平衡关系为

$$Q_{10} = k_\mu \mu_0 = Q_{20} = k_1\sqrt{H_{10}} = Q_{30} = k_2\sqrt{H_{20}} \tag{2-20}$$

根据物料动态平衡关系，得到两个水槽关于稳态工作点的动态方程

$$A_1\frac{\mathrm{d}H_1}{\mathrm{d}t} + k_1(\sqrt{H_1} - \sqrt{H_{10}}) = k_\mu(\mu - \mu_0) \tag{2-21}$$

$$A_2\frac{\mathrm{d}H_2}{\mathrm{d}t} + k_2(\sqrt{H_2} - \sqrt{H_{20}}) = k_1(\sqrt{H_1} - \sqrt{H_{10}}) \tag{2-22}$$

利用泰勒级数对非线性项作线性化近似

$$\sqrt{H_1} - \sqrt{H_{10}} \approx \frac{1}{2\sqrt{H_{10}}}(H_1 - H_{10}) \tag{2-23}$$

$$\sqrt{H_2} - \sqrt{H_{20}} \approx \frac{1}{2\sqrt{H_{20}}}(H_2 - H_{20}) \tag{2-24}$$

可得到

$$A_1\frac{\mathrm{d}\Delta H_1}{\mathrm{d}t} + \frac{k_1}{2\sqrt{H_{10}}}\Delta H_1 = k_\mu \Delta\mu \tag{2-25}$$

$$A_2\frac{\mathrm{d}\Delta H_2}{\mathrm{d}t} + \frac{k_2}{2\sqrt{H_{20}}}\Delta H_2 = \frac{k_1}{2\sqrt{H_{10}}}\Delta H_1 \tag{2-26}$$

取稳态工作点(μ_0, H_{10}, H_{20})为参考零点，整理可得

$$T_1\frac{\mathrm{d}H_1}{\mathrm{d}t} + H_1 = K_1\mu \tag{2-27}$$

$$T_2\frac{\mathrm{d}H_2}{\mathrm{d}t} + H_2 = K_2H_1 \tag{2-28}$$

其中$T_1 = \frac{2A_1\sqrt{H_{10}}}{k_1}$，$K_1 = \frac{2k_\mu\sqrt{H_{10}}}{k_1}$，$T_2 = \frac{2A_2\sqrt{H_{20}}}{k_2}$，$K_2 = \frac{k_1\sqrt{H_{20}}}{k_2\sqrt{H_{10}}}$。对应两个传递函数为

$$\frac{H_1(s)}{\mu(s)} = \frac{K_1}{T_1s+1} \tag{2-29}$$

$$\frac{H_2(s)}{H_1(s)} = \frac{K_2}{T_2s+1} \tag{2-30}$$

可见，分离式双容自衡水槽的传递函数就是两个单容自衡水槽传递函数的串联

$$\frac{H_2(s)}{\mu(s)} = \frac{K_1}{T_1s+1}\cdot\frac{K_2}{T_2s+1} \tag{2-31}$$

另外，将式(2-28)代入式(2-27)也可得到分离式双容自衡水槽线性化后的微分方程

$$T_1T_2\frac{\mathrm{d}^2H_2}{\mathrm{d}t^2} + (T_1+T_2)\frac{\mathrm{d}H_2}{\mathrm{d}t} + H_2 = K_1K_2\mu \tag{2-32}$$

对应的传递函数为

$$\frac{H_2(s)}{\mu(s)} = \frac{K_1K_2}{T_1T_2s^2 + (T_1+T_2)s + 1} \tag{2-33}$$

双容水槽的数学模型是二阶微分方程，反映了被控过程含有两个串联的容积。在建模过程中，对被控过程每一个容积，都需要利用流入流出量的动态关系建立一个微分表达式，所得一阶微分方程的个数就等于过程中存储容积的个数，最后化简得到数学模型的阶数自然就等于过程内部存储容积的个数。

由于惯性环节的阶跃响应都是非振荡的单调过程，分离式双容自衡水槽由两个一阶惯性串联而成，其阶跃响应曲线也是单调飞升的非振荡曲线。分离式双容自衡水槽液位阶跃响应曲线如图 2-9 所示，该曲线并非指数飞升曲线，而是呈 S 形的单调飞升曲线。曲线 H_2 在起始阶段与单容自衡水槽的阶跃响应曲线有很大差别。

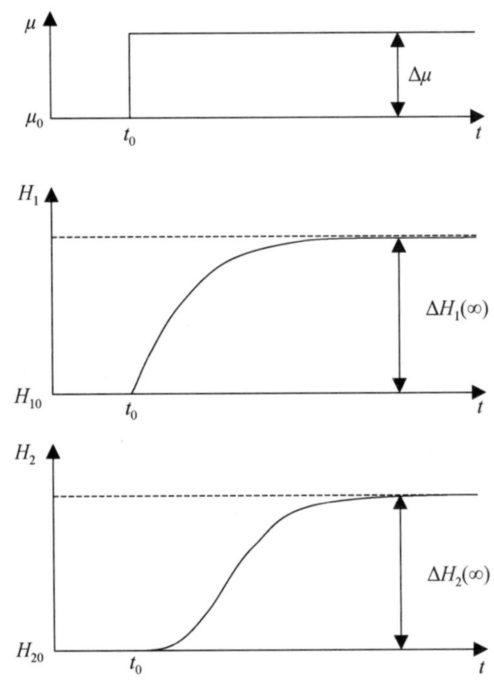

图 2-9 分离式双容自衡水槽液位阶跃响应曲线

从图 2-9 可以看出，在阀门 1 开度 μ 突然开大的瞬间，液位 H_1 只有一定的变化速度，而其变化量本身却为零，因此 Q_2 暂时尚无变化，这使得 H_2 起始的变化速度也为零。由此可见，由于增加了一个容积，就使得被控量的响应在时间上滞后一步。这种由于储蓄容积串联引起的输出响应滞后被称为容积滞后。

考考你 2-2 (1) 如果是三个水槽串联，重复以上的建模过程，所得到的数学模型会是几阶？

(2) 如果串联水槽中存在非自衡的单容水槽，所得到的数学模型传递函数会是什么形式？

(3) 随着串联水槽数量的增加，阶跃响应曲线的形态会有什么样的变化？

利用同样的方法可以分析类似的工业过程。图 2-10(a)所示加热器将蒸汽通入容器中去加热盘管中的冷水。在蒸汽入口处装有调节阀,以便控制热水温度。在该系统中,流入流出量分别是单位时间内进入和流失的热量。该系统有两个可以储蓄热量的容积：盘管的金属管壁和盘管中的水。图 2-10(b)所示为该系统中被控对象的热量流动路线以及容积和阻力的分布情况。利用相应的热阻、热容的概念可以写出加热器的二阶微分方程。

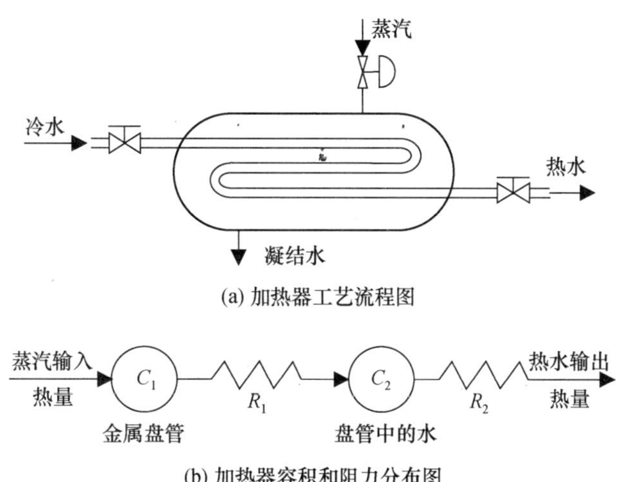

图 2-10　加热器工艺流程图及其容积与阻力分布

扩展阅读：关联式双容水槽

图 2-11 所示为相互影响的串联双容水槽,此双容水槽与图 2-8 所示双容水槽的不同之处在于,此双容水槽两个水槽液位之间存在耦合关系(Q_2 与 H_1 和 H_2 都有关系)。此双容水槽阀门 2 与阀门 3 的开度固定,过程的输入量为阀门 1 的开度 μ,输出量为后方水槽的液位 H_2。阀门 1 开度 μ 的改变影响 Q_1,进而影响前方水槽的物质平衡,造成 H_1 的变化;H_1 的变化会导致 Q_2 的变化,从而影响后方水槽的物质平衡,造成 H_2 的变化,最终影响后方水槽流出水量。

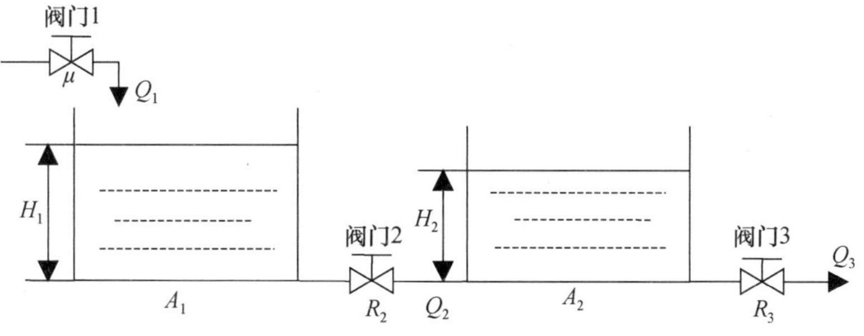

图 2-11　相互影响的串联双容水槽

下面为此双容水槽列写稳态工作点(μ_0, H_{10}, H_{20})处的线性化微分方程。考虑阀门 1 为线性阀门,有

$$Q_1 = k_\mu \mu \tag{2-34}$$

两个水槽之间的流量取决于它们底部的静压差,所以

$$Q_2 = k_1 \sqrt{H_1 - H_2} \tag{2-35}$$

后方水槽出水量取决于其底部的液体静压力,所以

$$Q_3 = k_2 \sqrt{H_2} \tag{2-36}$$

根据动态物料平衡关系,得到两个水槽的动态方程

$$A_1 \frac{dH_1}{dt} = Q_1 - Q_2 = k_\mu \mu - k_1 (\sqrt{H_1 - H_2}) \tag{2-37}$$

$$A_2 \frac{dH_2}{dt} = Q_2 - Q_3 = k_1 (\sqrt{H_1 - H_2}) - k_2 \sqrt{H_2} \tag{2-38}$$

在稳态工作点(μ_0, H_{10}, H_{20})将式(2-35)和(2-36)展开得

$$\begin{aligned} Q_2 = k_1 \sqrt{H_1 - H_2} &= k_1 \sqrt{H_{10} - H_{20}} + \frac{k_1}{2\sqrt{H_{10} - H_{20}}}(\Delta H_1 - \Delta H_2) + \cdots \\ &\approx k_1 \sqrt{H_{10} - H_{20}} + \frac{1}{R_2}(\Delta H_1 - \Delta H_2) \end{aligned} \tag{2-39}$$

$$Q_3 = k_2 \sqrt{H_2} = k_2 \sqrt{H_{20}} + \frac{k_2}{2\sqrt{H_{20}}}(H_2 - H_{20}) + \cdots \approx k_2 \sqrt{H_{10} - H_{20}} + \frac{1}{R_3}\Delta H_2 \tag{2-40}$$

其中,$\Delta H_1 = H_1 - H_{10}$,$\Delta H_2 = H_2 - H_{20}$,$R_2$ 和 R_3 分别为线性化后阀门 2 和阀门 3 的水阻。将式(2-39)和(2-40)代入式(2-37)和(2-38),并利用稳态工作点的平衡条件 $Q_{10} = Q_{20} = Q_{30}$,即

$$k_\mu \mu_0 = k_1 \sqrt{H_{10} - H_{20}} = k_2 \sqrt{H_{20}} \tag{2-41}$$

可得

$$A_1 \frac{d\Delta H_1}{dt} = k_\mu \Delta\mu - \frac{1}{R_2}(\Delta H_1 - \Delta H_2) \tag{2-42}$$

$$A_2 \frac{d\Delta H_2}{dt} = \frac{1}{R_2}(\Delta H_1 - \Delta H_2) - \frac{1}{R_3}\Delta H_2 \tag{2-43}$$

利用微分算子法,消去中间变量 ΔH_1 后得

$$A_1 A_2 R_2 R_3 \frac{d^2 \Delta H_2}{dt^2} + (A_2 R_3 + A_1 R_2 + A_1 R_3) \frac{d\Delta H_2}{dt} + \Delta H_2 = k_\mu R_3 \Delta\mu \tag{2-44}$$

令 $K = k_\mu R_3$,$T_1 = A_1 R_2$,$T_2 = A_2 R_3$,$T_{12} = A_1 R_3$,可得

$$T_1 T_2 \frac{d^2 \Delta H_2}{dt^2} + (T_1 + T_2 + T_{12}) \frac{d\Delta H_2}{dt} + \Delta H_2 = K \Delta\mu \tag{2-45}$$

此双容水槽的阶跃响应曲线如图 2-12 所示，依然是单调飞升的 S 形曲线，没有发生振荡。不难证明，式(2-45)的阻尼系数是大于 1 的。即便不做线性化近似，利用非线性模型同样能够证明此串联双容水槽的阶跃响应曲线是无超调量的，这个留给同学们自行思考。

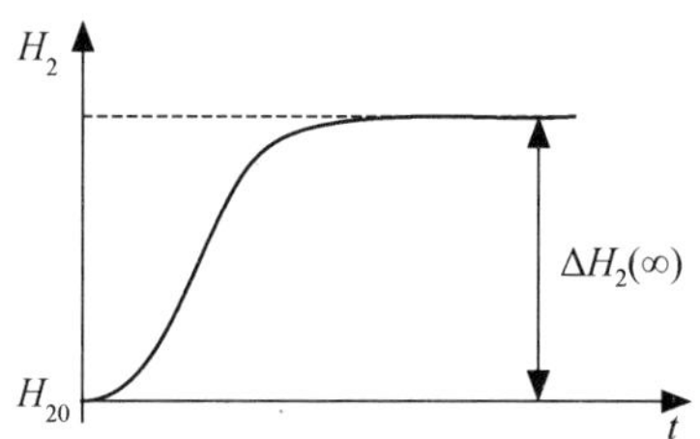

图 2-12　相互影响的串联双容水槽的阶跃响应曲线

2.2.4　容积滞后与纯滞后

多容自衡过程的传递函数为 $G(s)=\dfrac{K}{(T_1s+1)(T_2s+1)\cdots(T_ns+1)}$(各个容积不同)或 $G(s)=\dfrac{K}{(Ts+1)^n}$(所有容积相同)，图 2-13 为串联容积相同时不同容积个数系统的阶跃响应曲线。此图反映了容积个数对阶跃响应的影响。

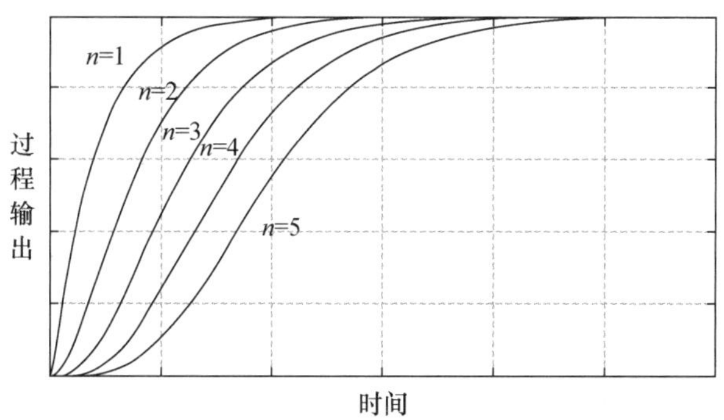

图 2-13　串联容积相同时不同容积个数系统的阶跃响应曲线

从图 2-13 可以看出，系统中的容积造成了系统响应对输入的延迟，这种由于串联容积造成的输出响应滞后被称为容积滞后。容积滞后的大小与所串联容积的个数和容积的大小有关，串联容积个数越多，串联容积越大，则容积滞后越大。

除了容积造成的滞后之外，被控过程中存在的物料传送带、较长的传输管路还会造成另一种滞后——纯滞后。纯滞后环节的传递函数为 $e^{-\tau s}$。存在纯滞后的系统，在输入作用于系统后，输出会推迟时间 τ 才出现变化。带有纯滞后环节的系统的阶跃响应曲线的形态与没有纯滞后环节的系统的阶跃响应曲线形态完全一致，如图 2-14 所示。

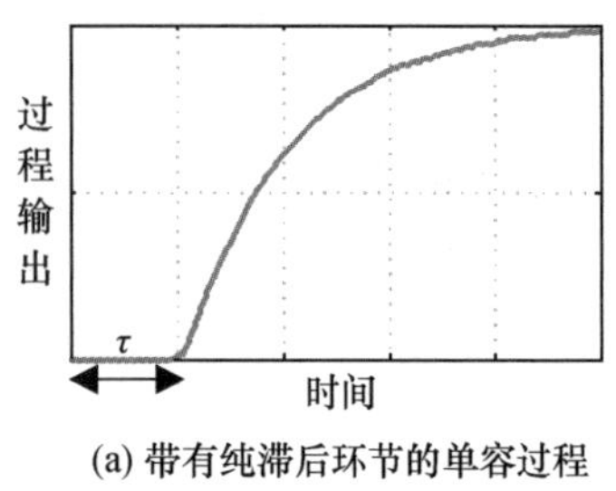

(a) 带有纯滞后环节的单容过程

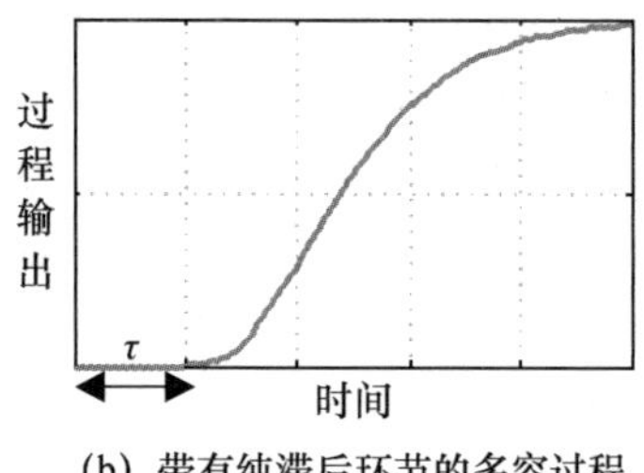

(b) 带有纯滞后环节的多容过程

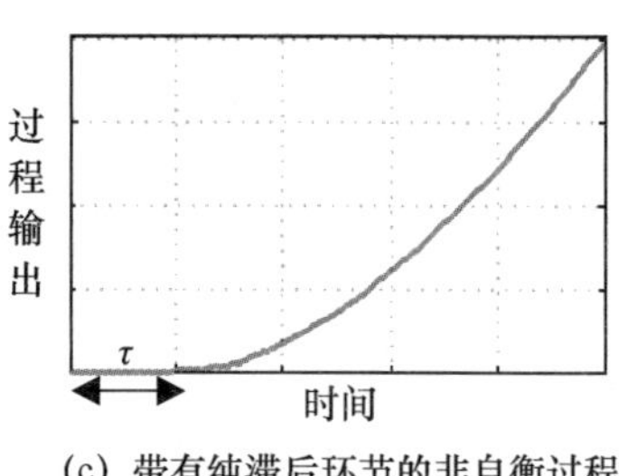

(c) 带有纯滞后环节的非自衡过程

图 2-14 带有纯滞后环节的系统的阶跃响应曲线

与纯滞后不同的是，容积滞后系统在输入作用于系统后，输出是有变化趋势的，只是非常缓慢和不明显。

考考你 2-3 (1) 存在纯滞后的多容过程的传递函数和阶跃响应曲线是什么样子的？(2) 被控过程动态中的滞后对控制系统来说会有什么影响？

2.2.5 具有反向特性的过程

系统中一个输入到一个输出之间的传递函数被称为通道，每个通道都会有一个增益，增益符号代表着该容量输出与输入变化的方向相同(增益为正)还是相反(增益为负)。当被控过程中某个输入到输出的多个通道具有不同的增益符号时，系统输出会出现先减后增或先增后减的往复变化，这就是反向特性。

工程实际中，典型的反向特性就是锅炉蒸汽流量对汽包液位的影响。汽包液位工艺流程及阶跃响应曲线如图 2-15 所示。汽包液位同时受到给水量和水面下汽泡体积的影响。在给水量不变的情况下，当蒸汽量 D(被控过程输入)增加时，从水的物质容积考虑，蒸汽量到液位(被控过程输出)是一个单容积分过程，会造成液位下降，如图 2-15(b)中的 ΔH_1。

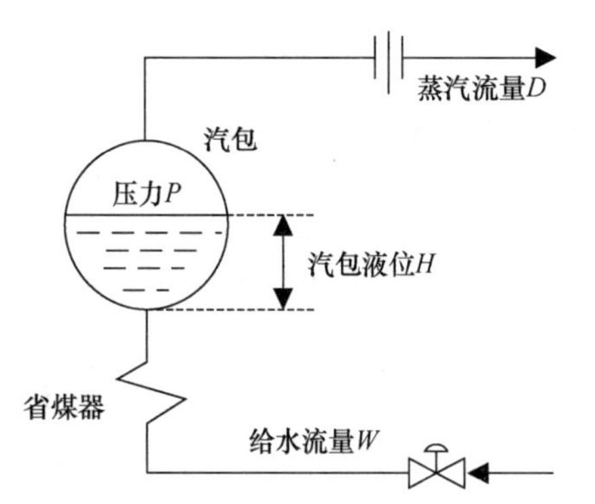

(a) 汽包液位工艺流程

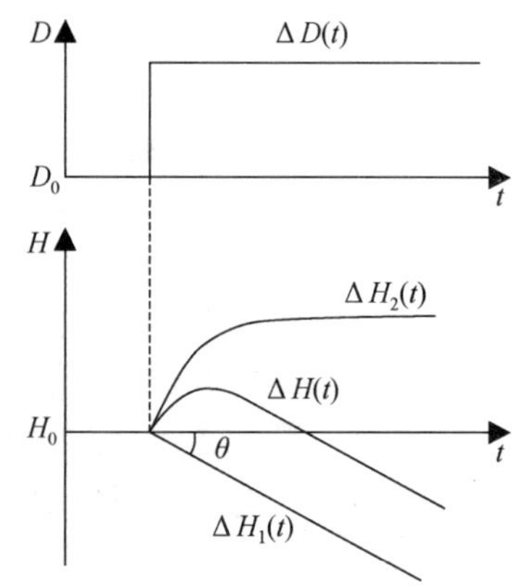

(b) 汽包液位阶跃响应曲线

图 2-15 汽包液位工艺流程及阶跃响应曲线

但实际上，蒸汽量增加还会影响锅炉内气体容积中物质的动态平衡，由于产汽量不变（锅炉燃料不变），汽包内压力 P 最终会平衡于较低的水平，而压力 P 直接与液位下汽泡的体积成反比，汽泡膨胀会造成液位上升，如图 2-15(b)中的 ΔH_2。蒸汽量 ΔD 到液位 ΔH 的通路有两条，如图 2-16 所示，两条通道的静态增益一正一负，从而形成了反向特性。

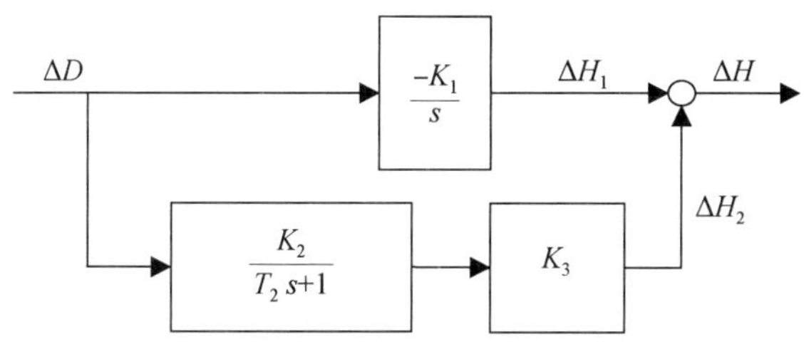

图 2-16　汽包液位过程结构

2.2.6　典型工业过程的动态特性

通过以上机理建模过程可以看到，过程控制所涉及的被控对象大多具有下述特点。

(1) 对象的动态特性是不振荡的

对象的阶跃响应曲线通常是单调曲线，被控量的变化比较缓慢（与机械系统、电系统相比）。

(2) 对象动态特性有滞后

由于滞后的存在，调节阀动作的效果往往需要经过一段时间后才会在被控量上表现出来。滞后的主要原因是多个容积的存在，容积的数目可能有几个直至几十个。分布参数系统具有无穷多个微分容积。容积越大或数目越多，容积滞后时间就越长。有些被控对象还具有传输造成的纯滞后。

(3) 被控对象本身是稳定或中性稳定的

有些被控对象，如单容水槽，在调节阀开度改变使原来的物质或能量平衡关系遭到破坏后，随着被控量的变化，不平衡量愈来愈小，最终被控量能够自动地稳定在新的水平上，系统具有自衡特性，其传递函数是稳定的。

也有一些被控对象，如单容积分水槽，原来的平衡被破坏后，流入流出不平衡量不会因被控量的变化而改变，被控量将以固定的速度一直变化下去，而不能自动地在新的水平上恢复平衡。这种过程具有非自衡特性，其传递函数是中性稳定的。

不稳定的过程是指被控量往往在很短的时间内就会发生很大的变化。这一类过程是比较少见的，某些化学反应器属于这一类。

(4) 被控对象往往具有非线性特性

严格来说，几乎所有被控过程的动态特性都呈现非线性特性，只是程度上不同而已，例如，许多被控对象的增益不是常数。非线性对象模型的参数会随着工作点的变化而变化，这给控制带来了极大的困难。对于过程对象的光滑非线性特性，如果控制精度要求不高或者负荷变化不大，可用线性化方法进行处理。但是，当非线性不可忽略时，则必须采用其他方法，例如，用分段线性的方法、非线性补偿器的方法，或者用非线性控制理论来对系统进行分析和设计。

实际上，除了被控过程内部的连续非线性特性，在调节阀、继电器等元件中还存在另一类非线性特性，如饱和、死区和滞环等典型的不光滑非线性特性。虽然这类非线性特性通常并不是被控对象本身所固有的，但考虑到在过程控制工程中，往往把被控对象、测量变送单元和调节阀三部分串联在一起统称为广义对象，因此说控制系统也包含了这部分非线性特性。对这类非线性特性可在不光滑点分段，通过将各段的动态进行整合来分析系统整体的动态特性。

2.2.7 过程特性仿真分析

1. 单容自衡水槽过程特性仿真分析

在图 2-1 所示的单容自衡水槽中，令底面积 $A=10\ \mathrm{cm}^2$，$k_\mu=100\ \frac{\mathrm{cm}^3}{s}$，$k=5\ \frac{\mathrm{cm}^{\frac{5}{2}}}{s}$，根据机理模型式(2-2)，用 Simulink 建立该水槽的仿真模型，如图 2-17 所示。

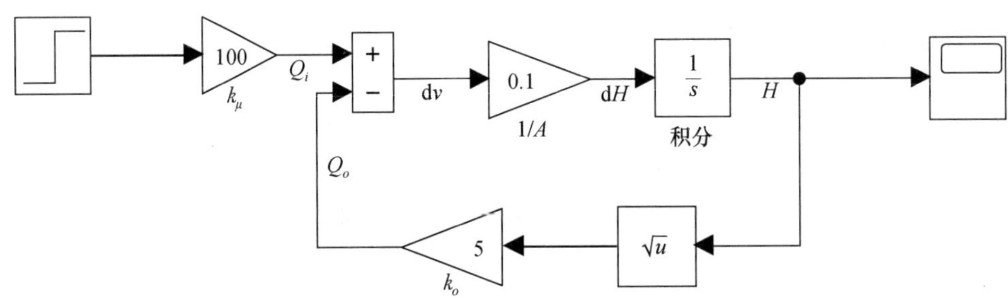

图 2-17 单容自衡水槽的仿真模型

接下来对以下几个方面进行讨论。

(1) 稳态平衡关系

给定进水阀初始开度和水槽初始液位，使水槽液位自始至终保持在 $H=25$ cm。

通过设定积分环节的初值，可将水槽初始液位设置为 25 cm。为了使液位自始至终稳定于这个值，需要确保水槽流入流出水量平衡，即 $Q_i=Q_o$。$H=25$ cm 对应的出水量 $Q_o=k\sqrt{H}=25\ \frac{\mathrm{cm}^3}{s}$，因此需要满足 $Q_i=k_\mu\cdot\mu=25\ \frac{\mathrm{cm}^3}{s}$，进而可知进水阀开度 $\mu=25\%$。可见，将阶跃输入的初始值和最终值均设为 25%，即可使液位稳定于 25 cm。

> **考考你 2-4** 若水槽的高度可无限延展，则液位最高能达到多高？最高液位受什么因素影响？

(2) 稳态变增益特性

进水阀从 0%阶梯变化(开度每次增加 1%)至 100%，使液位从 0 开始经历多个稳态，记录多个稳态，绘制稳态的 $H\leftrightarrow\mu$ 关系如图 2-18 所示。

通过编写循环程序，多次运行 Simulink 仿真文件，采集每次仿真后的输出稳态值(须确保每次仿真时间使系统达到稳态)。

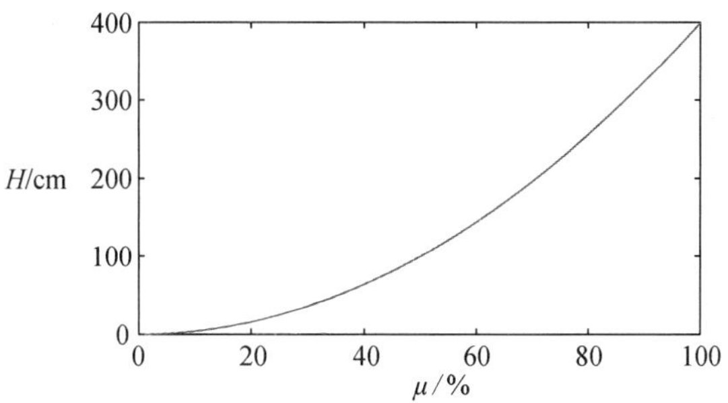

图 2-18　单容自衡水槽稳态的 $H\leftrightarrow\mu$ 关系

(3) 不同初值条件下的阶跃响应

分别从进水阀开度为 25,30,35,40,45,…,95(%)的稳态开始,加入开度为+2(%)的阶跃变化,对比所得到的阶跃响应曲线的形态。

通过(1) 中的方法,首先使水槽处于不同稳态(在初始进水阀开度下液位恒定,注意,初始稳态 H_0 是不同的),然后进水阀开度增加 2,从而获得起始于不同稳态的阶跃响应曲线,如图 2-19 所示。

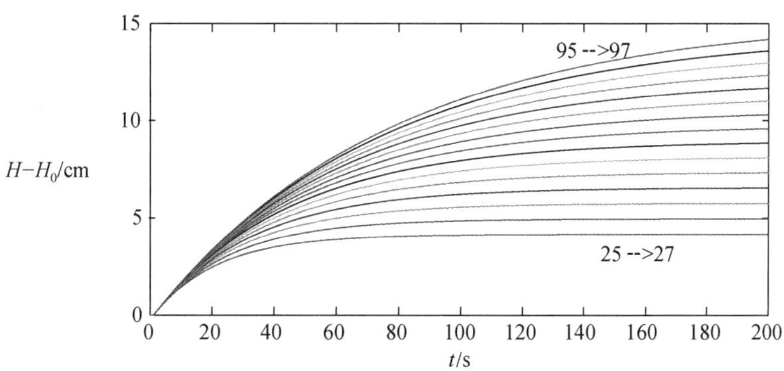

图 2-19　起始于不同稳态的阶跃响应曲线

考考你 2-5　为何图 2-19 中阶跃响应曲线的变化幅度和速度不同?

(4) 线性和非线性模型的特性对比

在稳态工作点 $\mu_0=25\%$,$H_0=25$ cm 处将水槽模型进行线性化,得到近似的传递函数模型,给线性化模型加入幅度为 2%的阶跃信号,与(3)中初始开度为 25%的阶跃响应曲线作比较。由式(2-8)可求得近似传递函数为$\dfrac{2}{20s+1}$,线性化模型与非线性模型阶跃响应曲线对比如图 2-20 所示。

考考你 2-6　为何两个模型输出有差别? 如何减小此差别?

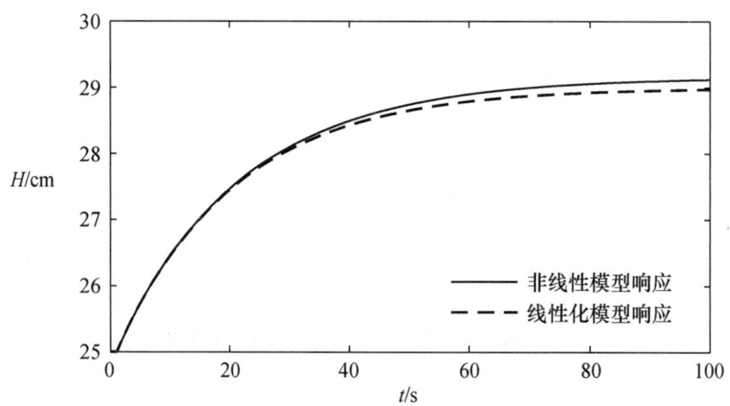

图 2-20　线性化模型与非线性模型阶跃响应曲线对比

2. 多容水槽过程特性仿真分析

在图 2-8 所示的分离式双容自衡水槽中，令底面积 $A_1=A_2=10\ \text{cm}^2$，$k_\mu=100\ \frac{\text{cm}^3}{s}$，$k_1=k_2=5\ \frac{\text{cm}^{\frac{5}{2}}}{s}$。根据机理模型式(2-16)和(2-17)，用 Simulink 建立该水槽的仿真模型如图 2-21 所示。

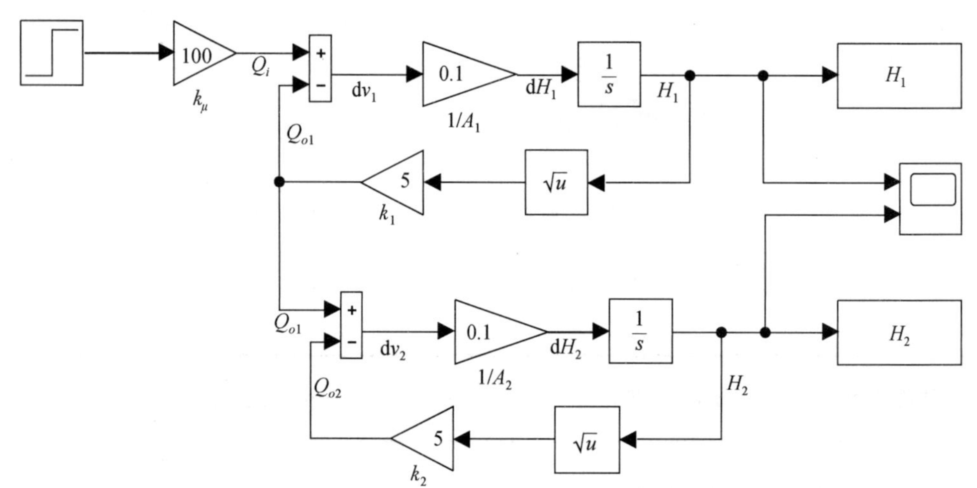

图 2-21　分离式双容自衡水槽的仿真模型

(1) 调整给定进水阀开度和初始液位，使下方水槽液位 H_2 保持在 25 cm。通过设定积分环节的初值，可将下方水槽初始液位设置为 25 cm。为了使液位 H_2 自始至终稳定于这个值，需要使 $Q_{o1}=Q_{o2}$。因此，应使 $H_1=H_2=25$ cm，即应设定上方水槽初始液位(积分初值)为 25 cm。同时，为了使上方水槽液位维持在 25 cm，需要使 $Q_i=Q_{o1}=k_1\sqrt{H_1}=25\ \frac{\text{cm}^3}{s}$，因此，须使 $Q_i=k_\mu\cdot\mu=25\ \frac{\text{cm}^3}{s}$，进而可知进水阀开度 $\mu=25\%$。可见，将阶跃输入的初始值和最终值均设为 25%，即可使液位 H_2 稳定于 25 cm。

> **考考你 2-7**　如何使下方水槽液位 H_2 保持在 9 cm?

(2) 第 10 秒时，将进水阀开度从 25%变为 30%，即输入加入幅度为 5%的阶跃信号，观察单容水槽输出曲线 $H_1(t)$、双容水槽输出曲线 $H_2(t)$的差异。H_1 和 H_2 的阶跃响应曲线如图 2-22 所示。

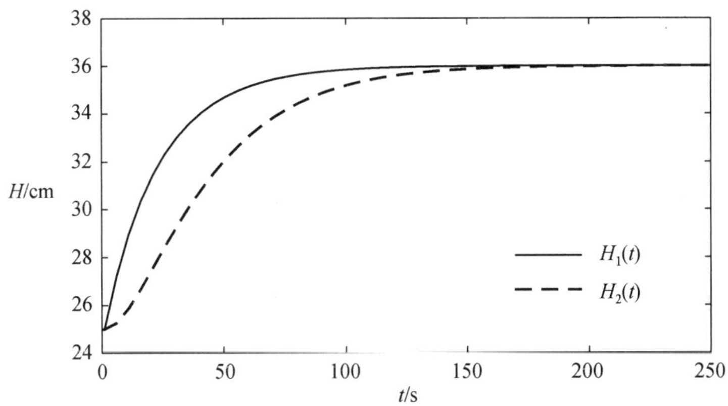

图 2-22　H_1 和 H_2 的阶跃响应曲线

> **考考你 2-8**　如果串接更多水槽，后面水槽液位在阶跃输入下的响应会是怎样的呢？为什么会这样？

(3) 若将此双容水槽中一个水槽的底面积由 10 cm^2 改为 1 cm^2，则双容水槽中 H_2 的阶跃响应曲线如图 2-23 所示，观察改变串联容积对阶跃响应曲线的影响。

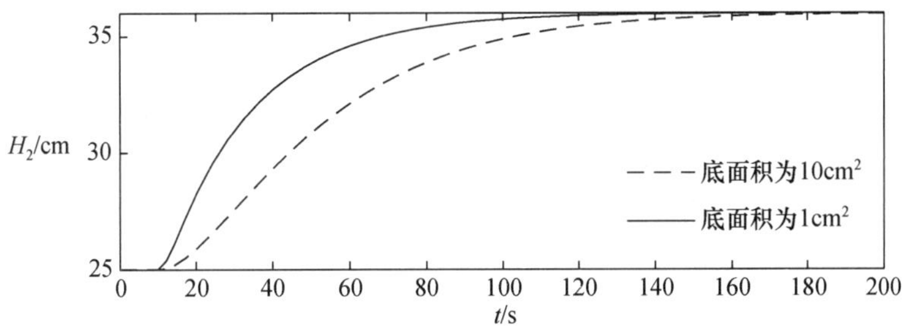

图 2-23　改变串联容积后双容水槽中 H_2 的阶跃响应曲线

(4) 将原参数的双容水槽在$(\mu_0, H_{10}, H_{20})=(25,25,25)$处线性化，对比线性化模型和非线性模型 H_2 的阶跃响应曲线。线性化得到双容水槽的传递函数为 $\frac{H_2(s)}{\mu(s)}=\frac{2}{2s+1}\cdot\frac{1}{2s+1}$，线性化模型与非线性模型阶跃响应曲线对比如图 2-24 所示。

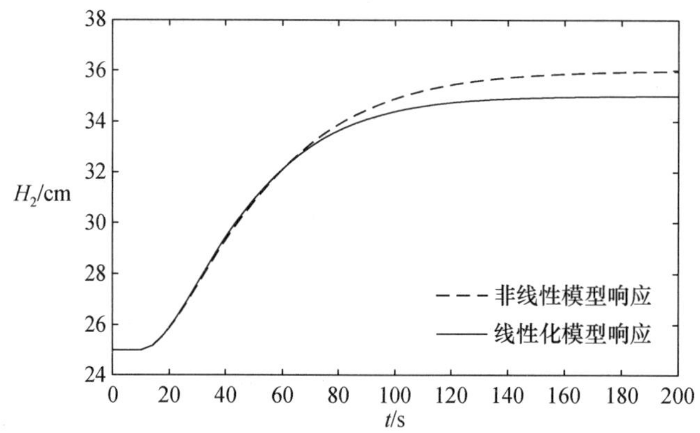

图 2-24　线性化模型与非线性模型阶跃响应曲线对比

2.3　测试法建模

测试法，即实验测试方法。许多工业过程内部的工艺过程复杂，按内在机理建立被控过程的微分方程非常困难，甚至无法靠机理分析得到可用的数学模型。这种情况下，就只能用实验测试方法来获得被控过程的数学模型。

实验测试方法是依据工业过程输入、输出的实测数据拟合得到过程的模型表达式的。在稳态工况下，过程的动态特性是表现不出来的，因此欲获得过程的动态模型，必须加入激励信号，使过程处于运动状态。根据所加激励信号和数据分析方法的不同，实验测试方法可分为经典辨识法和现代辨识法两大类。经典辨识法不考虑测试数据中偶然性误差的影响，只需对少量的测试数据进行比较简单的数学处理，计算工作量一般很小。现代辨识法要消除测试数据中偶然性误差（噪声）的影响，为此就需要处理大量的测试数据。采用现代辨识法时，计算机是不可缺少的工具。

这里仅介绍属于经典辨识法的两种方法：阶跃响应曲线法和频域法。

2.3.1　阶跃响应曲线法建模

阶跃响应曲线法的基本思想是寻找一种输入输出之间的数学表达式，使得利用数学表达式计算得到的阶跃响应与实验测得的阶跃响应尽量接近。通过前面机理建模的分析可知，工业过程阶跃响应曲线的形态与过程的容量个数、自衡特性、有无纯滞后等因素有关。所以，在获得过程的阶跃响应曲线后，可以先根据曲线形态和精度要求确定过程模型的阶数和传递函数形式，然后再选择合适的模型参数进行曲线拟合。

根据小偏差线性化原理，非线性系统可以在稳态工作点近似为线性系统，从而用传递函数描述。因此，阶跃响应实验应在稳态工作点进行，使输入在稳态值 u_0 基础上做阶跃扰动，然后测量过程输出相对于输出稳态值 y_0 的变化，并以 u_0 和 y_0 为参考零点记录数据。为简洁起见，本小节去掉了增量坐标及表达式中的“Δ”符号。

1. 阶跃响应曲线的获取

获取阶跃响应曲线的原理很简单，但在实际工业过程中进行这种测试会遇到许多实际问题。例如，不能因测试施加激励信号使正常生产受到严重干扰，要尽量设法减少其他随机扰动的影响，要考虑过程中的非线性因素等。为了得到可靠的测试结果，获取阶跃响应曲线时应注意以下事项。

(1) 合理选择阶跃扰动的幅度。过小的阶跃扰动幅度不能保证测试结果的可靠性，而过大的阶跃扰动幅度则会使正常生产受到严重干扰，甚至危及生产安全。

(2) 实验开始前确保被控对象处于某一选定的稳定工况。实验期间应设法避免发生偶然性的其他扰动。

(3) 考虑到实际被控对象的非线性特性，应尽量选取不同负荷，在被控量的不同设定值下，进行多次测试。若仅在同一负荷和被控量的同一设定值下测试，则要在正向和反向扰动下重复测试，以全面掌握被控对象的动态特性。

为了能够施加比较大的扰动幅度而又不至于严重干扰正常生产，可以用矩形脉冲输入代替通常的阶跃输入，即施加一小段时间大幅度的阶跃扰动后立即将它切除。这样得到的矩形脉冲响应不同于正规的阶跃响应，但两者之间有密切联系，因此，借助矩形脉冲可以得到所需的阶跃响应曲线，如图 2-25 所示。

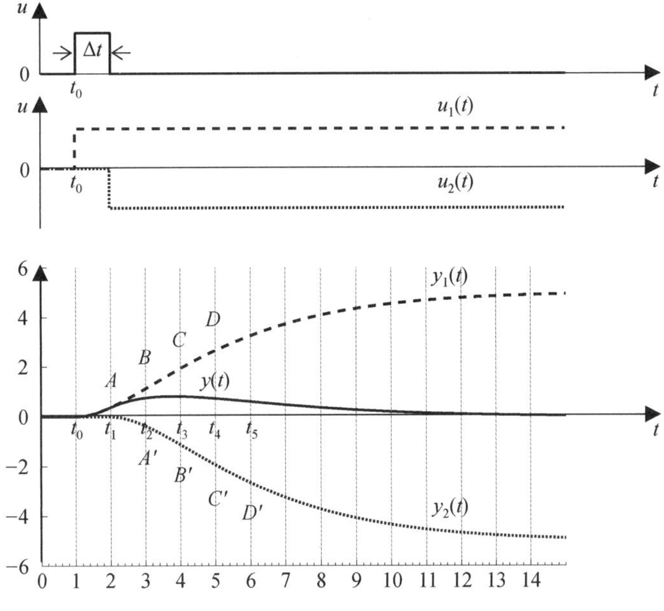

图 2-25　由矩形脉冲确定的阶跃响应曲线

在图 2-25 中，矩形脉冲输入 $u(t)$ 可视为两个阶跃扰动 $u_1(t)$ 和 $u_2(t)$ 的叠加，$u_1(t)$ 和 $u_2(t)$ 的幅度相等，但方向相反，且开始作用的时间不同，因此

$$u(t)=u_1(t)+u_2(t) \tag{2-46}$$

其中

$$u_2(t)=-u_1(t-\Delta t) \tag{2-47}$$

假定被控对象无明显非线性特性，则矩形脉冲响应就是两个阶跃响应之和，即

$$y_1(t)=y(t)+y_1(t-\Delta t)$$

根据上式可以用逐段递推的作图方法得到阶跃响应曲线 $y_1(t)$，如图 2-25 所示。

2. 传递函数形式的选择

(1) 自衡环节

自衡过程通常采用的传递函数形式有

$$G(s)=\frac{K}{Ts+1}e^{-\tau s} \tag{2-48}$$

$$G(s)=\frac{K}{(T_1s+1)(T_2s+1)}e^{-\tau s} \tag{2-49}$$

$$G(s)=\frac{K}{(Ts+1)^n}e^{-\tau s} \tag{2-50}$$

$$G(s)=\frac{b_ms^m+\cdots+b_1s+b_0}{a_ns^n+\cdots+a_1s+1}e^{-\tau s}(n>m) \tag{2-51}$$

当过程中容量差别较大时,动态特性主要取决于最大容量,S形阶跃响应曲线与图2-14(a)比较接近,可将此过程近似看作一个单容过程。若过程中含有多个大小相近的容量,则容积滞后会比较明显,S形阶跃响应曲线飞升缓慢,宜采用高阶模型进行描述。一般地,可根据阶跃响应曲线目测读取纯滞后时间 τ 和 $y(t_1+\tau)=0.4y_\infty$、$y(t_2+\tau)=0.8y_\infty$ 对应的时间 t_1、t_2(如图2-26所示),然后根据高阶惯性对象阶数 n 与 $\frac{t_1}{t_2}$ 的关系(如表2-1所示)确定模型的阶数 n。当 $\frac{t_1}{t_2}\leqslant 0.32$ 时,多采用一阶模型[如式(2-48)所示]拟合曲线;当 $0.32<\frac{t_1}{t_2}\leqslant 0.46$ 时,多采用二阶模型[如式(2-49)所示]拟合曲线;当 $\frac{t_1}{t_2}>0.46$ 时,则需要更高阶模型[如式(2-50)所示]才能较好地拟合。

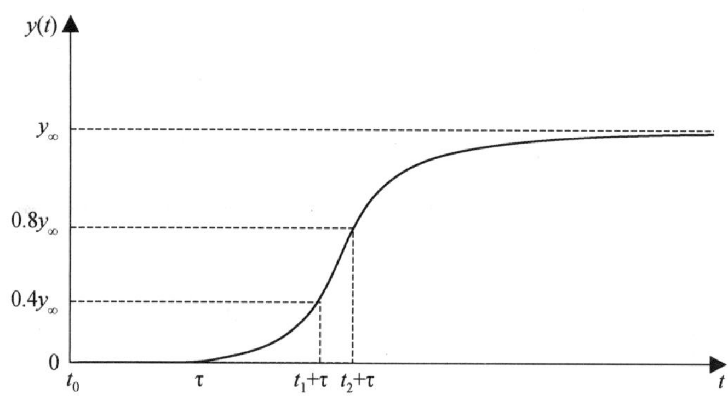

图 2-26 自衡过程模型阶数的确定

表 2-1 高阶惯性对象阶数 n 与 $\frac{t_1}{t_2}$ 的关系

n	t_1/t_2	n	t_1/t_2
1	0.32	8	0.685
2	0.46	9	—
3	0.53	10	0.71
4	0.58	11	—
5	0.62	12	0.735
6	0.65	13	—
7	0.67	14	0.75

(2) 非自衡环节

在扰动作用下,系统的平衡状态被破坏,过程输出一直上升或下降,系统依靠自身能力不能恢复平衡,这说明系统内部至少存在一个非自衡的容量,这类过程的传递函数至少含有一个积分环节,一般形式有

$$G(s)=\frac{K}{s}e^{-\tau s} \tag{2-52}$$

$$G(s)=\frac{K}{s(Ts+1)}e^{-\tau s} \tag{2-53}$$

等。

3. 模型参数的确定

(1) 自衡对象模型参数的确定

自衡对象的阶跃响应曲线都会有一个稳态值,根据静态增益的物理意义,可以用式(2-54)求静态增益 K。

$$K=\frac{y_\infty}{A} \tag{2-54}$$

其中,y_∞ 为输出稳态值变化量,A 为输入阶跃的幅度。接着,就需要确定所选定传递函数中的其他参数。

① 模型(2-48)参数的确定

利用式(2-54)确定 K 之后,还需要确定时间常数 T 和纯滞后时间 τ。确定这两个参数常用的方法有作图法、单点法和两点法。

A. 作图法

如果阶跃响应曲线如图 2-2 所示,则由一阶系统响应曲线分析可知,输出无变化的时间即为 τ,然后从变化点作切线,交于稳态值的时间就是 $T+\tau$,从而可以求出 T。

如果阶跃响应曲线是一条如图 2-27 所示的 S 形的单调曲线,也可以用式 $\frac{K}{Ts+1}e^{-\tau s}$ 去拟合。此时可以在曲线的拐点 P 作切线,这条切线与时间轴交于 A 点,与曲线的稳态渐近线交于 B 点,这样就确定了 T 和 τ 的数值,如图 2-27 所示。

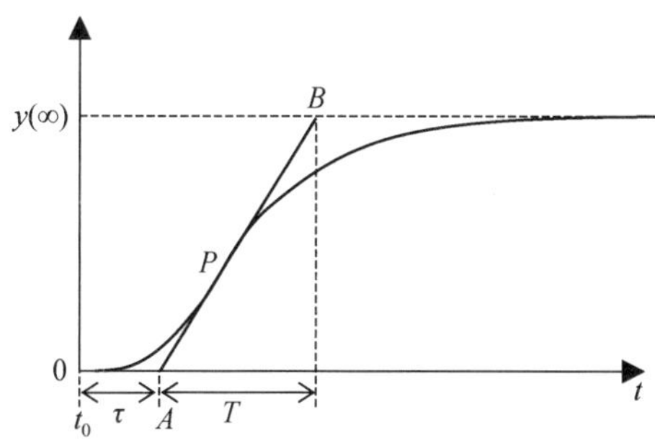

图 2-27　用作图法确定参数 T 和 τ

作图法的拟合程度一般较差。首先,拐点的选取和切线斜率难以保证准确,这直接关系到 T 和 τ 的取值;其次,带有滞后的指数曲线对 S 形曲线的拟合度较差,只能满足精度不高的场合的需求。然而,作图法十分简单,而且实践证明它可以成功地应用于 PID 控制器的参

数整定。

B. 单点法

在幅度为 A 的阶跃输入下，一阶系统$\frac{K}{Ts+1}e^{-\tau s}$ 的响应为

$$y(t)=KA(1-e^{-\frac{t-\tau}{T}})=y_{\infty}(1-e^{-\frac{t-\tau}{T}}) \tag{2-55}$$

若将阶跃响应曲线起始阶段水平部分视为无响应的纯滞后时间 τ 造成的，则当 $t=\tau+T$ 时，$y(t)=0.632y_{\infty}$。据此结论，可得到单点法的参数确定步骤：先目测读出纯滞后时间 τ，接着找到满足 $y(t_1)=0.632y_{\infty}$ 的点 $y(t_1)$，然后读出时刻 t_1，即可求得 $T=t_1-\tau$。

C. 两点法

两点法就是利用阶跃响应 $y(t)$上两个点的数据列方程组去计算 T 和 τ。取输出曲线上两点，则其对应的时间和输出值应该与式(2-55)一致。

$$\left.\begin{aligned} y(t_1)&=y_{\infty}\left(1-e^{-\frac{t_1-\tau}{T}}\right)\\ y(t_2)&=y_{\infty}\left(1-e^{-\frac{t_2-\tau}{T}}\right)\end{aligned}\right\} \tag{2-56}$$

由此可以解出

$$\left.\begin{aligned} T&=\frac{t_2-t_1}{\ln[1-y^*(t_1)]-\ln[1-y^*(t_2)]}\\ \tau&=\frac{t_2\ln[1-y^*(t_1)]-t_1\ln[1-y^*(t_2)]}{\ln[1-y^*(t_1)]-\ln[1-y^*(t_2)]}\end{aligned}\right\} \tag{2-57}$$

其中，$y^*(t)=\frac{y(t)}{y_{\infty}}$，为无量纲的归一化输出。为了计算简便起见，取 $y^*(t_1)=0.39$，$y^*(t_2)=0.63$，则可得

$$\left.\begin{aligned} T&=2(t_2-t_1)\\ \tau&=2t_1-t_2\end{aligned}\right\} \tag{2-58}$$

最后可取另外两个时刻进行校验，即

$$\left.\begin{aligned} t_3&=0.8T+\tau,y^*(t_3)=0.55\\ t_4&=2T+\tau,\ y^*(t_4)=0.87\end{aligned}\right\} \tag{2-59}$$

两点法往往单凭两个孤立点的数据进行拟合，而不顾及整个测试曲线的形态，两个特定点的选择也具有某种随意性。

② 模型(2-49)参数的确定

利用二阶模型拟合 S 形的单调曲线，可以比一阶模型拟合得更好，因为它多出了一个拟合参数，能够描述更细腻的曲线变化。静态增益 K 仍由输入输出稳态值确定。从阶跃信号作用于系统到输出开始出现变化的时间间隔即为参数 τ。此后剩下的问题就是用传递函数$\frac{K}{(T_1s+1)(T_2s+1)}$去拟合已截去纯迟延部分的阶跃响应 $y'(t)$，从而确定两个时间常数 T_1 和 T_2。依然可以采用两点法，通过在测试曲线上取点列方程的方式求解 T_1 和 T_2。传递函数$\frac{K}{(T_1s+1)(T_2s+1)}$的阶跃响应为

$$y(t)=y_{\infty}\left(1-\frac{T_1}{T_1-T_2}e^{-\frac{t}{T_1}}+\frac{T_2}{T_1-T_2}e^{-\frac{t}{T_2}}\right) \tag{2-60}$$

取输出归一化曲线 $y^*(t)=\dfrac{y(t)}{y_\infty}$ 上两点 $[t_1, y^*(t_1)]$ 和 $[t_2, y^*(t_2)]$ 列写方程组，这里取 $y^*(t_1)=0.4, y^*(t_2)=0.8$ 就可以得到下述联立方程

$$\left.\begin{aligned}\frac{T_1}{T_1-T_2}e^{-\frac{t_1}{T_1}}-\frac{T_2}{T_1-T_2}e^{-\frac{t_1}{T_2}}=0.6\\ \frac{T_1}{T_1-T_2}e^{-\frac{t_2}{T_1}}-\frac{T_2}{T_1-T_2}e^{-\frac{t_2}{T_2}}=0.2\end{aligned}\right\}\tag{2-61}$$

由此可以解出

$$\left.\begin{aligned}T_1+T_2\approx\frac{t_1+t_2}{2.16}\\ \frac{T_1T_2}{(T_1+T_2)^2}\approx 1.74\frac{t_1}{t_2}-0.55\end{aligned}\right\}\tag{2-62}$$

当 $T_2=0$ 时，$\dfrac{K}{(T_1s+1)(T_2s+1)}$ 变为一阶对象，对于一阶对象 $\dfrac{K}{(T_1s+1)}$，阶跃响应应有

$$\left.\begin{aligned}t_1+t_2=2.12T_1\\ \frac{t_1}{t_2}=0.32\end{aligned}\right\}\tag{2-63}$$

这与式(2-62)基本相同。当 $T_1=T_2$ 时，$\dfrac{K}{(T_1s+1)(T_2s+1)}$ 变为 $\dfrac{K}{(T_1s+1)^2}$，根据其阶跃响应解析式可知

$$\frac{t_1}{t_2}=0.46\tag{2-64}$$

$$t_1+t_2=2.18\times 2T_1\tag{2-65}$$

这与式(2-62)基本相符。

③ 模型(2-50)参数的确定

模型(2-50)中的参数 K 和阶数 n 确定后，只需要再用如下公式确定时间常数 T 即可

$$T=\frac{t_1+t_2}{2.16n}\tag{2-66}$$

④ 模型(2-51)参数的确定

确定式(2-51)中有理分式的方法是在截去纯迟延部分后，被控对象的单位阶跃响应 $y(t)$ 要用下述传递函数去拟合

$$G(s)=\frac{b_ms^m+\cdots+b_1s+b_0}{a_ns^n+\cdots+a_1s+1}\quad(n>m)\tag{2-67}$$

根据拉普拉斯变换的终值定理，可知

$$K_0\triangleq\lim_{t\to\infty}h(t)=\lim_{s\to 0}sG(s)=b_0\tag{2-68}$$

现定义

$$h_1(t) \triangleq \int_0^t [K_0 - h(\tau)] \mathrm{d}\tau \tag{2-69}$$

则根据拉普拉斯变换的积分定理，有

$$\mathcal{L}\{h_1(t)\} = \frac{1}{s^2}[K_0 - G(s)] \triangleq \frac{G_1(s)}{s} \tag{2-70}$$

因此又有

$$K_1 \triangleq \lim_{t\to\infty} h_1(t) = \lim_{s\to 0} G_1(s) = K_0 a_1 - b_1 \tag{2-71}$$

同理，定义

$$h_2(t) \triangleq \int_0^t [K_1 - h_1(\tau)] \mathrm{d}\tau \tag{2-72}$$

则

$$\mathcal{L}\{h_2(t)\} = \frac{1}{s^2}[K_1 - G_1(s)] \triangleq \frac{G_2(s)}{s} \tag{2-73}$$

且

$$K_2 \triangleq \lim_{t\to\infty} h_2(t) = \lim_{s\to 0} G_2(s) = K_1 a_1 - K_0 a_2 + b_2 \tag{2-74}$$

依次类推，可得

$$\boldsymbol{K}_r \triangleq \lim_{t\to\infty} \boldsymbol{h}_r(t) = \boldsymbol{K}_{r-1}\boldsymbol{a}_1 - \boldsymbol{K}_{r-2}\boldsymbol{a}_2 + \cdots + (-1)^{r-1}\boldsymbol{K}_0\boldsymbol{a}_r + (-1)^r \boldsymbol{b}_r \tag{2-75}$$

其中

$$\boldsymbol{h}_r(t) \triangleq \int_0^t [\boldsymbol{K}_{r-1} - \boldsymbol{h}_{r-1}(\boldsymbol{\tau})] \mathbf{d}\boldsymbol{\tau} \tag{2-76}$$

于是得到一个线性方程组

$$\begin{cases} K_0 = b_0 \\ K_1 = K_0 - b_1 \\ K_2 = K_1 a_1 - K_0 a_2 + b_2 \\ \quad \vdots \\ K_r = K_{r-1} a_1 - K_{r-2} a_2 + \cdots + (-1)^{r-1} K_0 a_r + (-1)^r b_r \end{cases} \tag{2-77}$$

其中，$b_0, b_1, \cdots, b_m$ 和 $a_1, a_2, \cdots, a_n$ 为未知系数，共$(n+m+1)$个；K_0 为 $h(t)$的稳定值，K_r 为 $h_r(t)$，$r=1,2,\cdots,(n+m)$的稳态值。解方程组(2-77)需要$(n+m+1)$个方程。这个方法的关键在于确定各 K_r 之值，这需要进行多次积分，不仅计算量大，而且精度越来越低。因此，此方法只适合传递函数阶数比较低的情况，例如$(n+m)$不超过 3 的情况。与前述的两点法相比，此方法不是只凭阶跃响应曲线上的两个孤立点的数据进行拟合，而是根据整个曲线的态势进行拟合的，因此，即使采取较低的阶数，也可以得到较好的拟合结果，当然，作为代价，计算量的增大也是很明显的。

(2) 非自衡对象模型参数的确定

非自衡过程的阶跃响应随时间 $t\to\infty$将无限增大，但其变化速度会逐渐趋于一个常数，其阶跃响应曲线如图 2-28 所示。其传递函数可选用式(2-52)或式(2-53)来近似。

若用式(2-52)近似，可以作阶跃响应曲线的渐近线(稳态部分的切线)，这条线与时间轴交于 t_2，与时间轴的夹角为 θ，可得

$$\tau = t_2, \quad y'(\infty) = \tan\theta = \frac{y(t)}{t-\tau} \tag{2-78}$$

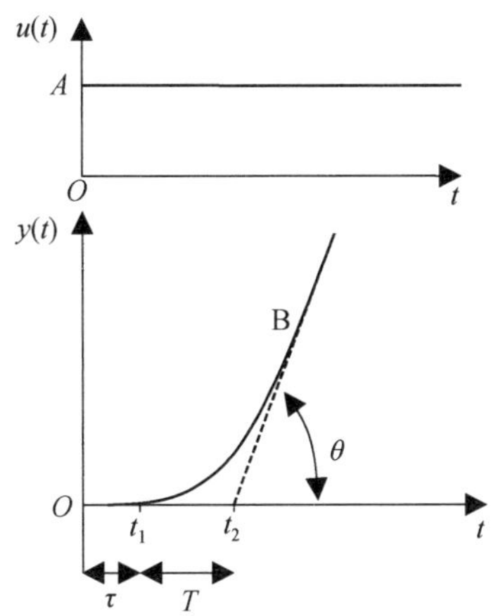

图 2-28　非自衡过程的阶跃响应曲线

则有

$$T=\frac{A}{\tan\theta} \tag{2-79}$$

这样就得到了被控过程的传递函数 $G(s)=\frac{1}{Ts}e^{-\tau s}$。用式(2-52)近似阶跃响应曲线方法简单，但在 t_1 到 B 点这一段误差较大。若要求这一部分也比较准确，可采用式(2-53)来近似被控过程的传递函数。从图 2-28 可以看出，在 $0\sim t_1$ 之间，$y(t)=0$，可取纯滞后时间 $\tau=t_1$。在阶跃响应达到稳态后，主要是积分作用为主，则有

$$T_1=\frac{A}{\tan\theta} \tag{2-80}$$

若用 $G(s)=\frac{1}{T_1 s(T_2 s+1)}e^{-\tau s}$ 来近似被控过程的传递函数，$y(t)=KA[(t-\tau)-T(1-e^{-\frac{t-\tau}{T}})]$。当 t 趋于无穷时，$y(t)=KA(t-\tau-T)$，所以有 $\tau=t_1$，$K=\frac{\tan\theta}{A}$，$T=t_2-t_1$。

2.3.2　频域法建模

由控制理论可知，稳定的线性系统具有频率保持性。在正弦输入信号作用下，系统的稳态输出是同频率的正弦信号。频率特性函数 $G(j\omega)=|G(j\omega)|\arg[G(j\omega)]$是一个关于输入正弦信号频率 ω 的复函数，其模$|G(j\omega)|$代表过程输出稳态正弦响应与输入正弦信号的幅值比，其角 $\arg[G(j\omega)]$代表过程输出稳态正弦响应与输入正弦信号的相位差。利用此物理意义，可用实验法获得系统的频率特性函数。然后将 $G(j\omega)$中的 $j\omega$ 换成 s，即可得到过程的传递函数 $G(s)$。

用频率特性测试法可得到被控过程的频率特性曲线。其实验原理如图 2-29 所示。在被测过程的输入端加入特定频率的正弦信号，同时记录输入和输出的稳定波形(幅度与相位)，在所选定频率范围测出被测过程抽样频点的幅、相值，就可画出 Nyquist 图或 Bode 图，进而获得被控过程的频率特性函数和传递函数。

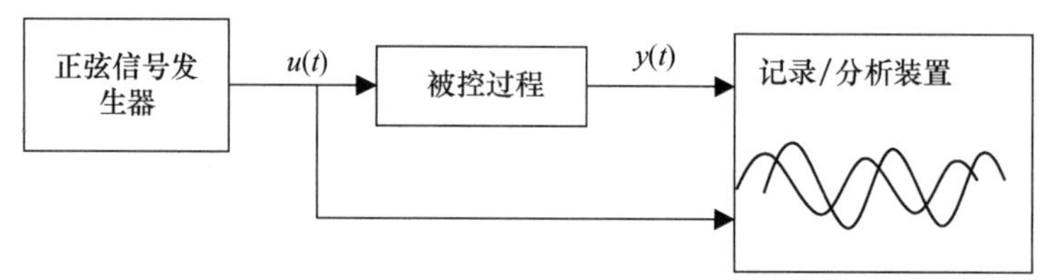

图 2-29　频率特性测试法的实验原理

在实际测试中，输出信号常混有大量的噪声，传感器零点漂移会导致直流信号干扰，过程非线性会造成信号畸变（产生高次谐波信号）。这就要求采取有效的滤波手段，在噪声背景下提取有用信号，基于相关原理设计的频率特性测试装置在这方面具有明显的优势。其工作原理是对机理输入信号进行波形变换，得到幅值恒定的正余弦参考信号，把参考信号与被测信号进行相关处理（相乘和平均），所得常值（直流）部分保存了被测信号基波的幅值和相角信息。频率特性测试装置的组成如图 2-30 所示。

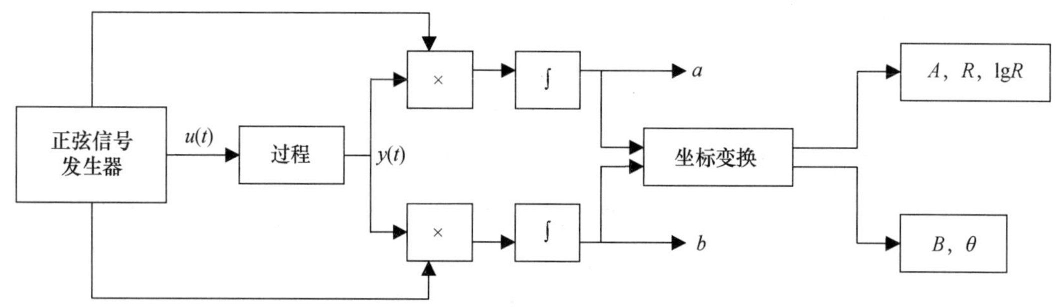

图 2-30　频率特性测试装置的组成

在图 2-30 中，正弦信号发生器产生正弦激励信号 $u(t)$，并将信号送到被测过程输入端。正弦信号发生器还产生幅值恒定的正弦、余弦参考信号，参考信号分别被送到两个乘法器，与被测过程的输出信号 $y(t)$ 相乘后，通过积分器转变为两路直流信号：同相分量 a 和正交分量 b。

被测过程的输入信号 $u(t)=R_1\sin(\omega t)$，其理想输出为

$$y_\omega(t)=R\sin(\omega t+\theta)=a\sin(\omega t)+b\cos(\omega t) \tag{2-81}$$

其中，$a=R\cos(\theta)$，$b=R\sin(\theta)$；理想输出的幅值 $R=\sqrt{a^2+b^2}$，相移 $\theta=a\tan(b/a)$。实际测得的输出中存在直流干扰和高频干扰，可表示为

$$y(t)=\frac{a_0}{2}+a\sin(\omega t)+b\cos(\omega t)+\sum_{k=2}^{\infty}[a_k\sin(k\omega t)+b_k\cos(k\omega t)]+n(t) \tag{2-82}$$

为了从式(2-82)中提取出 a 和 b，需要将输出信号 $y(t)$ 分别与 $\sin(\omega t)$、$\cos(\omega t)$ 进行相关运算。

$$\begin{aligned}\frac{2}{NT}\int_0^{NT}y(t)\sin\omega t\,\mathrm{d}t=&\frac{2}{NT}\int_0^{NT}\frac{a_0}{2}\sin\omega t\,\mathrm{d}t+\frac{2}{NT}\int_0^{NT}(a\sin(\omega t)+b\cos(\omega t))\sin\omega t\,\mathrm{d}t\\&+\frac{2}{NT}\int_0^{NT}\sum_{k=2}^{\infty}(a_k\sin(k\omega t)+b_k\cos(k\omega t))\sin\omega t\,\mathrm{d}t\\&+\frac{2}{NT}\int_0^{NT}n(t)\sin\omega t\,\mathrm{d}t\end{aligned}$$

$$=a+\frac{2}{NT}\int_0^{NT} n(t)\sin\omega t\,\mathrm{d}t \approx a \tag{2-83}$$

当 N 足够大时，式(2-83)中的 $\frac{2}{NT}\int_0^{NT} n(t)\sin\omega t\,\mathrm{d}t \approx 0$。

同理可得

$$\frac{2}{NT}\int_0^{NT} y(t)\sin\omega t\,\mathrm{d}t \approx b \tag{2-84}$$

上面各式中，T 为正弦信号的周期，N 为正整数。被测过程频率特性的同相分量为

$$A=\frac{a}{R} \tag{2-85}$$

正交分量为

$$B=\frac{b}{R}$$

幅值为

$$|G(j\omega)|=A^2+B^2 \tag{2-86}$$

相角为

$$\arg(G(j\omega))=a\tan(b/a) \tag{2-87}$$

然后将 $|G(j\omega)|$、$\arg[G(j\omega)]$ 以极坐标或对数坐标的形式表述出来，就可得到被测过程的 Nyquist 或 Bode 图，进而可获得被控过程的传递函数。频率特性测试法的优点是简单方便、精度较高。

对于惯性比较大的生产过程，要测定其频率特性，需要持续很长的时间。一般实际生产现场不允许生产过程较长时间偏离正常运行状态，这使得频率特性测试法在现实运用中受到一定的限制。

课后题

巩固练习

1. 什么是工业过程的数学模型？通常将哪些变量作为被控过程的输出？将哪些变量作为被控过程的输入？被控过程的输入分为哪两类？

2. 建立数学模型的方法主要有哪些？这些方法各有什么特点？

3. 以单容水箱为例，如何定义说明系统的流入量、流出量，以及如何利用它们分析系统的工作状态(静态和动态)。

4. 何为自衡特性？具有自衡特性的过程有何特点？其数学模型有何特点？

5. 数学模型阶数与系统容量个数有何关系？容量的多少和大小对系统阶跃响应曲线的形态有何影响？

6. 容量滞后与纯滞后的区别是什么？

7. 举例说明何为反向特性，具有反向特性的过程的传递函数有何特点？

8. 写出图 2-31 中各个典型工业过程阶跃响应曲线所对应过程的模型类型(传递函数形式)。

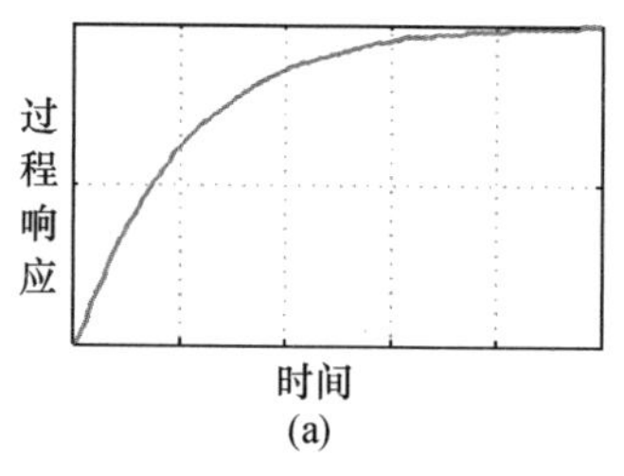

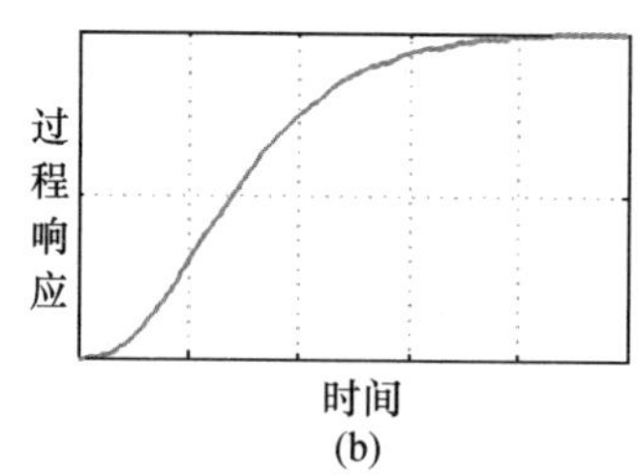

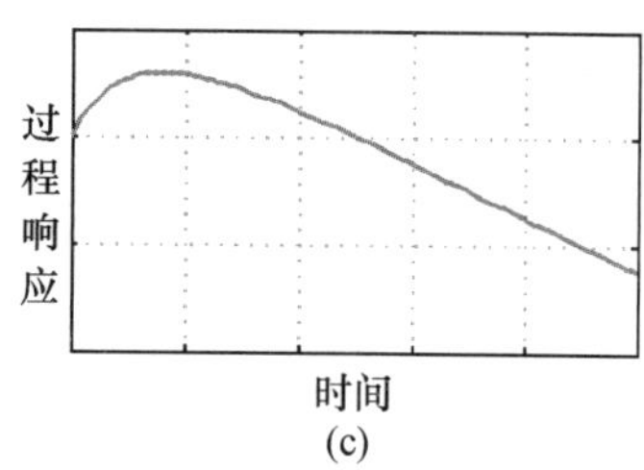

图 2-31 典型工业过程阶跃响应曲线

9. 说明用实验法进行工业过程建模时，如何尽可能准确地测得被控过程的阶跃响应曲线。

10. 图 2-32 所示为某系统液位阶跃响应曲线，请用一阶惯性滞后作为其模型结构，选择合适的方法确定其模型参数，并说明静态放大倍数和时间常数的物理意义。

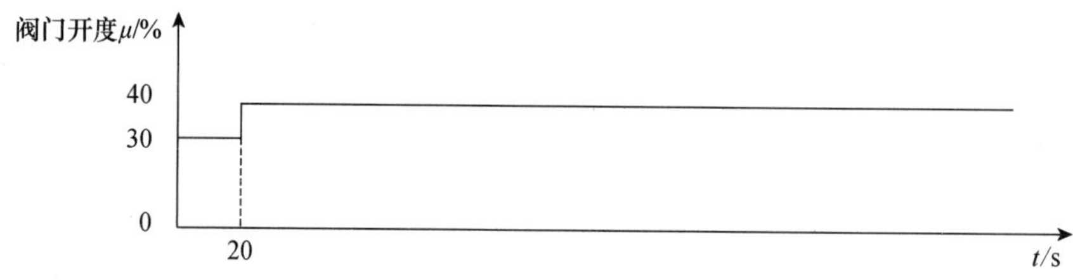

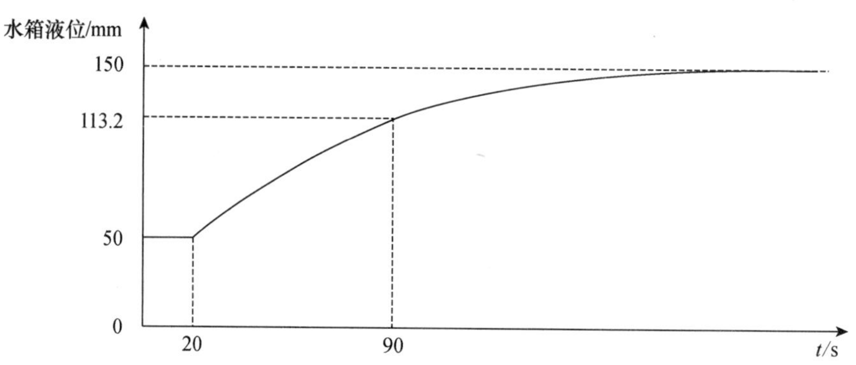

图 2-32 某系统液位阶跃响应曲线

综合训练

1. 某过程的精确数学模型为$\frac{3}{(0.2s+1)(s+1)(3s+1)}e^{-0.5s}$，请完成如下仿真任务：

(1) 为该过程加入单位阶跃信号，获得其单位阶跃响应曲线。

(2) 用一阶滞后传递函数$\frac{K}{Ts+1}e^{-\tau s}$ 作为该过程的模型结构，然后分别用作图法、单点法、两点法确定其模型参数，最后对三种方法所获得的模型参数进行仿真，观察拟合精度。

(3) 用二阶滞后传递函数$\frac{K}{(T_1s+1)(T_2s+1)}e^{-\tau s}$ 作为该过程的模型结构，然后用两点法确定其模型参数，并用所得参数进行仿真，观察拟合精度。

(4) 输入幅度为 1 的矩形脉冲信号，获得矩形脉冲响应。

(5) 根据矩形脉冲复现阶跃信号的原理，搭建仿真模块，利用矩形脉冲信号重构系统的阶跃响应，并将其与阶跃输入下的阶跃响应对比，验证方法的正确性。

2. 图 2-17 中的非线性水槽，在稳态$(\mu_0, H_0)=(25\%, 25\ \text{cm})$的状态下加入 1%的输入阶跃，测得响应曲线，采用$\frac{K}{Ts+1}\mathrm{e}^{-\tau s}$作为模型结构进行测试法建模，对比辨识参数与之前线性化推导的结果是否一致。

3. 频域建模中的相关去噪法仿真训练。

(1) 为无扰线性对象$\frac{1}{s+1}$搭建相关滤波结构，输入正弦信号，仿真计算 a,b。

(2) 给线性对象$\frac{1}{s+1}$添加干扰信号，验证相关滤波的效果。

(3) 对图 2-17 中的非线性水槽对象重复上述过程。

拓展思考

1. 数学模型中的参数和变量有什么区别？参数由什么决定？

2. 图 2-33 为某电加热器的过程，已知液体的流入流出量相等，均为 q，入口温度为 T_i，出口及容器内部温度为 T_p。流体比热为 C_p，散热面积为 A，传热系数为 K_r，加热器电阻为 R。请在环境温度 T_c、流入温度 T_i、流量 q 不变的前提条件下，建立此电加热器电压 U 与液体输出温度 T_p 之间的微分方程。

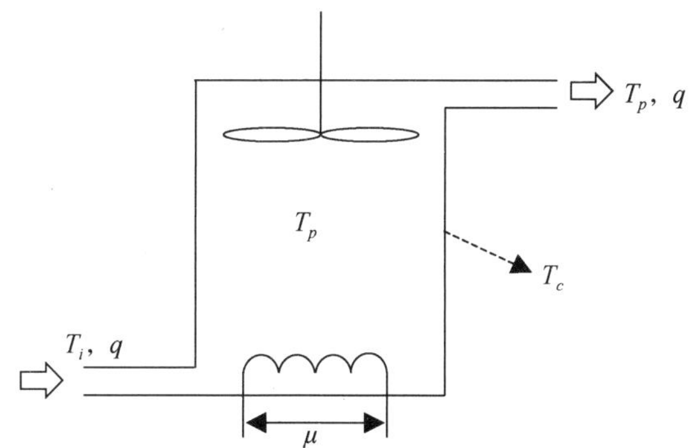

图 2-33　某电加热器的加热过程

第3章　控制规律

本章学习导言

本章主要介绍控制规律，先对控制规律做了整体介绍，然后主要介绍了双位控制和PID控制。对双位控制，主要介绍了双位控制规律和双位控制系统的工作过程。对PID控制，着重分析了比例控制、积分控制、微分控制各自的特点和组合后的作用，以及调节参数对系统输出的影响，然后讨论了PID控制规律的离散形式及工业中常用的改进方法。

学习本章的过程中，需注意以下几点：

(1) 仅从研究控制规律的数学运算角度看，图3-1中控制器(虚线框部分)为控制系统的一个组成部分，仅考虑其开环特性，在后续分析中控制器输入信号$e(t)$采用典型的阶跃输入信号。但控制作用对系统的影响，则需按闭环控制系统的性能来分析，因此在分析各参数对调节过程的影响时，均为闭环系统的响应曲线。

(2) 虽然控制规律主要表现为数学计算形式，但不能仅仅停留在对抽象数学关系的理解上，需将着眼点放在如何将其应用到实际工业过程的具体问题中，培养自动化工程师的洞察力。

(3) 在数字PID控制算法及改进型PID控制部分，可采用计算机软件完成仿真实验，体会各种算法和参数变化对闭环系统输出信号(被控变量)的影响。

(4) 在上述内容基础上，可进一步思考如何改进控制规律以达到提升控制系统性能指标的目的。

本章核心知识点思维导图

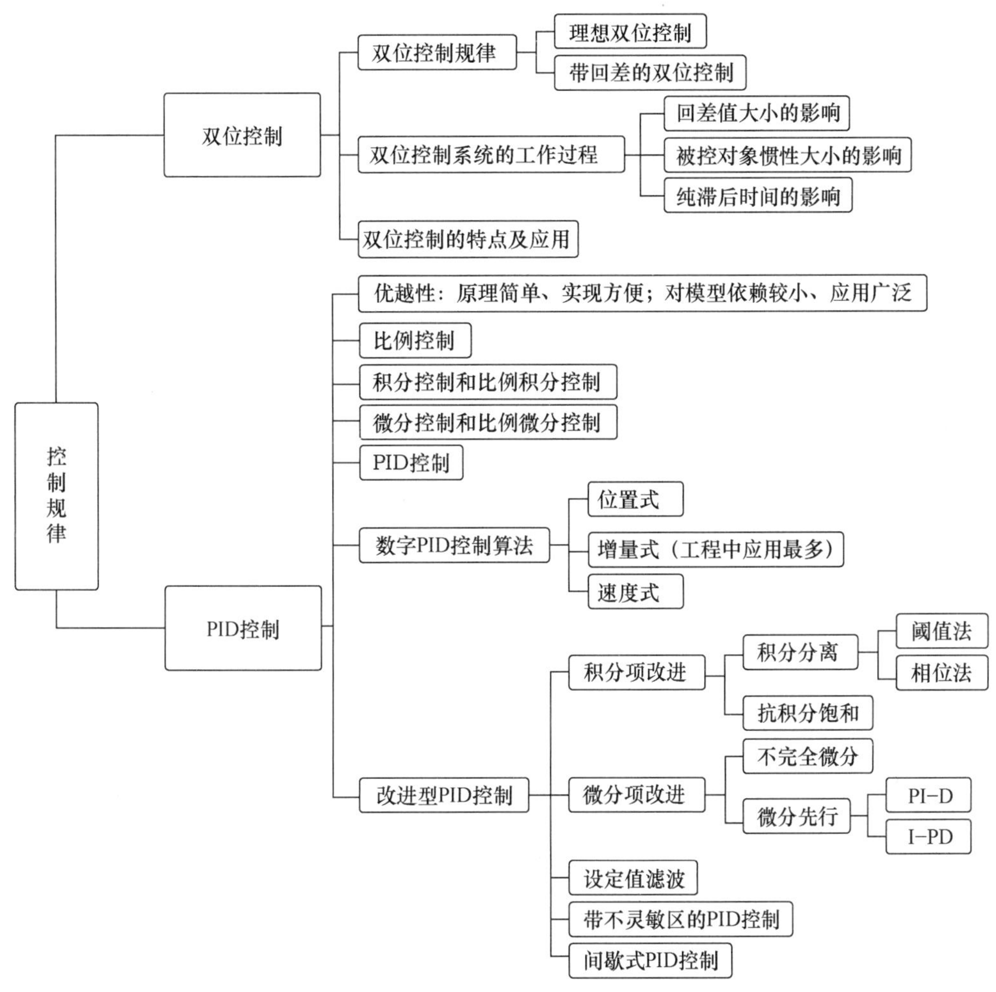

3.1 控制规律简介

控制规律也称控制策略或控制算法，是指控制器的输出信号随着输入信号变化而变化的规律。确定适合的控制规律，是过程控制系统设计和实现中的核心任务。

实际应用中常以工业过程的某些物理量为输入信号，按照一定规律得到控制指令，执行机构依据控制指令去改变控制量(通常为某些介质的流量或能量等)，从而使生产过程的被控量满足工程要求。在过程控制系统中，以反馈信号构成的闭环控制系统，即反馈控制系统是应用最多的一种形式，因此，本章主要讨论反馈控制系统中的控制规律。

在反馈控制系统中，控制器的输入信号为偏差信号，记作 $e(t)$，为便于理论分析，也常用其复频域形式 $E(s)$来表示；输出信号为控制指令，记作 $u(t)$或 $U(s)$。反馈控制系统的结构如图 3-1 所示。

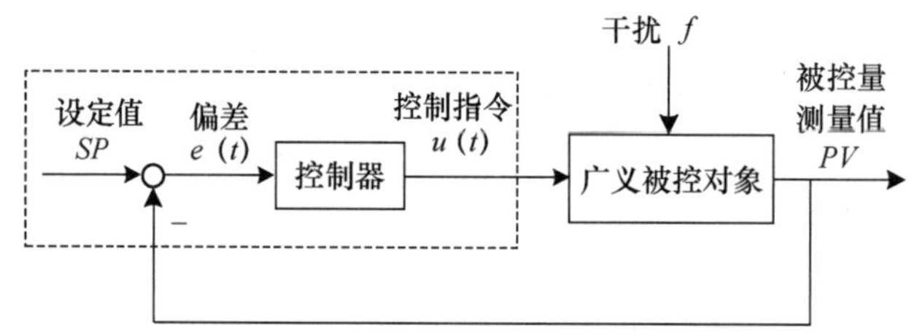

图 3-1 反馈控制系统的结构

从数学上讲，控制器的输出信号与输入信号，即控制指令 $u(t)$与偏差信号 $e(t)$之间具有某种函数关系，如式(3-1)所示，这在工业中属于信号的自动处理。

$$u(t)=f[e(t)] \tag{3-1}$$

基本的控制规律有双位(位式、开关)控制、比例控制、积分控制、微分控制，以及比例积分微分控制(PID 控制)等，目前还涌现出了基于神经网络、模糊算法、遗传算法等智能算法的多种控制规律。但工业中广泛采用的仍然是来自经典控制理论的研究成果——PID 控制。PID 控制在整个工业过程控制算法中占据 90%左右，因此 PID 控制将是本章学习的重点内容。

3.2 双位控制

3.2.1 双位控制规律

双位控制古老且简单，根据输入偏差的正负，控制器输出信号只有最大值和最小值两种状态，相应的执行器只有开和关两种动作，故双位控制又被称为开关控制。双位控制规律简单，装置便宜，方便实现，被广泛应用于简单易控且要求不高的控制系统中，在家用电器的控制中应用十分常见。

控制器的输入信号（偏差信号）为 $e(t)$，输出信号为 $u(t)$，理想的双位控制规律是当测量值大于（或小于）设定值，即偏差信号 $e(t)$ 大于（或小于）零时，控制器的输出信号 $u(t)$ 为最大值；反之，控制器的输出信号 $u(t)$ 为最小值。双位控制的数学表达式如式（3-2）所示，其输入输出信号的函数关系曲线为图 3-2(a)所示。

$$u=\begin{cases}u_{\max} & e>0(\text{或}\quad e<0)\\ u_{\min} & e<0(\text{或}\quad e>0)\end{cases}\tag{3-2}$$

理想的双位控制在被控量接近设定值时，偏差信号的符号会在正和负之间频繁变化，这会导致控制器的动作非常频繁，容易造成执行机构（通常是继电器或电磁阀等）的损坏。

因此，实际应用中常为双位控制设置一个中间区域，即回差，有回差的双位控制的输入输出信号的函数关系曲线如图 3-2(b)所示。

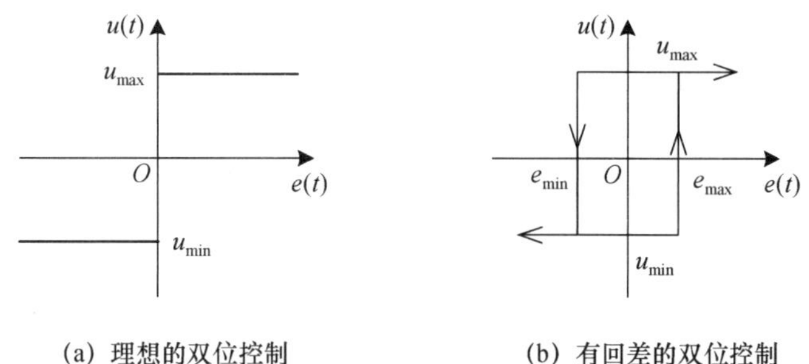

(a) 理想的双位控制　　(b) 有回差的双位控制

图 3-2　双位控制输入输出信号的函数关系曲线

有了中间区域后，当测量值大于或小于设定值时，控制器的输出不再立即变化，而是只有当偏差达到一定数值时，控制器的输出才变化。当测量值在中间区域时，控制器的输出取决于原来所处的状态，控制器不动作，就降低了开关的切换次数，有助于延长执行机构的使用寿命。

有回差的双位控制系统的被控量在断续控制下呈等幅振荡变化过程，无法维持在设定值上，其控制信号和响应曲线如图 3-3 所示。分析这类控制系统时常以振幅（$y_{\max}-y_{\min}$）和振荡周期 T 为品质指标，振幅小、周期长，则控制品质较高。但是，对于同一个被控对象而言，过渡过程的振幅若小，则振荡周期必短，执行机构动作次数就多；若振荡周期长，则振幅必然大，可能使被控量的波动范围超出工作允许的区间。可见，对双位控制系统的性能提出“振幅小、振荡周期长”的要求是矛盾的。因此，一般的设计原则是，在满足振幅在允许的工作范围内的条件下，使周期尽可能长。

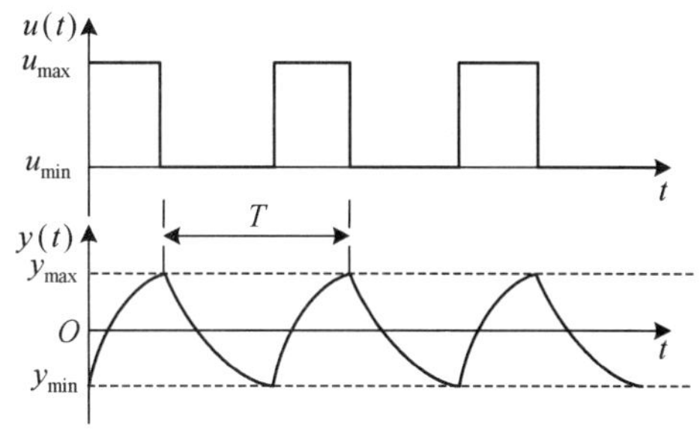

图 3-3　有回差的双位控制系统的控制信号和响应曲线

另外，实际生产过程中通常存在纯滞后问题，即数学模型中存在纯滞后环节 $e^{-\tau s}$，滞后时间为 τ。那么当双位控制系统的控制指令 $u(t)$ 切换时，被控量 $y(t)$ 仍然会继续上升 τ_1 或下降 τ_2 时间，进而使振荡幅度增大，在工程设计时要注意该问题，以免被控量的波动超限。有纯滞后情况下有回差的双位控制系统的控制信号和响应曲线如图 3-4 所示。

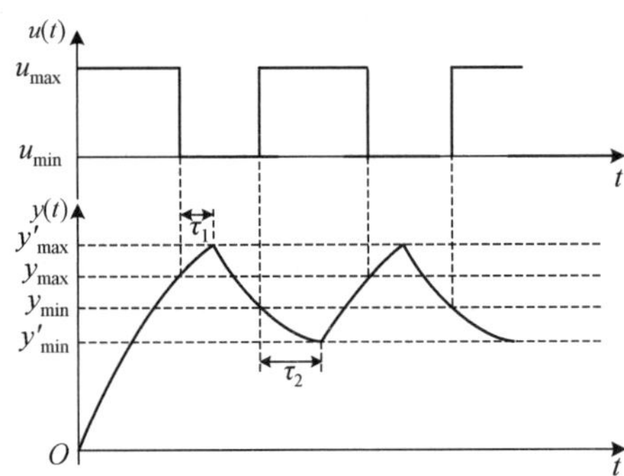

图 3-4　有纯滞后情况下有回差的双位控制系统的控制信号和响应曲线

3.2.2　双位控制系统的工作过程分析

实际应用中大多采用有回差的双位控制规律。下面通过加热炉双位控制系统的工作过程来分析回差值大小和被控对象动态特性(时间常数和纯滞后时间)对系统性能的影响。

例 3-1　某加热炉温度控制系统的初始炉温为 20℃，该加热炉采用有中间区的双位控制器。若设定值为 40℃，请分析其控制原理及调节过程，并分别讨论以下三个因素对系统输出的影响：

(1) 回差值；

(2) 被控对象惯性大小；

(3) 纯滞后时间。

例 3-1 中，可将被控对象简化为一阶惯性环节 $G(s)=\dfrac{70}{60s+1}$，在 MATLAB/Simulink 中建立仿真模型，设目标值为 40，图 3-5(a)所示为 Simulink 仿真模型，然后采用“Transfer Fcn(with initial outputs)”模块，将初始值设为 20，图 3-5(b)所示为被控对象模块设置。

(1) 回差值大小的影响分析

当回差值设置为 5 时，已知初始炉温为 20℃，则可得初始偏差 $e=r-y=20>e_{max}$，双位控制器输出为最大值 u_{max}，即继电器闭合，加热装置通电，炉内温度开始逐渐升高。当达到设定值 40℃时，偏差 $e=0$。若是理想双位控制，则输出需切换至最小值 u_{min}，而此处采用有回差的双位控制器，35℃～45℃是中间区，当 $e_{min}<e<e_{max}$ 时，控制器的输出取决于原来所处的状态，即加热装置仍保持通电，炉内温度继续升高，直至达到了 45℃，$e=-5$，双位控制器输出为最小值 u_{min}，继电器才断开。继电器断开后，温度逐渐下降，在下降过程中，温度在 45℃～35℃之间时处于中间区，即 $e_{min}<e<e_{max}$，继电器保持断开状态，直至温度下降到

35℃时，$e=5\geqslant e_{\max}$，继电器才又闭合，加热装置通电加热，如此循环往复。

在仿真模型中，设置回差值为 5，进行闭环控制实验，然后设置回差值为 2，进行闭环控制实验，这两种情况下双位控制系统的控制指令和系统输出值(温度)的响应曲线如图 3-6 所示。从图 3-6 可以看出，带回差的双位控制系统的输出值在一个范围内波动，呈现等幅振荡的趋势。

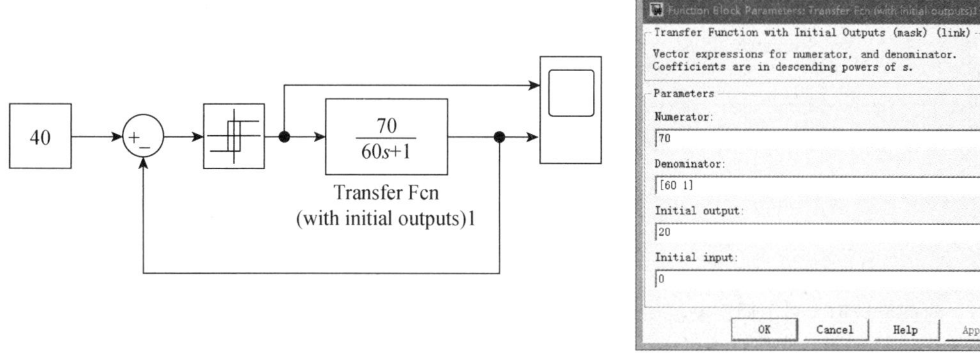

(a) Simulink 仿真模型　　　　(b) 被控对象模块设置

图 3-5　加热炉温度双位控制系统

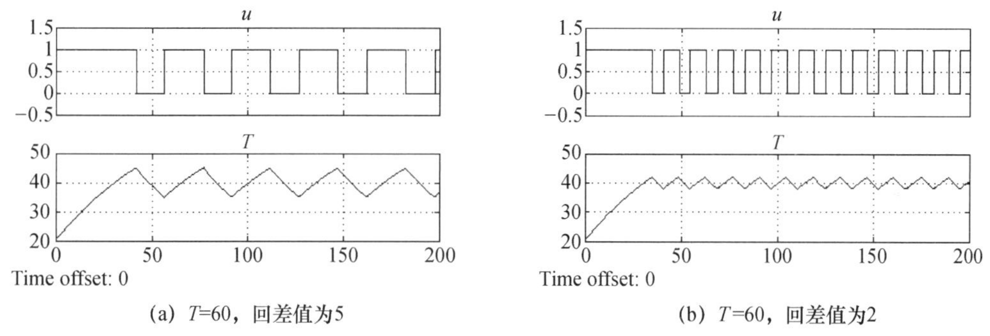

(a) T=60，回差值为5　　　　(b) T=60，回差值为2

图 3-6　不同回差值加热炉双位控制系统的控制指令和系统输出值(温度)的响应曲线

对比图 3-6(a)和 3-6(b)，随着双位控制中回差值的减小，控制量的变化频率增大，被控量响应曲线的振荡周期减小，振幅减小。有回差的双位控制系统的被控量在断续控制量作用下进行等幅振荡，输出值的波动范围理论上为“设定值±回差值”。因此，回差值的大小对振荡幅度和振荡周期都有很大影响，回差值在双位控制系统的设计中是一个重要的参数。

此波动范围仅为理论上的结果，实际应用中，当控制指令为 $u_{\min}$ 时，作用于被控对象的控制量不一定达到最小值。就加热炉双位控制而言，当控制指令为 $u_{\min}$ 时，加热装置断电，但加热装置自身具有蓄热能力，实际中无法立即达到输入热量为 0 的效果，因此会使温度峰值略大于“设定值＋回差值”。

（2）被控对象惯性大小的影响分析

为进一步讨论被控对象惯性大小对双位控制等幅振荡周期的影响，这里将传递函数的时间常数增至 120，仍将回差值分别设为 5 和 2 进行闭环控制实验，这两种情况下双位控制系统的控制指令和系统输出值（温度）的响应曲线如图 3-7 所示。

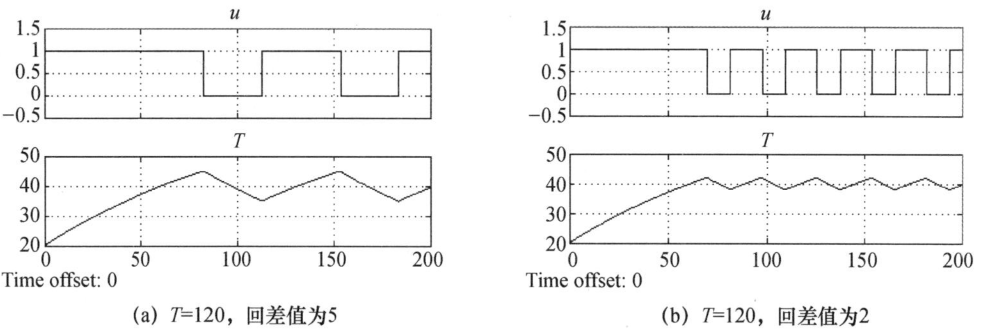

(a) T=120，回差值为5　　(b) T=120，回差值为2

图 3-7　时间常数增大后不同回差值加热炉双位控制系统的控制指令和系统输出值（温度）的响应曲线

将图 3-6(a)与图 3-7(a)、图 3-6(b)与图 3-7(b)分别进行比较，可以看出，被控对象的惯性越大，振荡周期越长。理想条件下，输出值的波动范围与被控对象的惯性无关，仅与回差值大小有关，理论上为“设定值±回差值”。

（3）纯滞后时间的影响分析

若加热炉具有纯滞后环节，为 $G(s)=\dfrac{70}{60s+1}e^{-\tau s}$，当其他条件与前面的实验相同，回差值设为 5，滞后时间 τ 分别设为 10 s 和 20 s 时，分别进行仿真实验，这两种情况下双位控制系统的控制指令和系统输出值（温度）的响应曲线如图 3-8 所示。

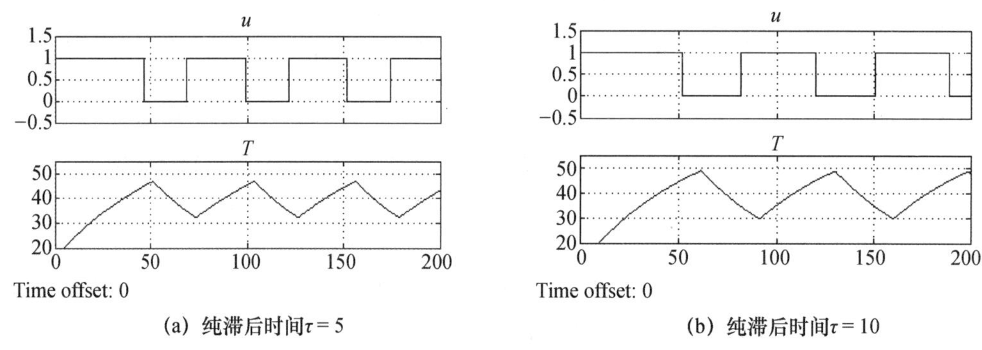

(a) 纯滞后时间τ = 5　　(b) 纯滞后时间τ = 10

图 3-8　不同纯滞后时间加热炉双位控制系统的控制指令和系统输出值（温度）的响应曲线

将图 3-6(a)与图 3-8(a)和图 3-8(b)进行比较，可以看出，被控对象的纯滞后特性对双位控制系统输出值的振荡幅度和振荡周期都有影响，纯滞后时间越长，振幅越大，振荡周期也越长。

3.2.3　双位控制的特点及应用

双位控制器结构简单，容易实现控制，价格便宜。在工程实施时可以采用带上/下限触点的检测仪表、双位控制器，配上继电器、电磁阀执行器或磁力起动器等即可实现双位控制。

由于双位控制器是断续控制，控制量在最大值和最小值之间不断切换，控制系统的被控量为等幅振荡过程，因此，双位控制器通常用于单容对象且时间常数较大、负荷变化较小、过程时滞小及工艺过程允许被控量在一定范围内波动的场合，如贮槽液位控制、压缩空气的压力控制、恒温箱或管式炉的温度控制等。

回差值、被控对象惯性及滞后时间 τ 等因素都对振幅和振荡周期有不同的影响：

(1) 对于相同的回差设置，被控对象的惯性越大，则被控量振荡周期越长；滞后时间越大，则被控量振幅越大、周期越长。

(2) 对于同样的被控过程，即惯性及滞后时间固定时，回差值同时影响振幅和振荡周期，为缩小被控量波动的幅度，可以适当减小回差值，但同时也将增大振荡频率，会使执行机构频繁切换，产生磨损，所以在实际应用中需要适中选择。

3.3 PID控制

PID控制是由比例(P)、积分(I)、微分(D)三者组合的控制规律，是工业系统中历史最久、应用最广泛的控制规律。在20世纪40年代以前，除了在最简单的被控对象和对控制性能要求不高的情况下采用双位控制之外，其他地方几乎都采用PID控制。此后，随着科学技术的发展，特别是计算机的诞生、发展和普遍应用，涌现出很多先进控制策略。然而直到现在，PID控制由于自身的显著优点，仍然是应用最广泛的控制规律，在工业过程控制系统中占据统治地位。

典型的PID控制系统如图3-9所示，其中，广义被控对象包括执行机构、被控过程和检测变送单元三个部分，ω 代表各类扰动信号。

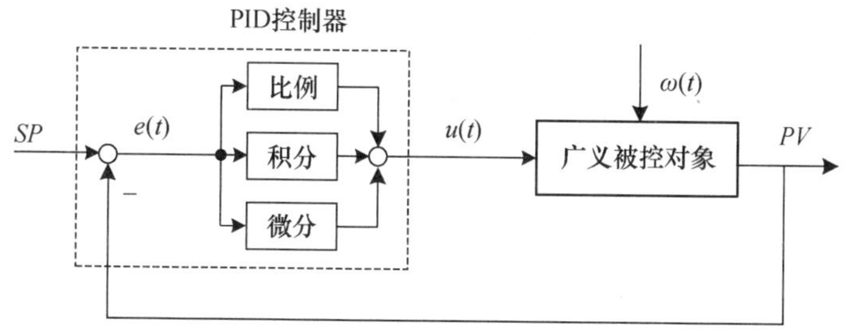

图3-9 典型PID控制系统

在工程实际中，PID控制器通常包含用于求偏差的综合点，工业仪表对偏差的定义为：$e=PV-SP$ 为正作用，$e=SP-PV$ 为反作用。

因此，工业 PID 控制器有正反作用之分，当被控量增大，控制量也增大时为正作用；当被控量增大，控制量减小时为反作用。

按 PID 控制规律进行工作的控制器早已商品化，在具体实现形式上经历了机械式、液动式、气动式、电子式等发展阶段，但始终没有脱离 PID 控制规律的范畴。在现代计算机控制系统中，即使控制器并不一定是物理器件，往往是计算机程序，控制规律常被称为控制算法，最基本的控制算法仍然基于 PID 控制规律。

PID 控制具有以下优点：

(1) 原理简单，参数的物理意义明确，实现方便。

(2) 对模型的依赖较小，因此适应性强，可广泛应用于热工、化工、冶金、炼油及造纸等各种生产过程。

(3) 鲁棒性强，系统的控制品质对被控对象特性的变化不太敏感。

由于具有这些优点，在过程控制中，人们首先想到的总是 PID 控制。一个大型的现代化工业生产流程的控制回路往往多达 100～200 个，甚至更多，其中绝大部分控制规律都采用 PID 控制。只在两种情况下除外：一种是被控对象易于控制且控制品质要求不高，这种情况可用简单的双位控制；另一种是被控对象特别难以控制而且控制品质又要求特别高，这种情况仅仅采用 PID 控制难以满足生产要求，需要考虑采用更先进的控制规律。

本节将详细讨论比例(P)、积分(I)、微分(D)三种基本控制规律的特性和它们组合后构成的 PI、PD 及 PID 控制规律，以及各控制参数对系统性能的影响。学习过程控制的方法不同于学习控制理论，不仅要理解信号自动处理过程中的抽象数学关系，更要在实际控制系统的应用中理解、分析相关特性及可能出现的各种情况对系统的影响。

3.3.1 比例(P)控制

1. 比例控制规律

比例控制规律是指控制器的输出变化量 $\Delta u(t)$ 与输入偏差值 $e(t)$ 成比例关系，其数学表达式为

$$\Delta u(t) = K_p e(t) \tag{3-3}$$

或写成拉普拉斯变换后的关系

$$U(s) = K_P E(s) \tag{3-4}$$

其传递函数形式为

$$G_c(s) = \frac{U(s)}{E(s)} = K_P \tag{3-5}$$

式中，K_p 为比例增益(也称比例系数，或放大倍数)，其大小决定了比例作用的强弱。比例控制器的输入输出特性曲线(开环特性)如图 3-10 所示。可见，比例控制器的输出变化量 $\Delta u(t)$ 与输入偏差值 $e(t)$ 在时间上不存在滞后，因此，比例控制也被形象地称作根据偏差的“现在”进行调节的控制规律。

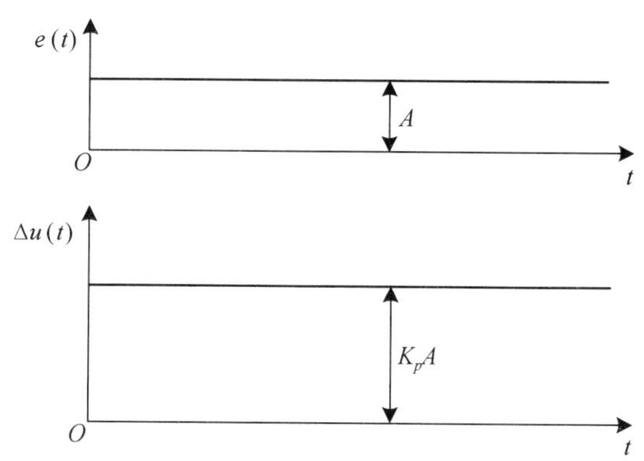

图 3-10　比例控制器的输入输出特性曲线(开环特性)

式(3-3)中的控制器输出变化量 $\Delta u(t)$ 是相对其初始值 u_0 的增量。当偏差 e 为零时，$\Delta u(t)=0$，但这并不意味着控制器没有输出信号，而只是说明此时有 $u(t)=u_0$。而初始值 u_0 的大小可通过设置控制器的工作点加以调整。在式(3-4)中，$U(s)=\mathcal{L}\{\Delta u(t)\}$，为便于书写，去掉了增量符号 Δ。

2. 比例控制的范围及比例带(比例度)

从数学表达式(3-3)～(3-5)可以看出，比例控制的输入变化量与输出变化量之间是线性关系，但是在实际应用中，由于执行机构的运动幅度(如调节阀门的开度)是有限的，控制器的输出 $u(t)$ 也就被限制在一定的范围之内。换句话说就是输出信号 $u(t)$ 与输入信号 $e(t)$ 仅在一定的范围内保持比例(线性)关系。比例控制的输入输出范围如图 3-11 所示。

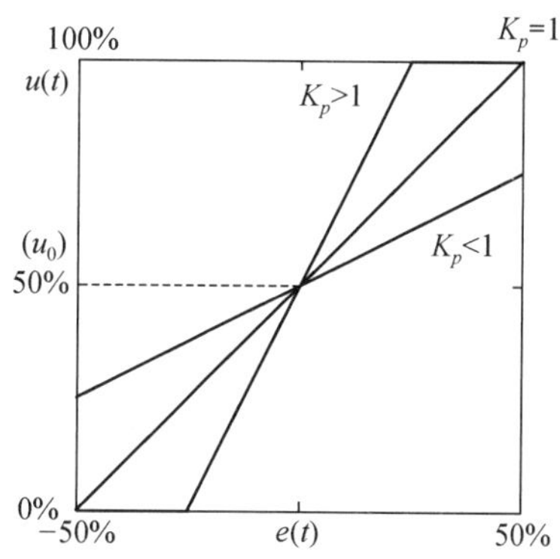

图 3-11　比例控制的输入输出范围

工程应用中应注意以下三个方面。

(1) 控制器输出变化量 $\Delta u(t)$ 是相对其初始值 u_0 的增量，实际执行器得到的指令为 $u(t)=u_0+\Delta u(t)$，控制器的初值 u_0 就是在偏差为 0 时的控制指令，为初始工作点。正确选择初始工作点很重要，通常取控制器有效输出的中间值(如对应于调节阀的中间开度 50%)，或者根据实际运行情况进行选择，这样才能保证被控量无论增大还是减小(即误差为正或负)，控制器都有能力克服。

(2) 实际应用时需考虑比例控制呈线性关系的范围，即就整个工作范围而言，比例控制特性实为非线性的，这是由执行器的饱和特性决定的。

当偏差 $e(t)$ 全量程变化时，即变化范围为 $-50\%\sim50\%$ 时，若 $K_p=1$，则输出 $u(t)$ 的变化在 $0\%\sim100\%$ 范围内都能保持线性关系；当 $K_p>1$ 时，则输出 $u(t)$ 的变化只能在输入偏差 $e(t)$ 的 $-50\%/K_p\sim50\%/K_p$ 的范围之间保持线性关系。例如，若 $K_p=2$，当偏差 $e(t)$ 在 $-25\%\sim25\%$ 的范围内变化时，输出 $u(t)$ 为线性变化关系，而当偏差 $e(t)$ 的变化超出 $-25\%\sim25\%$ 范围时，控制器输出信号保持在最大值或最小值，呈现饱和特性，此时控制器输入输出信号之间不再具有线性关系。

(3) 在过程控制中，习惯用比例带(比例度)来表示控制器输入输出之间的比例关系，比例带(比例度)是指控制器输入偏差的相对变化值与控制器输出的相对变化值之比，用 δ 来表示。

$$\delta=\frac{\dfrac{e}{e_{\max}-e_{\min}}}{\dfrac{u}{u_{\max}-u_{\min}}}\times100\% \tag{3-6}$$

式中，$\dfrac{e}{e_{\max}-e_{\min}}$ 为控制器输入偏差的相对变化值，$\dfrac{u}{u_{\max}-u_{\min}}$ 为控制器输出的相对变化值。

实际上，人们也习惯用相对于被控量测量仪表量程的百分数来表示比例带 δ，$y_{\max}-y_{\min}$ 为测量仪表的量程，则式(3-6)又可写作

$$\delta=\frac{\dfrac{e}{y_{\max}-y_{\min}}}{\dfrac{u}{u_{\max}-u_{\min}}}\times100\%=\frac{1}{K_p}\frac{u_{\max}-u_{\min}}{y_{\max}-y_{\min}}\times100\% \tag{3-7}$$

在单元组合仪表中，控制器的输入信号和输出信号都是统一的标准信号，有 $y_{\max}-y_{\min}=u_{\max}-u_{\min}$，此时比例带 δ 是比例增益 K_p 的倒数

$$\delta=\frac{1}{K_p} \tag{3-8}$$

比例带 δ 具有重要的物理意义：如果输出信号 $u(t)$ 直接代表调节阀开度的变化量，那么由式(3-6)可知，δ 代表使调节阀开度改变 100%，即从全关到全开时所需要的被控量的变化范围。只有当被控量处在这个范围之内时，调节阀的开度变化量才与偏差成比例关系；被控量超出这个范围时，调节阀处于全关或全开的状态，控制器的输入输出信号之间不再保持线性关系，控制器处于饱和状态会暂时失去控制作用。

若测量仪表的量程为 100℃，当 $K_p=2$，即 $\delta=50\%$ 时，就表示被控量需改变 50℃ 才能使调节阀发生从全关到全开的全量程范围变化；当 $K_p=4$，即 $\delta=25\%$ 时，就表示被控量需改变 25℃ 就能使调节阀发生从全关到全开的全量程范围变化。

当 K_p 越大时，δ 越小，这意味着较小的偏差信号就能激励控制器产生全量程变化的输出信号，即比例控制作用越强。但是，这种情况下控制器输入输出信号保持比例关系的范围会较小，饱和区会较大，也就有更大的被控量范围使控制器失去调节作用。

例 3-2 DDZⅢ 仪表的输入输出量程为 4～20 mA，请问当比例带 δ 分别为 50% 和 200% 时，控制器的输入输出信号的关系是什么？

$\delta=50\%$，即只要输入偏差变化 50%，即 $(20-4)\times50\%=8$ mA，输出就能全量程变化。

$\delta=200\%$，即输入偏差变化$(20-4)\times200\%=32$ mA 时，输出才能全量程变化。这在实际中是不可能达到的，32 mA 已经越限了，输入变化最大只可能为 16 mA。此时说明当输入全量程变化时，输出信号只变化 50%。

3. 比例控制的特点

比例控制的一个显著特点是它属于有差调节。

在过程控制中，大部分系统有自平衡特性，其被控对象的数学模型为 0 型系统，采用比例控制时对于设定值阶跃信号和扰动阶跃信号均存在静差。另外，还有一部分系统无自平衡特性，其被控对象的数学模型含有一个或一个以上的积分环节，属于Ⅰ型或Ⅱ型系统，采用比例控制时，对于设定值阶跃信号不存在静差，但对于其他扰动阶跃信号仍然存在静差，所以通常说比例控制属于有差调节。

这里以简单的自力式液位比例控制系统为例进行说明，其结构如图 3-12 所示。在该系统中，水槽液位 h 是被控量，杠杆通过带动进水阀的阀杆对其进行控制。杠杆右端固接的阀杆负责控制水槽进水量 Q_1，杠杆左端固接的浮球是测量元件，负责检测液位 h 的变化。

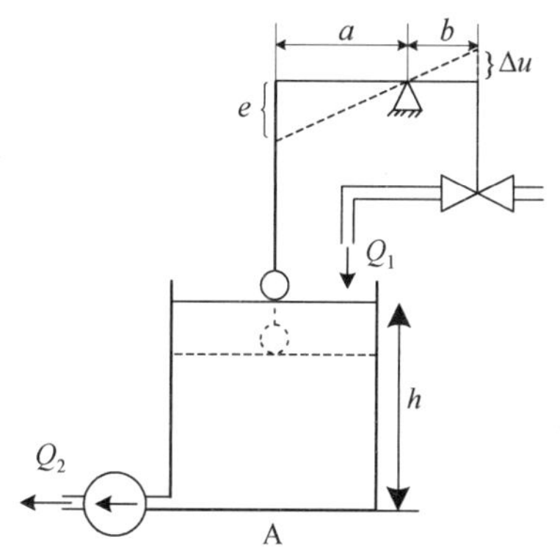

图 3-12 自力式液位比例控制系统

这里的杠杆就是一个典型的比例控制器，在设定值不变时，液位变化由浮球反映到杠杆左端（e 发生变化），它是比例调节器的输入信号，输出信号是阀杆位移 Δu，水槽进水量的变化 ΔQ_1 与阀杆位移 Δu 成正比关系。当液位低于设定值时，杠杆左侧下降右侧升高，使进水阀开大，进水量增加，使液面升高。液位越低，即偏差越大，阀杆右侧升高越多，最终使液位稳定。

设初始状态为进水量 Q_{10} 与出水量 Q_{20} 平衡，液位稳定在某一高度，如图 3-12 中实线液面所示，杠杆和进水阀都保持在初始位置。若发生负荷扰动，用水量突增，即出水量 Q_2 突然增大，进出水量的平衡关系被打破，水槽液位下降，浮球随之下降，杠杆左侧降低，右侧升高，进水阀开度增大，进水量 Q_1 增大，经过一段时间 Q_1 与出水量 Q_2 再次达到平衡，水位稳定在新的平衡位置，如图 3-12 中虚线液面所示。该液位只能比初始稳定液位低，才能获得较大的进水量 Q_1 来平衡增大的出水量 Q_2，两者的差（即液位实线与虚线之间的距离）就是该比例控制系统针对出水量扰动（即负荷扰动）的余差。

下面采用机理建模法建立液位变化量 Δh 与进水阀开度变化量 $\Delta\mu$ 之间的传递函数。由于出水量由泵控制，与液位高度 h 无关，出水量与进水量之间的平衡关系一旦被破坏，若没有控制作用，系统就无法恢复平衡，那样的话系统就是非自平衡系统。

这里采用杠杆为控制器，根据相似三角形原理，有

$$\frac{e}{\Delta\mu}=\frac{a}{b}, \text{即 } \Delta\mu=\frac{b}{a}e=K_{p}e \tag{3-9}$$

可见

$$K_{p}=\frac{b}{a} \tag{3-10}$$

由此可得到自力式液位比例控制系统的结构方框图,如图 3-13 所示。

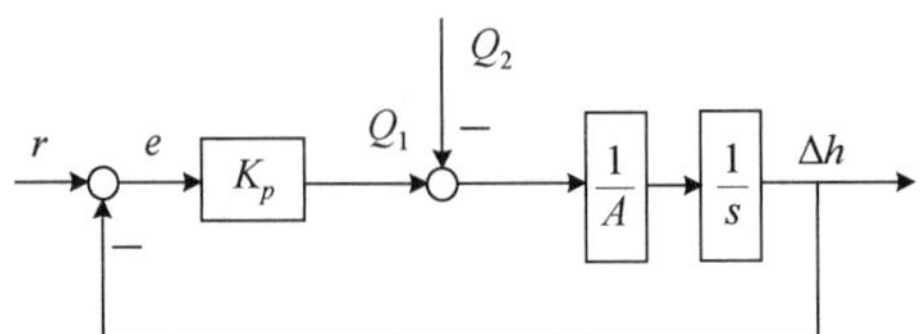

图 3-13 自力式液位比例控制系统结构方框图

设液位目标值不变,则 $R(s)=0$。模拟负荷扰动情况,当出水量突然变化时,该负荷扰动以一个幅值为 f 的阶跃信号 $Q_{2}(s)=\frac{f}{s}$ 来代表,则液位变化(输出量)为

$$H(s)=\frac{-\frac{1}{As}}{1+\frac{K_{p}}{As}}Q_{2}(s)=\frac{-1}{As+K_{p}}Q_{2}(s) \tag{3-11}$$

此时,液位目标值变化量为零,因此误差信号为

$$E_{n}(s)=0-H(s)=\frac{1}{As+K_{p}}Q_{2}(s) \tag{3-12}$$

可得该系统在阶跃扰动 $Q_{2}=\frac{f}{s}$ 作用下的稳态误差为

$$e_{sn}=\lim_{s\to 0}sE_{n}(s)=\frac{f}{K_{p}}=\delta f \tag{3-13}$$

由稳态误差表达式(3-13)可知,比例控制系统的静差与比例系数 K_{p} 成反比(与比例带 δ 成正比),比例系数 K_{p} 越大,则静差越小,但是同时系统的稳定性下降。系统的静差与扰动信号幅值 f 成正比,扰动幅值越大,静差越大。

工业锅炉的水位控制是一个非自衡过程的典型实例,由输入量与输出量的平衡关系分析,当给水量与蒸汽流量平衡时,汽包水位保持稳定。当蒸汽负荷改变时,平衡关系被打破,水位出现偏差。如果采用比例控制器,给水调节阀开度正比于偏差值,必须有相应的改变才能保持水位稳定,这就意味着在新的稳定状态下,水位必须存在余差。但是,若设定值发生变化,水位不会存在余差,这是由于锅炉的蒸汽流量没有发生变化,给水量经调整后的稳态值也不会发生变化。

例 3-3 下面通过仿真实验对比例控制的有差特性进行讨论。

针对自衡和非自衡两类常见的工业对象特性,这里用干扰信号模拟定值控制系统中的负荷扰动情况,用设定值阶跃信号模拟随动控制系统中的控制目标变化。

(1) 非自衡控制系统

以自力式液位比例控制系统为例，在 MATLAB/Simulink 中建立非自衡被控过程的比例控制系统仿真模型，如图 3-14 所示，设 $K_p=2, K_u=1, A=5$，液位初始稳态设为 $h_0=0.5, H_{sp}=0.5, u_0=0.5, Q_{20}=0.5$，然后分别进行负荷扰动和设定值扰动实验。

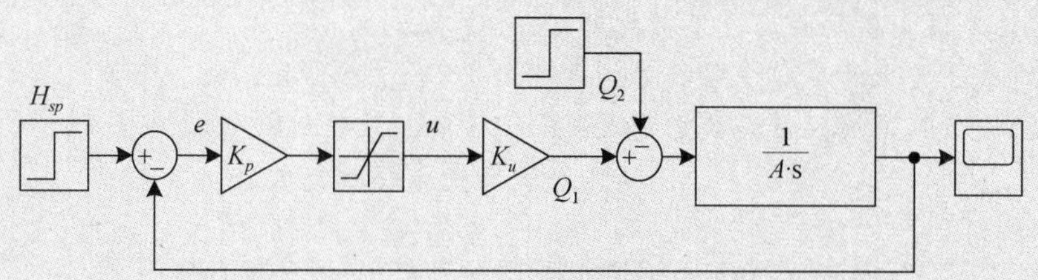

图 3-14　非自衡对象比例控制系统仿真模型

①设定值 H_{sp} 保持不变，在 $t=1$ s 时发生负荷扰动，采用幅值为 0.5 的阶跃信号进行模拟，即 $\Delta Q_2=0.5$，系统输出的液位 h、偏差 e、比例控制作用 u 的响应曲线如图 3-15(a)所示。

② $t=1$ s 时进行设定值扰动实验，H_{sp} 由初值 0.5 阶跃变化至 1，相关参数响应曲线如图 3-15(b)所示。

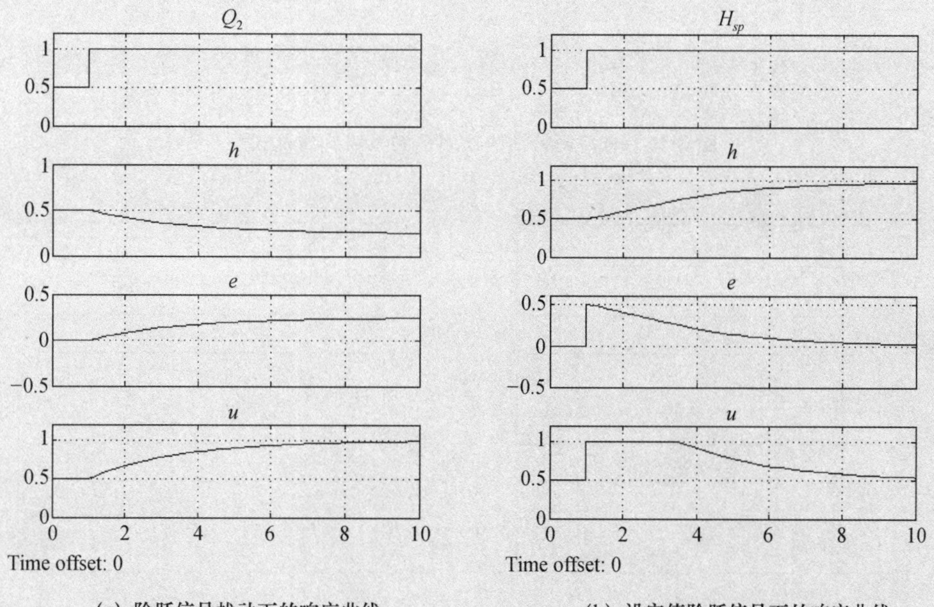

(a) 阶跃信号扰动下的响应曲线　　(b) 设定值阶跃信号下的响应曲线

图 3-15　非自衡对象比例控制系统的仿真曲线

由理论推导及仿真实验曲线的验证可知：理想条件下，对于非自衡被控过程采用比例控制，当发生负荷扰动时(定值控制系统)，存在静差；当发生设定值扰动时(随动控制系统)，没有静差。如果两种扰动同时发生，则可采用线性系统的叠加原理进行分析。

在图 3-15(b)中可看到，控制作用 u 已经超出了执行器的量程范围(0～1)，呈现出饱和特性，因此需在仿真模型中加入限幅环节，以还原真实物理系统的特性。这说明在学习过程控制系统时需要考虑工程实际中存在的多种影响因素。

(2) 自衡控制系统

工业过程中大多数系统是自衡系统。用经典控制理论很容易证明，当采用比例控制规律时，无论是设定值扰动还是负荷扰动，都会存在静差。

这里以第 2 章中的单容水箱液位控制系统为例，在 MATLAB/Simulink 中建立有自衡特性的比例控制系统的仿真模型，如图 3-16 所示。设液位初始稳态值 $h_0=0.5$，$H_{sp}=0.5$，$R_s=1$，$\Delta Q_{2\text{-}f}=0$，然后分别进行负荷扰动和设定值扰动实验。

① 设定值 H_{sp} 保持不变，在 $t=1$ 秒时发生负荷扰动，负荷扰动采用 $\Delta Q_{2\text{-}f}$ 幅值为 0.5 的阶跃信号进行模拟，系统输出的液位 h、偏差 e、比例控制作用 u 的响应曲线如图 3-17(a)所示。

② $t=1$ 秒时进行设定值扰动实验，H_{sp} 由初值 0.5 阶跃变化至 1，相关参数的响应曲线如图 3-17(b)所示。

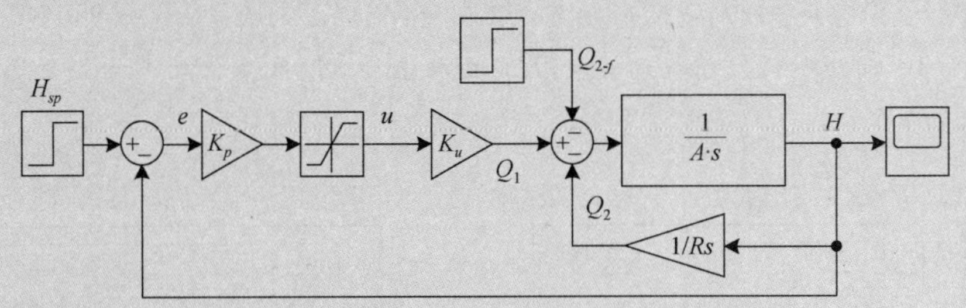

图 3-16　有自衡特性的比例控制系统的仿真模型

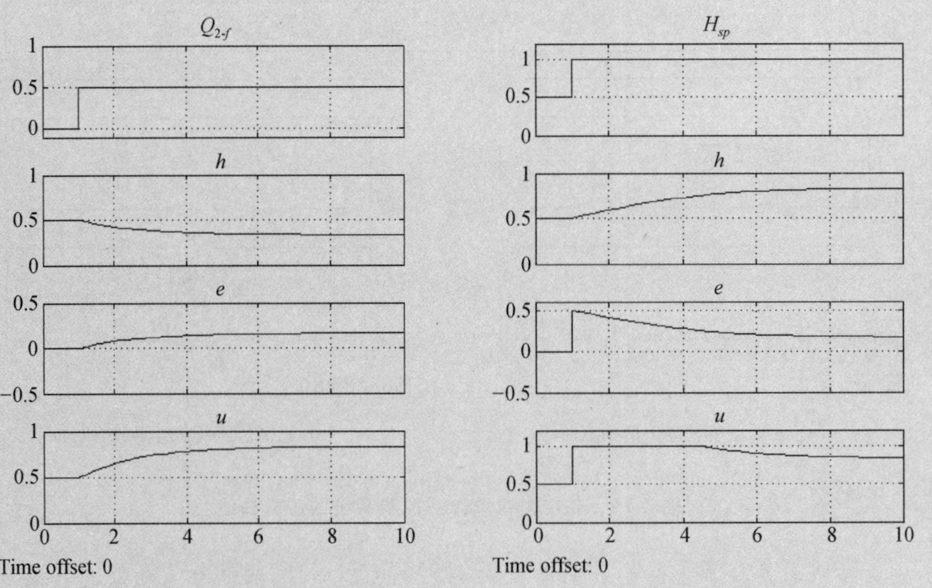

(a) 阶跃信号扰动下的响应曲线　　(b) 设定值阶跃信号下的响应曲线

图 3-17　有自衡特性的比例控制系统的仿真曲线

从图 3-17 可以看出，理想条件下，对于有自衡特性的被控过程采用比例控制，无论是发生负荷扰动还是发生设定值扰动，都存在静差。

4. 参数 $K_p(\delta)$ 对调节过程的影响及仿真实验

在比例控制系统中，静差随着比例增益 K_p 的增大而减小，随比例带 δ 的增大而增大。若仅从控制精度角度考虑，人们肯定希望尽可能增大比例增益 K_p（减小比例带 δ），但这样的话控制作用过强，并且增大了控制系统的开环增益，将可能导致系统激烈振荡甚至不稳定。稳定性是任何闭环控制系统的首要要求，进行比例增益 K_p 设置时必须保证系统具有一定的稳定裕量。此时，如果余差过大，则需通过其他途径解决。

对于典型的工业过程（有自衡特性的过程），针对典型的随动控制系统（设定值变化）或定值控制系统（扰动作用）两种情况，比例增益 K_p（比例带 δ）的大小对于系统被控量 $y(t)$ 的影响如图 3-18 所示。

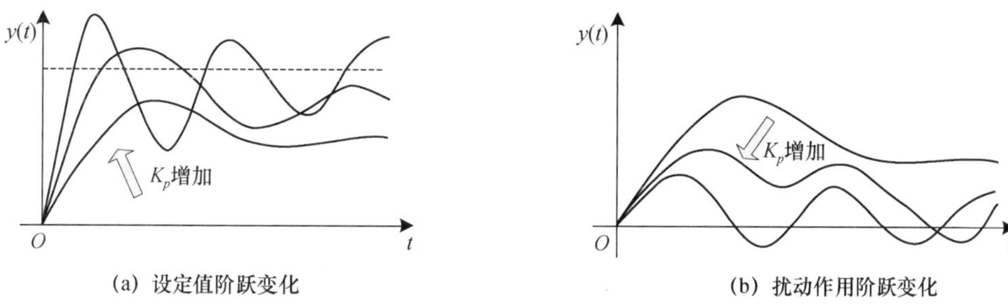

图 3-18　比例增益大小对系统被控量的影响

从图 3-18 可以看出，参数 K_p 的大小对调节过程的静差和稳定性都有很大影响。

(1) 无论是随动控制系统中设定值的变化，还是定值控制系统中扰动信号的作用，静差都随着比例增益 K_p 的增大而减小。对于同样的偏差输入信号，当比例增益 K_p 很小时，调节阀的动作幅度很小，因此被控量变化较平稳，甚至没有超调量，但静差很大，过渡过程时间也很长；增大比例增益 K_p，系统的控制作用增强，同时也加大了调节阀的动作幅度，会引起被控量来回波动，但系统仍可能是稳定的，静差也相应减小。

(2) 若阶跃响应曲线呈现等幅振荡形式，说明系统处于临界稳定状态，这种情况下的比例增益值为临界稳定增益 K_{pr}。为保证闭环系统稳定，比例增益 K_p 需要满足使系统开环增益小于临界稳定增益 K_{pr} 的要求。若一味追求降低静差，会使比例增益 K_p 过大，甚至超出该临界值，那样系统就不稳定了，被控量阶跃响应曲线会呈发散形式。

这个特性给出了可通过实验测定出使系统达到临界稳定时所需的比例增益的方法。如果被控对象的数学模型是已知的，则可根据控制理论计算出临界稳定时的比例增益。

由于控制器采用比例控制，临界稳定增益 K_{pr} 仅取决于被控对象的动态特性。假设广义被控对象在临界频率下的增益为 K_{or}，根据控制理论中的奈奎斯特稳定准则，可得稳定边界上的幅值条件

$$K_{pr} \cdot K_{or} = 1，即\ K_{pr} = 1/K_{or} \tag{3-14}$$

由于比例控制器的相角为 0，因此被控对象在临界频率 ω_r 下必须提供一个 $-180°$ 的相角，由此可计算出临界频率 ω_{pr}。至此，K_{pr} 和 ω_{pr} 被认为是被控对象动态特性的频域指标。

由此得出，在实际工程设计时，比例增益 K_p 的选取与对象的特性有关。如果对象是较

稳定的，即对象的纯滞后较小、时间常数较大以及放大倍数较小，那么比例增益 K_p 可以取得大一些，以提高整个系统的灵敏度，使反应加快，得到比较平稳且静差又不太大的衰减过渡过程。反之，如果对象的纯滞后较大、时间常数较小以及放大倍数较大，那么比例增益 K_p 就应该取得小一些，否则无法满足稳定性的要求。

工业过程中常见系统的比例带 δ 的参考选取范围如表 3-1 所示。

表 3-1　工业过程中常见系统的比例带 δ 的参考选取范围

控制系统类型	比例带的参考选取范围
压力控制系统	30%～70%
流量控制系统	40%～100%
液位控制系统	20%～80%
温度控制系统	20%～60%

例 3-4　下面以典型自衡被控过程为例，通过仿真实验讨论比例增益大小对闭环系统输出的影响。

设数学模型为 $G(s)=\dfrac{1}{10s+1}\mathrm{e}^{-2s}$，采用纯比例控制，建立的仿真模型如图 3-19 所示，其中，R 代表设定值，F 代表扰动作用。

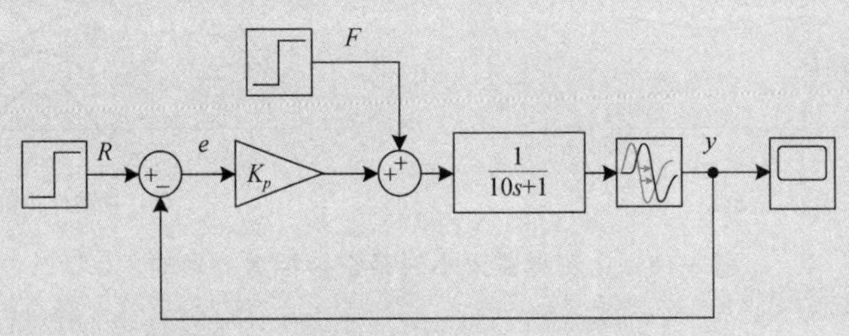

图 3-19　比例控制系统的 Simulink 仿真模型

分别取参数 $K_p=1,2,5$ 和 8，设置 $F=0$，R 为单位阶跃信号，得到仿真曲线如图 3-20(a)所示；同理，设置 $R=0$，F 为单位阶跃信号，得到仿真曲线如图 3-20(b)所示。

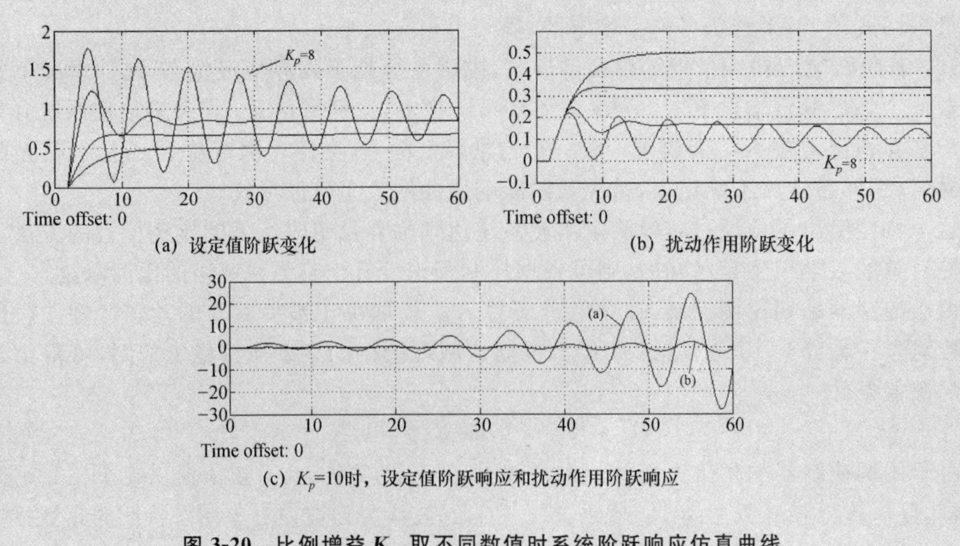

图 3-20　比例增益 K_p 取不同数值时系统阶跃响应仿真曲线

从图 3-20 可以看出，无论对设定值阶跃输入作用还是对扰动阶跃输入作用，比例增益 K_p 越大，静态偏差越小，但稳定性越差。当 $K_p=10$ 时，仿真曲线如图 3-20(c)所示，此时设定值和扰动的阶跃响应都不稳定。

总的来说，比例控制是一种最基本、最主要，也是应用最广泛的控制规律，具有反应速度快、控制及时，但控制结果有余差的特点，常用于干扰较小、对象时滞较小、时间常数并不太小、控制质量要求不高、允许有余差的场合。

3.3.2 积分(I)控制与比例积分(PI)控制

在工程实际中，许多控制系统对精度要求较高，为了保证控制质量，不允许被控量存在余差，因此，仅采用比例控制难以满足要求，需在比例控制的基础上引入积分控制。

1. 积分控制规律

积分控制规律是指控制器的输出变化量 $\Delta u(t)$ 与输入偏差值 $e(t)$ 随时间的积分成正比的控制规律，即控制器的输出变化速度与输入偏差值成正比，其数学表达式为

$$\Delta u(t)=\frac{1}{T_i}\int_0^t e(t)\mathrm{d}t=K_I\int_0^t e(t)\mathrm{d}t \tag{3-15}$$

或

$$U(s)=\frac{1}{T_i s}E(s) \tag{3-16}$$

式中，T_i 为积分时间，K_I 为积分速度或积分系数，二者互为倒数($K_I=1/T_i$)。

在输入偏差值 $e(t)$是幅值为 A 的阶跃信号时，式(3-16)的解为

$$\Delta u(t)=\frac{1}{T_i}At \tag{3-17}$$

可得积分控制器的输入输出特性曲线如图 3-21 所示，输出曲线是一条过原点、斜率不变的直线，其斜率即为积分速度。其中，曲线 1、2 分别是积分时间为 T_{i1}、T_{i2} 的输出特性，且有 $T_{i1}<T_{i2}$。

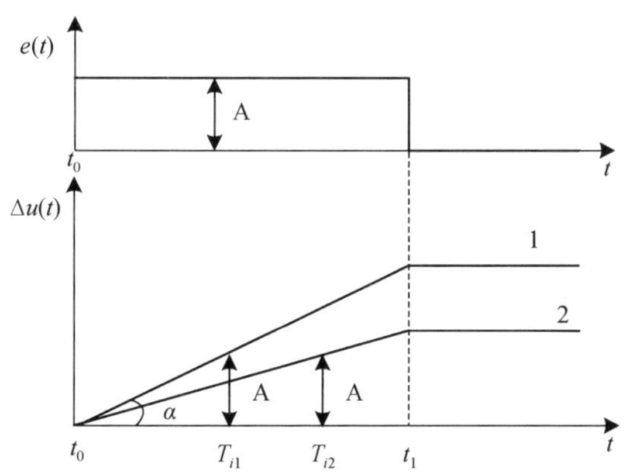

图 3-21 积分控制器的输入输出特性曲线

由式(3-17)可知，决定积分控制器输出变化量 $\Delta u(t)$ 大小的三个因素分别是 A、T_i 和 t。

(1) 输入偏差幅值 A

偏差幅值 A 越大，积分控制作用越强。

(2) 积分时间 T_i

根据积分作用表达式，当 $t = T_i$ 时，$\Delta u(T_i) = A$，由此可得积分时间的定义：

积分时间 T_i 是指在阶跃输入信号激励下，积分作用的输出信号变化到输入信号的幅值所经历的时间。

可见，积分时间 T_i 越小，控制器输出量的变化量达到幅值 A 所需的时间越短，说明输出值变化越迅速，积分作用越强。在图 3-21 中，$T_{i1} < T_{i2}$，曲线 1 是积分时间较小的控制器的输出，变化迅速，控制作用强。

此外，根据图 3-21 中输出曲线的斜率大小，可以更为直观地分析积分控制的强弱，此斜率就是积分速度 K_I，是积分时间的倒数。

当 $t < t_1$ 时，斜率

$$\text{tg}\alpha = \frac{A}{T_i} = K_I A \tag{3-18}$$

显然，曲线 1 的斜率大于曲线 2 的斜率，说明 $K_{I1} > K_{I2}$。曲线的斜率越大，其对应的积分控制作用越强。

因此，积分时间 T_i 越小，积分速度 K_I 越大，直线的斜率越大，在同样的时间内积分控制器的输出变化量越大，即积分作用越强；反之，则积分作用越弱。

(3) 偏差存在时间的长短 t

积分控制器输出信号的大小不仅与输入偏差值大小有关，而且还与偏差存在时间的长短有关(如图 3-21 的时间段 $t_0 \sim t_1$)。当输入偏差存在时，控制器的输出会按偏差的积分值不断变化，偏差存在的时间越长，输出信号的变化量就越大，直到偏差趋于零时，控制器的输出不再变化，但仍保持在某个数值，即能够维持在使系统偏差为零的状态。反之，当控制器的输出稳定下来不再变化时，系统输入的偏差值一定是零。因此，采用积分控制时，当被控对象在负荷扰动下的过渡过程结束时，调节阀可以稳定在新的负荷所要求的开度上，没有余差，也就是说，积分控制作用可以消除系统余差。

但是，若偏差长时间存在，或者控制系统长时间无法消除偏差，由于积分作用使输出信号不断增大或减小(偏差信号的正负决定其增减)，这样将造成积分作用的输出信号过大或过小，在实际控制系统中，将造成积分饱和现象，使控制器失去控制作用。

2. 积分控制的特点

积分控制主要有以下两大特点。

(1) 积分控制是无差调节

积分控制可实现无差调节，这与比例控制的有差调节形成了鲜明对比。只有当被控量的偏差为零时，积分控制器的输出才会保持不变；反之，当积分控制器的输出稳定不动时，输入偏差信号一定为零，即积分控制器的输出可停在任何数值的位置上，可以维持偏差为零。这意味着被控对象在负荷扰动下的调节过程结束后，被控量没有余差，调节阀可以停在新的负荷所要求的开度上，调节阀开度与当时被控量的数值本身没有直接关系。

而比例控制则不同，在输入偏差为零时，比例控制器的输出变化量 $\Delta u(t)$ 是零，即处在初始位置 u_0 上。

(2) 具有滞后性,会导致系统稳定性下降

虽然积分控制可以消除余差,但在工业应用中却很少单独使用积分控制,而多采用比例积分控制,这是因为积分控制还有另一个特点——积分控制的稳定性比比例控制的稳定性差。

由控制理论中的奈奎斯特稳定判据可知,当对非自衡系统采用比例控制时,只要减小比例系数 K_P,总可以使闭环系统稳定(除非被控对象含有两个或两个以上的积分环节)。此类系统若采用积分控制,则不可能稳定。对于二阶及以下的自衡系统而言,采用比例控制,其闭环系统为结构稳定系统,理论上无论比例系数 K_P 取得多么大,都能达到闭环稳定状态。而此时若采用积分控制,则系统将成为条件稳定系统,比例系数 K_P 的选取需满足一定的范围。由此看出,在系统中引入积分控制,会使闭环系统的稳定性下降。究其原因,是积分作用的滞后性造成的。

与比例控制相比,除非积分速度无穷大,否则积分控制就不可能像比例控制那样及时地对偏差作出响应,控制器的输出变化总是滞后于偏差的变化,从而难以对干扰进行及时而且有效的抑制。为了对比积分控制作用和比例控制作用在控制过程中的变化,现给出某控制系统的输出 y、偏差 e 及比例控制输出变化量 Δu_p 和积分控制输出变化量 Δu_I 的响应曲线,如图 3-22 所示。

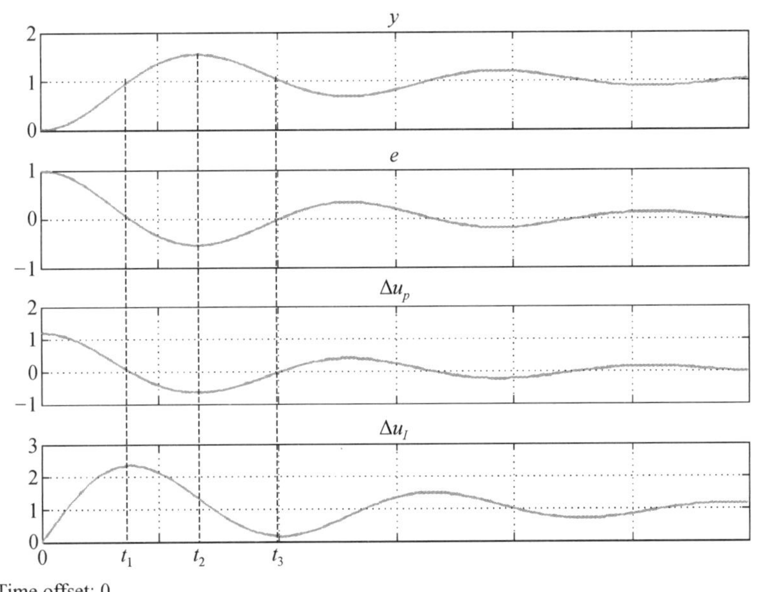

图 3-22 某控制系统响应曲线

从图 3-22 可以看出,比例控制输出变化量 Δu_p 与偏差 e 是同步的,偏差大则控制器输出变化量也大,偏差小则控制输出变化量也小,且变化的方向也是一致的。由此可见,比例控制作用的变化是及时的,因此说比例控制是在利用偏差的"现在"进行调节。

而积分控制器的输出变化量 Δu_I 则不然,积分控制器是对偏差从初始值开始进行累加后进行控制的,因此说积分是在利用偏差的"过去"进行调节。

由控制理论的频域分析可知,积分环节具有 $-90°$ 的相位角。时间从 0 到 t_1 的过程中,偏差绝对值在减小,但是为正号,Δu_I 在不断增大。在 t_1 时刻,偏差变号为负,使 Δu_I 开始

减小。在 t_2 时刻,偏差和 Δu_p 同步达到最小值,但积分控制作用在负偏差影响下仍然继续减小,一直到 t_3 时刻偏差变化到反向时,即符号由负号变为正号时,Δu_I 才达到最小值。很明显,积分控制作用具有滞后性,往往产生超调量,使系统发生振荡。

积分控制作用的滞后性也是造成积分饱和现象及危害的根源。

3. 积分时间 T_i 对调节过程的影响

采用积分控制时,控制系统的开环增益与积分时间 T_i 成反比(与积分速度 K_I 成正比),因此,减小积分时间 T_i 将降低控制系统的稳定程度,直至出现发散的振荡过程。积分时间 T_i 对调节过程的影响如图 3-23 所示。

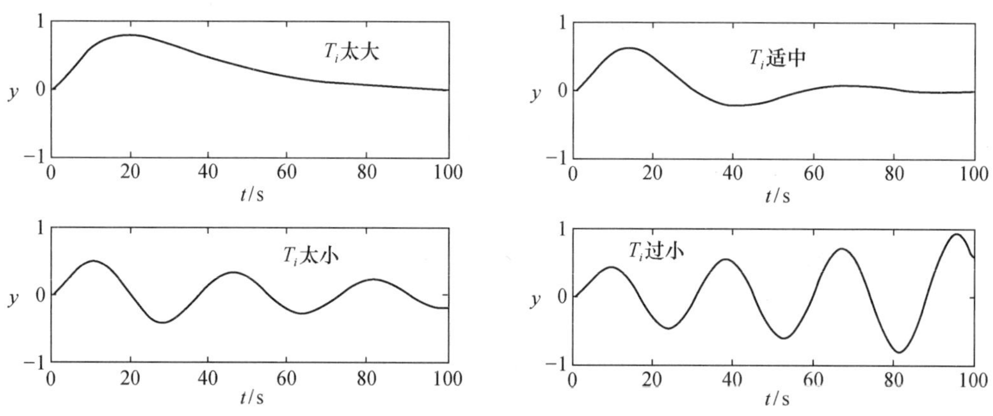

图 3-23 积分时间 T_i 对调节过程的影响

从直观上也不难理解,因为积分时间 T_i 越小(积分速度 K_I 越大),调节阀的动作越快,越容易引起和加剧振荡。与此同时,振荡频率会越来越高,而最大动态偏差则越来越小。对于同一被控对象,若分别采用比例控制和积分控制,并采用相同的衰减率,则它们在负荷扰动下的调节过程如图 3-24 所示。图 3-24 显示出两种控制规律的不同特点:比例控制有余差;积分控制没有余差,但是振荡较大,超调量较大,稳定性较差。

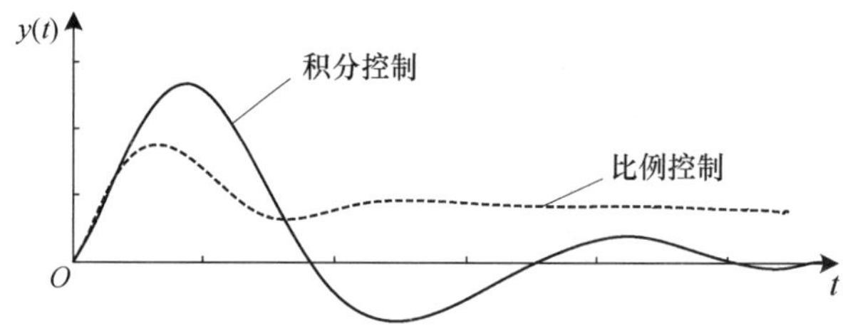

图 3-24 比例控制与积分控制作用的比较

4. 比例积分(PI)控制规律

工业生产中人们希望既能针对扰动进行及时控制,又能达到无静差的效果,因此实际应用中通常综合比例控制与积分控制两种控制规律的优点,利用比例控制快速消除干扰的影响,同时利用积分控制消除静差,这样组合而成的控制规律就是比例积分(PI)控制规律,其数学表达式为

$$\Delta u(t)=K_P\left(e(t)+\frac{1}{T_i}\int_0^t e(t)\mathrm{d}t\right) \tag{3-19}$$

或

$$U(s)=K_P\left(1+\frac{1}{T_i s}\right)E(s) \tag{3-20}$$

对于阶跃输入信号，即 $E(s)=\frac{A}{s}$，有

$$\Delta u(t)=K_P A+\frac{K_P}{T_i}At \tag{3-21}$$

比例积分控制器的输出是比例作用和积分作用两部分之和，当输入偏差是一个阶跃信号时，其输入输出特性曲线如图 3-25 所示，曲线 1、2 分别表示积分时间为 T_{i1}、T_{i2} 的输出特性，且有 $T_{i1}<T_{i2}$。

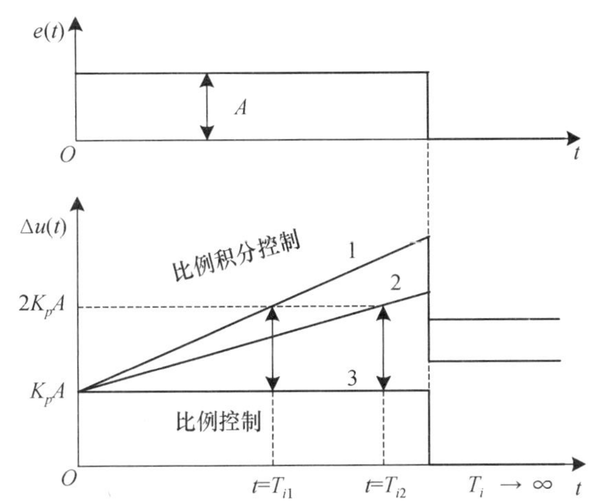

图 3-25 当输入偏差是一个阶跃信号时比例积分控制器的输入输出特性曲线

在 $t=0$ 时，比例积分控制器的输出是阶跃变化，其值为比例控制器的输出，因为此时积分控制器的输出为零。当 $t>0$ 时，偏差大小不再变化，为一个恒值，因此比例控制的输出为恒值 K_pA，不再变化，而积分控制的输出则以一个恒定的速度(即积分速度 K_I)不断增大。可见，图 3-25 中输出信号的垂直上升部分是比例控制作用的结果，而以一定速率上升的部分是积分控制作用的结果。

由式(3-21)或比例积分控制器的开环阶跃响应曲线，同样可以求出积分时间 T_i

$$\Delta u(T_i)=2K_P A \tag{3-22}$$

于是，在比例积分控制中，积分时间 T_i 是指在偏差输入为阶跃信号的作用下，比例积分控制器输出达到比例输出的两倍所经历的时间。实际上，$t=T_i$ 时，积分控制作用正好与比例控制作用相等。由此也可以说，积分时间 T_i 衡量了积分作用在比例积分控制器总输出中所占的比重，T_i 越小，积分控制作用所占比重越大。

从前面的分析可知，积分控制作用的大小与积分速度 K_I 成正比，与积分时间 T_i 成反比，即积分时间 T_i 越小，积分控制作用越强，积分时间 T_i 越大，积分控制作用越弱。特别地，当 $T_i\to\infty$ 时，积分作用消失，此时比例积分控制器成为比例控制器，如图 3-25 中的曲线 3 所示。

5. 比例积分控制器的调节过程

这里以典型的自衡被控过程为例来分析比例积分控制器的调节过程。为简单起见，设

被控过程的数学模型为单容对象，以一阶惯性环节为代表，此时比例积分控制系统的结构如图 3-26 所示。其中，$R(s)$为设定值，$Y(s)$为系统的输出量，$E(s)$为偏差，$U(s)$为控制器输出，$F(s)$代表负荷扰动。

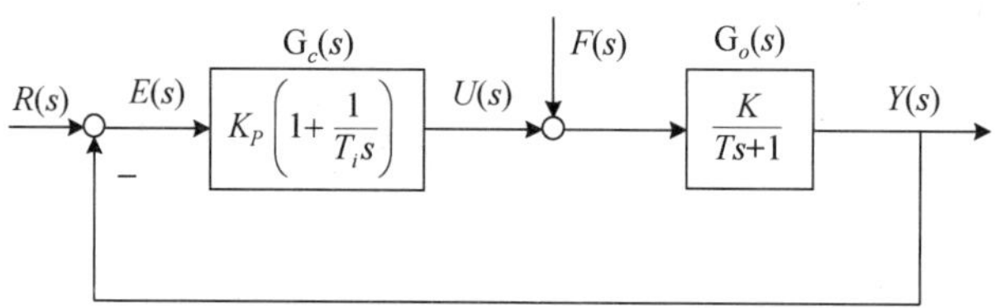

图 3-26 比例积分控制系统的结构

该系统的输出量 $Y(s)$为

$$Y(s)=\frac{G_c(s)G_o(s)}{1+G_c(s)G_o(s)}R(s)+\frac{G_o(s)}{1+G_c(s)G_o(s)}F(s) \tag{3-23}$$

下面分别针对设定值扰动和负荷扰动讨论控制系统调节过程的静差和动态特性。

(1) 静差

首先分析设定值扰动作用。设 $R(s)=\frac{A}{s}$，$F(s)=0$，

则偏差

$$E_R(s)=R(s)-Y_R(s)=\frac{1}{1+G_c(s)G_o(s)}R(s)=\frac{1}{1+K_p\left(1+\frac{1}{T_i s}\right)\frac{K}{Ts+1}}\frac{A}{s} \tag{3-24}$$

由终值定理得静差

$$e_{ssR}=\lim_{s\to 0}sE_R(s)=0 \tag{3-25}$$

再分析负荷扰动作用。设 $F(s)=\frac{A}{s}$，$R(s)=0$，

则偏差

$$E_F(s)=0-Y_F(s)=-\frac{G_o(s)}{1+G_c(s)G_o(s)}F(s)=-\frac{\frac{K}{Ts+1}}{1+K_p\left(1+\frac{1}{T_i s}\right)\frac{K}{Ts+1}}\frac{A}{s} \tag{3-26}$$

由终值定理得静差

$$e_{ssF}=\lim_{s\to 0}sE_F(s)=0 \tag{3-27}$$

可见，比例积分控制器对于设定值扰动和负荷扰动均可达到无静差的调节效果。采用该分析方法，对于其他多容被控过程，无论是自衡被控过程还是非无自衡的高阶被控过程，均可得到同样的结论。

(2) 动态特性

由式(3-23)可知，无论是对设定值的阶跃响应，还是对负荷扰动的阶跃响应，闭环特征多项式都是相同的，都可被视为典型的二阶振荡环节 $s^2+2\zeta\omega_n+\omega_n^2$，从而可得其阻尼系数 ζ 和自然角频率 ω_n 分别为

$$\zeta=\frac{1+K_pK}{2T}\sqrt{\frac{T_iT}{K_pK}},\quad \omega_n=\sqrt{\frac{K_pK}{T_iT}} \tag{3-28}$$

在被控过程动态特性固定时(即假设为线性定常系统,被控对象时间常数 T 和静态增益 K 均为常数),闭环系统的阶跃响应由比例积分控制器的参数来决定。

当积分时间 $T_i<\frac{4K_pKT}{(1+K_pK)^2}$时,阻尼系数 $\zeta<1$,被控量的调节过程为衰减振荡曲线,且积分时间 T_i 越小,阻尼系数 ζ 越小,自然角频率 ω_n 越高,则振荡越剧烈。当积分时间 T_i 不变时,衰减振荡曲线的包络线为 $e^{-\zeta\omega_n t}$,而 $\zeta\omega_n=\frac{1+K_pK}{2T}$,说明此时比例增益 K_p 越大,衰减越迅速。但是,比例增益 K_p 的增大将使系统的开环增益增大,将影响闭环系统的稳定性。虽然此处为二阶系统,理论上具有结构稳定性,即无论比例增益 K_p 多么大,系统总是稳定的。但是,被控过程的数学模型都是在一定条件下经过简化得到的理想形式,实际上比例增益 K_p 过大仍有可能使闭环系统不稳定。

因此,在下面的仿真实验中,被控过程的数学模型采用一阶惯性环节串联一个纯延迟环节的形式,这在工程实际中更具有代表性,可以近似代表高阶的自衡过程。

例 3-5　为分析比例积分控制器的调节过程,并且便于与比例控制作用进行对比,设被控对象同例 3-4,为 $G(s)=\frac{1}{10s+1}e^{-2s}$,建立的仿真模型如图 3-27 所示。下面分别讨论系统受到设定值扰动和负荷扰动时的工作过程。

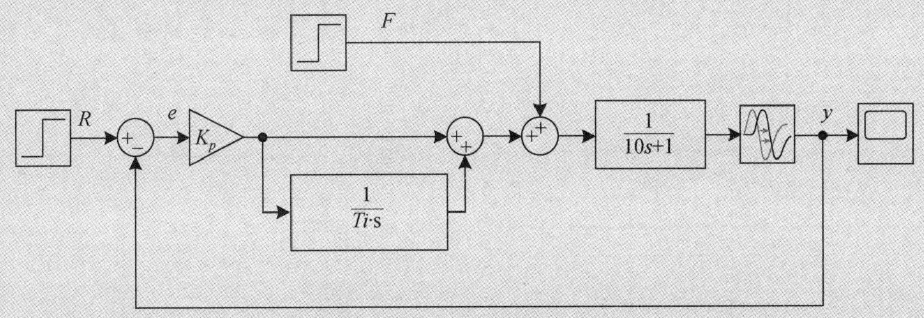

图 3-27　比例积分控制系统的仿真模型

(1) 设定值扰动的情况

设 $F=0$,$R=0.1$,即进行幅值为 0.1 的设定值阶跃扰动实验,得到的仿真曲线如图 3-28 所示,图中变量均为增量。

从图 3-28 可以看出,初始时刻 t_0 前,被控系统处于稳定状态,偏差为 0,控制器输出稳定在某个数值上。

当 $t=t_0$ 时,设定值突然发生幅度为 0.1 的阶跃变化,由于被控过程的惯性和延迟,被控量不变,由此产生的偏差也是一个阶跃信号,且幅值为 0.1。比例积分控制器的比例作用立即响应,产生一个比例系数乘以偏差阶跃幅值的控制作用 ΔU_p,也是阶跃信号。此时,积分部分则从 0 开始进行累计偏差,但在 $t=0$ 的瞬间,$\Delta U_i=0$。

$t_0 \sim t_0+\tau$ 时，在比例作用阶跃信号基础上叠加积分作用。由于被控过程存在纯滞后，被控量 y 没有立即发生变化，因此偏差 e 也未发生变化。该阶段，比例控制作用 ΔU_p 恒定，而积分作用 ΔU_i 以积分速度在不断增大，从而使控制器的输出信号不断增大，直到系统输出开始发生变化。

$t>t_0+\tau$ 后，经过了纯延迟之后被控量 y 开始变化，偏差开始减小。随着 e 的不断减小，比例积分控制器中的比例作用 ΔU_p 同步减小，但积分作用 ΔU_i 却依然增加，这是由于偏差 e 的符号为"+"，只是增加的速度逐渐变慢。二者叠加的结果使 ΔU 是增还是减，取决于参数 K_p 和 T_i，即比例作用和积分作用的强弱程度。

当 $t=t_1$ 时，偏差为 0，此时，比例控制部分输出 ΔU_p 为 0，比例作用消失，但积分控制部分 ΔU_i 并不为 0，只是不再增长，即达到峰值。如果积分时间 T_i 足够小，将使控制器输出值 ΔU 大于系统平衡所要求的值，使系统产生超调量。

在 $t_1 \sim t_2$ 之间，偏差 e 的符号为"−"，偏差反向，则比例作用同步反向，ΔU_p 为负，积分作用 ΔU_i 由原来的增大变为减小，二者叠加后使比例积分控制器输出 ΔU 减小，使系统从超调状态下降到系统要求的设置值。若系统振荡性较强的话，还可能持续波动几个周期。

由图 3-28 可看出，在调节过程的初始阶段，比例控制作用 ΔU_p 占主要地位，但在过渡过程结束时，由于达到了无静差，使 $\Delta U_p=0$，说明调节过程结束时比例控制作用又恢复到扰动发生之前的数值。可见，静差的消除是比例积分控制器中积分控制 ΔU_i 的动作结果，是积分控制部分的控制增量使执行器的动作位置达到了最终能抵消扰动所需的位置。

(2) 负荷扰动的情况

设 $F=0.1, R=0$，即进行幅值为 0.1 的负荷阶跃扰动实验，得到的仿真曲线如图 3-29 所示。

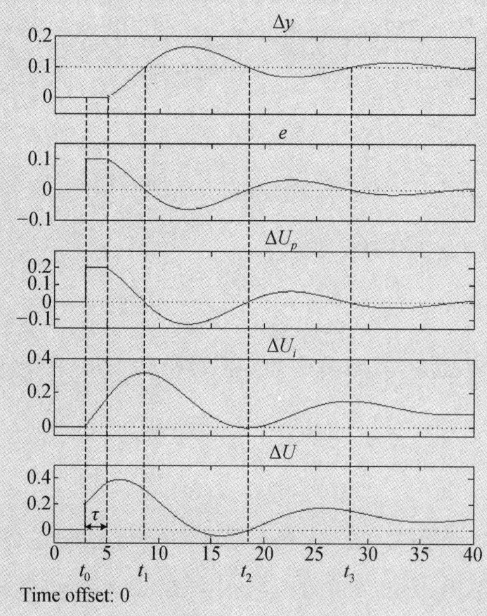

图 3-28　设定值扰动下的比例积分调节过程

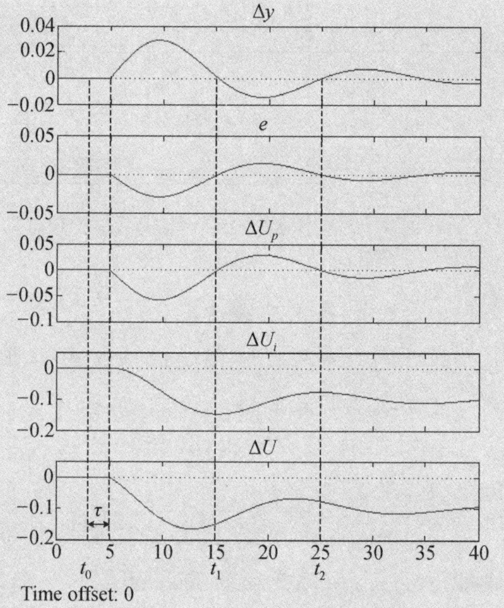

图 3-29　负荷扰动下的比例积分调节过程

从图3-29可以看出，初始时刻 t_0 前，被控系统处于稳定状态，偏差为0，各变量的增量均为0。

不同于设定值扰动，在 $t=t_0$ 时，突然发生幅度为0.1的负荷扰动，由于被控过程的惯性和延迟，被控量不变，偏差为0。并且，由于存在纯滞后，在 $t_0 \sim t_0+\tau$ 期间，被控量不变，偏差一直为0，控制器没有校正动作，这也反映了反馈控制系统克服扰动不够及时的特点。

直至 $t>t_0+\tau$ 后，被控量 y 开始变化，偏离原有平衡值，开始出现偏差，比例积分控制器的比例控制作用 ΔU_p 与偏差 e 同步变化。此时，积分控制作用从0开始进行累计偏差。在 $t_0+\tau \sim t_1$ 期间，偏差 e 的符号为"－"，积分控制作用 ΔU_i 持续减小，与 ΔU_p 叠加后得到比例积分控制器输出 ΔU，将对被控量进行校正。

同样，在 $t=t_1$ 时，$e=0$，$\Delta U_p=0$，比例控制作用消失，但积分控制 ΔU_i 并不为0，只是不再减小，达到峰值。此时控制器输出值 ΔU 也将大于系统平衡所要求的值，使系统产生超调量。

(3) 比例积分控制器参数的影响

下面针对图3-27所示的仿真模型，进行比例积分控制器参数变化对闭环系统控制性能影响的仿真实验。

① 设置比例系数 $K_p=2$ 固定不变，分别设积分时间 $T_i=1,2,4,20,10000$，然后分别进行设定值扰动和负荷扰动的实验，被控量 y 的响应曲线分别如图3-30(a)和3-30(b)所示。

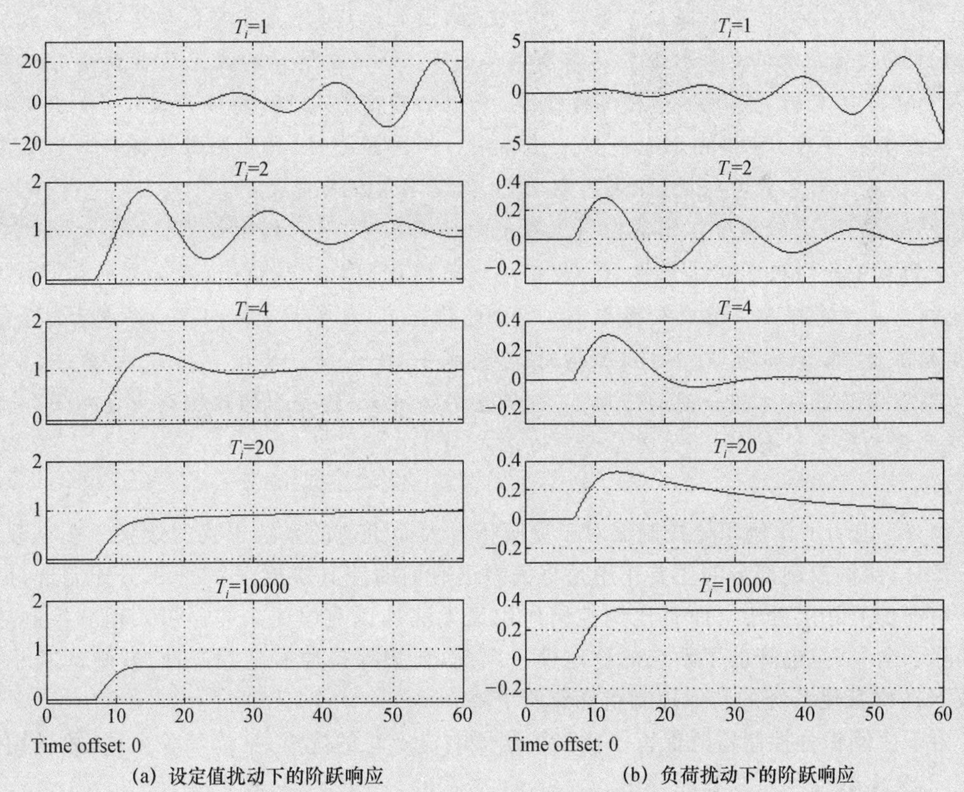

(a) 设定值扰动下的阶跃响应　　(b) 负荷扰动下的阶跃响应

图3-30　积分时间 T_i 对比例积分调节过程的影响

从图 3-30 可以看出，在比例系数 K_p 不变的情况下，积分时间 T_i 越小，积分作用越强，系统稳定性越差。T_i 过小，甚至会造成闭环系统不稳定。$T_i=10000$ 用于模拟积分时间无穷大的情况，积分控制在这种情况下作用基本消失，无法实现无差调节。

若把 $T_i=10000$ 时的调节过程视为比例控制的效果，系统稳定性很好，但是存在静差；那么若把 $T_i=20$、4、2、1 等情况视为在比例控制的基础上引入积分控制，则消除了静差，但是随着积分时间的减小和积分控制作用的增强，系统的稳定性逐渐下降。

② 设置积分时间 $T_i=2$ 固定不变，分别设比例系数 $K_p=2,1,0.5$，然后分别进行设定值扰动和负荷扰动实验，被控量 y 的响应曲线分别如图 3-31(a)和 3-31(b)所示。

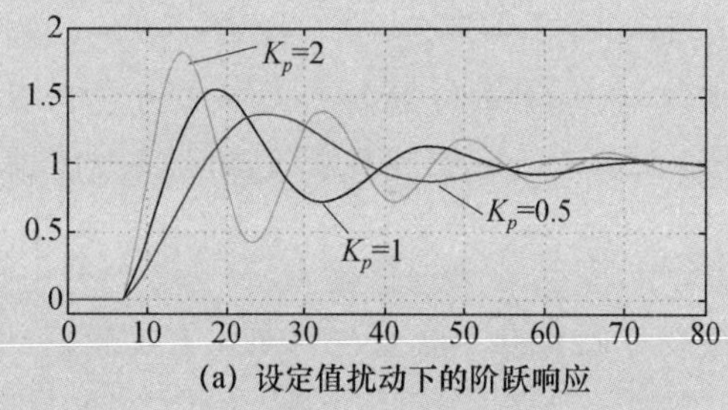

(a) 设定值扰动下的阶跃响应

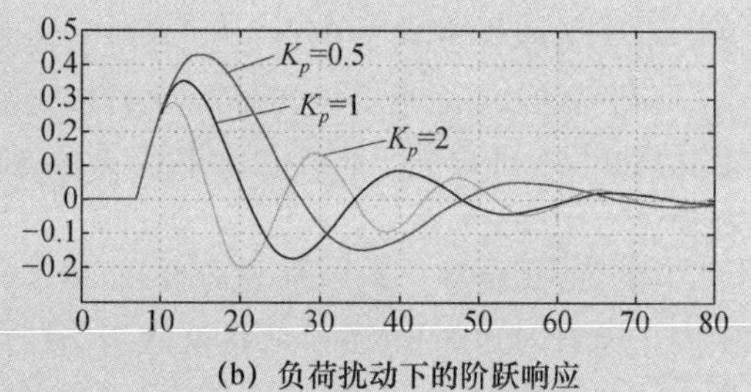

(b) 负荷扰动下的阶跃响应

图 3-31 比例系数 K_p 对比例积分调节过程的影响

引入积分控制作用后降低了系统的稳定性，因此，为保持原有稳定程度而减小比例增益 K_p，这又使系统的其他控制指标有所下降。图 3-31(a)所示的设定值扰动实验结果说明积分时间不变时，随着比例系数的减小，系统的稳定性增强，超调量减小，振荡周期增长，从图中也可看出初始阶段的阶跃响应较慢。而图 3-31(b)所示的负荷扰动实验结果却反映了随着比例系数的减小，振荡周期增长，但超调量反而增大了。

总的来说，比例积分控制器控制过程中的超调趋势，随比例系数 K_p 的增大和积分时间 T_i 的减小而增大，因此，应将 K_p 设置得比比例控制时的数值小，对积分时间 T_i 的设置也应有一定的限制。在比例系数 K_p 不变的情况下，减小积分时间 T_i，将使控制系统的稳定性降低，振荡加剧，调节过程加快，振荡频率升高。

在参数设置得比较合适的情况下，超调量不会很大，控制器的比例输出也不大。通过对反方向的偏差进行积分，偏差信号可逐渐趋向于 0。

例 3-5 说明了比例积分控制器对于克服相对大而迅速的系统干扰的效果。在克服这一类干扰时，比例控制部分的主要作用是将偏差迅速消弱使其接近于 0，而积分控制部分的主要作用则是消除接近于 0 而且比例控制作用又无法加以克服的余差。引入积分控制后，虽然消除了余差，但也降低了系统的稳定性。因此，要想保持原有的稳定性，就必须减小比例系数 K_p，这又使系统的其他控制指标有所下降。

由于比例积分控制器既保留了比例控制器响应及时的优点，又能消除余差，故适用范围比较广，大多数控制系统都能使用。

6. 积分饱和问题

具有积分控制作用的控制器，只要控制系统中被控量与设定值之间存在偏差，其输出就会不停地变化。而执行器因受元件物理性能的约束只能工作在有限的区域,即执行器具有饱和特性,如图 3-32 所示。其中,u 为控制器输出指令,μ 为执行器的动作值(如调节阀的开度)。

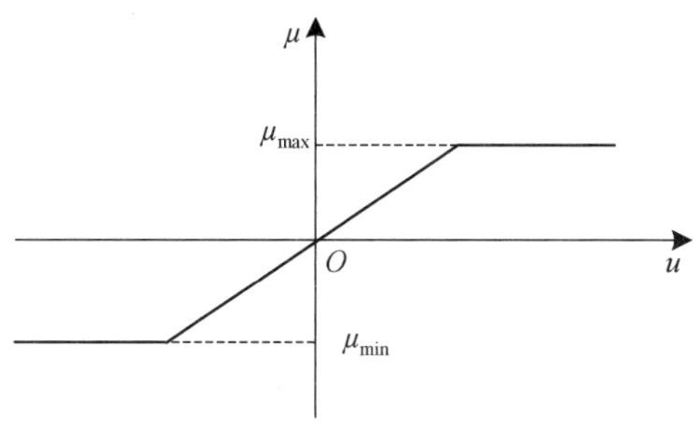

图 3-32　执行器的饱和特性

若某一极性的偏差持续存在,由于积分的累加作用,控制器的输出 u 将不断增大或减小,直至达到执行器的极限值(如使调节阀的开度 μ 为最小 μ_{min} 或最大 μ_{max})。当控制器的输出值超出了执行器的极限值时,执行器就进入了饱和状态。在饱和状态期间,执行器始终处于极限位置,无法响应偏差的变化,在偏差反向变化时,也无法立即做出相应变化,此时实际上系统已经失去了控制能力。这就是积分饱和现象,如图 3-33 所示。只有当偏差反向变化后,执行器才能慢慢从饱和状态中退出,经过一段时间(t_2)后,系统才重新恢复控制作用。执行器进入饱和区越深,退出饱和区所需要的时间就越长,那么控制系统"失控"时间就越长,这将造成系统控制性能恶化。大多数情况下这种现象都是有害的。

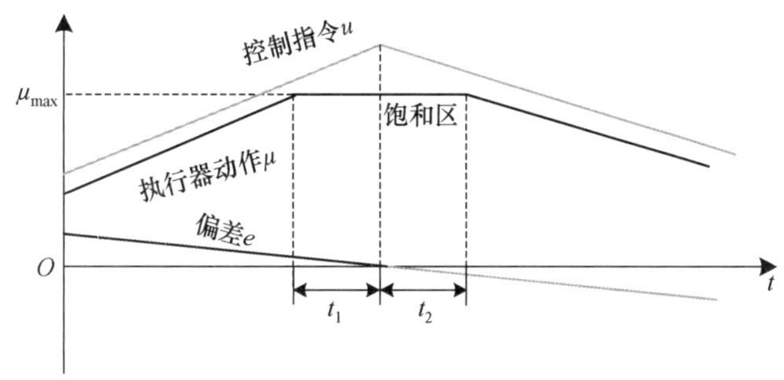

图 3-33　积分饱和现象

在一般的控制系统中,由于积分作用能够消除余差,因此在调节过程中能将偏差逐渐减为 0,不会出现积分饱和现象。但如果是以下几种情况,则会产生积分饱和现象。

(1) 为保障安全的控制系统;

(2) 执行机构故障(如阀门关闭、泵故障等),造成了偏差的长期存在;

(3) 自动启动间歇过程的控制系统;

(4) 某些复杂的控制系统(如串级系统中的主控制器、有两个控制器的选择性控制系统)。

在这些系统中,控制器(或某个控制器)在正常工况下一直存在偏差,从而产生积分饱和现象,使该控制器的输出达到极限值,危害控制系统的正常运行。

常用的防止产生积分饱和现象的方法有以下几种。

(1) 对控制器的输出加以限幅,使其不超过额定的最大值或最小值,但这样做有可能在正常操作时不能消除系统的静差；

(2) 限制控制器积分部分的输出，使之不超出限值。对于气动仪表，可用外部信号作为其积分反馈信号，使之不能形成偏差积分作用；对于电动仪表，可改进仪表内部线路。

(3) 积分切除法，即在控制器的输出超过某一限值时，将控制器的控制规律由比例积分控制自动切换成比例控制。

3.3.3 微分(D)控制与比例微分(PD)控制

在比例控制作用的基础上增加了积分控制作用后，可以消除系统余差，但积分控制的滞后特性会使系统的稳定性下降，因此必须通过减小比例增益来抑制超调量，维持系统的稳定性。但这样又会使控制系统整体性能有所下降，特别是当对象滞后很大或负荷变化剧烈时，系统则不能及时进行控制，偏差的变化速度越大，产生的超调量就越大，就需要越长的调整时间。

这是由于比例控制和积分控制都是根据当时偏差的方向和大小得到控制指令的，无法考虑当时被控对象中流入量与流出量之间有多大的不平衡，而这个不平衡正是决定此后被控量将如何变化的因素。本书第 2 章建模部分讲过，单容水槽的液位变化率是和流入量与流出量的差值(有多大的不平衡)成正比关系的，由此可知，被控量的变化速度(包括其大小和方向)可以反映当时或稍前一些时间流入量与流出量的不平衡情况。因此，如果控制器能够根据被控量的变化速度来改变执行机构的变化，而不是等到被控量已经出现较大偏差后才开始动作，那么调节的效果将会更好。这相当于赋予了控制器某种程度的预见性，这种控制规律被称为微分控制，微分控制器的输出与偏差导数成正比。

1. 微分控制

微分控制规律是指输出变化量 $\Delta u(t)$ 与输入偏差值 $e(t)$ 随时间的微分成正比，其数学表达式为

$$\Delta u(t)=T_d\,\frac{\mathrm{d}e(t)}{\mathrm{d}t} \tag{3-29}$$

或

$$U(s)=T_d sE(s) \tag{3-30}$$

式中，T_d 为微分时间。

微分控制是根据偏差的变化趋势发挥作用的，可以避免产生较大的偏差，并且可以缩短控制时间。因此，微分控制也被形象地说成是根据偏差的“将来”(发展趋势)进行调节的。

由于微分控制是对偏差的变化速度进行响应的，因此只要偏差有变化，控制器就能根据其变化速度的大小，适当改变输出信号，从而可以及时克服干扰的影响，抑制偏差的增长，提高系统的稳定性。可以说，微分控制具有超前作用。

理想微分控制器的输入输出特性曲线如图 3-34 所示。若在 $t=t_0$ 时，理想微分控制器输入的偏差为阶跃信号，由于阶跃信号的变化速度为无穷大，控制器的输出变化量也为无穷大；在 $t>t_0$ 之后，偏差不再变化，即变化速度为零，故控制器的输出变化量也为零。

可见，理想微分控制器的阶跃响应是幅度无穷大、脉宽趋于 0 的脉冲，仅在 $t=t_0$ 瞬间作用，由于持续时间过短，不能有效推动阀门，因此，在实际工程中难以实现理想的微分控制效果。

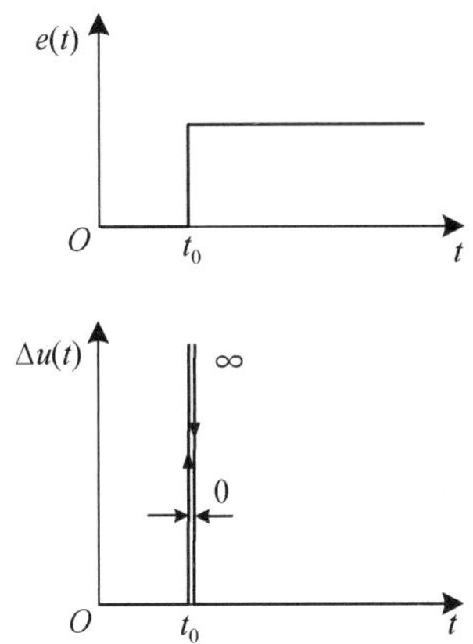

图 3-34 理想微分控制器的输入输出特性曲线

另外，理想微分控制器的输出只与偏差的变化速度成正比，而与偏差的大小无关，所以当偏差固定不变时，不论偏差值多大，理想微分控制器的输出变化量都为 0。可见，理想微分控制器的控制结果也不能消除余差，并且其控制效果要比比例控制器更差。

因此，微分控制不能单独使用，必须与比例控制或比例积分控制一起构成比例微分控制或比例积分微分控制才能实现理想的控制效果。

2. 比例微分控制规律

比例微分控制规律的数学表达式为

$$\Delta u(t)=K_P\left(e(t)+T_d\frac{\mathrm{d}e(t)}{\mathrm{d}t}\right) \tag{3-31}$$

或

$$U(s)=K_P(1+T_ds)E(s) \tag{3-32}$$

严格地讲，式(3-32)所示的微分作用在物理上是不可实现的，实际工业中采用的比例微分控制规律是在理想比例微分控制的基础上，串联了一个时间常数较小的一阶惯性环节(低通滤波器)$\dfrac{1}{\dfrac{T_d}{K_d}s+1}$，表达式为

$$U(s)=K_P\frac{T_ds+1}{\dfrac{T_d}{K_d}s+1}E(s) \tag{3-33}$$

式中，K_d 被称为微分增益。实际工业中 K_d 一般取 5～10 之间的数值。

> **考考你 3-1** 微分增益 K_d 在 5～10 取值有理论依据吗？请给出你的分析。

在输入偏差信号 $e(t)$ 为幅值为 A 的阶跃信号时，式(3-33)的解为

$$\Delta u(t)=K_PA+K_PA(K_d-1)\mathrm{e}^{-\frac{K_d}{T_d}t} \tag{3-34}$$

实际比例微分控制器的输入输出特性曲线如图 3-35 所示。

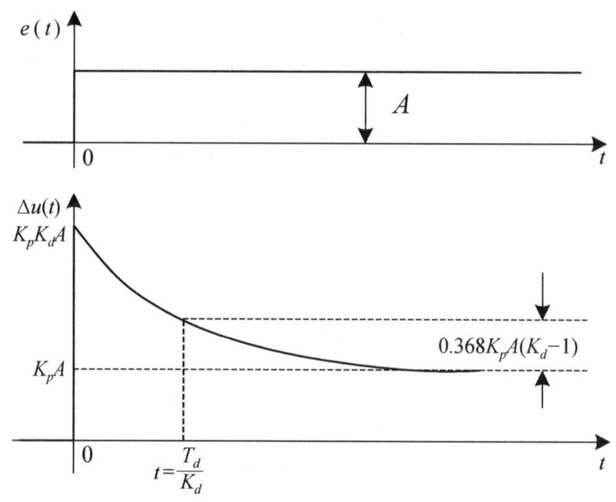

图 3-35　实际比例微分控制器的输入输出特性曲线

从图 3-35 可以看出，在 $t=0$ 时，输入偏差发生突变，微分作用很强，使控制器输出 $\Delta u(t)$ 产生突变，出现一个幅值为 K_pK_dA 的峰值，这个峰值是偏差信号幅值 A 的 K_pK_d 倍。随后，输入偏差变化速度为 0，控制器输出信号按指数规律衰减，直至时间足够长时，式(3-34)的第二项趋近于 0，则 $\Delta u(t)=K_pA$。此时，实际比例微分控制作用将退化为比例控制作用。由此也可以看出，在稳态特性上，比例微分控制与比例控制的控制效果相同，都属于有差控制。

同时，根据图 3-35 所示的输入输出特性曲线可以确定出式(3-34)的参数 K_p、K_d、T_d。

首先由稳态值可确定比例增益 K_p，再由峰值确定微分增益 K_d。

初始时刻的峰值 K_pK_dA 是比例控制作用 K_pA 和微分控制作用 $K_pA(K_d-1)$ 的叠加。

而在 $t=T_d/K_d$ 时，有

$$\Delta u\left(\frac{T_d}{K_d}\right)=K_PA+0.632K_PA(K_d-1) \tag{3-35}$$

这说明经过了时间 T_d/K_d 后，比例微分控制器的输出信号 $\Delta u(t)$ 衰减到微分控制作用的 0.368 倍，由此可确定出微分时间 T_d。

根据实际比例微分控制器的斜坡响应也可以确定微分时间 T_d。当输入偏差为斜坡信号时，实际比例微分控制器的输入输出特性曲线如图 3-36 所示。从图 3-36 中可看出，对于不断变化的偏差输入，采用比例控制需要 t_2 时间才能达到的控制要求，采用实际比例微分控制只需要 t_1 时间就能够达到控制要求，从而也体现了微分控制器具有超前的作用，其超前的时间就是微分时间 T_d。

虽然工业实际中比例微分控制器的表达式严格地说应该是式(3-33)，但由于微分增益 K_d 数值较大，该式分母中的时间常数实际上很小，因此为了方便，通常都忽略较小的时间常数，直接按式(3-32)的形式来分析比例微分控制器的性能。

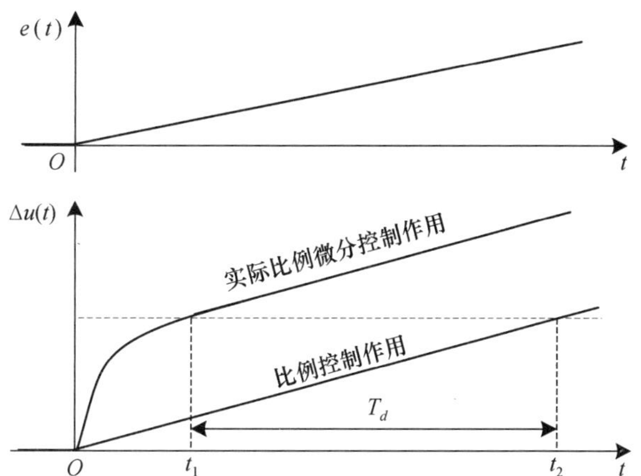

图 3-36 输入偏差为斜坡信号时实际比例微分控制器的输入输出特性曲线

3. 比例微分控制的调节过程

用控制理论易于证明比例微分控制可以提高闭环系统的稳定性，抑制超调量，加快系统的响应速度。下面通过仿真实验具体进行分析。

例 3-6 设被控对象为 $G(s)=\frac{1}{10s+1}e^{-3s}$，采用如式(3-32)所示的理想比例微分控制器，建立的仿真模型如图 3-37 所示，然后分别通过设定值扰动和负荷扰动实验来讨论比例微分控制器的调节过程。

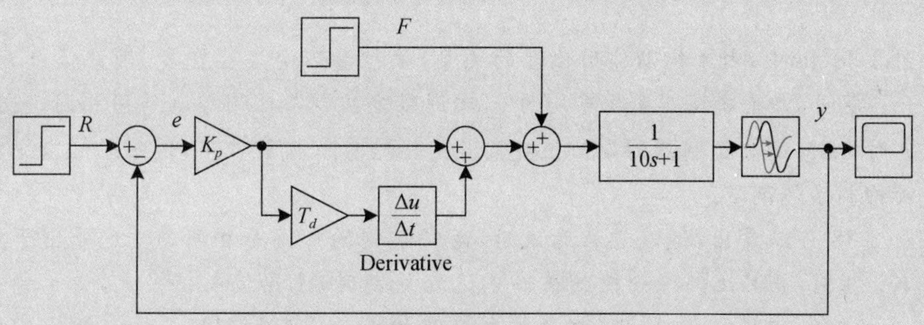

图 3-37 比例微分控制系统的仿真模型

(1) 比例控制与比例微分控制作用的比较

针对同一被控对象，在比例控制($K_p=3$)的基础上，若引入微分控制($T_d=1$)，然后分别在 $t_0=5$ s 时施加幅值均为 0.1 的设定值阶跃输入 R 和负荷扰动阶跃输入信号 F，比例控制和比例微分控制调节过程对比如图 3-38 所示。从图 3-28 可以看出，微分控制作用明显抑制了过渡过程的超调现象。

在图 3-38(a)中，设定值在 $t_0=5$ 秒时发生阶跃突变，被控量由于惯性和纯滞后特性变化量为 0，而偏差 e 有阶跃突变，在理想微分作用下为无穷大的变化率，由于执行器受物理特性的限制，最终比例微分控制器的输出被限制在最大值，但作用短暂。其后在 3 s 的纯滞后时间内，偏差 e 的变化率为 0，比例微分控制器只有比例控制作用；3 s 纯滞后时间后，被控量 y 开始变化，使偏差 e 开始缩小，此时偏差 e 的符号为正但其变化率为负，预示着被控量 y 虽然比设定值小，但是其正在向接近设定值的方向变化，因此比例微分控制器的输出值比比例控制的输出值小，说明比例微分控制器有效抑制了超调量。

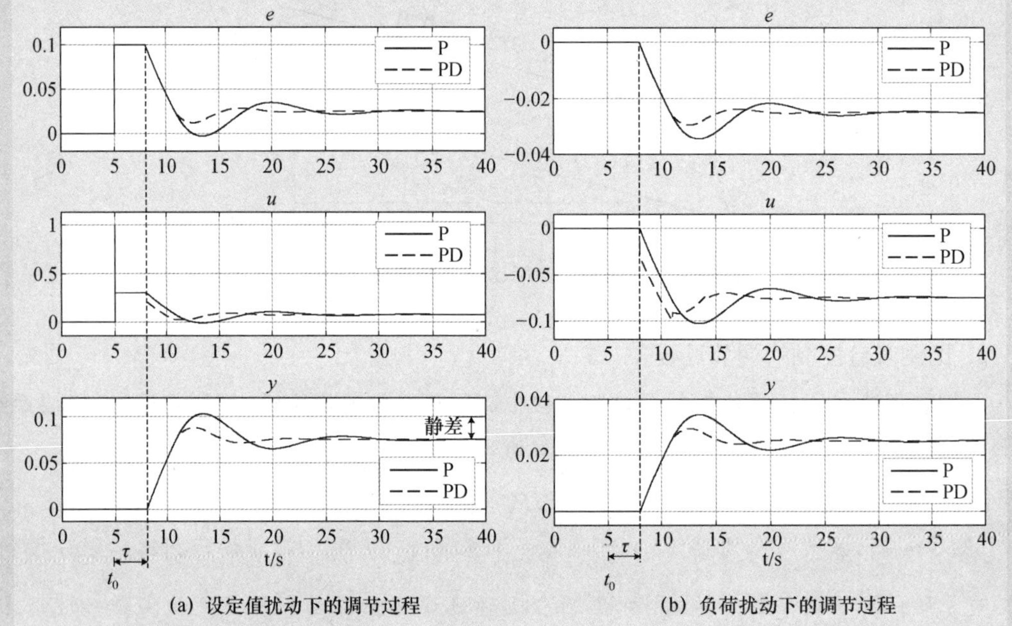

图 3-38　比例增益相同时，比例控制与比例微分控制调节过程对比

在图 3-38(b)中，由于扰动作用位置的关系，被控量不会发生突变，因此偏差无突变，且在 $t_0+\tau$ 期间，偏差 e 及其变化率均为 0，比例微分控制与比例控制作用相同。同样，当 $t>t_0+\tau$ 时，比例微分控制器的输出值对偏差变化趋势有超前作用，说明比例微分控制器同样有效抑制了超调量。

从图 3-38 可以看出，过渡过程结束后，两种控制的静差是相同的。这是由于实验中所取的 K_p 相同，并且比例微分控制在偏差达到稳定时，无论偏差值多大，由于偏差变化率为 0，其微分作用为 0，此时比例微分控制器就相当于比例控制器。这说明比例微分控制与比例控制一样无法消除系统静差，且静差大小由静态增益决定。

当负荷扰动阶跃输入信号 $F=0.1$ 时，整定到相同的衰减率，比例控制中 $K_p=3$，比例微分控制中 $K_p=3.5$，$T_d=1$，比例控制与比例微分控制的调节过程对比如图 3-39 所示。

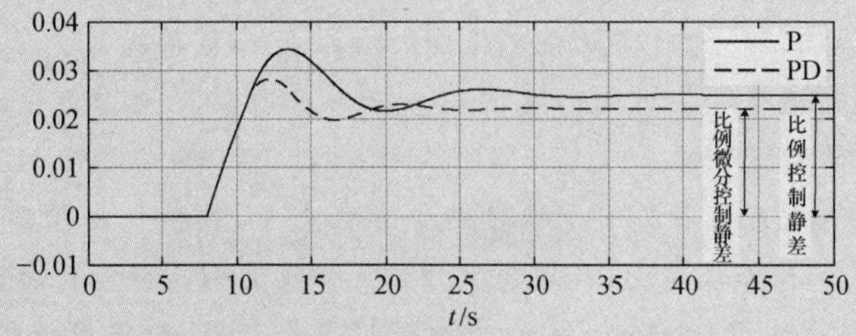

图 3-39　衰减率相同时，比例控制与比例微分控制调节过程对比

从图 3-39 可以看出，引入合适的微分控制，可以采用相对于比例控制较大的比例增益，由此可减小静差。同时，微分控制能抑制被控量的振荡，使超调量减小，也可提高振荡频率，从而使控制系统的控制品质整体得到提高。

(2) 比例微分控制中微分时间 T_d 对调节过程的影响

取相同的比例增益 $K_p=3$，比例微分控制的微分时间 T_d 分别取 0.2，0.5，1，2，4，在图 3-37 的仿真模型中进行幅值为 0.1 的设定值阶跃响应实验，被控量仿真曲线如图 3-40 所示。

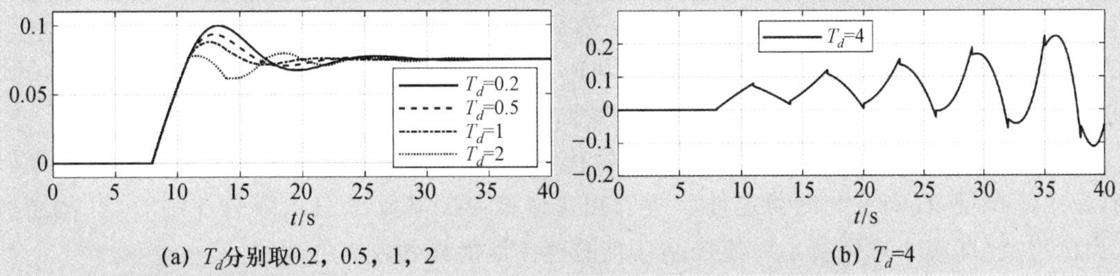

图 3-40 微分时间 T_d 对比例微分控制调节过程的影响

从图 3-40(a)可以看出，当比例增益不变时，增大微分时间 T_d 可抑制超调量，增强系统的稳定性。例如，当 $T_d=1$ 时，系统输出的超调量比 $T_d=0.2$ 时小，且系统稳定性好。但 T_d 过大会使微分作用过强，反而也会使系统出现振荡甚至发散，如图 3-40(b)所示。

(3) 当系统中存在高频噪声时比例微分控制的作用

实际系统中经常存在各类高频噪声，例如，工业过程控制系统中，由于管道中流体的流动特性及检测技术等原因，测量值会包含高频噪声。在图 3-37 所示仿真模型的系统输出端加入幅值很小、频率较高的随机信号，模拟高频噪声的影响，在 $K_p=3$，$T_d=1$ 时进行 $R=0.1$ 的阶跃响应实验，得到如图 3-41 所示的响应曲线。

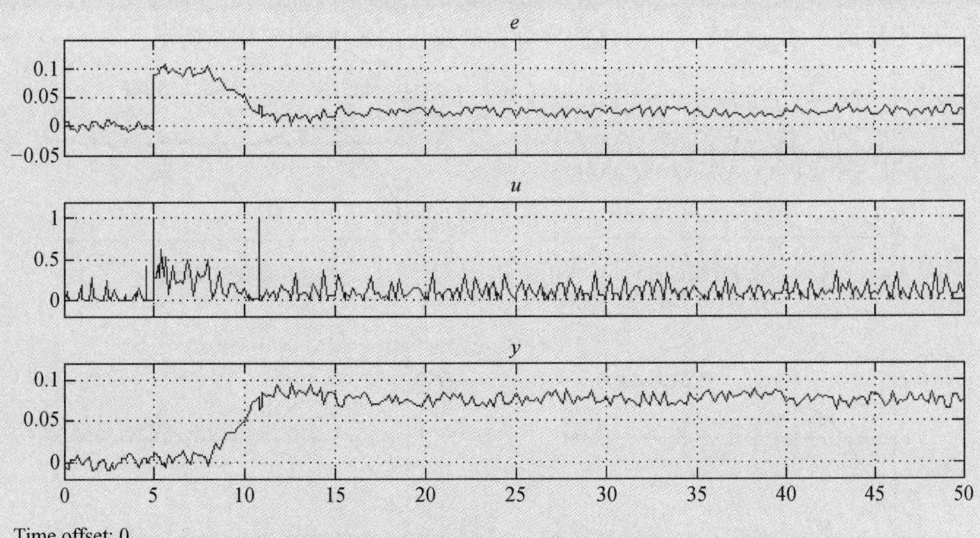

图 3-41 存在高频噪声时比例微分控制的调节过程

从图 3-41 可以看出，这些噪声信号可能幅度不大，但频率较高，这就使控制系统的偏差信号也含有高频噪声，微分控制会将这些变化速率较大的信号放得很大，从而使控制器输出变化剧烈，使执行器动作幅度大且变化频繁。这容易造成执行器的磨损或故障，不利于生产的安全运行，也降低了控制系统的品质。因此，对含高频噪声的系统，一般不引入微分控制，若要引入，也会将微分控制的参数设置得比较小，以使微分控制作用十分微弱。

4. 比例微分控制的特点及注意事项

根据前面的理论分析和仿真实验验证，可总结出比例微分控制主要具有以下几个特点。

(1) 比例微分控制是有差调节，在稳态时，微分控制部分的作用为 0，控制系统退化为比例控制系统。

(2) 微分控制利用偏差的变化趋势产生控制作用，具有超前调节的作用，能有效抑制振荡，减小超调量，提高系统的稳定性。所以在比例控制的基础上引入微分控制时，可适当加大比例增益(即减小比例度)，以使控制系统的整体性能得到较大的改善。

由于微分控制的方向总是阻止被控量的变化，力图使偏差不变，因此，当被控量发生突然又剧烈的变化时，微分控制会立即产生幅值较大的校正作用，使被控量的波动幅度有所减小，从而使控制系统的稳定性有所提高。一般情况下，在控制系统中引入微分作用后，将比例增益增大 15% 左右仍能使系统的稳定性保持不变。由于比例增益的增大，因此，系统的控制品质也得以全面提升。

(3) 引入微分控制要适度，微分作用的强弱主要由微分时间 T_d 决定，T_d 增大会使微分作用增强，这在一般情况下虽然能增强系统的稳定性，但当 T_d 大到一定程度时，反而会使系统变得不稳定。微分时间大小对比例微分控制作用的影响如图 3-42 所示。

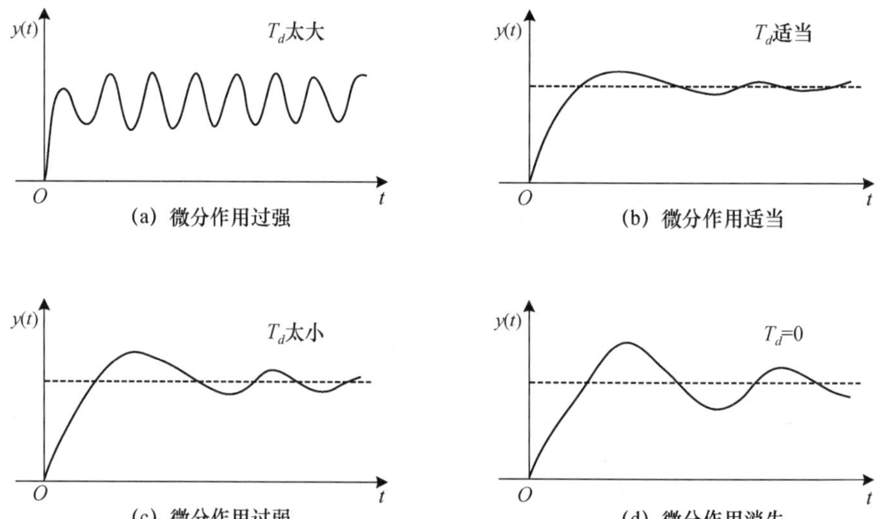

图 3-42 微分时间大小对比例微分控制作用的影响

(4) 比例微分控制的抗干扰能力较差，微分作用会放大高频干扰信号的影响，因此，一些被控量变化不太平稳的系统(如流量控制系统、液位控制系统等)较少采用微分控制或将微分控制作用设置得较微弱。

(5) 微分控制对纯滞后过程没有作用，因为在纯滞后期间，被控量没有变化，偏差的变化率为0。

3.3.4　PID控制

反馈控制系统以偏差作为控制器的输入信号，比例控制、积分控制、微分控制三种控制方式各有其独特的作用，比例控制是基本的控制方式，自始至终起着与偏差相对应的控制作用。在比例控制中加入积分控制，可消除比例控制时无法消除的余差。在比例控制中加入微分控制，可以在系统偏差发出变化时，及时加入抑制作用，增加系统的稳定性。将三种控制作用组合起来，就构成了比例积分微分(PID)控制，这被形象地称为利用了偏差的“现在”“过去”和“将来”组合而得的控制。

鉴于有理想微分控制和实际微分控制两种形式，PID控制的表达式也有两种。

理想PID控制的数学表达式为

$$\Delta u(t)=K_P\left[e(t)+\frac{1}{T_i}\int_0^t e(t)\mathrm{d}t+T_d\frac{\mathrm{d}e(t)}{\mathrm{d}t}\right] \tag{3-36}$$

或

$$U(s)=K_P\left(1+\frac{1}{T_i s}+T_d s\right)E(s) \tag{3-37}$$

实际PID控制的数学表达式为

$$\Delta u(t)=K_P\left[e(t)+\frac{1}{T_i}\int_0^t e(t)\mathrm{d}t+e(t)(K_d-1)\mathrm{e}^{-\frac{K_d}{T_d}t}\right] \tag{3-38}$$

其传递函数形式为

$$U(s)=K_P\left(1+\frac{1}{T_i s}+\frac{1+T_d s}{1+\frac{T_d s}{K_d}}\right)E(s) \tag{3-39}$$

当输入偏差是幅值为A的阶跃信号时，实际PID控制器的输出信号为

$$\Delta u(t)=K_P A+\frac{K_P A}{T_i}t+K_P A(K_d-1)\mathrm{e}^{-\frac{K_d}{T_d}t} \tag{3-40}$$

实际PID控制器的输入输出特性曲线如图3-43所示。

从图3-43可以看出PID控制器的输出中各种控制规律所起的作用。

(1) 比例控制是自始至终起作用的基本分量，与偏差相对应，与偏差同步变化。

(2) 微分控制在偏差一开始出现时有很大的输出，具有超前作用，然后随着偏差变化缓慢变化直至不变，微分控制的作用逐渐减弱直至消失。

(3) 积分控制在偏差的初始阶段作用不明显，随着时间的推移，经过累积后作用逐渐增大，在过渡过程的后期，积分控制起主要调节作用，直至余差消失为止。

为简便起见，这里按理想PID控制器表达式进行分析，通过三个参数K_p、T_i、T_d的设定，可以分别实现P($T_i\to\infty$，$T_d=0$)、PI($T_d=0$)、PD($T_i\to\infty$)、PID几个不同控制规律的控制作用。

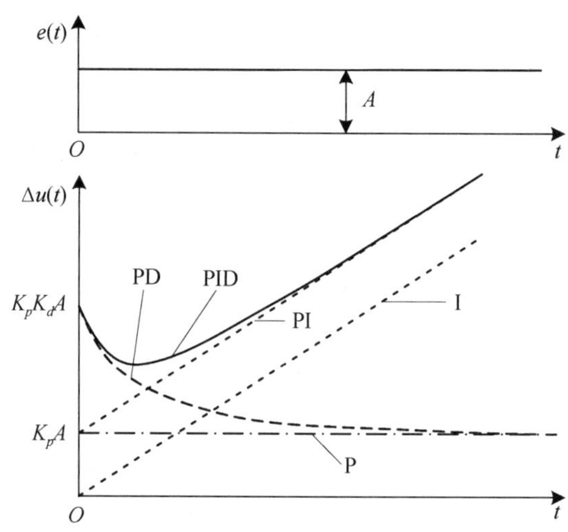

图 3-43 实际 PID 控制器的输入输出特性曲线

为比较各种控制规律的作用，这里对同一对象进行相同的阶跃扰动，采用不同的控制规律并经参数整定后使其具有相同的衰减率，最终得到如图 3-44 所示的响应曲线。

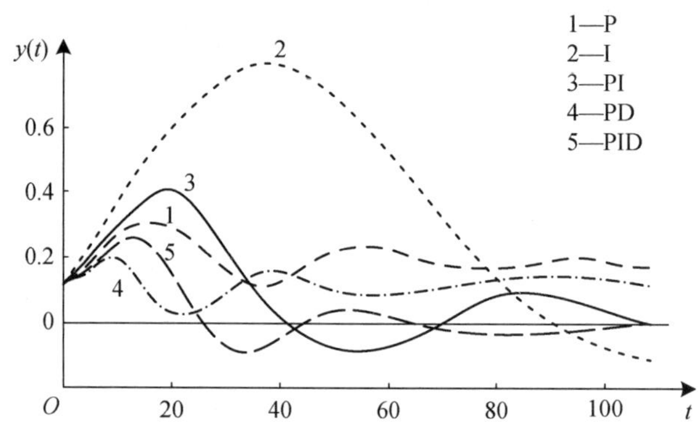

图 3-44 衰减率相同时各种控制规律作用下的响应曲线

显然，比例控制和比例微分控制都存在静差，积分控制基本上不能单独使用，比例积分控制能消除静差，PID 控制的效果最好。但是，这并不意味着任何情况下都需要同时采用比例、积分、微分这三个作用的组合，更何况采用 PID 控制规律时需要对三个参数 K_p、T_i、T_d 进行整定，若整定不合适或各个控制作用的配合不恰当，也无法得到较好的控制品质。

通过前面的分析可知，无论是比例控制、积分控制，还是微分控制，当相对应的参数设置使其控制作用过强时，系统输出都有可能出现振荡，但各种作用造成振荡的周期有一定的区别，下面通过仿真实验进行分析。

例 3-7 设被控对象为 $G(s)=\dfrac{1}{10s+1}e^{-3s}$，分别采用比例、比例积分和比例微分控制规律进行调节，将参数整定为：

(1) 比例控制：$K_p=5.9$；

(2) 比例积分控制：$K_p=3, T_i=0.31$；

(3) 比例微分控制：$K_p=4, T_d=2.25$。

然后分别进行设定值幅值为 0.1 的阶跃响应实验，三种控制得到的系统输出如图 3-45 所示。

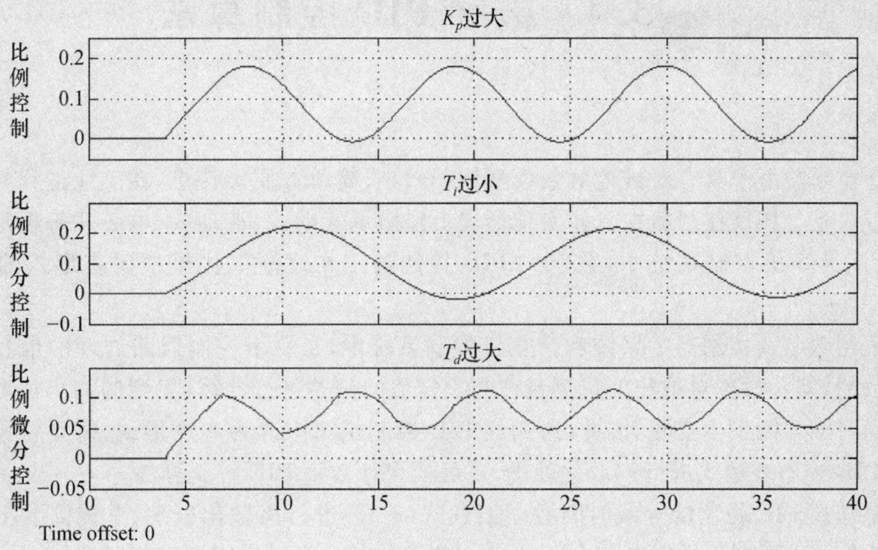

图 3-45　不同控制作用过强产生振荡的对比

可见，微分作用过强引起的振荡周期最短，积分作用过强引起的振荡周期最长，比例作用过强引起的振荡周期介于前两者之间。根据此特点，在进行 PID 控制器参数整定时可以作出相应的调整。

虽然在图 3-44 中 PID 控制的效果最好，但事实上，在进行控制系统设计时，如何将控制规律与具体的被控对象相匹配是一个复杂的问题，需要综合考虑多种因素。通常，要根据被控对象特性、负荷变化、主要干扰因素和控制系统性能要求等情况，同时还要综合考虑工程系统的经济性、可靠性和运行投入方便性等。

(1) 当广义对象控制通道时间常数较大或容积延迟较大时，应引入微分控制；如果生产过程允许有余差，可选用比例微分控制；如果工艺要求比较精确，要求无静差(如温度、成分、pH 值控制等)，需要选用 PID 控制。

(2) 当广义对象控制通道时间常数较小、负荷变化不大，且工艺要求无静差时，可选择比例积分控制，如管道压力控制和流量控制。

(3) 当广义对象控制通道时间常数较小、负荷变化较小，且工艺要求不高时，可选择比例控制，如存储罐压力控制、液位控制。

(4) 当广义对象控制通道时间常数或容积延迟很大，且负荷变化也很大时，简单控制系统已经无法满足其需求，需要设计复杂控制系统。

如果被控过程的动态特性能用传递函数 $G(s)=\frac{K}{Ts+1}e^{-\tau s}$ 近似，工程中常根据对象的可控比 τ/T 选择控制器的控制规律。一般地，当 $\tau/T<0.2$ 时，多选用比例控制或比例积分

控制；当 $0.2\leqslant\tau/T\leqslant1.0$ 时，多选用比例微分控制或 PID 控制；当 $\tau/T>1.0$ 时，采用单回路控制系统往往不能满足生产工艺的性能要求，应考虑设计串级、前馈等复杂控制系统。

3.4 数字 PID 控制算法

PID 控制器由于具有对被控对象模型依赖较小、简单方便等特点，在工业过程控制领域应用十分广泛。PID 控制器在具体实现形式上经历了气动式、液动式、电子式等模拟仪表阶段，在现代计算机控制系统中，数字式 PID 控制器正在逐渐取代模拟仪表形式的 PID 控制器。

在采用数字式控制器的系统和计算机控制系统中，每一个控制回路处理的信息在时间上是离散的，某一时刻对被控变量测量值与设定值的偏差进行计算，得到的输出值要保持到下一采样时刻才能发生变化，因此，所用的 PID 控制规律应改为离散形式，需要将原有的连续时间 PID 控制表达式进行离散化处理，也就要设计数字 PID 控制算法。

若将理想 PID 控制的连续时间数学表达式(3-37)进行离散化处理，首先需要把连续时间 t 离散化为一系列采样时刻点 kT_s(k 为采样序号，T_s 为采样周期)，如图 3-46 所示。

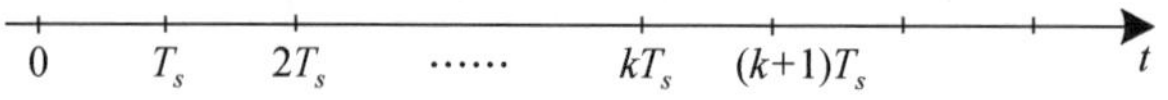

0　T_s　$2T_s$　……　kT_s　$(k+1)T_s$　t

图 3-46　时间 t 的离散化

而后在离散时刻分别利用数值积分算法和数值微分算法完成积分计算和微分计算，如式(3-41)和式(3-42)所示。

$$\int_0^t e(t)\mathrm{d}t \approx \sum_{i=0}^{k} e(i)\cdot T_s \tag{3-41}$$

$$\left.\frac{\mathrm{d}e(t)}{\mathrm{d}t}\right|_{t=kT_s} \approx \frac{e(k)-e(k-1)}{T_s} \tag{3-42}$$

从而得到离散化的数字 PID 控制算法，实际应用中常见的数字 PID 控制算法有位置式 PID 控制算法和增量式 PID 控制算法两种，其他还有速度式等。

3.4.1 位置式 PID 控制算法

由式(3-41)和式(3-42)可得理想位置式 PID 控制算法的数学表达式

$$u(k)=K_p\left[e(k)+\frac{1}{T_i}\sum_{i=0}^{k}e(i)\cdot T_s+T_d\,\frac{e(k)-e(k-1)}{T_s}\right] \tag{3-43}$$

若记 $K_i=\dfrac{K_pT_s}{T_i}$ 为积分系数，$K_d=\dfrac{K_pT_d}{T_s}$ 为微分系数，则位置式 PID 控制算法又可写为

$$u(k)=K_pe(k)+K_i\sum_{i=0}^{k}e(i)+K_d[e(k)-e(k-1)] \tag{3-44}$$

$u(k)$是数字计算机(离散控制器)的实际输出值,经过数/模(Digital/Analog,D/A)转换后得到模拟信号与阀门位置一一对应。由位置式PID控制器构成的计算机控制系统,即位置式PID控制系统如图3-47所示。

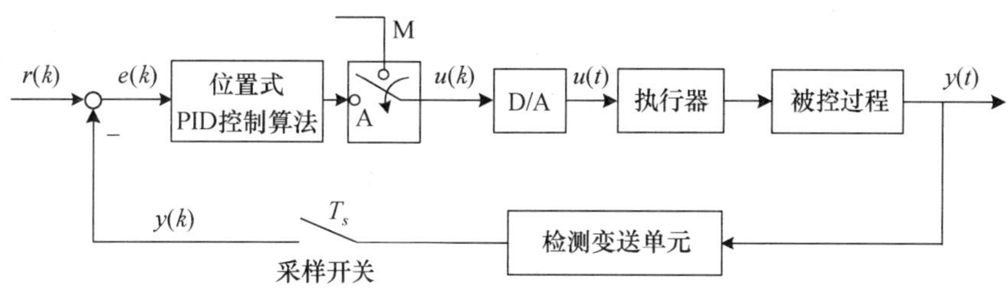

图3-47 位置式PID控制系统

位置式PID控制算法在实际应用中会遇到以下几个问题。

(1) 由于数值积分计算[如式(3-41)]是对偏差 $e(k)$ 进行累加,需要保存偏差的所有历史时刻信息,这就造成了计算机的存储量和运算工作量的增大;同时,对偏差 $e(k)$ 的累加也是造成积分饱和现象的一个原因。

(2) 在控制系统进行手/自动(Automatic/Manual,A/M)工作模式切换时,为达到无扰切换,需要专门进行跟踪信号的设计。

(3) 由于计算机输出 $u(k)$ 直接对应执行机构的实际位置,若计算机出现故障使 $u(k)$ 大幅度变化,必将引起执行机构的大幅变化,将对生产过程造成很大的影响,甚至在某些场合会造成重大安全事故。这在生产实践中是不允许的。

(4) 有些执行机构要求控制器的输出为增量形式,如步进电机,这类情况下不能直接使用位置式PID控制器的输出。

因此,在工业生产中引入了增量式PID控制算法。

3.4.2 增量式PID控制算法

增量是指在相邻两个采样时刻[如 $(k-1)T$ 到 kT],即一个采样间隔内控制器输出的变化量 $\Delta u(k)$。

$$\Delta u(k)=u(k)-u(k\text{-}1) \tag{3-45}$$

根据位置式PID控制算法的表达式(3-44),可写出 $(k-1)T$ 时刻的控制量

$$u(k-1)=K_pe(k-1)+K_i\sum_{i=0}^{k-1}e(i)+K_d[e(k-1)-e(k-2)] \tag{3-46}$$

则控制器输出变化量为

$$\begin{aligned}\Delta u(k)=&K_pe(k)+K_i\sum_{i=0}^{k}e(i)+K_d[e(k)-e(k-1)]-K_pe(k-1)-K_i\sum_{i=0}^{k-1}e(i)\\&-K_d[e(k-1)-e(k-2)]\\=&K_p[e(k)-e(k-1)]+K_ie(k)+K_d[e(k)-2e(k-1)+e(k-2)]\\=&K_p\Delta e(k)+K_ie(k)+K_d[\Delta e(k)-\Delta e(k-1)]\end{aligned} \tag{3-47}$$

由增量式PID控制器构成的计算机控制系统,即增量式PID控制系统如图3-48所示。

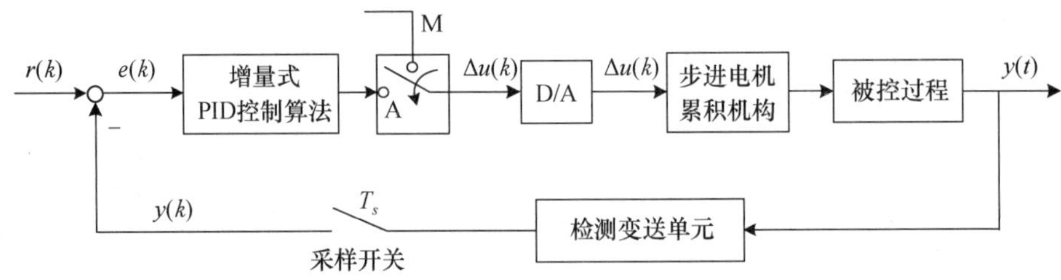

图 3-48 增量式 PID 控制系统

增量式 PID 控制算法可通过步进电动机等累积机构，将控制器的输出增量 Δu_k 转换成最终的控制作用。增量式 PID 控制算法具有以下优点。

(1) 不需要进行累加计算，增量的计算仅与最近几次偏差有关，计算精度对控制量的影响较小。而位置式 PID 控制算法要用到过去偏差的累加值，计算中容易产生大的误差累计。

(2) 控制算法得到的是控制量的增量，例如，阀门控制中，只输出阀门开度的变化部分，误动作影响小，必要时通过逻辑判断限制或禁止本次计算输出的作用，不会严重影响生产的安全运行。

(3) 对偏差不进行累加计算，因此不会引起积分饱和现象。

(4) 易于实现手/自动工作模式的无冲击切换，不需要专门的跟踪设计。在手/自动切换时，增量式 PID 控制算法不需要知道切换时刻前的执行机构位置，只要从手动时的 $u(k-1)$ 出发，直接计算出自动运行时控制器应有的输出增量 $\Delta u(k)$ 就可完成无扰切换。而位置式 PID 控制算法要想实现手/自动工作模式的切换，必须跟踪切换时刻前的执行机构位置，增加了系统设计的复杂性。

因此，增量式 PID 控制算法在工程实践中应用较多。

3.4.3 速度式 PID 控制算法

速度式 PID 控制算法是在增量式 PID 控制算法的基础上再除以采样时间得到的，其数学表达式为

$$\begin{aligned} v(k) &= \frac{\Delta u(k)}{T_s} = \frac{K_p \Delta e(k) + K_i e(k) + K_d[\Delta e(k) - \Delta e(k-1)]}{T_s} \\ &= K_p \frac{\Delta e(k)}{T_s} + \frac{K_p}{T_i} e(k) + \frac{K_p T_d}{T_s^2}[\Delta e(k) - \Delta e(k-1)] \end{aligned} \tag{3-48}$$

在式(3-48)中，控制器输出的变化速率为 $v(k)$，代表控制阀门在采样周期内的平均变化速率。工程应用中根据工艺流程特性选定采样周期 T_s(通常是一个常数)，可见，速度式 PID 控制算法与增量式 PID 控制算法在本质上是一致的，很多场合下不再特意区分。

3.4.4 离散 PID 控制器的特点

相对于连续 PID 控制器而言，离散 PID 控制器主要具有如下几个特点。

(1) 无论是在数字式 PID 控制器中，还是在计算机控制系统中，离散 PID 控制器通常都是一段计算机程序，便于修改和完善，可与各种高级算法相结合，实现更好的性能。

(2) 比例、积分、微分三种控制作用相互独立，没有控制器参数之间的关联，易于进行参数整定以及完成算法的改进。

(3) 由于是采样控制，引入了采样周期 T_s，即相当于引入了 $T_s/2$ 的纯滞后环节。离散 PID 控制器的输出是阶梯变化的，用各线段中点的连线(虚线)表示，连续 PID 控制器和离散 PID 控制器输出的比较如图 3-49 所示。从图 3-49 可以看出，离散 PID 控制器的输出比连续 PID 控制器的输出(实线)滞后了 $T_s/2$ 的时间，滞后作用使其控制品质略有下降。

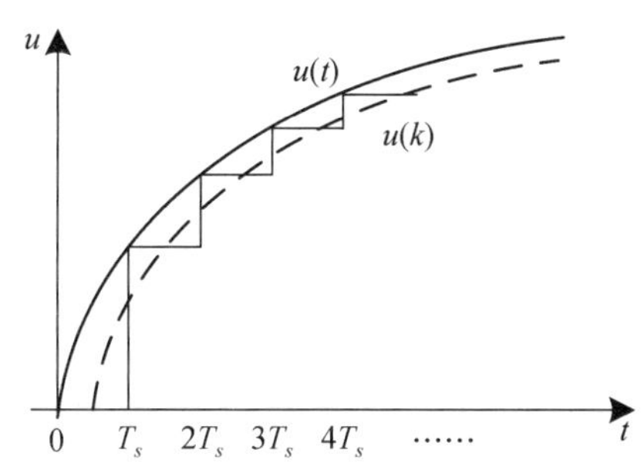

图 3-49　连续 PID 控制器和离散 PID 控制器输出的比较

3.4.5　采样周期 T_s 的选择

采样周期 T_s 的大小影响着数字控制系统的控制品质。首先，离散控制系统的稳定性与采样周期有关，采样周期 T_s 选择不当时会发生系统不稳定的问题。其次，为使采样信号不失真复现，应满足香农采样定理，采样频率应不小于信号中最高频率的两倍，即采样周期 T_s 应小于工作周期的 1/2，这是其上限值。但采样周期也不是越小越好，它还受限于计算机的处理速度和圆整误差的问题，此为采样周期的下限。那么，实际应用中，在上下限范围之内，采样周期 T_s 还需要进一步综合考虑以下几个方面的因素。

(1) 被控对象的特性(时间常数)

若被控对象时间常数较小，效应较快，则采样周期应小些。

(2) 扰动信号的变化频率

从控制系统的随动和抗干扰性能看，采样周期应小些，采样周期应远小于被控对象的扰动信号周期。

(3) 执行机构的特性

从执行机构特性看，输出信号有时需要保持一定宽度，采样周期应大于这个时间。

(4) 控制算法的类型

在 PID 控制算法中，积分和微分的作用大小都与采样周期有关，积分系数和微分系数中都含有采样周期。

(5) 控制的回路数

从计算机的工作量和每个控制回路的计算来看，采样周期应大一些，采样周期一般应大于 n 个控制回路执行时间之和。

综合以上因素，在实际工程中，采样周期 T_s 通常以式(3-49)为经验公式进行选取

$$T_s=\left(\frac{1}{6}\sim\frac{1}{15}\right)T_p\text{，常取 }T_s=0.1T_p \tag{3-49}$$

3.5 PID 控制的几种改进形式

从控制性能上看，一般来说离散 PID 控制器并不比连续 PID 控制器好，但离散 PID 控制是用软件算法实现的，可以轻易实现模拟仪表难以实现的功能。因此为了进一步改善控制品质，工业应用中常对基本的离散 PID 控制算法进行改进。

离散 PID 控制算法可以使比例、积分和微分作用彼此独立，互不相关，这既便于直观理解和整定参数，也便于独立对 PID 控制算法中的某个组成部分进行改进。例如，可以分别针对积分作用和微分作用进行改进，也可以在控制回路中增加一些滤波或不灵敏区来提高系统的性能。

3.5.1 对积分控制的改进

在 PID 控制中，积分作用能够消除余差，提高控制精度，但是会使系统稳定性下降，特别是当生产过程进行启动、结束或大幅度增减设定值时，在短时间内会使系统输出有很大的偏差。在积分运算的积累下，控制器的输出信号会超出系统平衡所需要的幅值，同时由于被控过程本身的惯性和迟滞，系统输出会产生较大的超调量或发生长时间的振荡。这在生产中是不允许的，因此有必要对 PID 控制中的积分控制进行改进，以提高系统的控制性能。

1. 积分分离法

积分分离的基本思想是在离散 PID 控制算法中将积分作用独立出来，按一定的条件加入或消除，实现积分作用的分离，以降低或消除积分作用的不良影响。

具体实施时，只需在常规数字 PID 控制算法中设置一个积分分离的标志位 K_L（逻辑量），将其与积分作用项相乘。标志位 K_L 根据分离条件的不同置为 0 或 1。对于增量式 PID 控制算法，积分分离的 PID 算法为

$$\Delta u(k) = K_p \Delta e(k) + K_L K_i e(k) + K_d[\Delta e(k) - \Delta e(k-1)] \tag{3-50}$$

积分分离标志位 K_L 通常有偏差阈值和相位分离两种切换方法。

(1) 基于偏差阈值的积分分离

由于积分作用的不良影响多发生在系统输出偏差较大的时候，因此可以设置一个系统偏差的预定阈值 ε，当偏差超出阈值范围时，将标志位 K_L 置为 0，切除积分作用，以减小超调量，此时实为比例或比例微分控制。当偏差处于阈值 ε 范围内时，将标志位 K_L 置为 1，即再引入积分控制，以消除余差，提高控制精度。K_L 的数学表达式为

$$K_L = \begin{cases} 1, & |e(k)| \leqslant \varepsilon \\ 0, & |e(k)| > \varepsilon \end{cases} \tag{3-51}$$

基于偏差阈值的积分分离标志位 K_L 在调节过程中的变化情况如图 3-50 所示。

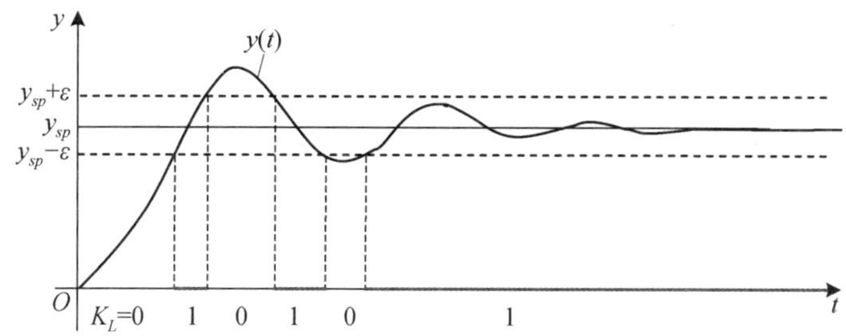

图 3-50 基于偏差阈值的积分分离标志位 K_L 在调节过程中的变化情况

积分分离 PID 控制算法采用软件设计，易于进行判断和逻辑切换，因此简单易行，在工程中应用广泛，效果显著。用积分分离法改进的 PID 控制的品质与偏差阈值 ε 的大小有关，ε 的值通常由工程经验而定，有时通过反复实验试凑后确定。

例 3-8 设某控制过程的数学模型为 $G(s)=\dfrac{1}{10s+1}e^{-3s}$，采用比例积分控制器进行控制。在正常运行工况时控制器参数整定为($K_p=3$、$T_i=5$)，采用设定值单位阶跃扰动实验模拟工艺生产过程中发生启动、停车或大幅度变动设定值的特殊工况，分别采用积分分离型 PID 控制器(设偏差阈值 $\varepsilon=0.6$)和常规 PID 控制器进行调节，建立的仿真模型如图 3-51(a)所示，仿真曲线如图 3-51(b)所示，曲线 1 和曲线 2 分别为积分分离 PID 控制器和常规 PID 控制器的调节曲线。

采用积分分离的算法后，可以避免在启动、停车或大幅度改变设定值时，由于短时间内产生很大偏差而引起的严重超调或长时间的振荡。从图 3-51 所示的仿真曲线可以看出，在相同的控制器参数整定下，积分分离后系统的控制品质有明显改善。

对于控制器参数整定的问题，由于在大偏差时期没有积分作用，仅为比例微分控制作用，系统稳定性增强，因此可以适当增大比例增益，加快调节响应的速度。

(2) 基于相位的积分分离

积分作用的滞后特性是系统稳定性下降、输出振荡的原因，因此也可以以积分作用与比例作用是否同步作为积分分离的条件设置，即只在积分控制作用量 u_I 与比例控制作用量 u_P 变化方向相同时，才引入积分作用。而在 u_I 与 u_P 变化方向相反时，切除积分作用。此时，积分分离标志位 K_L 的数学表达式为

$$K_L=\begin{cases}1, & u_I \text{ 和 } u_P \text{ 变化同向}\\ 0, & u_I \text{ 和 } u_P \text{ 变化不同向}\end{cases} \tag{3-52}$$

2. 抗积分饱和的改进措施

当控制系统出现偏差长时间较大且无法消除时，在数字 PID 控制中，由于积分累加计算作用同样会使控制量 $u(k)$ 超出 D/A 转换器的数值范围[u_{min}, u_{max}]，这个数值范围与执行机构的行程是匹配的。因此控制量 $u(k)$ 一旦溢出，执行机构将处于极大或极小的位置，不再响应计算机的控制输出，同样出现积分饱和现象。

在数字 PID 控制中，常采用以下两种方法来削弱积分作用。

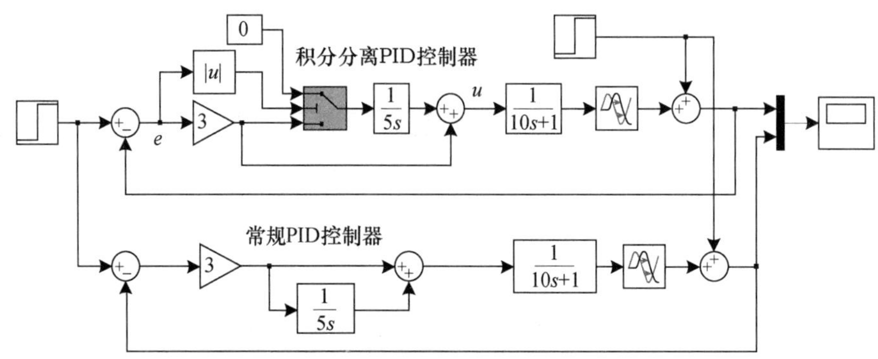

(a) 积分分离PID控制器与常规PID控制器的仿真模型对比

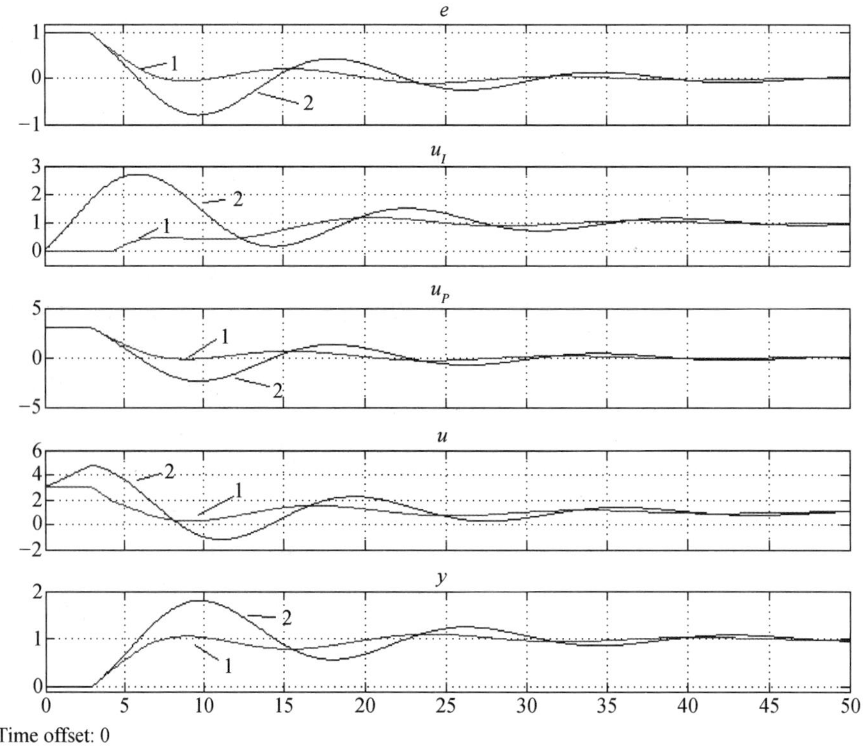

(b) 设定值单位阶跃扰动响应仿真曲线

图 3-51　基于偏差阈值的积分分离 PID 控制系统仿真实验

(1) 梯形积分法

式(3-41)采用矩形求积公式完成了积分计算的离散化。在增量式 PID 控制算法中，积分增量作用 $\Delta u_I(k)=K_I e(k)$ 完全取决于偏差值 $e(k)$ 的大小，当有测量噪声或设定值跳变时，偏差值 $e(k)$ 跳变，必然造成 $\Delta u_I(k)$ 有较大跳变。为此，可采用梯形积分法削弱噪声对积分增量输出的影响，其数学表达式为

$$\Delta u_I(k)=K_I\frac{e(k)+e(k-1)}{2} \tag{3-53}$$

(2) 遇限削弱积分法

遇限削弱积分法的思想是，当控制器的输出 $u(k)$ 进入到执行机构饱和区后，只进行削

弱积分作用的累加，而不进行增强积分作用的累加。具体方法是通过判断上一时刻 $u(k-1)$ 的控制量超过了限制范围的上限还是下限，来决定累加偏差值的方向：若 $u(k-1)>u_{\max}$，则只累加负偏差，若 $u(k-1)<u_{\min}$，则只累加正偏差，由此可缩短控制器输出 $u(k)$ 停留在饱和区的时间。遇限削弱积分法的增量算法如下

$$\Delta u_I(k)=K_I\{[u(k-1)\leqslant u_{\min}][e(k)>0]+[u(k-1)>u_{\max}][e(k)<0]\}e(k) \tag{3-54}$$

3.5.2　对微分作用的改进

微分控制利用偏差的变化趋势产生控制作用，具有超前调节的作用，能有效抑制振荡，减小超调量，提高系统的稳定性。但是，微分控制对高频信号十分灵敏，实际工程信号中常包含高频干扰或突变等成分，这些高频信号被微分控制放大后，容易引起调节过程的振荡，降低系统的控制品质。为此，人们通常采用不完全微分算法和微分先行算法对微分项进行改进。

1. 不完全微分算法

基本 PID 控制算法中采用的是理想微分控制，当偏差量变化较快时，微分控制的输出很大。计算机控制系统中每个控制回路输出时间是短暂的，而驱动执行器动作需要一定的时间，因此执行器无法在短时间内完成所要求的动作，这就限制了微分校正作用。

为了使微分控制在一定的持续时间内有效，通常用实际微分环节来代替理想的微分环节，实际微分环节相当于在理想微分项上串联了一个低通滤波环节(时间常数较小的惯性环节)。由于离散 PID 控制算法可以方便独立地处理比例、积分、微分各个部分的运算，除了如图 3-52(a)所示的形式[式(3-39)的结构]之外，也常用如图 3-52(b)和(c)所示的形式来构成不完全微分 PID 控制算法。

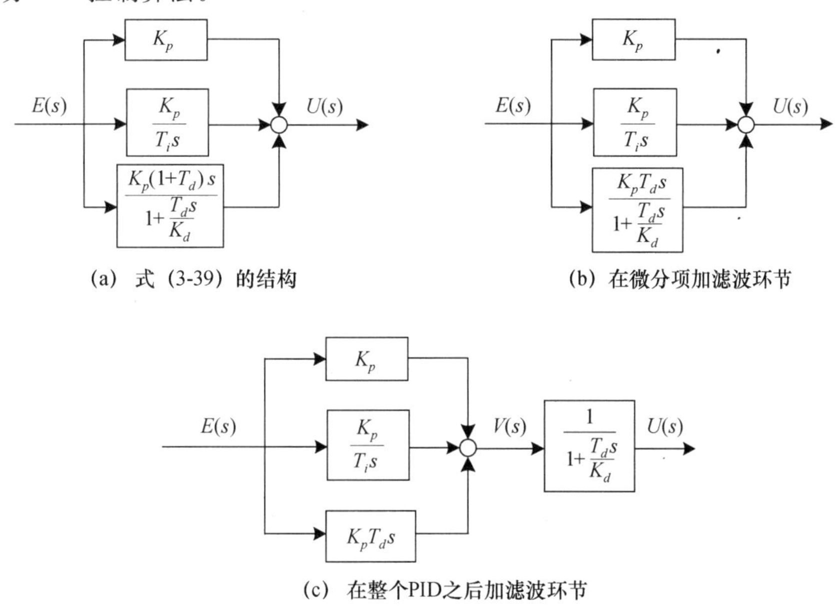

图 3-52　不完全微分 PID 控制算法的结构

采用式(3-41)、(3-42)所示的数值积分和数值微分算法，可得图 3-52(c)所示的不完全微分 PID 控制器的离散化算法。

图 3-52(c)的结构是在整个 PID 之后加滤波环节，可得

$$\begin{cases} V(s)=K_P\left(1+\dfrac{1}{T_i s}+T_d s\right)E(s) \\ U(s)=\dfrac{1}{\dfrac{T_d s}{K_d}+1}V(s) \end{cases} \tag{3-55}$$

对式(3-55)进行拉普拉斯逆变换后得时域表达式

$$\begin{cases} v(t)=K_p\left[e(t)+\dfrac{1}{T_i}\displaystyle\int_0^t e(t)\mathrm{d}t+T_d\dfrac{\mathrm{d}e(t)}{\mathrm{d}t}\right] \\ \dfrac{T_d}{K_d}\dfrac{\mathrm{d}u(t)}{\mathrm{d}t}+u(t)=v(t) \end{cases} \tag{3-56}$$

采用式(3-41)、(3-42)的算法对式(3-56)进行离散化处理，得不完全微分 PID 控制算法的位置式

$$\begin{cases} v(k)=K_p e(k)+K_i\displaystyle\sum_{i=0}^{k}e(i)+K_d[e(k)-e(k-1)] \\ u(k)=\alpha u(k-1)+(1-\alpha)v(k) \end{cases} \tag{3-57}$$

其中，$\alpha=\dfrac{T_d}{T_d+K_d T_s}$，$T_s$ 为采样周期，$K_i=\dfrac{K_p T_s}{T_i}$为积分系数，$K_d=\dfrac{K_p T_d}{T_s}$为微分系数。

同样，可得不完全微分 PID 控制算法的增量式

$$\begin{cases} \Delta v(k)=K_P[e(k)-e(k-1)]+K_i e(k)+K_d[e(k)-2e(k-1)+e(k-2)] \\ \Delta u(k)=\alpha\Delta u(k-1)+(1-\alpha)\Delta v(k) \end{cases} \tag{3-58}$$

图 3-52(b)所示结构的离散算法可自行推导。

理想微分(或完全微分)虽然作用强烈，但仅在扰动产生的第一个周期起作用。而不完全微分尽管在第一个周期作用有所减弱，却可以维持一段时间。总体来看不完全微分可以提高系统的控制品质。图 3-53 所示为离散型完全微分和不完全微分的阶跃响应。

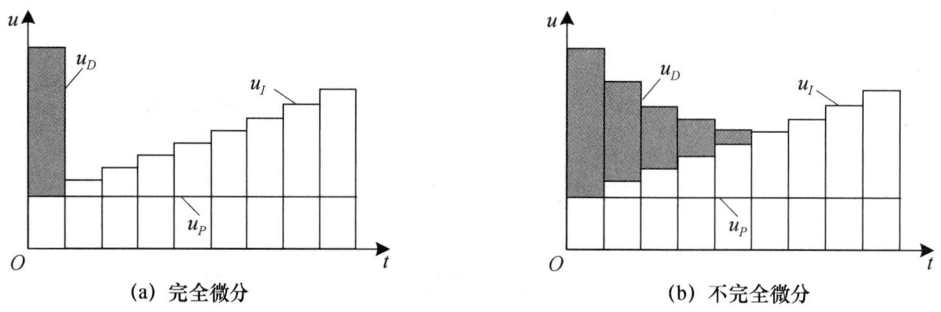

图 3-53 离散型完全微分和不完全微分的阶跃响应

2. 微分先行算法

当控制系统的设定值突然变动时，相当于系统输入为阶跃信号，由于被控对象的惯性和

迟滞,被控量不会发生跳变,这样会引起偏差突变,即偏差 e 也是一个阶跃信号。此时微分控制对偏差突变的反应是使控制量大幅度变化,这会给控制系统带来冲击,使超调量过大,调节阀动作剧烈,会严重影响系统运行的平稳性。

所谓微分先行(PI—D),是指将微分环节移到测量值与设定值的比较点之前,对测量值 y 进行微分运算,而不是对偏差 e 进行微分运算,微分先行的 PID 控制系统结构如图 3-54 所示,图中的 G_o 表示被控过程的数学模型。通常被控变量的变化总是比较缓和的,这样在系统调整设定值时,由于避开了对设定值的微分运算,控制器输出就不会产生剧烈的跳变。

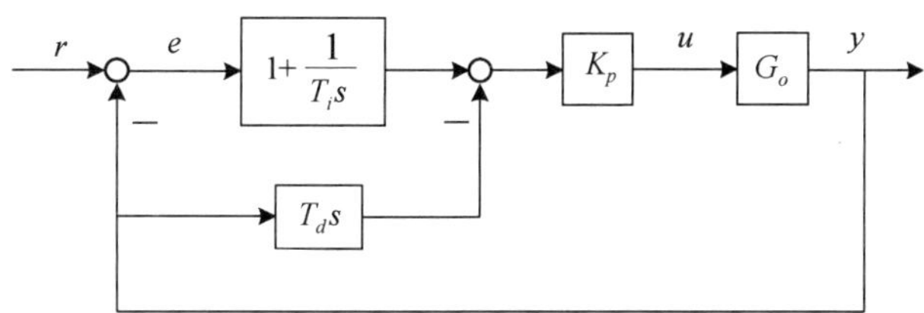

图 3-54　微分先行 PID 控制系统的结构

根据图 3-54 所示的结构可知微分先行控制器的传递函数形式为

$$U(s)=K_P\left(1+\frac{1}{T_i s}\right)E(s)-K_P T_d s Y(s) \tag{3-59}$$

根据增量式 PID 控制算法[式(3-47)]可得微分先行控制的计算式为

$$\Delta u(k)=K_p \Delta e(k)+K_i e(k)-K_d[\Delta y(k)-\Delta y(k-1)] \tag{3-60}$$

3. 比例微分先行算法

在系统设定值跳变时,通过图 3-54 所示的微分先行改进措施可避免产生微分冲击,但是偏差的跳变仍然会通过比例作用使控制作用 u 发生跳变。因此,可将比例控制也前移到反馈通道,这样跳变的偏差信号通过积分作用消除了跳变,而输出变化的信号通过比例和微分作用成为控制作用 u 的一部分。这被称为比例微分先行的 PID 控制算法,记作 I—PD,其结构如图 3-55 所示。

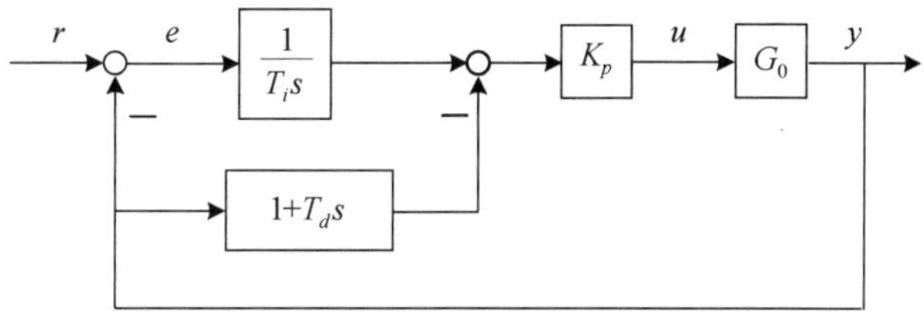

图 3-55　比例微分先行 PID 控制系统的结构

比例微分先行 PID 控制器的传递函数形式为

$$U(s)=K_P\frac{1}{T_i s}E(s)-K_P(1+T_d s)Y(s) \tag{3-61}$$

同样可推导出比例微分先行控制的计算式

$$\Delta u(k)=K_i e(k)-K_p \Delta y(k)-K_d[\Delta y(k)-\Delta y(k-1)] \tag{3-62}$$

4. 二维 PID 控制

实际中,为了方便进行各类 PID 功能的应用,常增加两个状态量 α、β(只能取 0 或 1),构成二维 PID 控制系统，其结构如图 3-56 所示。

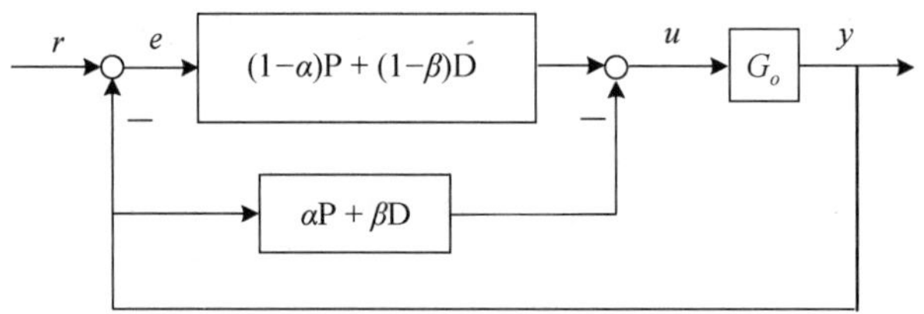

图 3-56　二维 PID 控制系统的结构

状态量 α、β 与 PID 控制类型的关系如表 3-2 所示。无论是定值控制系统还是随动控制系统，均可根据实际工程需求，通过设置达到较好的控制品质。

表 3-2　状态量 α、β 与 PID 控制类型的关系

状态量 α、β		PID 控制类型
α	β	
0	0	常规 PID 控制
0	1	微分先行 PID 控制
1	1	比例微分先行 PID 控制

3.5.3　设定值滤波

在 PID 控制中，也可以在设定值输入通道串联滤波环节，这样，在设定值发生阶跃变化时，送到控制器的设定值不会发生跳变，不会使初始误差过大，可以有效降低超调量。带设定值滤波的 PID 控制系统的结构如图 3-57 所示。

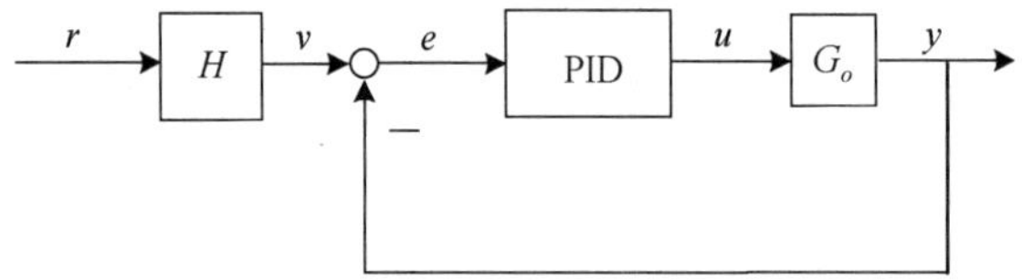

图 3-57　带设定值滤波的 PID 控制系统的结构

滤波环节 $H(S)$ 可以有多种函数形式，通常采用时间常数较小的一阶惯性环节 $\dfrac{1}{T_f s+1}$，可以使阶跃跳变的设定值经过滤波环节后成为有过渡过程变化的信号 $V(s)=\dfrac{1}{T_f s+1}R(s)$。

离散算法如下

$$\begin{cases} v(k)=\alpha v(k-1)+(1-\alpha)r(k), \alpha=\dfrac{T_s}{T_f+T_s} \\ e(k)=v(k)-y(k) \\ u(k)=K_P\left\{e(k)+\dfrac{T_s}{T_i}\sum_{j=0}^{k}e(j)+\dfrac{T_d}{T_s}[e(k)-e(k-1)]\right\} \end{cases} \tag{3-63}$$

这样可以避免偏差值 e 的跳变，解决了快速性与超调之间的矛盾。

3.5.4 带不灵敏区的 PID 控制

在控制系统调节过程中，当偏差较小时，系统输出已经接近设定值，一些工业流程中由于存在多种扰动因素，输出值很难精确达到目标值，会使控制器输出持续小幅度变动，执行机构频繁动作，容易引起器件的磨损老化，对系统的安全稳定运行不利。

在工艺流程误差允许的前提下，对于一些要求控制作用尽量少变、精度要求不高的场合，可以在 PID 控制器前串接一个不灵敏区(死区)。不灵敏区实际上是非线性死区，将使最终的调节结果存在一定的静差。带不灵敏区的 PID 控制系统的结构如图 3-58 所示。

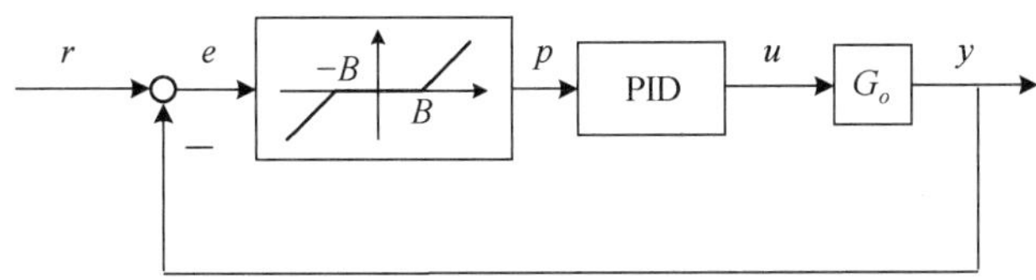

图 3-58 带不灵敏区的 PID 控制系统的结构

带不灵敏区的 PID 控制算法的数学表达式为

$$\begin{cases} p(k)=\begin{cases} e(k), & |e(k)|>B \\ 0, & |e(k)|\leqslant B \end{cases} \\ u(k)=K_P\left\{p(k)+\dfrac{T_s}{T_i}\sum_{j=0}^{k}p(j)+\dfrac{T_d}{T_s}[p(k)-p(k-1)]\right\}+u(0) \end{cases} \tag{3-64}$$

式中，B 为不灵敏区的宽度，其数值常需根据被控对象特性确定或由实验确定。B 太大会造成系统迟缓且静态精度较低，B 太小则会使调节阀动作频繁，$B=0$ 时则使系统变回标准 PID 控制方式。

3.5.5 间歇式 PID 控制

对于滞后时间很长、惯性很大的控制对象，若频繁进行采样计算，控制量易产生超调饱和及较大超调量，从而导致执行机构饱和。

工业实践中常采用的是间歇式 PID 控制器，即将控制周期 T_c 分成两部分：控制动作间隙 Δt_c 和等待间歇 Δt_w，其数学表达式为

$$\begin{cases} T_c=\Delta t_c+\Delta t_w \\ \Delta t_w=n\Delta t_c(n\geqslant 1,n\in \mathrm{Z}) \end{cases} \tag{3-65}$$

其中，Δt_w 和 Δt_c 固定不变，因此控制周期 T_c 也固定不变.

在间歇式 PID 控制中，当系统受到大的内外干扰影响时，由于 Δt_w 固定不变，因此系统的动态品质会变差。为了克服这一影响，可根据现在 t 时刻被控量和被控量变化信息，预测未来 $t+\tau$ 时刻被控量偏差和偏差变化率，改变 Δt_w，即改变控制周期 T_c，这样可大大改善系统的动态品质。

课后题

巩固练习

1. 理想双位控制规律的形式是什么？有何优缺点？

2. 实际应用中的双位控制规律是什么？试说明其调节过程，并分析影响其过渡过程曲线的因素有哪些。

3. 说明比例控制在哪些应用场合会存在静差，以及存在静差的控制系统是否具有工程应用价值。

4. 比例增益的大小对控制系统的性能有哪些影响？

5. 积分控制为什么能消除静差？积分时间的大小对控制系统的性能有哪些影响？

6. 何谓积分饱和现象？积分饱合现象对实际工程有何影响？哪些情况下易发生积分饱和现象？如何能削弱积分饱和造成的影响？

7. 为何理想微分控制在实际中很难得以应用？请写出实际比例微分控制的数学表达式，并分析其中各个参数的作用。

8. 在 PID 控制器中，P、I、D 三种控制规律在控制过程中是如何发挥各自的作用的？为何积分控制和微分控制通常不单独使用？

9. 一个采用比例控制的系统，若分别引入适当的积分控制、适当的微分控制。

(1) 分别讨论这两种情况下对系统的稳定性、最大动态偏差和静态误差的影响；

(2) 若还需保持原有比例控制的稳定性，这两种情况下应该对比例系数或比例带进行怎样的调节？

10. 采样周期为 T_s，分别写出数字 PID 控制算法的位置式和增量式数学表达式，并分析二者在工程应用中的异同。

11. 数字 PID 控制器有何特点？工程实践中采样周期的选择应考虑哪些因素？

12. 何谓积分分离？有哪些措施可以实现积分分离？

13. 微分先行算法是针对什么问题的改进措施？试绘制微分先行 PID 控制系统的结构并写出其增量式数学表达式，然后说明微分先行 PID 控制器是如何起到改善系统控制品质作用的。

综合训练

1. 借助计算机仿真软件，设计实际 PID 控制器，并讨论各参数变化对被控过程的影响（提示：验证调节效果时，可将一阶惯性环节串联纯滞后的传递函数作为被控过程的数学模型）。

2. 某温度控制系统的结构如图 3-59 所示，其中 $K_1=5.4$，$K_2=1$，$K_d=0.8/5.4$，$T_1=5\ \text{min}$，$T_2=2.5\ \text{min}$，控制器 $G_c(s)=K_p$，请完成以下任务：

(1) 若发生 $\Delta D=10$ 的阶跃扰动，请写出比例增益 K_p 分别取 2.4，0.48 时系统输出 $\Delta\theta(t)$ 的解析表达式，并绘制出仿真曲线；

(2) 若发生 $\Delta r=2$ 的设定值扰动,请写出比例增益 K_p 分别取 2.4,0.48 时系统输出 $\Delta\theta(t)$的解析表达式,并绘制出仿真曲线;

(3) 分析比例增益 K_p 取值大小对设定值阶跃响应和扰动阶跃响应的影响;

(4) 若要改善该系统的控制品质,请给出你的解决方案,并进行说明和验证。

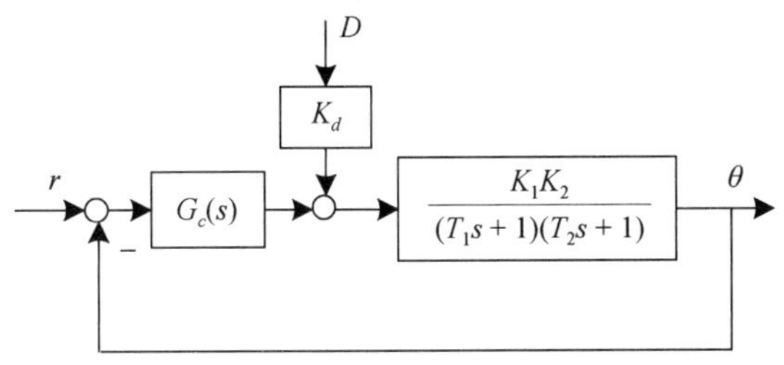

图 3-59 某温度控制系统的结构

3. 请编写计算机程序实现例 3-8 控制系统中的积分分离 PID 控制器(位置式和增量式均可),并完成仿真实验,然后讨论积分分离的作用和偏差阈值的选取对过程的影响。

拓展思考

1. 请观察家庭中一种采用双位控制的家用电器(如热水器)的工作过程,记录运行过程中设定值、被控量变化的数据对(时间与参数值),将记录数据绘制成曲线,推断出双位控制系统的回差值,并分析双位控制系统的工作原理,思考双位控制规律的特点及实用价值。

2. 通过文献检索了解一种自动化产品中 PID 控制器的计算表达式和功能,思考工程应用中需要考虑的因素有哪些,最后写出研究报告。

第4章 简单控制系统

本章学习导言

所谓简单控制系统，是指用一个控制量对一个被控量进行控制的单回路控制系统。简单控制系统是最基本的控制系统，由于其结构简单、投资少、易于调整、操作维护比较方便，又能满足多数工业生产的控制要求，因此应用十分广泛，约占工业控制系统的80%以上，一般只在简单控制系统不能满足生产要求的情况下，人们才会采用复杂控制系统。

简单控制系统的分析设计方法是分析设计各种复杂控制系统的基础，掌握了简单控制系统的相关知识，将会为学习复杂控制系统打下基础。

本章核心知识点思维导图

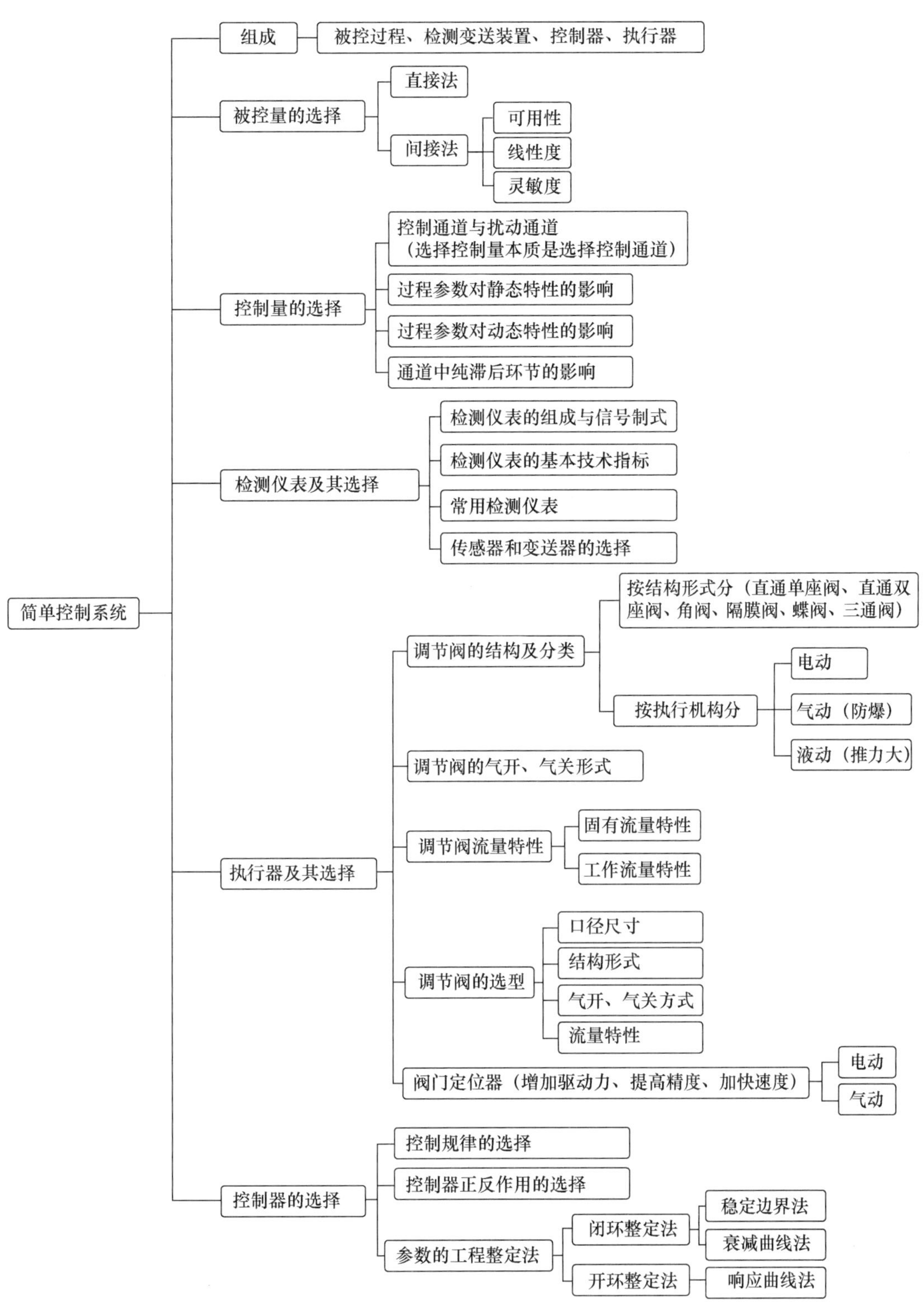

4.1 简单控制系统的组成

图 4-1 所示的水箱液位控制系统和图 4-2 所示的热交换器温度控制系统都是简单控制系统的例子。

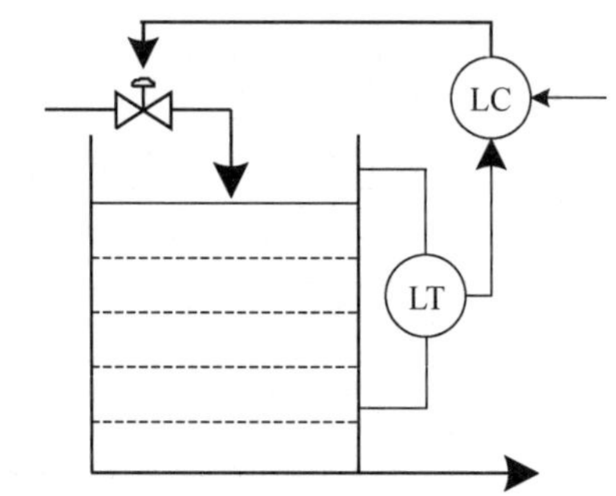

图 4-1 水箱液位控制系统

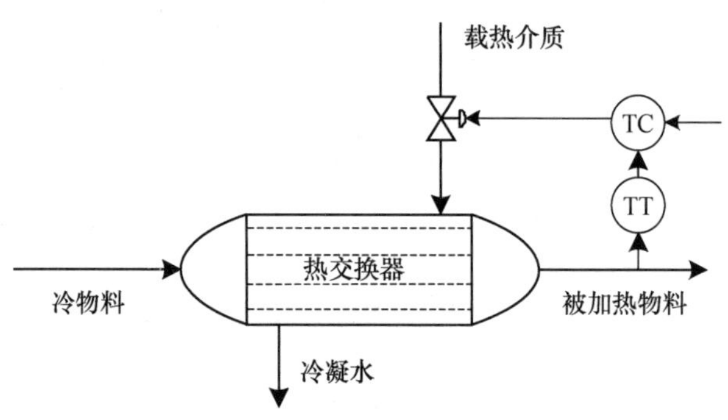

图 4-2 热交换器温度控制系统

在图 4-1 所示的水箱液位控制系统中，液位是被控量，液位变送器 LT 将反映液位高低的检测信号反馈给液位控制器 LC；液位控制器根据液位检测值与液位设定值的差异给出控制信号，用以调节调节阀的开度，从而通过调节水箱入水流量的方式来调整水箱液位，使其趋于设定值。

在图 4-2 所示的热交换器温度控制系统中，被加热物料出口温度是被控量，温度变送器 TT 将物料出口温度信号反馈给温度控制器 TC；温度控制器根据物料出口检测温度与其温度设定值的差异给出控制信号，用以调节蒸汽阀门的开度，从而通过调节进入热交换器的载热介质流量将物料出口温度控制在规定的数值。

以上两个控制系统都是简单控制系统，简单控制系统的典型结构如图 4-3 所示。从图 4-3 可以看出，简单控制系统是单回路控制系统，由四个部分组成：检测变送装置、执行器、被控过程[传递函数分别用 $G_m(s)$、$G_v(s)$、$G_p(s)$表示]和控制器[其内部控制规律的传

递函数为 $G_c(s)$]。

被控过程的输入分为控制指令和干扰两类，被控过程的每个输入到输出都有各自的传递函数。在控制系统中，从控制指令到输出的传递函数被称为控制通道，单回路控制系统只有一条控制通道。从扰动到输出的传递函数被称为扰动通道。不同的控制系统，被控过程、被控参数量不同，所采用的检测装置、控制装置和执行器也不一样，但都可以用图 4-3 所示的结构表示。

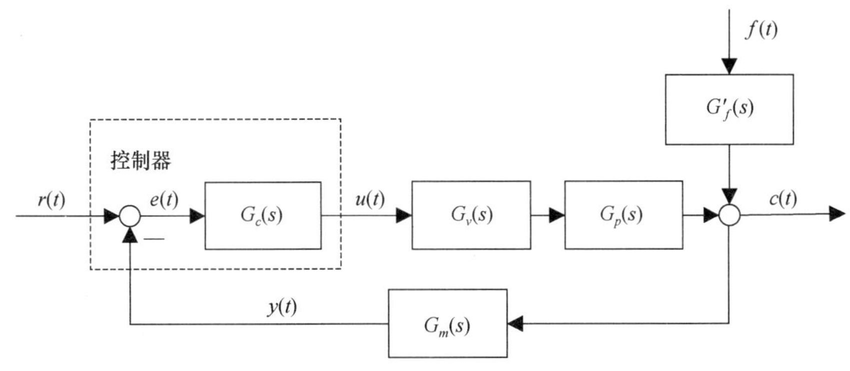

图 4-3　简单控制系统的典型结构

4.2　被控量与控制量的选择

4.2.1　被控量的选择

生产中借助控制系统保持恒定值或按一定规律变化的量，称为被控量，也称被控变量、被控参数，选择被控量，是控制方案设计中的重要一环，对生产过程实现稳定操作、增加产量、提高质量、节能降耗、改善劳动条件、保证生产安全等具有决定性意义，关系到控制方案的成败。如果被控量选择不当，则不管组成什么形式的控制系统，也不管选用多么先进的检测控制设备，均难以达到预期的控制效果。

被控量的选择与生产工艺密切相关。影响生产正常运行的因素有很多，但并非所有影响因素都要加以控制。在选择被控量时，必须根据工艺要求深入分析生产过程，一般要选择对产品的产量和质量、安全生产、经济运行、环境保护、节能降耗等具有决定性作用，能较好地反映生产工艺状态及变化的参数作为被控量。

根据被控量与生产过程的关系，选择被控量的方法通常有两种：一种是将能直接反映生产过程中产品产量和质量又易于测量的参数作为被控量，这种方法被称为直接参数法。例如，可将液位作为蒸汽锅炉液位控制系统的直接参数，因为液位过高或过低均会造成严重生产事故，直接与锅炉安全运行有关。

如果生产过程是按质量指标进行控制的，则理应将直接反映产品质量的量作为被控量，但是，有时由于缺乏检测此类参数的有效手段，无法对产品质量参数进行直接检测，或虽能检测，但检测信号很微弱或滞后很大，使直接参数不能及时、正确地反映生产过程的实际情况。这时可以将与直接参数有单值对应关系、易于测量的量作为被控量，以间接反映产品质量及生产过程的实际情况。下面通过一个例子来说明间接被控量的选择方法。

图 4-4 所示为二元精馏过程示意图。精馏是利用被分离物组分挥发度不同实现组分分离。假定精馏塔的控制目标是使塔顶（或塔底）流出物达到规定的纯度，那么塔顶（或塔底）流出物组分 x_d（或 x_w）的浓度是直接反映产品质量的指标，理应作为被控量。但是，对组分浓度的检测比较困难，这时可在与组分浓度相关联的变量中找出合适的变量，将其作为被控量。

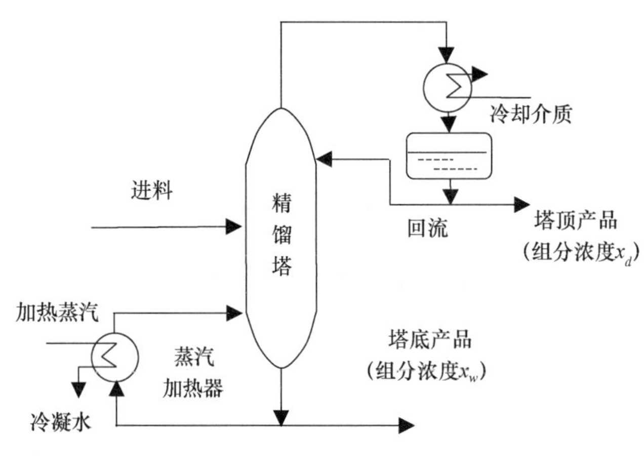

图 4-4　二元精馏过程示意图

气-液两相并存时，塔顶气相中，易挥发组分浓度 x_d 与气体温度 T_d、压力 p_d 之间有确定关系，压力恒定时组分浓度 x_d 和气体温度 T_d 之间存在单值关系。以苯和甲苯的二元组分为例，气相中易挥发组分苯的浓度 x_d 与气体温度 T_d 之间的关系如图 4-5 所示。从图 4-5 可以看出，苯的浓度越高，气体的温度越低；苯的浓度越低，气体的温度越高。

当气体温度 T_d 恒定时，苯的浓度 x_d 和压力 p_d 之间也存在单值对应关系，如图 4-6 所示。从图 4-6 可以看出，苯的浓度越高，气体压力越高；反之苯的浓度越低，气体压力也越低。

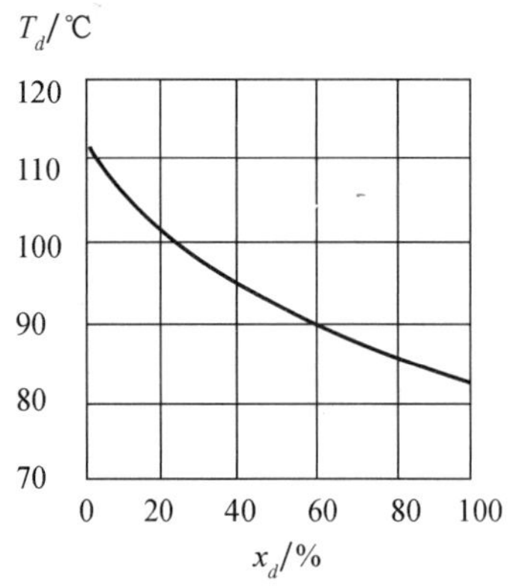

图 4-5　压力恒定时，苯-甲苯的 x_d-T_d

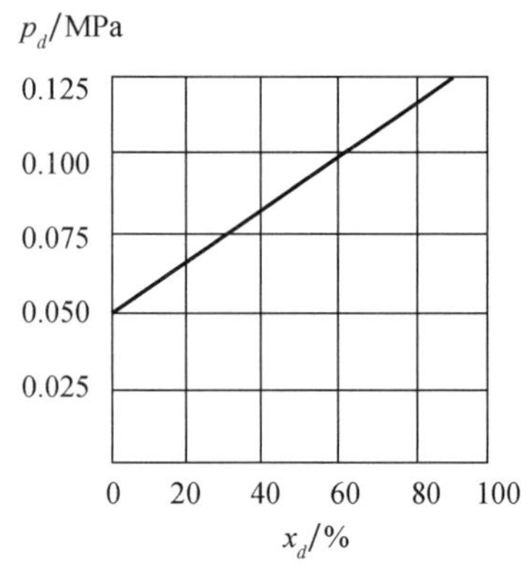

图 4-6　温度恒定时，苯-甲苯的 x_d-p_d

因此，在组分浓度、温度、压力三个变量中，只要固定温度或压力中的一个，另一个变量就可以代替组分浓度作为被控量。具体选温度和压力中哪一个参数作为被控量，还要结合其他因素进行分析。从工艺合理性的角度考虑，常常将温度作为被控量，这是因为在精馏过程中，一般要求塔内压力固定，只有在规定压力下，才能保证精馏塔的分离纯度和生产效率。如果塔压波动，塔内的气液平衡就不稳定，相对挥发度就不稳定，精馏塔就处于不良工况。另外，塔压变化还会引起与之相关的物料流量变化，进而影响精馏塔物料平衡，引起精馏塔负荷波动。如果塔压固定，精馏塔各层塔板上压力就稳定，各层塔板上的温度与组分浓度之间就可保持单值对应关系。可见，固定压力，将温度作为控制产品质量的间接被控量，在工艺上是合理的。

在选择被控量时，还要求所选参数有足够的灵敏度。在上面的例子中，T_d 对 x_d 的变化必须灵敏，即 x_d 的变化引起的 T_d 变化应足够大，应能够被测温元件检测到。

选取被控量的基本原则：先考虑选择对产品产量和质量、生产安全、生产经济运行和环境保护等具有决定性作用且可直接测量的工艺参数作为被控量，当直接参数不易测量、检测信号弱或测量滞后很大时，应选择一个易于测量并与直接参数有单值对应关系的间接参数作为被控量，同时兼顾工艺上的合理性和所用仪表的性能及经济性。

4.2.2　控制量的选择

在过程输入量中，人们一般会选择一个允许人为改变的量并对其加以控制，以克服干扰对被控量的影响，这个被选择的量就是控制量，也称控制变量。过程控制中最常见的控制量是介质的流量。在一些生产过程中控制量是很明显的。例如，图 4-1 所示的液位控制系统，其控制量是进入液体的流量；再如，图 4-2 所示的温度控制系统，其控制量是载热介质的流量。

在生产过程中，往往有多个外部变量影响被控量，如图 4-7 所示。对于线性系统而言，输出最终的表现是各个输入经由通道对其影响的叠加。

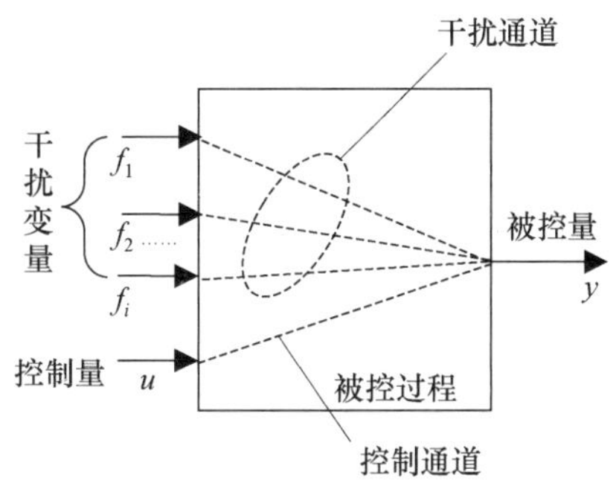

图 4-7　被控量控制量干扰及通道关系示意图

诸多输入变量中，有些允许控制，有些则不允许控制。从理论上讲，所有允许控制的变量都可以作为控制量，但单入单出系统中只能有一个控制量，其他未被选中的输入变量将被视为系统的干扰。干扰变量通过扰动通道作用于被控系统，使被控量偏离设定值，对控制质量起着破坏作用；控制量通过控制通道作用于被控过程，使被控量恢复到设定值，起着校正作用。

在简单控制系统中，控制器在感知到干扰对输出造成的影响之后产生补偿作用。相对于扰动而言，控制器对输出的影响越显著、速度越快，控制效果越好。利用通道模型可以比较多个输入对输出影响的能力和速度，进而确定控制量。

选择控制量的过程就是选择控制通道的过程，下面用图 4-8 所示系统简要说明如何在众多通道中选择控制通道。

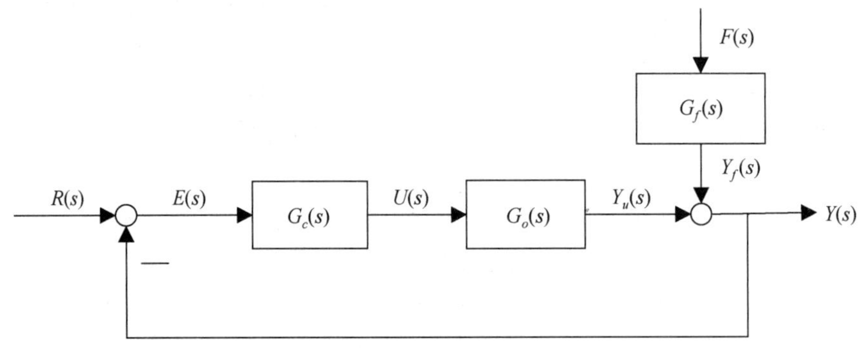

图 4-8　简单控制系统

与图 4-3 对应，这里的 $G_o(s)=G_v(s)G_p(s)G_m(s)$，$G_f(s)=G_f'(s)G_m(s)$。

这里将扰动通道、控制通道均考虑为一阶惯性过程，采用比例控制器。控制通道、扰动通道和控制器的传递函数分别为

$$G_o(s)=\frac{K_o}{T_os+1} \tag{4-1}$$

$$G_f(s)=\frac{K_f}{T_fs+1} \tag{4-2}$$

$$G_c(s)=K_c \tag{4-3}$$

下面分别介绍过程参数对过程控制系统的静态特性和动态特性的影响。

1. 过程参数对过程控制系统的静态特性的影响

系统误差 $e(t)=r(t)-y(t)$，其拉普拉斯变换为

$$E(s)=R(s)-Y(s) \tag{4-4}$$

根据图 4-8 可得

$$E(s)=\frac{1}{1+G_c(s)G_o(s)}R(s)-\frac{G_f(s)}{1+G_c(s)G_o(s)}F(s) \tag{4-5}$$

将各部分传递函数表达式(4-1)(4-2)(4-3)代入式(4-5)可得

$$E(s)=\frac{T_os+1}{T_os+1+K_cK_o}R(s)-\frac{K_f(T_os+1)}{(T_os+1)(T_fs+1)+K_cK_o(T_os+1)}F(s) \tag{4-6}$$

根据终值定理，静差可写为

$$e(\infty)=\lim_{s\to 0}sE(s)=\frac{1}{1+K_cK_o}R(s)-\frac{K_f}{1+K_cK_o}F(s) \tag{4-7}$$

由式(4-7)可以看出，控制通道的增益越大、静差越小，扰动通道的增益越大、静差越大。

此结果具有一般性。控制通道增益 K_o 越大，系统开环增益越大，从而有利于减小输入引起的静差。扰动引起的静差与扰动作用点之前、误差之后传递函数的增益有关。只有扰动作用点位于控制器后方，扰动引起的静差才会随着控制通道增益 K_o 的增大而减小。扰动通道的增益 K_f 表示将扰动的静态值放大 K_f 倍，所以会增大扰动引起的静差。

2. 过程参数对过程控制系统动态特性的影响

不失一般性，考虑恒值控制系统。被控量在扰动作用下偏离稳态工作点时，控制系统产生相应的抵偿作用，使之回归原稳态工作点，这个过程就是恒值控制系统调节的动态。

由式(4-1)(4-2)(4-3)和图 4-8 可知

$$Y(s)=\frac{K_o}{T_o s+1}U(s)-\frac{K_f}{T_f s+1}F(s)=Y_u(s)+Y_f(s) \tag{4-8}$$

这里用三个仿真实验说明控制通道及扰动通道时间常数对过程控制系统动态特性的影响。简单起见，设 $K_o=K_f=1$，取 $K_c=5$，系统稳定状态下，在 t 为 1 秒时加入单位阶跃扰动，针对不同的通道时间常数组合进行仿真，仿真实验中的系统时间常数如表 4-1 所示。三个实验的稳态误差是相同的，均为 0.02。三个实验的结果分别如图 4-9、图 4-10 和图 4-11 所示。

表 4-1　仿真实验中的系统时间常数

系统时间常数	实验一	实验二	实验三
T_o	10 s	1 s	10 s
T_f	10 s	10 s	1 s

实验一与实验二扰动通道时间常数相同，扰动对 $y_f(t)$ 和 $u(t)$ 的影响相同。但是，由于控制通道时间常数不同，因此实验一与实验二所产生的补偿作用 $y_u(t)$ 不同。实验二的补偿作用比实验一的快，所以实验二调节过程形成的动态偏差小。

实验一与实验三控制通道的时间常数相同，对相同的输出变化，两者的补偿作用相同。但由于扰动通道时间常数不同，因此实验一中扰动的影响 $y_f(t)$ 比实验三中出现的缓慢，这给控制提供了充分的补偿机会，因此实验一的动态偏差要比实验三中小一些。

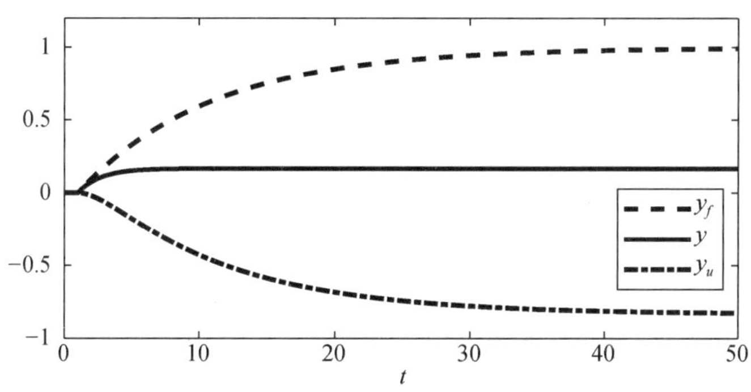

图 4-9　实验一的结果

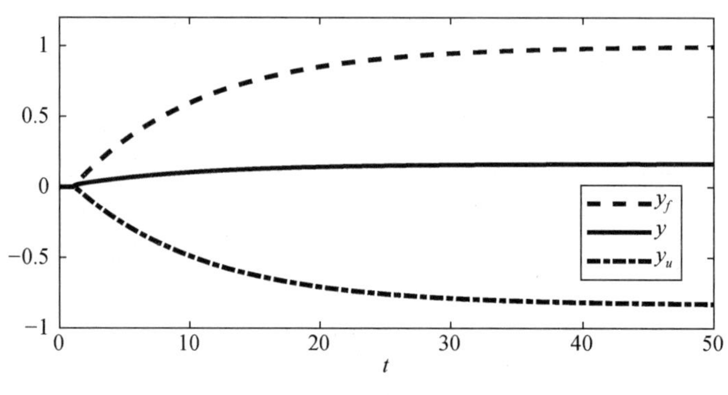

图 4-10　实验二的结果

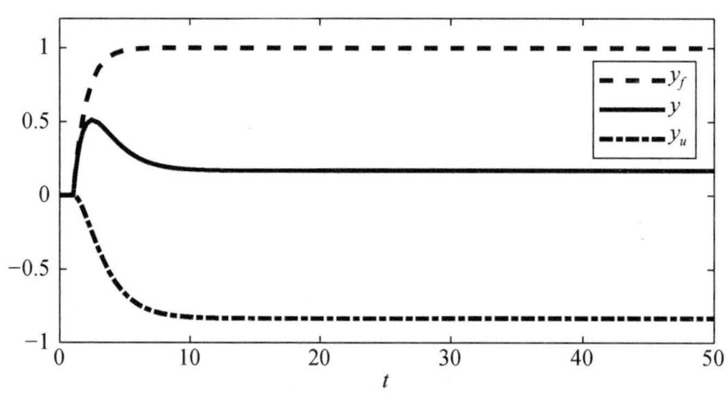

图 4-11　实验三的结果

控制系统的动态特性与控制通道和扰动通道的相对响应速度有关。相对于扰动的影响，控制的补偿作用越及时，控制系统的控制效果越好。

考考你 4-1　如果被控过程具有多个自衡容量 $G_{o1}(s)$，$G_{o2}(s)$，…，$G_{oi}(s)$，如图 4-12 所示，那么，

(1) 容量的个数对系统的动态特性有何影响？

(2) 扰动介入系统的位置($F_1/F_2/\cdots/F_i$)对系统的动态特性有何影响？

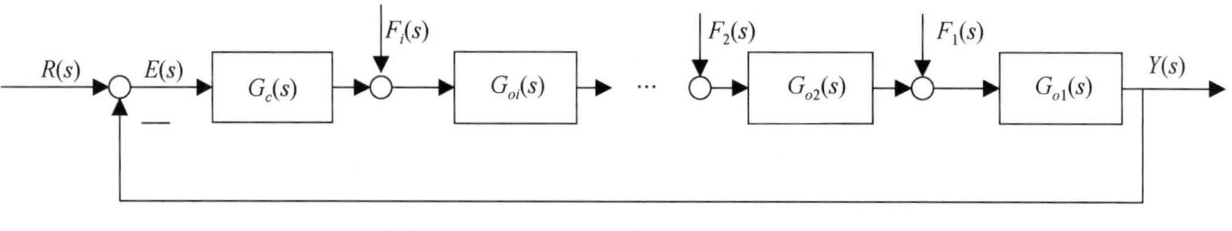

图 4-12　在控制通道不同点存在多个外部干扰的单回路控制系

3. 通道中纯滞后环节的影响

在图4-8所示系统中，如果扰动通道在一阶惯性环节的基础上增加纯滞后，也就是扰动通道变为

$$G_f'(s)=\frac{K_f}{T_f s+1}e^{-\tau_f s}=G_f(s)e^{-\tau_f s} \tag{4-9}$$

则干扰 $f(t)$ 对被控量 $y(t)$ 的影响 $y_{f\tau}(t)$ 可用下面的传递函数表示

$$\frac{Y_{f\tau}(s)}{F(s)}=\frac{G_f'(s)}{1+G_c(s)G_o(s)}=\frac{G_f(s)}{1+G_c(s)G_o(s)}e^{-\tau_f s}=\frac{Y_f(s)}{F(s)}e^{-\tau_f s} \tag{4-10}$$

从式(4-10)可得

$$Y_{f\tau}(s)=Y_f(s)e^{-\tau_f s} \tag{4-11}$$

根据式(4-11)和拉普拉斯变换的时移性质，在干扰 $f(t)$ 的作用下，扰动通道无纯滞后的响应 $y(t)$ 与扰动通道有纯滞后的响应 $y_\tau(t)$ 之间的关系为

$$y_\tau(t)=y(t-\tau_f) \tag{4-12}$$

可见，扰动通道存在纯滞后并不影响系统的控制品质，仅仅会使被控量对干扰的响应推迟 τ_f。这是因为扰动通道的纯滞后环节只是延迟了干扰作用于系统的时间，系统对干扰影响的补偿也相应地推迟；由于控制通道不变，因此控制效果不变，只是早干扰早补偿，晚干扰晚补偿而已。

基于上述分析可知，控制通道相对于扰动通道反应越迅速，控制效果越好。控制通道的容量滞后和纯滞后 τ_o 对控制品质都有不利的影响，两者相比，后者对控制品质影响更严重，控制通道纯滞后会出现在闭环系统的开环传递函数中，它带来的相角滞后会降低系统的相角稳定裕度，使系统超调变大，甚至使系统失去稳定性。例如，考虑广义过程对象的控制通道传递函数

$$G_o(s)=\frac{K_o}{T_o s+1} \tag{4-13}$$

采用比例控制，当 $G_c(s)=K_c$ 时，系统的开环传递函数为 $\frac{K_c K_o}{T_o s+1}$，系统绝对稳定，无论 K_c 取何值，系统总是稳定的。但是，如果控制通道增加一个纯滞后环节，变为

$$G_o(s)=\frac{K_o}{T_o s+1}e^{-\tau_o s} \tag{4-14}$$

则系统的开环传递函数就变为 $\frac{K_c K_o}{T_o s+1}e^{-\tau_o s}$，纯滞后环节带来的相角滞后，会使系统在 K_c 变大时失去稳定性。同时，相角稳定裕度的降低，还会使系统的动态偏差增大。

从直观角度解释，由于控制通道纯滞后环节的存在，会使控制量对输出的补偿作用不能及时显现，这会导致控制器后续控制具有盲目性，因此会使系统的动态性能恶化。容量滞后虽然也会导致控制效果不能及时显现，但容量滞后会使输出中出现控制量带来的变化趋势，所以可以通过微分控制律改善控制效果。

4.3 检测仪表及其选择

如本书第 1 章所述，过程控制通常是对生产过程的温度、压力、流量、液(物)位、成分、物性等工艺参数进行控制，使其保持定值或按一定规律变化，以确保产品质量和生产安全，并使生产过程按最优化目标自动进行。要想对过程参数实施有效的控制，首先要对它们进行有效的检测，这要由检测仪表来完成。检测仪表是过程控制系统的重要组成部分，系统的控制精度首先取决于检测仪表的检测精度。检测仪表的基本特性和各项性能指标是衡量其检测精度的基本要素。因此，了解过程控制系统中检测仪表的基本特性和构成原理，分析和计算检测仪表的性能指标等是正确使用检测仪表、更好地完成检测任务的重要前提。

检测仪表由传感器和变送器组成。

传感器是指能感受被测量并按照一定的规律将测量值转换成可用输出信号的器件或装置，通常由敏感元件和转换元件组成。其中，转换元件是指传感器中将敏感元件感受的预测量转换成适于传输或测量的信号的部分。由于传感器的输出信号一般十分微弱，因此需要有信号调理/转换电路对其进行放大转换等。此外，信号调理/转换电路和传感器工作时，还要有电源供电，所以常常将信号调理/转换电路和所需的电源也看作传感器的一部分。实际上有些传感器并不能明显区分敏感元件和转换元件，而是将两者合为一体(如热电偶)直接将被测量转换成电信号。

在单元组合式自动化仪表中，变送器是变送单元的主要组成部分。在过程控制系统中，它常常和传感器组合在一起，共同完成对温度、压力、流量、液(物)位、成分、物性等被控量的检测，并转换为统一的标准输出信号。该标准输出信号一方面被送往显示记录仪表，另一方面被送到控制器，以实现对被控量的控制。所以从某种意义上说，变送器是将传感器输出信号变成统一标准信号的装置。这里所说的统一标准信号，实际上是指各自动化仪表之间的一种通信协议，它的变化代表着自动化仪表的发展方向。早期的统一标准信号有 0～10 mA DC 的模拟电流信号、0～2 V DC 的模拟电压信号和 0.02～0.1 MPa 的模拟气压信号等，而目前广泛使用的 4～20 mA DC 的模拟电流信号、1～5 V DC 的模拟电压信号已成为电动单元组合仪表的国际标准。预计在今后相当一段时间内，电动模拟式变送器的设计、生产与使用可能还会按此标准进行。但是我们还能看到，由于计算机网络与通信技术的迅速发展，数字通信被延伸到现场，传统的 4～20 mA DC、1～5 V DC 模拟信号的通信方式，将逐步被双向数字式的通信方式所取代。可以预料，信号的数字化与功能的智能化，不仅是变送器发展的必然趋势，也是其他自动化仪表发展的必然趋势。

4.3.1 检测仪表的基本技术指标

1. 绝对误差

在测量过程中，由于所使用的检测仪表存在误差，周围环境也常常存在干扰，因此测量

结果必然存在误差。检测仪表的指示值 x 与被测量真值 x_t 之间存在的差值被称为绝对误差 Δ，可表示为

$$\Delta = x - x_t \tag{4-15}$$

所谓真值，是指被测物理量客观存在的真实数值，它是无法得到的理论值，实际计算时用精度较高的标准表测得的标准值 x_0 代替真值 x_t，因此，绝对误差可表示为

$$\Delta = x - x_0 \tag{4-16}$$

检测仪表在其标尺范围内各点读数的绝对误差中最大的绝对误差被称为最大绝对误差 Δ_{max}。

2. 基本误差

基本误差又称引用误差或相对百分误差，是一种简化的相对误差，定义为

$$\delta = \frac{\Delta_{max}}{x_{max} - x_{min}} \times 100\% \tag{4-17}$$

其中，x_{max} 为仪表量程测量上限，x_{min} 为仪表量程测量下限。仪表的基本误差表明了仪表在规定的工作条件下测量时允许出现的最大误差限。若仪表的工作条件超出了规定范围，如环境温度过高或电源电压过高，则可能引起额外的附加误差。

3. 精确度

精确度简称精度，国家统一规定了仪表的精度等级。将仪表的基本误差去掉“±”及“%”便可套入国家统一的仪表精度等级系列，目前我国生产的仪表常用的精度等级有 0.01，0.02，0.05，0.1，0.2，0.5，1.0，1.5，2.5，4.0，5.0 等。如果某台测试仪表的基本误差为 ±1.3%，则认为该仪表的精度等级符合 1.5 级。为了进一步说明如何确定仪表的精度等级，下面举两个例子。

例 4-1　某台测温仪表的测温范围为 −100℃～700℃，校验该表时测得全量程内最大绝对误差为正 5℃，试确定该仪表的精度等级。

解：该仪表的基本误差为

$$\delta = \frac{+5}{700+100} \times 100\% = +0.625\%$$

去掉“+”和“%”，其数值为 0.625。由于国家规定的精度等级中没有 0.625 级仪表，同时，该仪表的误差超过了 0.5 级仪表所允许的最大绝对误差，所以这台仪表的精度等级为 1.0 级。

例 4-2　某台测压仪表的测压范围为 0～8 MPa。工艺要求测压示值的误差不允许超过 ±0.05 MPa，应如何选择仪表的精度等级，才能满足以上要求？

解：根据工艺要求，仪表允许的基本误差为

$$\delta = \frac{\pm 0.05\ \text{MPa}}{8\ \text{MPa}} \times 100\% = \pm 0.625\%$$

将仪表的允许基本误差去掉“±”和“%”，其数值 0.625，近于 0.5～1.0 之间，如果选择精度等级为 1.0 级的仪表，则其允许的最大绝对误差为 ±0.08 MPa，超过了工艺允许的范围，故应选择 0.5 级的仪表。

常用检测仪表的精度等级是评价仪表性能的重要指标。数值越小表示仪表的精度等级越高，0.05 级以上的仪表，一般作为标准表，用来对现场使用的仪表进行校验。

4. 灵敏度和分辨率

灵敏度是指单位被测参数变化所引起的仪表指针位移的距离或转角，用公式表示为

$$S=\frac{\Delta Y}{\Delta X} \tag{4-18}$$

式中，S 为仪表灵敏度，ΔY 为仪表指针位移的距离（或转角），ΔX 为引起 ΔY 的被测参数变化量。

仪表分辨率又称灵敏限、灵敏阈，是指引起输出变化的最小输入量变化值。

5. 变差

变差是仪表在外界条件不变的情况下，被测参数从量程起点逐渐增大至终点，再逐渐由大到小降到起点的校验过程中，仪表正反行程校验曲线间的最大绝对差值（如图 4-13 所示）。

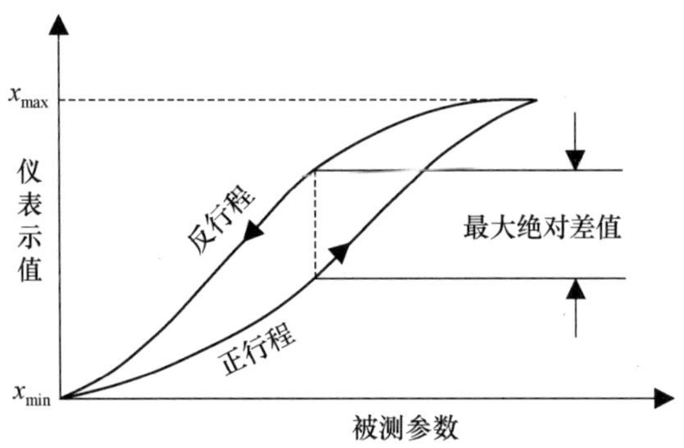

图 4-13　仪表最大绝对差值

也常用相对值表示

$$\delta_b=\frac{\Delta_{b\max}}{x_{\max}-x_{\min}}\times 100\% \tag{4-19}$$

造成变差的原因很多，如传动部件之间的摩擦、齿轮之间的间隙和弹性元件的弹性滞后等。仪表的机械传动部件越少，其变差越小。

6. 响应时间

仪表对被测量进行测量时，当被测量突然变化后，仪表指示值总是要经过一段时间才能准确显示出来，这段时间就是响应时间。响应时间是衡量仪表能否尽快反映参数变化的品质指标。仪表响应时间的长短，反映了仪表的动态特性。如果被测量变化频繁，而仪表响应时间较长的话，测量结果就会失真。在这种情况下，当仪表尚未准确显示被测值时，被测量本身却早已改变了，相当于仪表始终指示不出被测量的真实值。

除了上述基本指标外，在对仪表性能进行全面考核时，有时还会考虑仪表的可靠性指标和对温度、湿度、电磁场、放射性等环境影响的抗干扰能力指标等。

4.3.2 常用检测仪表

1. 温度检测仪表

测量温度的方法很多，从感受温度的途径来看，测量温度的方法有两种：一种是接触式测温法，即通过测温元件与被测物体的接触而感知物体的温度；另一种是非接触式测温法，即通过接收被测物体发出的辐射热来判断其温度。主要温度检测仪表如图4-14所示。

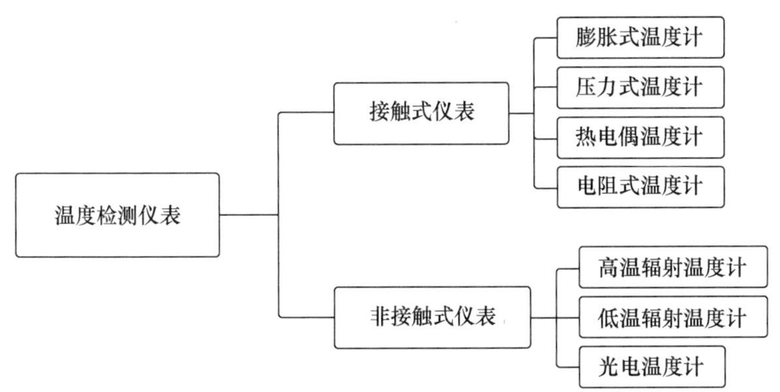

图4-14 主要温度检测仪表

(1) 接触式测温法

接触式测温法的主要优点是方法简单可靠，测量精度较高；不足之处是测温需经历热量的交换与平衡过程，因而会导致被测介质热场被破坏和测温过程的延迟。所以，接触式测温法不适于测量热容量小、温度极高的物体的温度，以及运动物体的温度，也不适于直接测量腐蚀性介质的温度。在温度检测过程中应根据应用场合及测温范围合理选用测温仪表。

选用接触式温度检测仪表的基本原则如图4-15所示。

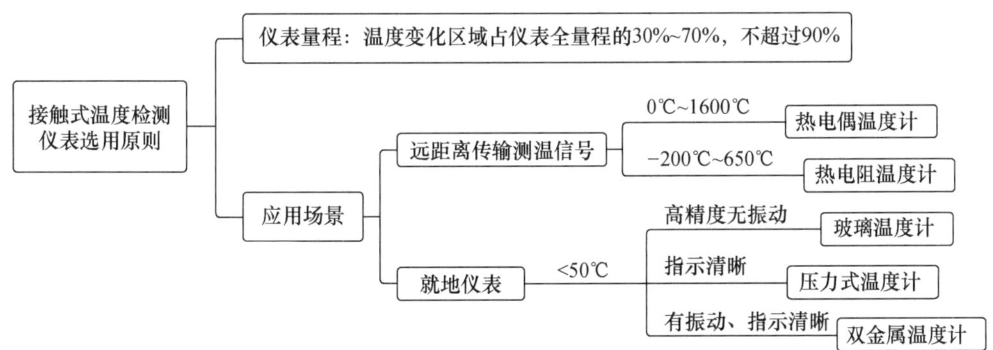

图4-15 选用接触式温度检测仪表的基本原则

(2) 非接触式测温法

随着现代检测技术的飞速发展，非接触式测温的方法和测温元件的种类日益增多。任何载热体都会将其一部分热能转变为辐射能，这些辐射能被其他物体接收后又可转变为热能，使其温度升高，上述过程称为热辐射。载体温度越高，辐射到周围空间的能量就越多，受体接收的能量也越多，其温度也会越高。热辐射与电磁辐射一样，无须任何传递媒介，或者说无须直接接触，即可在物体之间传递热能，这就是实现非接触式测温的主要依据。非接触式测温法又称辐射式测温法，该方法的主要优点是测温上限原则上不受限制，一般可达3200℃，测温速度快且不会对被测热场产生大的干扰，还可用于对运动物体、腐蚀性介质等的温度测量；缺点是容易受外界因素（如辐射率、距离、烟尘、水汽等）干扰，导致测量误差较大，以及标定困难、结构复杂、价格昂贵等。

高温辐射温度计由光学玻璃透镜与硅光电池组合而成。其中光学玻璃透镜将辐射能加以聚集，再由硅光电池将其转换成电信号。光学玻璃透镜的光通带波长为 0.7～1.1 μm，当测温范围为 700℃～2000℃时，硅光电池接收的辐射能可直接产生 0～20 mV 的电压信号，基本误差在 1500℃以下为±0.7%，在 1500℃以上时为±1%，到达 99%稳态值的响应时间小于 1 ms。可见，高温辐射温度计在高温测量方面具有特色。

低温辐射温度计由滤光片或者透镜与半导体热敏电阻组合而成。它接收波长为 2～15 μm 红外波段的辐射能，其测温范围为 0℃～200℃，基本误差为±1%，响应时间为 2 s，其输出信号需经过放大才能使用。

光电温度计由光学玻璃透镜和硫化氢光敏电阻组合而成。光学玻璃透镜的光通带波长为 0.6～2.7 μm，测温范围为 400℃～800℃，基本误差为±1%，响应时间为 1.5 s。这种温度计的输出信号需要放大，是利用参考灯泡辐射能与被测过程辐射能交替照射光敏电阻进行调制后再予以放大的。

(3) 温度变送器

温度变送器的功能是将检测元件的输出信号转换为统一标准信号。温度变送器分为模拟式和智能式两种。典型模拟式温度变送器是气动或电动单元组合仪表。其中变送单元的主要品种经历了从Ⅰ型、Ⅱ型、Ⅲ型的发展过程。智能式温度变送器基于微处理器技术和通信技术，体现了现场总线控制的特点，其精度、稳定性和可靠性均比模拟式温度变送器优越，因此发展十分迅速。

2. 压力检测仪表

压力检测元件主要有弹簧管、弹性膜片、弹性膜盒和波纹管等，如图 4-16 所示。这些检测元件都是通过将压力转换成物理位移来检测压力的。

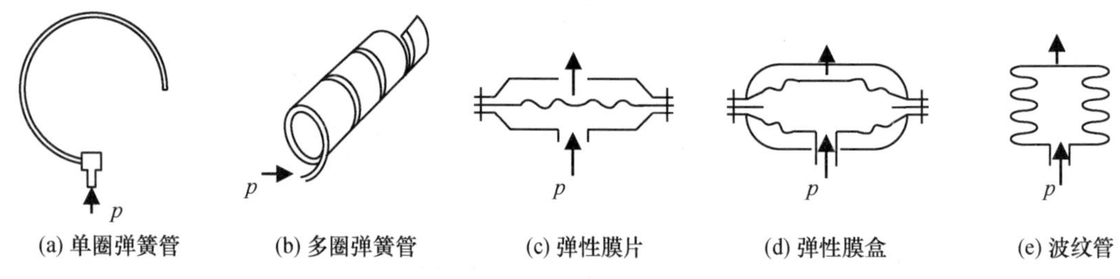

图 4-16 压力检测元件

常用的压差变送器主要有 DDZ-Ⅲ型力矩平衡式压差变送器、电容式压差变送器和智能式压差变送器。

3. 流量检测仪表

在工程上常把单位时间内流过工艺管道某截面的流体数量称为瞬时流量，而把某一段时间内流过工艺管道某截面的流体总量称为累积流量。瞬时流量和累积流量可以用体积表示，也可以用重量或质量表示。由于流量检测的复杂性和多样性，流量检测的方法很多，其分类方法也多种多样。若按检测的最终结果来看，流量检测方法可分为体积流量检测法和质量流量检测法，具体细化类型如图 4-17 所示。

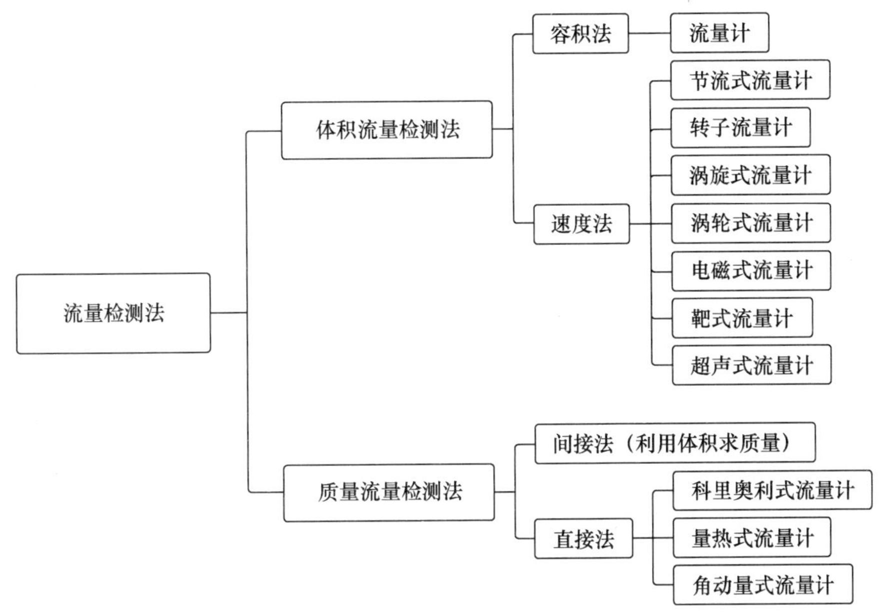

图 4-17　流量检测法的分类(按检测的最终结果分)

4. 物位检测仪表

物位是指存放在容器或工业设备中物体的高度或位置，主要包括液位、料位和界位。液位是指设备或容器中液体介质液面的高低。料位是指设备或容器中固体粉末或颗粒状物质堆积的高度。界位是液体与液体或液体与固体之间分界面的高低。

工业生产中经常需要对物位进行检测，其主要目的是监控生产是否正常和安全，并保证物料之间的动态平衡。物位检测的方法很多，这里仅介绍工业上常用的几种方法。

(1) 静压式测量法

静压式测量法又可分为压力式和压差式两种，其中压力式适用于敞口容器，压差式适用于闭口容器。根据流体静力学原理，装有液体的容器中某一点的静压力与液体上方自由空间的压力之差同该点上方液体的高度成正比。因此可通过压力或压差来测量液体的液位。这种方法的最大优点是可以直接采用任何一种测量压力或压差的仪表实现对液位的测量与变送。

(2) 电气式测量法

将敏感元件置于被测介质中，当物位变化时，其电气参数(如电阻、电容、磁场等)将产生相应变化。该方法既能测量液位，也能测量料位，典型检测仪表有电容式液位计、电容式料位计等，它们的最大优点是可以与电容式压差变送器配合使用，输出标准统一信号。

(3) 声学式测量法

该方法的测量原理是利用特殊声波(如超声波)在介质中的传播速度及在不同界面之间的反射特性来检测物位。这是一种非接触测量方法,适用于颗粒状及粉状物以及黏稠有毒等介质的物位测量,并能实现安全防爆,但无法测量声波吸收能力强的介质。

(4) 射线式测量法

该方法是利用同位素放出的射线穿过被测介质时被介质吸收的程度来检测物位的。射线式测量法也是一种非接触测量方法,适用于操作条件苛刻的场合,如高温、高压、强腐蚀、易结晶等工艺过程,该方法几乎不受环境因素的影响,其不足之处是射线对人体有害,需要采取有效的安全防护措施。

5. 成分检测仪表

在工业生产中,混合物料成分参数的检测具有非常特殊而且重要的意义。一方面,通过成分检测,可以了解生产过程中原料、中间产品及最后产品的成分及其性质,从而可以直接判断工艺过程是否合理;另一方面,将成分作为产品质量控制指标要比将其他间接参数作为产品质量控制指标更加直接、更加有效。例如,对锅炉燃烧系统烟道中的氧气、一氧化碳、二氧化碳等含量进行检测和控制,对精馏系统中精馏塔的塔顶塔底流出物组分浓度进行检测和控制,以及对污水处理系统中水的酸碱度进行检测与控制等,都对提高产品质量、降低能源消耗、防止环境污染等起到直接的作用,对某些生产过程中产生的易燃、易爆、有毒和腐蚀性气体进行检测与控制更是确保工作人员身体健康和生命财产安全不可缺少的条件。

成分参数的检测方法至少有十几种,所用检测仪表也多达数十种,其中较常见的检测方法和相应检测仪表如表 4-2 所示。

表 4-2 常见成分参数检测方法及相应检测仪表

检测方法	检测仪表
热学方法	热导式分析仪、热化学式分析仪、差热式分析仪
磁力方法	热磁式分析仪、磁力机械式分析仪
光学方法	光电比色分析仪、红外吸收分析仪、紫外吸收分析仪、光干涉分析仪、光散射式分析仪、分光光度分析仪、激光分析仪
射线方法	X 射线分析仪、电子光学式分析仪、核辐射式分析仪、微波式分析仪
电化学方法	电导式分析仪、电量式分析仪、电位式分析仪、电解式分析仪 氧化锆氧量分析仪、溶解氧检测仪
色谱分离方法	色气相色谱仪、液相色谱仪
质谱分析方法	静态质谱仪、动态质谱仪
波谱分析方法	核磁共振波谱仪、电子顺磁共振波谱仪、λ 共振波谱仪
其他方法	晶体振荡分析仪、气敏式分析仪、化学变色分析仪

4.3.3 传感器和变送器的选择

在过程控制系统中,传感器和变送器是获取信息的装置。传感器和变送器完成对被控量以及其他一些变量的检测,并将测量信号传送至控制器。测量信号是控制器进行控制的基本依据,对被控量迅速准确地进行测量是实现高性能控制的重要条件,测量不准确或不及时,会产生失调、误调或调节不及时等情况,影响之大不容忽视。因此,传感器、变送器的选择是过程控制系统设计中重要的一环。

被检测参数的性质、测量精度、响应速度要求,以及对控制性能的要求等都影响着传感器和变送器的选择与使用。在系统设计时,还要从工艺的合理性、经济性、可替换性等方面加以综合考虑。

1. 选择传感器和变送器的测量范围与精度等级

在设计控制系统时,对要检测的参数和变量都有明确的测量精度要求,参数和变量可能的变化范围一般都是已知的。因此,在选择传感器和变送器时,应按照生产过程的工艺要求,首先确定传感器和变送器的测量范围(量程)与精度等级。

2. 尽可能选择时间常数小的传感器和变送器

传感器和变送器都有一定的响应时间,特别是测温元件,由于存在热阻和热容,因此本身具有一定的时间常数,这些时间常数和纯滞后必然造成测量滞后。对于气动仪表,由于现场传感器与控制室仪表间的信号通过管道传递,因此还存在一定的传送滞后。当被测信号变化时,测量元件的时间常数越大,测量值与真值之间的差异就越显著,如果控制器接收到的是一个失真的信号,就不能及时正确地发挥控制作用,控制质量就无法达到要求。因此,控制系统中测量环节的时间常数不能太大,最好选用惰性小的快速测量元件,必要时也可以在测量元件之后引入微分环节,利用其超前作用来补偿测量元件引起的动态误差。

3. 合理选择检测点,减小测量纯滞后

引入微分作用对纯滞后没有改善,因此要合理地选择测量信号的检测点,尽量避免由于传感器安装位置不合适引起的纯滞后。例如,在 pH 值控制系统中,如果被控量是中和槽出口溶液的 pH 值,测量传感器却安装在远离中和槽出口的管道处,传感器测得的信号相比中和槽内溶液的 pH 值就滞后了一段时间,这段时间与管道的长度成正比,与管道内液体的流速成反比。将测量传感器靠近中和槽安装可以有效缩短检测的纯滞后时间。

4. 测量信号的处理

(1) 测量信号的校正与补偿

测量某些参数时,测量值会受到其他参数的影响。为了保证测量精度,需要进行校正与补偿处理。例如,在用节流元件测量气体流量时,流量与压差之间的关系会受到气体温度的影响,因此,必须对测量信号进行温度补偿与校正,以保证测量精度。

(2) 测量噪声的抑制

在测量某些过程参数时,由于其本身特点和环境干扰的存在,测量信号中会含有噪声,如不采取措施,将会影响系统的控制质量。例如,在测量流量时常伴有高频噪声,通过引入阻尼器进行噪声抑制可取得理想的效果。

(3) 测量信号的线性化处理

一些检测传感器的非线性使传感器的检测信号与被测参数间呈非线性关系,例如,用热电偶温度计测温时,热电动势与被测温度之间呈非线性关系。DDZ-Ⅲ型温度变送器能对检测元件输入信号进行线性化处理,其输出电流信号与温度呈线性关系,而 DDZ-Ⅱ型温度变送器则不能对检测元件输入信号进行线性化处理,因此,在进行系统设计时,应根据具体情况确定是否进行线性化处理。

4.4 执行器及其选择

4.4.1 概述

执行器是过程控制系统中的操作环节,其作用是根据控制器送来的控制信号,改变所操作介质的大小,将被控量维持在系统要求的数值上。执行器按其操作介质的不同分为多种形式,如自动调节阀、电磁阀、电压调整装置、电流控制器件、控制电机等。这里只介绍过程控制中使用最多的自动调节阀。

自动调节阀是能够按照输入的控制信号自动改变开度的阀门。自动调节阀由执行机构和调节机构两部分组装而成。图 4-18 为气动薄膜单座阀结构示意图,其执行机构为气动膜盒,调节机构为直通单座阀门。

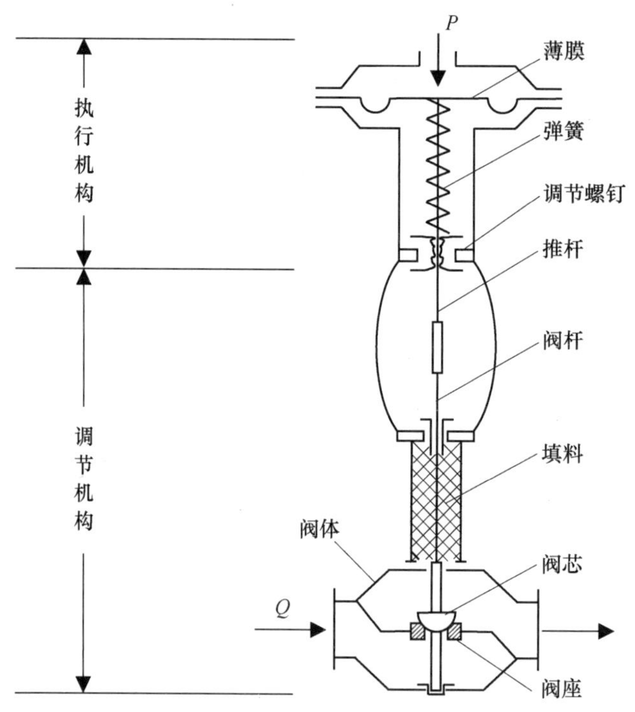

图 4-18 气动薄膜单座阀结构示意图

执行机构是执行器的推动装置,会按控制信号的大小产生相应的推力,推动阀杆,带动调节机构改变开度,从而控制流过阀门的流体流量。自动调节阀按其工作能源形式可分为气动、电动、液动三大类。气动调节阀用压缩空气作为工作能源,主要特点是能在易燃易爆环境中工作,广泛地应用于化工、炼油等生产过程中。电动调节阀用电能工作,其特点是能源取用方便,信号传递迅速,但难以在易燃易爆环境中工作。液动调节阀用液压工作,特点是推力很大,所以一般生产过程中很少使用。

调节机构实际上就是阀门,是一个局部阻力可以改变的节流元件。阀门主要由阀体、阀座、阀芯和阀杆等部件组成。阀杆上部与执行机构相连,下部与阀芯相连。阀芯在阀体内移动,可改变阀芯与阀座之间的流通面积,被控介质的流量也就发生相应的改变,从而达到改变控制工艺参数的目的。

根据不同的使用要求,调节阀分为不同的结构形式,常见的有直通单座阀、直通双座阀、角阀、隔膜阀、蝶阀、三通阀等,如图 4-19 所示。

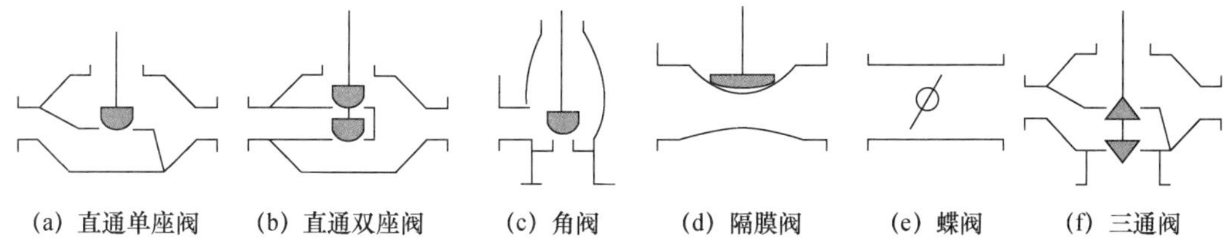

图 4-19　常见的调节阀结构

过程控制中最常用的是直通单座阀和直通双座阀。直通单座阀的阀体只有一个阀芯,其特点是结构简单,泄漏量小,易于保证关闭,甚至能完全切断。但是,使用直通单座阀时,流体对阀芯上下作用的推力不平衡,当阀前后压差大或阀芯尺寸大时,这种不平衡力可能相当大,会影响阀芯的准确定位。因此,这种阀一般应用在小口径、低压差的场合。直通双座阀阀体内有两个阀芯和两个阀座。由于流体同时从上下两个阀座通过,流体对上下两个阀芯的推力方向相反,大致可以抵消,因此直通双座阀的不平衡力较小。直通双座阀对执行机构的驱动力要求低,适于大压差和大管径的场合。但是,由于加工精度的限制,直通双座阀中上下两个阀芯、阀座不易保证同时密闭,因此泄漏量较大。

除了按照结构形式划分外,调节阀还有一些其他的分类方法,如图 4-20 所示。

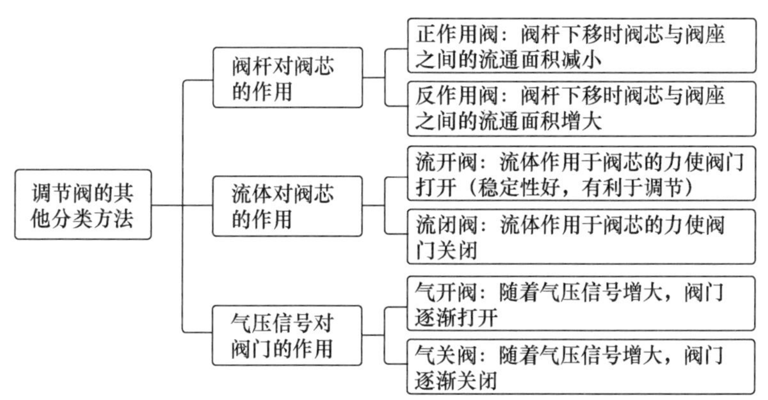

图 4-20　调节阀的其他分类方法

4.4.2　调节阀的气开、气关形式

气开阀的开度随控制信号的增大而变大,相反,气关阀的开度随控制信号的增大而变小。由于调节阀是由执行机构和阀门组装而成的,因此,阀门的气开、气关由执行机构的正

反作用和阀门的正装反装共同决定。对执行机构而言，输入信号增大，阀杆下移为正作用，反之为反作用；对阀门而言，阀杆下移，流通面积减小为正装阀，反之为反装阀，如图 4-21 所示。执行机构正反作用、阀体正装反装与调节阀气开式与气关式的关系，如表 4-3 所示。

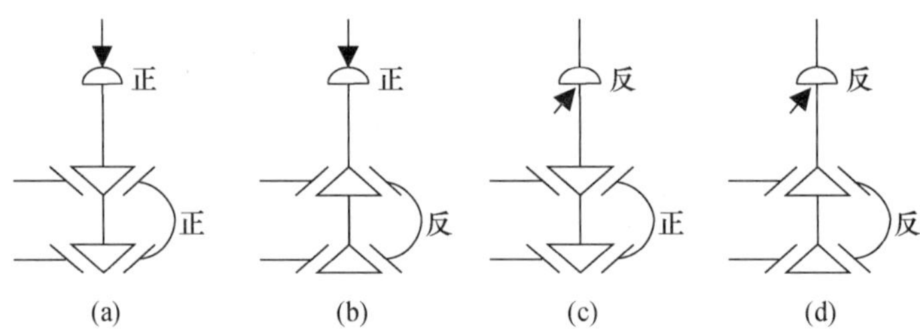

图 4-21　调节阀的气开式与气关式

表 4-3　执行机构正反作用、阀体正装反装与调节阀气开式与气关式的关系

执行机构	阀体	气动阀门
正作用	正装	气关
正作用	反装	气开
反作用	正装	气开
反作用	反装	气关

4.4.3　调节阀的流通能力

当流体不可压缩时，根据流体力学的伯努利方程和流体的连续性方程，可以推导出流体体积流量与压差之间的方程式

$$Q=\frac{\alpha A}{\sqrt{\zeta_v}}\sqrt{2\Delta p/\rho} \tag{4-20}$$

式中，Q 为流体体积流量，α 为与单位制有关的常数，A 为调节阀流通面积，ζ_v 为调节阀阻力系数，Δp 为阀前后实际测得的压力差，ρ 为流体密度。

调节阀流量系数是指在某些特定条件下，单位时间内调节阀通过流体的体积或重量，用 C 来表示。为了使各类调节阀在比较时有共同的基础，我国规定：在给定行程下，调节阀两端压差为 0.1 MPa，水的密度为 1 g/cm^3 时，流经调节阀的水的流量，以 m^3/h 表示。调节阀全开（即开度为 100%）时的流量系数被称为阀全开流量系数，用 C_{100} 表示。C_{100} 是调节阀流通能力的基本参数，由阀门制造厂提供给用户。

4.4.4　调节阀的流量特性

从过程控制的角度看，调节阀的一个最重要的特性是流量特性，即调节阀相对流量 q 与调节阀相对行程 l 之间的关系。相对流量 q 是指当前流量 Q 与阀门全开时最大流量 Q_{100} 的比值，即 $q=\frac{Q}{Q_{100}}$。相对行程 l 是指当前阀杆行程 L 与阀门全开时阀杆的最大行程 L_{100} 的比值，即 $l=\frac{L}{L_{100}}$。

通过调节阀的流量的大小，不仅与调节阀的开度有关，还与调节阀前后的压差高低有关。工作在管路中的调节阀，当开度改变时，随着流量的变化，前后的压差也会发生变化。调节阀前后压差为恒定值时所得到的流量特性被称为调节阀的固有流量特性，调节阀被安装在过程现场，在配管影响下体现出的流量特性被称为工作流量特性。

1. 固有流量特性

由式(4-20)可知，在调节阀前后压差固定的情况下，流经调节阀的流体流量取决于流通面积 A。调节阀的相对流通面积 $a=\frac{A}{A_{100}}$，其与阀杆相对行程 l 之间的关系被称为调节阀的结构特性。显然，调节阀的结构特性取决于阀芯的形状，不同的阀芯曲面可得到不同的结构特性，目前常用的调节阀有以下四种典型的结构特性。

(1) 直线特性

具有直线特性的调节阀的相对开度与相对流量成正比关系，其数学表达式为

$$\frac{\mathrm{d}(a)}{\mathrm{d}(l)}=K \tag{4-21}$$

(2) 对数特性

具有对数特性的调节阀的相对开度与相对流量成对数关系，由于这种调节阀的阀芯移动所引起的流量变化与该点原相对流量成正比，即引起的流量变化的百分比是相等的，所以这种流量特性也被称为等百分比流量特性，其数学表达式为

$$\frac{\mathrm{d}(a)}{\mathrm{d}(l)}=Ka \tag{4-22}$$

(3) 抛物线特性

具有抛物线特性的调节阀的相关开度的变化所引起的相对流量的变化与此点的相对流量值的平方根成正比关系，其数学表达式为

$$\frac{\mathrm{d}(a)}{\mathrm{d}(l)}=K\sqrt{a} \tag{4-23}$$

(4) 快开特性

具有快开特性的调节阀在开度较小时，流量变化比较大，随着开度增大，流量很快达到最大值。

由式(4-20)可知，在调节阀前后压差 Δp 固定的情况下，流经调节阀的流体流量由流通面积决定，所以，这种情况下固有流量特性曲线与结构特性曲线相同。上述四种典型的结构特性对应的流量特性如图 4-22 所示。由于常有泄漏，因此实际流量特性可能不经过坐标原点。从流量特性来看，线性阀的放大系数在任何一点上都是相同的，对数阀的放大系数随阀门开度增加而增加，抛物线阀的特性很接近对数阀的特性，快开阀与对数阀相反，在小开度时具有最高的放大系数。

2. 工作流量特性

在实际使用中，调节阀安装在管道上，或者与其他设备串联，或者与旁路管道并联，受到串联管路分压和并联管路增流的影响，实际流量特性有别于固有流量特性。这时，调节阀的实际流量特性就是其工作流量特性。

(1) 串联管路分压

图 4-23 为调节阀与其他设备串联工作示意图，其中，分图(a)为串联结构图，分图(b)为压力分布图。从图 4-23 可以看出，调节阀的前后压差是总压差的一部分，当总压差 Δp 一定

时，随着调节阀开度的增加，流量随之增加；串联管路的分压 Δp_G 增大，调节阀前后的压差 Δp_V 会随之减小，工作流量就会小于固有流量，这将导致固有流量特性产生变异，从而形成工作流量特性，如图 4-24 所示。从图 4-24(a)可以看出，原来具有直线特性的调节阀在受到串联管路分压作用的影响后，其实际的工作流量特性变成了不同斜率的曲线；从图 4-24(b)可以看出，原来具有对数特性的调节阀，在受到串联管路分压作用的影响后，其实际的工作流量特性却逐渐趋于直线。

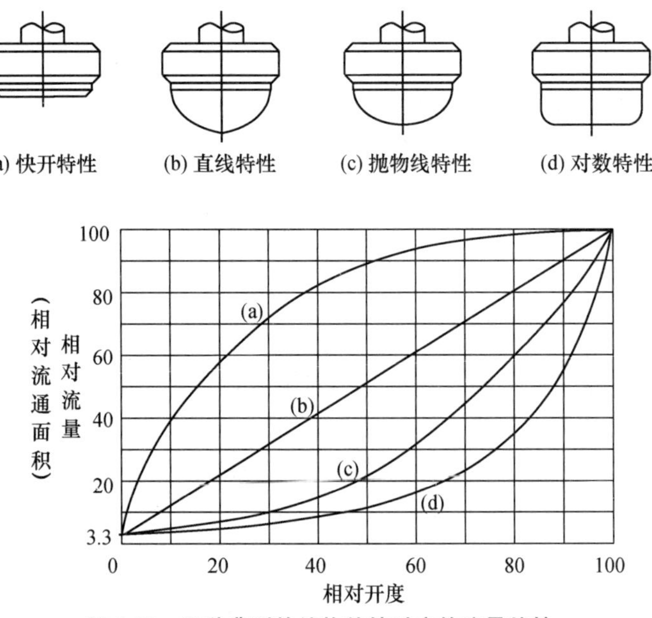

图 4-22　四种典型的结构特性对应的流量特性

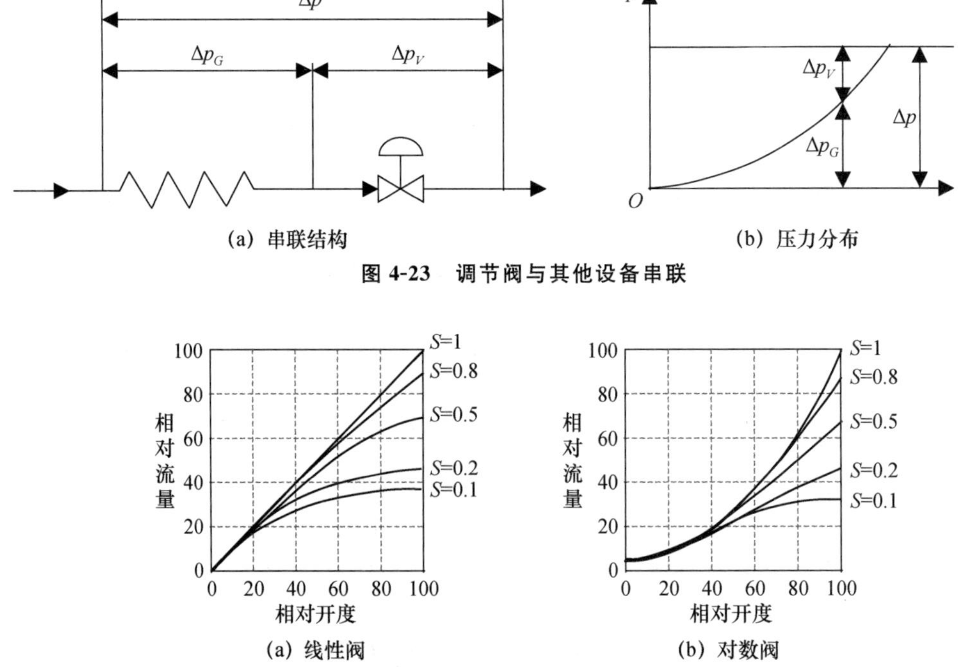

图 4-24　调节阀与其他管道串联时的工作流量特性

在图 4-24 中，S 是调节阀全开时前后压差 $\Delta p_{V\min}$ 与系统总压差 Δp 的比值，即 $S=\Delta p_{V\min}/\Delta p$。在工程上常常用全开阀阻比 S 表征串联阻力对调节阀流量特性的影响。由图 4-24 可知，当 $S=1$ 时，串联管道分压为 0，调节阀前后压差等于系统的总压差，故工作流量特性即为固有流量特性。当 $S<1$ 时，串联管道阻力的影响使调节阀流量特性产生两个变化：一个是阀全开时流量减小，即阀的可调范围变小；另一个是阀在大开度工作时控制灵敏度降低。随着 S 值的减小，直线特性趋向于快开特性，对数特性趋向于直线特性。S 值越小，流量特性的变形程度越大。在实际使用中，一般希望 S 的值不低于 0.3～0.5。

(2) 并联管路增流

在实际使用中，调节阀一般都有旁路管道和手动阀，以便手动操作和维护。调节阀与其他管道并联工作时的结构和工作流量特性分别如图 4-25 和图 4-26 所示。在图 4-26 中，S' 是调节阀全开时通过调节阀的流量与系统总流量的比值。$S'=1$ 时，旁路阀关闭，工作流量特性即为固有流量特性。当旁路阀逐渐打开时，S' 的值逐渐减小，调节阀的可调范围也将大大降低，从而使调节阀的控制能力大大下降，这会影响控制效果。根据实际经验，S' 的值一般不能低于 0.8。

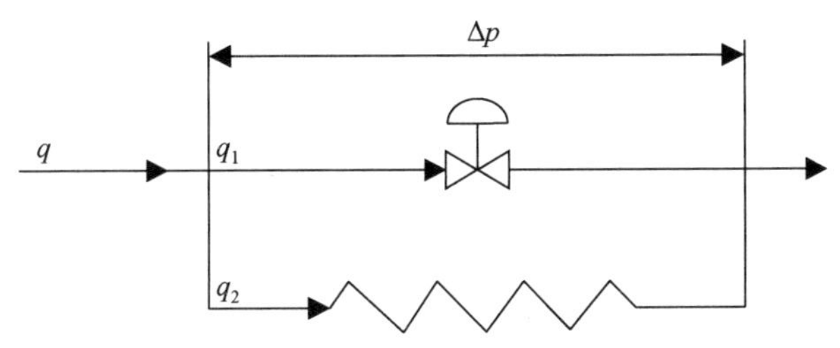

图 4-25　调节阀与其他管道并联工作的结构

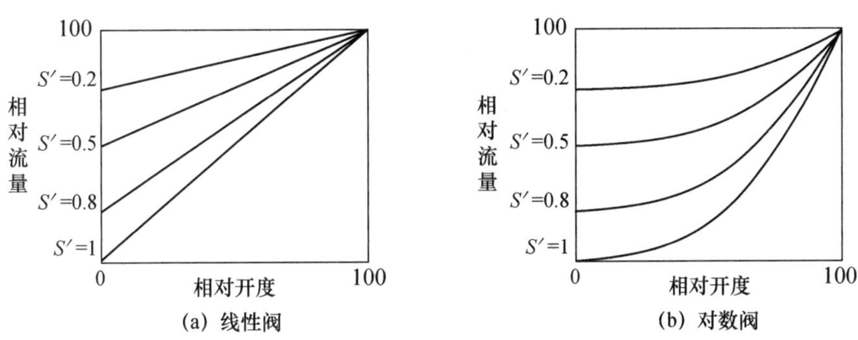

图 4-26　与其他管道并联工作时调节阀的工作流量特性

4.4.5　调节阀的选型

在设计过程控制系统时，调节阀的选型是一个重要的问题，选用调节阀时一般应考虑以下几个方面。

1. 调节阀的口径尺寸

在设计过程控制系统时，确定调节阀的口径尺寸是选择调节阀的重要内容之一。在正常工况下，调节阀的开度在 15%～85%之间。如果调节阀口径过小，当系统受到较大扰动时,调节阀处在全开或全关的饱和状态,会使系统暂时失控,这对消除扰动偏差不利。若调节阀口径过大,调节阀会长时间处于小开度工作状态,(单座阀)阀门的不平衡力会较大,调节阀调节灵敏度就低,这会使系统工作特性变差,甚至会出现振荡或调节失灵的情况。因此,一定要为调节阀选择合适的口径尺寸。

2. 调节阀的结构形式

调节阀的结构形式主要应根据工艺条件[如使用温度、压力及介质的物理、化学性质(如腐蚀性、黏度等)]来选择。一般介质可选用直通单座阀或直通双座阀,高压介质可选用高压阀,强腐蚀介质可选用隔膜阀等。

3. 气开式与气关式

选择气开式调节阀还是气关式调节阀主要应从工艺生产安全角度考虑,即一旦控制系统发生故障,控制信号中断时,调节阀的开关状态应能保证工艺设备和操作人员的安全。如果控制信号中断时,调节阀处于打开位置危害性小,则应选用气关式调节阀;反之,若调节阀处于关闭位置时危害性小,则应选用气开式调节阀。例如,蒸汽锅炉的燃料输入管道应安装气开阀,当控制信号中断时,可切断进炉燃料,以免炉温过高造成事故;而给水管道应安装气关阀,当控制信号中断时,可开大进水阀,以免锅炉烧干。

4. 调节阀的流量特性

选择调节阀的流量特性时,根据经验,一般可从以下几个方面考虑。

(1) 依据过程特性进行选择

一个过程控制系统在负荷变动的情况下,若要使系统保持良好的控制品质,广义被控过程总的放大系数在整个操作范围内应保持不变。一般情况下,变送器已整定好的控制器执行机构的放大系数基本上是不变的,但过程特性往往是非线性的,放大系数会随负荷改变而改变。因此,可通过合理选择调节阀的流量特性来补偿过程的非线性,原则是使调节阀的增益与过程增益的乘积为常数。调节阀的流量特性与过程特性的非线性补偿关系如图 4-27 所示。

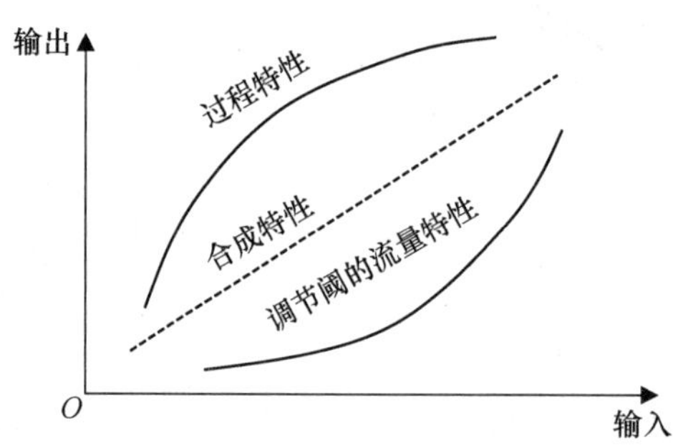

图 4-27 调节阀的流量特性与过程特性的非线性补偿关系

(2) 根据配管情况进行选择

根据过程特性进行选择之后,可参照表 4-4 所示的原则,根据配管情况进行进一步选择。

表 4-4 依据配管情况选择调节阀的流量特性

配管情况	$0.6<S<1$		$0.3<S<0.6$	
工作特性	直线特性	对数特性	直线特性	对数特性
固有特性	直线特性	对数特性	对数特性	对数特性

(3) 根据负荷变化情况进行选择

在负荷变化较大的场合宜选用对数阀,这是因为对数阀的放大系数可随阀芯位置的变化而变化,但它的相对流量变化率则是不变的,所以它能适应负荷变化大的情况。此外,当调节阀经常工作在小开度时,也宜选用对数阀,因为直线阀工作在小开度时,其相对流量的变化率会很大,不宜进行微调。

4.4.6 电/气转换器与阀门定位器

1. 电/气转换器

由于气动执行器具有一系列优点,绝大部分使用电动控制器的系统也使用气动执行器。为使气动执行器能够接受电动控制器的控制信号,必须把控制器输出的标准电流信号转换为 0.02～0.1 MPa 的标准气压信号,这个工作是由电/气转换器完成的。

图 4-28 所示为力平衡式电/气转换器的结构。图中,由电动控制器送来的电流 I 通过线圈,该线圈能在永久磁铁的气隙中自由地上下移动。当输入电流 I 增大时,线圈与磁铁产生的吸力增大,使杠杆做逆时针方向转动,带动安装在杠杆上的挡板靠近喷嘴,使喷嘴挡板机构的背压升高,并经气动功率放大器放大后产生 0.02～0.1 MPa 的输出压力 P_i,完成电/气转换。与此同时,该压力还作为反馈信号作用于波纹管,使杠杆产生向上的反馈力矩,与电磁力矩相平衡,构成力平衡式电/气转换系统。弹簧可用来调整输出零点,移动波纹管的安装位置可调整量程,重锤用来平衡杠杆的重量,使其在各种安装位置都能准确地工作。这种转换器的精度可达到 0.5 级。

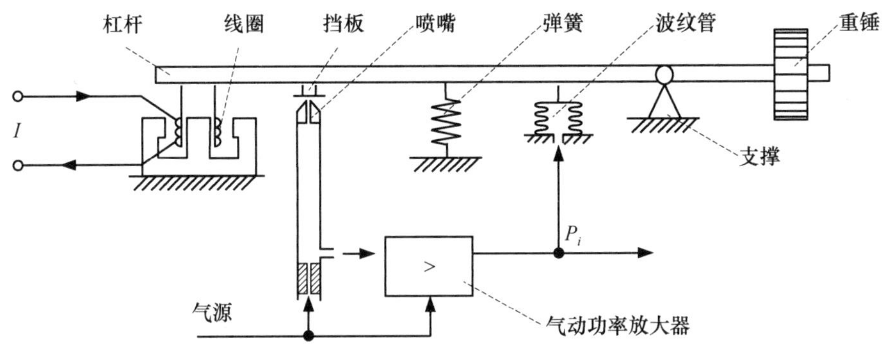

图 4-28　力平衡式电/气转换器的结构

2. 阀门定位器

在图 4-18 中,阀杆的位移是由作用到薄膜上的推力与弹簧的反作用力动态平衡后确定的。为了防止阀杆引出处的泄漏,填料总要压得很紧,致使摩擦力可能很大。此外,由于种种原因,被控制流体对阀芯的作用力也可能相当大,这些都会影响执行机构与输入信号之间的精确定位关系,使执行机构产生回环特性,严重时可能造成系统振荡。因此,在执行机构工作条件差及要求控制质量高的场合,都会在调节阀前加装阀门定位器,如图 4-29 所示。从图 4-29 可以看出,借助阀杆位移负反馈,调节阀能按输入信号精确确定自己的开度。

图 4-30 所示是阀门定位器与气动执行机构配合使用的结构。

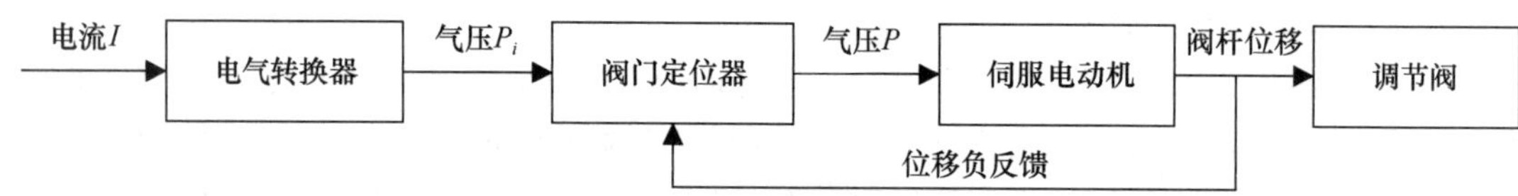

图 4-29　带阀门定位器的气动调节阀

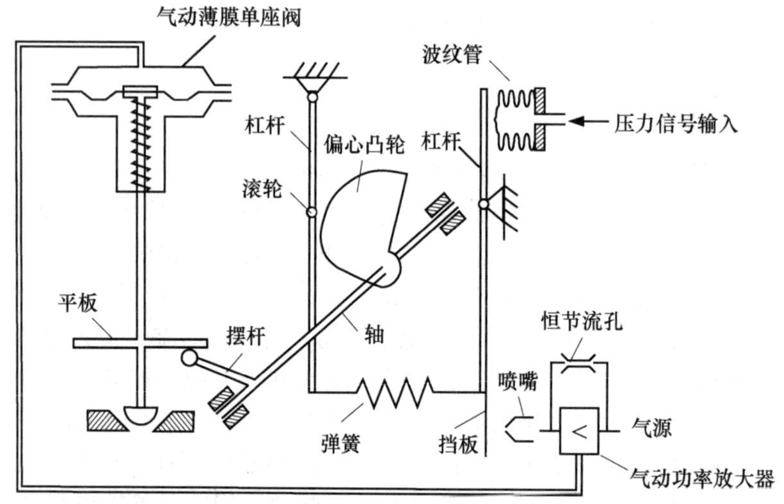

图 4-30　阀门定位器与气动执行机构配合使用的结构

从图 4-30 可以看出，这是一个气压-位移反馈系统。其工作过程为：当电/气转换器的输出气压信号作用于波纹管，杠杆装置使挡板靠近喷嘴时，气动功率放大器喷嘴压力上升，气源输出压力增大，通过执行机构薄膜产生推力，推动阀杆向下移动，并带动凸轮下移，使挡板下端稍离喷嘴，喷嘴压力减小，最终达到平衡。在平衡时，由于气动功率放大器的放大倍数很高(一般为 10～20 倍)，输出气量很大，因此具有很强的负载能力，故可直接推动执行机构。

阀门定位器采用了深度位移负反馈，因而能克服阀杆上的摩擦力，消除流体不平衡力的影响，从而改善了执行器的静态特性。此外，由于它使用了气动功率放大器，增强了供气能力，加快了执行机构的动作速度，因此也改善了执行器的动态性能。同时，还可通过改变凸轮的形状，使调节阀的线性、对数、快开流量特性互换，以适应控制系统的不同控制要求。

若将电/气转换器与阀门定位器组合为一体，即可构成电/气阀门定位器，如图 4-31 所示，其工作原理与上述内容基本相同，这里不再赘述。

3. 电动调节阀

调节阀的执行机构如果采用电动机等耗电的动力源，那么调节阀就是电动调节阀。电磁阀是最简单的电动调节阀，它利用电磁铁的吸合和释放，对小口径阀门进行通断两种状态的控制。除电磁阀外，其他连续动作的电动调节阀都将电动机作为动力元件，将控制器送来的信号转变为调节阀的开度。电动调节阀一般采用随动系统的方案，如图 4-32 所示。从图 4-32 可以看出，从控制器来的信号通过伺服放大器驱动伺服电动机，经减速器带动调节阀，同时经位置传感器将阀杆的行程信息反馈给伺服放大器，组成位置随动系统，依靠位置反馈，保证输入信号准确地转换为阀杆的行程。

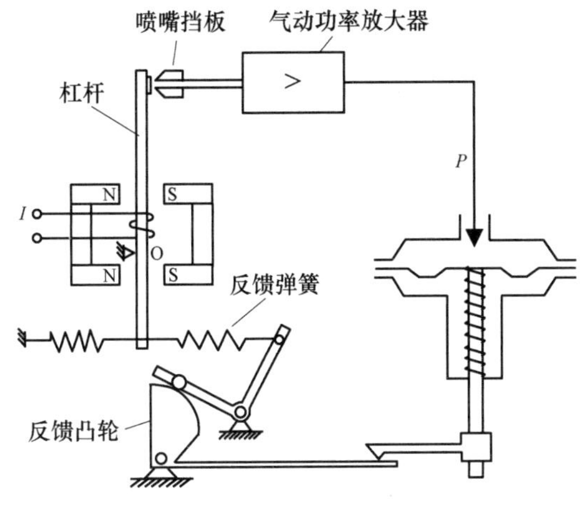

图 4-31　电/气阀门定位器

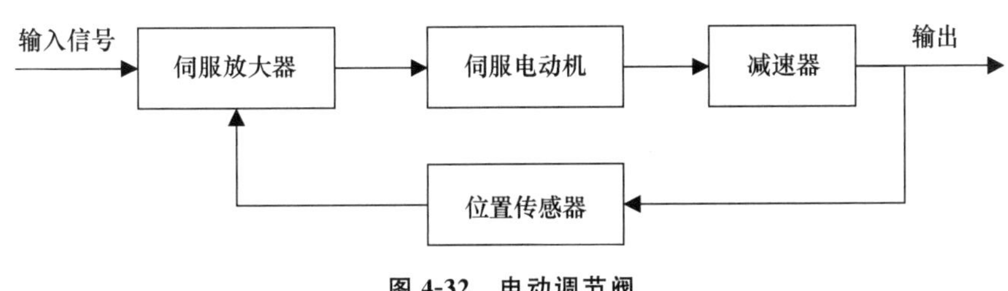

图 4-32　电动调节阀

图 4-29 所示的气动调节阀与图 4-32 所示的电动调节阀其实都是负反馈位置控制系统。这个系统在整个过程控制系统中发挥了执行器的作用。

目前工业现场应用的还有智能执行器，是智能仪表的一种，可以实现信号驱动和执行、控制阀特性补偿、PID 控制、阀门特性自校验和自诊断等功能，内含微机通信接口，可以与上位调节器、变送器、记录仪等智能化仪表联网，构成一个基于现场总线的网络控制系统。

4.5　控制器的选择

4.5.1　控制规律的选择

在选择控制规律时，不仅要考虑对象特性、负荷变化、主要干扰以及控制要求等因素，同时还要考虑系统的经济性以及系统投入运行方便等因素。所以说选择控制规律是一件比较复杂的工作，需要综合多方面的因素才能得到比较好的解决方法。下面给出选择控制规律的一般性原则。

(1) 当广义过程控制通道时间常数较小,负荷变化不大,且工艺要求允许有静差时,应选用比例控制,如储罐压力控制过程等。

(2) 当广义过程控制通道时间常数较小,负荷变化不大,但工艺要求无静差时,应选用比例积分控制,如管道压力和流量的控制过程等。

(3) 当广义过程控制通道时间常数较大或容量滞后较大时,应引入微分控制。当工艺允许有静差时,应选用比例微分控制;当工艺要求无静差时,应选用 PID 控制,如温度、成分、pH 值等控制过程。

(4) 当广义过程控制通道时间常数很大且纯滞后也较大,负荷变化剧烈时,简单控制系统已难以满足工艺要求,应考虑其他控制方案。

另外,若某广义被控过程的阶跃响应曲线为 S 形曲线,用一阶滞后传递函数进行拟合

$$G_o(s)=\frac{K_o e^{-\tau_o s}}{T_o s+1} \tag{4-24}$$

那么,也可根据比值$\frac{\tau_o}{T_o}$来选择控制规律:

(1) 当$\frac{\tau_o}{T_o}<0.2$时,可选用比例或比例积分控制规律;

(2) 当$0.2\leqslant\frac{\tau_o}{T_o}\leqslant1.0$时,可选用 PID 控制规律;

(3) 当$\frac{\tau_o}{T_o}>1.0$时,简单控制规律一般难以满足要求,应考虑其他控制方式,如串级控制、前馈复合控制等。

4.5.2 控制器正反作用的选择

在设计过程控制系统时,控制方案、设备类型确定后,被控过程、检测变送单元和执行器这三部分的特性就基本确定,一般不再改变。这三部分统称广义被控过程,对应于控制理论校正设计中的固有特性部分。此时,只有控制器可以调整,控制器的调整通常包括正反作用的选择和参数整定两个方面。控制器正反作用选择的目的是保证闭环控制系统构成负反馈系统,这是保证闭环控制系统稳定运行的前提条件。

在广义被控对象的三个环节中,其静态增益均有正负号。按照某个环节的输入输出信号的变化方向是否相同,可确定静态增益符号。若输入信号增大,输出信号也增大,则静态增益符号为正;若输入信号增大,输出信号减小,则静态增益符号为负。

对被控过程而言,若输入量增加时,过程输出量(即被控量)也随之增加,则被控过程的静态增益为正;若输入量增加时,过程输出量随之减小,则被控过程的静态增益为负。例如,在图 4-2 所示的温度控制系统中,以加热源管道阀门开度为控制量,以出口温度为被控量,若阀门开度增大,将增大流入设备的热量,将导致出口温度升高,因此该被控过程的静态增益为正。

执行器(调节阀)有气开与气关两种形式,气开式调节阀的静态增益 K_v 为正,气关式调节阀的静态增益 K_v 为负。

绝大部分测量变送单元的输出都与被测参数同向变化,即静态增益为正。

在过程控制系统中,控制器是包含设定单元、比较单元和控制规律计算在内的一个整

体。控制器的输入信号是测量变送单元送来的被控量测量信号 y，控制器的输出信号是控制量 u，则规定：当输入控制器的测量信号 y 增大时，控制器输出 u 也随之增大，控制器为正作用，反之，当输入控制器的测量信号 y 增大时，控制器输出 u 随之减小，则控制器为反作用。此时也将控制器正反作用表示为正负极性符号。

在工程实际中，控制器的参数(如 PID 控制规律中 K_p)均取正值，仪表工业对控制器正反作用的定义实为偏差计算的定义：控制器为负作用时，$e=r-y$；控制器为正作用时，$e=y-r$。

这两种定义的实质是一致的。

第一种定义中未指明设定值的情况，隐含假定设定值 r 不变。以正作用定义为例，如果输入控制器的测量信号 y 增大，那么偏差 $e=y-r$ 将增大，可得输出 u 增大。若实际应用中发生测量信号 y 不变而设定值 r 增大的情况，可等效为设定值不变而测量信号减小的情况来处理。

由此可得，控制器正反作用的确定方法为：首先根据生产工艺要求及安全等原则确定调节阀的气开、气关形式，以确定执行器静态增益的正负，然后根据被控过程的特性，确定过程静态增益的正负，检测变送单元的静态增益一般都为正，最后根据系统各环节乘积的符号必须为负这一原则(即保证闭环控制系统为负反馈)得到控制器的极性符号，从而确定控制器的正反作用。

(1) 控制器的正反作用并非指控制规律中比例增益(工程中均为正)的符号，实为计算偏差的定义。在工程实际中，可以通过正反选择开关或换接板等来改变控制器的正反极性。

(2) 控制理论中对偏差的定义为 $e=r-y$，可见，控制理论中的偏差与工程定义的负作用相同，这就是“各环节乘积的符号必须为负”这一原则的由来，也是保证负反馈的依据。

4.5.3 简单控制系统参数的工程整定法

简单控制系统的控制品质与被控过程的特性、干扰信号的形式和大小、控制方案及控制器的参数等因素密切相关。一旦控制方案确定，受工艺条件和设备特性限制的广义对象特性、干扰特性等因素就完全确定，不可能随意改变，这时控制系统的控制品质完全取决于控制器的参数整定。

简单控制系统的参数整定就是通过一定的方法和步骤，确定系统处于最佳过渡过程时，PID 控制器比例度 P，积分时间 T_i 和微分时间 T_d 的具体数值。各种具体生产过程的要求不同，其所期望的控制品质就不一样，所谓“最佳”标准也不相同。对于单回路控制系统，较为通用的标准是“典型最佳调节过程”，即控制系统在阶跃扰动作用下，被控量的过渡过程呈 4∶1(或 10∶1)的衰减振荡过程。在这个前提下，尽量满足准确性和快速性要求，即绝对误差时间积分最小，这时系统不仅具有适当的稳定性和快速性，而且便于人工操作管理。人们习惯上把满足这一衰减比的过渡过程所对应的控制器的参数称为最佳参数，

通过整定控制器的参数，使控制系统达到最佳状态是有前提条件的，即控制方案合理，仪表选型正确、安装无误和调校准确。否则，无论怎样调整控制器的参数，也达不到所要求

的控制品质。这是因为控制器的参数只能在一定范围内提高系统的控制品质，

控制器参数整定的方法可简单归结为理论计算法和工程整定法两大类。

常用的理论计算法有对数频率特性法、根轨迹法等。理论计算法要求知道被控过程的数学模型，由于难以获得被控过程的精确数学模型，因而理论计算法在工程上较少被采用。

工程整定法不需要知道被控过程的数学模型，可直接在现场进行参数整定，方法简单、操作方便、容易掌握，因此在工程实际中得到广泛应用。常用的工程整定法有稳定边界法、衰减曲线法、响应曲线法等。

1. 稳定边界法

稳定边界法又称临界比例度法，是目前应用较广的一种控制器参数整定方法。该方法在生产工艺允许的情况下，先让控制器按比例控制工作，从大到小逐渐改变控制器的比例度，直至系统产生等幅振荡，记录此时的临界比例度 P_m 和等幅振荡周期 T_m，再通过经验公式的简单计算，求出控制器参数。具体步骤如下。

(1) 取 $T_i=\infty$，$T_d=0$，根据广义对象特性，选择一个较大的比例度 P 值，并在工况稳定的情况下，将控制系统投入自动状态。

(2) 待系统运行平稳之后，对设定值施加一个阶跃扰动，并减小 P，直到系统出现图 4-33 所示的等幅振荡，即临界振荡。记录此时的 P_m(临界比例度)和系统等幅振荡的周期 T_m。

(3) 根据所记录的 P_m 和 T_m，按表 4-5 给出的经验公式计算控制器的整定参数 P、T_i 和 T_d，并按计算结果设置控制器参数，然后做设定值扰动实验，观察过渡过程曲线。若过渡过程不满足控制质量要求，就要对计算值做适当的调整。

(4) 再次做设定值扰动实验，观察过渡过程曲线，根据需要继续对 P、T_i 和 T_d 做适当的调整，直到得到满意的结果。

稳定边界法经验公式的理论依据是在纯比例控制时系统的最佳放大倍数约等于临界放大倍数 K_m 的一半。

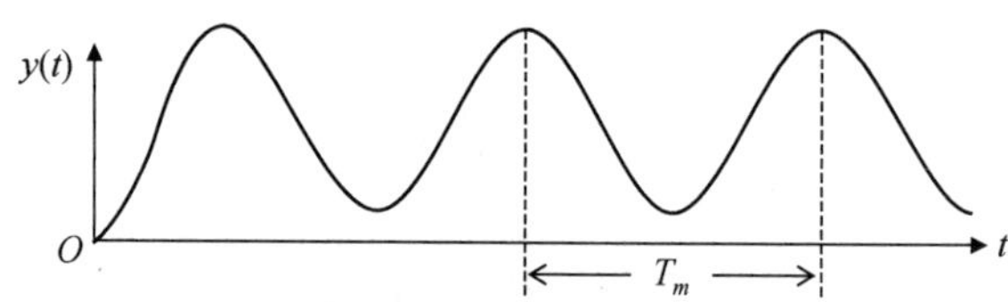

图 4-33 系统临界振荡曲线

表 4-5 稳定边界法参数整定计算经验公式

控制规律	整定参数		
	$P(\%)$	T_i	T_d
P	$2P_m$	—	—
PI	$2.2P_m$	$0.85T_m$	—
PID	$1.7P_m$	$0.50T_m$	$0.125T_m$

下面三种情况不适宜用稳定边界法进行参数整定。

(1) 控制通道的时间常数很大，由于控制系统的临界比例度很小，调节阀很易游移于全开或全关位置，即处于位式控制状态，这对生产过程不利或者根本就不被容许。例如，以燃油或燃气作燃料的加热炉，如果阀门全关加热炉就会熄火，因此不宜用此法进行控制器参数整定。

(2) 若工艺约束条件严格，不允许生产过程被控参数做较长时间的等幅振荡，如锅炉给水系统和燃烧控制系统，那么也不能用此法。

(3) 还有一些无滞后的单容过程，采用比例控制时根本不可能出现等幅振荡，也不能用此法。

有些控制过程用稳定边界法整定的控制器参数不一定是理想的效果。实践证明，无自衡特性的对象按此法确定的控制器参数在实际运行中往往会使系统响应的衰减率偏大（$\varphi>0.75$）；而有自衡特性的高阶多容对象按此法确定的控制器参数在实际运行中大多会使系统衰减率偏小（$\varphi<0.75$）。因此，用此法确定控制器的参数后，还需要根据实际运行情况做一些调整。

例 4-3　已知某单闭环控制系统中，广义被控对象的传递函数为 $G_o(s)=\dfrac{1}{s(s+1)(s+5)}$，试用稳定边界法确定该系统采用比例控制器、比例积分控制器和 PID 控制器时的参数，并绘制整定后系统的单位阶跃响应曲线。

解： 根据题意，先为该系统建立图 4-34 所示的仿真模型。接着按照稳定边界法的步骤，断开积分和微分，按 K_P 的值从小到大进行测试，直至出现图 4-35 所示的等幅振荡，此时 $P_m=\dfrac{1}{30}$，$T_m=2.8$。

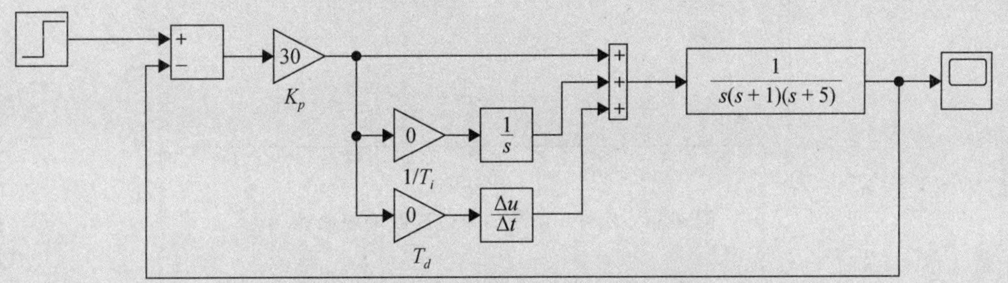

图 4-34　例 4-3 系统仿真模型

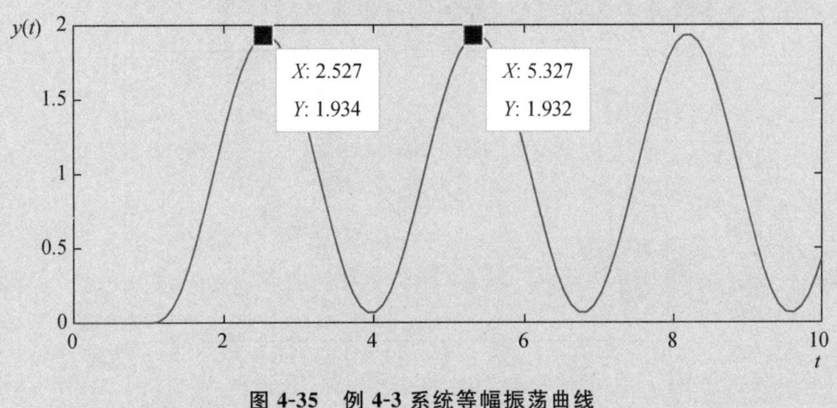

图 4-35　例 4-3 系统等幅振荡曲线

根据表 4-5 的经验公式得：比例控制器的 $K_P=15$；比例积分控制器的 $K_P=13.64$，$T_i=2.38$；PID 控制器的 $K_P=17.65$，$T_i=1.4$，$T_d=0.35$。

图 4-36 为分别采用比例控制器、比例积分控制器和 PID 控制器的单位阶跃响应曲线。从图 4-36 可以看出，采用稳定边界法进行控制器参数整定后的系统均是稳定的，PID 控制的快速性和动态精度都相对较好，而比例积分控制效果不理想。比例积分控制的强烈振荡是广义过程对象多个容量迟延和积分速度过快造成的，PID 控制中的微分作用抵偿了一部分容量滞后，所以效果较好。

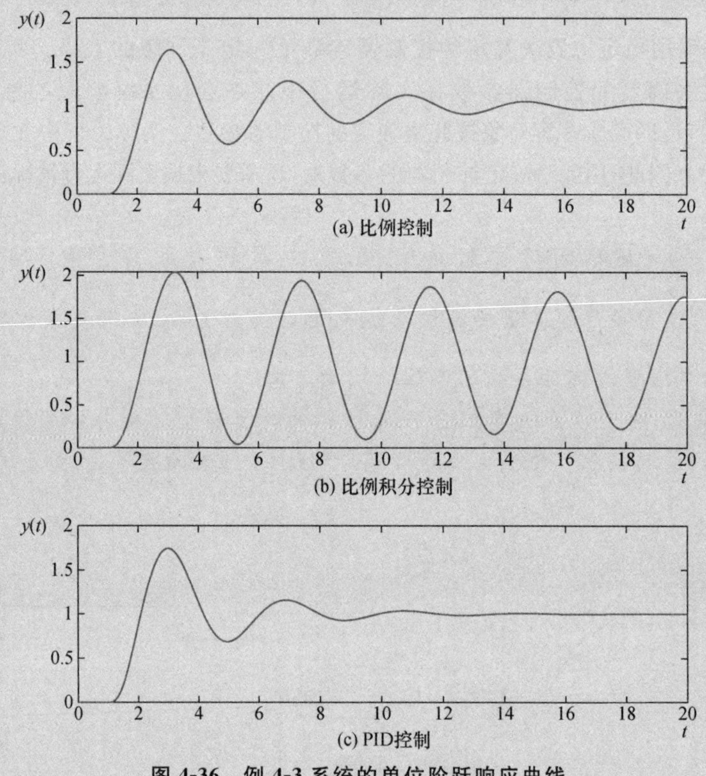

图 4-36 例 4-3 系统的单位阶跃响应曲线

可在此基础上进一步调整积分速度，将积分时间增加为 12.5，适当减小积分控制作用，所得比例积分控制的阶跃响应曲线如图 4-37 所示。可见，按照表 4-5 中经验公式整定的比例积分控制的参数并不是最好的，需要做一些调整。

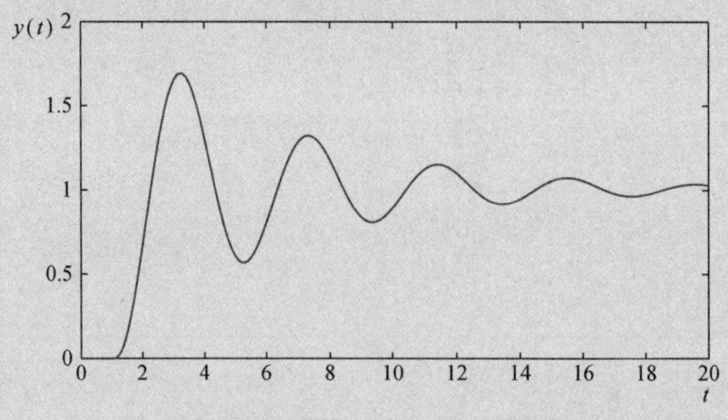

图 4-37 例 4-3 中，$T_i=12.5$ 时的比例积分控制阶跃响应曲线

2. 衰减曲线法

衰减曲线法是针对稳定边界法的不足，在总结稳定边界法和其他一些方法的基础上得出的一种参数整定方法。这种方法不需要系统达到临界振荡状态，步骤简单，也比较安全。具体步骤如下。

（1）首先取 $T_i=\infty$，$T_d=0$，将比例度 P 置于较大数值，将系统投入自动运行状态。

（2）待系统工作平稳后，对设定值做阶跃扰动，然后观察过渡过程曲线，若过渡过程曲线振荡衰减太快（衰减率 $\varphi>0.75$），就减小比例度 P，反之，若衰减太慢（衰减率 $\varphi<0.75$），就增大比例度 P。如此反复，直到系统发生图 4-38(a)所示的振荡过渡过程，（衰减比 n 为 4∶1，衰减率 $\varphi=0.75$，从过渡过程曲线上测出此时振荡周期 T_s 并记录对应的比例度 P_s，

（3）按表 4-6 给出的经验公式计算控制器的整定参数值 P、T_i 和 T_d。

表 4-6　衰减比为 4∶1 时，衰减曲线法参数整定计算经验公式

控制规律	整定参数		
	$P(\%)$	T_i	T_d
P	P_s	—	—
PI	$1.2P_s$	$0.5T_s$	—
PID	$0.8P_s$	$0.3T_s$	$0.1T_s$

有些对象的调节过程较快（如反应较快的流量、管道压力和小容量液位调节），要从记录曲线看出衰减比比较困难。这种情况下只能定性识别，可以近似地以振荡次数为准。如果控制器的输出或记录仪的指针来回摆动两次就达到稳定状态，则可以认为是 4∶1 衰减比的过程，摆动一次的时间为 T_s。

有些生产过程（如热电厂锅炉燃烧系统），当达到衰减比为 4∶1 的过渡过程时仍嫌振荡太强烈，这时可采用衰减比为 10∶1 的过渡过程进行参数整定，方法与衰减比为 4∶1 时相同。但在图 4-38 中要测准 y_3 的时间不容易，因此，一般只在过渡过程曲线上看到一个波峰 y_1，而 y_3 看不出来就认为是衰减比为 10∶1 的过渡过程。当过渡过程达到衰减比为 10∶1 时，记录比例度 P_s' 和被控参数的上升时间 T_r，如图 4-38(b)所示，控制器的最佳整定参数可按表 4-7 所给出的经验公式计算选取。

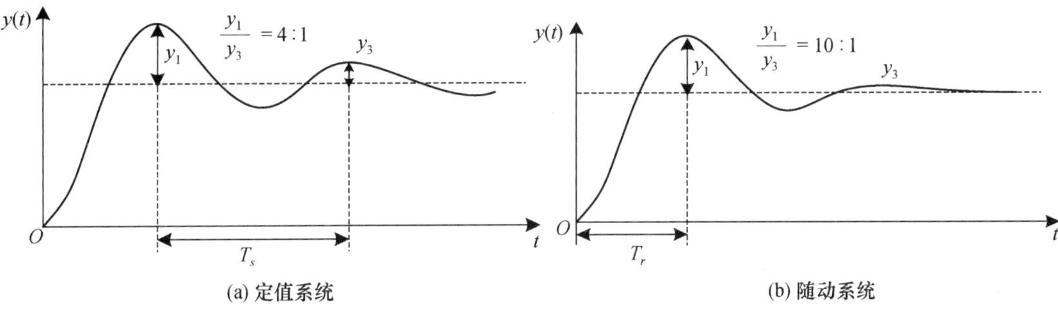

图 4-38　系统振荡过程曲线

表 4-7　衰减比为 10∶1 时,衰减曲线法参数整定计算经验公式

控制规律	整定参数		
	$P(\%)$	T_i	T_d
P	P_s'	—	—
PI	$1.2P_s'$	$2T_r$	—
PID	$0.8P_s'$	$1.2T_r$	$0.4T_r$

(4) 接着做设定值扰动实验,观察过渡过程曲线,然后对 P、T_i 和 T_d 做适当的调整,直到得到满意的结果。

采用衰减曲线法进行参数整定时必须考虑以下两点:

(1) 设定值扰动幅度不能太大,要根据生产操作要求来定,一般为额定值的 5%左右。

(2) 在工艺参数稳定情况下才能施加扰动,否则难以得到正确的 P_s 值和 T_s 值(P_s'值和 T_r 值)。

衰减曲线法比较简单,适用于各种控制系统的参数整定。该方法的缺点是不易准确确定衰减程度(衰减比为 4∶1 或 10∶1),因此较难得到准确的 P_s 值和 T_s 值(P_s'值和 T_r 值)。对于一些扰动比较频繁、过程变化较快的控制系统,由于记录曲线不规则,更不易得到准确的衰减比例度 $P_s(P_s')$和振荡周期 $T_s(T_r)$,这种情况下这种方法更难以应用。

例 4-4　已知某单闭环控制系统中,广义被控对象的传递函数为 $G_o(s)=\dfrac{6}{(s+1)(s+2)(s+3)}$,试采用衰减曲线法(衰减比为 4∶1)确定比例控制器、比例积分控制器和 PID 控制器的参数,并绘制整定后系统的单位阶跃响应曲线。

解: 根据题意,先为该系统建立图 4-39 所示的仿真模型。

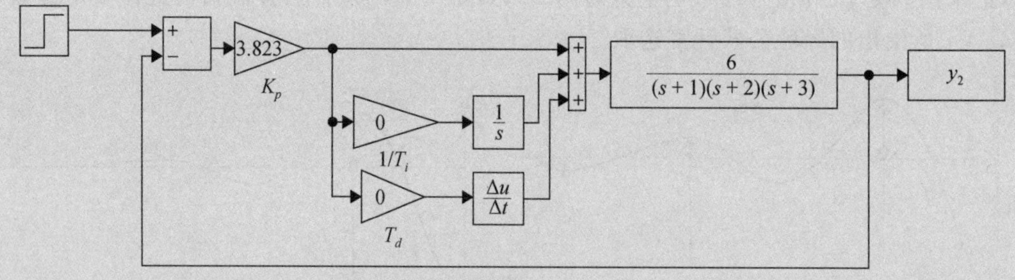

图 4-39　例 4-4 系统仿真模型

按照衰减曲线法的步骤,先断开积分和微分,按 K_P 的值从小到大进行测试,直至系统发生如图 4-40 所示的振荡,此时 $K_P=3.823$,读出 $T_s=2.7$。

根据表 4-6 所示经验公式得:比例控制器的 $K_P=3.823$;比例积分控制器的 $K_P=3.1858$,$T_i=1.35$;PID 控制器的 $K_P=4.7787$,$T_i=0.81$,$T_d=0.27$。整定后系统的单位阶跃响应曲线如图 4-41 所示。

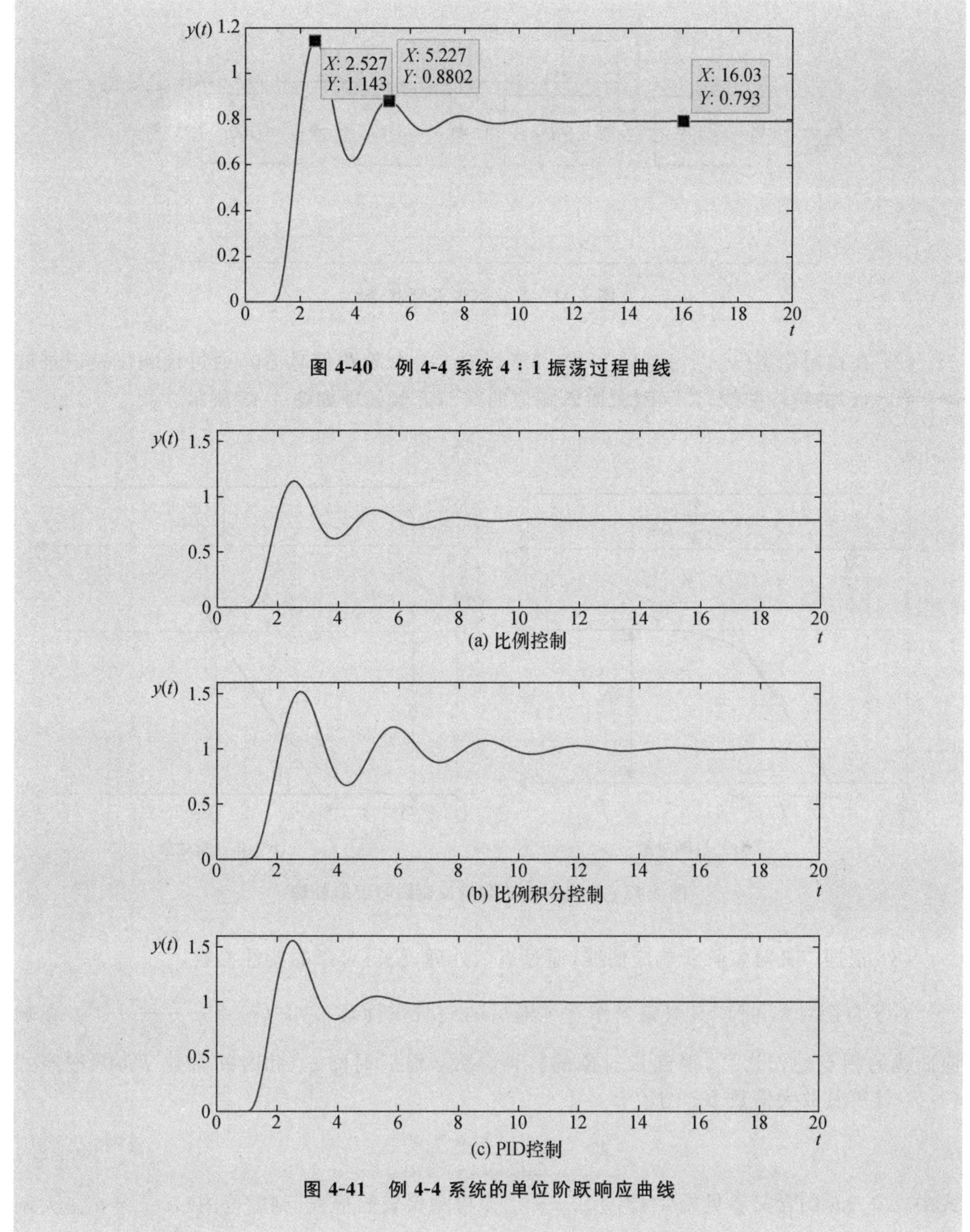

图 4-40　例 4-4 系统 4∶1 振荡过程曲线

图 4-41　例 4-4 系统的单位阶跃响应曲线

3. 响应曲线法

响应曲线法也称动态特性参数法，是一种开环整定方法，利用系统广义对象的阶跃响应特性曲线对控制器参数进行整定。使用该方法时，首先测定广义对象的动态特性，即广义对象输入变量作单位阶跃变化时被控参数的响应曲线，再根据响应曲线确定该广义对象动态特性参数，然后用这些参数计算出最佳整定参数。具体步骤如下。

(1) 使系统处于开环状态，如图 4-42 所示。

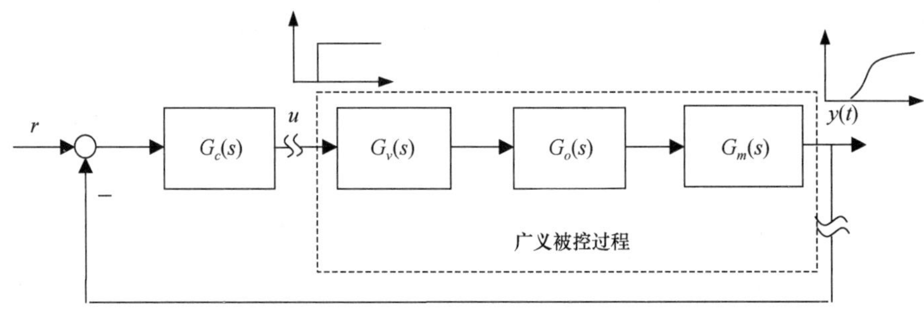

图 4-42　广义对象开环状态

（2）在初始稳态（u_0，y_0）基础上，向调节阀输入一个阶跃信号 Δu，通过检测仪表记录被控参数 $y(t)$ 的响应曲线，广义对象阶跃响应曲线与近似处理如图 4-43 所示。

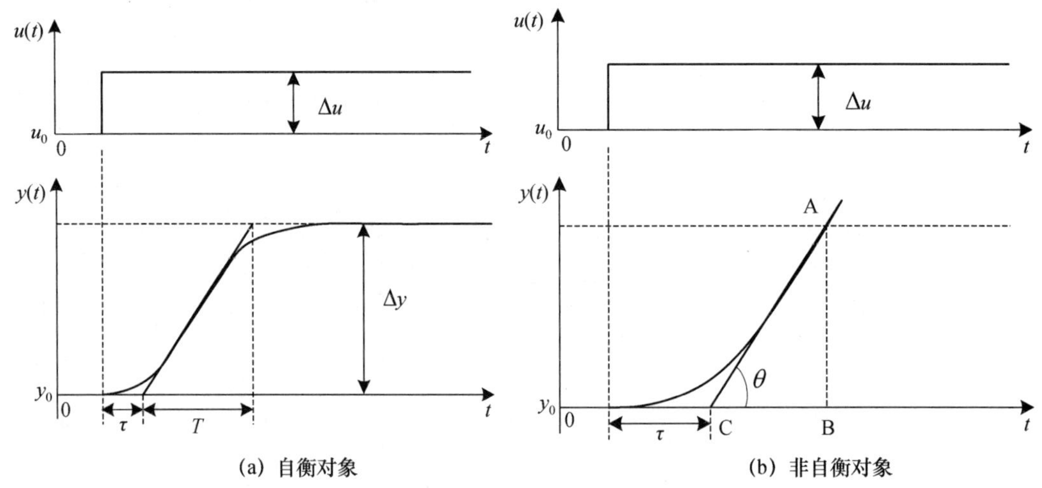

(a) 自衡对象　　(b) 非自衡对象

图 4-43　广义对象阶跃响应曲线与近似处理

（3）根据广义对象阶跃响应曲线，通过近似处理，获得对象的特性参数。

对于自衡对象，把广义对象当作有纯滞后的一阶惯性环节 $G_o(s)=\dfrac{K_o}{T_o s+1}e^{-\tau_o s}$。在响应曲线的拐点处作切线，得到该对象的特性参数：滞后时间 τ_o 和时间常数 T_o，并按照式(4-25)计算其放大倍数 K_o 的值。

$$K_o=\frac{\Delta y/(y_{\max}-y_{\min})}{\Delta u/(u_{\max}-u_{\min})}\tag{4-25}$$

式中，Δy、Δu 的含义参见图 4-43，$y_{\max}-y_{\min}$ 为检测仪表的量程（刻度范围），$u_{\max}-u_{\min}$ 为调节阀输入信号变化范围（也是控制器输出信号变化范围）。曲线的飞升速度 $\varepsilon=\dfrac{K_o}{T_o}$。

对于非自衡对象，把广义对象当作有纯滞后的一阶积分环节 $G_o(s)=\dfrac{1}{T_o s}e^{-\tau_o s}$，目测读出滞后时间 τ_o，根据飞升速度夹角得出飞升速度 $\varepsilon=\tan\theta$。

（4）根据对象特性的纯滞后时间 τ_o 和飞升速度 ε，查表 4-8 得到控制器的整定参数。表 4-8 中的经验公式只适用于 $\dfrac{\tau}{T}\leqslant 0.2$ 的对象，对应衰减比为 4∶1（相当于 $\varphi=0.75$）的控制效果。

表 4-8 响应曲线法参数整定计算经验公式

控制规律	整定参数		
	$P(\%)$	T_i	T_d
P	$\varepsilon\tau_o$	—	—
PI	$1.1\varepsilon\tau_o$	$3.3\tau_o$	—
PID	$0.85\varepsilon\tau_o$	$2\tau_o$	$0.5\tau_o$

(5) 接着做设定值扰动实验，观察过渡过程曲线，再对 P、T_i 和 T_d 做适当的调整，直到得到满意的结果。

扩展阅读

下面给出响应曲线法参数整定计算经验公式的理论依据。

设被控对象特性可用式(4-24)所示传递函数表示，当采用比例控制器时，传递函数为 $G_c(s)=1/P$。系统出现临界振荡时，可由

$$G_o(s)G_c(s)=-1 \tag{4-26}$$

求出控制器比例度为 P_m，临界振荡角频率为 ω_m。

将 $G_o(s)$、$G_c(s)$ 代入式(4-26)，得到

$$\frac{K_0 e^{-j\omega_m \tau_o}}{j\omega_m T_o+1}\cdot\frac{1}{P_m}=-1 \tag{4-27}$$

考虑在临界振荡角频率 ω_m 处，$|j\omega_m T_o|\gg 1$，式(4-27)可近似为

$$\frac{K_o e^{-j\omega_m \tau_o}}{j\omega_m T_o}\cdot\frac{1}{P_m}=\frac{K_o}{\omega_m T_o}e^{-j\omega_m\tau_o-\frac{j\pi}{2}}\cdot\frac{1}{P_m}=e^{-j\pi} \tag{4-28}$$

由相位条件可得 $\frac{\pi}{2}+\omega_m\tau_o=\pi$，所以 $\omega_m=\frac{\pi}{2\tau_o}$，临界振荡周期 $T_m=\frac{2\pi}{\omega_m}=4\tau_o$。由幅值条件可得 $\frac{K_o}{\omega_m T_o}\cdot\frac{1}{P_m}=1$，所以 $P_m=\frac{K_o}{\omega_m T_o}=\frac{K_o}{\frac{\pi}{2\tau_o}T_o}=0.63\,\frac{K_o\tau_o}{T_o}$，考虑到推导过程的近似处理和对象传递函数的误差，为简便起见，$P_m=0.5\,\frac{K_o\tau_o}{T_o}$。按照稳定边界法参数整定计算经验公式，可得到响应曲线法参数整定计算经验公式。

响应曲线法是由 Ziegler 和 Nichols 于 1942 年首先提出来的，由于简单易行而得到广泛应用，后来进行过不少改进，出现了针对各种性能指标控制器的最佳整定公式。

例 4-5 一蒸汽加热的热交换器温度控制系统要求热水温度稳定在 65℃。当调节阀输入信号增加 1.6 mA DC(调节阀输入电流范围为 4～20 mA DC)时，热水温度上升为 67.8℃，并达到新的稳定状态，温度变送器量程刻度范围为 30℃～80℃。从温度动态曲线上可以测出 $\tau_o=1.2$ min，$T_o=2.5$ min，如果采用比例积分或 PID 控制规律，按照式(4-25)和表 4-8 给出的公式计算控制器的整定参数。

解 首先由式(4-25)计算出控制对象放大倍数K_o或比例度P_o的值：

$$K_o=\frac{67.8℃-65℃/(80-30)℃}{1.6\ \text{mA}/(20-4)\ \text{mA}}=0.56$$

则

$$\frac{\tau_o}{T_o P_o}=\frac{K_o \tau_o}{T_o}=0.56\times\frac{1.2}{2.5}=27\%$$

采用比例积分控制时，按照表4-8中的经验公式可得

$$P=1.1\times 27\%=29.7\%\approx 30\%$$

$$T_i=3.3\times 1.2\ \text{min}=3.96\ \text{min}\approx 4\ \text{min}$$

采用PID控制时，按照表4-8中的经验公式可得

$$P=0.85\times 27\%=22.95\%\approx 23\%$$

$$T_i=2\times 1.2\ \text{min}=2.4\text{min}$$

$$T_d=0.5\times 1.2\ \text{min}=0.6\ \text{min}$$

例 4-6 已知某单闭环控制系统中，广义被控对象的传递函数为$G_o(s)=\dfrac{8}{360s+1}e^{-180s}$(控制信号与测量变送单元量程上下限相同)，试用响应曲线法确定该系统采用比例控制器、比例积分控制器和PID控制器时的参数，并绘制整定后系统的单位阶跃响应曲线。

解： 按照表4-8，求得比例控制器的$K_P=0.25$；比例积分控制器的$K_P=0.2273$，$T_i=594$；PID控制器的$K_P=0.2941$，$T_i=360$，$T_d=90$。该系统整定后的单位阶跃响应曲线如图4-44所示。

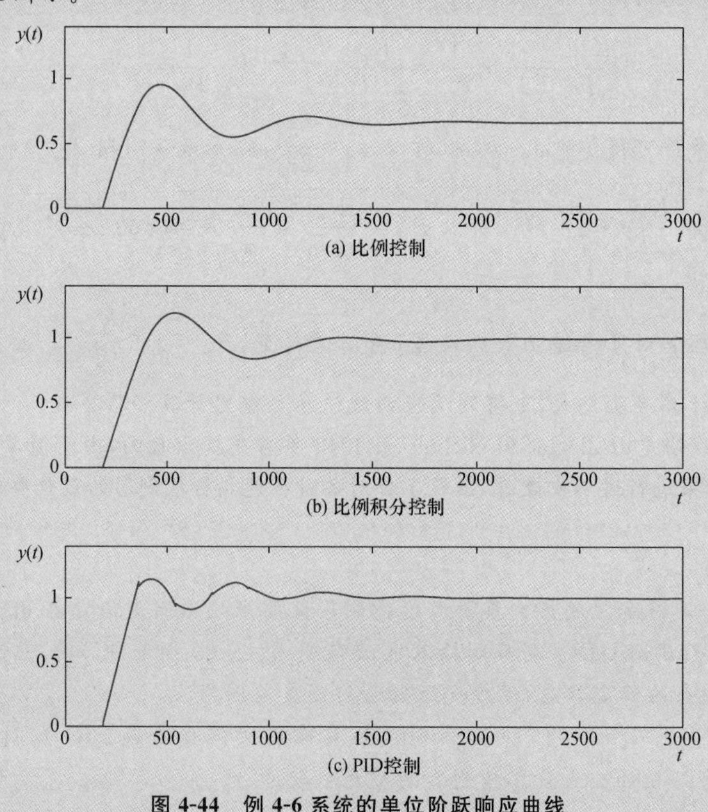

图 4-44 例 4-6 系统的单位阶跃响应曲线

4.6 简单控制系统设计实例

本节介绍奶粉干燥过程控制系统的设计实例，以使大家全面掌握单回路控制系统的设计方法，并为其他过程控制系统的方案设计提供借鉴。

图 4-45 所示为喷雾式乳液干燥过程示意图。由于乳液属于胶体物质，激烈搅拌易固化，也不能用泵抽送，因而采用高位槽的办法。浓缩的乳液由高位槽流经过滤器 A 或 B，被滤去凝结块和其他杂质并从干燥器顶部由喷嘴喷下。鼓风机将一部分空气送至热交换器，热交换器用蒸汽加热其内的空气，热交换器中的空气与来自鼓风机的另一部分空气混合，经风管被送往干燥器，在干燥器中，这部分空气被由下而上吹出，以促进乳液中的水分蒸发，使之成为粉状物，由底部送出并被分离。生产工艺对干燥后产品的质量要求很高，水分含量不能波动太大，因而需要对干燥温度进行严格控制。实验表明，当温度波动在±2℃以内时，产品质量符合要求。

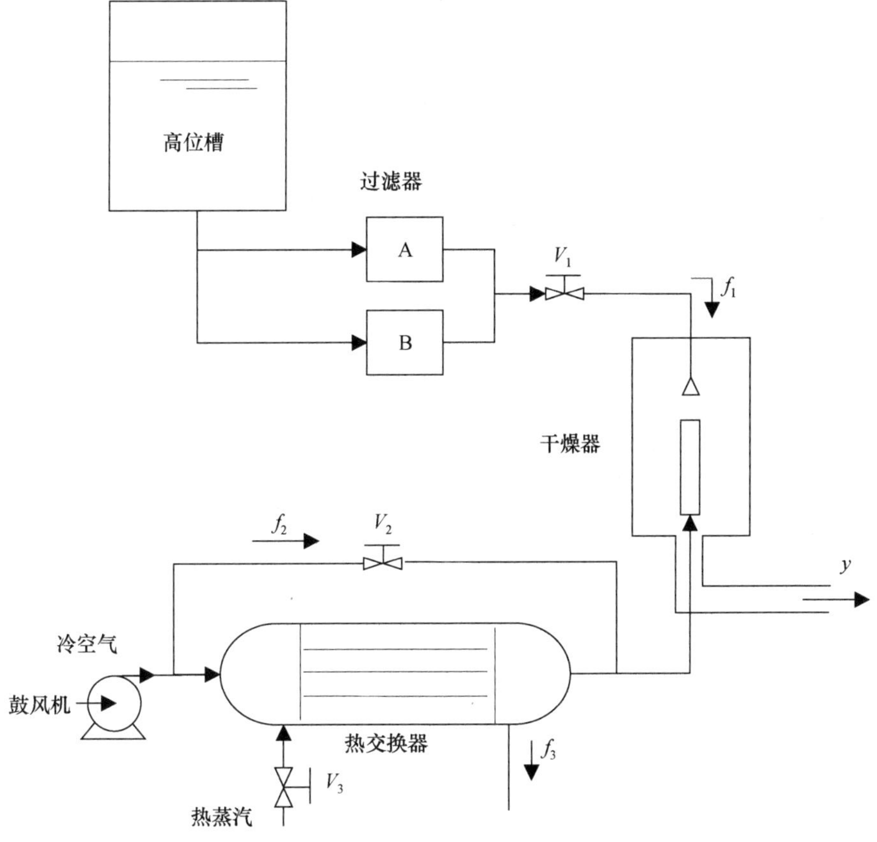

图 4-45　喷雾式乳液干燥过程示意图

1. 被控量与控制量的选择

(1) 被控量的选择

由上述生产工艺情况可知,产品质量(水分含量)与干燥温度密切相关,考虑到一般情况下,测量水分的仪表精度较低,故选用间接参数干燥温度为被控量。产品的水分含量与干燥温度一一对应。因此,必须将干燥温度控制在一定数值上。

(2) 控制量的选择

若知道被控过程的数学模型,则可根据其选择原则选择控制量。现在不知道被控过程的数学模型,只能就图 4-45 所示装置进行分析。由工艺可知,影响干燥温度的主要因素有乳液流量 $f_1(t)$、旁路空气流量 $f_2(t)$和加热蒸汽流量 $f_3(t)$,选其中任一变量作为控制量,均可构成温度控制系统。现用将调节阀放在三个不同的位置分别代表三种可供选择的控制方案,这三种控制方案分别如图 4-46、图 4-47、图 4-48 所示。

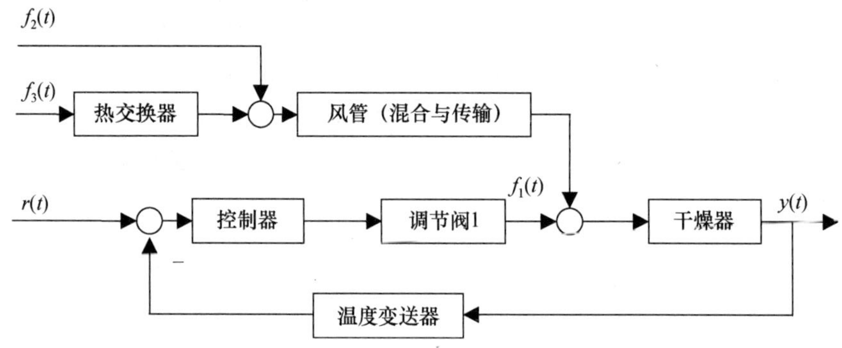

图 4-46　方案一:将 $f_1(t)$设为控制量

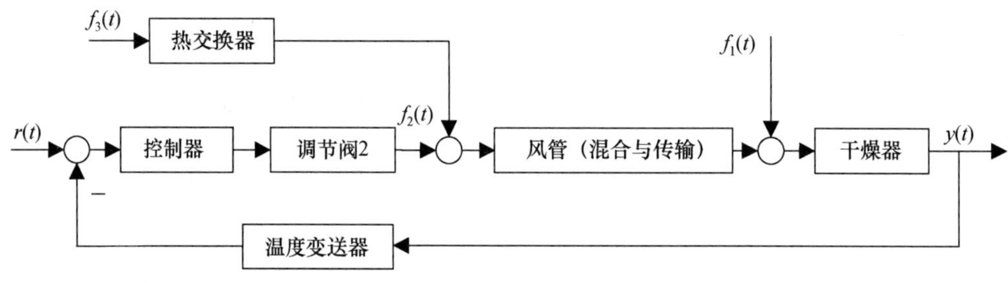

图 4-47　方案二:将 $f_2(t)$设为控制量

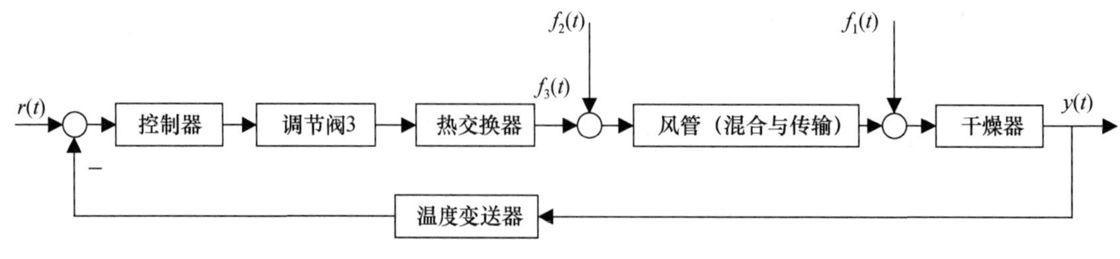

图 4-48　方案三:将 $f_3(t)$设为控制量

按图 4-46 所示框图进行分析可知,乳液直接进入干燥器,控制通道的滞后最小,对被控温度的校正作用最灵敏，而且干扰进入系统的位置远离被控量，所以将乳液流量作为控制量应该是最佳的控制方案。但是，由于乳液流量是生产负荷，工艺要求必须稳定，若将其作为控制量，则很难满足工艺要求。所以，将乳液流量作为控制量的控制方案应尽可能不用。

按图 4-47 所示框图进行分析可知，旁路空气流量与热风量混合，经风管进入干燥器，与方案一相比，此方案中控制通道存在一定的纯滞后，对干燥温度校正作用的灵敏度虽然差一些，但可通过缩短传输管道的长度来减小纯滞后时间。

按图 4-48 所示框图分析可知，蒸汽需经过热交换器的热交换，才能改变空气温度。由于热交换器的时间常数较大，而且该方案的控制通道既存在容量滞后，又存在纯滞后，因而对干燥温度校正作用的灵敏度最差。

根据以上分析可知，将旁路空气流量作为控制量的方案二比较适宜。

2. 检测仪表的选择

根据生产工艺及用户要求，宜选用 DDZ-Ⅲ型仪表，具体选择如下。

（1）测温元件及变送器的选择

因被控温度在 600℃以下，故选用热电阻温度计。为减少测量滞后，温度传感器应安装在干燥器出口附近。

（2）调节阀的选择

根据生产安全原则、工艺特点及介质性质，宜选择气关式调节阀。调节阀的流量特性可根据管路特性、生产规模及工艺要求具体确定。

（3）控制器的选择

根据过程特性与工艺要求，宜选用比例积分控制器或 PID 控制器。由于选用的调节阀为气关式，故 K_v 为负。当给被控过程输入的空气量增加时，干燥器的温度降低，过程增益 K_p 为负，测量变送器的 K_m 通常为正。为使整个系统中各环节静态放大系数的乘积为正，故控制律的 K_P 为正，故选用反作用控制器。

3. 温度控制原理图及其系统框图

根据上述设计的控制方案，喷雾式乳液干燥过程控制系统的原理及系统结构如图 4-45 和图 4-47 所示。

4. 控制器参数整定

可按本书 4.6 中所介绍的任何一种方法对控制器的参数进行整定。

课后题

巩固练习

1. 简单控制系统属于什么控制结构，由哪些主要部分构成？

2. 控制通道与扰动通道中哪些因素会影响系统的静态精度？如何选择通道有利于减小静差？

3. 相对于扰动通道而言，控制通道的响应速度是快一些好，还是慢一些好？应选择什么样的输入量作为控制量？

4．选择检测仪表时需要考虑哪些因素？

5．选择调节阀时需要考虑哪些因素？

6．什么是控制器的正反作用？如何定义？对图 4-49 中两种液位控制系统，请说明被控过程的正负号，并确定控制器的正反作用（假设测量变送环节输出随输入信号的增大而增大，调节阀都选择气开式）。

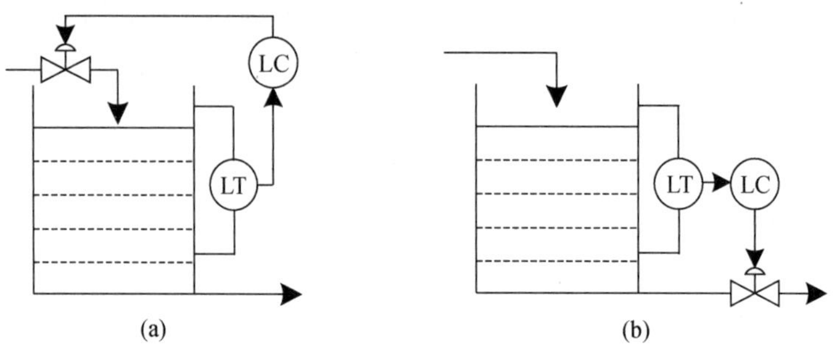

图 4-49　液位控制系统

7．某自衡水槽液位对入水阀开度的阶跃响应曲线如图 4-50 所示，若要求达到无差的液位控制效果，应选择什么控制规律？请选一种工程整定方法确定控制参数。

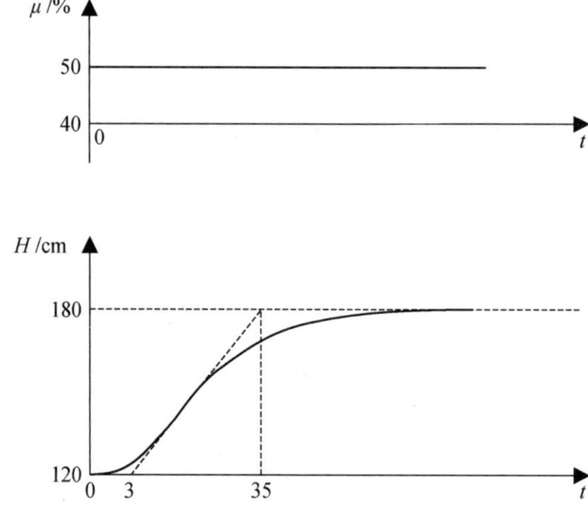

图 4-50　某自衡水槽液位对入水阀开度的阶跃响应曲线

拓展思考

1．控制器的正反作用、控制规律中参数的正负号和偏差定义方式之间有什么关系？

2．试从频域角度分析控制通道容量的大小和多少对控制系统工作频率的影响。

3．为什么扰动通道的常数不同会影响控制的动态品质，而纯滞后时间不影响控制的动态品质？

4．怎样选择控制器和检测仪表的动静态特性才有利于控制品质的提升？

第5章　复杂控制系统

本章学习导言

从系统结构来看，单回路控制系统只有一个闭合回路，只用了一个控制器，控制器也只有一个输入信号，是最基本、最简单的控制系统。单回路控制系统解决了大量的定值控制问题，在大多数情况下基本能够满足工业生产的控制需求，因此它是控制系统中最基本和使用最广的一种形式。然而单回路控制系统难以满足以下一些复杂情况的需求。

(1) 被控对象动态特性复杂、难以控制，而生产工艺对控制性能要求又很高；

(2) 被控对象特性并不是很复杂，但控制要求(如物料配比需求、工序有前后要求、生产安全的软保护等)比较特殊；

(3) 随着生产过程向着大规模、高速、连续以及柔性、定制等方向发展，生产工艺流程不断革新，对操作条件的要求更加严格，使系统变量之间的相互关系更加复杂，对控制系统的精度和性能等提出了更高的要求；

(4) 提高控制品质要求的同时，对能源消耗和环境污染等方面也有明确严格的限制，以保证良性可持续发展。

因此，为适应生产的更高需求，就需要在单回路控制系统的基础上，通过再增加测量环节、计算环节、控制环节或其他环节等措施，组成复杂控制系统。在特定的条件下，采用复杂控制系统能实现提高控制品质、扩大自动化应用范围的目的。

依照系统的结构形式和所完成的功能，常用的复杂控制系统有串级控制系统、前馈控制系统、大滞后过程控制系统、解耦控制系统、比值控制系统、选择性控制系统、均匀控制系统、分程控制系统等不同类型。前四种控制结构主要用于提高控制系统的性能，后四种则主要用于满足特殊场合的需求。

本章核心知识点思维导图

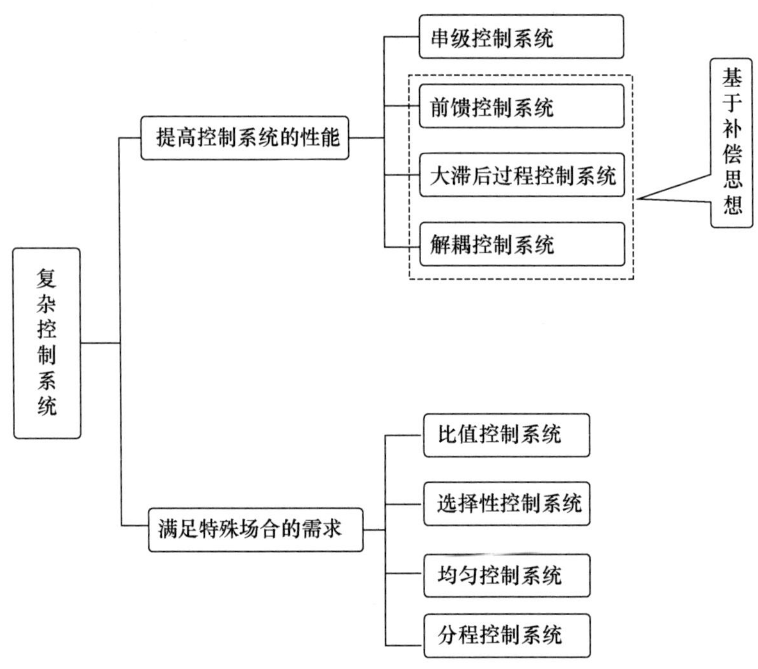

5.1 串级控制系统

当被控对象的延迟和惯性较大(即系统对输入信号的响应较慢),生产工艺对控制品质要求较高,或者系统中存在较大或较为频繁的扰动时,单回路控制系统通常无法实现较好的控制品质,这样的情况下往往需要采用串级控制系统。

串级控制系统是改善控制品质最有效的复杂控制系统之一,在工业生产中得到了广泛的应用。

5.1.1 串级控制系统的由来、结构和工作过程

1. 串级控制系统的由来

串级控制系统是指采用两个或两个以上控制器,控制器之间采用串接方式,一个控制器的输出是另一个控制器的设定值的控制系统。

串级控制系统是按照结构特点来命名的,最为常见的是两个控制器进行串接后形成双回路的串级控制系统,也有三个控制器串接后形成三个回路的串级控制系统,三回路串级控制系统的分析和投运可以根据双回路串级控制系统的原理进行。

下面以管式加热炉为例,说明设计串级控制系统的必要性,并分析其结构特点和工作原理。

(1) 被控过程分析

管式加热炉是石油、化工等行业的重要生产设备,工作任务是把原料油加热到一定的温度,以保证下一道工序的顺利进行,其生产工艺流程如图 5-1 所示。

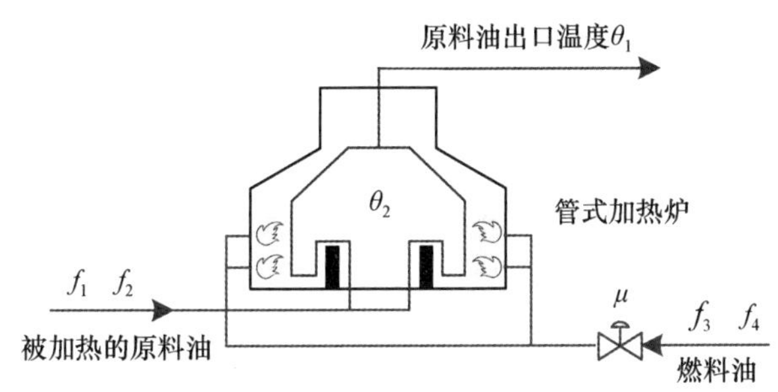

图 5-1　管式加热炉的生产工艺流程

在该系统中,加热源是燃料油,被加热的原料油流过加热炉炉膛四周的排管,与炉膛和金属管道的管壁进行热量交换,最后被加热至出口温度 θ_1。燃料油管道上装设了一个调节阀,系统通过改变阀门开度 μ 的大小来调节燃料油的流量,以达到控制炉内热量进而调节原料油出口温度的目的。

原料油的出口温度 θ_1 是影响产品质量的重要指标,生产工艺要求其波动范围为

±1%～±2%，因此出口温度 θ_1 是该控制系统的被控量，并且性能指标要求较高。

温度的变化反映了系统中物料之间热量的交换及平衡关系，热量的变化主要由温度、流量和比热容来决定。在管式加热炉生产过程中，影响被控量——原料油出口温度的因素很多，主要有：

① 燃料油阀门开度 μ，这是决定温度变化最主要的因素，记作控制量 u；

② 被加热原料油的流量变化，通常是由负荷变动引起的，记作扰动 f_1；

③ 被加热原料油入口温度变化，记作扰动 f_2；

④ 燃料油管道的压力变化，可造成阀门前后压差变化，影响流入炉膛的燃料油量，记作扰动 f_3；

⑤ 燃料油热值变化，可造成同等流量燃料油产生的热量不同，记作扰动 f_4。

经过分析，明确了该系统中各个物理量的作用：被控量为原料油出口温度 θ_1；控制量为燃料油阀门开度 μ；扰动量主要来自原料油和燃料油两个方面，共四个因素——原料油方面的两个扰动因素分别是原料油流量 f_1 和原料油入口温度 f_2，燃料油方面的两个扰动因素分别是燃料油管道的压力 f_3、燃料油热值 f_4。

以燃料油阀门开度 μ 为控制量、原料油出口温度 θ_1 为被控量的被控对象具有三个热容积，即炉膛、管壁和被加热的原料油。在热交换关系的基础上进行简化，可将这三个热容积绘制成三个环节的串联形式，如图 5-2 所示。

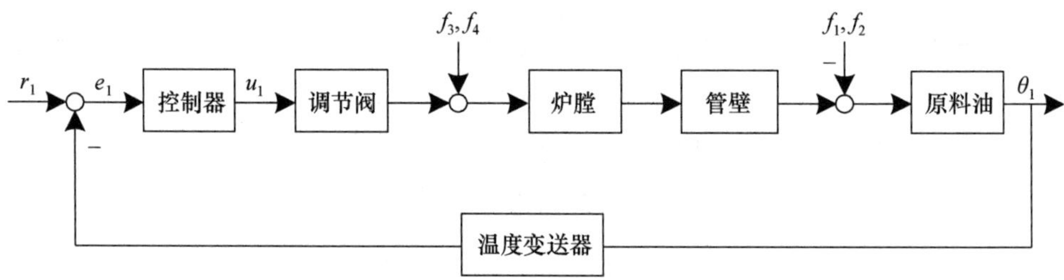

图 5-2 出口温度单回路控制系统结构方框图

(2) 控制方案的设计

为了把原料油的出口温度维持在工艺要求的范围内，通常有以下三种控制方案。

① 方案一：加热炉出口温度单回路控制

最简单直接的设计就是以原料油的出口温度 θ_1 为被控量，以燃料油阀门开度 μ 为控制量，构成单回路控制系统，其工艺流程如图 5-3 所示。其中，T_1T 是出口温度检测变送单元，T_1C 是温度控制器。

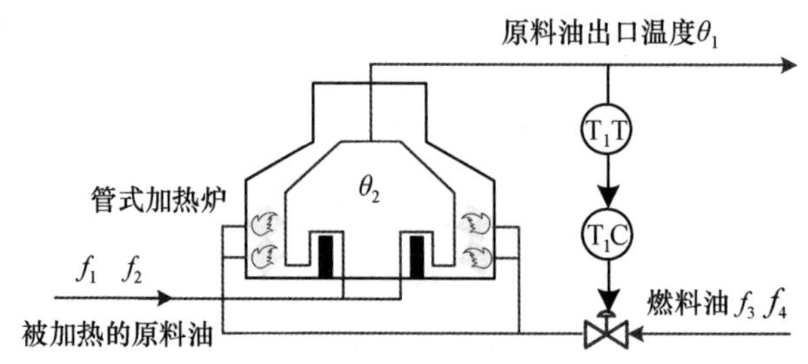

图 5-3 加热炉出口温度单回路控制系统

该方案的结构方框图如图 5-2 所示，其中 r_1 是出口温度 θ_1 的设定值，e_1 是 r_1 与 θ_1 的偏差值，u_1 是控制指令。

在加热炉出口温度单回路控制系统中，作为控制量的燃料油流量发生变化时(例如，燃料油管道的压力突然增大，扰动作用 f_3 经过炉膛、管壁和原料油三个环节后，引起原料油出口温度 θ_1 的变化)，控制系统的校正作用却远远滞后于扰动的发生。扰动作用已经使出口温度产生了较大的偏差，控制器的校正动作才经历炉膛、管壁和原料油三个环节后对出口温度完成校正。可见，燃料油侧发生扰动时，该方案下出口温度波动较大。

若原料油流量发生变化，即发生 f_1 扰动，虽然扰动信号影响到出口温度的时间比较短，但校正动作仍然需经历炉膛、管壁和原料油三个环节后，才能对出口温度完成校正。可见，原料油侧发生扰动时，该方案也难以保证出口温度保持小范围的波动。发生扰动时加热炉出口温度单回路控制系统的调节过程如图 5-4 所示。

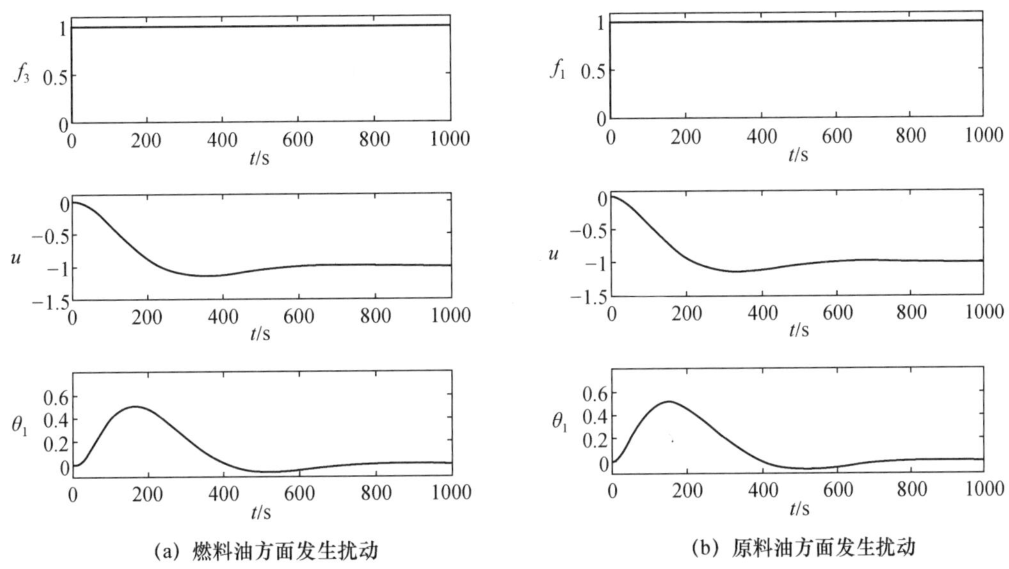

图 5-4　发生扰动时加热炉出口温度单回路控制系统的调节过程

可见，加热炉出口温度单回路控制系统的控制通道时间常数较大，不论对燃料油方面的扰动，还是对原料油方面的扰动，控制品质都较差，最大动态偏差高达 50%左右，而且调节时间比较长，难以满足工艺的需求。

② 方案二：炉膛温度单回路控制

当燃料油方面出现扰动(f_3、f_4)时，首先影响的是炉膛温度 θ_2，该环节时间常数较小。若选择炉膛温度 θ_2 为被控量，构成单回路控制系统，其工艺流程和结构方框图分别如图 5-5 和图 5-6 所示。

如果燃料油方面发生扰动(f_3、f_4)，较短时间内炉膛温度就会发生变化，反馈给控制器后，控制指令 u_2 动作提前，能较快地克服扰动对炉膛温度的影响，因此出口温度的变化幅度减小，调节效果有所改善。此方案的最大动态偏差为 30%左右，较之方案一的 50%有明显降低。

生产工艺的需求是将原料油出口温度保持在一个较精确的范围内，而该控制系统仅仅维持了炉膛温度不变，当发生原料油方面扰动(f_1、f_2)时，扰动没有被包含在闭合回路之中，炉膛温度控制器接收的输入信号不发生变化，执行器不发生动作，因此也就无法满足出口温度的控制需求。发生扰动时炉膛温度单回路控制系统的调节过程如图 5-7 所示。

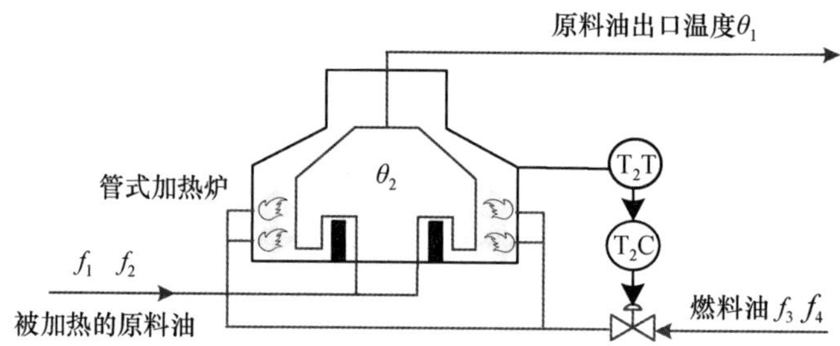

图 5-5　炉膛温度单回路控制系统

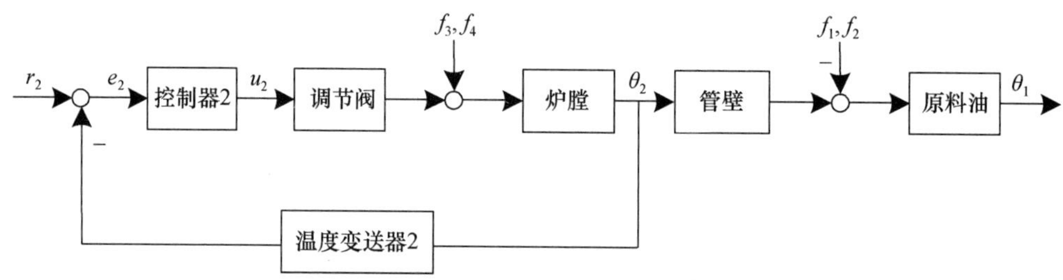

图 5-6　炉膛温度单回路控制系统结构方框图

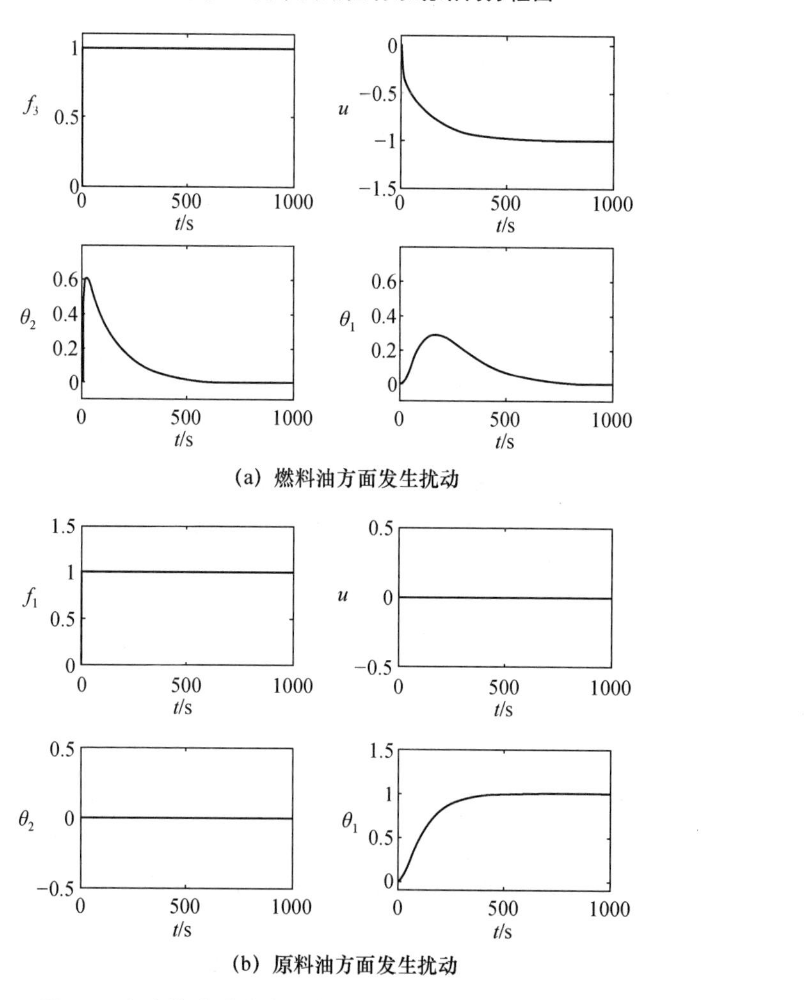

图 5-7　发生扰动时炉膛温度单回路控制系统的调节过程

上述两种控制方案的控制性能各有优劣。

方案一的控制系统包括了所有干扰，实现了生产工艺对出口温度的控制要求，但对扰动的校正作用不及时，会导致被控量动态偏差大，系统控制品质较差。

方案二的控制系统能提前检测燃料油方面干扰的影响，并能及时进行校正，但不能发现原料油方面的扰动对出口温度的影响。这种情况下，对出口温度而言，该系统实为开环控制系统。因此，该系统也不能满足生产工艺的需求。

若用人工操作经验解决方案二中存在的问题，那么当出口温度偏高时，炉膛温度控制器的设定值应减小一些；当出口温度偏低时，炉膛温度控制器的设定值应增大一些。这样，当原料油方面发生干扰使出口温度发生变化时，系统也可以把出口温度控制在要求的范围。

但是，炉膛温度控制器的设定值应该是多少呢？人工操作是靠经验值，而自动控制系统则是将以上两种控制结合起来，发挥各自优势。控制炉膛温度 θ_2 并不是最终目的，真正的目的是维持出口温度 θ_1 稳定不变，所以出口温度 θ_1 应该是定值控制，起主导作用，而炉膛温度控制器则起辅助作用。在克服干扰的同时，应将出口温度控制器的输出作为炉膛温度控制器的设定值。

③ 方案三：加热炉出口温度串级控制

根据以上分析，将出口温度控制系统和炉膛温度控制系统进行整合，就构成了加热炉出口温度串级控制系统，如图 5-8 所示。该系统有主、副两个控制器，主控制器的输出是副控制器的设定值，主、副控制器的连接关系为串接形式，这也是“串级控制系统”名称的由来。

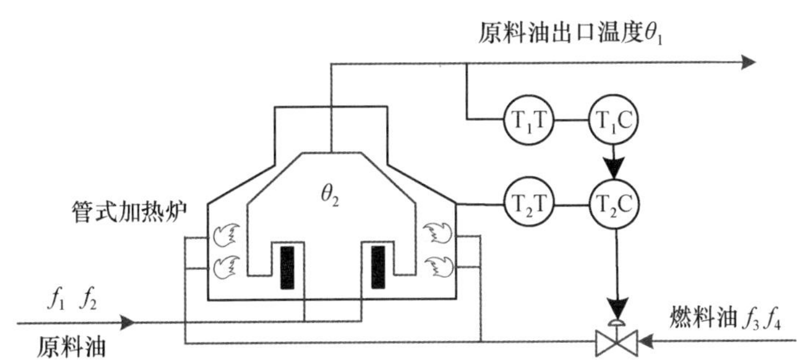

图 5-8　出口温度串级控制系统

在图 5-8 中，原料油的出口温度 θ_1 为主被控量，由主检测变送器 T_1T 进行反馈信号的测量，主控制器 T_1C 收到信号后完成校正任务，主控制器 T_1C 的设定值为生产工艺中要求出口温度 θ_1 达到的值 r_1。

主控制器 T_1C 的输出 u_1 将作为副控制器 T_2C 的设定值 r_2，炉膛温度 θ_2 为副被控量，即为副控制器的反馈信号，由副检测变送器 T_2T 进行测量，燃料油阀门开度 μ 是控制量，接受副控制器 T_2C 的输出信号 u_2。

加热炉出口温度串级控制系统的结构方框图如图 5-9 所示。

从图 5-9 可以看出，出口温度串级控制系统形成了双回路的闭环控制结构。控制器 1 为主控制器，接受出口温度的偏差信号 e_1，其输出 u_1 是控制器 2(副控制器)的设定值 r_2，r_2 与炉膛温度 θ_2(副参数)的偏差 e_2 是副控制器的输入信号，副控制器的输出信号为控制指令

u_2。原料油部分的扰动 f_1、f_2 为进入主回路的干扰;燃料油方面的扰动 f_3、f_4 为进入副回路的干扰。

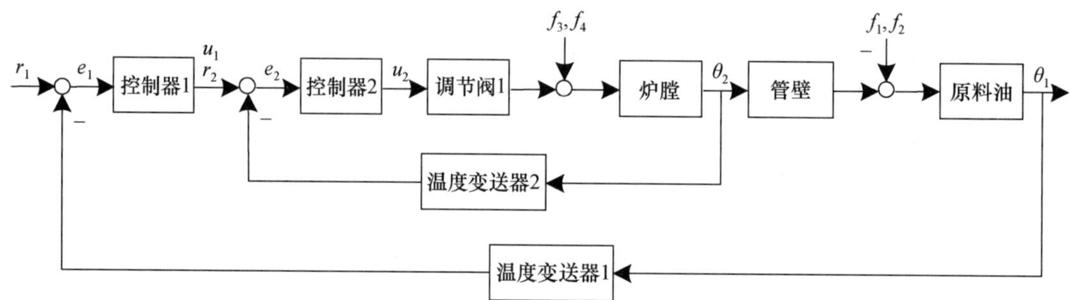

图 5-9　加热炉出口温度串级控制系统结构方框图

2. 串级控制系统的结构

根据以上分析,可以得出典型串级控制系统的结构,如图 5-10 所示。

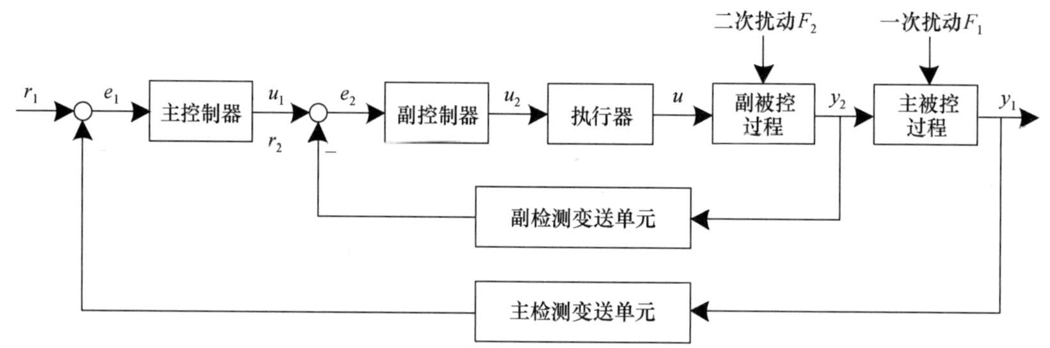

图 5-10　典型串级控制系统的结构

典型串级控制系统的主要环节如下。

① 主被控过程:是工业生产过程中所要控制的,由主被控量表征其主要特性的生产设备或过程。

② 副被控过程:是工业生产过程中影响主被控量且由副被控量表征其特性的生产设备或过程。

③ 主控制器:在系统中起主导作用,按主被控量和其设定值之差进行控制运算的控制器,其输出是副控制器的设定值,简称“主调”。

④ 副控制器:在系统中起辅助作用,按所测得的副被控量和主控制器的输出之差来进行控制运算的控制器,其输出直接作用于调节阀(执行机构),简称“副调”。

⑤ 主检测变送单元:测量并转换主被控量的单元。

⑥ 副检测变送单元:测量并转换副被控量的单元。

⑦ 主回路:即整体的串级控制系统,是由主被控过程、主检测变送单元、主控制器、副回路等环节和执行器所构成的闭环回路,又称“主环”或“外环”。

⑧ 副回路:处于串级控制系统内部,由副检测变送单元、副控制器、调节阀和副被控过程所构成的闭环回路,又称“副环”或“内环”。

图 5-10 中主要有如下几个变量。

y_1：主被控量，工业生产过程中的重要工艺参数，是在串级控制系统中起主导作用的被控量。

y_2：副被控量，影响主被控量的重要参数，通常是为稳定主被控量而引入的中间辅助量。

r_1：主控制器设定值。

r_2：副控制器设定值。

e_1：主控制器输入偏差。

e_2：副控制器输入偏差。

u_1：主控制器输出值(即副控制器的设定值)。

u_2：副控制器输出值。

F_1：一次扰动，作用在主被控过程上，是进入主回路而不被包括在副回路中的扰动。

F_2：二次扰动，作用在副被控过程上，是包括在副回路中的扰动。

3. 串级控制系统的工作过程

仍以管式加热炉为例，假设初始时刻整个系统都维持在稳定状态(各物理量处于平衡状态，不发生变化)，按发生不同扰动的情况进行讨论，此处调节阀是气开式，符号为"+"，主、副控制器均是反作用，符号为"−"。

(1) 只存在二次扰动(燃料油方面的扰动，干扰进入副回路)

假定系统中只有燃料油管道压力发生变化，使燃料油流量发生变化，或者只有燃料油热值发生变化，使燃料油进入炉膛燃烧后发热量发生变化，由于扰动进入副回路，所以属于二次扰动。

假设以上扰动都是正向扰动，那么尽管调节阀的开度不变，f_3 或者 f_4 的增大都将先引起炉膛温度(副被控量)θ_2 的升高，经副检测变送单元反馈后，副控制器接收到炉膛温度 θ_2 已增大的测量信号值。由于换热容积的惯性较大，燃料油流量或热值的变化并不能立即引起加热炉出口温度(主被控量)θ_1 的变化，所以，此时主控制器的输出暂时还没有变化。因此副控制器的设定值不变，根据副被控量(炉膛温度 θ_2)升高的反馈信息，副控制器(反作用)输出将减小，调节阀开度减小，从而使炉膛温度恢复到原稳定状态时的大小。

如果二次扰动的幅度不大，那么经过副回路的扰动将很快得到克服，不至于引起主被控量(出口温度 θ_1)的改变，或者引起的主被控量波动很小。二次扰动幅度较小时单回路和串级控制系统控制过程仿真实验曲线如图 5-11(a)所示。

如果二次扰动的幅度较大，尽管副回路的校正作用已大大削弱了它对主被控量的影响，但随着时间的推移，经过传热环节的热量交换传递过程，主被控量 θ_1 仍然会受到影响，θ_1 会变大，偏离稳态值，那么此时，主回路将发挥校正作用。主控制器的设定值是恒定的，因此，主回路为定值控制，其接收到主被控量测量信号增大的反馈后，反作用的主控制器的输出将减小，这就意味着副控制器的设定值减小，使副控制器的输出在原来的基础上变得更小，从而调节阀开度也将再变小一点，以克服扰动对主控制量的影响量的影响。二次扰动幅度较大时单回路和串级控制系统控制过程仿真实验曲线如图 5-11(b)。

结论：当扰动进入副回路时，由于副回路控制通道环节少，时间常数小，反应灵敏，串级控制系统较单回路控制系统的调节作用快、及时，串级控制系统有效地克服了二次扰动对主、副被控量的影响，最大动态偏差大大削减，过渡时间也大为缩短，控制效果十分显著。

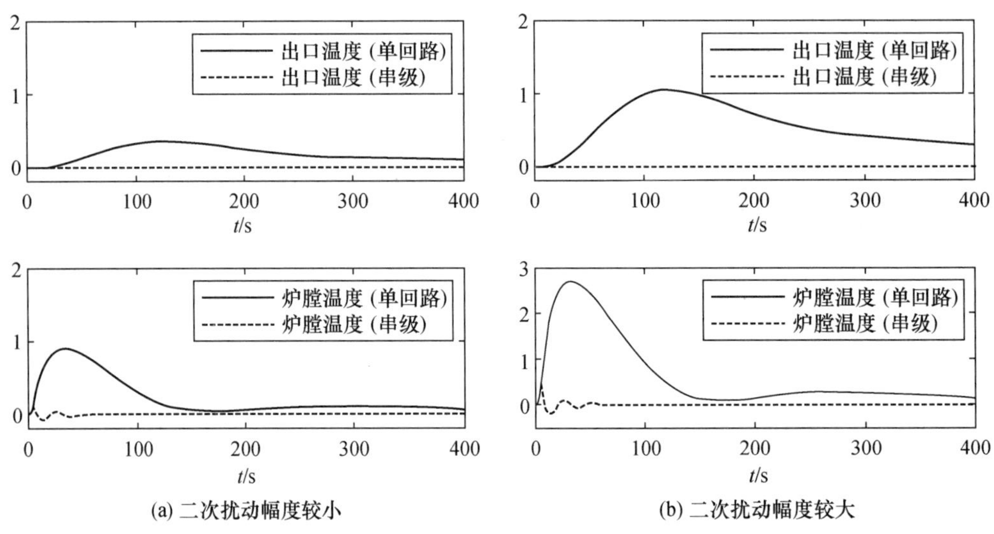

图 5-11　发生二次扰动时单回路和串级控制系统控制过程仿真实验曲线

（2）只存在一次扰动(原料油方面的扰动,扰动进入主回路)

假定该控制系统只受到来自原料油方面的干扰,原料油入口温度或者原料油流量的变化,都将引起主被控量(出口温度 θ_1)的变化。此类扰动没有被包含在副回路中,只进入了主回路,属于一次扰动。

假设一次扰动都是正向扰动,都将使出口温度升高,那么,对于定值控制的主控制器来说,其主检测变送单元反馈信号将升高,由于主控制器为“反”作用,因此,其输出值将减小,使副控制器的设定值减小。

一次扰动对副被控量(炉膛温度 θ_2)没有直接影响,所以这时副控制器的测量反馈值暂时没有改变。在副回路中,副控制器的设定值减小,而副被控量反馈值没有变,等效为其设定值不变而测量值增大。根据副控制器的“反”作用,其输出值 u_2 将减小,气开式调节阀的开度减小,从而使燃料油的流量将减小,使炉膛温度 θ_2 降低,进而使出口温度 θ_1 降低,直至使 θ_1 恢复到设定值。

在整个控制过程中,炉膛温度 θ_2 也发生了变化。但是在此类情况下,θ_2 的变化并非干扰需要克服,而是被作为对出口温度 θ_1 的控制手段来加以利用的。在串级控制系统中,主控制器起着主导作用,体现在它的输出是副控制器的设定值上。而副控制器则处于从属地位,它先是接收主控制器的命令,然后才进行控制操作。

在只存在一次扰动的情况下,串级控制系统的工作过程似乎与出口温度单回路控制系统类似。但是,由于引入副回路的设计,串级控制系统副回路闭环传递函数的等效时间常数和放大系数都比出口温度单回路控制系统的小,从而使系统的动态特性加快。发生一次扰动时单回路和串级控制系统控制过程仿真实验曲线如图 5-12 所示。

结论:副回路的引入在一定程度上加快了系统的校正作用,减小了进入主回路的一次扰动对主、副被控量的影响,控制效果比单回路控制要好,但克服效果不如只发生二次扰动时那么明显。

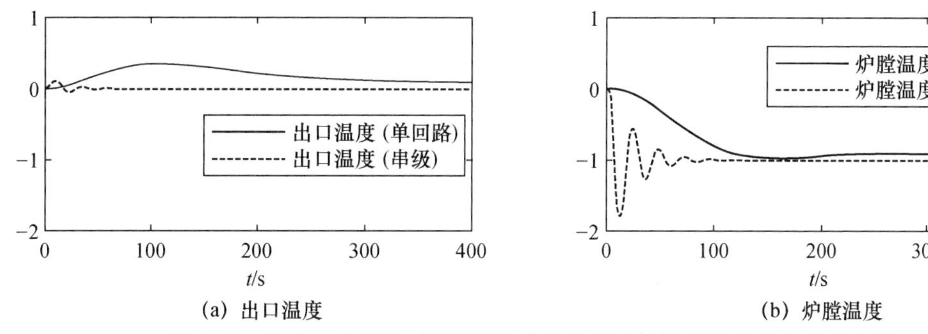

(a) 出口温度　　(b) 炉膛温度

图 5-12　发生一次扰动时单回路和串级控制系统控制过程仿真实验曲线

(3) 同时存在一次扰动和二次扰动(同时有扰动作用于副回路和主回路)

实际工程中,经常有不同的干扰同时作用于副回路和主回路,下面根据扰动作用对主、副被控量的影响方向分为两种情况分别讨论。

① 一次扰动和二次扰动使主、副被控量发生方向相同的变化(同时增大或同时减小)

假设同时发生的一次扰动和二次扰动使主、副被控量同时增大,即二次扰动使炉膛温度 θ_2 升高,一次扰动使出口温度 θ_1 也升高。在未加校正作用时,炉膛温度 θ_2 升高后还将使出口温度 θ_1 进一步升高,也就是说,在扰动发生一段时间后,出口温度 θ_1 将有较大幅度的升高,即严重偏离设定值,可能会产生严重后果。

在串级控制系统中,对于主控制器而言,由于出口温度 θ_1 测量值升高,反作用的主控制器的输出将减小,也就使得副控制器的设定值减小。而对于副控制器而言,炉膛温度 θ_2 的测量值增大,但其设定值是减小的,其输出的变化会报据它的反作用以及设定值和测量值的变化方向共同决定。对副控制器,不妨将设定值的变化等效为设定值不变而测量值变化的情况,设定值减小可以等效为设定值不变而测量值增大。根据副控制器的反作用,炉膛温度 θ_2 的测量值增大将使副控制器的输出减小,设定值减小也将使副控制器的输出减小,二者叠加后会使调节阀较大幅度关小,从而抑制了将较大幅度升高的出口温度 θ_1 的变化。

虽然调节阀的开度直接接收的是副控制器的输出值,但实际上是主、副控制器的控制作用叠加的结果。一方面,为了克服二次扰动的影响,需减小燃料流量,把炉膛温度调回到稳态值;另一方面,副控制器接收了主控制器的输出作用,使副被控量(炉膛温度 θ_2)的设定值比稳态值更低一些,以克服一次干扰对主被控量的影响。因此,串级控制系统达到了比单回路控制系统更好的控制效果。同时发生的一次扰动和二次扰动使主、副被控量发生同向变化时,单回路和串级控制系统的控制过程仿真实验曲线如图 5-13 所示。

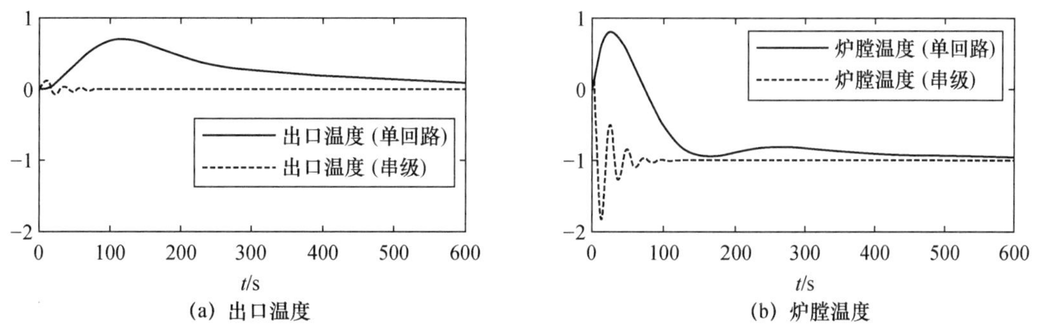

(a) 出口温度　　(b) 炉膛温度

图 5-13　同时发生的一次扰动和二次扰动使主、副被控量发生同向变化时单回路和串级控制系统的控制过程仿真实验曲线

结论：同时有扰动作用于副回路和主回路且影响作用同向时，主、副控制器的校正作用同向叠加，串级控制的指令幅度比单回路控制的指令幅度大很多，串级控制的控制作用更强，能更快地克服扰动的影响。

② 一次扰动和二次扰动使主、副被控量发生方向相反的变化(一增一减)

假设同时发生的一次扰动和二次扰动对主、副被控量的影响方向相反，以下面的情况为例进行分析。

若二次扰动使炉膛温度 θ_2 升高，而一次扰动使出口温度 θ_1 降低，那么在没有校正作用时，发生此类扰动一段时间后，升高的炉膛温度 θ_2 会使降低的出口温度 θ_1 升高，此情况自身具有一定的相互补偿效果。

在串级控制系统中，对于主控制器而言，由于出口温度 θ_1 的测量值降低，根据主控制器的反作用，主控制器的输出将增大，使副控制器的设定值增大。对于副控制器而言，炉膛温度 θ_2 的测量值增大，同时其设定值也是增大的，若二者增大幅度相同的话，那么副控制器入口的两个值同向同幅变化，偏差值为 0，其输出则无须变化，调节阀无须动作，实际上是由二次扰动产生的影响补偿了一次扰动的作用。若二者同向不同幅度，副控制器的入口偏差值也要相对小得多，用小幅度的调节作用对未完全补偿掉的偏差进行校正，可达到精确调节主被控量的效果。同时发生的一次扰动和二次扰动使主、副被控量发生反向变化时单回路和串级控制系统的控制过程仿真实验曲线如图 5-14 所示。

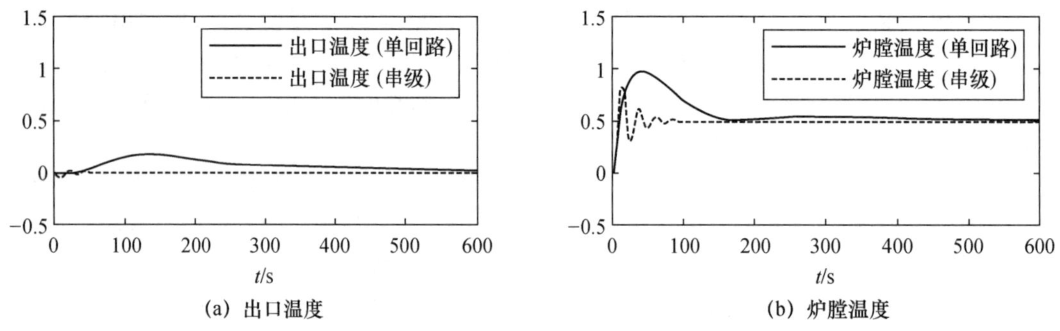

(a) 出口温度　　(b) 炉膛温度

图 5-14 同时发生的一次扰动和二次扰动使主、副被控量发生反向变化时单回路和串级控制系统的控制过程仿真实验曲线

5.1.2 串级控制系统的理论分析及特点

1. 理论分析

从总体上看，串级控制系统仍然是一个定值控制系统，因此，主被控量在干扰作用下的过渡过程和单回路具有相同的品质指标和类似形式。与单回路控制系统相比，串级控制系统在结构上仅多了一个内回路，在装置上也仅仅增加了一个测量变送单元和一个控制器。但是，对于相同的干扰，串级控制系统的控制效果却比单回路控制系统有显著提高，这是为什么呢？本节将对此给出理论分析，并总结串级控制系统的特点。

为方便进行理论分析，这里采用传递函数的形式描述串级控制系统中的各个环节，如图 5-15 所示。

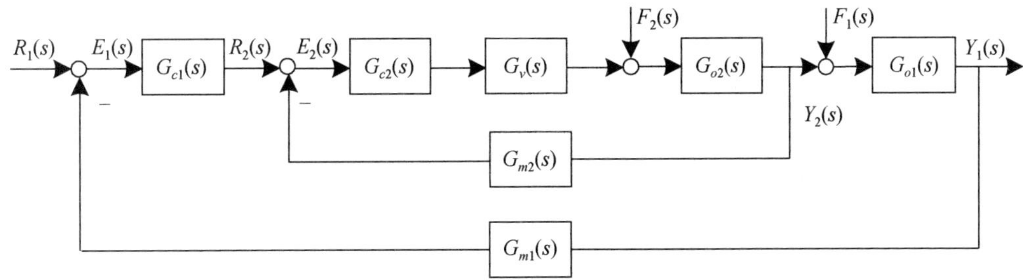

图 5-15　以传递函数形式表示的串级控制系统结构方框图

为简单起见，设被控过程为一阶惯性环节、控制器、执行器和检测变送单元均为比例环节，图 5-15 中各环节的含义及传递函数形式如式(5-1)所示。

$$\left.\begin{aligned}
&\text{主被控过程}\ G_{o1}(s)=\frac{K_{o1}}{T_{o1}s+1}\\
&\text{主控制器}\ G_{c1}(s)=K_{c1}\\
&\text{主检测变送单元}\ G_{m1}(s)=K_{m1}\\
&\text{执行器}\ G_{v}(s)=K_{v}\\
&\text{副被控过程}\ G_{o2}(s)=\frac{K_{o2}}{T_{o2}s+1}\\
&\text{副控制器}\ G_{c2}(s)=K_{c2}\\
&\text{副检测变送单元}\ G_{m2}(s)=K_{m2}
\end{aligned}\right\}\tag{5-1}$$

(1) 采用传递函数形式进行理论分析是在初始稳态条件下进行的，初始稳态条件是指平衡状态下变量(及各阶导数)的增量为 0，那么各个变量实际上都是增量形式的，即都是相对于稳态值的增量。

(2) 选择用传递函数的形式进行分析比较简单，基本上也能代表大部分工业流程的特性，因此分析得到的结论在一定范围内具有一般性。

1. 串级控制系统的结构图等效变换

由于串级控制系统有内外两个回路，并且是相互影响的，直接分析较为困难，因此，通常采用结构图的等效变换方法。分别写出 $Y_2(s)/R_2(s)$(副被控量对于副回路的设定值的传递函数)及 $Y_2(s)/F_2(s)$(副被控量对于二次扰动的传递函数)，就可将串级控制系统的双回路结构绘制成一个等效的单回路控制系统，这样就方便进行相关特性的分析了。

(1) 副回路的闭环传递函数 $G_{o2}'(s)$(副被控量对于副回路的设定值的传递函数)

可将副回路视为主回路中的一个环节，即把副回路的闭环传递函数等效为一个环节 $G_{o2}'(s)$，可得

$$G_{o2}'(s)=\frac{Y_2(s)}{R_2(s)}=\frac{G_{c2}(s)G_v(s)G_{o2}(s)}{1+G_{c2}(s)G_v(s)G_{o2}(s)G_{m2}(s)}\tag{5-2}$$

将式(5-1)的各个环节表达式代入式(5-2)后得

$$G'_{o2}(s)=\frac{K_{c2}K_v\dfrac{K_{o2}}{T_{o2}s+1}}{1+K_{c2}K_v\dfrac{K_{o2}}{T_{o2}s+1}K_{m2}}=\frac{\dfrac{K_{c2}K_vK_{o2}}{1+K_{c2}K_vK_{o2}K_{m2}}}{\dfrac{T_{o2}}{1+K_{c2}K_vK_{o2}K_{m2}}s+1} \tag{5-3}$$

若令

$$K'_{o2}=\frac{K_{c2}K_vK_{o2}}{1+K_{c2}K_vK_{o2}K_{m2}},T'_{o2}=\frac{T_{o2}}{1+K_{c2}K_vK_{o2}K_{m2}} \tag{5-4}$$

其中,K'_{o2}为副回路等效对象的放大倍数,T'_{o2}为副回路等效对象的时间常数,则副回路等效对象表达式(5-3)又可写为

$$G'_{o2}(s)=\frac{K'_{o2}}{T'_{o2}s+1} \tag{5-5}$$

(2) 副被控量对于二次扰动的传递函数 $G^*_{o2}(s)$

副被控量对于二次扰动的传递函数为

$$G^*_{o2}(S)=\frac{Y_2(s)}{F_2(s)}=\frac{G_{o2}(s)}{1+G_{c2}(s)G_v(s)G_{o2}(s)G_{m2}(s)} \tag{5-6}$$

(3) 串级控制系统的等效单回路结构

根据式(5-5)和(5-6),可将串级控制系统的双回路结构(如图 5-15 所示)绘制为等效的单回路结构,如图 5-16 所示。

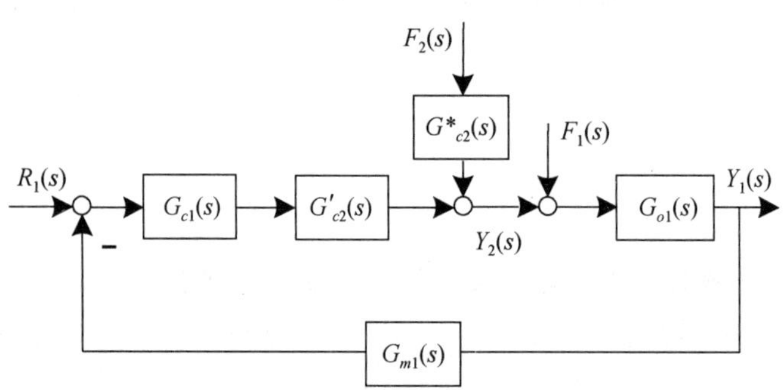

图 5-16 串级控制系统的等效单回路结构方框图

2. 串级控制系统的特点

(1) 特点一:副回路的引入,改善了被控过程的动态特性,提高了系统的工作频率

① 副回路闭环传递函数中参数对系统的影响

分析式(5-3)和(5-4)的分母部分,由于放大系数均为正值,因而不等式

$$1+K_{c2}K_vK_{o2}K_{m2}>1 \tag{5-7}$$

总是成立。这说明串级控制系统由于引入了副回路,使原有副被控过程部分的特性发生了变化——使副回路等效对象的时间常数 T'_{o2} 减小为原副被控过程时间常数 T_{o2} 的 $1/(1+K_{c2}K_vK_{o2}K_{m2})$。随着副控制器放大系数 K_{c2} 的增大,等效时间常数 T'_{o2} 将减小得更为显著。

通常,副被控过程 G_{o2} 多为单容或双容特性,在进行控制器参数整定时,副控制器放大系

数 K_{c2} 可取较大数值，使副回路等效对象时间常数 $T'_{o2} \ll T_{o2}$，可改善被控过程的动态特性。副回路等效对象放大倍数 K'_{o2} 也会减小，可通过增加主控制器 $G_{c1}(s)$ 的增益来进行补偿。

若 K_{c2} 数值较大，可近似认为 $K'_{o2}=\dfrac{K_{c2}K_vK_{o2}}{1+K_{c2}K_vK_{o2}K_{m2}}\approx 1$，同时，$T'_{o2}$ 又很小，那么，可以近似认为副回路等效对象 $G'_{o2}(s)\approx 1$，这当然是较理想的情况。于是在主回路中，相当于去掉了一部分的被控环节，只剩下主被控过程 $G_{o1}(s)$，由此也加速了主回路的响应速度，提高了控制品质。

另外，副回路等效对象时间常数 T'_{o2} 的减小，也使整个串级控制系统的工作频率(可根据等效后的串级控制系统闭环特征方程进行计算得到)有所提高，从而使被控过程的动态特性大为改善。

② 串级控制系统闭环特征方程的分析

根据图 5-16 所示的串级控制系统等效结构方框图，可得其闭环特征方程为

$$1+G_{c1}(s)G'_{o2}(s)G_{o1}(s)G_{m1}(s)=0 \tag{5-8}$$

将式(5-1)和(5-5)代入式(5-8)后得

$$1+K_{c1}\frac{K'_{o2}}{T'_{o2}s+1}\cdot\frac{K_{o1}}{T_{o1}s+1}\cdot K_{m1}=0 \tag{5-9}$$

整理后得

$$T'_{o2}T_{o1}s^2+(T'_{o2}+T_{o1})s+1+K_{c1}K'_{o2}K_{o1}K_{m1}=0 \tag{5-10}$$

即

$$s^2+\frac{T'_{o2}+T_{o1}}{T'_{o2}T_{o1}}s+\frac{1+K_{c1}K'_{o2}K_{o1}K_{m1}}{T'_{o2}T_{o1}}=0 \tag{5-11}$$

可见，串级控制系统的闭环特征方程符合二阶振荡环节特征方程的标准形式，可得

$$2\zeta_c\omega_{cn}=\frac{T'_{o2}+T_{o1}}{T'_{o2}T_{o1}},\omega_{cn}^2=\frac{1+K_{c1}K'_{o2}K_{o1}K_{m1}}{T'_{o2}T_{o1}} \tag{5-12}$$

式中，ω_{cn} 为串级控制系统的无阻尼自然角频率，ζ_c 为串级控制系统的阻尼比。

由此，串级控制系统的无阻尼自然角频率又可写为

$$\omega_{cn}=\frac{1}{2\zeta_c}\frac{T'_{o2}+T_{o1}}{T'_{o2}T_{o1}} \tag{5-13}$$

串级控制系统的闭环特征根可写为

$$s_{1,2}=-\zeta_c\omega_{cn}\pm\omega_{cn}\sqrt{\zeta_c^2-1} \tag{5-14}$$

当 $0\leqslant\zeta_c<1$ 时，系统输出发生振荡，串级控制系统的工作角频率为

$$\omega_{cd}=\omega_{cn}\sqrt{1-\zeta_c^2}=\frac{\sqrt{1-\zeta_c^2}}{2\zeta_c}\frac{T'_{o2}+T_{o1}}{T'_{o2}T_{o1}} \tag{5-15}$$

③ 单回路控制系统闭环特征方程的分析

为了便于分析串级控制系统的特点，对被控过程 G_{o1}、G_{o2} 设计单回路控制系统，如图

5-17 所示。

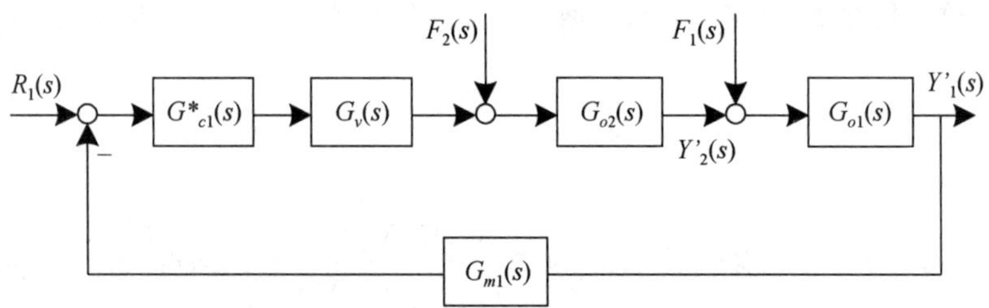

图 5-17 同一被控对象的单回路控制系统结构方框图

单回路控制系统的闭环特征方程为

$$1+G_{c1}^{*}(s)G_{v}(s)G_{o2}(s)G_{o1}(s)G_{m1}(s)=0 \tag{5-16}$$

在此单回路控制系统中，同样设单回路控制器 $G_{c1}^{*}(s)$ 为比例环节，检测变送单元与串级控制系统中的主检测变送单元一致，即

$$G_{c1}^{*}(s)=K_{c1}^{*},G_{m1}(s)=K_{m1} \tag{5-17}$$

将式(5-17)代入单回路控制系统特征方程(5-16)后得

$$1+K_{c1}^{*}K_{v}\frac{K_{o2}}{T_{o2}s+1}\frac{K_{o1}}{T_{o1}s+1}K_{m1}=0 \tag{5-18}$$

整理后得

$$s^{2}+\frac{T_{o2}+T_{o1}}{T_{o2}T_{o1}}s+\frac{1+K_{c1}^{*}K_{v}K_{o2}K_{o1}K_{m1}}{T_{o2}T_{o1}}=0 \tag{5-19}$$

同理，

$$2\zeta_{s}\omega_{sn}=\frac{T_{o2}+T_{o1}}{T_{o2}T_{o1}},\omega_{sn}^{2}=\frac{1+K_{c1}^{*}K_{o2}K_{o1}K_{m1}}{T_{o2}T_{o1}} \tag{5-20}$$

式中，ω_{sn} 为单回路控制系统的无阻尼自然角频率，ζ_s 为单回路控制系统的阻尼比。

同理，当 $0\leqslant\zeta_s<1$ 时，单回路控制系统的工作角频率为

$$\omega_{sd}=\omega_{s}\sqrt{1-\zeta_{s}^{2}}=\frac{\sqrt{1-\zeta_{s}^{2}}}{2\zeta_{s}}\frac{T_{o2}+T_{o1}}{T_{o2}T_{o1}} \tag{5-21}$$

④ 串级控制系统与单回路控制系统的工作角频率分析

若能够通过参数整定，使单回路控制系统和串级控制系统具有相同的衰减比，即使二者的阻尼比相同，$\zeta_c=\zeta_s$，则可对两种控制系统的工作角频率进行比较，可用二者的比值来分析。

$$\frac{\omega_{cd}}{\omega_{sd}}=\frac{T_{o2}'+T_{o1}}{T_{o1}T_{o2}'}\Bigg/\frac{T_{o2}+T_{o1}}{T_{o2}T_{o1}}=\frac{\dfrac{1}{T_{o1}}+\dfrac{1}{T_{o2}'}}{\dfrac{1}{T_{o1}}+\dfrac{1}{T_{o2}}}=\frac{1+\dfrac{T_{o1}}{T_{o2}'}}{1+\dfrac{T_{o1}}{T_{o2}}} \tag{5-22}$$

将式(5-4)中副回路等效对象的时间常数代入式(5-22)后得到

$$\frac{\omega_{cd}}{\omega_{sd}}=\frac{1+(1+K_{c2}K_{v}K_{o2}K_{m2})\dfrac{T_{o1}}{T_{o2}}}{1+\dfrac{T_{o1}}{T_{o2}}} \tag{5-23}$$

由式(5-7)可知，总有 $1+K_{c2}K_{v}K_{o2}K_{m2}>1$，可得

$$\omega_{cd} > \omega_{sd} \tag{5-24}$$

由分析可知，当主、副被控过程均简化为一阶惯性环节，主、副控制器均为比例环节时，副回路的引入，提高了整个系统的工作频率，并且有：

A. 当主、副被控过程的特性一定时，副控制器放大倍数 K_{c2} 越大，串级控制系统的工作频率越高；

B. 当副控制器放大倍数 K_{c2} 一定时，工作频率将随着主、副被控过程的时间常数的比值(即 T_{o1}/T_{o2})的增大而增大。

结论：副回路的引入，改善了被控过程的动态特性，提高了整个串级控制系统的工作频率，缩短了系统响应的时间，衰减系数相同的条件下，缩短了控制时间，提高了系统的控制速度，从而改善了系统的控制品质。

上述结论对主控制器采用其他控制规律和主被控过程是多容环节时的情况亦能成立。

(2) 特点二：抗干扰能力增强(尤其是对于进入副回路的干扰，系统控制效果显著)

① 串级控制系统的抗干扰能力

根据图 5-17，可以分析进入副回路的二次干扰对系统输出的影响。

当二次干扰发生时，先进入副回路影响副被控量 Y_2，于是副控制器立即动作，力图消除扰动对副被控量的影响。接着，经过副回路抑制的二次干扰再通过主被控过程影响主被控量，这时，干扰的影响作用已经被大大削弱了。

在串级控制系统中，可以写出二次扰动 F_2 与系统输出 Y_1 之间的闭环传递函数关系

$$\frac{Y_1(s)}{F_2(s)} = \frac{G_{o2}^*(s)G_{o1}(s)}{1+G_{c1}(s)G_{o2}'(s)G_{o1}(s)G_{m1}(s)} \tag{5-25}$$

系统设定值 R_1 与系统输出 Y_1 之间的闭环传递函数关系为

$$\frac{Y_1(s)}{R_1(s)} = \frac{G_{c1}(s)G_{o2}'(s)G_{o1}(s)}{1+G_{c1}(s)G_{o2}'(s)G_{o1}(s)G_{m1}(s)} \tag{5-26}$$

由控制理论可知，一个系统控制品质的优劣，需针对设定值输入和扰动输入这两种截然不同的输入作用分别讨论。对于设定值输入，要求被控量能尽快地跟随设定值的变化而变化；而对于扰动输入，要求系统能尽快克服扰动的影响，使被控量稳定在设定值上，也就是说，扰动对输出的影响越小越好，即：

A. 对于设定值输入作用，要求系统输出复现设定值，即$\frac{Y_1(s)}{R_1(s)}$越接近 1，系统控制品质越好。

B. 对于扰动输入作用，要求系统尽快克服扰动对输出的影响，则$\frac{Y_1(s)}{F_2(s)}$越接近 0，系统控制品质越好。

综合以上两方面的分析，控制系统的抗干扰能力可以用$\frac{Y_1(s)/R_1(s)}{Y_1(s)/F_2(s)}$来评价，这个比值被称为抗干扰能力，记为 J。那么，在串级控制系统中，对二次扰动 F_2 的抗干扰能力就记为 J_{c2}。

$$J_{c2} = \frac{Y_1(s)/R_1(s)}{Y_1(s)/F_2(s)} = \frac{F_2(s)}{R_1(s)} = \frac{G_{c1}(s)G_{o2}'(s)}{G_{o2}^*(s)} \tag{5-27}$$

将两个等效环节传递函数 $G_{o2}'(s)$、$G_{o2}^*(s)$ 的表达式(5-5)和(5-6)代入式(5-27)后可得

$$J_{c2}=G_{c1}(s)G_{c2}(s)G_{v}(s) \tag{5-28}$$

根据各环节所选定的传递函数形式，如式(5-1)中所示，可得

$$J_{c2}=K_{c1}K_{c2}K_{v} \tag{5-29}$$

结论：在串级控制系统中，主、副控制器的比例系数乘积越大，其抗干扰的能力就越强。

② 单回路控制系统的抗干扰能力

为了与单回路控制系统比较，根据图 5-17 的结构图，扰动 $F_2(s)$ 与系统输出 $Y_1'(s)$ 之间的闭环传递函数关系为

$$\frac{Y_1'(s)}{F_2(s)}=\frac{G_{o2}^{*}(s)G_{o1}(s)}{1+G_{c1}^{*}(s)G_{v}(s)G_{o2}(s)G_{o1}(s)G_{m1}(s)} \tag{5-30}$$

系统设定值 $R_1(s)$ 与系统输出 $Y_1'(s)$ 之间的闭环传递函数关系为

$$\frac{Y_1'(s)}{R_1(s)}=\frac{G_{c1}^{*}(s)G_{v}(s)G_{o2}(s)G_{o1}(s)}{1+G_{c1}^{*}(s)G_{v}(s)G_{o2}(s)G_{o1}(s)G_{m1}(s)} \tag{5-31}$$

在单回路控制系统中，同样可得对二次扰动 F_2 的抗干扰能力，记为 J_{s2}。

$$J_{s2}=\frac{Y_1'(s)/R_1(s)}{Y_1'(s)/F_2(s)}=\frac{F_2(s)}{R_1(s)}=G_{c1}^{*}(s)G_{v}(s)=K_{c}^{*}K_{v} \tag{5-32}$$

为对比串级控制系统与单回路控制系统的抗干扰能力，可求出(5-29)与(5-32)的比值。

$$\frac{J_{c2}}{J_{s2}}=\frac{G_{c1}(s)G_{c2}(s)}{G_{c1}^{*}(s)}=\frac{K_{c1}K_{c2}}{K_{c}^{*}} \tag{5-33}$$

一般总有 $K_{c1}K_{c2}>>K_{c}^{*}$，因此，可得串级控制系统的抗干扰能力比单回路控制系统的抗干扰能力要好。

(3) 特点三：对负荷和操作条件变化的自适应能力增强

工业生产过程往往包含非线性因素，一般选择确定的工作点(负荷确定不变)，按一定性能指标来进行控制系统设计，然后调整控制器的参数。由此得到的控制器的参数只能适应工作点(一定负荷下)附近的一个小范围。

当负荷变化较大时，被控过程的动态特性将发生变化，控制器将无法适应，从而导致系统控制品质下降。在单回路控制系统中，如果不采取一些措施(如重新整定控制器的参数)的话，系统将有可能无法满足工程要求。

而在串级控制系统中，由于副回路的引入，系统对负荷变化或操作条件的变化有了一定的自适应能力。下面从两个方面进行分析。

一方面，串级控制系统的主回路属于定值控制系统，而副回路属于随动控制系统。在串级控制系统中，主控制器的输出能按照负荷和操作条件的变化而变化，从而不断地改变副控制器的设定值，使副控制器的设定值能随负荷和操作条件的变化而变化。副回路快速及时地跟踪，保证了系统的控制品质，这就使得串级控制系统对负荷的变化和操作条件的改变有一定的自适应能力。

另一方面，从副回路等效闭环传递函数的增益式(5-4)可看出，一般情况下，总有 $K_{c2}K_{v}K_{o2}\gg 1$，因此可近似认为

$$K_{o2}'\approx\frac{1}{K_{m2}} \tag{5-34}$$

在负荷或操作条件等发生变化时，非线性因素通常会使 K_{o2}、K_{v} 发生变化。

而从式(5-30)可以看出，串级控制系统中等效副被控过程的放大系数 K_{o2}' 只与反馈回路

中的副被控量检测变送环节的放大倍数 K_{m2} 有关，而与调节阀和副被控过程无关，即负荷和操作条件等非线性因素的变化对副回路等效闭环传递函数增益 K'_{o2} 影响不大。只要对检测变送环节进行线性化处理，副被控过程的非线性特性对整个系统的控制品质的影响就是很小的。也就是说，串级控制系统中副回路能自动克服非线性特性的影响，从而使它对负荷变化具有一定的自适应能力。

5.1.3　串级控制系统的设计及参数整定

根据以上分析可知，对容量滞后较大、纯滞后时间较长、扰动幅值大、负荷变化频繁的过程，采用串级控制系统才能获得较为理想的控制效果。

一般地，若串级控制系统设计合理，当扰动进入副回路时，其最大动态偏差将在单回路控制系统动态偏差基础上减小 90%；扰动从主回路进入时，最大动态偏差也能减小 20%～30%。但是，如果串级控制系统设计不合理，那么其优越性就无法充分体现，控制品质也就难以满足需求。

下面就串级控制系统设计工作中的一些具体问题提出相应的方法和原则。

在此，需要先考虑以下几个问题：

① 如何选择副被控量，如何设计副回路？

② 主、副回路之间有什么关系？

③ 如何设计主、副控制器？

④ 一个系统中有两个控制器时可能会遇到什么问题？

1. 主、副被控量的选择

(1) 主被控量的选择

如果把串级控制系统的闭环副回路等效为一个环节来看，那么，主回路与一般的单回路控制系统没有什么区别，无须专门讨论。主回路被控量的选择原则与第 4 章的简单控制系统设计中所述原则一样，即选择直接或间接反映产品产量、质量，满足节能、环保以及安全等控制目的的参数为主被控量。由于串级控制系统的副回路在克服干扰方面具有一定的超前作用，可使工艺过程更稳定，因此，在一定程度上允许主被控量有一定的滞后。这为选择主被控量提供了一定的余地。

(2) 副被控量的选择(副回路的设计)

串级控制系统之所以能够显著改善系统的控制品质，是因为增加了副回路，那么，副回路设计的合理性就是保证串级控制系统充分发挥其优点的关键所在。从局部结构上看，副回路也是一个单回路，其设计的关键在于从整个被控对象的多个环节中选取合适的一部分作为副被控对象，然后组成一个内环的单回路控制。实质上就是在多环节中选择哪一个物理量作为副被控量更为合理、有效的问题。

选择副被控量时，主要应遵循以下几个原则。

① 原则一：工艺过程的合理性——主、副被控量的对应关系

过程控制系统是为工业中生产工艺流程的运行服务的，选择副被控量时，首先应考虑满足生产工艺的要求。引入副回路是为了提高系统对主被控量的控制质量，通过调整副被控量有效地影响主被控量。从串级控制系统的结构方框图可以看出，控制量(操作变量)是先影响副被控量，然后再影响主被控量的。所以，应选择工艺上切实可行、容易实现、对主被控

量有直接影响且影响显著的变量作为副被控量来构成副回路。

例如，在管式加热炉中，炉膛温度对出口温度有直接影响且影响显著，同时，燃料油流量的变化是先影响炉膛温度再影响出口温度的，所以选择炉膛温度作为副被控量，这是符合工艺过程的合理性的。

② 原则二：选择的副被控量应使副回路时间常数小、控制通道短、反应灵敏

串级控制系统通常被用来克服对象的容积滞后较大、纯滞后时间较长、扰动幅值大或负荷变化频繁等问题，因此，选择的副被控量应使得副回路时间常数小、控制通道短。这样才能使副回路的等效环节时间常数 T'_{o2} 大大减小，才能提高整个系统的工作频率，提高系统的反应速度，缩短控制时间，最终改善系统的控制品质。

例如，在管式加热炉温度控制中，选择的副被控量是炉膛温度，因为炉膛温度对燃料油流量的变化能在较短时间内反映出来，可以有较快而且较强的响应作用。

总之，设法找出一个反应迅速而且灵敏的副被控量，可使干扰影响到主被控量之前就得到克服，副回路的这种超前校正作用，必然使整个系统的控制质量有较大幅度的提高。

③ 原则三：应尽可能把更多的、主要的干扰包含在副回路内

在串级控制系统中，进入副回路的二次干扰可以被迅速地克服掉。为了发挥这一特殊作用，在设计系统时，应使得副回路内尽可能多地包括一些扰动，尤其是那些变化剧烈、幅度较大、频繁发生的扰动。这样，一旦出现这些扰动，副回路就能先把它们对系统的影响降到最低，从而减小它们对主被控量的影响，提高系统的控制质量。为此，在设计串级控制系统之前，要对生产工艺流程中各种干扰来源及其影响程度进行必要的分析和研究。

但是，原则三与原则二是矛盾的，将更多的干扰包括在副回路内只能是相对而言的，并不是副回路包括的干扰越多越好。副回路包括的干扰越多，势必使副被控量的位置越靠近主被控量，使副回路的通道加长，那么副回路克服干扰的灵敏度就会下降，副回路的优越性就将被削弱。因此，在要求副回路控制通道短、反应快与尽可能多地纳入干扰这两个原则之间存在着矛盾，应在设计中加以协调。

在选择副回路时，究竟要把哪些干扰包括进去？副回路的范围应当多大？这取决于整个被控过程中容积的分布情况和各种扰动影响的大小。副回路的范围也不是越大越好，太大了会使其本身的调节性能降低，同时还可能使主回路的调节性能恶化。当副回路的时间常数加在一起超过主回路时，采用串级控制就没有明显优势了。一般应使副回路的频率比主回路的频率高得多，通常应是主回路频率的三倍左右，这就是接下来需要讨论的原则四，要考虑主、副两个回路工作频率之间需要满足的关系。

④ 原则四：主、副回路工作频率的选择(时间常数错开原则)

为保持串级控制系统的控制性能，应避免副回路进入高增益区，即主回路周期 T_{d1} 应为 $3\sim10T_{d2}$。换句话说，应该使主回路的周期大于三倍的 T_{d2}。考虑到副回路是一个快速、灵敏的回路，主回路的周期不可能小于副回路的周期，因此，主回路的周期只能是大于三倍的副回路的周期，记作

$$T_{d1} > 3T_{d2} \tag{5-35}$$

这个结论是从发挥串级控制系统特点的角度得到的。此外，还应根据主、副回路之间的动态关系来分析。

串级控制系统中的主、副回路是两个相互独立而又密切相关的回路。副回路属于随动控制系统，副控制器无时无刻地接收着主控制器的输出信号，相当于副回路一直受到来自主

回路的一个持续性干扰，这个干扰信号的频率就是主回路的工作频率 ω_{cd}，也就是主回路共振频率 ω_{r1}。从主回路的角度来看，副回路的输出对于主回路而言也相当于一个连续的干扰，这个干扰信号的频率就是副回路的工作频率 ω_{sd}，也就是副回路共振频率 ω_{r2}。

如果主、副回路的工作频率很接近，彼此就落入了对方的广义共振区。那么在一定条件下，如果受到某种干扰的作用，主被控量的变化进入副回路时会引起副被控量波动振幅的增加，而副被控量的变化被传送到主回路后，又会迫使主被控量的变化幅度增加，如此循环往复，就会使主、副被控量长时间地大幅度波动，这就是所谓串级控制系统的“共振现象”。一旦发生共振现象，系统将失去控制作用，会使控制品质恶化，若处理不及时，可能还会发生事故，引发严重后果。

为了保证串级控制系统不受共振现象的威胁，一般取 $\omega_{sd}>3\omega_{cd}$。因为系统的工作频率与被控过程的时间常数近似成反比关系，所以在选择副被控量时，还应考虑主、副被控过程时间常数的匹配关系，通常取 $T_{d1}=(3\sim10)T_{d2}$。

上述结论虽然是在假定主、副回路均为二阶系统的前提下推导出的，但也不失一般性。因为由经典控制理论可知，经过参数整定后，整个系统的工作频率由一对主导极点决定，即可把这个系统近似看作一个由此主导极点决定的二阶振荡系统。

另外，实际应用中，主、副回路的时间常数 T_{d1}、T_{d2} 究竟取多大为好，应根据具体被控过程的情况和控制系统要达到的目标而定。如果目标是克服主要的干扰，那么副回路的时间常数小一点为好，只要将主要干扰纳入副回路就行了。如果目标是防止被控过程的惯性过大或滞后严重，以便改善被控过程的动态特性，那么副回路的时间常数可适当大一些。如果想利用串级控制系统克服被控过程的非线性特性的影响，那么主、副被控过程的时间常数应该相差远一些。

上文讨论得到的结论：主、副回路工作频率应有三倍及以上的差距，或者说主、副回路时间常数应错开 3 倍及以上。这对副被控量的选择和主、副控制器的参数整定都具有指导意义。

2. 主、副控制器的控制规律的选择

在串级控制系统中，主控制器和副控制器分别在主、副回路中发挥着不同的作用，为二者选择控制规律时需要根据其不同特点分别考虑。

主回路通常是定值控制，主控制器的任务是保持主被控量符合生产要求。而且，实际应用中，凡是需要采用串级控制的场合，生产工艺对控制品质的要求都是比较高的，一般不允许被控量存在偏差。因此，主控制器一般需要具有积分作用，常采用比例积分控制规律。如果副回路外面的容积数目较多，同时有主要扰动落在副回路之外的话，就要考虑主控制器采用 PID 控制规律。

副回路对主控制器的输出起到随动控制的作用，副控制器的任务是快速动作，以迅速克服进入副回路的二次扰动。随动控制的特点是要求跟踪快速，并且在生产工艺流程中，副被控量一般并不要求无差，所以副控制器一般都选择比例控制规律，或者采用比例微分控制规律(增加了系统的复杂性但效果并不显著)。一般情况下，副控制器采用比例控制就足够了。如果主、副回路的工作频率相差很大，或者生产工艺对副被控量的精度有一定要求，也可考

虑副控制器采用比例积分控制规律。

3. 主、副控制器正反作用的选择

为保证所设计的串级控制系统正常运行，必须正确选择主、副控制器的正反作用。在介绍简单控制系统的设计时，已经讲过控制器正反作用选择的原则是保证控制系统为负反馈。在串级控制系统中，需要保证内回路和外回路都是负反馈，这样才能使整个系统稳定运行。

选择时可按照“先副后主”的顺序，先选择副控制器的正反作用，再用等效环节表示闭环副回路，将主回路等效为一个单回路控制系统，然后选择主控制器的正反作用。遵循的原则与单回路控制系统遵循的原则一致，具体如下：

(1) 首先依据调节阀的气开、气关形式，副被控过程静态增益的符号，副检测变送单元的符号决定副控制器正反作用方式。

(2) 把副回路等效为一个闭环传递函数后得到主回路的等效单回路，再决定主控制器的正反作用方式。可见，副回路等效环节的输入为副控制器的设定值，输出为副被控量，无论副回路中各个环节的静态增益符号是“+”还是“−”，副回路等效环节的静态增益 K'_{o2} 的符号一定是“+”。由此，主控制器的正反作用取决于主被控过程的静态增益 K_{o1}。调节阀的气开、气关形式不会影响主控制器正反作用的选择。

仍以管式加热炉为例，为了保证生产安全，在发生故障时燃料油阀门关闭，所以调节阀选择气开式，则 K_v 为“+”，主、副检测变送单元均为“+”。对于副被控过程，当调节阀增大时，炉膛温度 θ_2 升高，则副被控过程静态增益 K_{o2} 为“+”；对于主被控过程，当炉膛温度 θ_2 升高时，出口温度 θ_1 升高，则其静态增益 K_{o1} 为“+”。

因此，先选择副回路中副控制器的正反作用，为保证负反馈，副控制器应是反作用，如图 5-18(a)所示。

再选择主控制器的正反作用，把副回路等效为 G'_{o2}，则 K'_{o2} 为“+”，可得主控制器应为反作用，如图 5-18(b)所示。

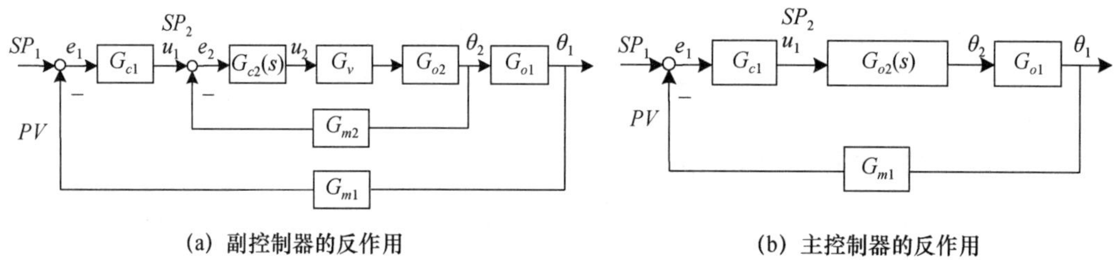

(a) 副控制器的反作用　　(b) 主控制器的反作用

图 5-18　串级控制系统控制器正反作用的选择

完成控制器正反作用选择后，可以通过假设运行情况来进行验证。例如，在图 5-18(a)中，先验证副控制器：假设在 SP_2 不变时，发生扰动使副被控量 θ_2 增大，由于副控制器 G_{c2} 为反作用，因此，偏差应为 $e_2=SP_2-\theta_2$，符号为负，控制器输出控制指令减小，使调节阀关小，从而减小燃料油流量，降低发热量，使炉膛温度 θ_2 降低，达到趋向设定值 SP_2 的校正目的。

验证结果说明副控制器选择反作用是正确的，同理可验证主控制器选择反作用也是正确的。

4. 主、副控制器参数的整定

串级控制系统控制器参数的整定比单回路控制系统要复杂一些，因为两个控制器串接

在一起，在动态过程中它们会相互影响。运行过程中，主、副回路的频率不同，其频率主要取决于被控过程的特性，也与参数整定有关。所以，在进行参数整定时通常需要尽量提高 K_{c2}，以提高副回路的频率，使主、副回路的工作频率错开三倍以上。一般地，当主、副回路工作频率相差较大时，二者之间的互相影响不大。

在进行主、副控制器参数整定时，还需注意主、副回路的特点，副回路属于随动控制系统，一般而言生产工艺对其控制品质要求不高，主要能及时、快速地跟随主控制器输出的变化即可。主回路属于定值控制系统，生产工艺对其控制品质的要求与单回路控制系统一致。因此，需根据各自完成的任务和控制品质要求对主、副控制器进行参数整定，以改善整个控制系统的动态特性，获得最佳的控制效果。

串级控制系统的参数整定通常也是按照“先副后主”的顺序进行的。

以下介绍工程中常用的三种串级控制系统参数整定方法：逐步逼近法、两步整定法、一步整定法。

(1) 逐步逼近法

串级控制系统有两个控制器，需要分别进行参数整定。首先将主回路断开，用单回路控制系统参数整定方法对副回路进行实验，确定副控制器的参数。然后保持副回路参数不变，将主回路闭合后整定主回路的参数。但有时受副被控量选择的限制，主、副回路频率较接近，两者互相影响较大，这就需要“按先副后主”的顺序多次进行参数整定，直到逐步逼近最佳的控制效果。具体操作步骤如下。

① 整定副回路：断开主回路，闭合副回路，用单回路控制系统参数整定方法整定副控制器的参数，得到第一次的整定值，记为 $G_{c2}^{(1)}$。

② 整定主回路：主、副回路均闭合，保持 $G_{c2}^{(1)}$ 参数不变，将整定好的副回路视为一个环节，则串级控制系统等效于一个单回路控制系统，用单回路控制系统参数整定方法整定主控制器的参数，记为 $G_{c1}^{(1)}$。

③ 再次整定副回路：在主、副回路均闭合，且保持主控制器参数 $G_{c1}^{(1)}$ 不变的情况下，仍用单回路控制系统参数整定方法重新整定副控制器的参数，记为 $G_{c2}^{(2)}$，至此完成一个循环的整定。

④ 重新整定主回路：主、副回路均闭合，在保持副控制器参数 $G_{c2}^{(2)}$ 不变的情况下，主回路等效为单回路，再次整定主控制的器参数，记为 $G_{c1}^{(2)}$。

系统投入运行，做扰动实验，若控制品质满足需求，则整定工作结束；若控制品质不能满足需求，则重复步骤③、④继续进行整定，直至满意为止。

逐步逼近法需要进行循环反复整定，耗时较多，在副控制器采用比例积分控制规律时较为麻烦。

(2) 两步整定法

此方法主要用于串级控制系统中主、副被控对象的时间常数相差较大，主、副回路的动态关系不是很紧密的情况。此方法的理论依据是：当主、副回路工作频率相差较大时，副回路的参数整定好后被视为主回路的等效环节，整定主控制器的参数的操作对副回路影响较小，一般可忽略；生产工艺一般对副回路的控制品质要求较低，系统以保证主回路的控制品质为主，副回路的控制品质略低一些也能满足工程需求。

除了无须进行循环整定之外，两步整定法的操作都是在主、副回路均处于闭合状态下进行的，这也有别于逐步整定法中需要断开主回路的操作。具体步骤如下。

① 在工艺流程运行稳定条件下，将主、副控制器都设置为比例控制规律，使主、副回路均处于闭合状态，设定主控制器 G_{c1} 的比例度 $P_1=100\%$并固定不变，对副控制器 G_{c2} 的比例度 P_2 进行由大变小（比例系数 K_{P2} 由小变大）调整，进行设定值阶跃扰动实验，直到副回路的输出量（副被控量）的过渡过程曲线呈现衰减比为 4∶1 的形式为止，记录此时副控制器的比例度 P_{2s} 和衰减振荡周期 T_{2s}。

② 在副控制器的比例度为 P_{2s} 固定时，将副回路视为主回路的一个等效环节，用同样的方法进行主控制器参数整定。逐步由大向小调节主控制器的比例度 P_1，直至主回路的输出量（主被控量）的过渡过程曲线呈现衰减比为 4∶1 的形式为止，记下此时主控制器的比例度 P_{1s} 和衰减振荡周期 T_{1s}。

③ 由以上记录的 P_{2s}、T_{2s}、P_{1s}、T_{1s}，结合主、副控制规律的选择（通常主控制器采用比例积分或 PID；副控制器采用比例或比例微分）按照单回路控制系统中衰减曲线法的经验公式计算出主、副控制器 G_{c1}、G_{c2} 的参数整定值。

按照“先副后主”的顺序，将以上计算出的数值设置到控制器，并进行扰动实验，观察过渡过程曲线，根据需要可适当微调参数，直至得到满意的控制品质。

(3) 一步整定法

在采用两步整定法的实践中，对两步整定法反复总结和简化，可得到一步法。一步整定法会根据经验先将副控制器的参数整定好，不再变动，然后按一般单回路控制系统参数整定的方法直接整定主控制器的参数。一步整定法整定的准确性会略低于两步整定法，但简便易行，在工程中得到了广泛应用。

该方法的理论依据为，一般生产工艺对副回路的控制品质要求不高，而对主回路的控制品质要求较高。例如，在管式加热炉中，生产工艺并不要求炉膛温度 θ_2 达到精确的值，但对出口温度的精确性要求却很高。

一步整定法的具体步骤如下。

① 生产正常时，将系统主、副回路均闭合，将副控制器设置为比例控制规律，利用经验将副控制器的比例带 P_2 调到适当数值。

② 将系统投入串级控制状态运行，采用单回路控制系统任意一种参数整定方法整定主控制器的参数。

③ 接入运行观察过渡过程，再适当调节主控制器的参数。

例 5-1 若某主、副被控过程的传递函数分别为 $G_{o1}(s)=\dfrac{1}{(30s+1)(3s+1)}$，$G_{o2}(s)=\dfrac{1}{(10s+1)(s+1)^2}$，试设计串级控制系统，整定主副控制器的参数；并从设定值扰动、一次扰动、二次扰动等方面将串级控制系统与单回路控制系统的控制性能进行比较。

解： 该被控过程阶次高、惯性较大，将副被控过程 G_{o2} 的输出作为副回路的反馈信号，将主被控过程 G_{o1} 的输出作为主回路的反馈信号，设计串级控制系统。为便于分析串级控制系统的控制效果，对该被控过程也设计了单回路控制系统，两个控制方案的仿真模型如图 5-19 所示。这里将两个系统的输出信号合并后送入 Scope 模块，在同一个坐标系中进行显示。

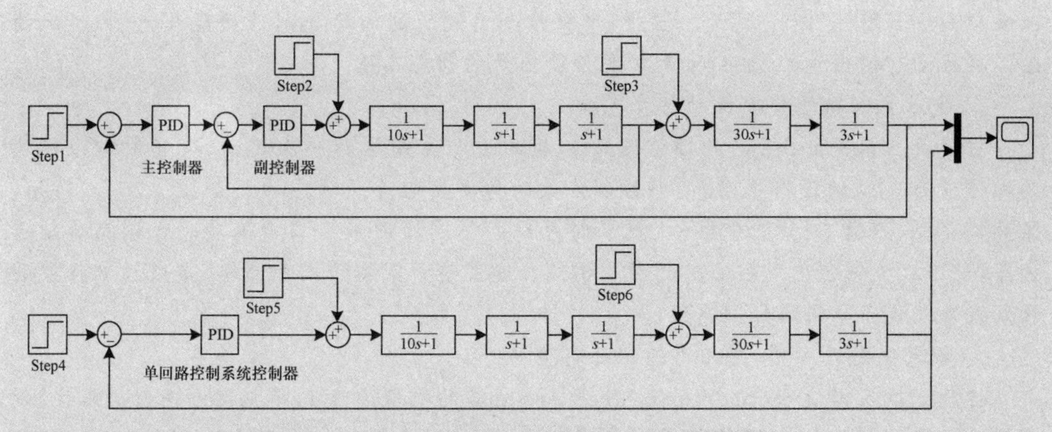

图 5-19　两种控制方案的仿真模型

(1) 单回路控制系统的设计

① 控制规律的选择：由于被控过程惯性大，过程响应慢，因此单回路控制系统的控制器采用 PID 控制规律。

② 参数整定过程：根据临界比例度法，控制器先采用比例控制规律，不断调整比例系数并进行阶跃响应实验，直至系统输出曲线呈现等幅振荡形式，记录临界比例系数为 $K_{pm}=10.5$，振荡周期为 $T_m=38$ s。

根据经验公式计算各参数的值，计算结果为：比例带 $P=1.67\cdot P_m=1.67\times(1/10.5)=0.159$、积分时间 $T_i=0.50\cdot T_m=19$ s，微分时间 $T_d=0.125\cdot T_m=4.75$ s。

在 Simulink 中，PID 模块的表达式为分离形式，与第 3 章中式(3-37)不同，需要进行折算。

折算后 PID 的参数为 $P=6.2874, I=0.3309, D=29.8653$。

(2) 串级控制系统的设计

① 控制规律的选择：为了响应迅速且无静差，副控制器采用比例控制规律；主控制器采用 PID 控制规律。

② 参数整定过程：采用逐步逼近法进行参数整定，并根据 Simulink 的 PID 模块表达式进行折算，得到副控制器的参数为 $P=15$，主控制器的参数为 $P=7, I=0.3, D=8$。

(3) 两种控制系统的对比实验

① 设定值扰动仿真实验

在仿真模型(图 5-19)中，将阶跃输入模块 Step1 和 Step4 的幅值设为 1，将其余 Step 模块幅值设为 0，同时对单回路控制系统和串级控制系统进行设定值扰动实验，两种控制方案的仿真实验阶跃响应曲线如图 5-20(a)所示。显然，串级控制系统对设定值阶跃信号响应迅速且超调量较低。

② 进入副回路的二次扰动仿真实验

将阶跃输入模块 Step1、Step4 的幅值设为 0，认为设定值不变；将 Step3、Step6 的幅值设为 0，Step2 和 Step5 的幅值设为 1，仅进行二次扰动实验，两种控制方案的仿真实验阶跃响应曲线如图 5-20(b)所示。显然,串级控制系统的副回路控制作用能及时、快速地消除二次扰动对输出量的影响,大大提高了输出量的动态品质。

③ 进入主回路的一次扰动仿真实验

将模块 Step3 和 Step6 的幅值设为 1,模拟进入主回路的一次扰动,将其他四个模块的幅值设为 0,认为没有扰动,两种控制方案的仿真实验阶跃响应曲线如图 5-20(c)所示。虽然,与图 5-20(b)对比,发生一次扰动时系统的控制品质不如二次扰动时控制品质改善显著,但串级控制系统中副回路的引入仍然加速了整个系统的工作频率,串级控制系统的控制效果仍优于单回路控制系统。

④ 扰动同时进入主、副回路的仿真实验

将阶跃输入模块 Step2、Step3、Step5 和 Step6 的幅值设为 1,模拟扰动同时进入主、副回路;将 Step1、Step4 的幅值设为 0,认为设定值不变,两种控制方案的仿真实验阶跃响应曲线如图 5-22(d)所示。

综上,串级控制系统不仅能快速及时地消除进入副回路的二次扰动,也能有效减小进入主回路的扰动对输出量的影响,可大大提高系统的动态品质。

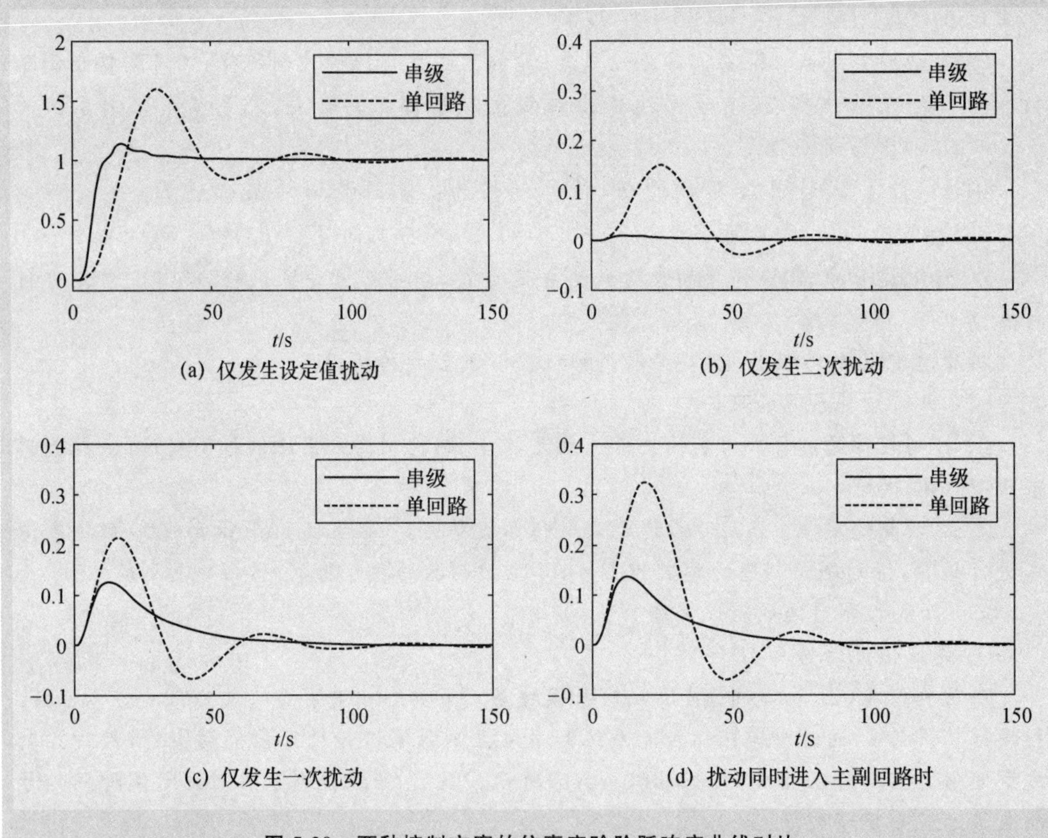

图 5-20　两种控制方案的仿真实验阶跃响应曲线对比

5.2 前馈控制系统

如果按照结构特点进行分类，控制系统可分为反馈控制(闭环)和前馈控制(开环)两类。

反馈控制系统以被控量为反馈信息，以反馈值与设定值之间的偏差为控制器的输入，因控制器发出的控制指令对系统进行校正，信号传递过程形成了闭合回路，属于闭环控制结构。反馈控制系统采用"基于偏差而消除偏差"的控制机制，可消除发生在回路中的多种干扰，因此得到广泛应用。但是，偏差与干扰并不同步，干扰总要通过一些过程的作用才会使被控量发生变化(扰动通道的动态特性)，这就势必造成校正动作总是落后于干扰，那么扰动作用必然对被控过程造成不良影响，特别是当控制通道惯性或时滞较大时，系统可能会产生较大的动态偏差。可见，反馈控制系统在工业过程应用中存在对干扰的校正不够及时的弱点。

前馈控制由不变性原理发展而来，能够按照补偿原理直接根据扰动或设定值的变化进行控制，由于信号传输没有形成闭合回路，因此属于开环控制结构。大多数情况下，扰动是造成偏差的原因，前馈控制能够及时消除扰动的影响，从而使被控量基本不变化(或变化幅度很小)，因此，前馈控制又被称为"扰动补偿"。

本节通过基本原理、常用结构和工程设计三个方面来讨论前馈控制系统的作用及应用，采用贯穿式案例对前馈系统的工程设计方法进行介绍。

5.2.1 前馈控制系统的基本原理

下面以热交换器温度控制系统为例，说明前馈控制系统的基本原理。

1. 被控过程分析

热交换器的工艺流程如图 5-21 所示，这种工艺在工业生产和民用设备生产中十分常见。热蒸汽是加热源，用来加热从热交换器列管中流过的冷物料。过程控制系统的控制任务是把被加热物料的出口温度 θ_1 控制在一定的范围内，因此，出口温度 θ_1 是被控量。

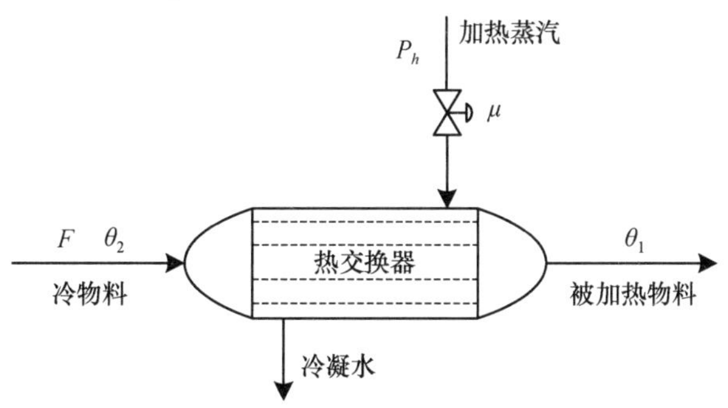

图 5-21　热交换器的工艺流程

从图 5-21 可以看出，影响被加热物料出口温度 θ_1（被控量）的因素很多，主要有：

① 加热蒸汽阀门开度 μ，这是决定温度变化最主要的因素，可作为控制量；

② 冷物料的流量 F，F 的变化通常是由于负荷变动引起的；

③ 冷物料入口温度 θ_2，θ_2 的变化通常是由运行环境的变化引起的；

④ 加热蒸汽阀门前压力 P_h，P_h 的变化会造成阀门前后压差变化，从而影响流入热交换器的热蒸汽流量。

以上因素对被控量（出口温度 θ_1）而言，均可被视为输入量，由此，可以建立如图 5-22(a) 所示的输入输出关系模型。

根据生产工艺的要求，通常选择易于调节的热蒸汽阀门开度 μ 作为控制量（μ 也被称为基本扰动），其他影响出口温度 θ_1 的输入量——冷物料流量 F、入口温度 θ_2 和加热蒸汽阀门前压力 P_h，均被视为扰动量（外部扰动）。一般将控制量（基本扰动）记作 u，将外部扰动分别记作 $f_1, f_2, \cdots, f_n$，可得被控过程在基本扰动和外部扰动作用下的输入输出模型，即通用形式，如图 5-22(b) 所示。

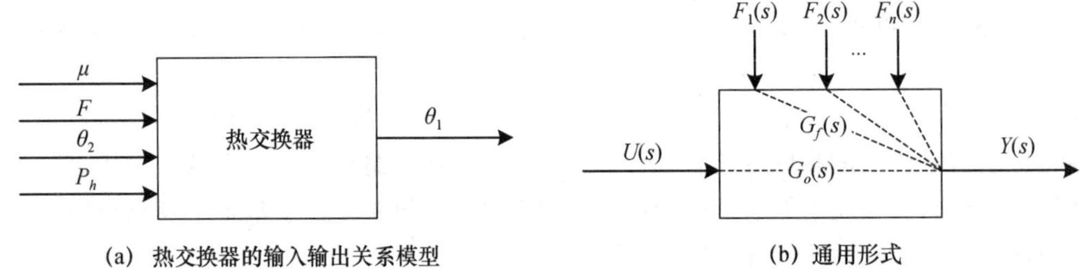

图 5-22 被控过程的输入输出模型

2. 控制系统结构分析

为实现热交换器出口温度的控制任务，过程控制系统的设计方案常采用如下两种形式。

(1) 反馈控制

根据生产工艺的要求，要使被加热物料出口温度 θ_1 稳定在某设定值，最简单的设计方案就是反馈控制，就是以加热蒸汽阀门开度 μ 为控制量，以检测的出口温度 θ_1 为反馈信息，控制器根据反馈信息与温度设定值的偏差得到控制指令，将控制指令送至调节阀，调节阀完成校正。反馈控制的工艺流程如图 5-23(a) 所示，其结构方框图如图 5-23(b) 所示。由于反馈信号传送到综合点使系统构成了闭合回路，因此，该系统为典型的单回路控制系统。

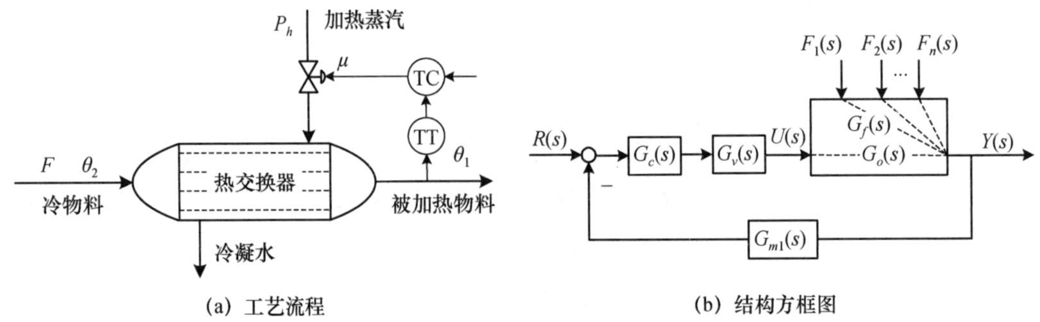

图 5-23 热交换器出口温度反馈控制系统

根据反馈控制系统的工作过程，可总结出反馈控制系统具有如下几个特点。

① 根据被控量与设定值之间的偏差进行控制，能够消除进入闭合回路的各种干扰（如 F、θ_2、P_h 等）对被控量的影响，从而能实现消除偏差、精确控制被控量的目的。

② 反馈控制的动作总是落后于干扰，是一种不及时的校正，因此将影响校正效果，特别是在被控过程的惯性或滞后较大时，控制过程的动态偏差较大。

③ 由于构成了闭合回路，因此实际应用过程中需要考虑系统的稳定性问题（因为即使开环系统中的各个环节都是稳定的，由这些环节构成的闭环系统也不一定是稳定的），这是工业生产正常进行的重要条件。

（2）前馈控制

① 前馈控制结构

对运行过程中发生扰动的情况进行分析后可知，热交换器需要根据外界用户负荷的需求随时改变冷物料的流量 F，这说明发生的主要干扰是冷物料流量 F 的变化，其余的干扰，如被加热物料入口温度 θ_2、加热蒸汽阀门前压力 P_h 等幅度较小或者不频繁。那么，根据主要干扰 F 直接进行控制，则可设计成前馈控制系统。前馈控制的工艺流程如图 5-24(a)所示，其结构方框图如图 5-24(b)所示。

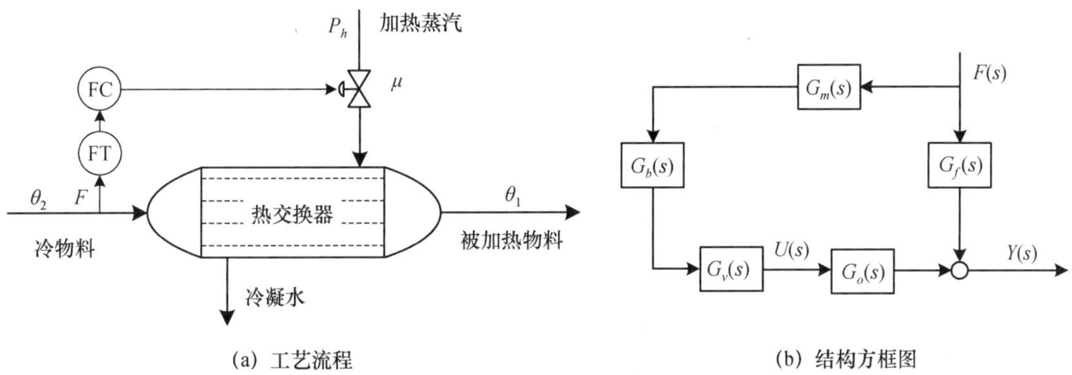

(a) 工艺流程　　(b) 结构方框图

图 5-24　热交换器出口温度前馈控制系统

其中，$G_o(s)$为控制通道传递函数，$G_f(s)$为扰动通道传递函数，$G_b(s)$为前馈控制器（前馈控制律），$G_m(s)$为扰动信号的检测变送单元，$G_v(s)$为执行机构传递函数。

在前馈控制系统中，一旦发生负荷变动的干扰，系统就直接根据冷物料流量 F 检测信号的大小得到前馈控制指令，调整加热蒸汽阀门开度，对干扰进行校正，补偿干扰对被控量的影响。例如，当冷物料流量 F 减小时，出口温度 θ_1 上升。这种情况下前馈控制的校正过程是：在检测到冷物料流量 F 减小时，按一定的补偿规律减小加热蒸汽阀门开度 μ，只要蒸汽量改变的幅度和动态过程合适，就可显著减小由于负荷波动而引起的出口温度的波动。从理论上讲，若前馈控制设计合理，可在干扰影响被控量之前就将其完全抵消掉，实现对扰动量的完全补偿（即使被控量与扰动量完全无关）。并且，前馈控制的校正作用发生在被控量变化之前，与反馈控制相比，前馈控制对于干扰的克服作用非常及时，不受被控过程滞后特性的影响。

② 前馈控制律 G_b

在图 5-24(b)中，前馈控制律记作 $G_b(s)$，应该如何设计它才能实现对扰动量的完全补偿呢？下面按照各物理量之间的相互影响关系进行推导。

冷物料流量 F 的扰动对被控量 Y 的作用为

$$Y(s)=[G_f(s)+G_o(s)G_v(s)G_b(s)G_m(s)]F(s) \tag{5-36}$$

若希望扰动 F 对被控量 Y 无影响，则需满足

$$G_f(s)+G_o(s)G_v(s)G_b(s)G_m(s)=0 \tag{5-37}$$

由此可推导出前馈控制律 $G_b(s)$ 为

$$G_b(s)=-\frac{G_f(s)}{G_o(s)G_v(s)G_m(s)} \tag{5-38}$$

实际上，式(5-37)符合不变性原理。

所谓不变性原理，是指控制系统的被控量与扰动量绝对无关或在一定准确度下无关，即被控量完全独立或基本独立。

说明：在图 5-22(b)中，被控量受到 $F_i(s)$ 的作用，那么被控量的不变性即可表示为

$$\text{当 } F_i(s)\neq 0 \text{ 时}, Y(s)=0 \tag{5-39}$$

即被控量与扰动是独立无关的。在实际中，被控量不可能完全与扰动无关。被控量与扰动之间的不变性程度，有以下几种情况：

A. 绝对不变性——理想的控制标准

绝对不变性是指扰动作用下，被控量在整个过渡过程中始终保持不变，即被控过程中动态偏差和静态偏差均为 0。由于被控过程的数学模型存在精度问题，同时，实现扰动补偿的控制装置比较困难，因此在工程实现中达到绝对不变性非常困难，这是一种理想的控制标准。

B. 误差不变性

误差不变性是指允许与绝对不变性存在一定误差限度 ε 的不变性。误差不变性在工程上具有现实意义，从而得以广泛应用。

C. 稳态不变性

稳态不变性是指被控量在稳态工况下与扰动量无关；在扰动作用下，被控量的动态偏差不为 0，而其稳态偏差为 0。在控制要求不高的场合，实现稳态不变性即能满足生产工艺的需求，因此，稳态不变性也具有实际应用价值。

D. 选择不变性

实际中被控量通常会受到多个扰动的影响，若被控量相对于其中几个主要的扰动是独立的，就称实现了选择不变性。选择不变性可以减少补偿装置、节省投资，实际中通常实现的就是选择不变性，因为一般难以针对每个扰动进行不变性设计。

③ 前馈控制的特点

前馈控制作用在扰动出现的时刻，能对扰动立即进行补偿，无须等到产生偏差，是“防患于未然”，因此，前馈控制的校正作用及时，对特定扰动引起的动、静态偏差控制比较有效。对比前馈控制和反馈控制的结构方框图可知，两者之间的根本差别在于前馈控制是开环控制，而反馈控制是闭环控制。

从系统稳定性角度分析，只要系统中各个环节是稳定的，那么开环结构的前馈控制系统必定是稳定的。这个特性对于反馈控制系统是不成立的。即使反馈控制系统的每个环节都是稳定的，闭环结构的反馈控制系统也不一定稳定。

前馈控制的另一个重要特点就是被控量没有参与控制，前馈控制对生产工艺中最为重要的物理量没有进行检测，也就无法检验控制的效果是否满足要求。

另外，设计一个前馈通道只能抑制一个特定干扰对被控量的影响，而不能抑制其他干扰对被控量的影响。如图5-25所示，由于该前馈控制系统仅仅对冷物料流量 F 的变化进行补偿，若发生其他的外部扰动，如加热蒸汽阀门前压力 P_h、冷物料入口温度 θ_2 等发生变化，系统显然无法发挥校正作用，无法保证被控量达到预定范围。在实际工程应用中，不可能对每个干扰都设计一套独立的检测装置和一个前馈控制器。

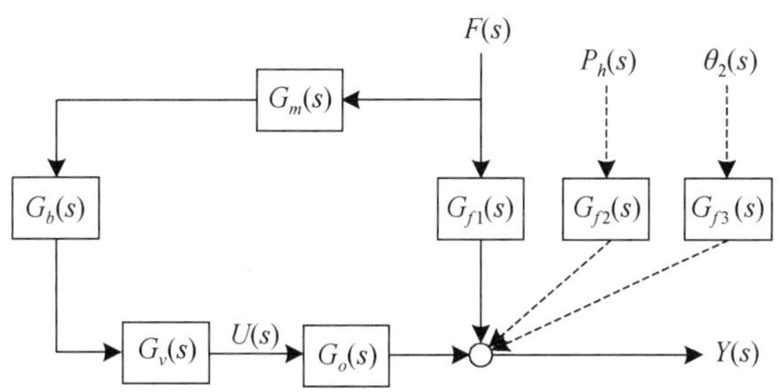

图5-25　多个扰动因素影响下的前馈控制

而反馈控制是闭环控制，是通过反馈信号的变化来克服各种扰动（进入闭合回路）的影响的，最终将达到无偏差控制效果。

由式(5-38)可知，不同于反馈控制，前馈控制是由过程特性决定的，对不同的被控过程特性和扰动通道特性需要采用不同的前馈控制。实际工程应用中很难得到检测变送单元、执行机构和被控过程特性的精确数学模型。因此，前馈控制往往存在实现困难的问题：要么前馈控制律过于复杂，难以物理实现，要么因建模不够精确而导致补偿不充分。

反馈控制与前馈控制的对比如表5-1所示。

表5-1　反馈控制与前馈控制的对比

项目	反馈控制	前馈控制
控制结构	闭环控制系统	开环控制系统
	基于偏差信息进行控制，校正作用滞后，属于“事后补偿”	直接根据扰动量进行补偿，属于“防患于未然”
	无论什么因素使被控量发生变化，都产生校正作用，可以完成被控量的精确控制任务	只针对特定的扰动信号产生校正作用，无法保证被控量达到预定范围
	组成环节都稳定，构成的闭环系统不一定稳定	组成环节稳定，前馈控制系统就稳定
控制律	常用PID控制律	式(5-38)所示的补偿律
	通用形式，不依赖被控过程的数学模型	依赖被控过程的数学模型，如建模不精确，将不能实现完全补偿

5.2.2　前馈控制系统的常用结构

1. 前馈-反馈复合控制——综合了前馈控制能及时克服扰动和反馈控制能消除各种干扰的特点

考虑到前馈控制是开环结构，并且设计一套前馈控制仅能对一种扰动进行校正，所以在实际应用中一般不单独采用前馈控制，否则难以实现系统的控制目标。

通常将前馈控制与反馈控制结合在一起，构成前馈-反馈复合控制系统。这样能将前馈控制对扰动克服的及时性与反馈控制可消除各种干扰的特点结合起来，即使在大而频繁的扰动下，仍能获得优良的控制品质。

在热交换器温度控制系统中，将图 5-23 和图 5-24 的设计方案结合起来，即为前馈-反馈复合控制系统，如图 5-26 所示。

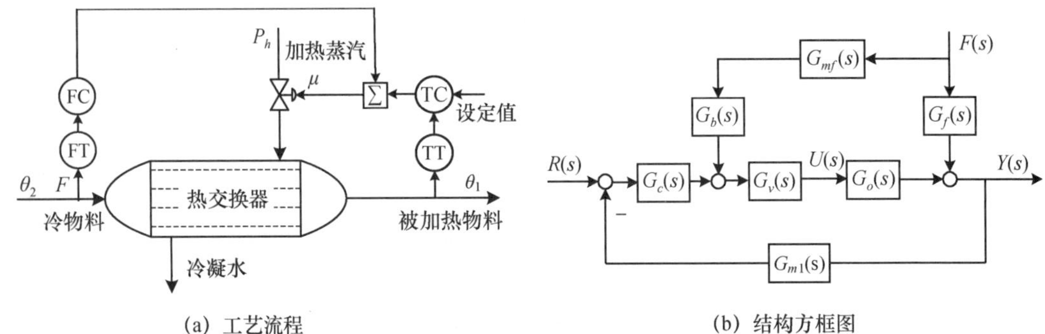

(a) 工艺流程　　(b) 结构方框图

图 5-26　热交换器出口温度前馈-反馈复合控制系统

其中，$G_c(s)$为反馈控制器，$G_{m1}(s)$为被控量检测变送单元，$G_{mf}(s)$为扰动量检测变送单元。

根据图 5-26(b)可写出两个输入（设定值 R 和干扰 F）对输出 Y 的共同影响：

$$Y(s)=\frac{G_c(s)G_v(s)G_o(s)}{1+G_c(s)G_v(s)G_o(s)G_{m1}(s)}R(s)+\frac{G_f(s)+G_o(s)G_v(s)G_b(s)G_{mf}(s)}{1+G_c(s)G_v(s)G_o(s)G_{m1}(s)}F(s) \tag{5-40}$$

要想实现前馈控制对干扰的完全补偿，式(5-40)中第二项应为 0，得

$$G_f(s)+G_o(s)G_v(s)G_b(s)G_{mf}(s)=0 \tag{5-41}$$

由此可得到前馈-反馈复合控制系统中的前馈补偿律为

$$G_b(s)=-\frac{G_f(s)}{G_o(s)G_v(s)G_{mf}(s)} \tag{5-42}$$

前馈-反馈复合控制主要具有如下几个特点。

① 补偿条件与前馈控制系统的补偿条件相同；

② 相比单独采用前馈控制的情况，前馈-反馈复合控制中反馈控制形成的闭合回路使扰动对输出的影响大大减小，为原有扰动影响的 $1/[1+G_c(s)G_v(s)G_o(s)G_{m1}(s)]$；

③ 前馈控制的引入对系统的稳定性无影响，即前馈-反馈复合控制的稳定性与反馈控制的稳定性是一致的。这是因为前馈控制系统不构成闭合回路，传递函数中分母特征多项式不变，前馈-反馈复合控制系统的特征方程 $1+G_c(s)G_v(s)G_o(s)G_{m1}(s)=0$，与单回路闭环控制系统的特征方程是一样的，与前馈控制器和检测环节无关。

2. 前馈-反馈串级复合控制——流量副回路应对干扰频繁剧烈且控制要求精度高的情况

在实际生产过程中，如果被控过程的主要干扰频繁而又剧烈，生产过程对被控量的精度要求又很高，同时，系统中执行器存在非线性特性或者调节阀前压力有扰动等情况，为了使控制量（通常是某些工质的流量）很好地对应控制指令，通常在前馈-反馈复合控制系统的执行机构前增加一个流量副回路，构成前馈-反馈串级复合控制系统。实践证明，采用这种控

制方式的被控过程可以获得较高的动态、静态性能指标。

在热交换器控制系统中，为了克服蒸汽管道压力扰动和调节阀非线性流量特性的影响，可增加一个流量检测单元和一个流量控制器，形成流量副回路，从而构成前馈-反馈串级复合控制系统，如图 5-27 所示。

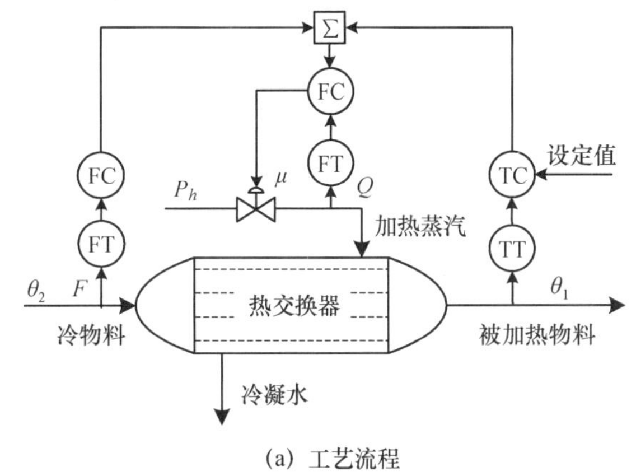

(a) 工艺流程

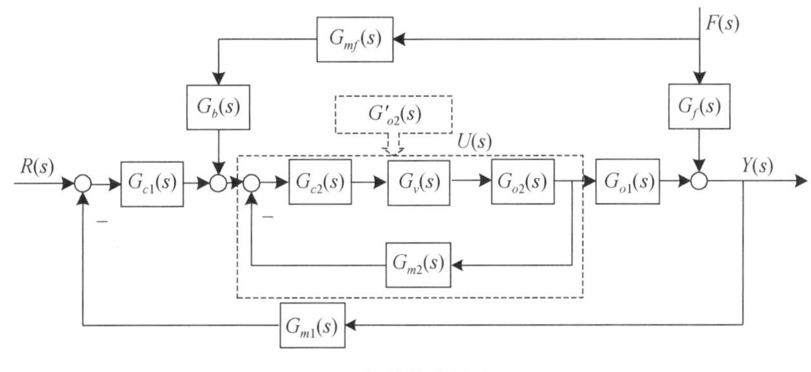

(b) 结构方框图

图 5-27　热交换器出口温度前馈-反馈串级复合控制系统

前馈-反馈串级复合控制系统的结构较为复杂，可先写出副回路的闭环传递函数，将副回路视为一个环节，然后将串级控制系统等效为一个单回路控制系统，最后再去分析加入前馈控制的复合控制系统即可。

副回路的闭环传递函数为

$$G'_{o2}(s)=\frac{G_{c2}(s)G_v(s)G_{o2}(s)}{1+G_{c2}(s)G_v(s)G_{o2}(s)G_{m2}(s)} \tag{5-43}$$

因此在图 5-27(b)中，前馈控制律需满足的不变性原则为

$$G_f(s)+G_{mf}(s)G_b(s)G'_{o2}(s)G_{o1}(s)=0 \tag{5-44}$$

得到前馈控制律

$$G_b(s)=-\frac{G_f(s)}{G_{mf}(s)G'_{o2}(s)G_{o1}(s)} \tag{5-45}$$

在串级控制系统的参数整定中，要求副回路的工作频率远远大于主回路的工作频率，理想情况下可使副回路闭环传递函数近似为 1，即

$$G'_{o2}(s)=\frac{G_{c2}(s)G_v(s)G_{o2}(s)}{1+G_{c2}(s)G_v(s)G_{o2}(s)G_{m2}(s)}\approx 1 \tag{5-46}$$

那么此时的前馈控制律与单回路的复合控制系统是一致的，即前馈-反馈串级复合控制系统的前馈控制律主要取决于主被控过程的传递函数和扰动通道的传递函数。

5.2.3 前馈控制系统的工程设计

1. 前馈控制系统的引入前提

由于前馈控制按扰动量变化进行控制，前馈控制律是根据扰动通道和控制通道的动态特性而确定的，因此在实际工程应用时，前馈控制系统的引入必然与干扰及被控过程的动态特性有关。一般来说，引入前馈控制主要有以下几个前提。

① 系统的扰动量是“可测及不可控”的。扰动量“可测”是实现前馈控制的必要条件，指可以通过检测变送单元测量扰动量，再将测量值转换为前馈控制器能接受和处理的信号。而扰动量“不可控”指这些扰动量(如代表生产中负荷的流量信号)难以或不允许通过专门的控制回路予以控制。如果扰动量可控，则可设计独立的控制系统加以克服，无须设计较为复杂的前馈控制系统。

② 扰动量变化幅度大且频繁。这是从幅值和频率两个方面说明扰动对被控过程的影响十分不利：扰动量幅值变化越大，其对被控量的影响就越大，造成的偏差也越大，因此，按扰动变化设计的前馈控制要比反馈控制更能有效地克服干扰的影响；高频的干扰对被控过程影响十分显著，特别是对滞后时间较小的一些生产过程，例如流量控制系统，高频干扰容易使系统产生持续振荡。因此，对于扰动量变化幅度大且频繁的工业过程就需要采用前馈控制，通过对扰动进行同步补偿来获得较好的控制品质。

③ 扰动对被控量影响较大，仅靠反馈控制难以及时克服，且被控过程对控制品质要求较高。

④ 系统控制通道的滞后时间较大或扰动通道的时间常数较小。

在实际工程应用中，是否采用前馈控制，需要根据工艺流程对控制系统性能指标的要求和被控过程的动态特性具体确定。

2. 前馈控制律的确定

(1) 静态前馈控制律

在式(5-38)中，若取各个环节的静态放大系数构成前馈控制律，就得到了静态(或稳态)前馈控制律

$$K_b=-\frac{K_f}{K_oK_vK_m} \tag{5-47}$$

其中，K_f 为扰动通道的静态增益；K_m 为扰动量检测变送单元的静态增益；K_o 为控制通道的静态增益；K_v 为执行机构的静态增益。

此时，前馈控制相当于比例控制，简单易于实现。当控制通道和扰动通道的时间常数相差不大时，静态前馈控制律可以得到较好的补偿效果。因此，静态前馈控制律在实际工程中得到了广泛应用。静态前馈控制律在动态过渡中仍有偏差存在，是一种不完全的补偿。从不变性原理来看，静态前馈控制律仅能实现稳态不变性。

考考你 5-1 实际生产过程中存在不可忽视的非线性特性，特别是在不同负荷下，被控过程往往存在变增益的特性，那么工程中应该如何设计静态前馈控制律呢？

(2) 动态前馈控制律

式(5-38)是按不变性原理实现完全补偿的前馈控制传递函数形式，若将式中的执行器和扰动量检测变送单元与被控过程合并，仍记作 $G_o(s)$，则前馈控制律可写为

$$G_b(s)=-\frac{G_f(s)}{G_o(s)} \tag{5-48}$$

由于实际中难以准确描述被控过程的动态特性，各环节的传递函数又比较复杂，因此前馈控制律的形式难以实现，此表达式通常只具有理论意义，在实际中难以应用。

实际中，大部分工业过程的扰动通道和控制通道都呈现稳定的自衡特性，它们的数学模型的结构形式是相近的，动态特性主要考虑惯性和迟滞现象，因此可近似表示为一阶惯性环节串联一个纯滞后环节，形式如

$$G_o(s)=-\frac{K_o}{T_os+1}\mathrm{e}^{-\tau_os} \tag{5-49}$$

$$G_f(s)=-\frac{K_f}{T_fs+1}\mathrm{e}^{-\tau_fs} \tag{5-50}$$

那么，将式(5-49)(5-50)代入式(5-48)后，可得到通用的动态前馈控制律

$$G_b(s)=-\frac{K_f}{K_o}\frac{T_os+1}{T_fs+1}\mathrm{e}^{-(\tau_f-\tau_o)s}=K_b\frac{T_1s+1}{T_2s+1}\mathrm{e}^{-\tau_bs} \tag{5-51}$$

其中，$K_b=-\frac{K_f}{K_o}$，为前馈控制器的静态增益；$\mathrm{e}^{-\tau_bs}=\mathrm{e}^{-(\tau_f-\tau_o)s}$，为纯滞后环节；$\tau_b=\tau_f-\tau_o$，为纯滞后时间。

若不考虑纯滞后环节，式(5-51)实为超前-滞后环节，采用简单通用的装置就能够满足基本的工程需求。

当 $T_1>T_2$ 时 $G_b(s)$具有超前特性；当 $T_1<T_2$ 时 $G_b(s)$具有滞后特性；当 $T_1=T_2$ 时 $G_b(s)$为比例环节，即为静态前馈控制律。

① 当 $\tau_f<\tau_o$ 时 $G_b(s)$是物理不可实现的；

② 在式(5-51)中，时间常数 T_o、T_f 用于区别控制通道和扰动通道，T_1、T_2 用于表示该形式的一般性。

(3) 确定前馈控制律的原则

由于工程设计时已将扰动通道和控制通道的传递函数近似表示为式(5-49)和式(5-50)的形式，因此根据各自动态特性的参数，即可得到前馈控制器的控制规律。实际应用中一般按照以下原则确定：

① 当 $0.7\leqslant\frac{T_o}{T_f}\leqslant1.3$ 时，扰动通道和控制通道的动态特性相差不大，认为 $T_o\approx T_f$，可

采用静态前馈控制律。

② 当$\frac{T_o}{T_f}<0.7$时，可不设计前馈控制，或用静态前馈控制；因为T_o较小，控制通道响应较快，T_f较大，扰动通道响应较慢，因此采用反馈控制就能很快消除干扰的影响。

③ 当$\frac{T_o}{T_f}>1.3$时，扰动通道响应较快，控制通道响应较慢，应采用动态前馈控制律。

考考你 5-2 某工业过程的模型参数符合$T_o>1.3T_f$，扰动信号变化频繁且包含多种高频成分，此情况下适合采用动态前馈控制律吗？

3. 前馈控制的参数整定

(1) 前馈控制装置和偏置值

在工程应用时，要根据控制仪表、装置等来确定前馈控制的实现方法。

若采用集散控制系统(Distributed Control System，DCS)，可以利用超前-滞后功能模块实现动态前馈控制律，利用静态函数模块实现静态前馈控制律；若采用工业 PC 机，则可用软件设计算法来实现前馈控制律；若采用常规模拟仪表，则通常采用比例环节来实现静态前馈控制律。

另外，工程设计中有时还需要考虑偏置值的设置。

正常工况下，扰动量有输出值，前馈控制器也有输出值。在前馈-反馈复合控制系统中，反馈控制信号和前馈控制信号的叠加有可能超出仪表量程范围，因此就应该在前馈控制器的输出中设置偏置值B，其大小应该等于正常工况下扰动量F经过前馈控制器后的输出，其正负号应该抵消正常工况下系统的输出，应为

$$B=-K_m K_b F \tag{5-52}$$

设置了偏置值后，在正常工况下，送到执行器的信号就只有反馈控制信号，前馈控制信号已被抵消了。当扰动量发生变化时其值为$F+\Delta F$，前馈控制信号被偏置值抵消之后实为$K_m K_b \Delta F$，将其再与反馈控制信号相加后，就实现了前馈-反馈复合控制。

设置偏置值在实际工程应用中具有必要性，下面以 DDZ-Ⅲ型仪表为例进行说明。

若正常工况下直接由扰动量得出的前馈控制器的输出$u_b=12$ mA，根据扰动量的波动在此数值上下进行变化，若系统控制量u为反馈控制信号u_c与前馈控制信号u_b的叠加，即

$$u=u_b+u_c \tag{5-53}$$

那么正常工况下，反馈控制信号u_c的有效范围为 4～12 mA[注意 4 mA 是控制器输出下限，起到零值作用，具体数值的计算应该为$u=4+(u_b-4)+(u_c-4)$]，说明在前馈-反馈复合控制系统中，在量程内使反馈控制的工作范围被压缩。另一方面，总的输出下限不是规定的仪表零值，这些都对控制不利。

为此需要引入一个偏置值 B,使运算公式成为

$$u=u_b+u_c+B \tag{5-54}$$

偏置值 B 的值可选择为恰好抵消正常工况下前馈控制信号 u_b 的值,这样,反馈控制信号 u_c 就又可以在全量程范围下工作了,总的控制输出 u 的变化范围也恢复为 4~20 mA。

(2) 静态前馈控制参数的整定

静态前馈增益 K_b 是一个重要的参数,可以通过物料平衡或热量平衡关系求得,但计算比较困难,在实际工程应用中通常有以下三种方法可以对其进行整定。

① 被控过程开环增益测试法

可分别通过控制通道和扰动通道的开环扰动实验,测量出各自的稳态增益值 K_o、K_f,然后根据式(5-47)得到静态前馈增益。稳态增益值需要进行开环实验测得,对实际的生产运行有影响。

② 闭环扰动实验法

这是一种简单、实用的方法,可通过实验数据求得静态前馈增益,具体实验步骤如下。

A. 断开前馈补偿信号,使系统仅采用反馈控制。

B. 进行扰动量的阶跃变化实验,测出由反馈作用使被控量 y 恢复定值时所需的控制量。例如,当扰动为 f_1 时,需要控制作用 u_1 使 y 恢复;当扰动为 f_2 时,需要控制作用 u_2 使 y 恢复。

C. 静态前馈增益的计算公式为

$$K_b=\frac{u_2-u_1}{f_2-f_1} \tag{5-55}$$

例 5-2 假设在某工业流程中,被控过程(控制通道)和扰动通道的传递函数分别为

$$G_o(s)=\frac{5}{15s+1}e^{-2s},\ G_f(s)=\frac{-2}{20s+1}e^{-s} \tag{5-56}$$

请采用闭环扰动实验法求得静态前馈增益 K_b。

解: 先不加前馈控制,系统仅采用反馈控制,建立仿真模型如图 5-28 所示。保持设定值不变,进行闭环阶跃扰动实验,由 PID 控制器克服扰动的影响。

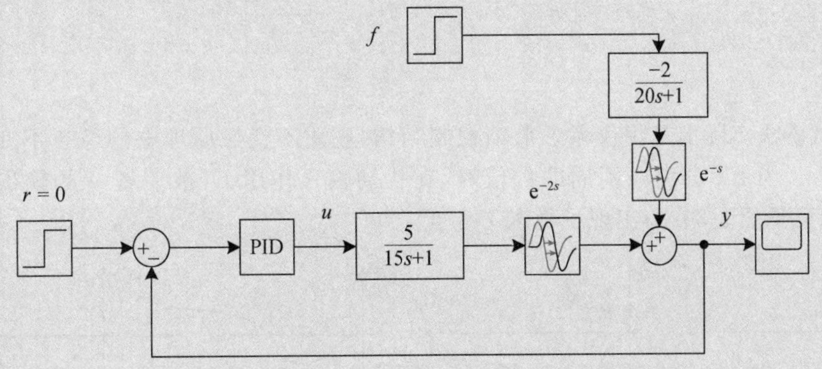

图 5-28 对例 5-2 被控过程仅采用反馈控制的仿真模型

阶跃扰动变化的幅值分别取 0.4 和 0.2，进行两次测试，阶跃响应曲线如图 5-29 所示。

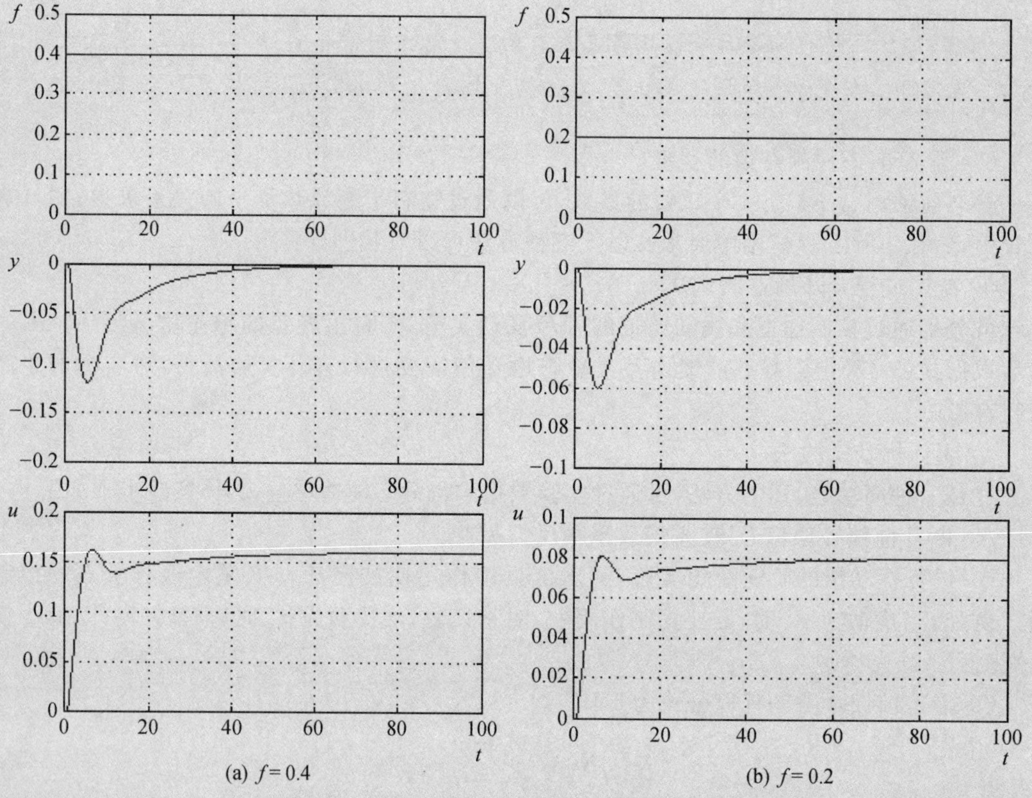

(a) $f=0.4$ (b) $f=0.2$

图 5-29　闭环阶跃扰动实验测得的阶跃响应曲线

根据图 5-29 所示的阶跃响应曲线，可记录稳态的数据如下：当 $f_1=0.4$ 时，$u_1=0.16$；当 $f_2=0.2$ 时，$u_2=0.08$。则

$$K_b=\frac{u_2-u_1}{f_2-f_1}=\frac{0.08-0.16}{0.2-0.4}=0.4$$

与理论计算 $K_b=-\frac{K_f}{K_o}=-\frac{-2}{5}=0.4$ 一致。

① 经验试凑法

经验试凑法实际上是仅仅考虑前馈控制结构，利用不变性原理中的稳态不变性来进行参数整定的。当 K_b 分别取不同的数值时，在扰动输入作用下，被控量 y 的输出曲线如图 5-30 所示，可见图 5-30(d)实现了稳态不变性。

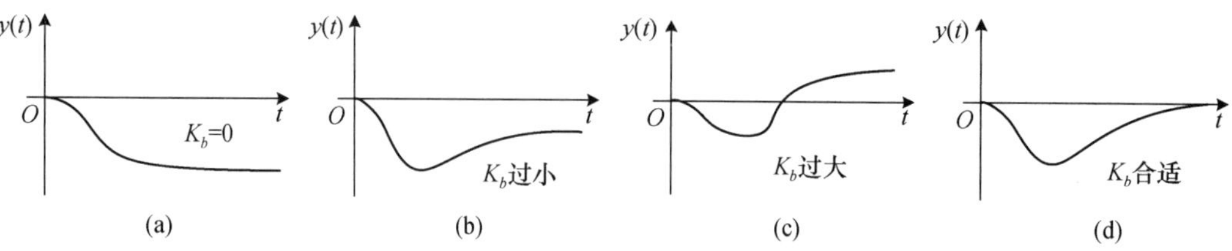

图 5-30　用经验试凑法整定静态前馈控制参数

例 5-3　针对例 5-2 中的系统，请采用经验试凑法求得其静态前馈增益。

解： 断开反馈控制回路，仅用前馈补偿进行开环控制，保持设定值不变，进行阶跃扰动实验，建立仿真模型如图 5-31 所示。

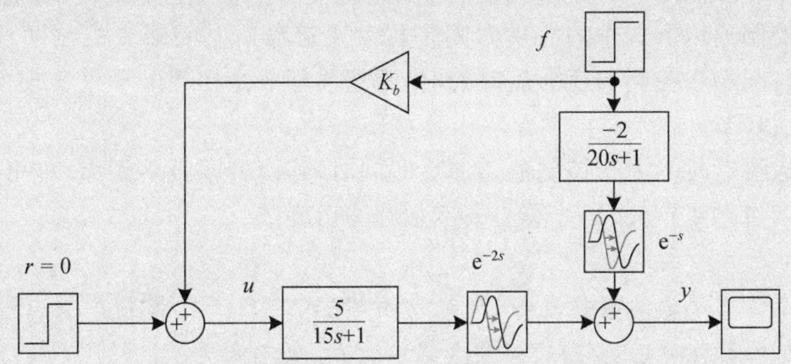

图 5-31　对例 5-2 被控过程仅采用前馈控制的仿真模型

对静态前馈系数进行试凑，当 K_b 分别取 0，0.2，0.4，1 时，系统输出曲线如图 5-32 所示。

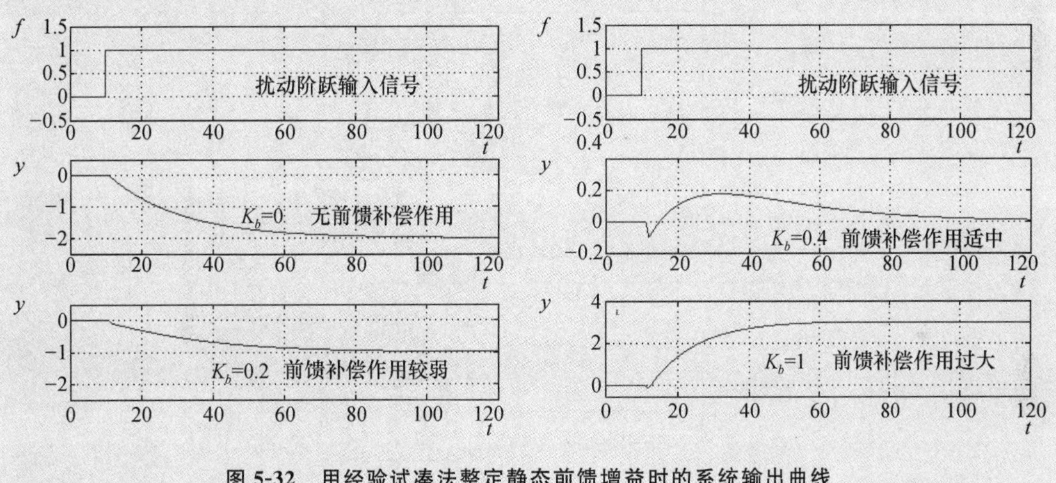

图 5-32　用经验试凑法整定静态前馈增益时的系统输出曲线

(3) 动态前馈控制参数的整定

在动态前馈控制的通用形式[式(5-51)]中，可根据控制通道和扰动通道时间常数的大小来决定呈现超前校正还是滞后校正的特性，可以采用开环特性实验测试法或经验试凑法两种方法进行参数整定。

① 时间常数的整定

A. 开环特性实验测试法

根据本书第 2 章介绍的建模方法，分别对控制通道和扰动通道进行开环动态特性测试，求出各自的时间常数，得到动态前馈控制律表达式后，再进行闭环实验，接着进一步微调参数直至得到满意的响应曲线为止。

B. 经验试凑法

先将两个时间常数设置为相同，即 $T_1 = T_2$，仅由前面整定得到的静态前馈增益进行校正，进行扰动实验后验证能够实现静态不变性。

然后逐步增大 T_1(或减小 T_2),每改变一次参数就进行一次扰动量的阶跃实验,观察被控量的响应曲线,从动态欠补偿过程开始,逐步强化前馈补偿作用,直到出现过补偿的趋势,再稍微削弱一点前馈补偿作用,以得到满意的过渡过程曲线。

② 滞后时间的整定

动态前馈控制通用形式中的滞后时间是扰动通道滞后时间减去控制通道滞后时间,当扰动通道滞后时间小于控制通道滞后时间时,纯超前环节是物理上不可实现的,应在动态补偿中去掉纯滞后环节。

当扰动通道滞后时间大于控制通道滞后时间时,若两者差距不太大,也可以忽略纯滞后环节。只有当两者差距较大时,才有必要增加纯滞后环节。

例 5-4 对例 5-2 中的被控过程,通过仿真实验,对比三种控制方案(反馈控制、静态前馈-反馈复合控制和动态前馈-反馈复合控制)的控制效果。

解: 三种控制方案的仿真模型如图 5-33 所示,仿真实验曲线如图 5-34 所示。

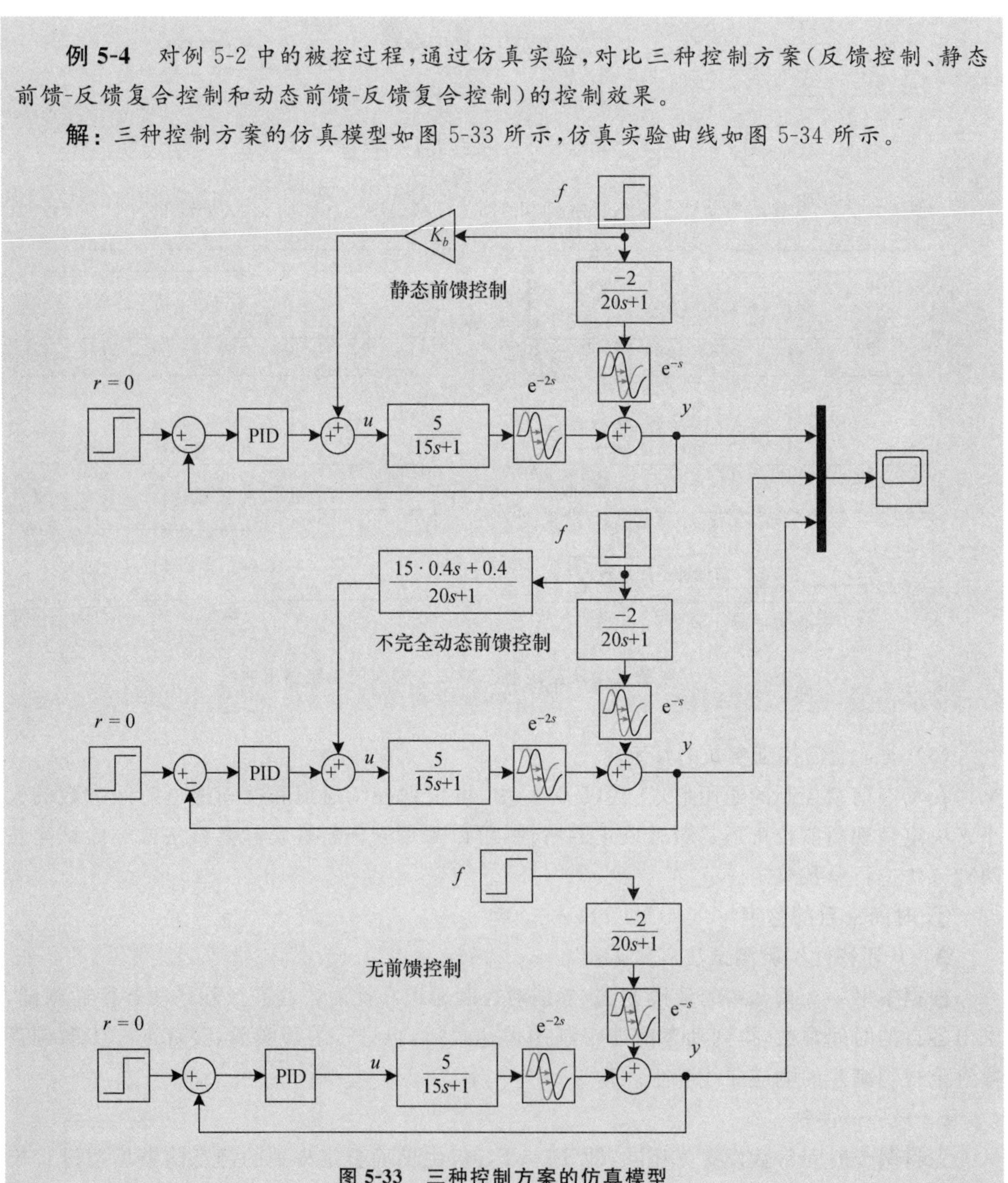

图 5-33 三种控制方案的仿真模型

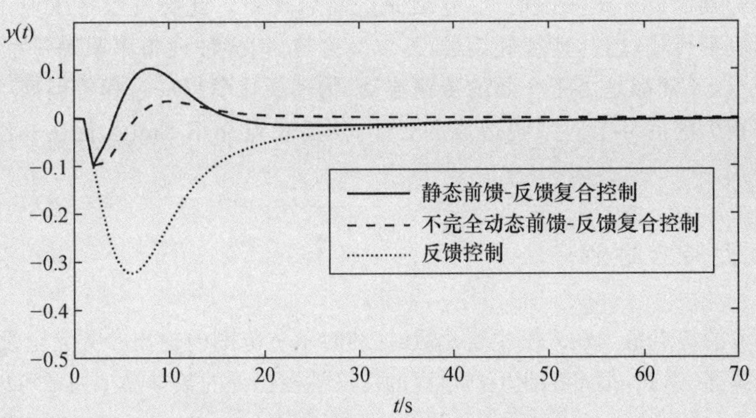

图 5-34　三种控制方案的仿真实验曲线

对图 5-34 所示的三种控制方案得到的仿真实验曲线进行比较后，可得到以下结论。

(1) 反馈控制不能直接对扰动进行及时补偿，需要等到反馈信息引起偏差变化后才会进行控制，作用不够及时，输出信号的动态偏差较大，控制品质较差。

(2) 用静态前馈控制构成的静态前馈-反馈复合控制，实现简单，改善被控过程动态品质的效果明显。

(3) 动态前馈控制律应为

$$G_b(s)=-\frac{G_f(s)}{G_o(s)}=-\frac{\frac{-2}{20s+1}e^{-s}}{\frac{5}{15s+1}e^{-2s}}=0.4\,\frac{15s+1}{20s+1}e^{s}$$

此时 $\tau_0>\tau_f$，前馈控制中出现了物理不可实现的超前环节，可忽略，则采用

$$G_b(s)=0.4\,\frac{15s+1}{20s+1}$$

实现了不完全的动态补偿，没有被补偿掉的扰动则由反馈控制来消除。从图 5-34 可以看出，不完全动态前馈-反馈复合控制在这几种控制方案中是效果最好的。

再从动态前馈补偿律的特性来分析，此时为滞后特性的作用，对高频扰动因素有抑制作用，因此可以使用。

5.3　大滞后过程控制系统

在实际工业生产过程中，被控过程除了具有容积迟延外，往往还不同程度地存在着纯滞后(迟延)现象。例如，在热交换器中，被控量是被加热物料的出口温度，控制量是载热介质流量。当改变载热介质阀门开度后，载热介质流经管道需要一段时间，即控制量对被加热物

料出口温度的影响需要迟延一段时间，这就是纯滞后现象。此类现象在工业工艺流程中十分常见，例如，皮带传输过程，连续轧钢过程，以及多容量、多种设备串联等过程，都存在着较大的纯滞后现象，通常都是由于介质的传输流动、物理或化学反应过程等因素引起的。

本节将分析大滞后环节对系统造成的影响，然后重点介绍 Smith 预估补偿控制的补偿原理及实现方法。

5.3.1 大滞后过程

纯滞后环节的特点是当输入发生变化后，在纯时延 τ 范围内输出参数完全没有响应，此特性通常用 $e^{-\tau s}$ 描述，因此，很多工业生产过程的广义被控过程的数学模型通常可以近似表示为

$$\frac{Y(s)}{U(s)}=\frac{K}{Ts+1}e^{-\tau s} \tag{5-57}$$

其中，T 为被控过程等效惯性时间常数(容积迟延)；τ 为纯滞后时间。

图 5-35 为具有 $\tau=5$ s 纯滞后环节的系统的仿真模型和单位阶跃响应曲线，可见在输入变化后的 5 s 之内，系统输出没有变化。

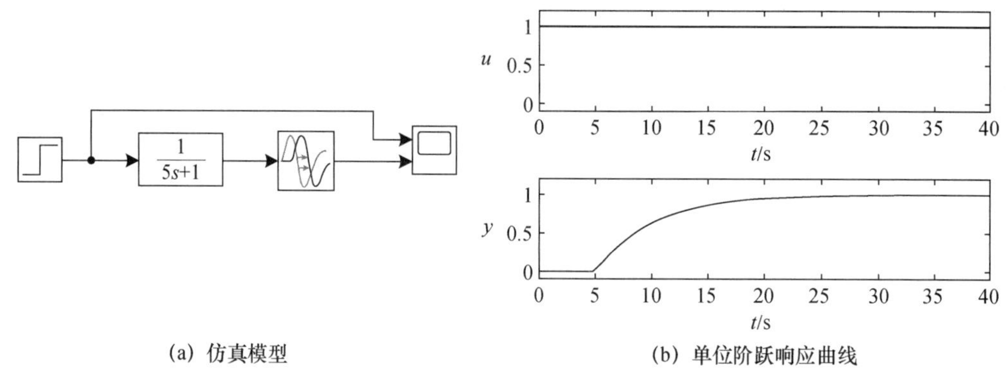

(a) 仿真模型　　(b) 单位阶跃响应曲线

图 5-35　具有 $\tau=5$ 纯滞后环节的系统的仿真模型和单位阶跃响应曲线

在有纯滞后环节的过程中，由于纯滞后环节的存在，使被控量不能及时反映系统所承受的扰动，即使测量信号到达控制器，执行机构接受控制指令后立即动作，也需要经过纯滞后时间 τ 后，才能影响到被控量，使之受到控制。

从理论上分析，纯滞后环节 $e^{-\tau s}$ 的频率特性为 $e^{-j\tau\omega}$，这是一个幅值始终为 1、相位为 $-\tau\omega$ 的环节，相位值将随着频率 ω 的上升而上升，在相同频率下，相位值随 τ 的上升而上升。在绝大多数情况下，纯滞后环节使广义被控过程开环特性在 $-180°$ 处的幅值增大，穿越频率 ω_x 后降低。由此，在闭环控制系统中，即使发生较低频率的干扰，也可能使系统不稳定。为了保证闭环系统的稳定裕度，不得不采取减小控制器放大系数的措施，这又会导致系统的临界放大倍数减小，造成最大动态偏差增大，控制过程缓慢。

综上所述，若闭环系统中含有纯滞后环节 $e^{-\tau s}$，将造成稳定性降低、动态品质变差的后果。因此，具有纯滞后环节的被控过程被认为是较难控制的过程，其控制难度将随着纯滞后时间 τ 占整个过程动态份额的增加而增加。人们常用纯滞后时间 τ 与时间常数 T 之比的大小来衡量被控过程的难控制程度。一般有如下结论：

① 当$\frac{\tau}{T}\leqslant 0.3$时，被控过程是一般纯滞后过程；

② 当$\frac{\tau}{T}>0.3$时，被控过程是大滞后过程，是公认的较难控制的过程。

当τ/T增大，造成被控过程中的相位滞后增加，将使稳定性和动态品质下降加剧，可能使被控量超过安全限值，在工业生产中可能会导致超调严重，发生满锅、爆裂、结焦等恶性事故，危及生产设备及运行人员的安全。因此，大滞后过程的控制方法一直是控制理论研究的重要课题。

在工业生产中，人们对存在纯滞后环节的过程采取了很多解决方案。针对一般纯滞后过程，仍然采用常规控制方案，利用反馈控制系统和 PID 控制器适应性强、调整方便的特点，经过仔细调整参数来满足生产过程的要求。但是，当纯滞后时间τ较大时，用常规控制方案往往难以奏效，需要采用其他特殊控制手段。目前，解决大滞后过程控制难题的方法主要有采样控制、Smith 预估补偿控制、自适应 Smith 预估补偿控制、观测补偿器控制、内部模型控制等。这里主要介绍采样控制和 Smith 预估补偿控制。

5.3.2　采样控制

采样控制是一种非连续的控制方式，可将其形象地描述为"调一调，等一等"，是模拟人工手动控制的操作过程。

假如有一名富有运行经验和一定先验知识的操作员，面对一个纯滞后时间τ较大的被控过程，当被控量偏离设定值时，操作员将操作相关设备，使控制量改变一个较大的数值，以加快响应过程，并且将该控制量保持一段时间。考虑到被控过程的滞后特性，操作员会等待一段时间，观察被控量的变化。等到被控量发生了变化（即被控量对控制量的变化做出了响应），操作员再根据变化的方向和幅度给出下一次操作指令。至于需要等待多长时间，取决于操作员对被控过程滞后时长的先验知识。采用这样的手动控制时基本上不产生超调现象，控制过程比较平稳。

设计采样控制系统较为简单、易行，采样控制系统在滞后不太严重的场合有较多应用。

例如，某炉温控制过程的纯滞后时间τ较大，以下对比对该被控过程的连续控制和采样控制两种方案，两种方案的工作原理如图 5-36 所示。

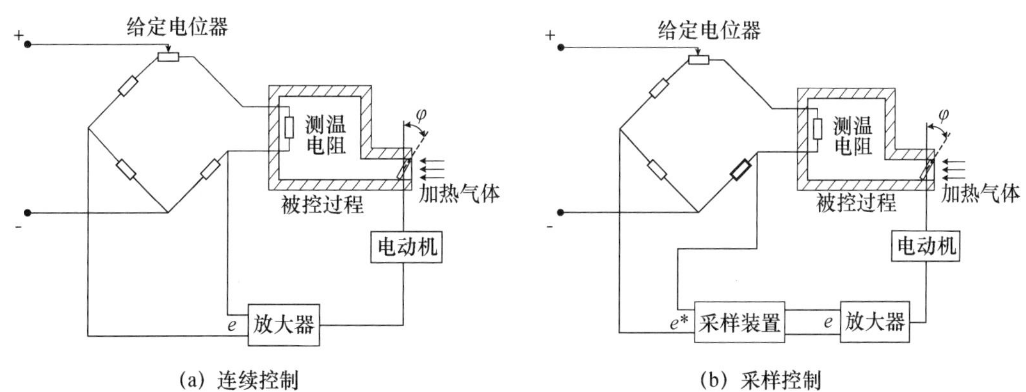

(a) 连续控制　　(b) 采样控制

图 5-36　炉温控制过程的两种控制方案

连续控制系统工作原理：当炉温偏离设定值时，测温电阻的阻值发生变化，电桥失去平衡产生电压，进而通过放大器使电动机转动，电动机带动阀门改变开度，从而改变加热气体的流量，以达到使温度恢复设定值的目的。

因为炉温控制是一个大惯性、大滞后过程，电桥和执行电动机的时间常数要比加热炉的时间常数小得多，增大放大器的增益会使系统变得很敏感。在炉温低于设定值的情况下，电动机将迅速增大阀门开度，给加热炉供应更多的加热气体。但因炉温上升缓慢，在炉温升到设定值时，电动机已将阀门开得非常大了，进而炉温会超过设定值，造成反方向调节，导致出现炉温振荡性调节过程。在炉温高于设定值的情况下，具有类似的调节过程。如果把放大器增益设置得很小，系统反应又很迟钝，只有当温差足够大才能克服电机的“死区”从而使阀门改变开度。这样会使调节过程动态偏差较大，来回振荡，调节时间过长。

采样控制系统工作原理：若加入采样开关来模拟人工手动调节，即可解决上述问题，采样控制系统的结构方框图如图 5-37 所示。如果对炉温进行采样控制，只有采样的瞬间，电动机才在采样信号作用下产生旋转运动，进行炉温调节；而在两次采样的中间时刻，电动机停止不动，保持原有的阀门开度，等待炉温缓慢变化。在采样控制下，电动机时转时停，因此调节过程中超调现象大为减少，即使采用较大的开环增益，也能保证系统稳定，并且使炉温调节过程无超调。

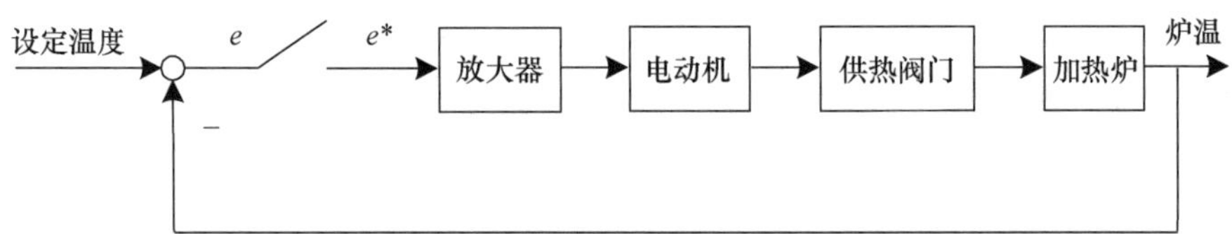

图 5-37 炉温采样控制系统结构方框图

在采样控制系统中，控制器以一定时间间隔 T 对被控量进行一次采样，计算出控制信号送到执行器，然后保持该控制信号不变，直至下一次采样时刻的到来。这样的定周期断续控制方式，相当于在常规连续控制系统中，加入了采样开关和零阶保持器。对大滞后过程进行采样控制的结构方框图如图 5-38 所示。其中，要求保持时间 T(采样间隔时间)必须大于纯滞后时间 τ。

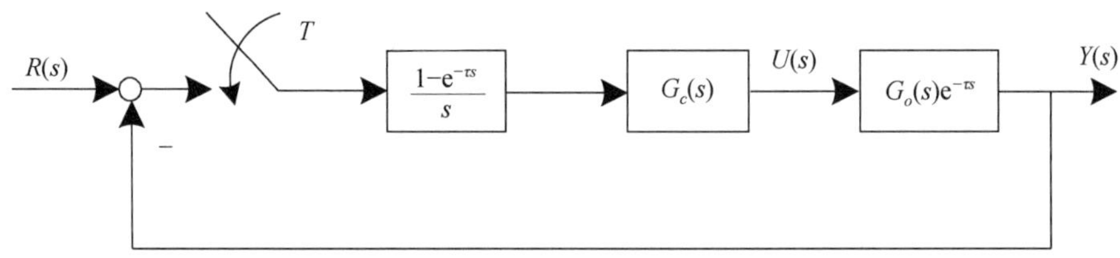

图 5-38 对大滞后过程进行采样控制的结构方框图

例 5-5 假设在某大滞后工业流程中，被控过程的传递函数近似为 $G(s)=\dfrac{5}{3.2s+1}e^{-4s}$，请设计常规连续控制系统和加入了采样开关的采样控制系统，并比较两者的控制效果。

解： 采样间隔时间应大于纯滞后时间，因此取采样间隔时间 $T=5>\tau$，两种控制系统的仿真模型如图 5-39(a)所示，对应的单位阶跃响应曲线如图 5-39(b)所示。

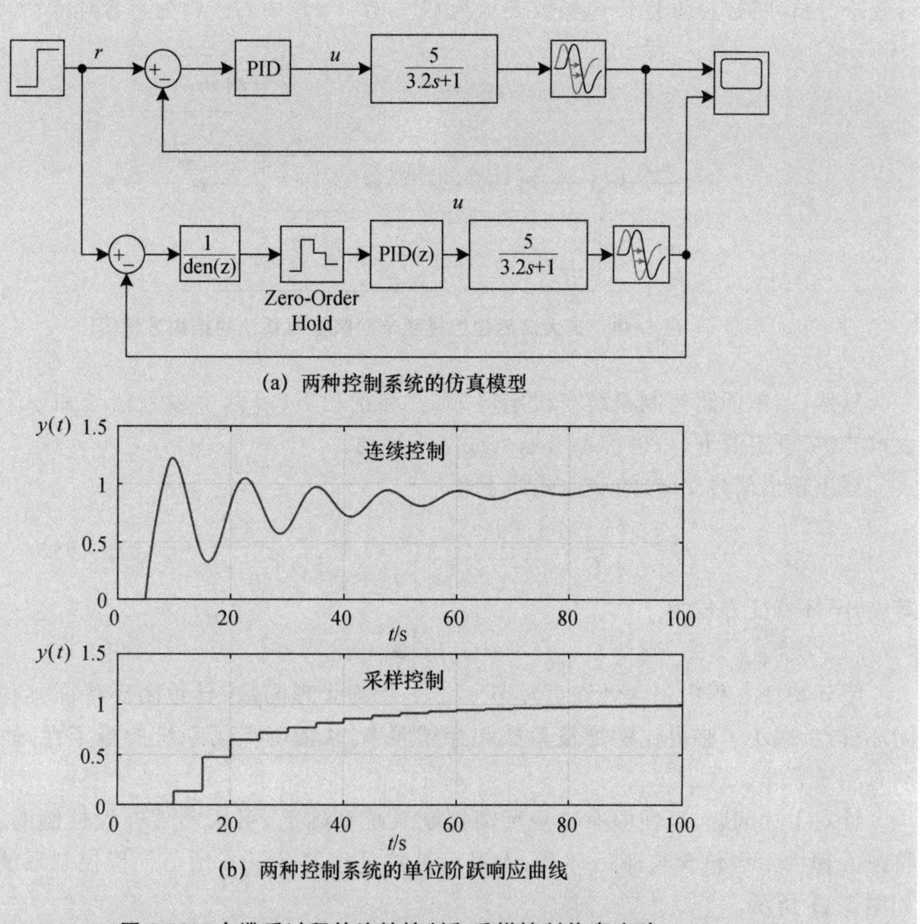

(a) 两种控制系统的仿真模型

(b) 两种控制系统的单位阶跃响应曲线

图 5-39　大滞后过程的连续控制和采样控制仿真实验

对比两种控制方案的单位阶跃响应曲线，可见，只要采样间隔时间选得合适($T>\tau$)，采样控制系统中的控制器间隔一定时间后才更新一次控制指令，有效地避免了纯滞后时间较大造成的控制信号与实际需求不匹配问题，输出曲线没有产生超调现象，控制效果较好。

5.3.3　Smith 预估补偿控制

为了克服 $e^{-\tau s}$ 带来的不良影响，若能设计一种模型加到反馈控制系统中，以补偿被控过程中的纯滞后环节，即可改善大滞后系统的控制品质。曾有人设想串联一个 $e^{\tau s}$ 环节来正好抵消纯滞后环节，但 $e^{\tau s}$ 环节是物理不可实现的。

1957 年，史密斯(O. J. M. Smith)提出了预估补偿控制策略，按照被控过程的特性先预估出被控过程在基本扰动作用下的动态特性，设计补偿器，设法使被迟延了时间 τ 的被控量信息能提前反馈到控制器，使控制器提前动作，从而降低超调量，加速调节过程。该控制策略是目前应用最为广泛的控制策略之一，被称为 Smith 预估补偿控制。

1. Smith 预估补偿控制律

一个典型的大滞后被控过程单回路控制系统的结构方框图如图 5-40 所示，为了便于进行理论分析，将被控过程传递函数表示为$G_o(s)e^{-\tau s}$，其中$G_o(s)$为不含纯滞后环节的部分。

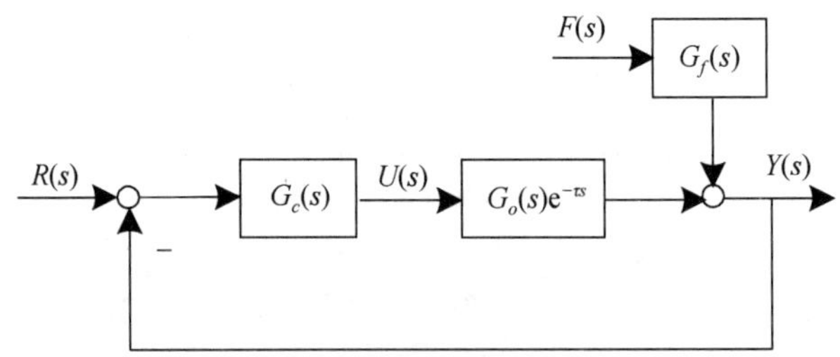

图 5-40　某大滞后被控过程单回路控制系统的结构方框图

显然，该单回路控制系统有设定值$R(s)$和扰动$F(s)$两个输入信号和一个输出信号$Y(s)$，其中，设定值$R(s)$也称参考输入或基本扰动。

写出输出信号$Y(s)$的表达式如下

$$Y(s)=\frac{G_c(s)G_o(s)e^{-\tau s}}{1+G_c(s)G_o(s)e^{-\tau s}}R(s)+\frac{G_f(s)}{1+G_c(s)G_o(s)e^{-\tau s}}F(s) \tag{5-58}$$

其中，闭环特征方程为

$$1+G_c(s)G_o(s)e^{-\tau s}=0 \tag{5-59}$$

闭环特征方程中包含纯滞后环节$e^{-\tau s}$，$e^{-\tau s}$为无理函数，导致闭环特征方程存在无穷个闭环极点，减小了临界比例增益系数和穿越频率，从而降低了系统的稳定性，使被控过程的动态品质恶化。

针对上述问题，可在原有常规反馈控制系统基础上，引入预估补偿控制$G_b(s)$，使闭环特征方程中不再包含纯滞后环节，大滞后被控过程的 Smith 预估补偿控制系统结构方框图如图 5-41 所示。

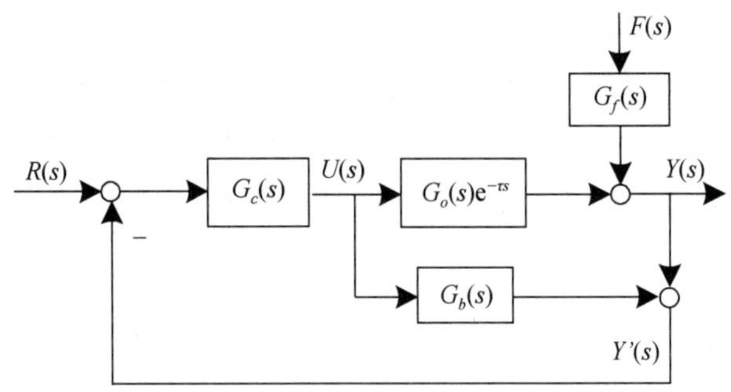

图 5-41　大滞后被控过程的 Smith 预估补偿控制系统结构方框图

引入预估补偿环节$G_b(s)$后，输出与参考输入之间的闭环传递函数为

$$\frac{Y(s)}{R(s)}=\frac{G_c(s)G_o(s)e^{-\tau s}}{1+G_c(s)G_o(s)e^{-\tau s}+G_c(s)G_b(s)} \tag{5-60}$$

为了使闭环特征方程中不包含纯滞后环节，需满足

$$1+G_c(s)G_o(s)e^{-\tau s}+G_c(s)G_b(s)=1+G_c(s)G_o(s) \tag{5-61}$$

由此可得到 Smith 预估补偿环节$G_b(s)$的表达式

$$G_b(s)=G_o(s)(1-e^{-\tau s}) \tag{5-62}$$

$G_b(s)$也称 Smith 预估补偿控制律（预估补偿器）。

2. Smith 预估补偿控制效果分析

引入式(5-62)所示的 Smith 预估补偿器后,控制系统结构方框图如图 5-42 所示。

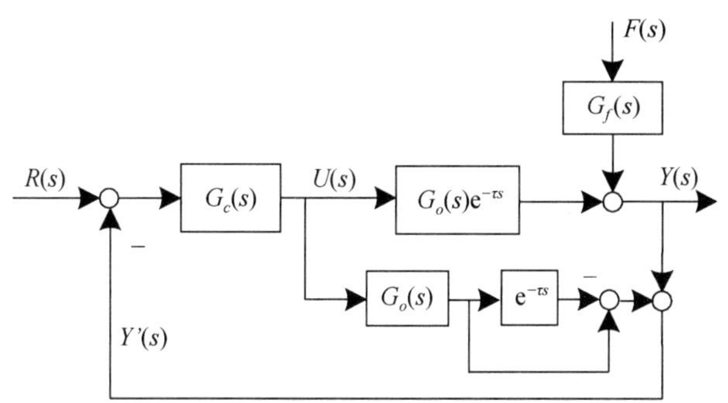

图 5-42　引入式(5-62)所示的 Smith 预估补偿器后控制系统结构方框图

写出输出信号 $Y(s)$ 的表达式为

$$Y(s)=\frac{G_c(s)G_o(s)e^{-\tau s}}{1+G_c(s)G_o(s)}R(s)+G_f(s)\left[1-\frac{G_c(s)G_o(s)e^{-\tau s}}{1+G_c(s)G_o(s)}\right]F(s) \tag{5-63}$$

该系统有参考输入和扰动输入两个不同的输入作用,以下分别进行讨论。

(1) $F(s)=0$ 时的随动控制系统

当不考虑扰动作用的影响时,即 $F(s)=0$ 时,系统为随动控制系统,输出与参考输入之间的闭环传递函数为

$$\frac{Y(s)}{R(s)}=\frac{G_c(s)G_o(s)}{1+G_c(s)G_o(s)}e^{-\tau s} \tag{5-64}$$

可得其 Smith 预估补偿控制结构方框图和等效回路方框图如图 5-43 所示。

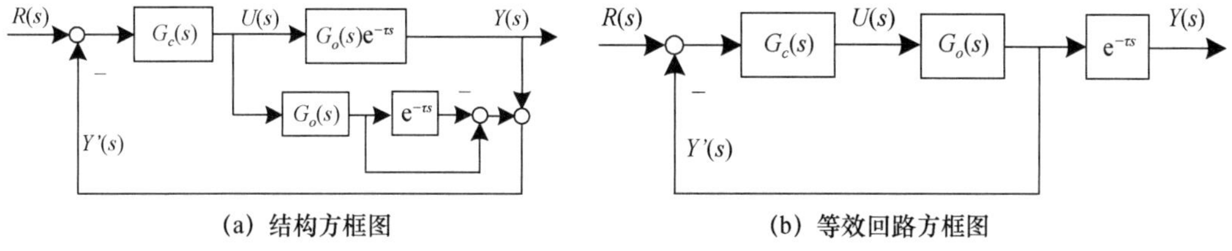

(a) 结构方框图　　(b) 等效回路方框图

图 5-43　随动控制系统的 Smith 预估补偿控制

可见,引入 Smith 预估补偿后,闭合回路中不再包含纯滞后环节,消除了 $e^{-\tau s}$ 对闭环稳定性的影响。闭环系统输出的曲线形状与没有滞后时的系统输出相同,只是在时间上向右平移(滞后)了时段 τ。说明 Smith 预估补偿可以使大滞后被控过程的控制品质达到无滞后环节时的效果,大大提高了系统的控制品质。究其原因,是由于没有直接将原有系统输出 $Y(s)$ 作为反馈信号,而是将系统输出 $Y(s)$ 叠加了预估补偿控制后形成的信号 $Y'(s)$ 作为实际的反馈信号。

从补偿后的反馈信息 $Y'(s)$ 与控制作用 $U(s)$ 的关系来看,

$$Y'(s)=[G_o(s)e^{-\tau_o s}+G_b(s)]U(s)=G_o(s)U(s) \tag{5-65}$$

$Y'(s)$ 不再含有纯滞后环节,相当于把 $G_o(s)$ 的输出作为反馈信号,从而使反馈信号提前了一个迟延时段 τ,加速了调节过程。

若从控制器输入角度来看，相当于被控过程仅有不含纯滞后的惯性部分 $G_o(s)$，那么在进行控制器参数整定时，可以适当提高控制器 $G_c(s)$ 的增益，从而也减小了超调量，加快了调节过程，明显改善了系统的控制品质。

实际生产过程是不可分割的，即被控过程传递函数中 $G_o(s)$ 和 $e^{-\tau_o s}$ 并非独立的环节，图 5-43(b)是等效后的回路方框图，常用于理论分析，图 5-43(a)是实际系统的结构。

例 5-6 某大滞后被控过程的数学模型为 $G(s)=\frac{5}{3.2s+1}e^{-4s}$，分别设计常规单回路控制系统和引入 Smith 预估补偿器的控制系统，在设定值单位阶跃信号时进行仿真实验，分析实验结果。

解：(1) 设计 Smith 预估补偿器

根据式(5-62)可得

$$G_b(s)=G_o(s)(1-e^{-\tau_o s})=\frac{5}{3.2s+1}(1-e^{-4s})$$

建立常规单回路控制系统和引入 Smith 预估补偿器的控制系统的仿真模型，如图 5-44 所示。为了便于比较，将系统输出响应曲线分别记作 y_{PID}、y_{Smith}，将 Smith 预估补偿后的反馈信号记作 y_1。

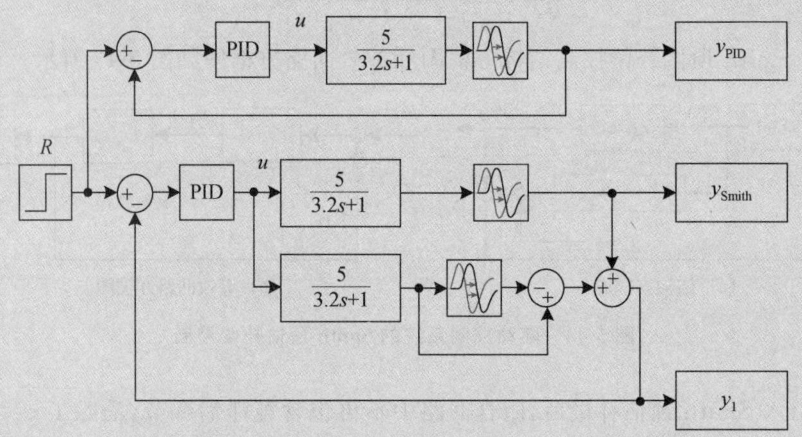

图 5-44 常规单回路控制系统和引入 Smith 预估补偿器的控制系统的仿真模型

(2) 两种控制方案的 PID 参数整定

在常规单回路控制系统中，被控过程的 $\tau/T>1$，被控过程属于较难控制的大滞后过程，若采用稳定边界法进行 PID 参数整定，当 $P=0.395$ 时，闭环系统就出现了等幅振荡，可见纯滞后环节的存在使临界比例带较小。为了增强稳定性，PID 控制器的比例作用和积分作用只能选择得较弱，但这样又会造成调节时间较长。根据工程整定的经验公式计算并反复调试后，设定 $P=0.18$，$I=0.03$，$D=0$，得到的响应曲线如图 5-45 中的 y_{PID} 所示。

而采用 Smith 预估补偿后，在理想条件下认为建模是精确的，可以实现完全补偿，那么，被控过程等效于没有纯滞后环节，就成为一阶惯性环节，无论把比例增益 P 取多大都不会产生振荡现象，此时无法使用稳定边界法进行参数整定，于是采用经验试凑法进行反复调试后，取 $P=2, I=1.5, D=0$，得到的响应曲线如图 5-45 中的 y_{Smith} 所示。

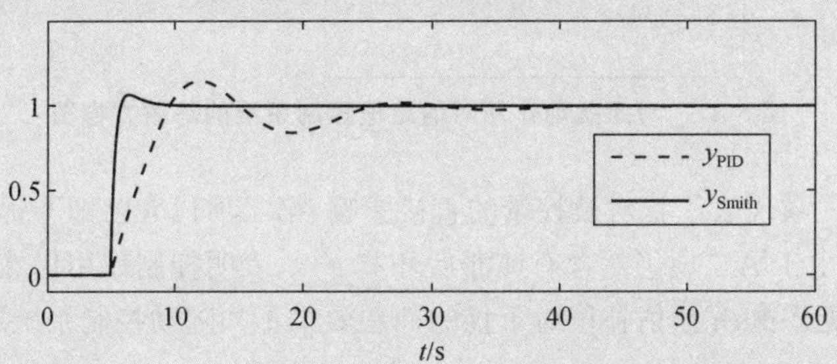

图 5-45　常规控制系统和 Smith 预估补偿控制系统的仿真曲线

可见，引入 Smith 预估补偿后，控制器的增益可取较大的值，这显著加快了系统的响应速度，超调量也变小，控制品质大大优于常规单回路控制系统。

特别说明：在对比两种控制系统的效果时，通常将 PID 控制器的参数设置为相同的数值，以凸显两种方案的优劣。但本例并未这样做，因为若将常规单回路控制系统的 PID 参数设置等同于引入 Smith 预估补偿控制时的参数，系统将不稳定，输出呈发散形式。

(3) 分析 Smith 预估补偿后的等效反馈信号

式(5-65)说明采用了 Smith 预估补偿器构造的反馈信号 y' 中不含滞后环节，相当于把 $G_o(s)$ 的输出作为反馈信号(如图 5-46 中的 y_1 所示)，从而使反馈信号提前了一个迟延时段 τ，加速了调节过程。

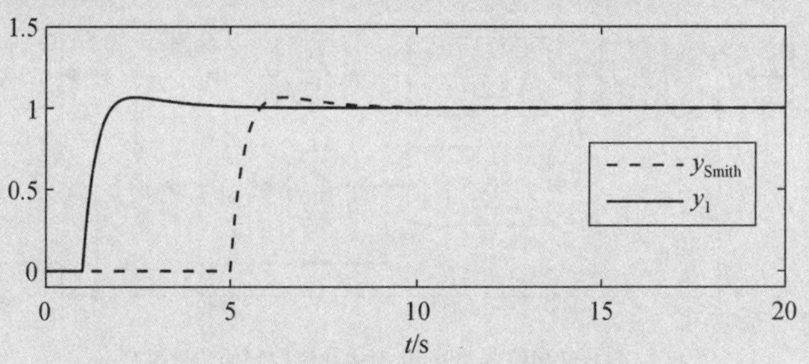

图 5-46　Smith 预估补偿后的等效反馈信号仿真曲线

(2) 考虑扰动作用时[$F(s)\neq 0, R(s)=0$]的定值控制系统

考虑扰动作用时，$F(s)\neq 0$，设参考输入 $R(s)=0$，此时系统为定值控制系统，输出与扰动输入之间的传递函数为式(5-63)的第二项。

$$\frac{Y(s)}{F(s)}=G_f(s)\left[1-\frac{G_c(s)G_o(s)\mathrm{e}^{-\tau_o s}}{1+G_c(s)G_o(s)}\right] \tag{5-66}$$

$$Y(s)=G_f(s)F(s)-\frac{G_f(s)G_c(s)G_o(s)\mathrm{e}^{-\tau_o s}}{1+G_c(s)G_o(s)}F(s) \tag{5-67}$$

由此可绘制出系统的等效方框图，如图 5-47 所示。

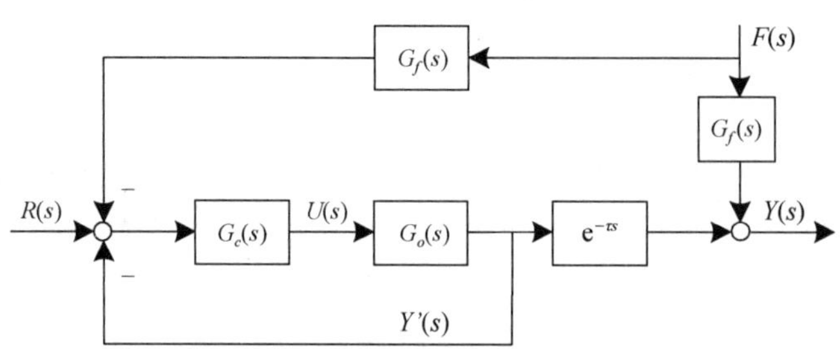

图 5-47 考虑扰动作用时的定值控制系统的等效方框图

式(5-67)的第一项代表干扰对被控量的直接影响,第二项代表已知干扰在闭合回路中对被控量影响的作用。由于第二项仍然含有纯滞后环节 $e^{-\tau s}$,表明控制作用仍然要比干扰的影响滞后一个时段 τ。可见,Smith 预估补偿对干扰的抑制效果不如随动控制系统那样显著。

例 5-7 某被控过程模型为 $G(s)=\dfrac{5}{3.2s+1}e^{-4s}$,扰动通道为 $G_f(s)=\dfrac{2}{1.3s+1}$,请研究定值控制系统的抗干扰能力;设 $R=0$,当扰动信号 $f=1(t)$ 时,分别对常规控制系统和 Smith 预估补偿控制系统进行仿真实验,并对比二者的抗干扰能力。

解: 为被控过程建立常规控制和 Smith 预估补偿控制仿真模型,如图 5-48(a)所示,两种控制方案输出的阶跃响应曲线如图 5-48(b)所示。

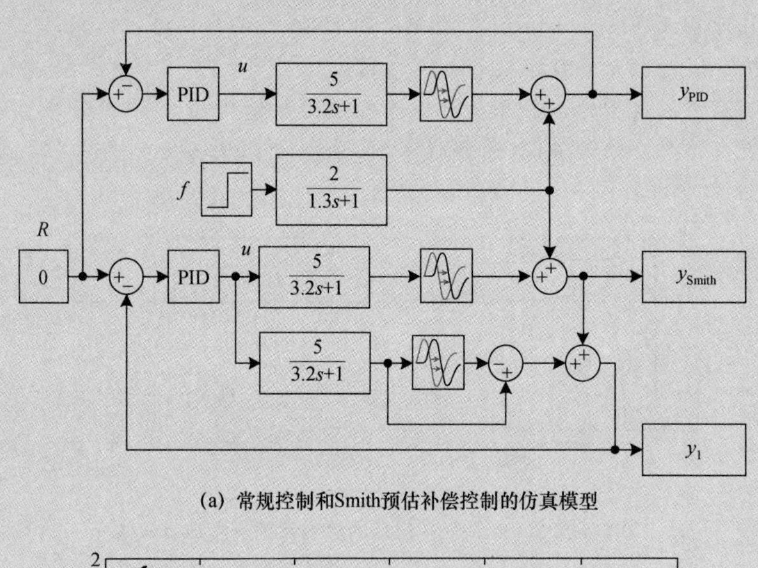

(a) 常规控制和Smith预估补偿控制的仿真模型

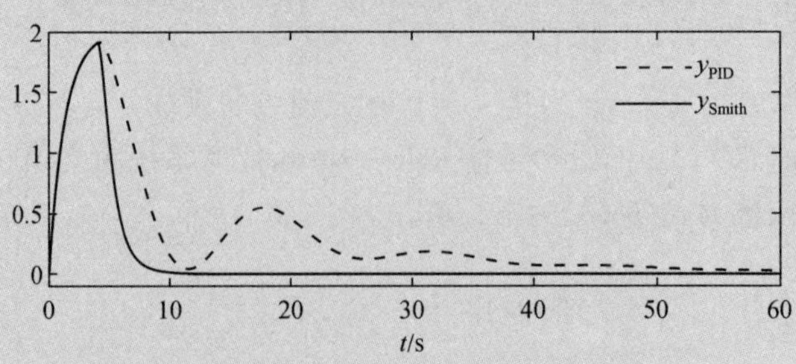

(b) 两种控制方案输出的阶跃响应曲线

图 5-48 定值控制系统对于干扰信号的仿真实验

从图 5-48 可以看出，Smith 预估补偿对于定值系统的抗干扰能力没有明显提升，动态偏差仍然较大，没有起到很好的抑制干扰效果。

5.3.4 Smith 预估补偿控制律的实现方法

Smith 预估补偿控制律早在 1957 年就已提出，但是一开始并未得到很好的推广和应用，主要原因是式(5-62)实现起来比较困难，关键在于环节 $e^{-\tau s}$ 的物理实现问题。当时，工业控制系统主要采用模拟仪表，时滞较大的环节 $e^{-\tau s}$ 实现很困难，采用形如 $(1-\tau s/2)/(1+\tau s/2)$ 的近似式又不够精确，因此补偿效果不理想。随着数字计算机技术在工业控制领域的应用，用计算机技术来实现时滞算法十分方便，Smith 预估补偿控制律这才摆脱了技术的制约，不断得到推广和应用，逐步得以普及。Smith 预估补偿器不仅可用于单输入-单输出系统，也可用于多输入-多输出系统。

下面主要介绍有理近似法和计算机内存单元移位法两种实现方法，前者在早期模拟仪表阶段和现在的计算机控制阶段都可使用，后者只能用计算机软件实现。

1. 有理近似法

从数学表达式看，在拉普拉斯变换后的复数域内，时滞环节 $e^{-\tau s}$ 是一个关于 s 的超越函数，是一个无穷维的系统。有理近似法的思想是将其写成一个近似的有限维多项式，这样便于采用物理元器件进行实现。常用的方法是利用泰勒公式或帕德近似得到有理函数形式。

(1) 泰勒公式

利用泰勒公式，$e^{-\tau s}$ 可以写成无限多维的展开式

$$e^{-\tau s}=\frac{1}{e^{\tau s}}=\frac{1}{1+\tau s+\frac{1}{2!}(\tau s)^2+\cdots\frac{1}{k!}(\tau s)^k+\cdots} \tag{5-68}$$

取有限维的近似，可以得到有理函数形式。例如，分别取一次项、二次项和三次项，可得到三个不同精度的近似表达式，分别用 y_1、y_2、y_3 表示为

$$y_1=\frac{1}{1+\tau s} \tag{5-69-a}$$

$$y_2=\frac{1}{1+\tau s+\frac{1}{2!}(\tau s)^2} \tag{5-69-b}$$

$$y_3=\frac{1}{1+\tau s+\frac{1}{2!}(\tau s)^2+\frac{1}{3!}(\tau s)^3} \tag{5-69-c}$$

若取 $\tau=5$，输入单位阶跃信号，纯滞后环节的标准信号记作 y，y_i 的下标 i 代表泰勒有理近似阶次，得到的泰勒展开近似仿真曲线如图 5-49(a)所示。从图 5-49(a)可以看出，低阶泰勒有理近似的准确度不高，且高于 2 阶的近似式还出现了过调现象。在取 5 阶近似时，出现了发散的情形，如图 5-49(b)所示。

可见泰勒公式近似函数 $e^{-\tau s}$ 存在收敛性问题，纯滞后时间 τ 和所取的阶次在一定条件下会出现发散的现象，那么此时近似表达式是无效的。也可将二阶近似有理式写为如下形

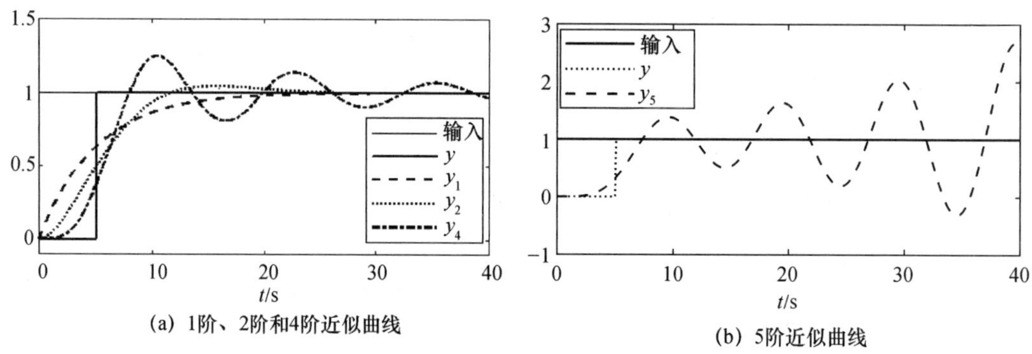

(a) 1阶、2阶和4阶近似曲线

(b) 5阶近似曲线

图 5-49　$\tau=5$ 时纯滞后环节的不同阶次泰勒展开近似仿真曲线

式，为便于分析和对比，记作 y_{g2}

$$e^{-\tau s}\approx\frac{1}{\left(1+\frac{\tau s}{2}\right)^{2}}=y_{g2} \tag{5-70-a}$$

也可将式(5-69-c)中的 y_3 表示为同样形式，并记作 y_{g3}

$$e^{-\tau s}\approx\frac{1}{\left(1+\frac{\tau s}{3}\right)^{3}}=y_{g3} \tag{5-70-b}$$

推广到 n 阶近似式得

$$e^{-\tau s}\approx\frac{1}{\left(1+\frac{\tau s}{n}\right)^{n}}=y_{gn} \tag{5-71}$$

若取 $\tau=5$，形如式(5-71)的阶跃响应仿真曲线如图 5-50 所示。

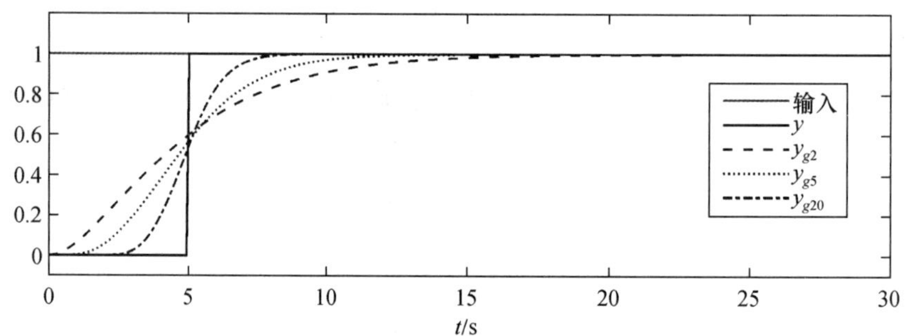

图 5-50　$\tau=5$ 时纯滞后环节改写后的泰勒展开近似仿真曲线(不同阶次的对比)

从图 5-50 所示的仿真曲线可看出，改写后的近似式比直接用泰勒展开式得到的近似式在准确度上有所提升，并且随着阶次的增高，精度也得到了提高，不会发生发散的情况。但高阶的有理近似式在实际应用时并不可取，其物理实现比较烦琐，代价也比较高。

(2) 帕德近似

帕德近似是法国数学家亨利·帕德提出的一种有理函数逼近法，在高于一定阶次后，帕德近似往往比截断的泰勒级数准确，而且当泰勒级数不收敛时，帕德近似通常是可行的。因此帕德近似应用较为广泛。

纯滞后环节 $e^{-\tau s}$ 是一个无理函数，采用帕德近似算法可得$[l,k]$阶的有理多项式

$$e^{-\tau s} \approx P(s) = \frac{\sum_{j=0}^{l} \frac{(l+k-j)!\ l!\ (-\tau s)^j}{j!\ (l-j)!}}{\sum_{j=0}^{k} \frac{(l+k-j)!\ k!\ (\tau s)^j}{j!\ (k-j)!}} = \frac{b_0 + b_1 \tau s + \cdots + b_l (\tau s)^l}{a_0 + a_1 \tau s + \cdots + a_k (\tau s)^k} \tag{5-72}$$

其中，帕德近似多项式的系数为

$$\begin{cases} a_j = \dfrac{(l+k-j)!\ k!}{j!\ (k-j)!} \\ b_j = (-1)j\ \dfrac{(l+k-j)!\ l!}{j!\ (l-j)!} \end{cases} \tag{5-73}$$

l 和 k 是帕德近似多项式的阶次，通常取相同值，即 $l=k$，那么就有

$$e^{-\tau s} = \frac{1 - \frac{\tau s}{2} + P_1(\tau s)^2 - P_2(\tau s)^3 + P_3(\tau s)^4 - \cdots}{1 + \frac{\tau s}{2} - P_1(\tau s)^2 + P_2(\tau s)^3 - P_3(\tau s)^4 + \cdots} \tag{5-74}$$

其中，系数 P_i 根据所取阶次的不同而不同。

若仅取其一次项，可得

$$e^{-\tau s} = \frac{1 - \tau s/2}{1 + \tau s/2} = 1 - \frac{\tau s}{1 + \tau s/2} = \frac{2}{1 + \tau s/2} - 1 \tag{5-75}$$

相当于用一个一阶惯性环节减去 1 即可，实现比较简便，但精度较低。

若取其二次项，可得

$$e^{-\tau s} = \frac{1 - \frac{\tau}{2}s + \frac{\tau^2}{12}}{1 + \frac{\tau}{2}s + \frac{\tau^2}{12}} = 1 - \frac{\tau s}{1 + \frac{\tau}{2}s + \frac{\tau^2}{12}} \tag{5-76}$$

同样取纯滞后时间 $\tau = 5$，若多项式的阶次分别取 1，2，5 和 20，分别绘制出采用帕德近似（分别记作 y_{P1}、y_{P2}、y_{P5}、y_{P20}）得到仿真曲线，如图 5-51 所示。从图 5-51 可以看出，取较高阶次时，帕德近似较为准确。

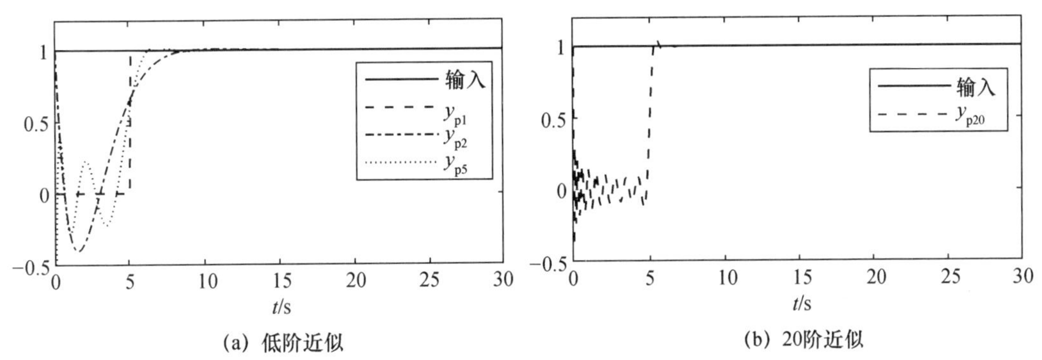

(a) 低阶近似　　(b) 20阶近似

图 5-51　$\tau=5$ 时纯滞后环节的帕德近似仿真曲线

2. 计算机内存单元移位法（离散时间算法）

随着计算机技术在工业控制领域的推广普及，以计算机算法形式实现 Smith 预估补偿控制律变得十分方便，采用 Z 变换方法进行离散化后可设计程序完成时间延时的功能。

若滞后环节传递函数形式为

$$\frac{Y(s)}{U(s)}=e^{-\tau s} \tag{5-77}$$

对传递函数取 Z 变换,可得

$$\frac{Y(z)}{U(z)}=z^{-m} \tag{5-78}$$

其中,$m=\frac{\tau}{DT}$,DT 为计算机程序执行的时间间隔,通常忽略执行所需时间后,就用采样周期表示。

那么,可写出纯滞后环节的差分方程

$$y(n)=u(n-m) \tag{5-79}$$

接着可在计算机内存中设置一个区域,存放输入信号过去各个时刻的采样值,内存单元的个数为 $m+1$,从左到右依次编号为 1,2,…,m,$m+1$,如图 5-52 所示。

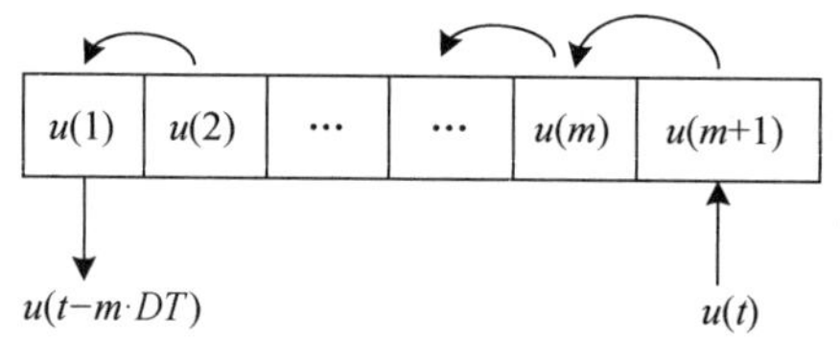

图 5-52 计算机内存单元移位实现纯滞后环节

每一次程序刷新时,新的采样数据进入最右侧的单元,记作 $u(m+1)$,数据在内存单元中依次向左平移一次。直至平移了 m 次后,得到的输出数据就是纯滞后时间 τ 之前的采样值,即

$$u(1)=u(t-m\cdot DT)=u(t-\tau) \tag{5-80}$$

可见,编写计算机程序易于实现纯滞后环节,从而使工程应用中便于实现 Smith 预估补偿控制律。

5.3.5 Smith 预估补偿控制实施中的问题及对策

从 Smith 预估补偿原理来看,Smith 预估补偿控制律直接与被控过程的数学模型相关,而工业应用中很难得到十分精确的数学描述。那么模型的精度是否会影响 Smith 预估补偿的控制品质呢?下面分别对常规 PID 控制系统和引入 Smith 预估补偿的控制系统进行数字仿真。

大滞后过程在应用中常用简化模型$\frac{K}{Ts+1}e^{-\tau s}$ 表示,假设建模过程中存在各种因素使被控过程模型的参数不够准确,Smith 预估补偿的控制效果将受到影响。下面针对静态增益 K、时间常数 T 和纯滞后时间 τ 三方面可能存在的偏差情况,分别进行讨论。

例 5-8 某大滞后过程的动态特性为 $G(s)=\frac{5}{3.2s+1}e^{-4s}$,控制系统仿真模型如图 5-44 所示。由于建模过程存在误差,三个小组的同学得到三个不同的数学模型 G_1、G_2、G_3,由此设计的 Smith 预估补偿控制律分别为 G_{b1}、G_{b2}、G_{b3},如表 5-2 所示。

表 5-2　存在偏差的数学模型及其 Smith 预估补偿控制律

不同情况	数学模型	Smith 预估补偿控制律
精确	$G(s)=\dfrac{5}{3.2s+1}e^{-4s}$	$G_b(s)=\dfrac{5}{3.2s+1}(1-e^{-4s})$
小组 1(静态增益失配)	$G_1(s)=\dfrac{4}{3.2s+1}e^{-4s}$	$G_{b1}(s)=\dfrac{4}{3.2s+1}(1-e^{-4s})$
小组 2(时间常数失配)	$G_2(s)=\dfrac{5}{2.5s+1}e^{-4s}$	$G_{b2}(s)=\dfrac{5}{2.5s+1}(1-e^{-4s})$
小组 3(纯滞后时间失配)	$G_3(s)=\dfrac{5}{3.2s+1}e^{-3.5s}$	$G_{b3}(s)=\dfrac{5}{3.2s+1}(1-e^{-3.5s})$

进行设定值阶跃变化仿真实验后，仿真曲线如图 5-53 所示。

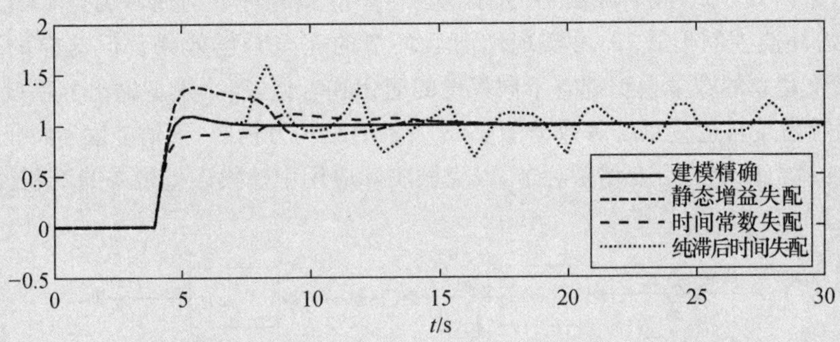

图 5-53　模型参数失配时 Smith 预估补偿控制仿真曲线

仿真实验结果表明，Smith 预估补偿的效果取决于过程模型的精度，对建模误差十分敏感，静态增益和滞后时间的误差对过程的动态特性影响很大。一般情况下，当 K 或 τ 变化 10%～15%时，Smith 预估补偿就失去了良好的控制效果。而在工业生产过程中要建立精确的数学模型非常困难，甚至无法做到，不同程度的模型参数失配现象会导致系统的控制品质大大降低。

Smith 预估补偿器对数学模型精度要求较高，式(5-67)和实验结果(图 5-53)还说明 Smith 预估补偿器对扰动的补偿效果不佳，因此难以直接在工业中得到广泛应用。要想应用，需要对其进行改进。下面介绍两种常用的改进方法：增益自适应补偿和完全抗干扰补偿。

1. Smith 预估增益自适应补偿

1977 年，贾尔斯(R. F. Giles)和巴特利(T. M. Bartley)在 Smith 预估补偿方法基础上，增加了除法器、一阶微分环节和乘法器，由此形成了 Smith 预估增益自适应补偿控制系统，其结构方框图如图 5-54 所示。

在图 5-54 中，除法器将系统输出值 A 除以预估模型的输出值 B，得到的结果被送入一阶微分环节；在一阶微分环节中设置微分时间等于纯滞后时间，即 $T_D=\tau$，作用是使系统输出与估计模型输出之比提前进入乘法器；乘法器将预估器(模型中不含纯滞后项部分)输出乘以微分环节输出，并将结果作为最终的反馈信号 y' 送入控制器。这三个环节的作用是根据预估补偿模型和系统输出信号之间的比值，提供一个能自动校正预估器增益的信号。

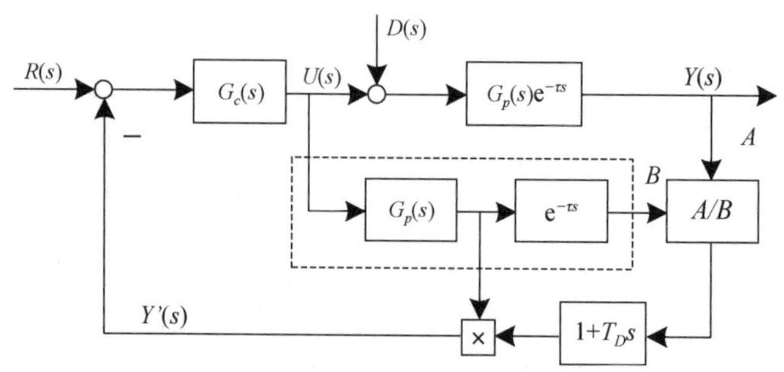

图 5-54 Smith 预估增益自适应补偿控制系统结构方框图

在理想情况下，假设建立的数学模型是精确的，即预估补偿器模型与真实对象的动态特性完全一致，那么 $A=B$，此时除法器的输出是 1，一阶微分环节的输出也是 1，此时即为原有的 Smith 预估补偿控制形式，即可实现纯滞后环节的完全补偿效果。但这样的理想情况是极少的，实际中建立的数学模型都有不同程度的简化和近似，那么模型输出和系统真实输出往往不相同，此时增益自适应系统等效为图 5-55 所示的结构方框图，预估补偿器将带有一个由模型输出和系统输出确定的可变增益环节，以克服实际应用中建模误差带来的不利影响。

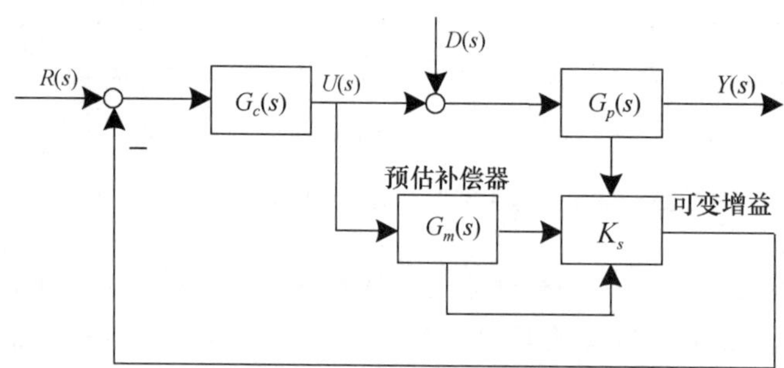

图 5-55 Smith 预估增益自适应补偿控制系统等效结构方框图

若广义被控过程的增益由 K 增大到 $K\pm\Delta K$，则除法器的输出 $A/B=(K\pm\Delta K)/K$。假设实际对象其他动态参数(T、τ)不变，此时微分项 T_DS 不起作用，因而一阶微分环节的输出也是$(K\pm\Delta K)/K$ 。这样，乘法器输出就会变为$(K\pm\Delta K)G_p(s)$，可见反馈量也变化了 ΔK，相当于预估模型的增益变化了 ΔK，因此在被控过程增益 K 变化 ΔK 后，预估补偿器模型仍能得到完全补偿。

例 5-9 某大滞后过程的动态特性为 $G(s)=\dfrac{5}{3.2s+1}e^{-4s}$，若在建模过程中静态增益发生失配情况($K=4$ 和 $K=3$)，请设计 Smith 预估增益自适应补偿控制系统，进行仿真实验，并将控制效果与常规 Smith 预估补偿控制系统的控制效果进行对比。

解： 设计 Smith 预估增益自适应补偿控制系统，仿真模型如图 5-56 所示，静态增益失配时，Smith 预估增益自适应补偿控制系统与常规 Smith 预估补偿控制系统的控制效果对比如图 5-57 所示。

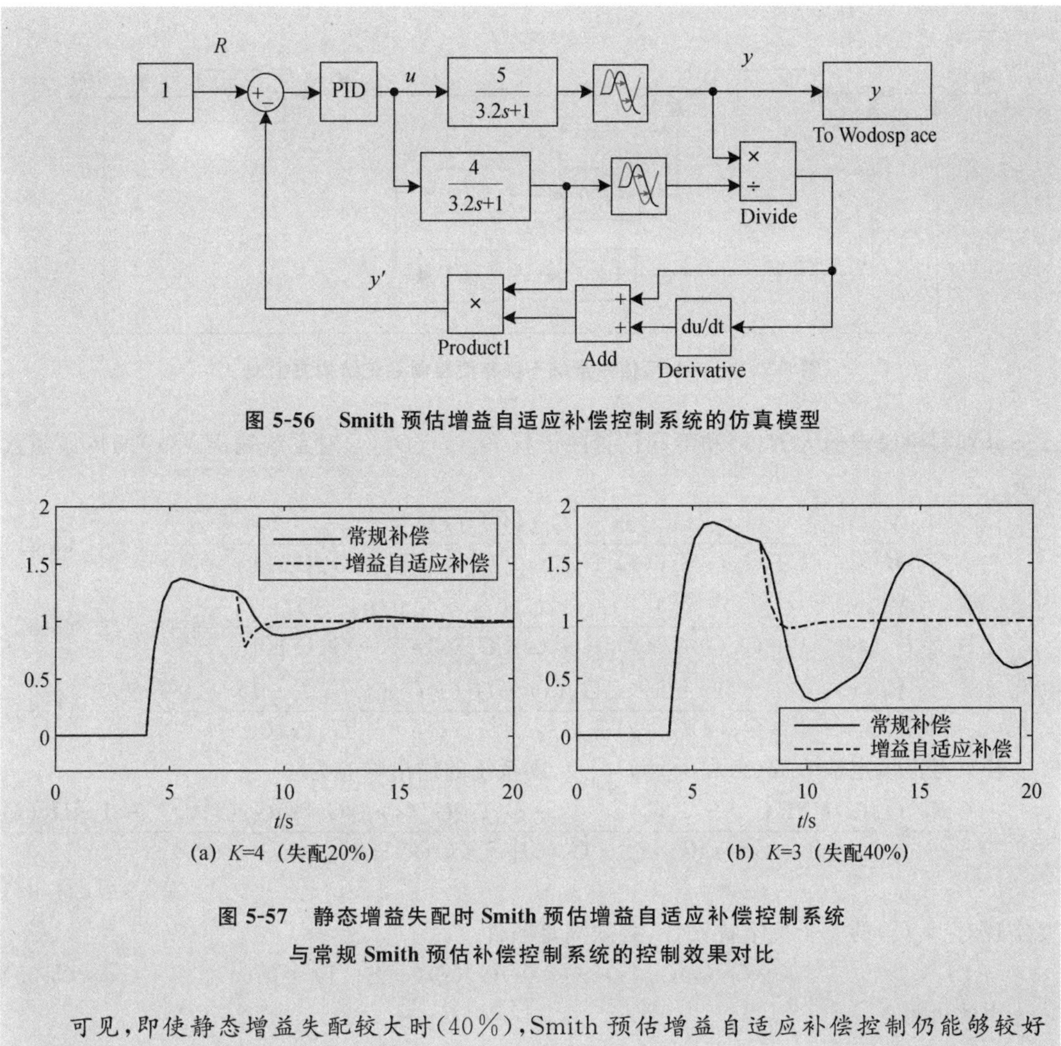

图 5-56 Smith 预估增益自适应补偿控制系统的仿真模型

图 5-57 静态增益失配时 Smith 预估增益自适应补偿控制系统与常规 Smith 预估补偿控制系统的控制效果对比

可见，即使静态增益失配较大时(40%)，Smith 预估增益自适应补偿控制仍能够较好地适应变化，得到较好的补偿效果。

2. Smith 预估完全抗干扰补偿

在设计过程控制系统时，抗干扰是一个需要考虑的十分重要的问题。所谓完全抗干扰，通常是指系统的输出响应不但在稳态下不受外界干扰的影响，而且在动态下也不受外界干扰的影响。

分析表明，若系统中发生扰动的位置没有在 Smith 预估补偿回路内时，则控制系统对纯滞后环节的补偿效果将会明显减弱。因此，为了获得优良的补偿效果，在设计系统时，应该尽量让主要干扰源落在纯滞后预估补偿器输入的前端。如果因客观条件所限，不能实现这一点，就需要对预估补偿器的结构进行改进。Smith 预估完全抗干扰补偿是一种常见的改进结构，该系统的结构方框图如图 5-58 所示。

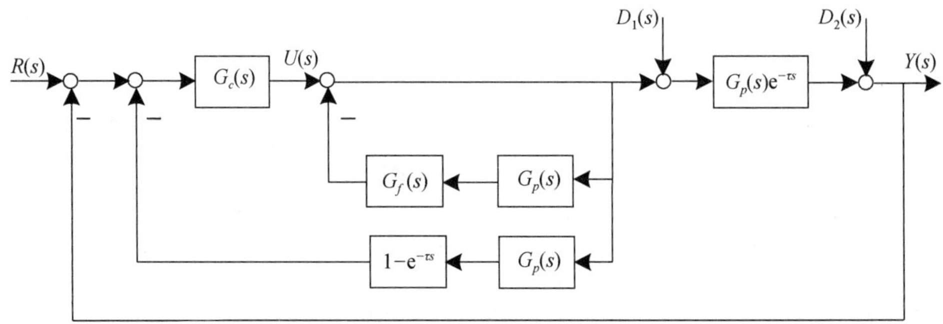

图 5-58 Smith 预估完全抗干扰补偿控制系统结构方框图

分别写出设定输入 $R(s)$ 和不同位置的干扰 $D_1(s)$、$D_2(s)$ 对系统输出 $Y(s)$ 的传递函数如下

$$\frac{Y(s)}{R(s)}=\frac{G_c(s)G_p(s)\mathrm{e}^{-\tau s}}{1+G_p(s)G_f(s)+G_c(s)[G_p(s)\mathrm{e}^{-\tau s}+G_p(s)(1-\mathrm{e}^{-\tau s})]} \tag{5-81}$$

$$\frac{Y(s)}{D_1(s)}=\frac{G_p(s)\mathrm{e}^{-\tau s}[1+G_f(s)G_p(s)-G_c(s)G_p(s)(\mathrm{e}^{-\tau s}-1)]}{1+G_p(s)G_f(s)+G_c(s)[G_p(s)\mathrm{e}^{-\tau s}+G_p(s)(1-\mathrm{e}^{-\tau s})]} \tag{5-82}$$

$$\frac{Y(s)}{D_2(s)}=\frac{1+G_f(s)G_p(s)-G_c(s)G_p(s)(\mathrm{e}^{-\tau s}-1)}{1+G_p(s)G_f(s)+G_c(s)[G_p(s)\mathrm{e}^{-\tau s}+G_p(s)(1-\mathrm{e}^{-\tau s})]} \tag{5-83}$$

若只考虑设定输入 $R(s)$ 和干扰 $D_1(s)$，则系统的输出响应为

$$Y(s)=\frac{G_c(s)G_p(s)\mathrm{e}^{-\tau s}R(s)+G_p(s)\mathrm{e}^{-\tau s}[1+G_f(s)G_p(s)-G_c(s)G_p(s)(\mathrm{e}^{-\tau s}-1)]D_1(s)}{1+G_p(s)G_f(s)+G_c(s)[G_p(s)\mathrm{e}^{-\tau s}+G_p(s)(1-\mathrm{e}^{-\tau s})]} \tag{5-84}$$

要实现对 $D_1(s)$ 的完全抗干扰设计，必须满足条件

$$1+G_f(s)G_p(s)-G_c(s)G_p(s)(\mathrm{e}^{-\tau s}-1)=0 \tag{5-85}$$

由此可得

$$G_f(s)=\frac{G_c(s)G_p(s)(\mathrm{e}^{-\tau s}-1)-1}{G_p(s)} \tag{5-86}$$

此时，系统的输出响应为

$$Y(s)=\frac{G_c(s)G_p(s)\mathrm{e}^{-\tau s}}{G_c(s)G_p(s)\mathrm{e}^{-\tau s}}R(s)=R(s) \tag{5-87}$$

由此可见，这样的系统不仅实现了完全抗干扰，而且也实现了完全无偏差。

若只考虑设定输入 $R(s)$ 和干扰 $D_2(s)$，则系统的输出响应为

$$Y(s)=\frac{G_c(s)G_p(s)\mathrm{e}^{-\tau s}R(s)+[1+G_f(s)G_p(s)-G_c(s)G_p(s)(\mathrm{e}^{-\tau s}-1)]D_2(s)}{1+G_p(s)G_f(s)+G_c(s)[G_p(s)\mathrm{e}^{-\tau s}+G_p(s)(1-\mathrm{e}^{-\tau s})]} \tag{5-88}$$

要实现对 $D_2(s)$ 的完全抗干扰设计，必须满足条件

$$G_f(s)=\frac{G_c(s)G_p(s)(\mathrm{e}^{-\tau s}-1)-1}{G_p(s)} \tag{5-89}$$

由此可见，式(5-86)和式(5-89)是一致的，说明这个补偿规律实现了同时对抗干扰 $D_1(s)$ 和 $D_2(s)$ 的完全抗干扰设计，与干扰的具体形式无关，也无须测量干扰，而且也保证了系统无偏差。

但是，该结构的完全补偿律 $G_f(s)$ 在实际应用时实现起来很困难，尤其是当对象是高阶微分方程（传递函数的特征多项式阶次较高）时。将式(5-86)进行整理可得

$$G_f(s) = G_c(s)(e^{-\tau s} - 1) - \frac{1}{G_p(s)} \tag{5-90}$$

在式(5-90)中，第一项较容易实现。第二项是不含纯滞后环节的被控系统 $G_p(s)$ 的倒数，将存在微分项甚至高阶微分项，在模拟仪表时代，这样的补偿律是不具备物理可实现性的。现在即便使用计算机算法近似计算高阶微分项，其补偿律幅值也会非常大，需要进行限幅处理，那么也就无法实现完全抗干扰补偿。

因此，在大滞后过程中，完全消除内部扰动的 Smith 预估补偿律通常仅具有理论价值，但也提供了一种改善控制品质的途径，因此仍具有一定的意义。

5.4　解耦控制系统

前面所介绍的过程控制系统大多都是由一个控制量和一个被控量构成的控制系统，其实质是单输入单输出系统，也称单变量控制系统。

在工业生产过程中，随着工艺流程越来越复杂，人们对控制系统控制品质的要求也越来越高，往往需要设计多个控制回路，才能保证生产过程稳定、安全、准确地运行。若在一个生产过程或装置设备中运行着多个控制回路，则存在多个被控量和控制量，这些被控量和控制量之间往往会产生某种程度的关联、耦合和影响，即一个控制量的调节会影响多个输出（被控量）的变化；一个被控量也受多个控制量的影响。这些相互耦合的控制回路将直接妨碍各控制量和被控量之间的独立校正作用，有时甚至会破坏系统的正常运行。

5.4.1　被控过程的耦合问题

在化工生产、火力发电等很多工业流程中，相互关联的多变量控制系统十分常见。图 5-59 所示的二元精馏塔控制系统就是一个多变量控制系统。该系统以温度为间接的质量控制指标，以塔顶的回流量 U_1 控制塔顶温度 T_1，以塔底的再沸器热蒸汽流量 U_2 控制塔底温度 T_2。

在图 5-59 中，T_1T 为塔顶温度检测变送单元，T_1C 为塔顶温度控制器，T_2T 为塔底温度检测变送单元，T_2C 为塔底温度控制器。从生产工艺流程的内在机理可知，改变塔顶的回流量 U_1 时，不仅影响塔顶温度 T_1，同时也影响塔底温度 T_2；控制塔底再沸器热蒸汽流量 U_2 时，影响塔底温度 T_2 的同时，也将影响塔顶温度 T_1。可见，塔顶和塔底的两个控制回路之间存在着紧密的关联。

一般地，多输入多输出耦合系统的数学模型表示为

$$Y(s) = G(s)U(s), G(s) = \begin{bmatrix} G_{11}(s) & G_{12}(s) & \cdots & G_{1r}(s) \\ G_{21}(s) & G_{22}(s) & \cdots & G_{2r}(s) \\ \vdots & \vdots & \ddots & \vdots \\ G_{m1}(s) & G_{m2}(s) & \cdots & G_{mr}(s) \end{bmatrix} \tag{5-91}$$

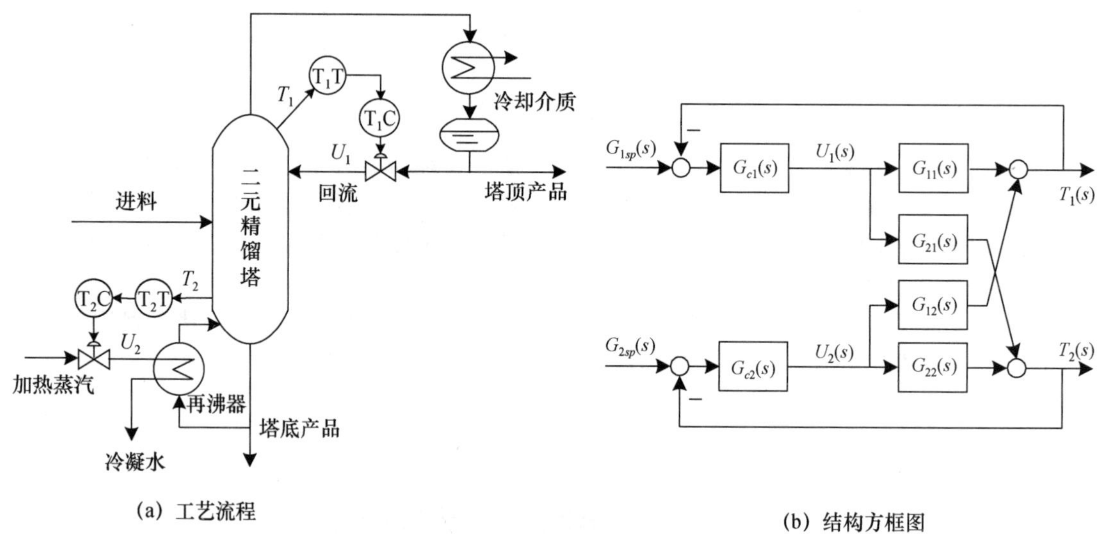

图 5-59　二元精馏塔控制系统

其中

$$G_{ij}(s)=\frac{Y_i(s)}{U_j(s)} \tag{5-92}$$

表示第 j 个输入信号对第 i 个输出量的传递函数关系。当 $i\neq j$，$G_{ij}(s)\neq 0$ 时，系统存在耦合现象。

在工业流程中多输入多输出耦合系统十分常见，当几个控制量同时对一个或几个被控量有影响时，会妨碍各被控量的独立控制，耦合严重时甚至会破坏各系统的正常工作，是较难解决的控制问题。

消除系统之间的相互耦合，去掉过程中相互交叉的各个通道，使各系统成为独立的互不相关的控制回路，就是对系统进行解耦控制。研究生产过程中的控制量与被控量之间的相互耦合和解耦，属于多变量控制系统的内容。

对于多变量控制系统的耦合问题，可以采用被控量和控制量之间的适当匹配或重新整定控制器参数的方法加以克服，也可以采用附加解耦装置加以克服。

在式(5-91)表示的多变量耦合系统中，若实现了完全解耦，则当 $i\neq j$ 时，均有 $G_{ij}(s)=0$，式(5-91)表示的传递函数矩阵就成了对角矩阵

$$G(s)=\begin{bmatrix} G_{11}(s) & & & \\ & G_{22}(s) & & \\ & & \ddots & \\ & & & G_{nn}(s) \end{bmatrix} \tag{5-93}$$

多变量耦合系统的解耦设计已成为提高自动化水平、满足日益发展的生产过程要求的重要任务，是提高自动化系统投运率、稳定生产、保护设备安全、提高经济效益的重要手段。

5.4.2　解耦控制方法

解耦控制的目的是减少或解除多变量之间的耦合关系，保证各个单回路控制系统能独立地工作。

解耦控制有多种方法，现代控制理论中的状态反馈设计实现条件较为苛刻，实际工程中难以应用。实际工程中常用串接解耦补偿器来抵消控制过程中的关联，使各控制回路独立运行。

下面以典型的双输入双输出系统为例，说明串接解耦补偿器的设计方法。双输入双输出耦合系统的串接解耦补偿器的结构如图 5-60 所示。

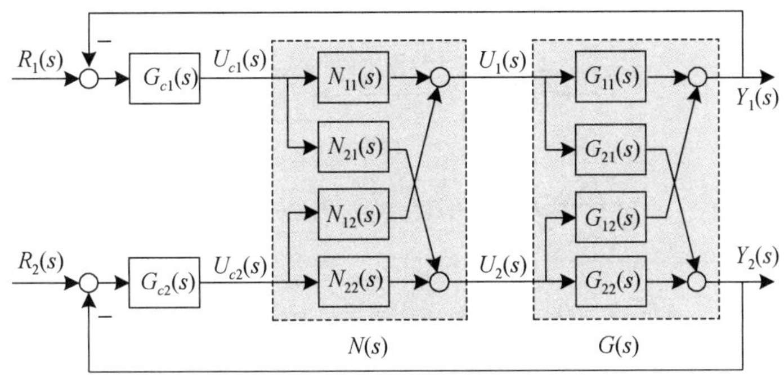

图 5-60　双输入双输出耦合系统的串接解耦补偿器的结构

双输入双输出耦合被控过程为

$$G(s)=\begin{bmatrix} G_{11}(s) & G_{12}(s) \\ G_{21}(s) & G_{22}(s) \end{bmatrix} \tag{5-94}$$

串接的解耦补偿网络表示为

$$U(s)=N(s)U_c(s), N(s)=\begin{bmatrix} N_{11}(s) & N_{12}(s) \\ N_{21}(s) & N_{22}(s) \end{bmatrix} \tag{5-95}$$

其中变量分别为

$$Y(s)=\begin{bmatrix} Y_1(s) \\ Y_2(s) \end{bmatrix}, U(s)=\begin{bmatrix} U_1(s) \\ U_2(s) \end{bmatrix}, U_c(s)=\begin{bmatrix} U_{c1}(s) \\ U_{c2}(s) \end{bmatrix} \tag{5-96}$$

串联解耦补偿之后的数学模型为

$$Y(s)=G(s)N(s)U_c(s)=\begin{bmatrix} * & 0 \\ 0 & * \end{bmatrix} \tag{5-97}$$

若该被控过程能成为对角矩阵，则实现了完全解耦。

矩阵相乘，顺序不可反；符号“*”代表非 0 元素。

在解耦补偿之后得到的对角矩阵中，对其中非 0 元素的选取常用以下三种方法。

1. 对角矩阵解耦设计

通过解耦设计，使式(5-97)中的主对角元素（即非 0 元素）为原单回路控制系统的被控特性，即使 $G(s)N(s)=\text{diag}[G_{ii}]$，则由此可得到对角矩阵解耦补偿控制规律

$$N(s)=G^{-1}(s)\text{diag}[G_{ii}] \tag{5-98}$$

式(5-98)的使用条件为：多变量耦合被控过程的传递函数矩阵 $G(s)$ 的逆存在。

例如，在双输入双输出耦合系统中，解耦后使 $G(s)N(s)=\begin{bmatrix} G_{11}(s) & 0 \\ 0 & G_{22}(s) \end{bmatrix}$，则

$$N(s)=G^{-1}(s)\begin{bmatrix}G_{11}(s) & 0\\ 0 & G_{22}(s)\end{bmatrix} \tag{5-99}$$

理想情况下，对角矩阵解耦补偿后的双输入双输出系统如图 5-61 所示。可见，解耦补偿之后的系统特性与原来单回路控制系统的特性完全一样，即解耦补偿后系统已经彻底消除了两个回路之间的关联，两个回路互不影响了。

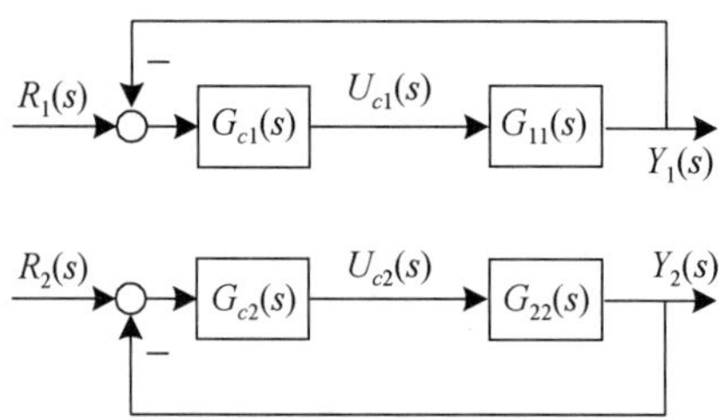

图 5-61　对角矩阵解耦补偿后的双输入双输出系统

式(5-98)所示的对角矩阵解耦补偿控制规律看似简单，在实际工程应用时往往由于多变量耦合被控过程的传递函数矩阵求逆计算复杂，或者得到的计算结果太复杂而难以实现，也就难以达到完全解耦的目的。

例如，如果多变量耦合被控过程的传递函数矩阵 $G(s)$ 的逆存在，则得到解耦补偿控制规律的表达式为

$$\begin{bmatrix}N_{11}(s) & N_{12}(s)\\ N_{21}(s) & N_{22}(s)\end{bmatrix}=\begin{bmatrix}G_{11}(s) & G_{12}(s)\\ G_{21}(s) & G_{22}(s)\end{bmatrix}^{-1}\begin{bmatrix}G_{11}(s) & 0\\ 0 & G_{22}(s)\end{bmatrix}$$
$$=\frac{1}{G_{11}(s)G_{22}(s)-G_{12}(s)G_{21}(s)}\begin{bmatrix}G_{22}(s)G_{11}(s) & -G_{12}(s)G_{22}(s)\\ -G_{21}(s)G_{11}(s) & G_{11}(s)G_{22}(s)\end{bmatrix} \tag{5-100}$$

对于有两个以上变量的多变量系统，经过矩阵运算都可以方便地求得解耦补偿控制规律表达式，只是表达式通常会比较复杂，如果不予以简化，在工程应用中难以实现。

例如，二元精馏塔控制系统中有两个被控量：塔顶温度 T_1、塔底温度 T_2；有两个控制量：塔顶回流量 U_1、塔底再沸器热蒸汽流量 U_2。若在某化工厂进行测试后分别建立被控量与控制量之间的传递函数，则被控过程动态特性模型如图 5-62 所示。

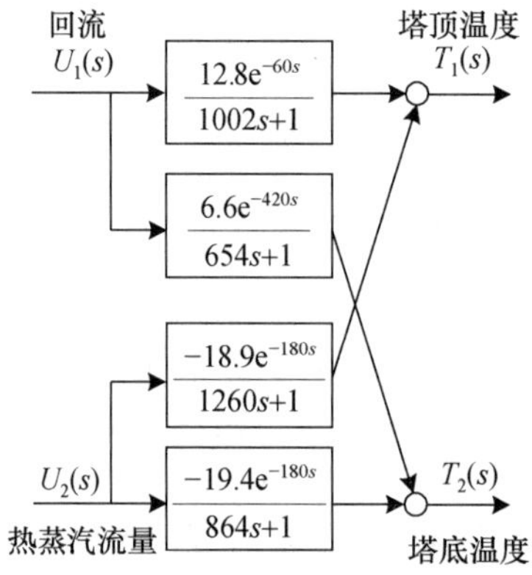

图 5-62　某化工厂二元精馏塔的被控过程动态特性模型

由图 5-62 可知，该二元精馏塔被控过程的数学模型为

$$G_{11}(s)=\frac{Y_1(s)}{U_1(s)}=\frac{12.8e^{-60s}}{1002s+1}$$

$$G_{12}(s)=\frac{Y_2(s)}{U_1(s)}=\frac{6.6e^{-420s}}{654s+1}$$

$$G_{21}(s)=\frac{Y_1(s)}{U_2(s)}=\frac{-18.9e^{-180s}}{1260s+1}$$

$$G_{22}(s)=\frac{Y_2(s)}{U_2(s)}=\frac{-19.4e^{-180s}}{864s+1}$$

写成传递函数矩阵为

$$\begin{bmatrix} G_{11}(s) & G_{12}(s) \\ G_{21}(s) & G_{22}(s) \end{bmatrix}=\begin{bmatrix} \dfrac{12.8e^{-60s}}{1002s+1} & \dfrac{6.6e^{-420s}}{654s+1} \\ \dfrac{-18.9e^{-180s}}{1260s+1} & \dfrac{-19.4e^{-180s}}{864s+1} \end{bmatrix}$$

将此式代入式(5-100)可计算得到对角矩阵解耦补偿控制规律，计算结果较为复杂。

这里仅以双输入双输出耦合系统为例，并且每个通道的传递函数都简化为一阶惯性环节串联一个纯滞后环节的形式，即被控过程的数学模型都采用了工程中的最简化形式，但是得到的对角矩阵解耦补偿控制规律还是很复杂。若对于有更多变量的耦合被控过程，且通道模型为高阶特性，可想而知，解耦补偿控制规律会更加复杂。这说明通过多变量传递函数矩阵求逆得出解耦补偿控制规律的方法，很难在工程应用中进行推广。

2. 单位矩阵解耦设计

若将式(5-97)所示的对角矩阵中的非 0 元素取为 1，则对角矩阵成为单位矩阵 I，那么串接解耦补偿网络后

$$G(s)N(s)=I \tag{5-101}$$

则解耦补偿控制规律为

$$N(s)=G^{-1}(s) \tag{5-102}$$

理想情况下，单位矩阵解耦补偿后的双输入双输出系统如图 5-63 所示，得到了两个被控过程为 1 的独立回路。

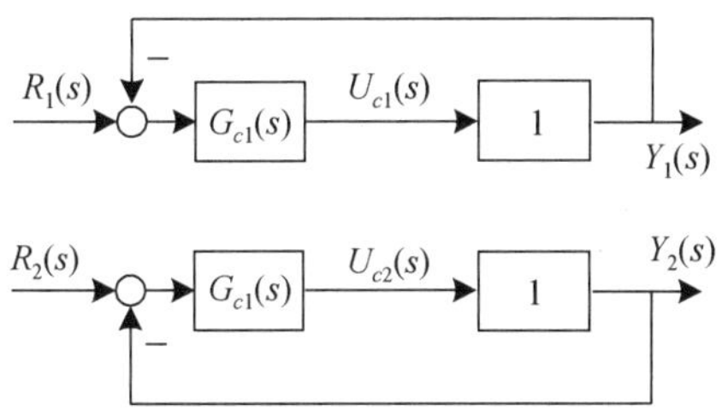

图 5-63　对角矩阵解耦补偿后的双输入双输出系统

单位矩阵解耦设计对计算过程进行了一定的简化，它的计算复杂性主要来自被控过程传递函数矩阵的求逆，单位矩阵解耦设计并未很好地解决计算复杂的问题，因此在工程应用中仍难以实现。

3. 前馈补偿解耦设计(简易解耦)

若选择的解耦补偿控制规律只能使式(5-97)中非对角线元素为0,而对主对角线元素没有进行规定,这样也能实现完全解耦。此时,可以取部分的 $N_{ij}=1$,使解耦补偿控制规律比较简单,这就是前馈补偿解耦,也称简易解耦。在系统通道数目较少的情况下,即使采用常规仪表,这种方式也很容易实现。

仍以双输入双输出系统为例,若令解耦补偿网络中的 $N_{11}=N_{22}=1$,使之满足

$$\begin{bmatrix} G_{11}(s) & G_{12}(s) \\ G_{21}(s) & G_{22}(s) \end{bmatrix} \begin{bmatrix} 1 & N_{12}(s) \\ N_{21}(s) & 1 \end{bmatrix} = \begin{bmatrix} * & 0 \\ 0 & * \end{bmatrix} \tag{5-103}$$

则系统的结构如图 5-64 所示。

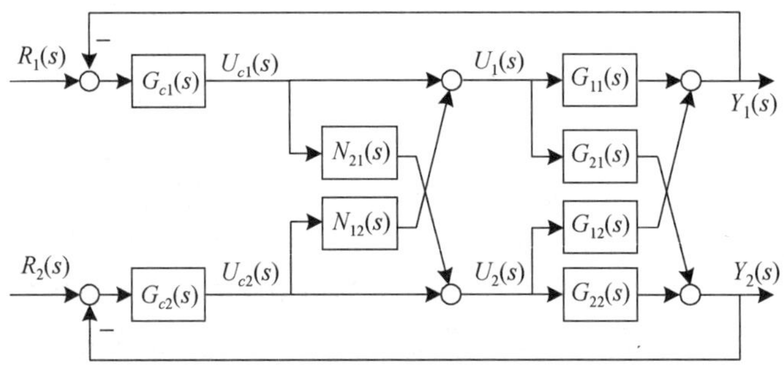

图 5-64 采用前馈补偿解耦设计的双输入双输出系统

为使式(5-103)成立,需要满足

$$\begin{cases} N_{21}(s)G_{22}(s)+G_{21}(s)=0 \\ N_{12}(s)G_{11}(s)+G_{12}(s)=0 \end{cases} \tag{5-104}$$

由此,可推导出

$$N_{21}(s)=-\frac{G_{21}(s)}{G_{22}(s)},N_{12}(s)=-\frac{G_{12}(s)}{G_{11}(s)} \tag{5-105}$$

将式(5-105)代入式(5-103)后,可得前馈补偿解耦后的系统

$$\begin{bmatrix} G_{11}(s) & G_{12}(s) \\ G_{21}(s) & G_{22}(s) \end{bmatrix} \begin{bmatrix} 1 & -\dfrac{G_{12}(s)}{G_{11}(s)} \\ -\dfrac{G_{21}(s)}{G_{22}(s)} & 1 \end{bmatrix}$$

$$= \begin{bmatrix} G_{11}(s)-\dfrac{G_{12}(s)G_{21}(s)}{G_{22}(s)} & 0 \\ 0 & G_{22}(s)-\dfrac{G_{21}(s)G_{12}(s)}{G_{11}(s)} \end{bmatrix} \tag{5-106}$$

可见,实现解耦后,各通道的传递函数不是原来 $G_{ii}(s)$,动态特性也发生了变化。

式(5-105)所示的补偿控制规律还可以从另一个角度进行分析后导出,即将 u_1 对 y_2 的影响、u_2 对 y_1 的影响当作扰动来看待,并按前馈补偿的方法进行克服,这就是前馈补偿解耦设计名称的由来。

在 u_1 至 y_1 通道,对输出 y_1 而言,u_2 被看作扰动信号,则 $G_{12}(s)$ 为扰动通道传递函数,如图 5-65(a)所示,得到前馈补偿控制规律为

$$N_{12}(s)=-\frac{G_f(s)}{G_o(s)}=-\frac{G_{12}(s)}{G_{11}(s)} \tag{5-107}$$

同样，在 u_2 至 y_2 通道，u_1 被看作输出 y_2 的扰动信号，则 $G_{21}(s)$ 为扰动通道传递函数，如图 5-65(b)所示，得到前馈补偿控制规律为

$$N_{21}(s)=-\frac{G_f(s)}{G_o(s)}=-\frac{G_{21}(s)}{G_{22}(s)} \tag{5-108}$$

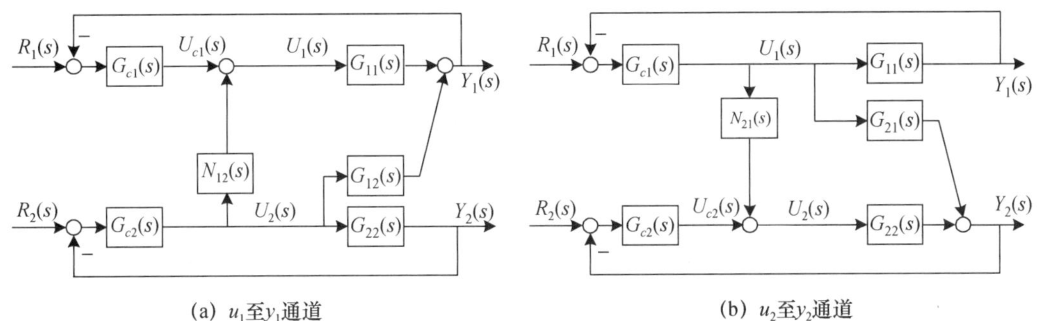

图 5-65　将耦合作用看作扰动信号进行的前馈补偿设计

可见，式(5-107)与式(5-105)的解耦补偿控制规律是相同的。

同样，在实际工程中可采用前馈补偿解耦的设计方法，例如，在控制通道和扰动通道的时间常数相差不大或者生产工艺对动态过程品质要求不高时，可以采用静态前馈补偿解耦设计，得到的即为静态解耦控制系统。

静态前馈解耦补偿控制规律为

$$N_{12}=-\frac{K_{12}}{K_{11}},N_{21}=-\frac{K_{21}}{K_{22}} \tag{5-109}$$

5.5　比值控制系统

工业生产过程中，经常要求两种或两种以上的物料保持一定比例关系，一旦比例失衡，将影响生产的正常进行，可能会造成产量减少、质量降低、能源浪费、环境污染，甚至会发生生产事故。例如，在锅炉燃烧控制系统中，送进炉膛的空气量和燃料量要保持一定的比例，否则将无法保证生产的经济性、安全性及环保性。若空气量过大，热量将随烟气排出，造成损失，并使效率降低；若空气量不足，燃料将因燃烧不够充分而不能释放出应有的热量，排放物还会造成更大的环境污染。在聚乙烯醇生产过程中，树脂和氢氧化钠必须以一定的比例混合，否则树脂将会因自聚而影响生产。在重油气化的造气生产过程中，进入气化炉的重油流量应保持一定的比例，若氧气过多，则会使炉温过高，破坏设备；若氧气过少，则炭黑增多，会发生阻塞。因此，在生产流程中严格控制物料之间的比例关系是十分重要的任务。

5.5.1 比值控制系统及常用类型

比值控制系统是实现两个或两个以上的物料参数符合一定比例关系的控制系统。若生产运行中有两种物料，并且这两种物料需要保持一定比例关系，通常是以某种物料为主，另一种物料随之进行变化，一般有以下命名习惯。

主流量：处于主导地位的物料为主物料，表征主物料的参数（多为流量）为主流量，记作Q_1，如燃烧过程中的燃料量。

副流量：按主物料配比，随主物料量的变化而变化的物料为从物料，表征从物料的参数为副流量或从流量，记作Q_2，例如，燃烧过程中的空气量就是副流量，它随燃料量的变化而变化。

比值：副流量与主流量的比值，记作K，

$$K=\frac{Q_2}{Q_1} \tag{5-110}$$

比值控制系统以维持主、副流量为一定比值关系为控制目的，对于副流量而言，该系统属于随动控制系统，Q_2随Q_1的变化而变化。式(5-110)是工艺流程要求的比值，实际工程中还需进行折算才能在仪表或计算机系统中进行设置，而且有比值器、乘法器和除法器等形式。

按比值K的特点可将比值控制系统分为定比值和变比值两类。

两个或两个以上参数之间的比值是通过设置比值器的比值系数来实现的。一旦确定了比值系数，系统投入运行后，此比值系数将保持不变（为常数），具有这种特点的系统称为定比值控制系统。这种系统的结构一般比较简单，但是，当生产运行过程中需要改变参数间的比值时，则需要人工重新设置新的比值系数。定比值控制系统按照结构还可以分为：开环比值控制系统、单闭环比值控制系统和双闭环比值控制系统。

两个或两个以上参数之间的比值不是一个常数，而是根据另一个参数（第三个参数）的变化而不断地修正，具有这种特点的系统称为变比值控制系统。这种系统的结构往往比较复杂，但适应性较好。

在实际应用中还需注意，保持两种或两种以上物料量成一定的（定或变）比值关系，通常只是生产过程全部工艺要求的一部分，有时甚至不是工艺要求的主要部分，有时仅仅只是一种控制手段，而非最终的控制目的。例如，在燃烧控制系统中，保持燃料量和空气量的比例关系虽然很重要，但工艺流程的最终目的通常是对温度进行控制。

1. 开环比值控制系统

在如图5-66(a)所示的工艺流程中，流量检测变送单元FT检测主流量Q_1的信号，并将检测信号送入比值器K，然后比值器输出控制副流量管道阀门的控制指令。在该系统中，虽然有流量检测变送单元FT、比值器K和调节阀，但是并未构成闭环控制系统。该系统的结构方框图如图5-66(b)所示。因此，该系统实为开环控制结构。

在处于稳定工况时，主、副流量应满足$Q_2=KQ_1$的配比关系。当主流量Q_1受负荷波动或其他干扰因素影响发生变化时，检测信号随之发生变化，比值器收到检测信号后给出改变副流量控制阀门开度的指令，改变副流量Q_2，使主、副流量保持原有配比关系。

开环比值控制系统实现简单，但是缺乏抗干扰能力。当发生副流量管路压力扰动时，主

流量 Q_1 和副流量 Q_2 之间的比值关系将遭到破坏，由于没有检测副流量 Q_2 的大小，副流量管道上的调节阀并不会动作，这种情况下该系统就不能保证主、副流量达到所要求的比值关系。可见，开环比值控制系统只适用于副流量管线压力稳定且对比值精度要求不高的场合。

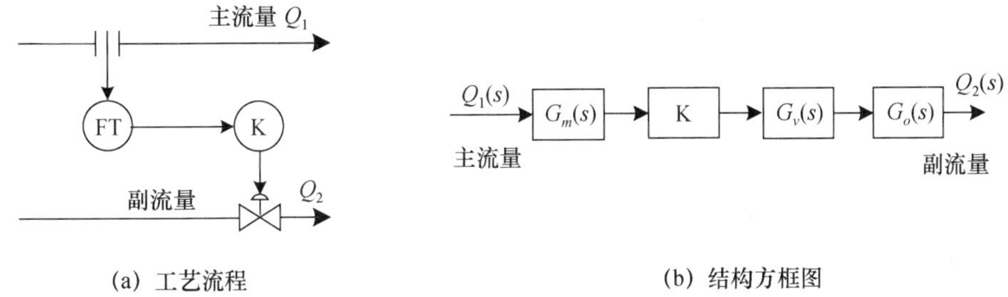

(a) 工艺流程　　(b) 结构方框图

图 5-66　开环比值控制系统

2. 单闭环比值控制系统

为了克服副流量管道上各种扰动的影响，在副流量管道上增加检测变送单元 F_2T 和流量控制器 F_2C，可构成如图 5-67 所示的单闭环比值控制系统。

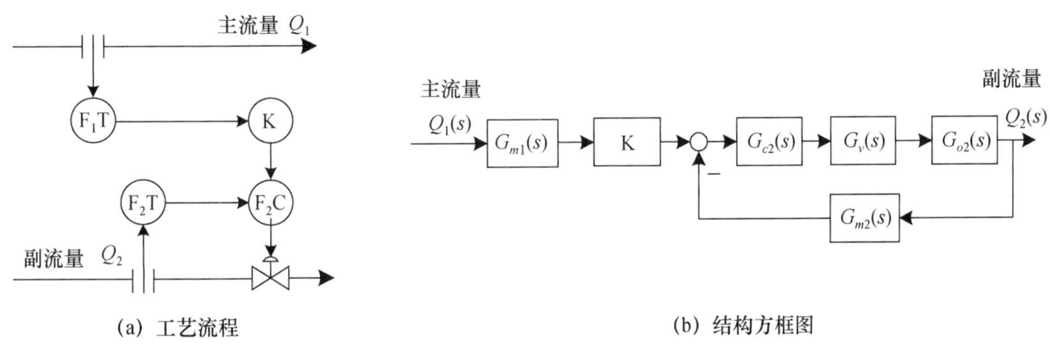

(a) 工艺流程　　(b) 结构方框图

图 5-67　单闭环比值控制系统

单闭环比值控制系统结构简单，方案实现方便，仅用一个比值器和比例调节器即可实现副流量跟随主流量的变化而变化的控制操作，可以克服单回路控制系统中各种干扰对比值的影响。

(1) 当 Q_1 变化时，比值器 K 输出与 Q_1 成比例变化，此输出将作为 G_{c2} 的设定值，此时副流量回路为随动系统。

(2) 当 Q_1 不变时，此时系统为定值控制系统，能够克服副流量回路的干扰（如副流量管道压力变化等）。

(3) 当 Q_1 变化，且回路中有干扰时，系统既能使副流量跟随主流量变化达到新的平衡，又可克服进入回路的扰动的影响，使主、副流量仍保持比例关系。

单闭环比值控制系统对以上三种情况都能实现保持主、副两个流量的比值不变的控制，因此，在工业过程自动化中应用广泛。但是，单闭环比值控制系统对主流量侧没有采取任何校正措施，若要求主流量恒定，但又发生了主流量 Q_1 随工业生产中负荷升降或随干扰作用而变化的情况，该系统就无法满足生产对主流量的工艺要求。在对两种流量比值精确度要求较高的生产过程中，如果主流量是不可控制的，那仍然只能采用单闭环比值控制系统，只是需要利用其他动态补偿方法弥补流量比值的动态偏差问题。如果主流量可控，那么就可采用双闭环比值控制系统。

3. 双闭环比值控制系统

为了克服主流量不受控制所引起的不足，在单闭环比值控制系统的基础上，增加主流量闭环控制就构成了双闭环比值控制系统，如图 5-68 所示。

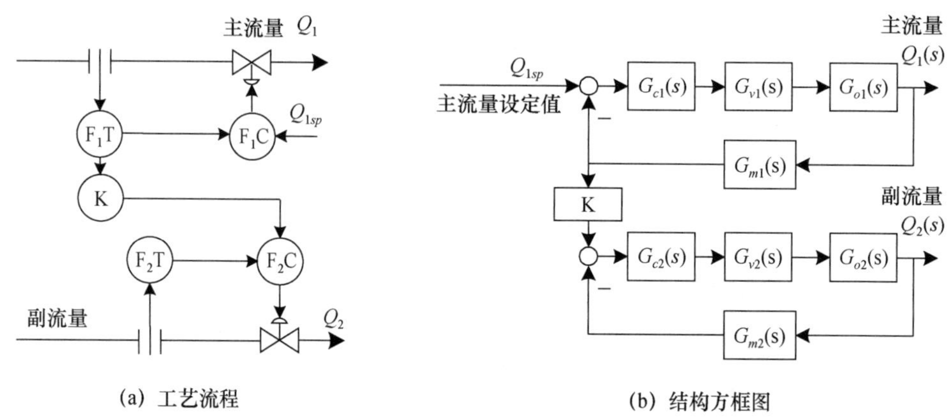

图 5-68　双闭环比值控制系统

通常情况，工艺流程在稳定负荷下运行，此时双闭环比值控制系统由一个主流量定值控制回路和一个跟随主流量变化的副流量随动控制回路组成。主流量定值控制回路能克服各种扰动对主流量的影响，使主流量在运行过程中保持比较平稳的状态，从而使副流量的目标值也很少发生变化或变化幅度较小。此时，副流量控制回路的任务主要是抑制作用于副流量回路中的各种扰动，使主、副流量保持较精确的比值关系。当扰动消除后，主、副流量都恢复到原设定值上，比值不变，并且主、副流量变化平稳。

当系统升降负荷时，只要改变主流量的设定值，主流量控制回路和副流量控制回路就会同时动作，按比例同时增加或减小，能有效降低动态偏差和稳态偏差，从而克服单闭环比值控制系统的缺点。

因此，双闭环比值控制系统常用在主、副流量扰动频繁，或者工艺上经常需要升降负荷，以及不要求主、副流量总和恒定的场合。

为了充分发挥双闭环比值控制系统的优点，实际应用中需要注意以下两点。

(1) 防止副流量回路产生“共振”现象。虽然双闭环比值控制系统的两个回路没有构成嵌套形式的串级控制结构，但通过比值器，副流量回路和主流量回路发生了联系，主流量的变化必然引起副流量回路控制器设定值的变化。当两个回路的工作频率较为接近时，就有可能引起副流量回路的“共振”现象，产生恶劣的控制品质。因此，进行主流量控制器参数整定时，通常要使主流量的过渡过程呈现非周期性的变化过程，即不出现振荡特性。

(2) 由于比值控制系统的被控量一般都是流量，滞后和惯性时间都比较小，而且在流体管路中又常存在有很多不规则的干扰，因此，主、副控制器一般都不宜采用微分控制规律。另外，工艺往往要求主流量恒定在设定值上，比值控制的结果使副流量也应是恒定的，因此，主、副控制器通常都应选比例积分控制规律。

考考你 5-3　图 5-68(b)结构中出现的两个闭合回路是否构成了串级控制结构？

4. 变比值控制系统

在开环比值控制系统、单闭环比值控制系统和双闭环比值控制系统中，两种物料流量间的比值关系都是固定不变的，因此，这三种控制系统都属于定比值控制系统。有些生产过程要求两种物料流量的比值随第三个参数的变化而变化，这就需要设计变比值控制系统。

在实际生产过程中，维持两种物料流量之间为一定比值往往并不是最终的控制目的，也就是说，比值控制只是生产过程的一个环节，最终的被控量并不是比值，被控量仍是直接或间接反映产量、质量、节能、环保及安全的过程参数。如果两种物料流量的比值对被控量影响较显著，可将两个流量的比值作为控制参数加以利用，以克服其他干扰对被控量的影响。此时，两个流量的比值是变化的，这个比值随第三个参数（通常是真正的被控量）的变化而变化。

例如，在燃烧控制系统中通常需要维持"空燃比"（空气量与燃料量的比值），目的是保证充分燃烧，反映燃料完全燃烧的指标是烟道中的烟气含氧量，因此，烟气含氧量才是燃烧控制系统的被控量。为达到提高燃料利用率、减少碳排放、保护环境的目的，燃烧控制系统的设计就显得尤为重要。

某变比值控制系统的工艺流程如图 5-69(a)所示，该系统有两个控制任务。

(1) 在加热炉的燃烧过程中控制原料的出口温度（被控量）；

(2) 在燃烧过程中保证一定的烟气含氧量（被控量），以实现充分燃烧。

该系统主要通过调节燃料量和空气量这两个量来实现以上两个控制任务。该控制系统结构方框图如图 5-69(b)所示。其中，出口温度的控制为单回路控制结构，燃烧过程的控制为串级变比值控制结构。

在该变比值控制系统中，温度控制系统以燃料量为控制量实现对出口温度的控制。温度控制系统仅采用了简单的单回路结构，实际应用时若惯性滞后较大，也可以设计为串级控制系统。

燃料量必须配合合适的空气量才能保证充分燃烧，因此，需要设计比值控制系统，并且这个比值并非固定值，而是由烟气含氧量来调整的可变比值。

烟气含氧量是表征燃烧状况的参数，是主被控量，其闭环控制为主回路，主控制器的输出是空燃比的目标值，是一个变比值信号，即内回路单闭环比值控制系统的设定值。副回路是一个闭环比值控制系统，其比值由除法器来实现（得到空气量与燃料量之比 Q_2/Q_1），在此，两个流量的比值是副被控量。

在该控制系统中，烟气含氧量被称为第三个参数[或主参数（是燃烧运行过程中的质量指标）]，这样的变比值控制系统能够按一定的工艺指标自动修正比值系数，具有较好的适应性。

该控制系统在稳态时，原料出口温度达到目标值，温度控制器 $G_c(s)$的输出信号不变，燃料量 Q_1 和空气量 Q_2 不变，主、副流量分别经检测变送器被送至除法器，除法器的输出即为"空燃比"。作为 $G_{c2}(s)$的反馈信号，此时烟气含氧量处于稳定状态，$G_{c1}(s)$的输出和 $G_{c2}(s)$输出也处于稳定状态，调节阀开度不变，各参数符合工艺要求，产品质量合格。

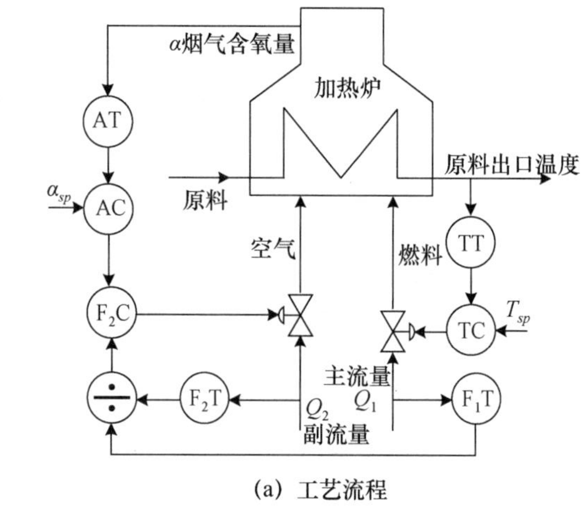

(a) 工艺流程

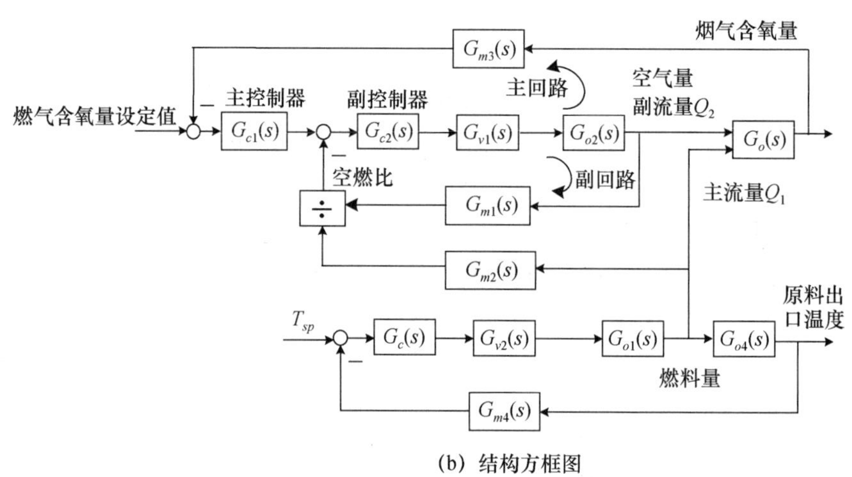

(b) 结构方框图

图 5-69 某变比值控制系统

若主参数烟气含氧量稳定，但出现温度控制回路需要进行调节而改变了燃料量 Q_1 或其他原因造成 Q_1、Q_2 发生变化时，副控制器的设定值（主控制器输出）不变，反馈值空燃比将失衡。此时，副回路迅速动作，通过调整空气量来维持 Q_1、Q_2 的比值稳定。扰动幅值不大时，该调节过程将使主参数不受扰动影响，或大大减小扰动对主参数的影响，依然保证燃料的充分燃烧。

若主参数烟气含氧量受某种干扰偏离设定值，主控制器 $G_{c1}(s)$ 的输出将会改变，副控制器 $G_{c2}(s)$ 的设定值也会改变，即修正了两个流量的比值，使系统在新的比值上重新稳定。

在变比值控制系统中，流量比值是用第三个参数来自动校正的。对流量比值的控制只是整个控制系统的一个环节，不是最终目的。因此，这种控制系统对比值的要求大大降低，具有按主参数反馈自动校正比值系数的优点。

5.5.2 比例系数的计算

进行工程设计之前，需要区分理论分析中的流量比值 K 和设置于仪器仪表中的实际比值 K'，虽然它们都是无量纲系数，但除了特定场合外，一般情况下两者的数值是不相同的，

即 $K' \neq K$。

比值 K 是生产过程中两种物料流量 Q_2、Q_1 之比，可将 Q_2、Q_1 同视为质量流量、体积流量或折算成标准情况下的流量，是工艺参数。

实际工程应用中，流量信号是来自检测变送单元的统一标准信号，如电动仪表的标准信号为 4～20 mA，气动仪表的标准信号为 0.02～0.1 MPa 等。要想实现流量比值控制，先要将理论上的流量比值 K 换算成仪表上的信号比值 K'，然后才能在比值函数模块或比值控制器中进行相关设置。

如何将工艺中要求的比值 K 换算成仪表中实际的比值 K' 呢？换算方法与控制系统中采用何种检测仪表和控制仪表有关，这里以国际标准传输信号 4～20 mA 为例进行说明。

仪表（检测变送单元）信号与被测流量信号之间有线性和非线性两种关系，所以有两种对应的折算公式。

1. 采用线性流量检测变送单元

有些测量信号与流量之间呈线性关系，例如：

① 转子流量计，流体推着转子悬浮，转子运动速度与流量成正比，适于小流量的流体测量；

② 涡轮流量计，流体推动涡轮转动，涡轮转速与流量成正比；

③ 椭圆齿轮流量计，流体推动一对齿轮转动，齿轮转速与流量成正比，该流量计是容积式流量计，适用于高黏度流体，精度很高。

这里以 DDE Ⅲ 仪表为例，当流量由 0 变化到最大值 Q_{max} 时，仪表对应输出值为 4～20 mA(DC) 的标准信号。那么在量程范围内，变送器输出电信号 I 与流量 Q 之间的关系如图 5-70 所示，表达式为

$$\frac{I-4}{20-4}=\frac{Q-0}{Q_{max}-0}，即\ I=16\frac{Q}{Q_{max}}+4 \tag{5-111}$$

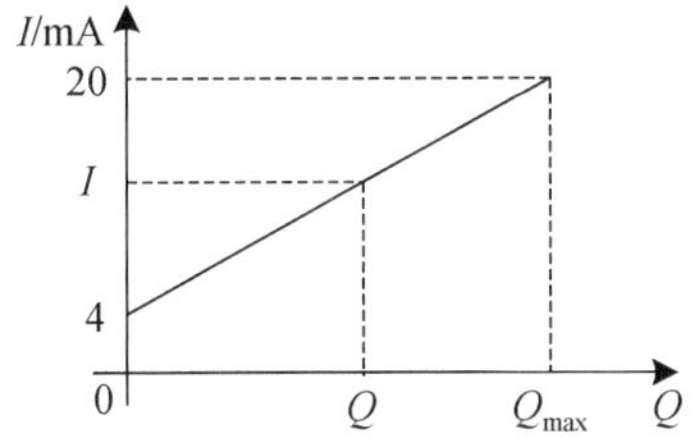

图 5-70　DDE Ⅲ 仪表测量信号与流量的线性关系

则有

$$Q=\frac{Q_{max}(I-4)}{16} \tag{5-112}$$

若主流量计测量范围为 0～Q_{1max}、副流量计测量范围为 0～Q_{2max}，则根据式(5-112)，可得理论上的流量比值为

$$K=\frac{Q_2}{Q_1}=\frac{Q_{2max}(I_2-4)}{Q_{1max}(I_1-4)}=K'\frac{Q_{2max}}{Q_{1max}} \tag{5-113}$$

即可得折算关系为

$$K' = K \frac{Q_{1\max}}{Q_{2\max}} \tag{5-114}$$

可见，在采用线性流量检测变送单元时，只有当主、副流量的量程上限一致时，才有理论比值与实际仪表比值相等的关系，即只有当 $Q_{1\max} = Q_{2\max}$ 时，才有 $K' = K$。另外，折算关系与仪表的电气零点无关。

2. 采用非线性流量检测变送单元

在采用节流元件进行流量检测时，压差平方根与流量成正比，因此测量信号与流量是非线性关系，有

$$\sqrt{\Delta P} \propto Q \tag{5-115}$$

仍以 DDE Ⅲ 仪表为例，采用的差压变送器的信号范围为 4～20 mA(DC)，对应流量变化范围为 $0 \sim Q_{\max}$。在量程范围内，变送器输出电信号 I 与流量 Q 之间的关系如图 5-71 所示。

为了方便换算，可对式(5-115)进行平方计算，得压差与流量的平方成正比关系，

$$\Delta P = cQ^2 \tag{5-116}$$

其中，c 为常数。

对 DDE Ⅲ仪表，压差变送器输出信号 I 与流量的平方成正比关系，如图 5-72 所示。

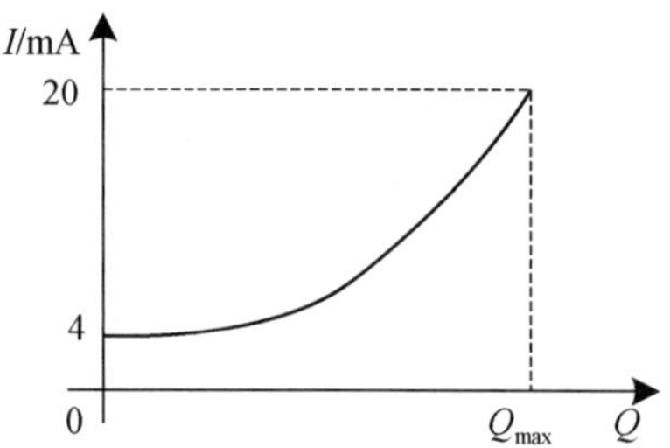

图 5-71　DDE Ⅲ仪表测量信号与流量的非线性关系

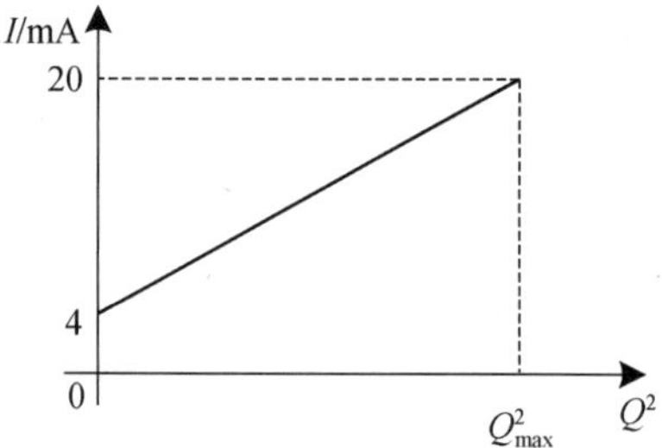

图 5-72　DDE Ⅲ仪表测量信号与流量平方的线性关系

根据图 5-71，有

$$\frac{I-4}{20-4} = \frac{Q^2-0}{Q_{\max}^2-0}，即\ I = 16\frac{Q^2}{Q_{\max}^2} + 4 \tag{5-117}$$

对于主流量 Q_1，有 $I_1 \propto cQ_1^2$，对于副流量 Q_2，有 $I_2 \propto cQ_2^2$。

由式(5-117)得

$$K^2 = \frac{Q_2^2}{Q_1^2} = \frac{Q_{2\max}^2}{Q_{1\max}^2} \cdot \frac{I_2-4}{I_1-4} = \frac{Q_{2\max}^2}{Q_{1\max}^2} \cdot K' \tag{5-118}$$

得

$$K' = K^2 \frac{Q_{1\max}^2}{Q_{2\max}^2} \tag{5-119}$$

折算方法与仪表的型号和结构无关，只与量程有关。只有当主、副流量的量程上限满足 $K = \frac{Q_{2\max}^2}{Q_{1\max}^2}$ 时，才有理论比值 K 与实际仪表比值 K' 相等的关系。

5.5.3　比值控制系统的工程设计

1. 主、副流量的确定

在实际生产中，通常根据流量是否可控和生产工艺的要求来确定主、副流量，一般有以下几种情况。

(1) 如果一个流量可控，另一个流量不可控，那么只能组成单闭环比值控制系统。一般将在工业生产过程中不可控的，或者工艺上不允许控制的流量选为主流量，而将可控的流量选为副流量。

(2) 如果两个流量都可控，那么根据需要可以设计成单闭环比值控制系统、双闭环比值控制系统或变比值控制系统，此时常遵循：

① 一般将在工业生产过程中起主导作用的流量选为主流量，将其他流量选为副流量，副流量跟随主流量变化。

② 可将生产过程中较昂贵的流量选为主流量，这样可以避免浪费或提高产量。

(3) 按生产工艺的特殊要求具体确定主、副流量。

2. 控制方案的选择

比值控制有开环、单闭环、双闭环和变比值多种方案，进行工程设计时可根据各方案的特点、生产工艺的要求、负荷变动情况、扰动特性和经济性等因素进行选择。同时，确定控制系统结构后还需要为控制器选择合适的控制规律。

(1) 单闭环比值控制方案：当主流量不可控，工艺上仅要求主、副流量之比一定，并且负荷变化不大时可选用。比值关系的实现可选比例控制规律或用一个比值器；副控制器一般选择比例积分控制规律，这样可使副流量相对稳定。

(2) 双闭环比值控制方案：当主、副流量都可控，并且在生产过程中，主、副流量扰动频繁，负荷变化较大，又要保证主、副流量恒定时可选用。主、副两个控制器应均选比例积分控制规律。

(3) 变比值控制方案：当生产要求两种流量的比值要灵活地随第三个参数的变化而变化时可选用。该方案具有串级控制系统的一些特点，因此，可以根据串级控制系统的选择原则，为主控制器选比例积分或 PID 控制规律，为副控制器选用比例或比例积分控制规律。

3. 比值的设置

从实现形式看，比值的设置通常有比值器、乘法器和除法器等方案。这里以单闭环比值控制系统为例，说明工程实现时要注意的问题。采用不同比值实现方式的单闭环比值控制系统如图 5-73 所示。图中，平方根符号加了虚线框，代表线性处理单元有两种情况：当流量检测变送单元为非线性时，需要对测量信号进行开平方的线性化处理；当流量检测变送单元为线性时，则不需要进行开平方运算。

(1) 比值器形式

比值器可以实现一个输入信号乘以一个常数的运算。计算机控制装置和 DCS 控制系统可以使用系统内部的乘法运算或者比值控制模块直接完成此操作，实际上也属于比值器形式。

这里仍以国际标准传输信号 4～20 mA 为例，在图 5-73(a)中，比值器的输出信号为

$$I_0=(I_1-4)\cdot K'+4 \tag{5-120}$$

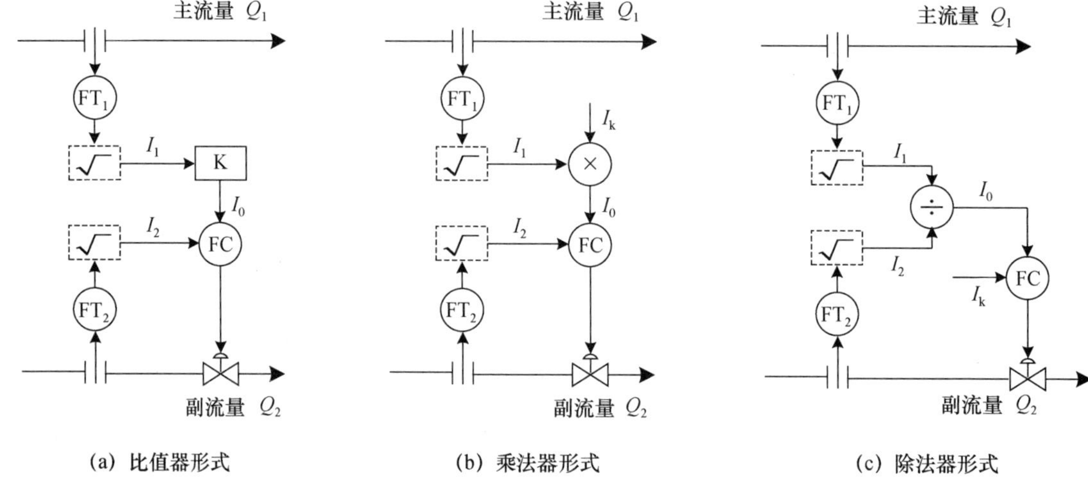

(a) 比值器形式　　(b) 乘法器形式　　(c) 除法器形式

图 5-73　采用不同比值实现方式的单闭环比值控制系统

在系统稳定时，副流量测量值与比值器输出信号相等，即

$$I_2 = I_0 = (I_1 - 4) \cdot K' + 4 \tag{5-121}$$

由此可得

$$K' = \frac{I_2 - 4}{I_1 - 4} \tag{5-122}$$

因此，只需根据检测变送单元的线性或非线性关系以及式(5-114)或者式(5-119)计算出实际比值 K'，然后在比值函数模块中进行设置即可。

(2) 乘法器形式

对如图 5-73(b)所示的乘法器，需要配套稳定的恒流设定器，因此该形式的任务是计算乘法器的设定值 I_k。

乘法器的输出信号为

$$I_0 = \frac{(I_1 - 4) \cdot (I_k - 4)}{16} + 4 \tag{5-123}$$

在系统稳定时，副流量的测量值与乘法器的输出信号相等，则有

$$I_2 = I_0 = \frac{(I_1 - 4) \cdot (I_k - 4)}{16} + 4 \tag{5-124}$$

可得

$$I_k = 16\,\frac{I_2 - 4}{I_1 - 4} + 4 = 16K' + 4 \tag{5-125}$$

根据式(5-114)或者式(5-119)可计算出线性或非线性检测变送单元所需的实际比值 K'，然后设置乘法器的设定电流值 I_k 即可。

各装置的信号范围均为 4～20 mA，由式(5-125)可知，需要求 K' 小于等于 1，即

$$K'=K\frac{Q_{1\max}}{Q_{2\max}}\leqslant 1 \text{ 或 } K'=K^2\frac{Q_{1\max}^2}{Q_{2\max}^2}\leqslant 1$$

如果出现仪表量程或理论比值 K 的条件造成 $K'>1$，就需要将比值的实现由主流量侧更改到副流量侧，就是需要求比值的倒数，即

$$K''=\frac{1}{K'}\leqslant 1 \tag{5-126}$$

式(5-125)是以标准信号 4～20 mA 为例推导而得的，一般的计算关系为设定信号

$$I_k = \text{仪表量程范围} \times K' + \text{零点}$$

由此，可得各种仪表类型的计算式：

DDZ Ⅲ型电动仪表(4～20 mA)：$I_k=16\times K'+4$(单位：mA)

DDZ Ⅱ型电动仪表(0～10 mA)：$I_k=10\times K'$(单位：mA)

气动单元组合仪表(0.02～0.1 MPa)：$P_k=0.08\times K'+0.02$(单位：MPa)

(3) 除法器形式

仍以国际标准传输信号 4～20 mA 为例，在图 5-73(c)中，除法器的输出信号为

$$I_0=\frac{I_2-4}{I_1-4}\times 16+4 \tag{5-127}$$

在系统稳定时，$I_0=I_k$，则有

$$I_k=\frac{I_2-4}{I_1-4}\times 16+4=16K'+4 \tag{5-128}$$

可见，计算公式与乘法器设定值的计算式(5-125)相同。

但是，除法器存在易进入饱和状态和有非线性因素等缺点，因此，除了变比值控制系统采用除法器之外，其他比值控制系统已经很少采用。其他比值控制系统主要采用比值器或乘法器。主流量 Q_1 乘以比值 K 后得到的是工艺流程对副流量 Q_2 的需求指令，后面没有特别说明时均为比值器或乘法器方案。

4. 流量检测变送单元的选择

流量测量环节是实现比值控制的基础，各种流量测量变送器都有一定的适用范围，流量一般选择在满量程的 70%左右。变送器的零点及量程的调整也都十分重要，具体选用时可参考有关设计资料手册。

为了提高控制精度，在实际仪表比值 $K'<1$ 时，通常选择使 $K'Q_1$ 的数值处于副流量控制器量程的中间；若 $K'>1$，则使 $K''Q_2$ 的数值位于副流量量程的中间。采用计算机控制系统或 DCS 控制系统时，可以适当缩小检测变送器的量程范围。

另外，为了提高测量精度，有时需要对流量测量进行温度压力补偿。例如，采用节流装置(如节流孔板)测量气体流量时，若设计计算时的温度、压力与实际运行工况的温度、压力有偏差，就会使气体流量测量存在误差。若实际工况的温度或压力偏差较大，就应根据相应公式进行温度、压力补偿修正计算，温度要换算到热力学温度，压力要换算到绝对压力。

5. 比值控制系统的参数整定

选择适当的控制器参数是保证和提高控制品质的重要因素。比值控制系统的结构不同，其控制器的作用不同，系数的整定方法也有所不同。

(1) 变比值控制系统实质是串级控制系统,可按照串级控制系统"先副后主"的原则进行参数整定,应注意保持内外回路的工作频率相差三倍以上。

(2) 双闭环比值控制系统的主流量回路通常为定值控制系统,原则上可以按照单回路定值控制器的参数整定方法进行参数整定。但是,考虑到主流量测量值经比值器后将作为副流量控制回路的设定值,主流量的过渡过程比较平稳,副流量才能够跟踪上。因此,主流量的单回路定值控制系统在进行参数整定时一般不应出现超调现象,而应以适当缓慢的非周期过程为宜。

(3) 单闭环比值控制系统、双闭环比值控制系统中的副流量回路,以及变比值控制系统中的副流量回路都属于随动控制系统,生产工艺对它们的要求一般为快速、正确地跟踪主流量变化,不宜有超调。因此,一般整定到临界阻尼状态即可,这样可使过渡过程既不振荡,反应又比较快。副流量回路的参数整定一般包括以下几个步骤。

① 根据工艺要求的流量比值 K 换算出实际仪表比值 K',进行投运。

② 将副控制器(多为 PID 控制器)的积分时间设置为最大值(使积分作用最弱或没有积分作用),然后由小到大逐渐增大比例增益,直至阶跃干扰作用下过渡过程处于振荡与不振荡的临界过程为止。

③ 如果需要加入积分作用,则需适当减小比例增益(20%左右),然后通过逐渐减小积分时间来增强积分作用,直至在阶跃干扰作用下过渡过程处于振荡与不振荡的临界过程或稍有一点超调为止。

5.6 选择性控制系统

在工业生产过程中,过程控制系统通常是在正常生产状态下对某些工艺参数进行控制的。一旦生产过程出现异常或可能发生故障(如某生产工艺参数达到安全工作极限值),就得放弃对相应参数的自动控制而采取相应的应急保护措施,否则会发生安全事故。消除异常状态后,自动控制系统将重新投入工作。

传统的安全保护措施通常是"硬保护"措施,如声光报警或自动安全联锁保护等。当工艺参数达到安全极限时,报警开关接通,通过报警灯或警铃发出报警信号,控制系统切换为人工手动操作或通过自动安全联锁装置强行切断电源或气源,使整个工艺装置或某些设备停止运行,以排除险情。但是,随着生产规模的扩大和复杂性的提高,若报警之后采用人工处理的方式,人员往往会很紧张,而且对于一些变化比较快速的生产流程,往往可能还没有等到操作人员反应过来,事故就已经发生了。若采用自动安全联锁保护的方式,在发生故障前强行使一些设备停止运行,又将引起大面积停工停产,造成一定的经济损失。

如果控制系统具有自动应变能力,对不同的生产状态能自动选择不同的控制方案:当生产出现异常状况时,自动切换到保护性控制回路,以恢复生产状态;当生产状态恢复安全时,再自动切换到正常控制回路。这样就不需要通过人工处理或自动关停设备了,这种对生产过程进行保护的方式称为"软保护"。

选择性控制系统就是这样一种能实现“软保护”的控制系统。除此之外，选择性控制系统通过对操作变量、测量变量等进行选择，还可以实现满足逻辑顺序的控制，同时能提高测量的可靠性。

5.6.1　选择性控制系统的组成及作用

选择性控制系统是指在控制系统中含有选择器的控制系统，该控制系统能对控制器的输出或测量变送器的输出进行选择。

常用的选择器是高选器或低选器。选择器有两个或两个以上的输入信号，高选器把输入信号中的高值信号作为输出，低选器把输入信号中的低值信号作为输出。高选器和低选器的图标和运算关系如图 5-74 所示。

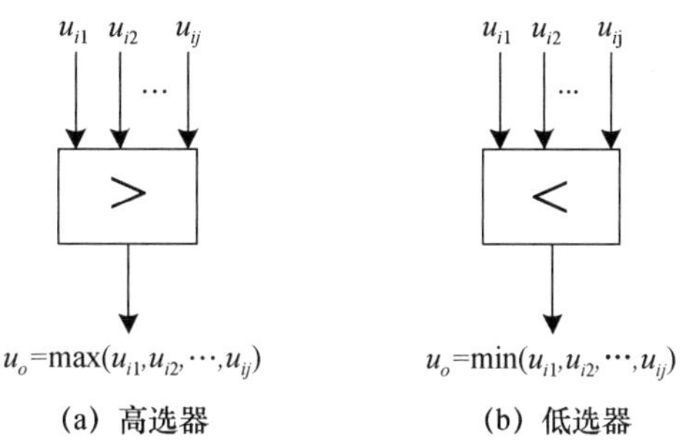

图 5-74　高选器和低选器

选择器具有一定逻辑切换功能，但通常比数字信号（“0”“1”）切换得更为柔性平滑，可视为“软开关”。

在常规控制系统中加入高选器和低选器后就构成了选择性控制系统。选择性控制系统增强了控制能力，扩大了自动化应用的范围，提高了生产的安全性，其具体作用体现在以下三个方面。

（1）可对控制器的输出信号进行选择，实现软保护作用。采用选择性控制的生产流程中有多个控制回路，选择器可根据生产状态自动选择通过某个控制回路进行控制，使自动控制系统不仅可在正常工况下自动运行，在异常时也可安全运行，各回路的软切换过程是根据运行状态自动进行的。

（2）可对设定值进行选择，运行过程中能实现提量、减量所需逻辑顺序的控制任务；

（3）可对变送器的输出信号进行选择，使测量信号更加安全可靠。

为实现软保护、逻辑顺序控制和测量可靠等功能，需要设计不同类型的选择性控制系统。

5.6.2　选择性控制系统的类型

1. 为实现软保护而对控制器输出信号进行选择的控制系统

此类选择性控制系统设置有两个或两个以上的控制器，但多个控制器并非同时作用，这些控制器的输出信号经选择器后仅有一个控制信号被传输到执行器。这相当于多个控制器共用一个执行器。其中只有一个控制器是用于维持正常运行工况的控制，其他控制器均发挥保护性控制作用。因此这种控制系统也称取代控制系统或超驰控制系统，其结构方框图如图 5-75 所示。

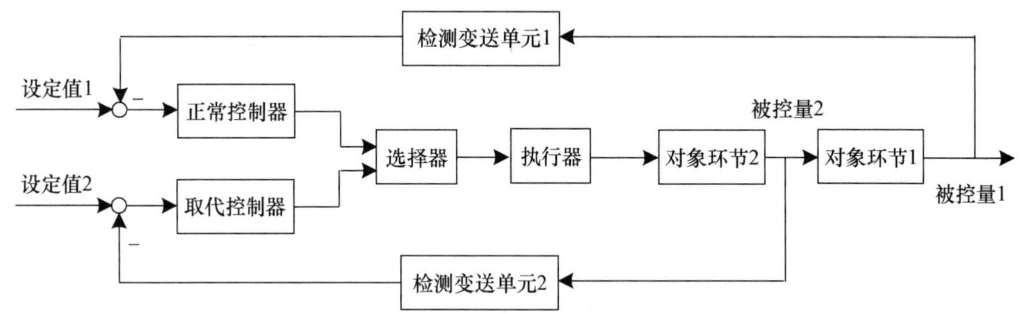

图 5-75　对控制器输出信号进行选择的控制系统

在超驰控制系统中，选择器的输入信号是不同控制器的输出信号，当选择器选择了某控制器的输出信号后，相应控制器构成的闭合回路工作，实现自动调节。这个过程实际上也等于选择了该控制器的反馈信号——被控量，因此该系统也被认为是对被控量进行选择的系统。

在选择性控制系统中，生产过程中的限制条件所构成的逻辑关系被叠加到正常的控制系统中，当生产工艺参数趋近于危险极限，但还未到达危险极限(也称安全软限)时，控制异常情况的控制方案将取代正常情况的控制方案，取代控制器自动接替正常控制器的工作，使生产工艺参数脱离"安全软限"而回到安全范围内。然后，取代控制器自动退出，处于开环状态，正常控制器恢复正常运行。

下面以如图 5-76 所示的锅炉蒸汽压力控制系统为例，说明设计选择性控制系统的必要性及实现软保护功能的原理。

图 5-76(a)所示为简单控制系统的结构，被控量为出口蒸汽压力，燃料为气体，控制量为燃气量。正常工况时，系统通过调节燃气管道阀门开度(改变燃气量大小)来控制输出蒸汽的压力。

燃烧过程中，燃气管道阀后压力也是一个很重要的参数，因为如果燃气压力过高，会产生脱火现象，而如果燃气压力过低，又会出现回火或熄火等情况，这在生产运行中都是十分危险的。为此，可增加一个高压保护回路，防止脱火，同时增加一个低压保护回路，防止回火或熄火，于是就构成了如图 5-76(b)所示的选择性控制系统，其结构方框图如图 5-77 所示。

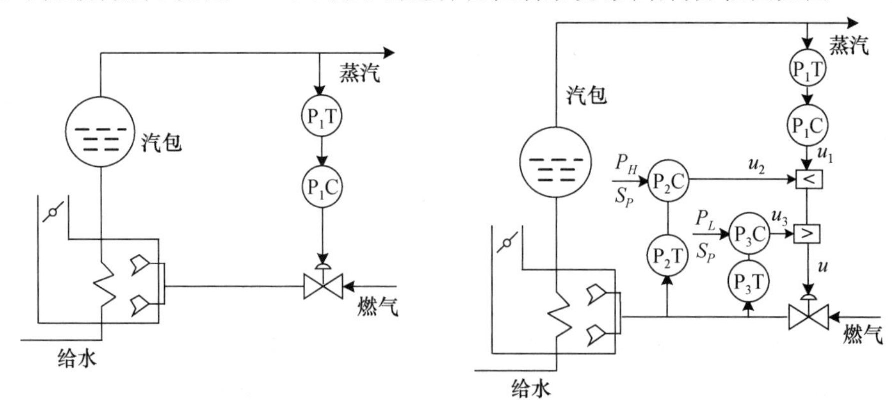

图 5-76　锅炉蒸汽压力控制系统简单控制和选择性控制两种设计方案

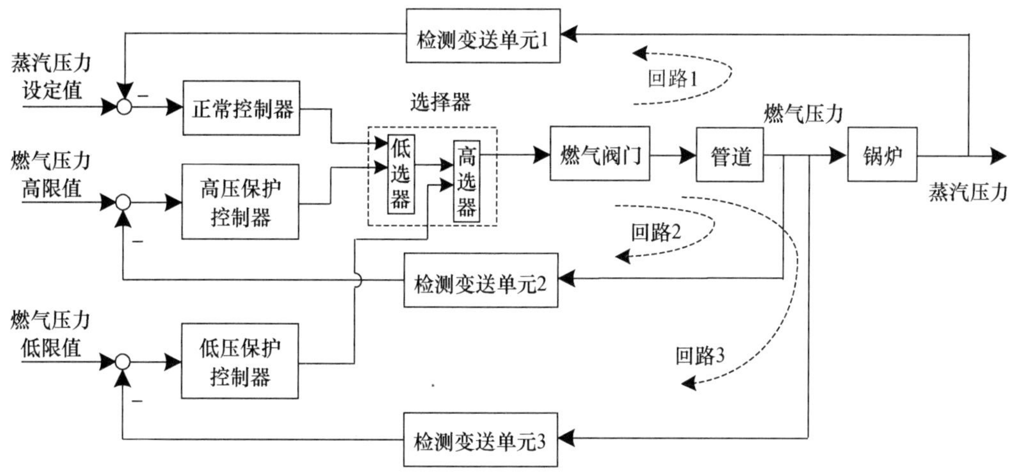

图 5-77　锅炉蒸汽压力选择性控制系统结构方框图

从图 5-76(b)可以看出，该控制系统有三个控制器，其中，P_1C 为蒸汽压力控制器，设定值是工艺要求的蒸汽压力目标值，在正常工况下运行；P_2C 为燃气压力高压保护控制器，设定值为燃气压力高限值，能防止发生脱火事故；P_3C 为燃气压力低压保护控制器，设定值为燃气压力低限值，能防止回火或熄火事故。

系统中只有一个执行器，即燃气阀门，可见是三个控制器共用一个执行器。运行时，通过选择器，只能有一个控制器的输出被选中，被选中的控制器发挥控制作用，其他未被选中的控制器处于开环状态。正常工况时，选择器会选蒸汽压力控制器的输出，维持蒸汽压力，满足负荷要求。出现异常时，选择器会选择燃气压力高压保护控制器或低压保护控制器的输出。可见，超驰控制的目的是安全性优先，但在保证生产的安全性时，系统暂时无法满足负荷对锅炉蒸汽压力的需求。

为安全起见，燃气阀门采用气开阀，则三个控制器均设为反作用，具体工作情况如下。

(1) 正常工况，$P_L<P_{燃气}<P_H$，燃烧系统安全运行。当 $P_{燃气}<P_H$，燃气压力高压保护控制器 P_2C 输出高值，即 u_2 是高值；$P_{燃气}>P_L$，燃气压力低压保护控制器 P_3C 输出低值，即 u_3 是低值。所以 $u_3<u_1<u_2$，正常工况时，通过选择器，最终得到 $u=u_1$。此时，执行器只接受蒸汽压力控制器 P_1C 的输出指令，即回路 1 被选中，系统是锅炉蒸汽压力 $P_{蒸汽}$ 为被控量，燃气量为控制量的单回路控制系统。

(2) 异常情况，$P_{燃气}>P_H$，可能造成脱火事故。若负荷需求或干扰作用使蒸汽压力 $P_{蒸汽}$ 大幅度减小或长时间低于设定值，则蒸汽压力控制器 P_1C 的输出将大幅度增大，于是燃气阀开大，阀后压力增大。由于负荷需求使控制指令 u_1 很大，造成燃气阀门开得过大，进而可使燃气压力过大而造成脱火事故。此时，若有 $P_{燃气}>P_H$，燃气压力高压保护控制器 P_2C 的输出 u_2 是低值，则 $u_2<u_1$，低选器输出选中 u_2。另外 $P_{燃气}>P_L$，P_3C 的输出 u_3 是低值，高选器输出选中 u_2，u_2 作为最终控制指令被送至执行器，高压保护回路 2 起控制作用，系统适当关小燃气阀，使燃气管道的阀后压力减小，可有效避免脱火。

工艺流程都有惯性特征，一定时间后当蒸汽压力 $P_{蒸汽}$ 增大，P_1C 的输出指令 u_1 减小，并且燃气管道的阀后压力 $P_{燃气}<P_H$，P_2C 的输出 u_2 又为高值时，选择器输出重新得到 $u=$

u_1，系统就会恢复到正常运行工况，由 P_1C 控制蒸汽压力。

(3) 异常情况，$P_{燃气}<P_L$，可能造成回火或熄火事故。当蒸汽压力 $P_{蒸汽}$ 大幅度上升或长时间高于设定值，则蒸汽压力控制器 P_1C 的输出指令大幅度下降，使燃气阀门关得过小，这种情况下可能会发生回火或熄火事故。此时，反作用的燃气压力低压保护控制器 P_3C 的输出 u_3 是高值，高选器输出选中 u_3，使 $u=u_3$，低压保护回路 3 工作，将开大燃气调节阀，保证燃烧系统的安全平稳运行。当燃气压力 $P_{燃气}$ 逐渐上升，使 $P_{燃气}>P_L$ 后，P_3C 的输出 u_3 减小，选择器输出恢复至 $u=u_1$，系统就会回到由 P_1C 控制蒸汽压力的正常运行工况。

考考你 5-4 1. 请从名称、设定值、反馈信息和运行工况等方面列表总结锅炉蒸汽压力选择性控制系统中各控制器的作用。

2. 多个控制器共用一个执行器在运行过程中会产生什么不良后果？

2. 为实现逻辑顺序控制而对设定值进行选择的控制系统

有些选择性控制系统可以满足一定逻辑顺序控制的需求。这样的需求通常发生在某些比值控制系统中：在有些生产中，不仅要求两种物料的流量保持一定的比例关系，而且要求在物料流量变动时(如根据负荷需求增加或者减少物料流量时)，主、副流量的变化满足一定的先后顺序，这样的先后顺序，就是一种逻辑顺序。

例如，在锅炉燃烧控制系统中，空气量与燃料量应符合一定配比关系，即空燃比保持一定数值。而燃料量的大小取决于总负荷对蒸汽量的需求，其平衡关系常用蒸汽压力来反映。具体要求为：增加负荷时，蒸汽压力下降，需要增加燃料量，为了保证充分燃烧，应先加大空气量，再增加燃料量；反之，减小负荷时，蒸汽压力上升，需要先减小燃料量，再减小空气量。

可见，在增加负荷和减小负荷的动态变化过程中，均需要保持较为充裕的空气量，以保证燃烧的充分性和安全性。这就需要设计一种具有先后逻辑顺序的比值控制系统。实现逻辑顺序控制的锅炉燃烧选择性控制系统及其结构方框图如图 5-78 和图 5-79 所示。

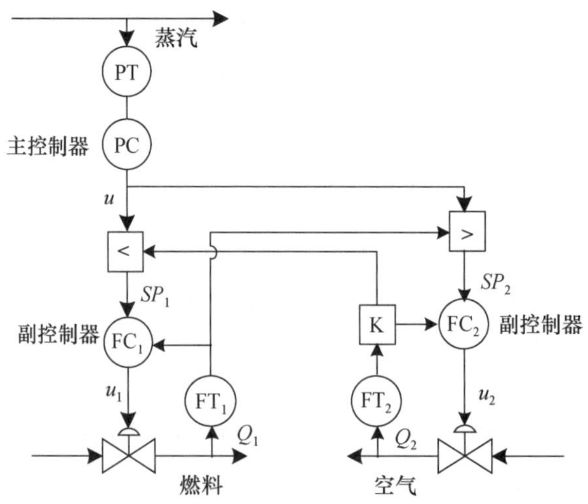

图 5-78 实现逻辑顺序控制的锅炉燃烧选择性控制系统

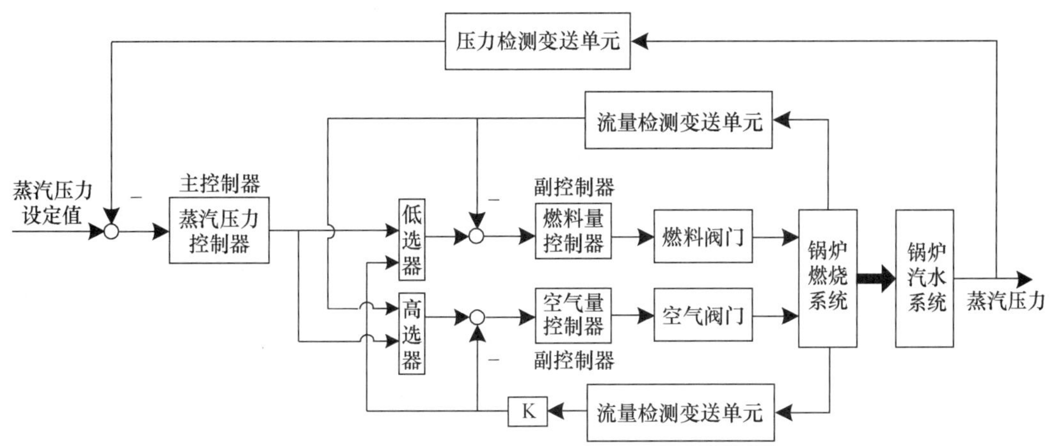

图 5-79　实现逻辑顺序控制的锅炉燃烧选择性控制系统结构方框图

该控制系统的结构为串级控制系统结构。蒸汽出口压力是衡量生产运行平稳的质量指标，为主被控量，燃料量和空气量都是副被控量，且二者须满足一定比例关系，由比值器实现比值控制。在主控制器输出指令和两个流量测量变送器之间加选择器，可实现上升和下降时的先后逻辑顺序，因此该控制系统为“串级”+“比值”+“选择”三种控制方式的结合。

(1) 结构分析

按串级控制系统结构看，图 5-78 中锅炉蒸汽压力控制器 PC 是主控制器，主被控量是蒸汽压力，主控制器输出 u 为燃料指令，它是副控制器 FC_1（燃料量控制器）、FC_2（空气量控制器）的目标值，副控制器的输出 u_1、u_2 分别是两种物料调节阀的指令。

两种物料的比值关系由连接在副流量检测变送单元后的比值器 K 实现，当系统稳定时，$Q_1=u$，$KQ_2=u$，从而满足 $Q_1=KQ_2$。

加在主控制器出口和流量检测变送单元之间的高选器和低选器构成了选择性控制系统，使两个副控制器的设定值不是主控制器的直接输出，而是与另一个流量的测量值比较后的结果，由此实现增量、减量的逻辑顺序控制。

(2) 负荷变动的工作过程分析

若锅炉负荷增大，用汽量增大，打破供需平衡，使蒸汽压力降低，低于其设定值。蒸汽压力控制器 PC 为反作用，其输出 u 增大，需要增加发热量以平衡负荷增加的需求。

增大的主控制器指令 u 先通过高选器送至副控制器 FC_2，空气量设定值 SP_2 上升，使空气量副回路动作，FC_2 的输出 u_2 增大，使空气管道阀门开大（先增加空气量）。空气量 Q_2 逐步上升，当 $Q_2>u$ 时，主物料控制器才接受 u 的指令，即副控制器设定值 $SP_1=u$，主物料副回路动作，FC_1 的输出 u_1 增加（后增加燃料量）。由此实现了增量过程中先增加空气量再增加燃料量的逻辑顺序。

考考你 5-5　请分析锅炉负荷降低，蒸汽压力增大时需要燃烧系统减量的调节过程。

3. 对测量信号进行选择的控制系统

通过在多个检测变送单元之后增加高选器或低选器就可构成对测量信号进行选择的控

制系统，其结构方框图如图 5-80 所示。该系统主要有竞争式和冗余式两种类型。

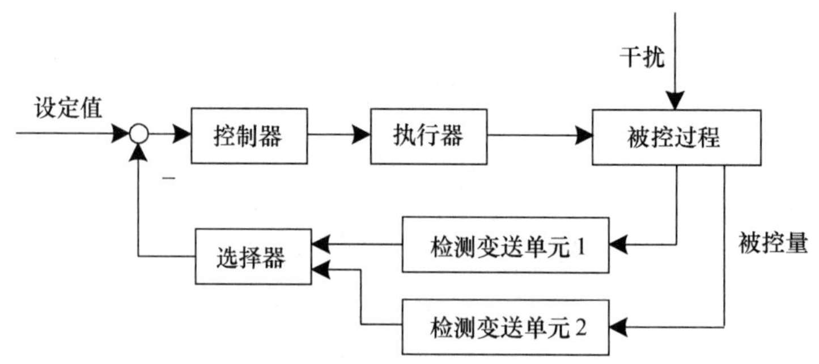

图 5-80　对测量信号进行选择的控制系统

(1) 竞争式

竞争式常用于生产设备检测参数分布不均匀的情况。例如，在一些具有内部换热的催化反应器中，催化剂用于加速生化反应，反应产生的热量若不及时被冷却液带走会使温度过高，温度过高又会使催化剂失去活性，因此温度最高的热点，应保持定值。但是热点位置却随催化剂的活性情况而变化，由于催化剂的老化、变质和流动等，会使不同位置的温度不同。为了保证反应器的温度不超限，可以多设几个测点，即在反应器的不同位置安装温度传感器，通过高选器选出最高值并将其作为被控量进行控制。竞争式测量信号选择控制系统举例如图 5-81 所示。

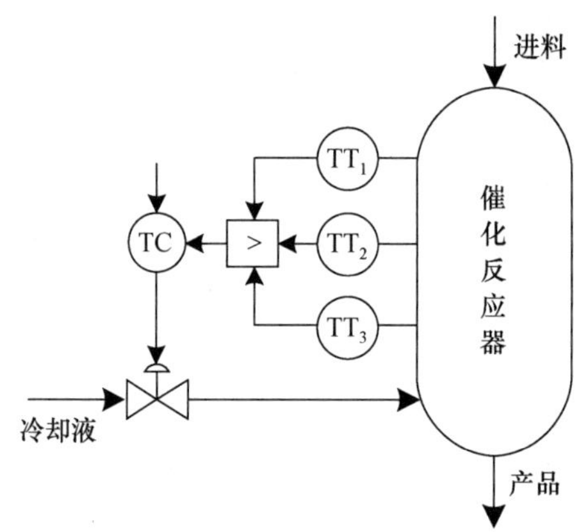

图 5-81　竞争式测量信号选择控制系统举例

(2) 冗余式

冗余式常用于提高工艺参数测量值的可靠性。为防止因仪表故障造成测量值的缺失而导致事故，可以对同一个检测点安装多个仪表，由选择器选择中间值或进行“三选二”等，从而提高测量信号的可靠性。

例如，在有些化学反应器中取成分作为被控量，如果成分检测变送器的可靠性不够，可能使得到的测量值失真(在工程中称此测点为坏点)，就会造成控制失灵，将有爆炸的危险。这时可以安装三个成分检测变送器 A_1T、A_2T、A_3T，选取测量值的中间值作为被控量，如果这些检测变送器不同时失效，中间值一般最可靠。采用选择器来实现这种设计时线路会稍微复杂一些。如果用计算机软件实现，会非常方便。冗余式测量信号选择控制系统举例如

图 5-82 所示。

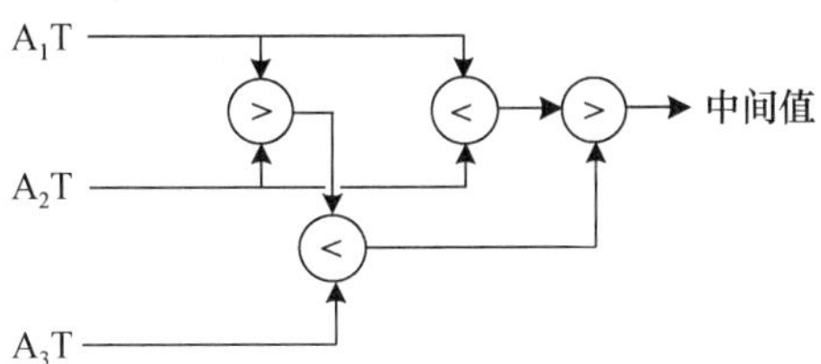

图 5-82　冗余式测量信号选择控制系统举例

5.6.3　选择性控制系统的工程设计

设计选择性控制系统时，检测变送单元、执行机构等环节与常规控制系统相同，下面主要针对选择器的选型、控制器控制规律的选择和参数整定，以及积分饱和问题进行说明。

1. 选择器的选型

选择器有高选器与低选器两种，具体使用哪种要根据控制回路的切换条件和执行器的作用方向等因素决定。最终选择目标是既要实现预期的选择控制目的，又要保证故障情况下不对生产流程造成危害。

在图 5-76(b)所示的超驰控制系统中，为了实现燃气压力不超过高限的软保护功能，对正常的蒸汽压力控制器输出 u_1 与燃气压力高压保护控制器输出 u_2 进行选择时，需要具体分析两种运行工况发生时，两个控制器输出值的大小关系，从而决定哪一个控制回路起调节作用。在正常工况时，燃气压力远远小于高限值，燃气压力高压保护控制器 P_2C(反作用)的输出 u_2 是一个较大的数值，必定大于蒸汽压力控制器输出 u_1，显然需要采用低选器，才能选择 u_1 为控制指令，即正常工况下选中了蒸汽压力控制回路起调节作用，维持负荷的需求。同理可知，为了实现燃气压力不越过低限的软保护功能，则要采用高选器对燃气压力低压保护控制器的输出 u_3 进行选择。

2. 控制器控制规律的选择和参数整定

在起软保护作用的选择性控制系统中，有多个控制器，可分为正常控制和异常取代控制两类，正常情况下的控制器一般采用比例积分控制规律或 PID 控制规律，以满足工艺流程运行的精度要求。异常取代控制器的作用是在异常情况下迅速动作，避免故障的发生，因此通常选择比例控制规律或比例积分控制规律。

实现逻辑顺序选择性控制的系统总体结构属于串级控制系统结构，主控制器和副控制器选择控制规律的原则同串级控制系统。

关于控制器参数整定问题，对正常工况下的控制器，按常规要求和方法进行参数整定。对异常情况下的控制器，为了快速退出故障状态，达到及时保护的作用，可采用比例控制，可将比例度设得比较小或者将比例系数设得比较大；如果选择了比例积分控制规律，应使积分作用弱一些，即要使积分时间 T_i 大一些。

3. 积分饱和问题

由于选择性控制系统中的控制器不都处于控制状态，部分控制器处于待选状态，因此，测量值与设定值的偏差可能会长期存在，产生积分饱和在所难免。

特别是起软保护作用的选择性控制系统，若采用了含积分运算的控制规律，必定存在积分饱和现象。因为多个控制器共用一个执行器，总有一个控制器不工作，处于开环待命状态，并且存在切换问题。因此还要考虑多个控制器输出的相互跟踪问题，避免切换时产生大的扰动。

抗积分饱和措施可采用限幅法（为控制器设定积分上限）、积分分离法（当输出在一定范围内时选择比例积分控制规律，当输出超出范围时选择比例控制规律；或者控制器被选中时用比例积分控制规律，开环备用时用比例控制规律）等措施。

5.7 均匀控制系统

本节将根据特殊的控制需求介绍均匀控制方案的提出及特点、常用的均匀控制设计方案和均匀控制系统的设计要点。

5.7.1 均匀控制方案的提出及特点

过程控制主要解决连续工业流程的控制任务，物料通常需要流经各种生产设备或加工环节，形成前后的生产工序。物料流动过程中，前工序的出料就是后工序的进料，各环节间的联系颇为紧密，并且有时会出现工序关系矛盾的情况。均匀控制就是人们为了使前后设备或环节在物料供求上达到相互协调、统筹兼顾而提出来的一种控制方案。

例如，在双塔液位控制系统中，生产工艺流程的正常运行要求前塔（1# 塔）的液位 H_1 稳定在一定的范围内，并且后塔（2# 塔）的进料流量 Q 也需要保持稳定。由此，分别设计了前塔液位控制系统和后塔进料流量控制系统，如图 5-83 所示。从图 5-83 可以看出，两个控制系统的调节阀 A 和调节阀 B 安装在同一条管道上，从供求关系和控制目标上看这必然存在矛盾。

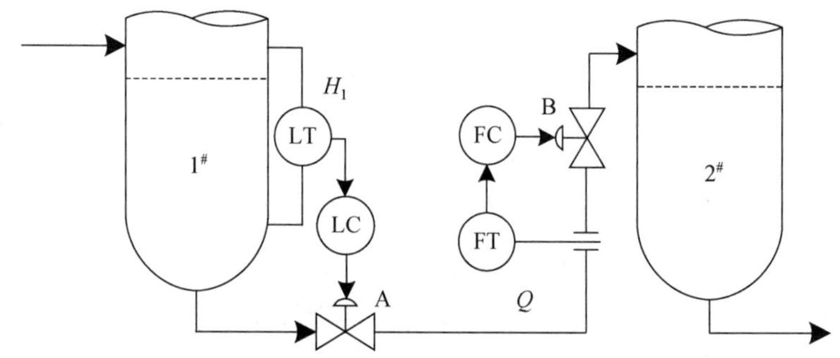

图 5-83 前后双塔的供求关系及各自独立设计的控制系统

若生产中发生扰动，使前塔的液位 H_1 偏离设定值，则液位控制器 LC 的校正作用将改变调节阀 A 的开度，即通过调节前塔的出料流量 Q 来保证液位 H_1 维持在设定值。在此过程中 Q 和 H_1 的变化如图 5-84(a)所示。但前塔出料流量就是后塔进料流量，因此，后塔进料流量 Q 发生变化后会偏离其目标值。为维持后塔进料流量 Q 的稳定，流量控制系统将改变调节阀 B 的开度，这样又会影响前塔液位的稳定。在此过程中 Q 和 H_1 的变化如图 5-84(b)所示。分别针对某一个塔的控制任务而言，图 5-83 中设计的控制系统是可行的，但是按前后工序的连续工艺流程来看，该设计无法同时兼顾两个塔的控制要求。

为解决此矛盾，可在两个塔之间增设一个中间存储环节(具有一定容积的缓冲罐)，这样既能够满足前塔的液位控制要求，又平缓了后塔进料量的波动。但是，一方面，此方案增加了投资成本和占地空间；另一方面，对某些化工生产工艺流程，化合物在缓冲罐内贮存时间过长往往会产生副反应，会破坏原有的产品质量，使缓冲罐解决方案的应用受到限制。所以，需要设法用控制方案来模拟缓冲罐的缓冲作用，由此提出均匀控制系统的设计。

从控制方案上寻找解决该矛盾的途径着眼于物料平衡控制，可将供求矛盾限制在一定条件下(令其进行缓慢变化)，以满足前后两塔的不同控制需求，即将前塔看成一个缓冲罐，利用控制系统充分发挥它的缓冲作用。也就是说，在后塔进料流量变化时，让前塔液位在最大允许的限度内平缓变化，从而使其输出流量平稳缓变。采用均匀控制方案时 Q 和 H_1 的变化如图 5-84(c)所示。

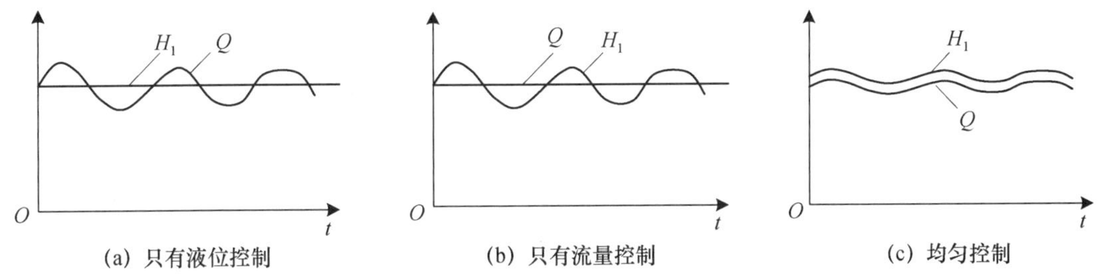

图 5-84　前塔液位和后塔进料流量在不同控制系统作用时的变化趋势

在均匀控制系统中，表征前后相互联系又供求矛盾的两个量在控制过程中具有如下特点：

(1) 两个量都是变化的，不是恒定的；

(2) 两个量的变化是缓慢的，不宜过于剧烈；

(3) 两个量的变化应在各自允许的范围之内。

5.7.2　常用的均匀控制设计方案

均匀控制是控制目的，而非某种控制系统的结构，那么就设计方案而言，可以采用简单、串级或双冲量等控制结构。均匀控制将通过控制器的参数整定来实现。例如，双塔液位控制系统可以采用简单液位(或压力)控制系统，也可以采用液位与流量(或压力与流量)的串级控制系统，还可以采用双冲量控制系统等设计方案。

1. 简单均匀控制系统

图 5-85 所示为双塔液位简单均匀控制系统。从结构上看，这就是一个前塔液位单回路

控制系统。该系统与普通单回路控制系统的主要区别在于其控制器的控制规律选择和参数整定与普通单回路控制系统不同。

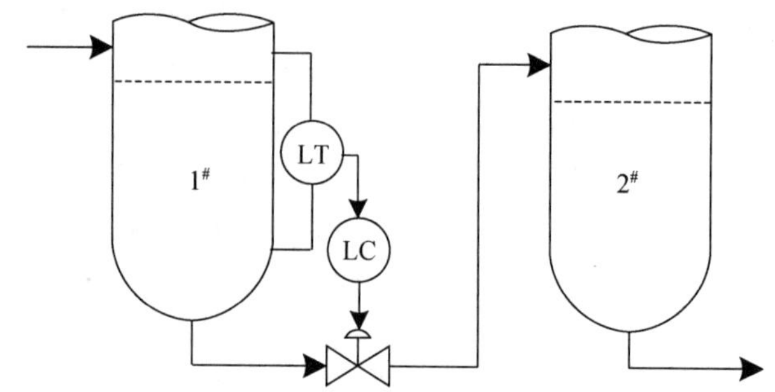

图 5-85 双塔液位简单均匀控制系统

均匀控制系统一般采用比例控制规律,但是,在过程运行中若发生连续同向干扰,难以将被控量维持在允许范围,因此有时会适当引入积分控制规律。而微分控制规律对过程的影响作用与均匀控制的要求不相符,因此,在所有均匀控制系统的设计中一般不应该引入微分控制规律。

> **考考你 5-6** 为什么说"微分控制规律对过程的影响作用与均匀控制的要求不相符"?

在参数整定方面上,均匀控制中比例度和积分时间要比较大,以使比例作用和积分作用都较弱,一般比例度 δ 应大于 100%;积分时间一般整定为几分钟至十几分钟之间,这样才能使调节过程缓慢变化,实现均匀控制的目标。

简单均匀控制系统结构简单、运行维护方便,但对于调节阀前后压力变化较大,以及液位贮罐自衡作用强等的影响,调节效果较差。因此简单均匀控制系统仅适用于进料流量为主干扰、流量波动大、自衡能力弱(当流量变化很剧烈时,液位变化很小)的场合。

2. 串级均匀控制系统

为了消除调节阀前后压力干扰和自衡作用对流量的影响,可增加一个流量副回路控制系统,构成如图 5-86 所示的串级均匀控制系统。

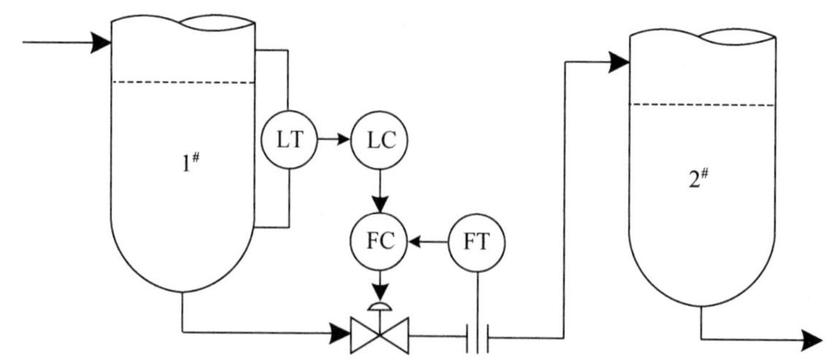

图 5-86 双塔液位串级均匀控制系统

从结构上看，串级均匀控制系统与普通串级控制系统完全一样，液位控制器 LC 为主控制器，其输出指令为流量副回路控制器 FC 的设定值。副回路的引入可以快速消除调节阀前后压力干扰和自衡作用对流量的影响。可见，该系统中副控制器的设计及参数整定与前面所讨论的串级控制系统副回路要求相同。但是，为实现均匀控制，主控制器（液位控制器）要按简单均匀控制系统中控制器的情况进行处理。因此，串级均匀控制系统的主、副控制规律都不采用微分控制规律，副控制器一般采用比例控制规律即可满足快速消除二次扰动的需求；主控制器可用比例或比例积分控制规律，同时需要通过参数整定使比例控制作用和积分控制作用较弱，以实现均匀平缓的调节过程。

需要指出的是，有些容器的液位是通过进料阀门来控制的，用液位控制器对进料流量进行调节同样可以设计均匀控制系统。此外，当物料为气体时，前后设备间物料的均匀控制就不再是液位和流量之间的平衡与协调，而是前设备的气体压力与后设备的进气流量之间的平衡与协调。

串级均匀控制系统所用的仪表较多，适用于控制阀前后压力干扰和自衡作用较大，并且生产工艺对流量平稳性要求较高的场合。

3. 双冲量均匀控制系统

双冲量均匀控制系统是以液位和流量两个变量的测量信号之差（或之和）为被控量的均匀控制系统。

“冲量”在过程控制中就是变量的意思，而不是原有的含义——作用强度大、时间短暂的信号。

某精馏塔液位双冲量均匀控制系统如图 5-87 所示。该系统以塔底液位与流出量之差为被控量，通过使液位与流出量之差保持稳定来实现对两变量的均匀控制。

图 5-87 中加法器的输出信号为

$$D = H - Q - H_{sp} + B \tag{5-129}$$

其中，H_{sp} 为液位设定值，H、Q 分别为液位和流出量的测量值，B 为加法器的偏置值。

在稳定工况下，应调整加法器的偏置值 B，使控制器的输入信号为 0，即令 $D=R$。通常偏置值设置在使调节阀处于 50% 的位置。若液位受干扰作用影响而升高，加法器的输出信号增加，控制器 FC 为正作用，则发出增大的控制命令，使调节阀开度增大，流量增加，使液位缓慢下降。当液位与流出量的测量信号之差逐渐接近某数值时，加法器的输出信号重新回到控制器的设定值，系统逐渐恢复稳定。此时，调节阀停留在新的开度上，液位的平衡数值比原来有所增加，流量的稳态数值也比原来有所增加，系统实现了均匀控制的目的。

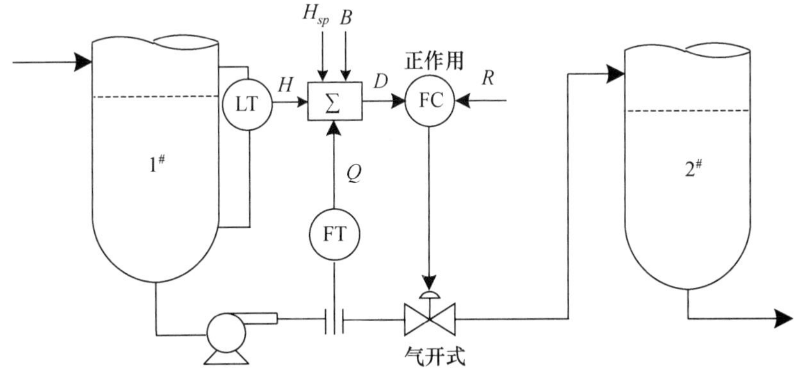

图 5-87　某精馏塔液位双冲量均匀控制系统

该精馏塔液位双冲量均匀控制系统的结构方框图如图 5-88 所示。由于控制器接收的是由加法器送来的两个变量测量信号之差,并且要将其维持在设定值上,因此应该选择比例积分控制规律。如果将液位检测变送器看作一个放大系数为 1 的比例控制器的话,双冲量均匀控制系统也可看作主控制器是液位控制器,且比例度为 100%,副控制器为流量控制器的串级均匀控制系统。可见,双冲量均匀控制系统具有串级均匀控制系统的优点,又比串级均匀控制系统少了一个控制器。但因主控制器的比例度不可调整,因此,与串级均匀控制系统相比,双冲量均匀控制系统的适应性略有下降。

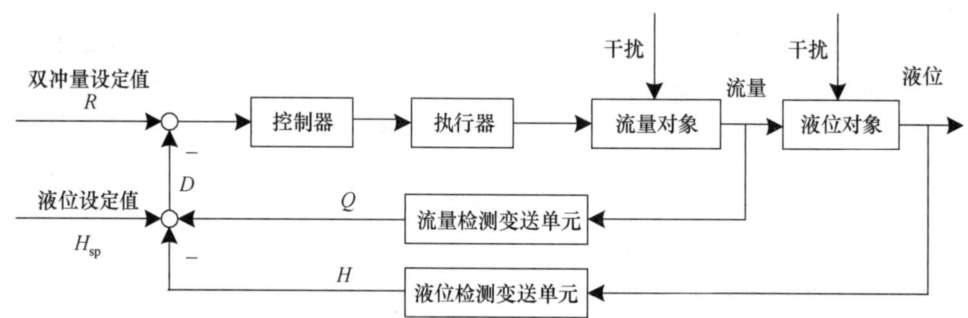

图 5-88　某精馏塔液位双冲量均匀控制系统结构方框图

5.7.3　均匀控制系统的设计要点

1. 控制规律的选择

均匀控制系统一般首选比例控制规律。因为比例控制规律易于实现、整定简单、响应迅速,而且能够满足均匀控制系统所控制的变量都处于一定范围内的缓慢波动状态的需求,同时也允许存在一定幅度的静态偏差。

在某些输入工质的流量存在较为剧烈变化或液位存在高频噪声时,以及生产工艺需要液位在正常工况下保持在某设定值附近时,则可用比例积分控制规律。这样就能在不同工况下消除静态偏差,保证液位最终稳定在某一设定值上。

需要注意的是,无论何种结构的均匀控制系统,都应避免使用微分控制规律。

2. 控制器参数的整定

为实现均匀控制的目的,无论采用何种结构、何种控制规律,参数整定的原则都可归结为一个字——慢。

(1) 一个控制器的参数整定

简单均匀控制系统和双冲量均匀控制系统都只有一个控制器,则可依据单回路控制系统的工程整定方法进行参数整定,整定时注意比例度要大,积分时间要长,要使液位和流量变化均匀、平缓和协调。根据选用比例或比例积分控制规律,具体整定步骤如下。

① 比例控制规律

A. 比例度的初值可设置得比较大,同时要保证不会使液位超出工作范围,如将比例度 δ 设置为 200%左右。

B. 观察液位的变化趋势,若液位变动峰值小于允许的范围,则可适当增加比例度 δ,即减弱液位的比例控制作用，降低液位的控制质量，使流量更加平稳。

C. 若液位的最大偏差超出了允许的范围，则减小比例度 δ，增强液位的比例控制作用。

D. 反复整定比例度 δ，直到液位变化范围小于且接近于允许的范围。一般情况下，δ 可取 100%～200%。

② 比例积分控制规律

A. 首先按以上比例控制规律参数整定方式进行整定，监测液位变化曲线，得到较适当的比例度值。

B. 适当增大比例度 δ 的数值，接着增加积分作用，进行扰动实验，观察液位变化曲线是否有恢复到设定值的趋势。

C. 由大到小调整积分时间 T_i，直到流量变化趋势出现缓慢的周期性衰减振荡为止。通常情况下，积分时间 T_i 一般应在几分钟至十几分钟之间。

(2) 两个控制器的参数整定

串级均匀控制系统需要对液位主回路和流量副回路的两个控制器分别进行参数整定。

① 常用的方法

常用的方法有经验整定法和停留时间法。

A. 经验整定法

经验整定法即根据运行经验按照“先副后主”的顺序进行参数整定。

a. 首先把主控制器的比例度设置到一个适当的经验数值上，再由小到大调整副控制器的比例度，直到副被控量(通常是流量)的变化曲线呈现缓慢的非周期衰减特性；

b. 副控制器比例度保持不变，将主控制器的比例度由小到大进行调整，直到主被控量(液位)的变化曲线也呈现缓慢的非周期衰减特性；

c. 若发生同向扰动影响造成被控量的余差超过允许范围的情况，可适当引入积分控制规律，接着要适当增大比例度，然后由大到小逐渐调整积分时间。

B. 停留时间法

停留时间 t 是指控制量在被控过程的可控范围内通过所需要的时间，其数值一般约为被控过程时间常数的一半，即 $t \approx T/2$。由此可见，停留时间法实为按对象动态特性进行整定的方法。

工程实际中由于条件所限没有或难以进行对象特性的测定时，可以根据生产设备的结构参数及液位控制范围进行估算。若正常工况下的流量为 Q，设备的有效容积为 V，则停留时间 t 为

$$t = V/Q \tag{5-130}$$

进行设备有效容积的估算时，需要区别卧式和立式两种不同安装形式，如图 5-89 所示。

图 5-89(a)为卧式容器，若液位工作范围为 H，工作范围的直径为 D、横截面积为 F、有效长度为 l，则其有效容积为

$$V = lF \tag{5-131}$$

当精度要求不高时，可粗略估算该容器的横截面积 $F \approx HD$。

图 5-89(b)为立式容器，若液位工作范围为 H，容器底面直径为 D，则其有效容积为

$$V = \frac{\pi}{4} D^2 H \tag{5-132}$$

估算停留时间后，可根据表 5-3 所示的关系式计算出控制器的参数。

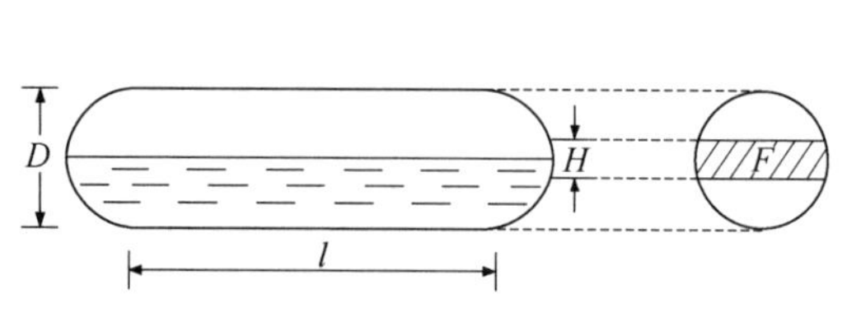

(a) 卧式容器的结构及参数

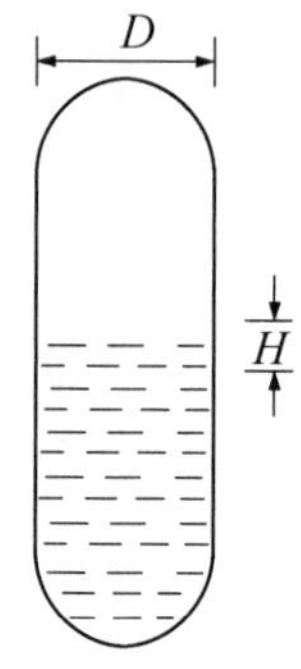

(b) 立式容器的结构及参数

图 5-89 容器的不同安装形式

表 5-3 停留时间与控制器参数的关系

停留时间 t/min	<20	20～40	>40
比例度 δ/%	100～150	150～200	200～250
积分时间 T_i/min	5	10	15

② 参数整定步骤

串级均匀控制系统的参数整定具体包括以下几个步骤。

A. 按经验整定法整定副控制器参数。

B. 根据设备容器的安装形式进行停留时间估算。

C. 根据表 5-3 计算主控制器的参数，若流量参数要求高，选择数值较大的参数，反之选择较小的参数。

D. 进行扰动实验，根据变量变化趋势进一步调整参数，直至符合工程需求为止。

5.8 分程控制系统

本节将根据特殊的控制需求介绍分程控制系统的基本概念、分程控制系统中调节阀的动态特性、分程控制系统的工程应用、分程控制系统的设计及实施等知识。

5.8.1 分程控制系统的基本概念

在单回路反馈控制系统中，一个控制器往往只控制一个执行器或调节阀(以下均以工业现场应用最多的气动调节阀为例)。在实际生产过程中，还存在一个控制器控制两个或两个以上调节阀的情况，即将控制器的输出信号进行分段，不同调节阀在不同分段信号范围内工作，这样的控制方式就是分程控制。分程控制系统结构方框图如图 5-90 所示。

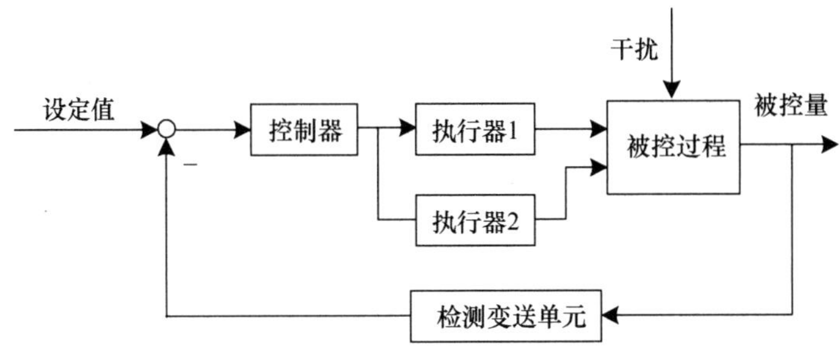

图 5-90　分程控制系统结构方框图

设计分程控制系统主要有以下两个目的。

(1) 操纵两种不同的工质，以满足生产工艺的特殊需求。

(2) 扩大调节阀的可调范围，改善控制品质。

为了实现分程控制的目的，需要借助附设在每个调节阀上的定位器，然后将控制器的输出指令分成若干个区间，由调节阀定位器将不同区间的控制指令转换成压力信号(0.02～0.1 MPa)，去驱使相应的调节阀作全量程变化。

5.8.2　分程控制系统中调节阀的动作特性

由于调节阀有气开和气关两种作用方式，以及两个调节阀可以同向动作，也可以异向动作，因此，分程控制系统有四种不同的组合形式，如图 5-91 所示。

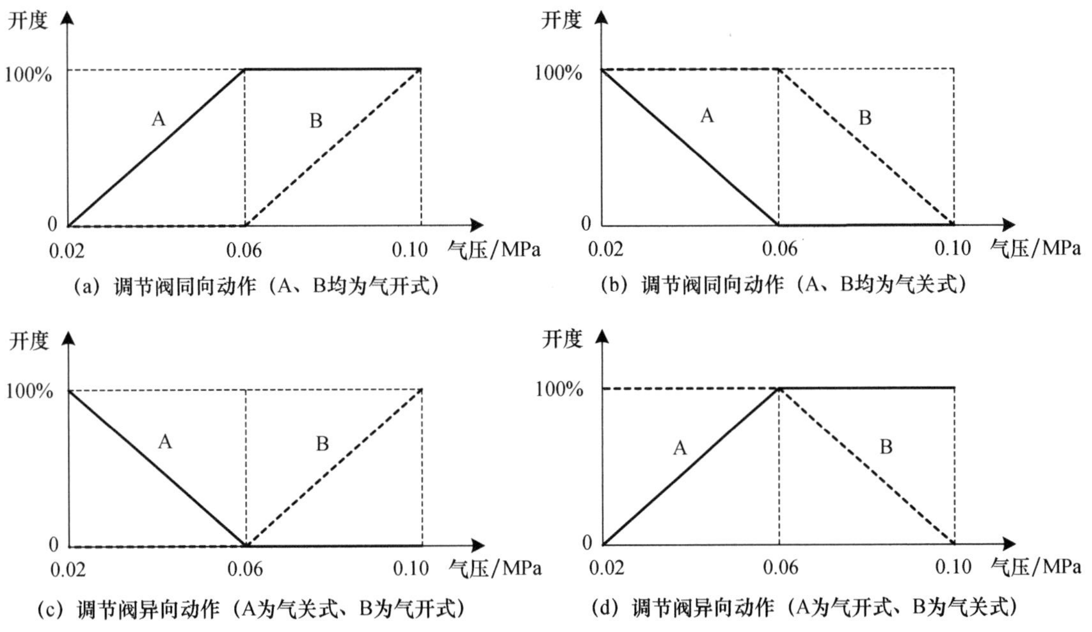

图 5-91　分程控制系统的四种不同组合形式

1. 调节阀同向动作的分程控制

调节阀同向动作的分程控制多用于扩大工质管道的阀门可调范围和提高控制质量等场合。

图 5-91(a)和 5-91(b)表示两个同类型调节阀同向动作的两种情况，随着控制指令对应的气压信号的增大(减小)，两个调节阀同向开大(关小)。下面以图 5-91(a)所示的气开式调节阀为例说明具体的工作过程。

(1) 当控制器输出信号对应气压为 0.02 MPa 时，调节阀 A、B 都保持完全关闭状态。

(2) 在控制信号增大的过程中，当控制信号从 0.02 MPa 逐渐增大到 0.06 MPa 时，调节阀 A 逐渐打开，而调节阀 B 保持全关。当控制信号增大到 0.06 MPa 时，调节阀 A 全开，而调节阀 B 才开始开启。当控制信号从 0.06 MPa 逐渐增大到 0.1 MPa 时，调节阀 A 保持全开，调节阀 B 逐渐开大。当控制信号增大到 0.1 MPa 时，调节阀 B 也达到全开状态。

(3) 在控制信号减小的过程中，当控制信号由 0.1 MPa 开始减小时，调节阀 B 先关小，而调节阀 A 仍保持全开状态。当控制信号减小至 0.06 MPa 时，调节阀 B 全关，调节阀 A 才开始关闭。

2. 调节阀异向动作的分程控制

调节阀异向动作的分程控制可用于两种不同工质的控制，以满足工艺流程中的特殊需求。

图 5-91(c)和 5-91(d)表示两个不同类型调节阀(一个是气开式，另一个是气关式)进行不同方向控制的情况。随着控制信号的增大(减小)，一个调节阀开大(关小)，另一个调节阀则关小(开大)。下面以图 5-91(c)所示的气关阀 A 和气开阀 B 的异向动作为例说明具体的工作过程。

(1) 当控制器输出信号对应气压为 0.02 MPa 时，气关阀 A 为全开状态，气开阀 B 为全关状态。

(2) 在控制信号增大的过程中，当控制信号从 0.02 MPa 逐渐增大到 0.06 MPa 时，气关阀 A 逐渐关小，而气开阀 B 仍保持全关。当控制信号增大到 0.06 MPa 时，气关阀 A 全关，气开阀 B 才开始开启。当控制信号从 0.06 MPa 逐渐增大到 0.10 MPa 时，气关阀 A 保持全关，气开阀 B 逐渐开大。当控制信号增大到 0.10 MPa 时，气开阀 B 全开、气关阀 A 仍保持全关。

(3) 在控制信号减小的过程中，气关阀 A 和气开阀 B 将发生与(2)中对应的动作。

5.8.3 分程控制系统的工程应用

1. 控制两种不同工质，以满足工艺流程中的特殊需求

在某些间歇式生产的化学反应过程中，当反应物投入设备后，为了使其达到反应所需的温度，在反应开始之前往往需要为其提供一定的热量，即对其进行加热。达到反应温度后，化学反应过程会不断释放出热量，放出的热量如果不能及时带走，反应将逐渐加剧，甚至可能有爆炸的危险。因此，对这种间歇式化学反应器，既要考虑反应前的加热问题，又要考虑反应过程中及时降温的问题。为此，可设计如图 5-92(a)所示的温度分程控制系统。

该分程控制系统的被控量为反应器内的温度，温度控制器 TC(反作用)的输出指令被分为了两个行程，分别被送至热水阀(气开式)和冷水阀(气关式)。调节阀的分程动作特性如图 5-92(b)所示。从图 5-92(b)可以看出，两个调节阀为异向动作。

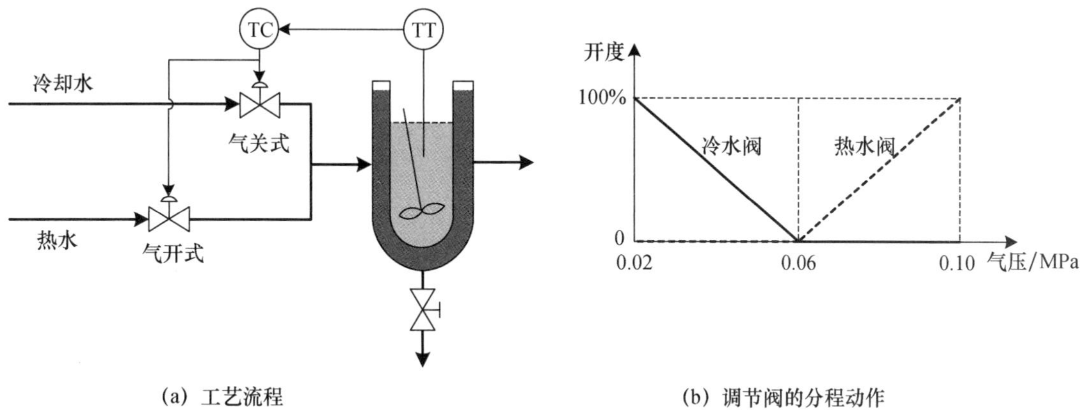

(a) 工艺流程　　(b) 调节阀的分程动作

图 5-92　间歇式化学反应器温度分程控制系统

该分程控制系统运行过程中调节阀的工作情况如下。

(1) 投料至反应初期的低温阶段(气压信号 0.06～0.10 MPa)

当反应器配料完成后，由于起始温度远低于设定值，需要进行化学反应前的升温操作。在此过程中，反作用的温度控制器的输出信号逐渐增大，冷水阀逐渐关小直至完全关闭，热水阀则逐渐打开，热水进入反应器夹套对反应器进行加热，以便使反应物温度逐渐升高。当达到反应温度时，反应物进行化学反应，释放出化学反应热，所以反应物的温度将继续升高。在此过程中，温度控制器的输出信号将逐渐减小，热水阀将逐渐关小。

(2) 化学反应后的高温阶段(气压信号 0.06～0.02 MPa)

当化学反应热的积累使温度继续升高，温度控制器的输出信号将持续减小，使热水阀逐渐关小直至全部关闭。若此时温度仍高于设定值，则温度控制器的输出信号继续减小，当对应的气压信号小于 0.06 MPa 时，冷水阀将逐渐打开，进行降温处理。在此过程中，反应器夹套中流过的将不再是热水而是冷水，反应所产生的热量逐渐被冷水带走，最终达到维持反应温度的目的。

2. 并联使用，扩大可调范围，提升控制品质

有些工业生产需要调节阀的可调范围很宽，但一般国产调节阀可调比通常为 30。如果仅用一个大口径的调节阀，那么当工作在小开度时，调节阀前后的压差很大，流体流速较高，对阀芯、阀座的冲蚀严重，还有可能引起振荡，从而影响调节阀寿命和系统工作的稳定性。若选用小口径的调节阀，又无法满足最大流量的需求。此时，可将一大一小两个调节阀进行并联，且分程执行不同段的控制指令，相当于一个可调比增大的调节阀的控制效果，从而提升控制品质。

可调比 R，也就是可调范围，是一种衡量调节阀运行有效范围的静态指标，由调节阀所能控制的最大流量系数与最小流量系数之比得到，计算公式为

$$R=\frac{C_{\max}}{C_{\min}} \tag{5-133}$$

式中，$C_{\max}$ 为最大流量系数；$C_{\min}$ 为最小流量系数。

若并联且分程运行的两个调节阀具有相同的可调比，即 $R_A = R_B = 30$，这两个调节阀的最大流通系数分别为 $C_{\text{Amax}} = 4$、$C_{\text{Bmax}} = 100$，则小阀 A 的最小流通系数为

$$C_{\text{Amin}} = \frac{C_{\text{Amax}}}{R_A} = \frac{4}{30} \tag{5-134}$$

分程控制时将两个调节阀当作一个调节阀来使用，因此，分程控制的最小流通系数为小阀的最小流通系数 C_{Amin}，最大流通系数为两个阀最大流通系数之和，因此，分程控制的可调比为

$$R = \frac{C_{\text{Amax}} + C_{\text{Bmax}}}{C_{\text{Amin}}} = \frac{4 + 100}{4/30} = 26 \times 30 \tag{5-135}$$

可见，将两个可调比相同且其中一个调节阀的最大流通系数是另一个调节阀最大流通系数 25 倍的两个调节阀并联分程使用后，可调比大大扩宽，为原有单个调节阀可调比的 26 倍。

易于证明，若 A、B 两个调节阀具有相同可调比 R，且 $C_{\text{Bmax}} = NC_{\text{Amax}}$，那么将两个调节阀并联分程使用后可调比为$(N+1)R$。假如把可调比和最大流通系数均相同的两个调节阀并联分程使用，也可以将可调比扩大 1 倍。

因此，并联分程使用调节阀，可扩大系统的可调范围，提升控制品质。

图 5-93 所示为某锅炉蒸汽压力减压分程控制系统。这是一个典型的扩大可调范围的工程应用实例，A 阀为小流量阀，B 阀为大流量阀，其分程组合特性采用图 5-91(a)所示的气开阀同向动作形式。在正常工作为小负荷时，只由小阀 A 进行控制，大阀 B 完全关闭。当负荷较大时 A 阀全开，由 B 阀进行控制。当两个同向特性的调节阀并联控制同一种介质的流量时，总流量特性是两个阀流量特性的叠加，这就大大扩大了可调范围，提升了系统的控制品质。

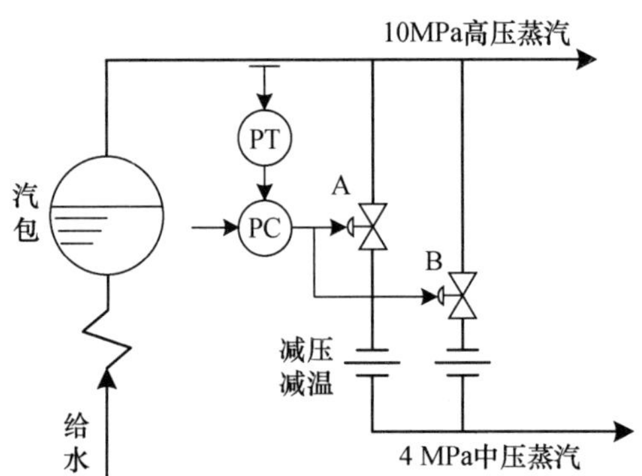

图 5-93　某锅炉蒸汽压力减压分程控制系统

5.8.4　分程控制系统的设计及实施

分程控制系统本质上属于单回路控制系统。二者的主要区别是：单回路控制系统中控制器控制一个调节阀，而分程控制系统中控制器控制两个或两个以上的调节阀。因此，二者在系统设计上有所不同。

1. 分段及调节阀分程动作方向

在分程控制系统中，控制器输出信号需要分成几段，具体哪个区段控制哪个调节阀，完全取决于生产工艺的要求。例如，在图 5-92 所示的分程控制系统中，控制器需要控制冷水

和热水两种不同的工质,因此,控制器的输出信号需要被分成两段分别去操纵两个调节阀。

另外,根据生产工艺要求,还要具体选择同向或异向工作的调节阀。例如,在图 5-92 所示的分程控制系统中,为保证安全,热水采用气开阀,冷水采用气关阀,这就决定了两个调节阀采用异向动作形式。

2. 利用阀门定位器实现信号分段

以气动调节阀为例,每个气动调节阀接收的输入(驱动)信号范围都是 0.02~0.10 MPa,自身没有信号分程能力。将控制器输出信号分成若干个区间,通过调整阀门定位器的零点和范围,可将不同区间的信号转换成能使相应的调节阀做全量程动作的压力信号。

例如,具有两个调节阀 A、B 的分程控制系统,若要求控制器输出信号压力在 0.02~0.06 MPa 之间变化,调节阀 A 做全量程动作,控制器输出信号压力在 0.06~0.10 MPa 变化时,调节阀 B 做全量程动作,则需利用调节阀 A 上的阀门定位器将 0.02~0.06 MPa 的控制信号转换成 0.02~0.10 MPa 的信号,去驱动调节阀 A 做全量程动作;同样,利用阀门 B 的定位器将 0.06~0.10 MPa 的控制信号也转换成 0.02~0.10 MPa 的信号,去驱动调节阀 B 做全量程动作。那么,在控制信号小于 0.06 MPa 时,调节阀 A 工作,调节阀 B 不动作;在控制信号大于 0.06 MPa 时,调节阀 A 已达极限值,调节阀 B 工作,由此就实现了分程控制。

3. 对调节阀泄漏量的要求

调节阀泄漏量是指当调节阀完全关闭时的物料流量。在分程控制系统中,应尽量使两个调节阀的泄漏量都为 0。特别是在并联使用大阀与小阀的分程控制系统中,如果大阀的泄漏量过大,则小阀将不能正常发挥控制作用,甚至起不到任何控制作用。

4. 分程控制流量特性的平滑衔接

当两个调节阀并联工作时,就相当于把两个调节阀当作一个调节阀来使用,于是在使用过程中存在由一个调节阀向另一个调节阀平滑过渡的问题。由于两个调节阀的放大系数往往不同,因此在分程点处可能会引起流量特性的突变,特别是最大流通能力差距大的阀门,突变情况将会比较严重。

例如,在式(5-134)所示的大小调节阀应用中,若均采用线性流量特性的调节阀,则分程控制的组合流量特性如图 5-94(a)所示;若均采用对数流量特性的调节阀,则分程控制的组合流量特性如图 5-94(b)所示。

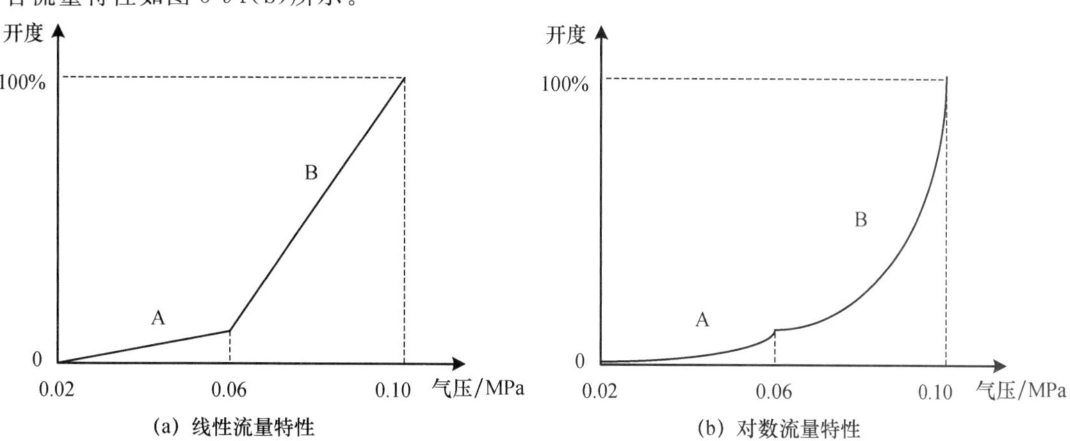

图 5-94　式(5-134)所示两个调节阀分程控制的组合流量特性

从图 5-94 可以看出，对数流量特性的调节阀并联分程工作时效果比线性流量特性调节阀好得多。所以流通能力接近的线性特性调节阀才可以用于分程控制。

对数流量特性的调节阀在分程点处不够平滑，若想解决这个问题，通常需要采用分程信号重叠的方法。

5. 分程控制系统控制器参数的整定

分程控制系统属于单回路控制系统。因此，其控制器的选型和参数整定方法与一般单回路控制系统相同。与一般单回路控制系统相比，分程控制系统的主要特点是控制指令分段且有多个调节阀。所以，在分程控制系统中，当两个调节阀分别控制两个控制量时，这两个调节阀所对应的控制通道特性可能差异很大。这时，进行控制器参数整定时就应注意兼顾两种情况。

课后题

巩固练习

1. 什么是串级控制系统？请分析生产过程具有何种特点时，采用串级控制系统最能发挥其作用？

2. 与单回路控制系统相比，串级控制系统具有哪些特点？

3. 为什么串级控制系统中的副回路能增强系统抑制扰动的能力（分别针对一次扰动和二次扰动进行分析）？

4. 在设计串级控制系统时，应如何进行副被控量的选择？

5. 为什么串级控制系统主控制器的正反作用只取决于主被控过程的静态增益符号，而与其他环节无关？

6. 在如图 5-95 所示的某加热炉温度串级控制系统中，生产工艺对物料出口温度有较高要求，运行过程中主要扰动因素为燃料压力波动，请完成以下任务：

（1）请绘制该控制系统的结构方框图；

（2）为保证安全，在可能发生事故之前应该立即切断燃料的供应，那么燃料调节阀应选择气开式还是气关式？

（3）请确定主、副控制器的正反作用。

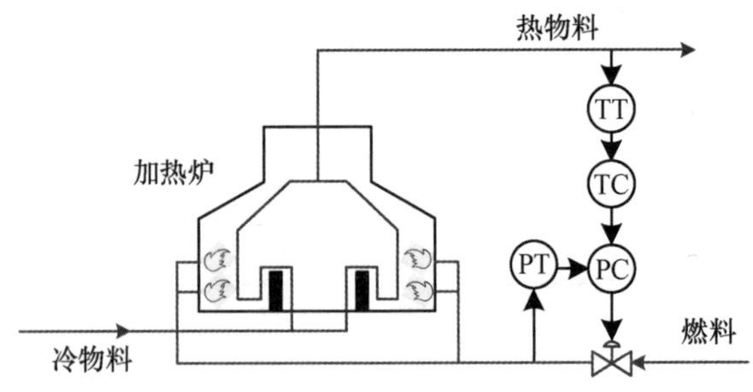

图 5-95　某加热炉温度串级控制系统

7. 与反馈控制系统相比，前馈控制系统有什么特点？说明为什么在实际工程应用中一般不单独使用前馈控制，而采用前馈-反馈复合控制。

8. 在前馈控制中如何才能做到全补偿？静态前馈与动态前馈有什么区别和联系？

9. 为什么说大滞后过程很难控制？请举例说明。

10. 请结合系统结构说明什么是 Smith 补偿控制，以及为什么称其为预估补偿（“预估”体现在何处）。

11. 为改善大滞后过程的控制品质，工程中应用 Smith 补偿律时可能会遇到哪些困难？

12. 什么是系统的耦合现象？研究解耦控制策略在工程中有何意义？

13. 常用的解耦补偿设计方法有哪几种？说明各自的优缺点。

14. 比值控制系统的结构形式有哪些类型？各有什么特点？

15. 比值控制系统中主、副流量的选择原则是什么？

16. 理论比值与实际仪表比值有何区别？工程设计中如何将理论比值换算为实际仪表比值？

17. 选择性控制系统有哪些类型？各有什么作用？

18. 为什么选择性控制系统中容易发生积分饱和现象？危害是什么？如何进行抑制？

19. 如图 5-96 所示为某高位水槽控制系统，为了保证供水流量的平稳，要对水槽的出口流量进行控制。同时，为了防止水槽液位过高造成溢流事故，又需对液位采取保护性措施。

请根据上述两个要求设计一个选择性控制系统，在流程图中画出增加的控制设备（检测变送单元、执行器、控制器等），另外请绘制其结构方框图，并说明系统的工作过程。

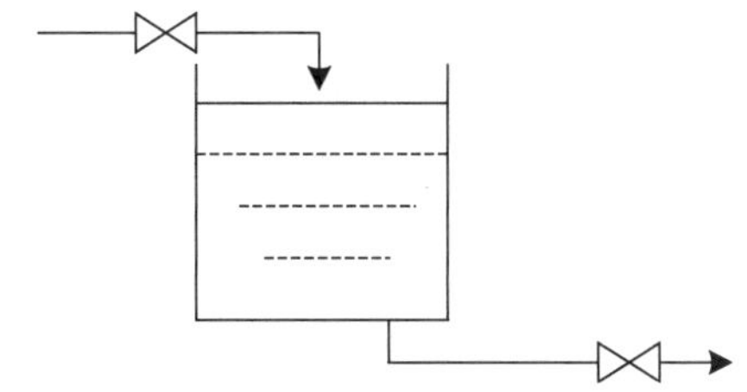

图 5-96　某高位水槽控制系统

20. 为什么要采用均匀控制系统？均匀控制与一般的单回路控制有何相同点和不同点？

21. 如何进行均匀控制系统控制器参数整定？

22. 什么是分程控制系统？它与一般简单控制系统的最大区别是什么？

综合训练

1. 某串级控制系统的结构方框图如图 5-15 所示，已知各环节的传递函数如下：

对象特性：$G_{o1}(s)=\dfrac{5}{(30s+1)(3s+1)}$，$G_{o2}(s)=\dfrac{1}{(s+1)^2(10s+1)}$；

控制器：$G_{c1}(s)=K_{c1}\left(1+\dfrac{1}{T_i s}\right)$，$G_{c2}(s)=K_{c2}$；

调节阀：$G_v(s) = K_v=1$；

变送器：$G_{m1}(s)=G_{m2}(s)=1$。

请完成串级控制系统的参数整定任务(可以结合理论推导计算和计算机仿真软件两种方式完成该任务):

(1) 用稳定边界法先对副控制器进行整定,求得 K_{c2};然后对主控制器进行整定,求出主控制器的参数 K_{c1} 和 T_i;

(2) 若主控制器亦采用比例控制规律,求二次扰动 F_2 和一次扰动 F_1 在单位阶跃变化时主被控量的余差各是多少?从中可得出什么结论?

(3) 若采用简单控制系统,控制器采用比例控制规律,用工程整定法求得控制器的比例增益 $Kc=5.4$,试分别求出 F_2 和 F_1 进行单位阶跃扰动时主被控量的余差,并与串级控制系统比较,分析两者的区别。

2. 假设某工业流程中,被控过程(控制通道)和扰动通道分别为 $G_o(s)=\dfrac{5}{25s+1}e^{-2s}$,$G_f(s)=\dfrac{-2}{15s+1}e^{-s}$,且运行过程中扰动信号常包含高频成分。请分析此时是否适合采用动态前馈补偿,若采用静态前馈这种不完全补偿方案的话,有实际工程意义吗?请给出仿真验证及相关说明。

3. 请为图 5-62 所示的二元精馏塔被控过程设计一套合适的解耦控制策略,并给出控制方案的仿真实验结果。

拓展思考

1. 在串级控制系统中,为什么可以将整个副回路视为一个静态增益为正的环节来对待?由此分析串级控制系统就可以被视为一个单回路控制系统了吗?

2. 实际工程中是否易于实现前馈控制的全补偿设计?

3. 为何工程中常用 τ/T 的大小来衡量系统的难控制程度?

第6章 火力发电厂典型控制系统

本章学习导言

本章主要介绍火力发电厂的典型控制系统，包括单元机组的自动控制和单元机组控制系统案例两部分。第一部分详细介绍了火力发电厂的锅炉汽包水位控制、锅炉蒸汽温度控制、单元机组负荷控制和锅炉燃烧控制的相关知识；第二部分从工程实践的角度介绍了某火力发电厂的给水控制、主蒸汽温度控制、机组负荷控制和燃烧控制等实例。

本章核心知识点思维导图

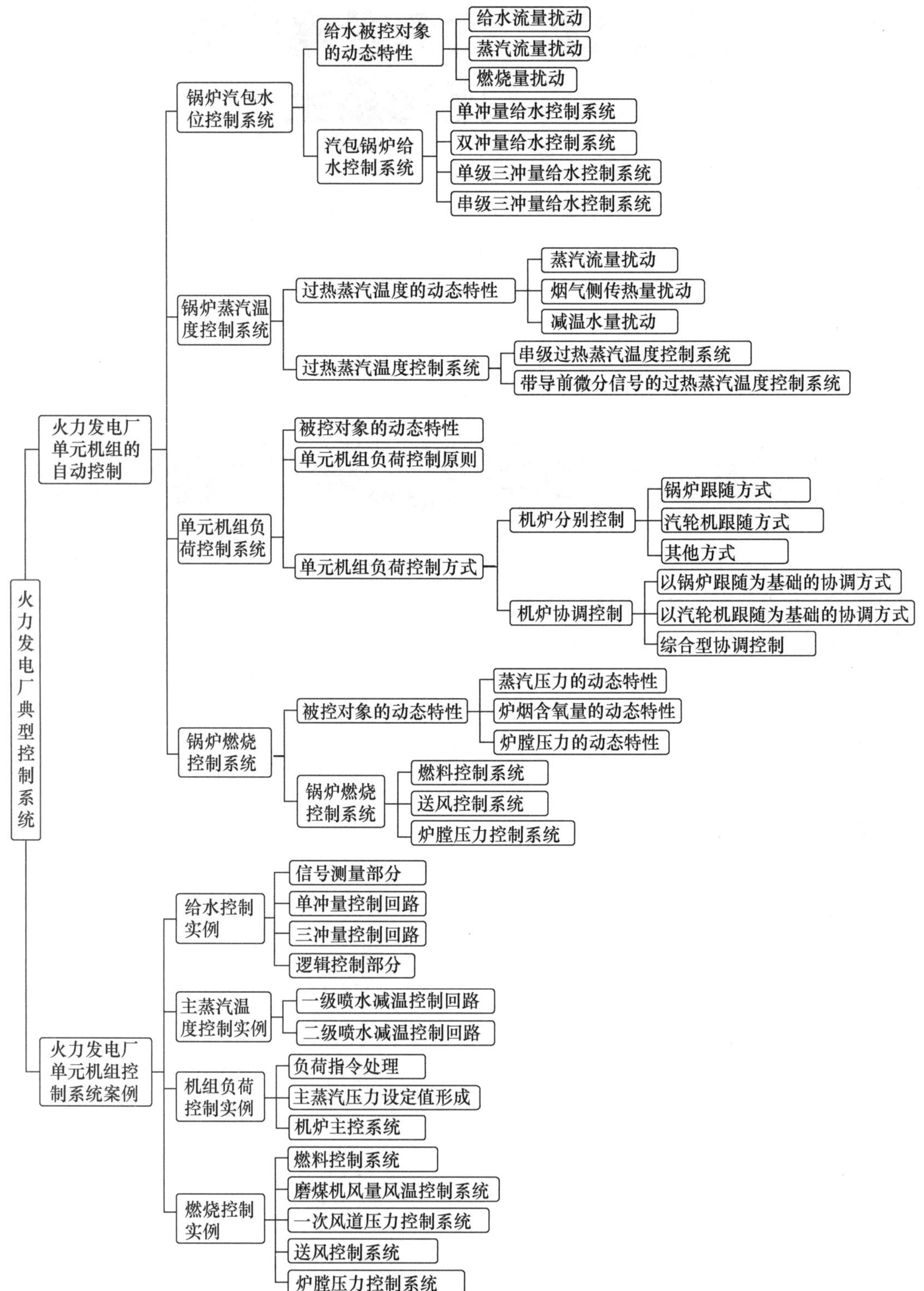

6.1　火力发电厂单元机组的自动控制

6.1.1　概述

火力发电厂在我国电力工业中占有主要地位，是我国的重点能源工业之一。大型火力发电机组具有效率高、投资省、自动化水平高等优点。随着我国火力发电技术的快速发展，单元机组的容量也不断增大，已从 300 MW 发展到 500 MW，甚至 1000 MW。随着单元机组不断向大容量、高参数的方向发展，以及现代化电力生产对机组运行安全性、经济性要求的不断提高，机组的自动化水平得到了很大的提高，并在生产过程中发挥着至关重要的作用。火力发电厂热工过程自动控制主要是指锅炉、汽轮机及其辅助设备运行的自动控制。自动控制的任务是使锅炉、汽轮机适应负荷的需要，同时能在安全、经济的工况下运行。

生产过程的自动控制是因生产上的需要而发展起来的。早期投入生产的锅炉，除了少量安全保护外，不需要自动控制也能基本满足生产上的需要。但由于锅炉不断向大容量、高参数方向发展，以及直流锅炉的应用，使生产对实现自动控制有了迫切的要求。而且锅炉的自动控制系统也更加复杂，所以一般讨论电厂热工过程的自动控制时，主要是针对锅炉而言。随着中间再热技术单元机组的出现，锅炉和汽轮机之间的联系更趋紧密，所以在单元机组的自动控制系统中，必须把锅炉和汽轮机作为一个整体综合考虑，并在锅炉和汽轮机的各个基本控制系统之上设置一个上位控制系统，来协调锅炉和汽轮机间的动作与配合。

本章将以大型单元机组为控制对象，讨论控制系统的设计过程、方案的特点以及一些特殊系统的整定。

1. 火力发电厂的基本生产过程

典型的大型单元机组生产流程如图 6-1 所示。

燃料 B 由热流量调节机构 22 经喷燃器 23 送入炉膛 21；助燃的空气 A 由送风机 24 压入空气预热器 25，预热后经送风调节阀 26 按一定比例送入炉膛与燃料混合燃烧。燃烧产生的热量传给布置在炉膛四周的水冷壁 20 中的工质水，工质水吸收一定热量后变为饱和态，再进一步吸收更多的热量后，部分饱和水变为饱和蒸汽。由于汽水混合物的密度低于下降管 19 中水的密度，可以维持自然循环，水冷壁中的汽水混合物上升到汽包 1 中并完成汽水分离，水蒸气上升到汽包上半部的水蒸气空间。燃烧产生的高温烟气则沿烟道 29 依次通过过热器 2、再热器 6、省煤器 18 和空气预热器 25 等受热面并被降温，最后由引风机 28 吸出，经烟囱排入大气。

从汽包顶部出来的饱和水蒸气流经过热器，被进一步加热成过热蒸汽 D，然后被送到汽轮机高压缸 5，过热蒸气在汽轮机高压缸中推动转子做功，带动发电机 30 的转子转动从而产生电能。做功后水蒸气的温度、压力都有所降低。为了提高机组热效率，从汽轮机高压缸排出的水蒸气会被再送回锅炉，在再热器中被加热成再热蒸汽，然后被送到汽轮机中、低压缸

9，再热蒸汽在汽轮机中、低压缸中做功，最后成为乏汽从低压缸尾部排出，经冷凝器 10 冷凝成凝结水。凝结水与补充水 11 一起由凝结水泵 12 打入低压加热器 13，然后进入除氧器 14，除氧后由给水泵 15 打入高压加热器 16，再经过省煤器 18 回收一部分烟气中的余热后进入汽包。如此完成一次汽水循环。由于对进入汽轮机高压缸和中、低压缸蒸汽的温度有较高要求，故用过热器喷水 W_b 经减温器 3 和再热器喷水 W_{br} 经减温器 7 分别控制过热蒸汽温度和再热蒸汽温度。此外，也可通过改变烟气侧传热量等手段调节过热蒸汽温度和再热蒸汽温度。高压加热器 16 和低压加热器 13 的作用是利用汽轮机的中间抽汽来加热给水和冷凝水，以提高单元机组的热效率。

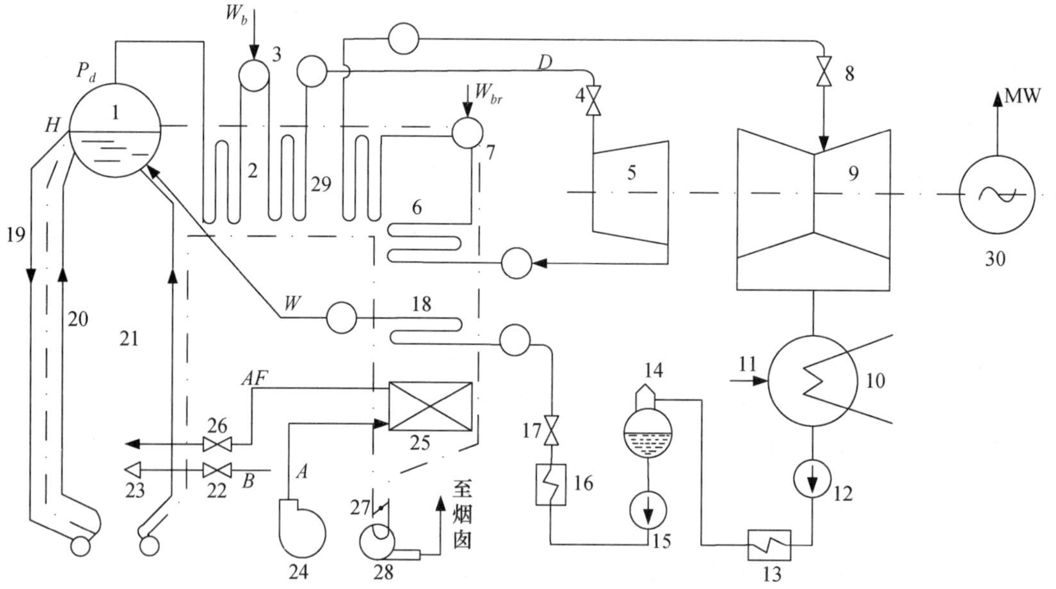

1—汽包；2—过热器；3—过热器喷水减温器；4—汽轮机高压缸调节阀；5—汽轮机高压缸；6—再热器；7—再热器喷水减温器；8—汽轮机中、低压缸调节阀；9—汽轮机中、低压缸；10—冷凝器；11—补充水；12—凝结水泵；13—低压加热器；14—除氧器；15—给水泵；16—高压加热器；17—给水调节阀；18—省煤器；19—下降管；20—水冷壁；21—炉膛；22—热流量调节机构；23—喷燃器；24—送风机；25—空气预热器；26—送风调节阀；27—烟气挡板；28—引风机；29—烟道；30—发电机。

图 6-1 典型的大型单元机组生产流程(汽包锅炉)

2. 火力发电厂生产过程中所需要的控制

目前，单元机组自动控制普遍采用协调控制系统(Coordinated Control System，CCS)完成锅炉、汽轮机及其辅助设备的自动控制。单元机组控制系统的总体结构如图 6-2 所示。从图 6-2 可以看出，单元机组控制系统是一个具有二级结构的递阶控制系统，上一级为协调控制级，下一级为基础控制级。它们把自动调节、逻辑控制和联锁保护等功能有机地结合在一起，构成一个具有多种控制功能，能满足不同运行方式和不同工况需求的综合控制系统。

(1) 单元机组控制系统中的协调控制级

由于锅炉-汽轮机发电机组本质上是一个整体，所以当电网负荷要求改变时，如果分别独立地控制锅炉和汽轮机，将难以达到理想的控制效果。协调控制系统把锅炉和汽轮机视为一个整体，在锅炉和汽轮机各基础控制系统之上设置协调控制级，以保证锅炉和汽轮机在响应负荷要求时的协调和配合。这种协调是由协调控制级的单元机组负荷协调控制系统来实现的，它接受电网负荷要求指令，产生锅炉指令和汽轮机指令两个控制指令，并将相应指令分别送往锅炉和汽轮机的有关基础控制系统。目前，还很难制定一个“协调”优劣的标准，一般是根据对象的特点和控制指标的要求，选择合理的协调策略，使系统既易于实现，又能满足实际工程的要求。

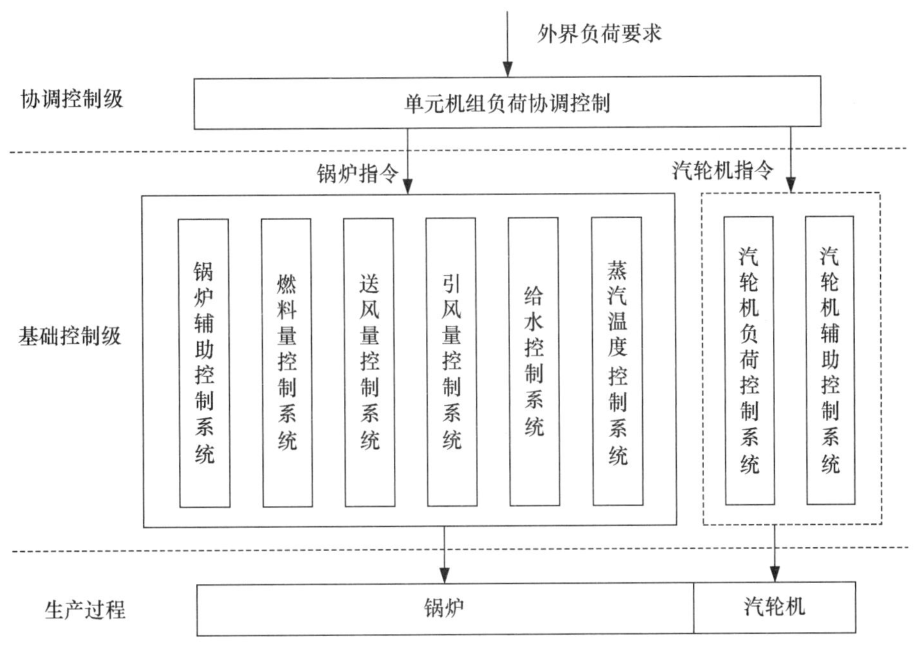

图 6-2　单元机组控制系统的总体结构

(2) 单元机组控制系统中的基础控制级

锅炉和汽轮机的基础控制级分别接收协调控制级发来的锅炉指令和汽轮机指令，然后完成指定的控制任务。基础控制级包含如下一些控制系统。

① 锅炉燃烧控制系统

锅炉燃烧控制系统的基本任务是：既要提供适当的热量以适应蒸汽负荷的需要，又要保证燃烧的经济性和运行的安全性。为实现这些控制任务，锅炉燃烧这一多变量耦合控制系统目前主要包括燃料量控制、送风量控制和炉膛压力控制三个相对独立的子系统，用燃料量、送风量和引风量三个控制量来控制主蒸汽压力(或负荷)、燃烧经济性指标和炉膛压力三个被控量。

② 给水控制系统

锅炉汽包水位是锅炉安全运行的一个主要参数。水位过高会使蒸汽带水，造成过热器管内结垢，影响传热效率，严重时将引起过热管爆破；水位过低又将破坏部分水冷壁的水循环，使水冷壁局部过热甚至损坏。尤其是大型锅炉，相对来说，其汽包的容积很小，一旦控制不当，容易使汽包满水或汽包内的水全部汽化，造成重大事故。汽包锅炉给水自动控制的任务是使锅炉的给水量适应锅炉的蒸发量，使汽包水位维持在规定的范围内，并兼顾锅炉的平稳运行。汽包水位间接反映了锅炉蒸汽负荷与给水量之间的平衡关系，是锅炉运行中十分重要的监控参数。为克服“虚假水位”和给水扰动，满足水位控制需求，目前普遍采用单级三冲量或串级三冲量给水控制方案，且实现了机组启停和正常运行均进行自动控制，即给水全程控制的目标。

③ 蒸汽温度控制系统

锅炉蒸汽温度自动控制包括过热蒸汽温度控制和再热蒸汽温度控制。控制的任务是维持锅炉过热器及再热器出口的蒸汽温度在规定的范围内。

由于大型锅炉的过热器是在接近过热器金属极限温度的条件下运行的，因此金属管强度的安全系数不大，过热蒸汽温度过高会降低金属管的强度，影响设备安全，过热蒸汽温度的上限一般不应超过额定值 5℃；过热蒸汽温度过低又会使热效率下降并影响汽轮机的安全、经济运行，过热蒸汽温度的下限一般不低于额定值 10℃。过热蒸汽温度控制系统的任务就是维持过热蒸汽温度在允许的范围内。锅炉过热蒸汽温度控制系统属于典型的多容环节，其对象具有较大的迟延和惯性。影响蒸汽温度变化的干扰因素较多，工艺上允许的蒸汽温度变化范围又很小，这些都增加了过热蒸汽温度控制系统的复杂性。目前，电厂锅炉过热蒸汽温度控制系统多采用串级控制方式，并多用喷水减温的方法来维持过热蒸汽温度。

再热器一般布置在温度较低的烟温区，其出口蒸汽温度的变化幅度较大，所以大型机组必须对再热蒸汽温度进行控制。再热蒸汽温度控制系统一般采用以烟气控制为主、以喷水减温控制为辅的方式，这比单纯采用喷水减温控制有更高的热经济性。实际采用的烟气控制方法有变化烟气挡板位置、调整燃烧器摆角等。

④ 汽轮机负荷控制系统

汽轮机是大型高速运转的原动机，是火力发电厂三大主要设备之一。电力生产对汽轮机控制系统提出了两个基本要求：一是要及时调节机组的功率，以随时满足用户对发电量的需求；二是要维持机组的转速在规定的范围内，以保证供电频率和机组本身的安全。对于不同类型的汽轮机，要按照其对象特性、控制要求和运行方式，为其配置相应的控制系统，以实现其自动控制。

经百余年的发展，汽轮机的控制方法已相当多，如参数监视、闭环控制等。从闭环控制角度而言，随着计算机技术的飞速发展，目前大容量汽轮机控制普遍采用数字式电液控制系统（Digital Electric Hydraulic Control System，DEH）。

⑤ 辅助控制系统

辅助控制系统主要有除氧器压力、水位控制系统，空气预热器冷端温度控制系统，凝汽器水位控制系统，辅助蒸汽控制系统，汽轮机润滑油温度控制系统，高压旁路、低压旁路控制系统，高压加热器、低压加热器水位控制系统，氢侧、空侧密封油温度控制系统，凝结水补充水箱水位控制系统，电动给水泵液力耦合油温度控制系统，电泵、汽泵润滑油温度控制系统，发电机氢温度控制系统等。

为保证单元机组的安全运行，除上述控制系统以外，自动控制系统还包括自动检测部分、顺序控制部分和自动保护部分，这三个部分的功能如下。

自动检测部分：自动检查和测量反映生产过程进行情况的各种物理量、化学量，以及生产设备的工作状态参数，以监视生产过程的进行情况和趋势。

顺序控制部分：也称程序控制部分，功能是根据预先拟定的程序和条件，自动地对设备进行一系列操作，如控制单元机组的启、停，以及对各种辅助设备进行控制。

自动保护部分：如汽轮机的超速保护、振动保护，锅炉的超压保护、炉膛灭火保护等。功能是在发生事故时，自动采取保护措施，以防止事故进一步扩大，保护生产设备使之不受严重破坏。

限于篇幅，本章仅介绍单元机组几个重要且结构比较复杂的控制系统：锅炉汽包水位控制系统、锅炉蒸汽温度控制系统、单元机组负荷控制系统和锅炉燃烧控制系统。

6.1.2　锅炉汽包水位控制系统

火力发电厂给水控制系统的任务是维持汽包水位在允许范围内，以汽包水位为被控量，以调节给水流量为控制手段。由于汽包水位同时受锅炉侧和汽轮机侧的影响，因此，当锅炉负荷变化或汽轮机用汽量变化时，给水控制系统都应能限制汽包水位只在给定的范围内变化。

给水控制系统常采用三冲量系统。所谓三冲量，是指主蒸汽流量(汽包出口流量)、汽包水位和给水流量。其中，主蒸汽流量反映了汽轮机侧对汽包水位的影响。由于大型锅炉存在严重的“虚假水位”现象，因此在设计给水控制系统时必须予以考虑。给水控制系统有多种不同的设计方案，常用的有单级三冲量给水控制系统(前馈-反馈控制系统)和串级三冲量给水控制系统。下面首先介绍给水被控对象的动态特性，然后分别介绍这两种控制系统。

1. 给水被控对象的动态特性

汽包锅炉给水被控对象的结构如图6-3所示。

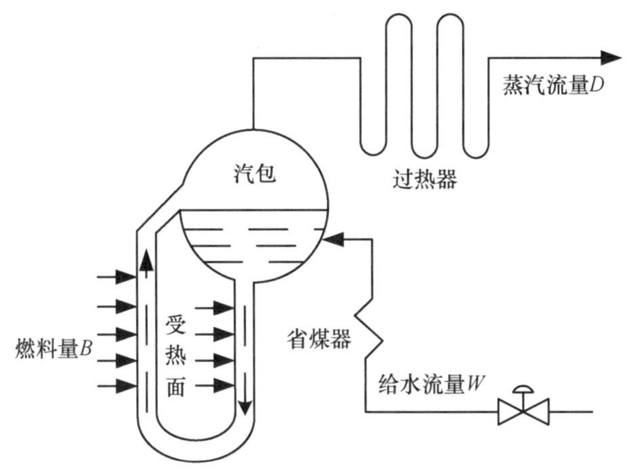

图6-3　汽包锅炉给水被控对象的结构

汽包水位是由汽包中的储水量和水面下的汽泡体积所决定的，因此凡是引起汽包中贮水量变化和水面下的汽泡体积变化的各种因素都是汽包水位的扰动因素。在水循环系统中，充满着带有大量蒸汽汽泡的水，由于某种原因，蒸汽汽泡的体积会发生变化，因此即使汽包的流入量和流出量均没有变化，水位也会改变。而汽泡的体积受汽包压力和炉膛热负荷的影响。因此汽包水位的扰动因素主要有三个：一是给水流量W，它是控制系统的控制量，即基本扰动；二是蒸汽流量D；三是燃料量B。给水被控对象的动态特性是指上述引起水位变化的各种扰动与汽包水位间的动态关系。

(1) 给水流量扰动下汽包水位的动态特性

给水流量扰动是来自控制侧的扰动，又称内扰。给水流量扰动下汽包水位的阶跃响应曲线如图6-4所示。当给水流量阶跃增加ΔW后，汽包水位的变化如图6-4中曲线2所示。

在给水流量扰动下汽包水位表现为有惯性的无自衡能力的动态特性。当给水流量突然增加后，给水流量虽然大于蒸发量，但由于给水温度低于汽包内饱和水的温度，给水吸收了原有饱和水中的部分热量使水面下汽泡体积减小，因此扰动初期水位不会立即升高。当水面下汽泡体积的变化过程逐渐平衡，由于汽包中贮水量的增加，水位逐渐上升的趋势就逐渐显现出来。最后，当水面下汽泡体积不再变化时，由于进、出工质流量不平衡，水位将以一定的速度直线上升。图 6-4 中的曲线 1 为不考虑水面下汽泡体积变化，仅考虑物质不平衡时的水位变化曲线，为积分环节的特性；曲线 3 为不考虑物质不平衡关系，只考虑给水流量变化时水面下汽泡体积变化所引起的水位变化曲线，为惯性环节的特性。给水流量扰动下实际的水位变化曲线 2 是曲线 1 和 3 的合成。因此，给水流量扰动下汽包水位的动态特性可用传递函数表示为

$$W_{OW}(s)=\frac{H(s)}{W(s)}=\frac{\varepsilon}{s}-\frac{K_3}{1+T_3 s} \tag{6-1}$$

其中，K_3、T_3 分别是曲线 3 惯性环节的静态增益和时间常数；ε 为曲线 1 的响应速度，是给水流量改变一个单位流量时水位的变化速度[单位为(mm·s^{-1})/(t·h^{-1})]。

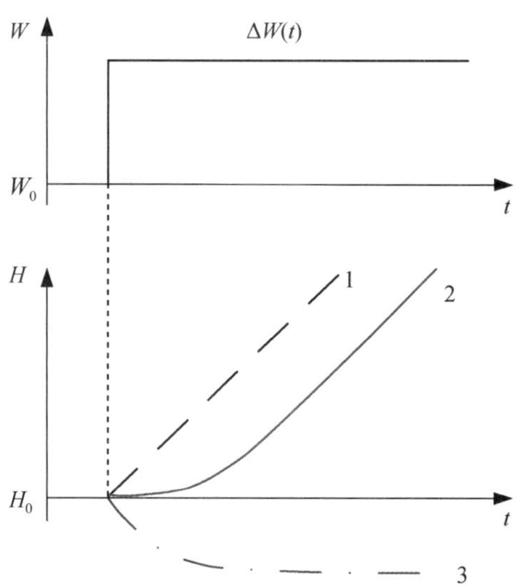

图 6-4　给水流量扰动下水位的阶跃响应曲线

(2) 蒸汽流量扰动下的汽包水位的动态特性

蒸汽流量扰动主要来自汽轮机的负荷变化，属于外部扰动。蒸汽流量扰动下汽包水位的阶跃响应曲线如图 6-5 所示。

当蒸汽流量突然增大时，由于汽包水位是非自衡的，因此水位应按积分规律下降，如图 6-5 中曲线 H_1 所示。但是，当锅炉蒸发量突然增加时，水面下的汽泡体积也迅速增大，即锅炉的蒸发强度增加，从而使水位升高。因蒸发强度的增加是有一定限度的，故汽泡体积增大而引起的水位变化可用惯性环节特性来描述，如图 6-5 中曲线 H_2 所示。实际的水位变化曲线 H 则为 H_1 和 H_2 的合成。由图 6-5 可以看出，当锅炉蒸汽负荷变化时，汽包水位的变化具有特殊的形式：在负荷突然增加时，虽然锅炉的给水流量小于蒸发量，但开始阶段的水位不仅不下降，反而迅速上升(反之，当负荷突然减少时，水位会先下降)，这种现象被称为“虚假水位”现象。这是因为在负荷变化的初始阶段，水面下汽泡的体积变化很快，它对水位的

变化起主要影响作用，因此水位随汽泡体积增大而上升。当汽泡体积与负荷适应，不再变化时，水位的变化就仅由物质平衡关系来决定了，这时水位就随负荷增大而下降，呈无自衡的动态特性。

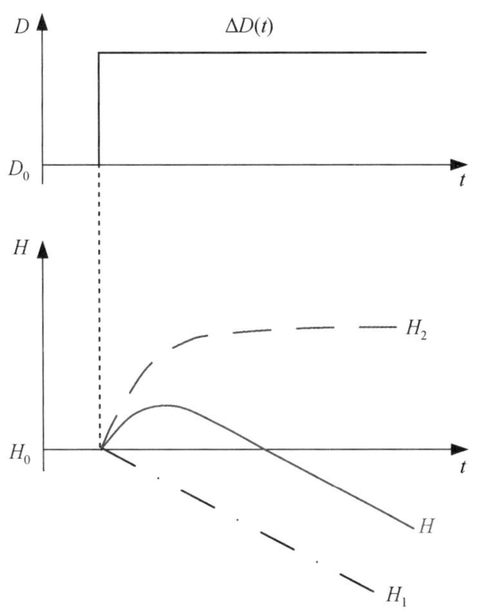

图 6-5　蒸汽流量扰动下汽包水位的阶跃响应曲线

蒸汽流量扰动下的汽包水位的动态特性可用下述近似传递函数来表示

$$W_{OD}(s)=\frac{H(s)}{D(s)}=\frac{K_2}{1+T_2s}-\frac{\varepsilon}{s} \tag{6-2}$$

式中，T_2 为 H_2 曲线的时间常数，K_2 为 H_2 曲线的放大系数，ε 为 H_1 曲线的响应速度。

上面所述的蒸汽流量扰动下的汽包水位的动态特性，只是从蒸发强度变化对汽泡体积的影响来定性地说明水位变化特点的。实际上，改变汽轮机用汽量引起的蒸汽流量阶跃扰动，必定引起蒸汽压力的变化，蒸汽压力变化也会影响水面下汽泡的体积，所以，实际的虚假水位现象会更严重些。

(3) 燃料量扰动下汽包水位的动态特性

燃料量扰动下汽包水位的阶跃响应曲线如图 6-6 所示。

燃料量 B 增加时，锅炉吸收更多的热量，使蒸发强度增大，如果不调节蒸汽阀门，由于锅炉出口蒸汽流量和蒸汽压力也增大，这时蒸发量大于给水量，水位应下降。但由于在热负荷增加时，蒸发强度的提高会使汽水混合物中的汽泡体积增大，而且这种情况发生于蒸发量增加之前，因此，汽包水位会先上升，即出现“虚假水位”现象。当汽泡体积的变化逐渐稳定时，水位便会迅速下降，这种“虚假水位”现象比蒸汽量扰动时要小一些，但其持续时间却更长。

2. 汽包锅炉给水控制系统

根据汽包锅炉给水被控对象的动态特性，可以得到以下几个结论。

① 蒸汽流量扰动主要取决于汽轮机的运行工况，属于外部扰动，燃料量扰动其实也是一种间接的外部扰动。很显然，这两种物理量是不可能成为控制汽包水位的物理量的，控制量只能选择给水流量。

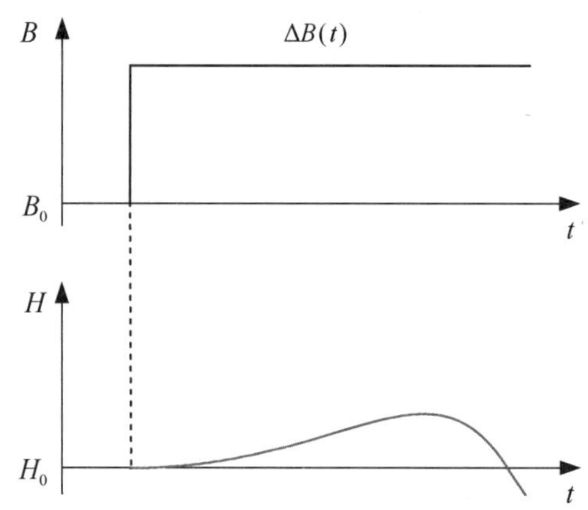

图 6-6　燃料量扰动下汽包水位的阶跃响应曲线

② “虚假水位”现象主要是来自蒸汽流量的变化，显然蒸汽流量是一个不可控制的量（对控制系统而言），但它可测量，所以在系统中引入这些扰动信息来改善控制品质是非常必要的。

③ 给水压力是波动的，为了稳定给水流量，应考虑将给水流量信号作为反馈信号，用于及时消除内扰。

④ 由于被控对象的内扰动态特性存在一定的迟延和惯性，所以给水控制系统若采用以水位为被控量的单回路控制系统，则控制过程中水位将出现较大的动态偏差，给水流量波动较大。因此，对给水内扰动态特性迟延和惯性大的锅炉，应考虑采用串级或其他控制方案。

考虑以上因素，出现了多种给水控制方案。随着机组容量的增大，生产工艺对水位控制提出了更高的要求，为了保证给水系统的安全可靠，目前，汽包锅炉的给水控制普遍采用三冲量（信号）给水控制方案。需要指出的是，并不是所有锅炉都要采用三冲量给水控制方案。低参数的小型锅炉一般采用单冲量（水位）给水控制方案即可满足要求。

下面分别介绍单冲量给水控制系统、双冲量给水控制系统、单级三冲量给水控制系统和串级三冲量给水控制系统。

（1）单冲量给水控制系统

单冲量给水控制系统的工艺流程和结构方框图分别如图 6-7 和图 6-8 所示。

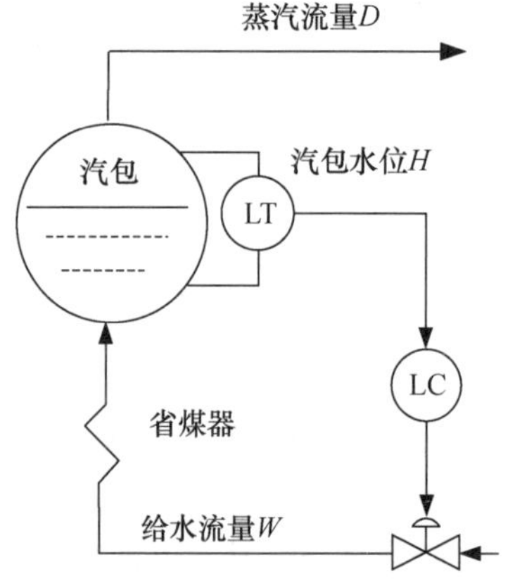

图 6-7　单冲量给水控制系统

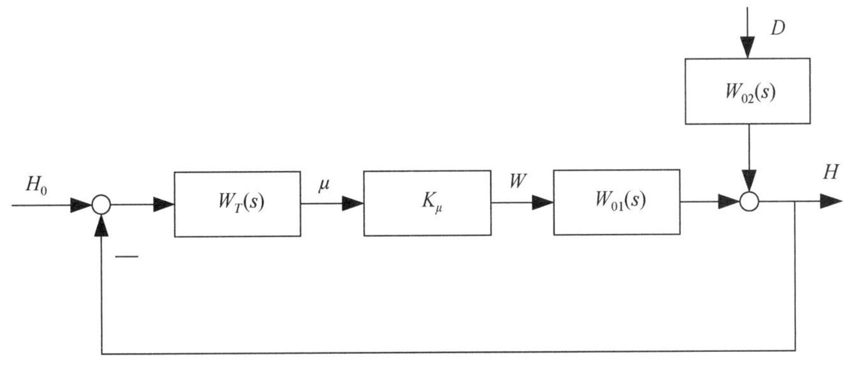

图 6-8　单冲量给水控制系统结构方框图

下面分别分析此系统消除内扰(即给水流量扰动)和外扰(如蒸汽流量扰动)对水位影响的过程。

① 消除内扰对水位影响的过程

若给水流量 W 有一个正的阶跃变化 ΔW,经迟延时间后,水位 H 将上升,水位的上升情况由测量元件测出并反馈到控制器 $W_T(s)$后,控制器输出关小调节阀的命令,随即调节阀开度 μ 变小,水位开始下降。因此,此系统能消除内扰对水位的影响。

② 消除外扰对水位影响的过程

若蒸汽流量阶跃减少 ΔD,按物质平衡关系,水位 H 应上升,调节阀开度 μ 应减小。但由于"虚假水位"现象,水位 H 反而会先下降,使 μ 增大。"虚假水位"现象消失后,水位继续上升,真实水位也比原来的水位要高,因此,在此控制过程中,H 的超调较大,促使 μ 下降的幅度也大。

单冲量给水控制系统结构简单,运行可靠,适用于水容量大、飞升速度小、负荷变化不大、对控制品质要求不高的小容量锅炉。在电厂实际运行中,当负荷低于25%额定负荷时一般采用单冲量给水控制系统。

(2) 双冲量给水控制系统

汽包水位的主要干扰是蒸汽流量变化。如果能利用蒸汽流量变化信号对给水流量进行补偿控制,就可以消除或减小"虚假水位"现象对汽包水位的影响,控制效果要优于单冲量给水控制系统。按这种思路设计的双冲量给水控制系统如图6-9所示,该系统的结构方框图如图6-10所示。

相对于图6-7所示的单冲量给水控制系统,图6-9所示的双冲量给水控制系统中增加了针对蒸汽流量扰动的补偿通道,使调节阀按照蒸汽流量扰动可及时进行给水流量补偿,其他干扰对水位的影响由反馈控制回路克服。可见,这是一个前馈-反馈复合控制系统。

图6-9中所示的加法器可将控制器输出信号和蒸汽流量变送器的信号求和,然后控制给水调节阀的开度,调整给水流量。当蒸汽流量变化时,系统可通过前馈补偿直接控制给水调节阀,使汽包进出水量不受"虚假水位"现象的影响,及时达到平衡,这样就克服了蒸汽流量变化引起的"虚假水位"现象所造成的汽包水位的剧烈波动。

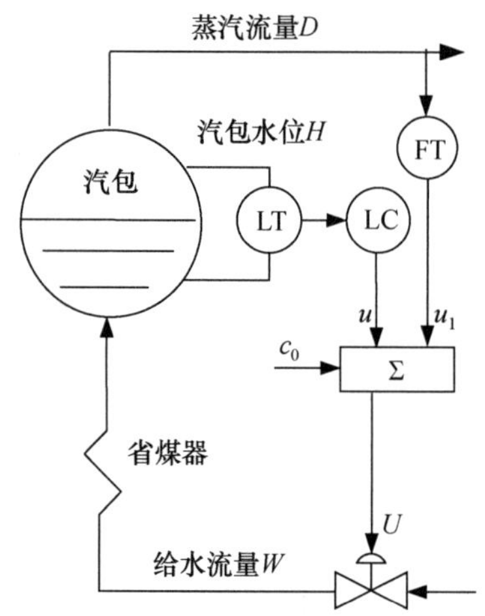

图 6-9　双冲量给水控制系统

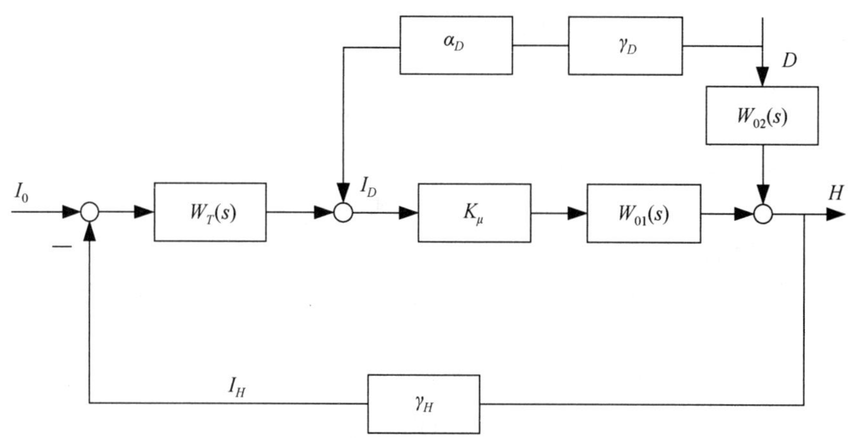

图 6-10　双冲量给水控制系统结构方框图

加法器 $\sum$ 的具体运算功能如下

$$U = u + c_1 u_1 + c_0 \tag{6-3}$$

式中，u 为控制器的输出值；u_1 为蒸汽流量变送器输出的蒸汽流量值；c_0 为初始偏置，c_1 为加法器的系数；U 为加法器的输出值。c_1 取正号还是负号视调节阀是气关式还是气开式而定，确定原则是蒸汽流量增加，给水流量加大，气关式调节阀取负号，气开式调节阀取正号。c_1 值的确定要考虑静态补偿，一般将 c_1 调整到当只有蒸汽流量扰动时，汽包水位基本不变即可。设置 c_0 的目的是在正常蒸汽流量下，控制器和加法器的输出比较适中。

(3) 单级三冲量给水控制系统

单级三冲量给水控制系统如图 6-11 所示。因为该系统只用了一个控制器，而且控制器有三个输入：汽包水位 H、给水流量 W 和蒸汽流量 D，所以该系统被称为单级三冲量给水控制系统。其结构方框图如图 6-12 所示。

该控制方式引入了蒸汽流量的前馈控制和给水流量的反馈控制，也称前馈-反馈三冲量给水控制系统，其控制品质比单冲量反馈控制要优越得多。

当蒸汽流量 D 增加时，蒸汽流量前馈控制器立即动作，相应地增加给水流量，能有效地克服或减小“虚假水位”所引起的控制器误动作。因为控制器输出的控制信号与蒸汽流量信号的变化方向相同，所以控制器入口处主蒸汽流量信号为正极性。当给水流量 W 发生自发性扰动时，控制器也能立即动作，使给水流量迅速恢复到原来的数值，从而使汽包水位基本不变，所以在控制器入口处给水流量 W 为负极性。给水流量作为反馈信号，其主要作用是快速消除给水流量的自发性扰动，使汽包水位可以基本不受给水流量变化的影响。当汽包水位 H 增加时，为了维持水位，控制器输出控制信号，使给水流量减小，即控制器控制给水流量的变化方向与水位信号的变化方向相反。

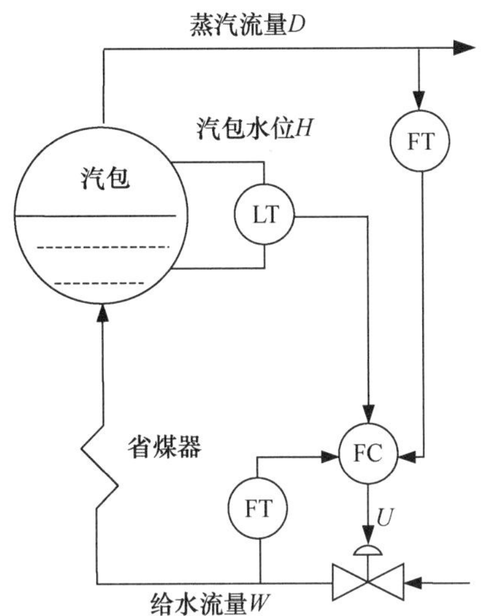

图 6-11　单级三冲量给水控制系统

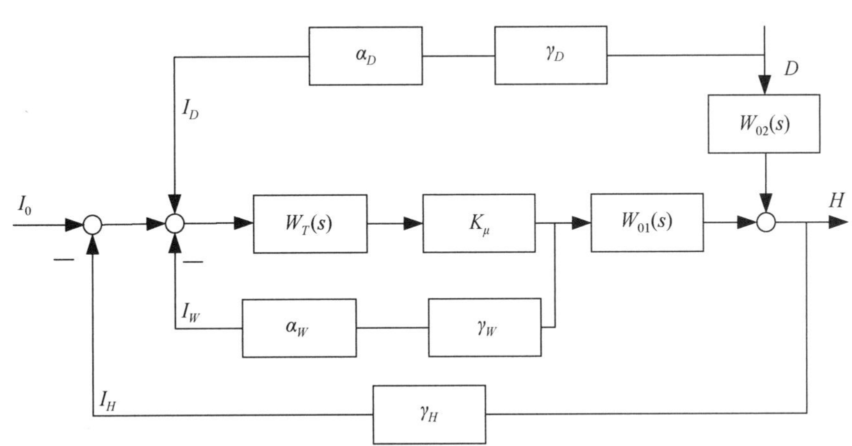

图 6-12　单级三冲量给水控制系统结构方框图

在单级三冲量给水控制系统中，控制器通过汽包水位、蒸汽流量和给水流量三个信号控制给水流量，汽包水位、蒸汽流量和给水流量对应的电流信号分别为 I_H、I_D、I_W，这三个电流信号都送到控制器。静态时，这三个输入控制器的电流信号必须与水位设定值对应的电流信号 I_0 平衡，即

$$e = I_0 - I_H + I_D - I_W = 0 \tag{6-4}$$

如果静态时送入控制器的蒸汽流量信号 I_D 与给水流量信号 I_W 相等，则汽包水位信号 I_H 就等于设定值信号 I_0，即汽包中的水位将稳定在该设定值。如果静态时 $I_D \neq I_W$，则汽包中的汽包水位稳定值将不等于设定值(即 $I_H \neq I_0$)，即被控量汽包水位存在静态偏差。一般情况下会通过调整使静态时 I_D 与 I_W 相等，因此，控制过程结束后汽包水位保持在水位设定值上。

(4) 串级三冲量给水控制系统

通过三冲量水位控制系统的参数整定可以看出，为了保证系统有良好的静态特性，各输入信号之间有严格的静态匹配关系，此外，系统的动态整定过程也比较复杂。当前火力发电机组汽包锅炉高负荷阶段普遍采用串级三冲量给水控制系统。该系统有两个控制器，利用汽包水位 H、给水流量 W 和蒸汽流量 D 三个信号参与控制，因此被称为串级三冲量给水控制系统，如图 6-13 所示，其结构方框图如图 6-14 所示。

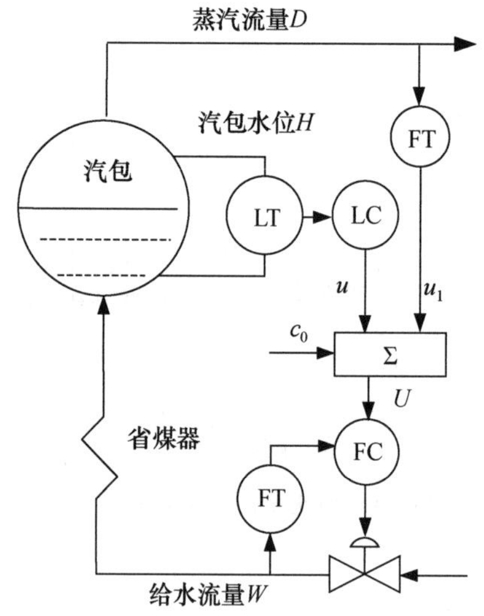

图 6-13 串级三冲量给水控制系统

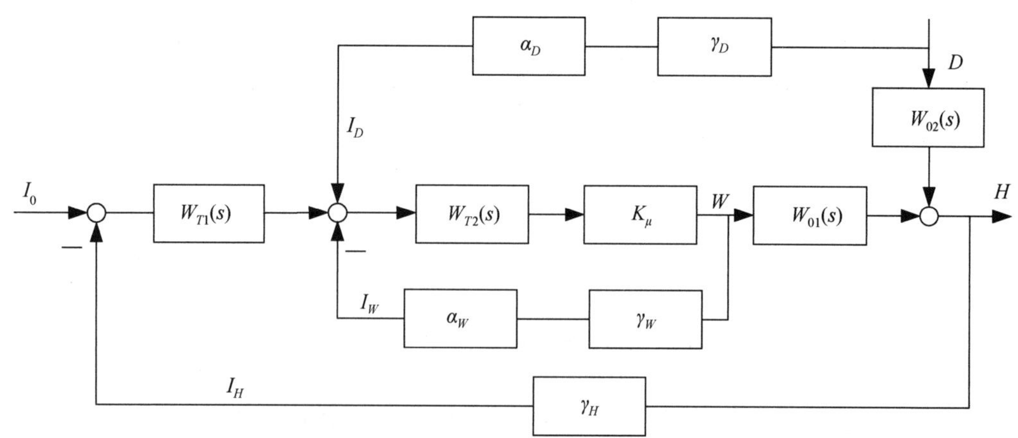

图 6-14 串级三冲量给水控制系统结构方框图

串级三冲量给水控制系统由两个回路和一个前馈通路构成。为保证被控量无静差，主控制器采用比例积分或 PID 控制规律，副控制器采用比例积分或比例控制规律，副控制器接收三个输入信号，信号之间有静态匹配关系，但系统的静态特性由主控制器决定，因此，蒸汽流量信号与给水流量信号并不总相等。

给水流量副回路的作用主要为快速消除内扰，主回路用于校正水位偏差，前馈通路则用于补偿外扰（主要用于克服"虚假水位"现象）。在动态过程中，给水流量将随蒸汽流量的变化而变化，起粗调作用，静态水位则由于主控制器的比例积分的校正作用而总是等于水位设定值。这样，蒸汽流量信号和给水流量信号的配比就不必要求得太严格（不影响静态水位），而且，根据锅炉"虚假水位"的具体情况，还可以适当加强蒸汽流量信号，以改善动态控制品质。

6.1.3　锅炉蒸汽温度控制系统

锅炉蒸汽温度直接影响发电厂的热效率，以及过热器管道、汽轮机等设备的安全运行，其控制系统是锅炉重要的控制系统之一。

根据锅炉的构造、静态特性和动态特性的不同，可以设计不同的锅炉蒸汽温度自动控制系统，以满足锅炉蒸汽温度控制的需要。大型机组广泛采用中间再热方式，所以蒸汽温度控制通常包括过热蒸汽温度控制和再热蒸汽温度控制两种。由生产过程可知，控制蒸汽温度的方式有两种，一是在蒸汽管道上设置减温器，二是改变烟气侧传热量。在利用减温器的控制系统中，减温器又分面式减温器和喷水减温器两种。为了改善被控对象的动态特性，减温器的安装位置应尽量靠近蒸汽出口。使用面式减温器时，为了使减温器处于较好的工作状态，保证机组的安全运行，一般将其安装在远离蒸汽出口的饱和蒸汽侧，这不可避免地会使蒸汽温度被控对象的滞后增大。使用喷水减温器时，一般将其安装在两组过热器之间，故其效果优于面式减温器。另外，喷水减温器调节范围大，结构不太复杂，故已被普遍采用。从被控对象的动态特性来看，用改变烟气侧传热量调节蒸汽温度是一种较好的控制方案，但在高温时，其控制机构的具体实现存在困难。故目前大型机组过热蒸汽温度控制多采用喷水减温器，而再热蒸汽温度调节多采用改变烟气侧传热量方案。

这里仅讨论利用喷水减温器控制过热蒸汽温度的有关问题。

1. 过热蒸汽温度的动态特性

大型锅炉的过热器一般布置在炉膛上部和高温烟道中，过热器往往分成多段，中间设置喷水减温器，减温水由锅炉给水系统供给。过热器的结构如图 6-15 所示。

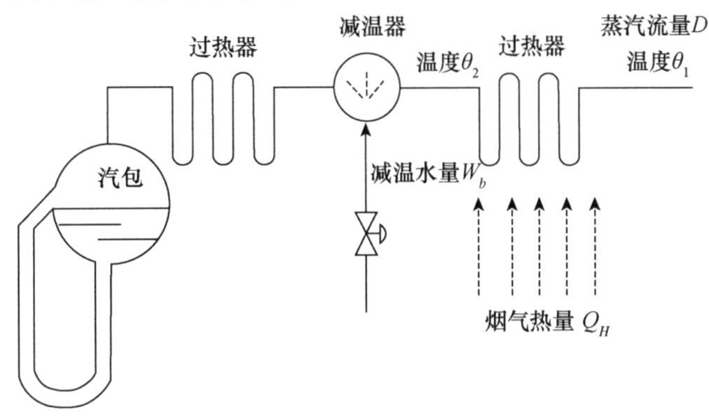

图 6-15　过热器的结构

影响过热器出口蒸汽温度的因素很多，如蒸汽流量、燃烧工况、锅炉给水温度、进入过热器的蒸汽温度、流经过热器的烟气温度和流速、锅炉受热面结垢情况等。归纳起来，可将这些因素分为三类：蒸汽流量扰动、烟气侧传热量扰动、减温水量扰动。

(1) 蒸汽流量扰动下过热蒸汽温度的动态特性

当发生锅炉负荷扰动时，蒸汽流量的变化使过热器管路各点的蒸汽流速几乎同时改变，从而使过热器的对流放热系数发生变化，使过热器各点的蒸汽温度几乎同时改变。因此蒸汽温度对蒸汽流量变化的反应较快。蒸汽流量扰动下过热器出口过热蒸汽温度的阶跃响应曲线如图 6-16 所示。从图 6-16 可以看出，蒸汽流量扰动下过热蒸汽温度是有迟延、有惯性、有自衡能力，且惯性和迟延都比较小的动态特性，延迟时间约为 15 s。

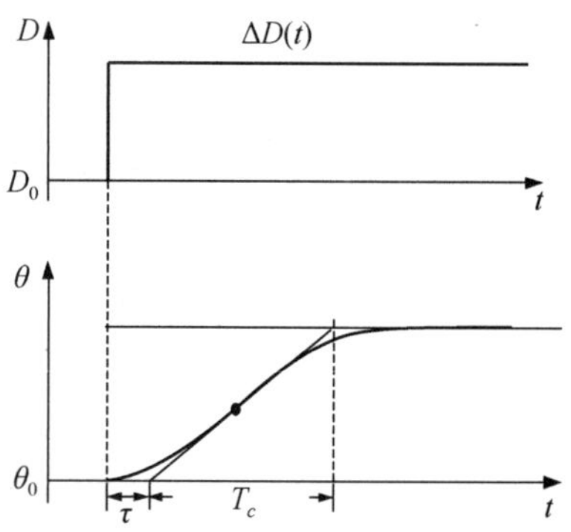

图 6-16 蒸汽流量扰动下过热蒸汽温度的阶跃响应曲线

(2) 烟气侧传热量扰动下过热蒸汽温度的动态特性

燃料量增减，燃料种类的变化，送风量、引风量的改变都将引起烟气流速和烟气温度的变化，从而改变烟气传热量，导致过热器出口过热蒸汽温度发生变化。图 6-17 所示为烟气侧传热量 Q_y 发生变化时过热蒸汽温度的阶跃响应曲线。从图 6-17 可以看出，烟气侧传热量扰动下过热蒸汽温度呈有迟延、有惯性、有自衡能力的态特性。发生烟气侧传热量扰动时，由于烟气流速和温度的变化也是沿整个过热器同时进行的，沿过热器整个长度使烟气传递热量也同时变化。因此，过热蒸汽温度对烟气侧传热量变化的反应较快，延迟很小，一般 τ 约为 10～20 s，T_c＜100 s。

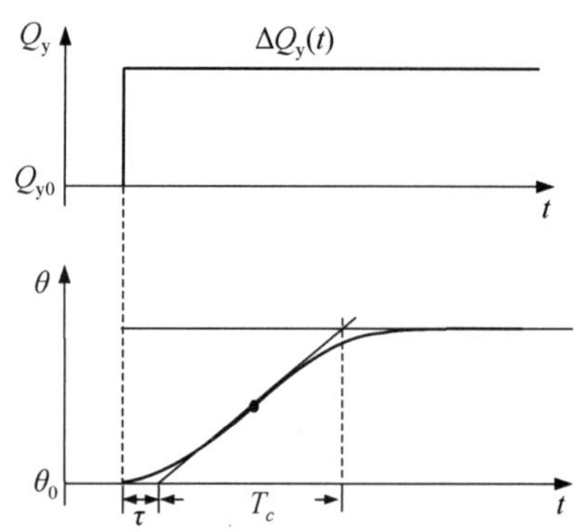

图 6-17 烟气侧传热量扰动下过热蒸汽温度的阶跃响应曲线

(3) 减温水量扰动下过热蒸汽温度的动态特性

应用喷水来控制蒸汽温度是目前广泛采用的一种方式。对于这种方式，喷水量扰动就是基本扰动。从图 6-15 可以看出，过热器是具有分布参数的对象，可以把管内的蒸汽和金属管壁看作是无穷多个单容对象串联组成的多容对象。当喷水量发生变化时，需要通过这些串联单容对象，最终引起出口过热蒸汽温度的变化。因此，过热蒸汽温度对喷水量变化的响应有很大的迟延。减温器离过热器出口越远，迟延越大。对于一般高、中压锅炉，当发生减温水流量扰动时，过热蒸汽温度响应的延迟时间 τ 约为 30～60 s，时间常数 $T_c \approx 100$ s。减温水量扰动下过热蒸汽温度的阶跃响应曲线如图 6-18 所示。

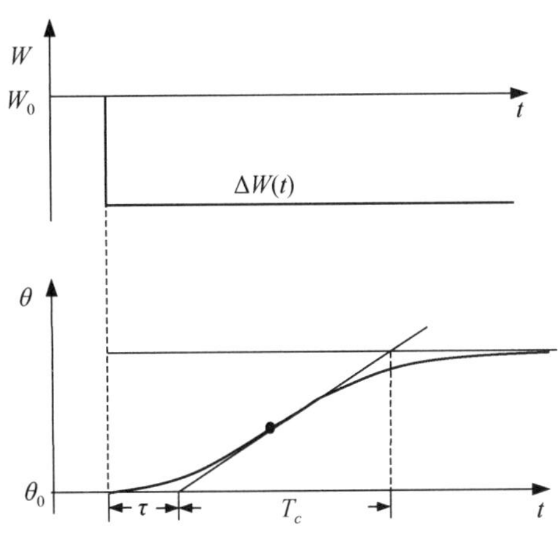

图 6-18　减温水量扰动下过热蒸汽温度的阶跃响应曲线

2. 过热蒸汽温度控制系统

由过热蒸汽温度的动态特性可知，当发生蒸汽流量扰动或烟气侧传热量扰动时，过热蒸汽温度反应较快；而当发生减温水量扰动时，过热蒸汽温度反应较慢。因而从过热蒸汽温度动态特性的角度考虑，改变烟气侧参数（改变烟气温度或烟气流量）的控制手段是比较理想的（因为负荷信号由用户决定，不能作为控制量），但具体实现较困难，所以一般很少采用。喷水减温对过热器的安全运行比较有利，所以尽管发生减温水量扰动时被控对象反应较慢，但通过调节减温水量来控制过热蒸汽温度仍是目前广泛采用的过热蒸汽温度控制方法。采用喷水减温时，由于控制通道有较大的迟延和惯性，生产工艺又要求有较小的蒸汽温度控制偏差，所以采用单回路控制系统往往不能获得较好的控制品质。针对过热蒸汽温度控制通道延迟和惯性大、被控量反应慢的特点，应该从控制通道中找出一个比被控量反应快的中间点信号作为控制器的补充反馈信号，以改善被控对象的动态特性，提高系统的控制品质。

目前采用的过热蒸汽温度控制系统主要有两种：一种是串级过热蒸汽温度控制系统，另一种是带导前微分信号的过热蒸汽温度控制系统。

（1）串级过热蒸汽温度控制系统

① 系统结构和工作原理

串级过热蒸汽温度控制系统如图 6-19 所示，其结构方框图如图 6-20 所示。从图 6-20 可以看出，该系统有两个控制回路。由被控对象的导前区 $W_{02}(s)$、导前蒸汽温度变送器 $\gamma_{\theta 2}$、副控制器 $W_{T2}(s)$、执行器 K_Z 和减温水调节阀 K_μ 构成副回路（内回路）；由被控对象的惰性区 $W_{01}(s)$、主蒸汽温度变送器 $\gamma_{\theta 1}$、主控制器 $W_{T1}(s)$，以及副回路构成外回路（主回路）。

在发生减温水量扰动时，主蒸汽温度 θ_1（主被控量）有较大的容积迟延，而减温器出口蒸汽温度 θ_2（副被控量）却有明显的导前作用。主控制器 $W_{T1}(s)$ 用于维持主蒸汽温度 θ_1，使其等于设定值。副控制器 $W_{T2}(s)$ 接受主控制器的输出信号和减温器出口温度信号，副控制器的输出用于控制执行机构 K_Z 的位移，从而控制减温水调节阀的开度。

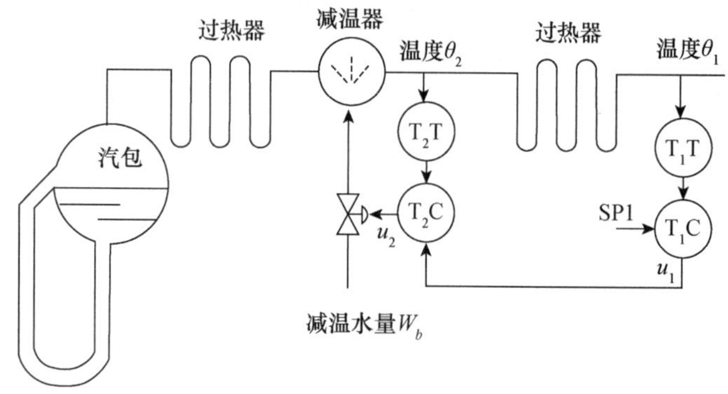

图 6-19　串级过热蒸汽温度控制系统

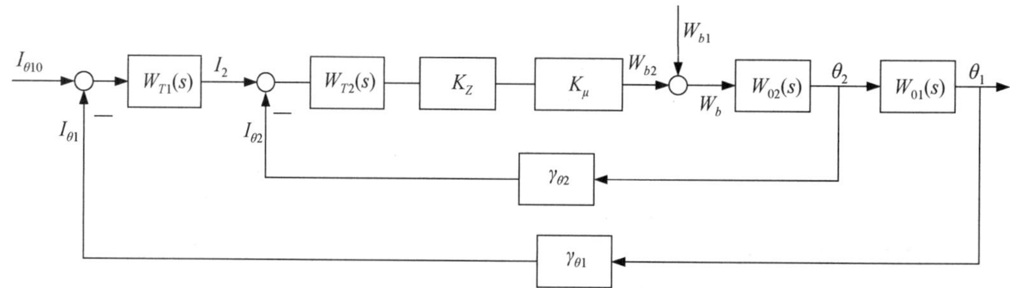

图 6-20　串级过热蒸汽温度控制系统结构方框图

串级控制系统能改善控制品质，主要是由于它有一个能快速动作的内回路。由图 6-20 可以看出，导前蒸汽温度 θ_2 信号能快速反映扰动，尤其是减温水侧的自发性扰动 W_{b1}，只要 θ_2 变化，内回路就立即动作，用副控制器 $W_{T2}(s)$ 的输出去控制减温水量，使 θ_2 维持在一定范围内，从而使过热蒸汽温度 θ_1 基本不变。当主蒸汽温度 θ_1 偏离设定值时，则由主控制器 $W_{T1}(s)$ 发出校正信号 I_2，通过副控制器及执行器改变减温水量，使主蒸汽温度最终恢复到设定值。主控制器的输出信号 I_2 相当于副控制器的可变设定值。

可见，在串级过热蒸汽温度控制系统中，内回路的任务是尽快消除减温水量的自发性扰动和其他进入内回路的各种扰动，对过热蒸汽温度的稳定起粗调作用，副控制器一般可采用比例或比例微分控制规律；而外回路的任务是保持过热蒸汽温度等于设定值，所以主控制器可采用比例积分或 PID 控制规律。

② 参数整定

一般讲，被控对象导前区的迟延和惯性比惰性区要小，而且副控制器又选用比例或比例微分控制规律。在这种情况下，内回路的控制速度要比外回路快得多。因此，串级过热蒸汽温度控制系统可以采取内、外回路分别整定的方法对参数进行整定。

(2) 带导前微分信号的过热蒸汽温度控制系统

① 系统结构和工作原理

带导前微分信号的过热蒸汽温度控制系统如图 6-21 所示。此系统中有两个测量信号：

蒸汽出口温度 θ_1 和减温器出口蒸汽温度 θ_2。图 6-22 是在减温水量 W_b 扰动下 θ_1 和 θ_2 的阶跃响应曲线。θ_2(线 2 所示)的测点就在减温器出口,它可以比 θ_1(线 1 所示)更快地反映减温水量对过热蒸汽温度的影响,所以称 θ_2 为导前信号。为了保证在调节过程结束时,θ_1 等于设定值 θ_{10},导前信号应经过微分器 D 再引入控制器,所以称为导前微分信号,它在 W_b 扰动下的阶跃响应曲线如图 6-22 中虚线 3 所示,适当选择微分器的微分增益和微分时间,可以使 θ_2 的微分信号和 θ_{10} 叠加后得到接近于 θ_2 的信号。这就是说温度控制器可接收到一个迟延较小的综合信号,从而改善基本扰动下被控对象的动态特性。

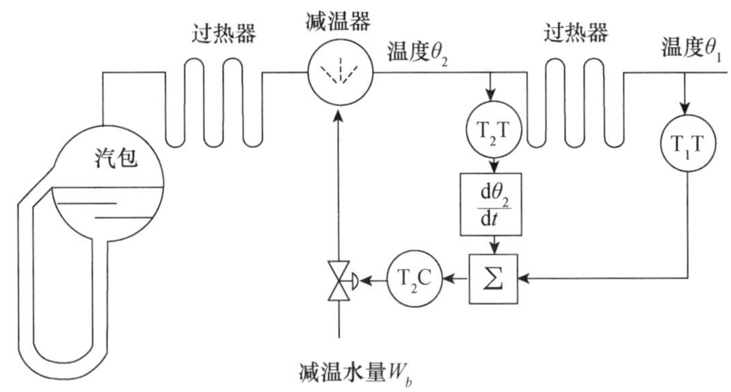

图 6-21 带导前微分信号的过热蒸汽温度控制系统

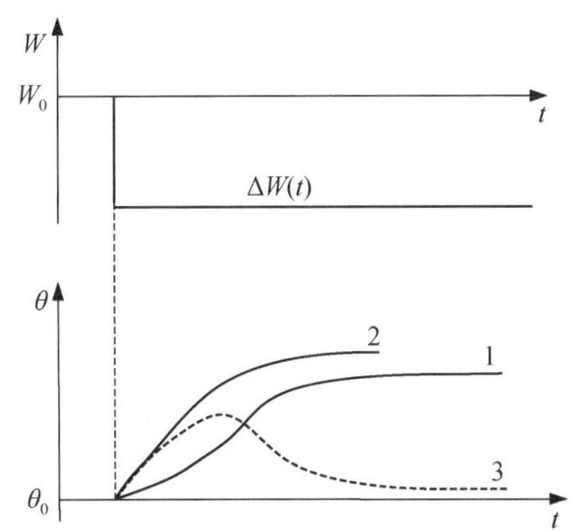

图 6-22 减温水量扰动下 θ_1 和 θ_2 的阶跃响应曲线

必须指出,在外部扰动(如烟气和蒸汽流量扰动)下,θ_2 的导前作用不明显,因此,采用此控制系统时外部扰动下的调节过程得不到较大改善。

② 参数整定

图 6-23 是带导前微分信号的过热蒸汽温度控制系统结构方框图。工程上,该系统的参数整定有多种方法,以下主要介绍两种:一是按等效为串级控制系统的整定方法进行整定,二是用高、低速回路分离法进行整定。

A. 按等效为串级控制系统的整定方法进行整定

将带导前微分信号的过热蒸汽温度控制系统等效为串级控制系统后的结构方框图如图 6-24 所示。参数整定步骤与一般串级控制系统的整定步骤相同。

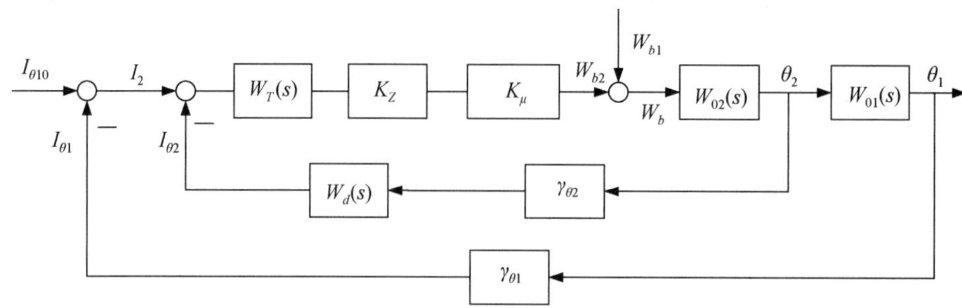

图 6-23　带导前微分信号的过热蒸汽温度控制系统结构方框图

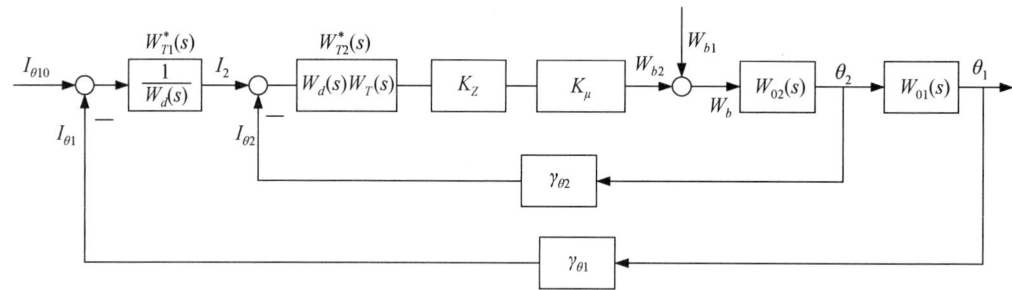

图 6-24　带导前微分信号的过热蒸汽温度控制系统等效为串级系统后的结构方框图

$W_T(s)$和 $W_d(s)$ 采用如下环节

$$W_T(s)=\frac{1}{\delta}\left(1+\frac{1}{T_i s}\right) \tag{6-5}$$

$$W_d(s)=\frac{K_D T_D s}{1+T_D s} \tag{6-6}$$

等效副控制器 $W^*_{T2}(s)$为比例积分控制器，其传递函数为

$$W^*_{T2}(s)=\frac{K_D}{\delta}\left(1+\frac{\frac{T_D}{T_i}-1}{1+T_D s}\right) \tag{6-7}$$

等效主控制器 $W^*_{T1}(s)$也是比例积分控制器，其传递函数为

$$W^*_{T1}(s)=\frac{1}{K_D}\left(1+\frac{1}{T_D s}\right) \tag{6-8}$$

此时，可根据被控对象导前区特性和主蒸汽温度特性，按照串级控制系统的整定方法，分别求得等效副控制器 $W^*_{T2}(s)$和等效主控制器 $W^*_{T1}(s)$的各个参数，从而求得 δ、T_i、K_D 和 T_D。

B. 用高、低速回路分离法进行整定

从图 6-23 可以看出，带导前微分信号的过热蒸汽温度控制系统实际上是一个双回路控制系统。考虑到可以将减温器看作是一个时间常数很小的一阶环节，内回路的调节速度比外回路快得多，因此，可以把内回路从整个系统中分离出来，对快、慢两个回路分别进行参数整定。

对于内回路，要整定的参数是控制器的 δ 和 T_i，可以采用任何适当的整定方法。例如，用稳定边界法确定 δ 和 T_i。需要注意的是，此时微分器的参数 K_D 和 T_D 尚属未知。考虑到内回路的工作频率较高，而微分器在高频下可以被近似看作比例节，并且可以暂时令它的增益 K_D 等于1，这样内回路的参数整定就变得比较方便。K_D 的正确值要在整定外回路时才能具体确定，一旦确定后，只需相应地改变控制器的 δ，以保持内回路的开环增益不变，就不会影响内回路的性能。

微分器的参数 K_D 和 T_D 是在外回路的参数整定中确定的。和内回路一样，外回路也可以在某些简化假定下进行初步整定。考虑到内回路的动作很快，可以假定在外回路的调节过程中，信号 $I_{\theta2}$ 随时都能跟踪信号 I_2 的变化，因此有 $I_{\theta2}=I_2$。

另外，可写出

$$I_{\theta2}(s)=\gamma_{\theta2}\frac{K_D T_D s}{1+T_D s}\theta_2 \tag{6-9}$$

根据式(6-9)可知整个内回路的传递函数近似为

$$W_{内}(s)=\frac{\theta_2(s)}{I_2(s)}=\frac{1+T_D s}{K_D T_D s}\frac{1}{\gamma_{\theta2}}=\frac{1}{K_D\gamma_{\theta2}}\left(1+\frac{1}{T_D s}\right)=\frac{1}{\delta_2^*}\left(1+\frac{1}{T_{i2}^* s}\right) \tag{6-10}$$

式(6-10)表明，在整定外回路时，可以把整个内回路看作一个比例积分控制器，它的等效整定参数分别为

$$\delta_2^*=K_D\gamma_{\theta2},T_{i2}^*=T_D \tag{6-11}$$

这样，外回路可等效为图6-25所示的单回路，其广义被控对象为$[W_{01}(s)\gamma_{\theta1}]$。因此，根据蒸汽温度惰性区被控对象的动态特性 $W_{01}(s)$，采用单回路控制系统的参数整定方法，可确定等效控制器的参数 δ_2^* 和 T_{i2}^*，从而求得 K_D 和 T_D。

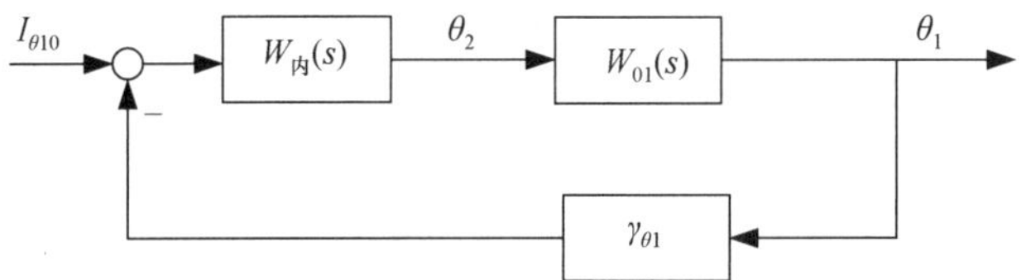

图6-25　外回路的等效结构方框图

6.1.4　单元机组负荷控制系统

在单元机组中，锅炉和汽轮机是两个相对独立的设备，但又共同适应电网负荷变化的需要和维持机组在安全、经济的工况下运行。它们各自有齐备的自动控制系统和控制机构，以改变输出功率和消除各种自发扰动，并维持各运行参数在一定范围内变化。单元机组负荷控制系统的任务是快速跟踪外界负荷的需求变化，并保持主蒸汽压力的稳定。

1. 被控对象的动态特性

从机组负荷控制角度来看，锅炉-汽轮发电机组本质上是一个强关联的多变量被控对象。经适当假设可以将其看作具有两个输入和两个输出的耦合被控对象，单元机组负荷控制结构方框图如图6-26所示。

两个输入量(控制量)分别为 μ_T 和 μ_B，μ_T 为汽轮机调节阀开度(通常由同步器位移量表示)，μ_B 为锅炉燃料量指令，代表锅炉燃烧率(及相应的给水流量)。两个输出量(被控量)分别为 P_E 和 p_T，P_E 为单元机组的输出电功率，p_T 为汽轮机前主蒸汽压力。

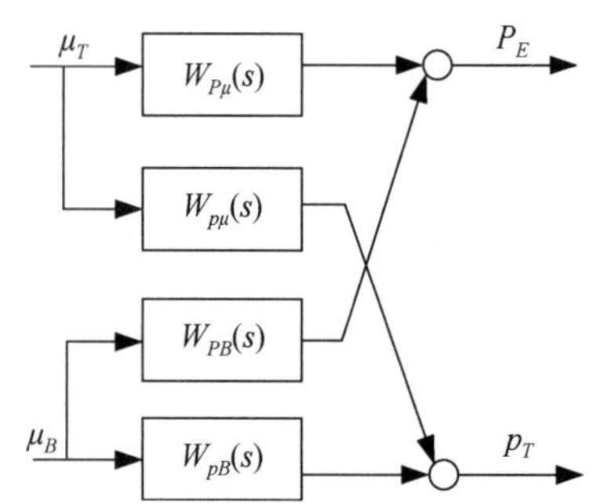

图 6-26 单元机组负荷控制结构方框图

锅炉燃料量指令 μ_B 的改变既影响主蒸汽压力 p_T，又影响输出电功率 P_E；同样，汽轮机调节阀开度 μ_T 的改变也同时影响主蒸汽压力 p_T 和输出电功率 P_E。下面对两个输入量 (μ_B, μ_T) 扰动下，两个输出量 (P_E, p_T) 的动态特性作进一步的分析。

(1) μ_B 扰动下主蒸汽压力 p_T 和输出电功率 P_E 的动态特性

当汽轮机调节阀开度 μ_T 保持不变，而 μ_B 发生阶跃扰动时，主蒸汽压力 p_T 和输出电功率 P_E 的阶跃响应曲线如图 6-27(a) 所示。

μ_B 增加，锅炉蒸发受热面的吸热量增加，主蒸汽压力 p_T 经一定迟延后逐渐升高。由于 μ_T 保持不变，进入汽轮机的蒸汽流量随之增加，从而自发地限制了蒸汽压力的升高。最终，当蒸汽流量达到新的平衡时，p_T 就趋于一个较高的新稳态值。可见，p_T 具有自衡能力。蒸汽流量的增加使汽轮机功率增加，P_E 也跟着增加。最终，当蒸汽流量不变时，输出电功率 P_E 也趋于一个较高的新稳态值。可见，P_E 也具有自衡能力。

μ_B 扰动下的 p_T 和 P_E 的动态特性都可以用高阶惯性环节的传递函数来描述。只不过由于中间再热器的影响，使得 P_E 的惯性比 p_T 的惯性稍大。

(2) μ_T 扰动下主蒸汽压力 p_T 和输出电功率 P_E 的动态特性

当 μ_B 保持不变，而 μ_T 发生阶跃扰动时，主蒸汽压力 p_T 和电功率 P_E 的阶跃响应曲线如图 6-27(b)所示。μ_T 阶跃增加后，一开始进入汽轮机的蒸汽流量立刻成比例增加，同时 p_T 也随之立刻阶跃下降 Δp_T（阶跃下降 Δp_T 的大小与蒸汽流量的阶跃增量成正比，且与锅炉的蓄热量大小有关）。由于 μ_B 保持不变，因此蒸发量也不变。一开始蒸汽流量增加是因为锅炉蒸汽压力下降释放出一部分蓄热，所以只能是暂时的。最终，蒸汽流量仍恢复到与燃烧率相适应的扰动前的数值，p_T 也逐渐趋于一个较低的新稳态值。

因蒸汽流量在过渡过程中有着暂时的增加，故输出电功率 P_E 相应也有暂时地增加。最终，随着蒸汽流量恢复到扰动前的数值，P_E 也逐渐恢复到扰动前的数值。μ_T 扰动下的 p_T 的动态特性可用比例加一阶惯性环节的传递函数来描述，P_E 的动态特性可用具有一定惯性的实际微分环节的传递函数来描述。

通过以上分析，可总结出以下三点。

① 与在汽轮机控制量 μ_T 的作用下被控量 p_T 和 P_E 的响应相比，在锅炉控制量 μ_B 作用下 p_T 和 P_E 的响应要缓慢得多。

② 由于锅炉的热惯性比汽轮发电机组的惯性大得多，因此被控量 p_T 和 P_E 对 μ_B 扰动的响应速度比较接近。

③ 利用汽轮机调节阀开度 μ_T 作为控制量，可以快速地改变机组的被控量 p_T 和 P_E，这

实质上是利用了机组内部(主要是锅炉)的蓄热。机组容量越大,这种蓄热能力就越小。所以,利用汽轮机调节阀控制机组输出功率只能是一种暂态的有限策略。这种限制体现在对机前主蒸汽压力 p_T 的变化范围及变化速度的要求,因为 p_T 直接反映了锅炉能量输出与汽轮机功率之间的平衡关系。

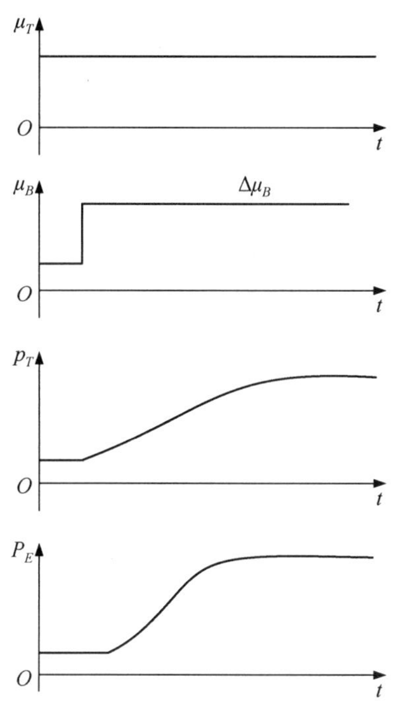

(a) μ_T不变,μ_B发生变化时p_T和P_E的阶跃响应曲线

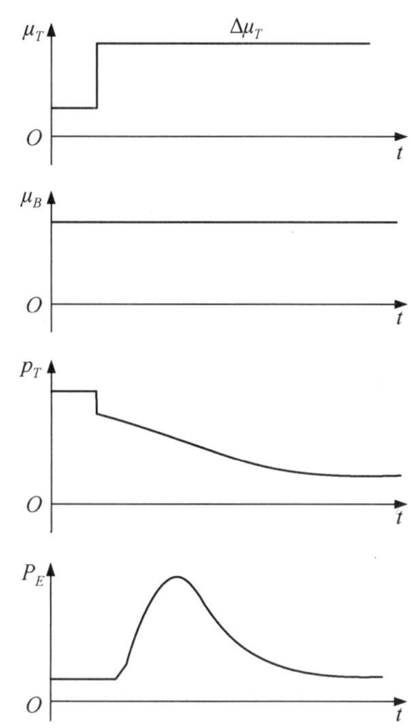

(b) μ_B不变,μ_T发生变化时p_T和P_E的阶跃响应曲线

图 6-27 负荷被控对象阶跃响应特性

2. 单元机组负荷控制原则

在单元机组中,输出电功率 P_E 被视作机组的外部参数,反映了机组对外能量的输出量。生产工艺对 P_E 的基本要求是能迅速适应负荷变化的需要。汽轮机进口蒸汽压力 p_T(也是锅炉出口蒸汽压力)被视作机组的内部参数,反映了汽轮机和锅炉之间用汽和产汽的能量平衡关系,以及机组蓄能的大小,是判断汽轮机和锅炉运行是否协调的一个主要指标。生产工艺对 p_T 的基本要求是:在机组负荷不变时,p_T 要保持在设定值上;在机组负荷变动时,p_T 要在设定值附近规定的范围内变化。

从对被控对象动态特性的分析可以看出,从锅炉燃烧率(及相应的给水流量)改变到引起机组输出电功率变化的过程有较大的惯性和迟延,如果只依靠锅炉侧的调节,不能获得迅速的负荷响应。而汽轮机调节阀动作可使机组释放部分蓄能,能使输出电功率暂时有较迅速的增加。因此,为了提高负荷响应性能,可在保证机组安全运行(即蒸汽压力在允许范围内变化)的前提下,充分利用机组的蓄热能力,也就是在负荷变动时,通过汽轮机调节阀的适当动作,允许蒸汽压力有一定波动,释放或吸收部分蓄能,从而加快扰动初期机组对负荷的响应速度。与此同时,加强对锅炉燃烧率(及相应的给水流量)的调节,可使锅炉蒸发量保持与机组负荷一致。这就是单元机组负荷控制的基本原则,也是汽轮机与锅炉协调控制的原则。

3. 单元机组负荷控制方式

单元机组负荷控制部分通常有多种实现方式，可适应不同运行条件及要求。不同的负荷控制方式对应不同的反馈控制结构，可通过改变反馈控制结构来实现不同负荷控制方式的切换。负荷控制方式的选择或切换可通过手动或自动来完成。

根据反馈回路不同，负荷控制方式可分为两类：机炉分别控制和机炉协调控制。

（1）机炉分别控制

所谓机炉分别控制，即由一个控制量来控制一个被控量的控制方式。机炉分别控制主要有锅炉跟随负荷控制方式（简称锅炉跟随方式）和汽轮机跟随负荷控制方式（简称汽轮机跟随方式）两种。在某些特殊运行条件下，还可采用由它们的某种变形而得的其他方式。

① 锅炉跟随方式

图 6-28 所示为单元机组锅炉跟随方式的结构方框图。这种控制方式是在母管制系统的锅炉负荷控制方案基础上形成的。其工作方式是由汽轮机控制机组输出电功率，由锅炉控制蒸汽压力。当负荷指令 P_0 改变时，汽轮机主控制器首先改变调节阀开度，从而改变汽轮机的进汽量，使机组输出电功率 P_E 迅速与 P_0 趋于一致。调节阀开度的变化随即引起蒸汽压力 p_T 的变化。这时，锅炉主控制器根据蒸汽压力偏差来改变锅炉的燃烧率及相应的给水流量和送风量，使蒸汽压力 p_T 恢复到设定值 p_0。

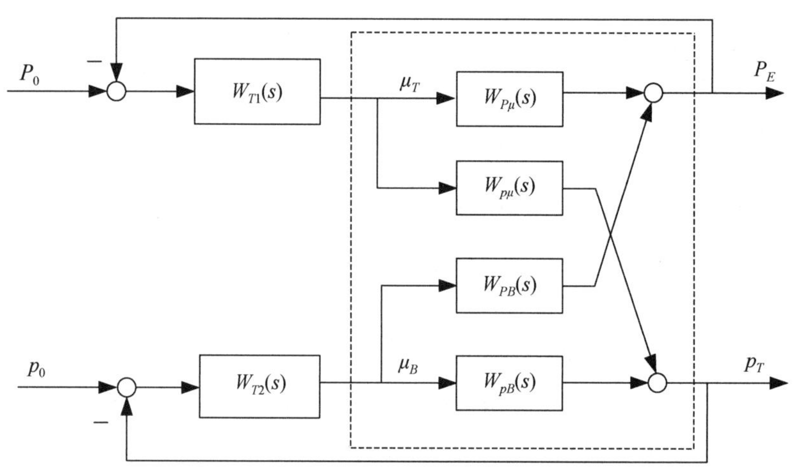

图 6-28 单元机组锅炉跟随方式结构方框图

其中，$W_{T1}(s)$为汽轮机控制器，$W_{T2}(s)$为锅炉控制器。在这种控制方式中，汽轮机侧动作在先，锅炉侧随之而动，因此这种控制方式被称为锅炉跟随方式。又因为此时以汽轮机为主来保证输出电功率，故这种控制方式也被称为汽轮机基本控制方式。

锅炉跟随方式的特点是：在负荷变化时，能够充分利用锅炉的蓄热，使机组较快地适应电网负荷的要求。但是，采用这种方式时蒸汽压力波动较大，不利于机组的安全和稳定运行。

锅炉跟随方式一般可用于蓄热能力相对较大的中小型汽包锅炉机组。例如，母管制运行机组通常采用这种控制方式。大型单元机组的蓄热能力相对较小，在负荷变化较剧烈的场合，不能采用这种控制方式。另外，在单元机组中，当锅炉侧设备运行正常，而机组的输出电功率受到汽轮机侧设备的限制时，可采用这种控制方式。

② 汽轮机跟随方式

图 6-29 所示为单元机组汽轮机跟随方式的结构方框图。其工作方式是由锅炉控制机组输出电功率，由汽轮机控制蒸汽压力。

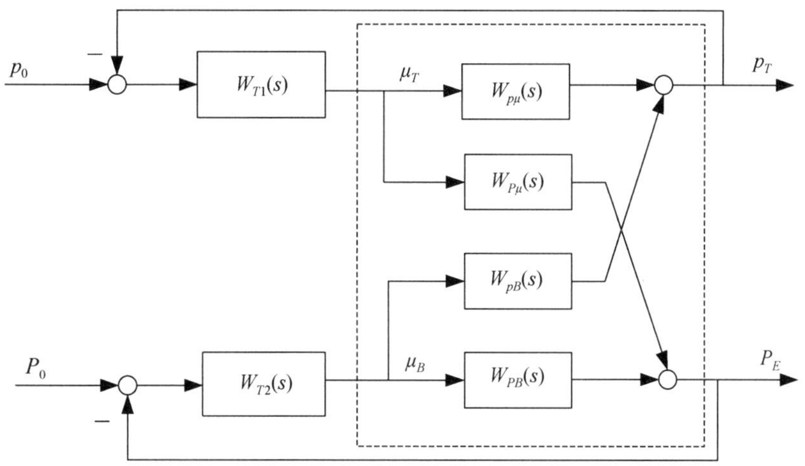

图 6-29　单元机组汽轮机跟随方式结构方框图

当负荷指令 P_0 改变时，锅炉主控制器首先改变燃烧率(及相应的给水流量)和送风量，待锅炉的蒸发量、蓄热量及蒸汽压力 p_T 相继变化后，汽轮机主控制器才改变调节阀开度，从而改变进入汽轮机的蒸汽流量，最终使机组输出电功率 P_E 与负荷指令 P_0 趋于一致，蒸汽压力 p_T 也恢复到设定值 p_0。

在这种控制方式中，负荷改变时锅炉侧动作在先，汽轮机侧随之而动，因此这种控制方式被称为汽轮机跟随方式，又因为此时以锅炉为主来保证输出电功率，因此这种控制方式也被称为锅炉基本控制方式。

汽轮机跟随方式的特点是：蒸汽压力变化较小，有利于机组的安全、稳定运行；但未能利用锅炉的蓄热，因此对负荷变化的适应能力较差，不利于带变动负荷和参加电网调频。

汽轮机跟随方式一般适用于单元机组承担基本负荷的场合。当汽轮机侧设备运行正常，机组的输出电功率受到锅炉侧设备的限制时，可采用汽轮机跟随方式。

③ 其他方式

在单元机组的启动和停止阶段，以及在锅炉侧或汽轮机侧设备存在问题，不能承担输出电功率自动控制任务时，就需要将输出电功率自动控制作用切除，转为操作员手动操作。当采用锅炉跟随方式时，汽轮机主控制器须切换为手动状态，由操作员手动改变汽轮机主控制指令，调节机组的输出电功率，而蒸汽压力仍由锅炉侧进行自动控制。当采用汽轮机跟随方式时，锅炉主控制器须切换为手动状态，由操作员手动改变锅炉主控制指令，调节机组的输出电功率，而蒸汽压力仍由汽轮机侧进行自动控制。

以上两种控制方式与锅炉跟随方式和汽轮机跟随方式相比，基本特点没有改变，只是用操作员手动控制机组的输出电功率代替了控制器的自动控制。这两种控制方式通常分别被称为不带功率控制的锅炉跟随方式和不带功率控制的汽轮机跟随方式。

在单元机组的启动和停止阶段，对输出电功率和蒸汽压力的控制有时都需要切除自动控制，转为手动操作。这时，汽轮机和锅炉的主控制指令都由操作员手动改变，负荷自动控制系统相当于被切除。汽轮机和锅炉的子控制系统各自分别维持本身运行参数的稳定，不再参与机组输出电功率和蒸汽压力的自动控制。这种控制方式被称为基础控制方式。

(2) 机炉协调控制

从上面的分析可见，锅炉跟随方式和汽轮机跟随方式在对输出电功率和蒸汽压力的控制性能方面均存在顾此失彼的情况。而在此基础上发展起来的机炉协调控制方式则综合考虑了被控对象的内在关联和机炉动态特性上的差异，已成为目前大型机组普遍采用的控制方式。

常见的机炉协调控制方式有三种：以锅炉跟随为基础的协调控制、以汽轮机跟随为基础的协调控制和综合型协调控制。

① 以锅炉跟随为基础的协调控制

在锅炉跟随方式中，汽轮机控制输出电功率，锅炉控制蒸汽压力。由于汽轮机和锅炉动态特性存在差异，锅炉侧对蒸汽压力的控制作用跟不上汽轮机侧因控制输出电功率而对蒸汽压力产生的扰动作用。因此，单靠锅炉控制蒸汽压力通常得不到较好的控制质量。如果让汽轮机在控制输出电功率的同时，配合锅炉共同控制蒸汽压力，就可能改善蒸汽压力的控制质量。因此，在锅炉跟随方式的基础上，将蒸汽压力偏差引入汽轮机主控制器，就构成了以锅炉跟随为基础的协调控制，其结构方框图如图 6-30 所示。

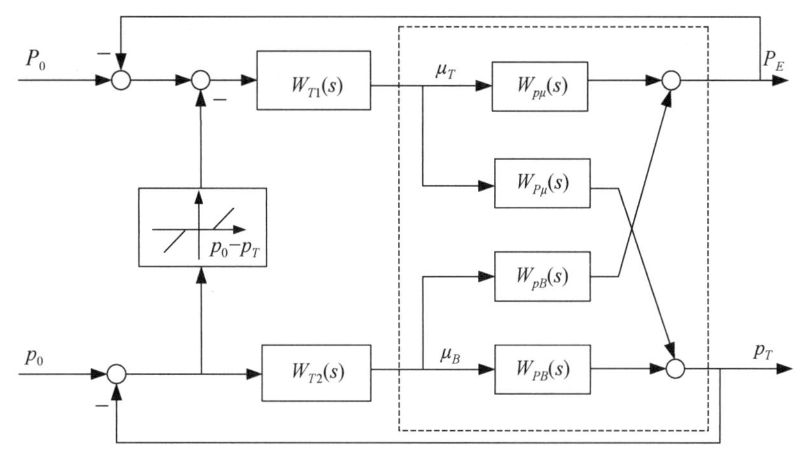

图 6-30 以锅炉跟随为基础的协调控制结构方框图

当负荷指令 P_0 改变时，汽轮机主控制器先改变调节阀开度，以改变蒸汽流量，使输出电功率 P_E 迅速与 P_0 趋于一致。蒸汽流量的变化将导致蒸汽压力 p_T 发生变化，这时根据蒸汽压力偏差，锅炉主控制器和汽轮机主控制器将同时调节燃烧率（及相应的给水流量）和汽轮机调节阀开度。一方面，燃烧率的改变可及时抵偿蓄能的变化；另一方面，限制汽轮机调节阀的进一步变化，可以防止过度利用蓄能，从而使蒸汽压力 p_T 的动态变化减小。最终，由汽轮机侧保证输出电功率 P_E 与 P_0 一致，由锅炉侧保证蒸汽压力 p_T 恢复到设定值 p_0。

从蒸汽压力偏差对汽轮机调节阀的限制作用可见，尽管这样可减缓蒸汽压力的急剧变化，但同时也减慢了输出电功率的响应速度，实质上是以降低输出电功率响应性能为代价来换取蒸汽压力控制质量的提高。从此意义上看，协调控制的结果是兼顾了输出电功率和蒸汽压力两方面的控制质量。

以锅炉跟随为基础的协调控制系统，由于具有负荷响应的快速性和主要运行参数的稳定性，以及控制系统的调整相对来说比较方便，因此在国内外的单元机组中已被广泛采用。

② 以汽轮机跟随为基础的协调控制

在汽轮机跟随方式中，汽轮机控制蒸汽压力，锅炉控制输出电功率。汽轮机的被控对象响应快，其控制回路能将蒸汽压力控制得很好；而锅炉的迟延特性使机组输出电功率的响应很慢，具体原因是没有利用蓄热。如果让汽轮机侧在控制蒸汽压力的同时，配合锅炉侧共同控制输出电功率，就可以利用蓄热提高输出电功率的控制质量。因此，在汽轮机跟随方式的基础上，将输出电功率偏差引入汽轮机主控制器，就构成了以汽轮机跟随为基础的协调控制，其结构方框图如图 6-31 所示。

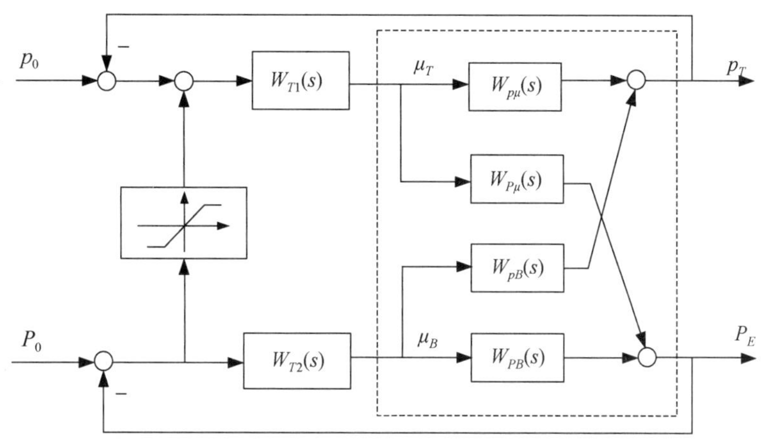

图 6-31　以汽轮机跟随为基础的协调控制结构方框图

当负荷指令 P_0 改变时，锅炉主控制器和汽轮机主控制器同时动作，分别改变燃烧率（及相应的给水流量）和汽轮机调节阀开度。在锅炉燃烧迟延期间，暂时利用蓄热使机组输出电功率迅速响应。蓄热量的变化将导致蒸汽压力 p_T 发生变化，这时由汽轮机主控制器通过调节阀进行控制。最终，由汽轮机侧保持蒸汽压力 p_T 为设定值 p_0，由锅炉侧保证输出电功率 P_E 与负荷指令 P_0 一致。

这种控制方式在负荷指令 P_0 改变时，汽轮机调节阀配合锅炉侧同时动作，暂时利用了蓄热，所以输出电功率响应加快；但是蒸汽压力偏差也因此加大，实质上是以加大蒸汽压力动态偏差为代价来换取输出电功率响应速度的提高。同样，协调控制的结果是兼顾了输出电功率和蒸汽压力两方面的控制质量。

③ 综合型协调控制

前述两种协调控制方式只实现了“单向”的协调，即仅有一个被控量是通过两个控制量的协调操作来加以控制的，而另一个被控量则仍单独由一个控制量来控制。由前面的分析可知，二者都存在着不尽如人意的方面。综合二者优点的综合型协调控制能够避免上述问题，实现“双向”的协调，即任一被控量都是通过两个控制量的协调操作加以控制的。图 6-32 所示为综合型协调控制结构方框图。

当负荷指令 P_0 改变时，汽轮机主控器和锅炉主控制器同时对汽轮机侧和锅炉侧发出负荷控制指令，改变燃烧率（及相应的给水流量）和汽轮机调节阀开度。一方面利用蓄热暂时应付负荷变化，加快负荷响应；另一方面改变输入锅炉的能量，以维持输入能量与输出能量的平衡。当蒸汽压力产生偏差时，汽轮机主控制器和锅炉主控制器对汽轮机侧和锅炉侧同时进行操作。一方面适当限制汽轮机调节阀开度,另一方面加强锅炉燃烧率的控制作用,以抵偿蓄热量的变化。控制过程结束后,汽轮机主控制器和锅炉主控制器共同保证输出电功率 P_E 与负荷指令 P_0 一致,蒸汽压力 p_T 恢复为设定值 p_0。

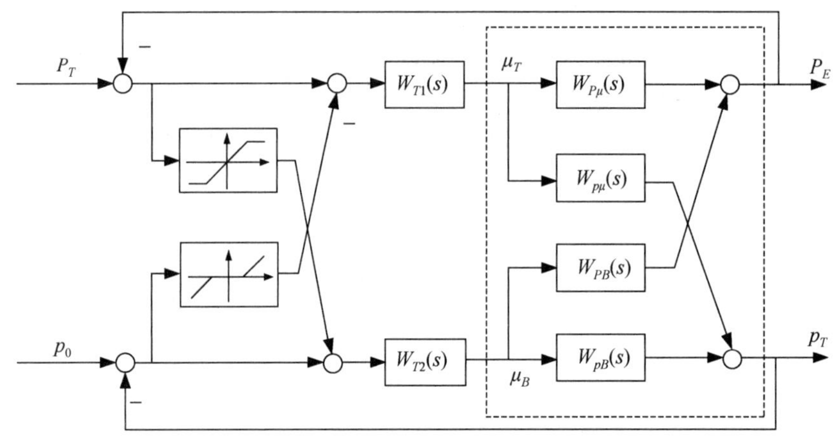

图 6-32 综合型协调控制结构方框图

综合型协调控制方式通过"双向"的机炉协调操作,能较好地保持机组内外两个能量供求的平衡关系,具有较好的负荷适应性能和蒸汽压力控制性能。理论上讲,这是一种较为合理和完善的协调控制方式,但实际上这种控制方案往往很难实现。工程上应用的仍多是侧重于某一方面的"单向"协调控制。

锅炉跟随方式、汽轮机跟随方式和机炉协调控制方式通常是可供单元机组负荷控制系统选择切换的三种基本负荷自动控制方式。机炉协调控制方式是带变动负荷或具有调频、调峰功能的单元机组在正常运行条件下经常采用的一种负荷自动控制方式,其他控制方式一般起辅助作用或作备用。因此,人们也常将单元机组负荷控制系统称为协调控制系统。

6.1.5 锅炉燃烧控制系统

锅炉燃烧过程是一个将燃料的化学能转变为热能,以蒸汽形式向负荷设备(以汽轮机为代表)提供热能的能量转换过程。锅炉是火力发电机组中的主要能量转换设备,其燃烧系统设备众多、结构复杂。锅炉燃烧控制系统的任务包括以下三个方面。

(1) 维持蒸汽压力稳定

锅炉蒸汽压力作为表征锅炉运行状态的重要参数,不仅直接关系到锅炉侧设备的安全运行,而且反映了燃烧过程中能量的供需关系。蒸汽压力控制的任务是维持蒸汽压力为一定值。在单元制运行方式下,由一台锅炉向一台汽轮机供汽,机炉之间存在紧密联系。锅炉的蒸汽压力值与机组的运行状态及运行方式有关。因此,锅炉的蒸汽压力控制与汽轮机的负荷控制是相互关联的。

(2) 保证燃烧过程的经济性

目前,燃烧过程的经济性主要靠维持进入炉膛的燃料量与送风量之间的最佳比值来保证。燃烧过程中,既要保证有足够的送风量,使燃料充分燃烧,同时要尽可能减少排烟造成的热损失。然而在许多情况下,进入炉膛的燃料量难以准确测量,加上燃料品种也时有变化，因此难以确定并维持燃料量与送风量之间的最佳比值。所以实际中常采用控制烟气中过剩空气系数的方式来校正燃料量与送风量之间的比值，保证燃烧过程的经济性。

(3) 维持锅炉炉膛压力稳定

锅炉炉膛压力反映了燃烧过程中进入炉膛的风量与流出炉膛的烟气量之间的工质平衡关系。炉膛压力是否正常，关系着锅炉能否安全、经济运行。若送风量大于引风机的引风量，则炉膛压力升高，会造成炉膛往外喷灰或喷火，压力过高时有造成炉膛爆炸的危险。若引风量大于送风量，炉膛压力下降，这样不仅会增加引风机耗电量，而且会增加炉膛漏风，降低炉膛温度，影响炉内燃烧工况。对于燃煤锅炉，为防止炉膛向外喷灰，通常采用微负压运行。

锅炉燃烧控制系统包括燃料控制系统、送风控制系统和炉膛压力(引风)控制系统三个子控制系统。锅炉燃烧控制系统的具体任务是根据机组主控制器发出的锅炉燃烧率指令μ_B来协调燃料量、送风量和引风量，在保证锅炉安全、经济燃烧的前提下，使燃料燃烧所产生的热量适应锅炉蒸汽负荷的需要。一台锅炉的三个子控制系统的控制任务是紧密联系的，可以用三个控制器分别控制这三个量，但彼此之间应互相协调。

1. 被控对象的动态特性

(1) 蒸汽压力的动态特性

蒸汽压力的生产流程如图6-33所示。主蒸汽压力p_T的主要扰动来源有两个：一是燃烧率(因燃料量变化引起)扰动，称为基本扰动或内部扰动；二是汽轮机调节阀开度(反映电网的负荷变化)扰动，称为外部扰动。在图6-33所示生产流程中，工质(水)通过炉膛吸收了燃料燃烧发出的热量，不断升温，直到产生饱和蒸汽汇集于汽包内，饱和蒸汽经过过热器成为过热蒸汽，过热蒸汽被输送到汽轮机开始做功。

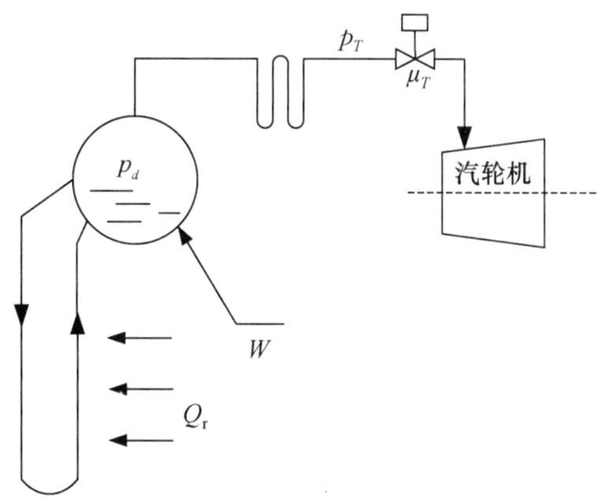

图6-33　蒸汽压力的生产流程

① 内部扰动下蒸汽压力的动态特性

由于给煤机提供煤粉量不均匀以及煤的质量(发热量)发生变化，引起了燃料量的变化，这里将燃料量的变化记作$\Delta\mu_B$。当$\Delta\mu_B$阶跃增加后，炉膛热负荷立即增大，致使汽包压力p_d上升，压差(p_d-p_T)增大，进而使蒸汽流量D增加。由于汽轮机调节阀开度不变，主蒸汽压力将随着蒸汽的积累而增大。p_T的升高又会使蒸汽通向汽轮机的流出量增加，最终达到新的平衡。内部扰动下汽包压力、蒸汽流量和主蒸汽压力的阶跃响应曲线如图6-34所示。

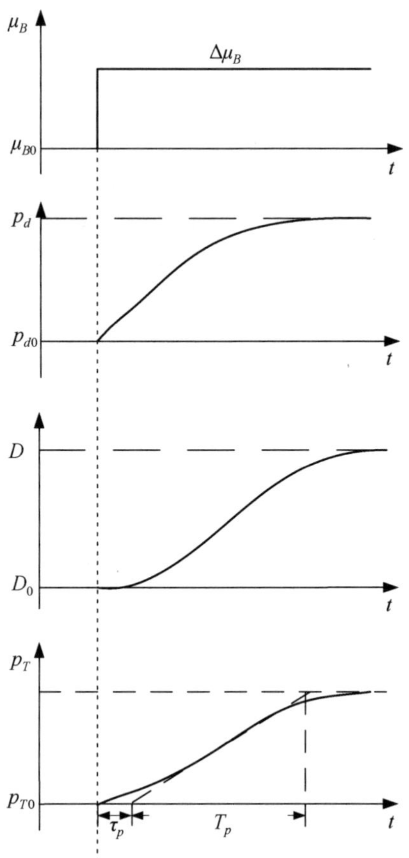

图 6-34　内部扰动下汽包压力、蒸汽流量和主蒸汽压力的阶跃响应曲线

从图 6-34 可以看出，在内部扰动下，主蒸汽压力具有自衡特性，其传递函数可以写为

$$W_p(s)=\frac{K_p}{T_p s+1}\mathrm{e}^{-\tau_p s} \tag{6-12}$$

迟延时间与燃料种类和燃烧系统的结构有关，一般为十几秒到几十秒。

为了进一步分析内部扰动下蒸汽压力变化的规律，列写出锅炉蒸发受热面的热平衡方程为

$$(\Delta Q_r - Di'')\mathrm{d}t = C\mathrm{d}p_d \tag{6-13}$$

其中，ΔQ_r 为热负荷阶跃变化，D、p_d 分别为蒸汽流量和汽包压力，以起始稳态值作为起始点来计算增量，i''为饱和蒸汽的焓，C 为热容，即蒸汽压力每升高一个单位时蒸发受热面中所能积蓄的热量。

将式(6-13)改写为

$$\frac{\Delta Q_r}{i''}=D+C_d\frac{\mathrm{d}p_d}{\mathrm{d}t} \tag{6-14}$$

式中 $C_d=\frac{C}{i''}$，称为蒸发受热面的蓄热能力，它代表使 p_d 每改变一个单位压力，蒸发受热面所吞吐的蒸汽量。正如图 6-34 所示，当 $\Delta\mu_B$ 刚发生扰动时，也就是发生热负荷扰动的瞬间，蒸发量应增大，但增加的这部分蒸汽量的热量被蒸发受热面所吸收，因此，锅炉送出的蒸汽量 D 不会立即增加。同样，如果燃料量减少，D 也不会立即减小，因为蒸发受热面会释放出

部分蓄热。

式(6-14)表明，如果能测量出蒸汽流量 D 和汽包压力变化速度 $\mathrm{d}p_d/\mathrm{d}t$，那么将两者按一定比例(比例系数为 C_d)配合，就能得到代表热负荷 Q_r 的信号，称为热量信号，它能迅速地反映燃料量的变化情况。因此，若控制系统采用热量信号作为蒸汽压力控制的前馈信号，必然能显著改善内部扰动下的控制品质。

② 外部扰动下蒸汽压力的动态特性

外部扰动是指汽轮机调节阀开度扰动，它反映的是电网负荷的变化。外部扰动下蒸汽流量、汽包压力和主蒸汽压力的阶跃响应曲线如图 6-35 所示。

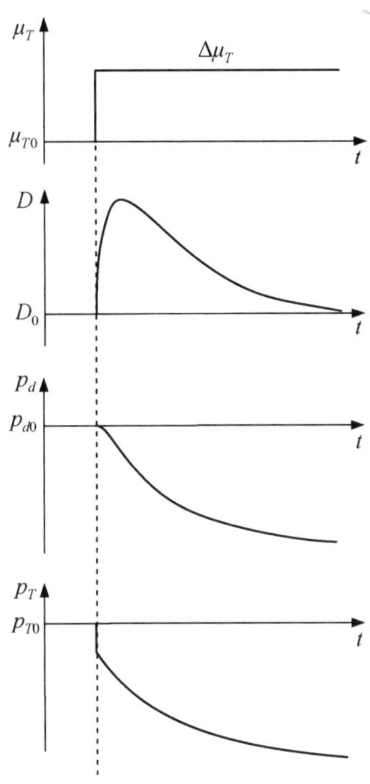

图 6-35　外部扰动下蒸汽压力的阶跃响应曲线

当汽轮机调节阀开度 μ_T 阶跃增加 $\Delta\mu_T$ 时，汽轮机进汽量突然增加，致使主蒸汽压力 p_T 跳跃式下降 Δp_T。此时由于燃料量不变，蒸汽流量的增加使汽包压力 p_d 开始缓慢下降，主蒸汽压力 p_T 也跟着缓慢下降，并导致蒸汽流量逐渐回降，最后回到扰动前的数值。在响应过程中，蒸汽流量的暂时性上升是因为消耗了储存在蒸发受热面、过热器受热面和管道中的热量。由于蓄热量被消耗掉一部分，稳定后的 p_d 和 p_T 会比扰动前的数值低。从图 6-35 可以看出，在外部扰动下主蒸汽压力呈自衡特性，其传递函数可以写为

$$W_p(s) = -\left(A + \frac{K}{T_p s + 1}\right) \tag{6-15}$$

其中，A 是在 μ_T 发生单位阶跃变化时，主蒸汽压力的突跳值。由式(6-15)可以看出，在外部扰动开始的瞬间，主蒸汽压力会有跳跃性变化，不存在迟延，因此主蒸汽压力可以很快地反映外部扰动。至于在内部扰动中提到的热量信号，由于在外部扰动下，蒸汽压力变化和主蒸汽压力微分信号正好方向相反，可以互相抵消，因此不能反映负荷扰动的情况。

(2) 炉烟含氧量的动态特性

炉烟含氧量是保证经济燃烧的重要指标。维持炉烟含氧量的主要手段是调节送风机入

口挡板控制的送风量，这是炉烟含氧量的主要扰动，称为内部扰动。燃料量变化、炉膛压力变化也影响炉烟含氧量，称为外部扰动。炉烟含氧量的动态特性主要是指在送风量阶跃扰动下，炉烟含氧量随时间变化的特性，如图 6-36 所示。

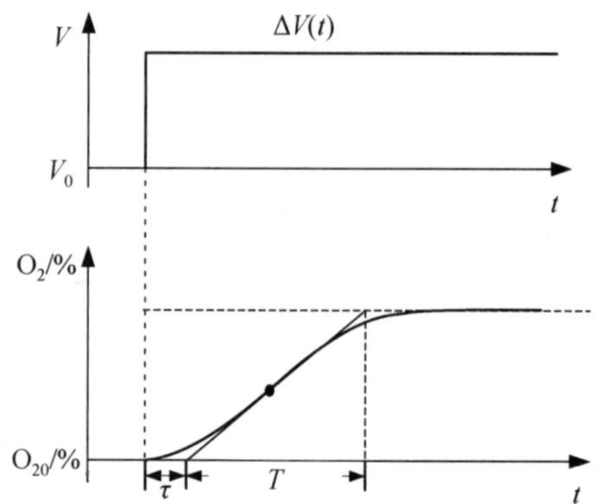

图 6-36　送风量阶跃扰动下炉烟含氧量的阶跃响应曲线

从图 6-36 可以看出，在送风量扰动下炉烟含氧量具有滞后、惯性和自衡的动态特性。其传递函数一般可用式(6-16)或式(6-17)表示。

$$W_v(s)=\frac{K_v}{T_v s+1}e^{-\tau_v s} \tag{6-16}$$

$$W_v(s)=\frac{K_v}{(T_v s+1)^2} \tag{6-17}$$

(3) 炉膛压力的动态特性

维持炉膛压力的主要手段是调节引风机入口挡板所控制的引风量，引风量是炉膛压力的内部扰动。送风量变化也会影响炉膛压力，称为外部扰动。炉膛压力的动态特性主要是指引风量发生阶跃变化时，炉膛压力随时间变化的特性，如图 6-37 所示。由于炉膛压力反应很快，可作比例特性来处理。

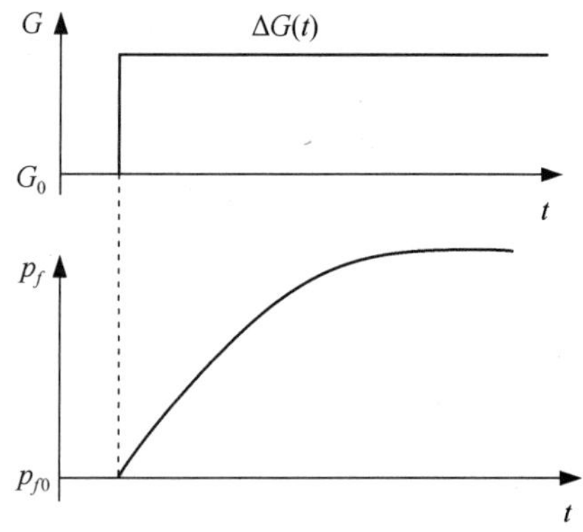

图 6-37　引风量阶跃扰动下炉膛压力的阶跃响应曲线

过量空气系数 α 和炉膛压力 p_f 都是保证良好燃烧条件的锅炉内部参数。只要使送风量 V 和引风量 G 随时与燃料量 B 在变化时保持适当比例，就能保证 α 和 p_f 不会有太大波动。当送风量 V 或引风量 G 单独变化时，炉膛压力 p_f 的惯性很小，可近似地认为是比例环节。当燃料量 B 或送风量(相应的引风量)单独改变时，过量空气系数 α 也立即发生变化。

具有这样的动态特性的炉膛压力是容易控制的。

2. 锅炉燃烧控制系统

锅炉燃烧过程需要控制三个控制系统的被控参数：锅炉蒸汽压力 p_T、过剩空气系数 α（间接反映送风量 V 与燃料量 B 的比例）、炉膛压力 p_f，分别对应三个控制量：燃料量 B、送风量 V、引风量 G。显然，燃烧控制系统是一个多输入、多输出控制系统。锅炉燃烧系统由于燃料种类、燃烧设备以及锅炉型号等的不同，差别较大，其对应的燃烧控制系统也不相同。下面以煤粉锅炉为例来简要介绍锅炉燃烧控制系统的基本工作原理。

（1）燃料控制系统

由蒸汽压力的动态特性分析可知，在其他条件不变时，蒸汽压力变化反映了锅炉燃料热量的变化；反过来，通过改变燃料热量就可以控制蒸汽压力。从蒸汽压力的阶跃响应曲线可以看出，其动态特性近似为单容过程。从原理上讲，通过调节燃料量来实现对蒸汽压力的控制应该是比较容易的，但由于燃烧系统本身比较复杂，变量、参数之间相互影响很大，因此需要单独设计一套燃料控制系统。

当蒸汽流量 D 发生变化或出现其他干扰时，蒸汽压力 p_T 将偏离设定值，可通过改变燃料量 B 的方式来使 p_T 恢复并保持在设定值上。为了保持燃烧的经济性，还要控制送风量 V，以适应燃料量 B 的变化。

为了保证有足够的送风量，使燃料充分燃烧，在蒸汽流量 D（负荷）增大时，应先增大送风量 V，然后增大燃料量 B；在负荷减小时，应先减小燃料量 B，然后减小送风量 V。现在常采用在两个单回路控制系统（这里为双闭环比值控制系统）的基础上增加选择控制环节的方式来实现燃烧过程交叉限幅协调控制方案，控制系统结构方框图如图 6-38 所示。

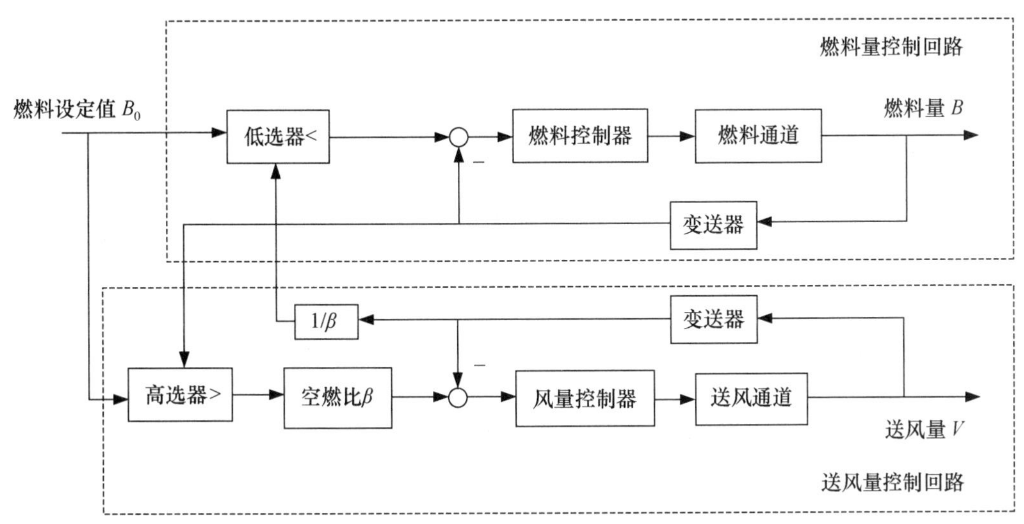

图 6-38　空燃比交叉限幅控制系统结构方框图

在稳态时，燃料量和燃料设定值相等，即 $B=B_0$，送风量与燃料量成最佳配比：$V=\beta B$。若负荷增加，燃料量设定值 B_0 增大。对送风量控制回路而言，高选器的两个输入信号中 $B_0>B$，高选器输出 B_0，乘以 β 后作为设定值被输入送风量控制器，送风量控制器通过增大送风调节阀开度使送风量 V 增大。而对燃料量控制回路来说，虽然 B_0 增大，但在此瞬间，送风量 V 还未改变，故有 $B_0>V/\beta$，低选器输出不变，仍为 V/β，因此这时燃料量仍为 B。随着送风量 V 增大，低选器输出 V/β 不断增大，燃料阀门开度增大使燃料量 B 不断增加，最后在新的稳态达到平衡，即 $B=B_0$，$V=\beta B$。

当负荷减小时，燃料量设定值 B_0 减小。对燃料量控制回路而言，由于送风量 V 还未来得及改变，因此有 $B_0<V/\beta$，低选器输出变为 B_0，使燃料控制器设定值减小，控制燃料量 B 减小。对送风量控制回路而言，由于 $B>B_0$，高选器输出仍为 B，随着燃料量不断减小，高选器输出减小，送风量 V 也不断减小，一直到新的稳态值 $V=\beta B_0$。这样就保证了在负荷变化的动态过程中，有足够的风量供给，保证了燃料的充分燃烧。

(2) 送风控制系统

通过前面的分析可知，为了使锅炉适应负荷的变化，必须同时改变送风量和燃料量，才能维持过热蒸汽压力 p_T 的稳定。送风控制系统的作用就是保证送风量与燃料量的最佳配比，使锅炉在高热效率状态运行。现在常用过量空气系数 α 衡量送风量与燃料量的配比，最佳 α 值与锅炉负荷有关。燃烧过程中煤粉流量不易测定，即使煤粉流量一定，因为煤质变化，发热量也有高有低，可见想通过调整燃料量的方式控制过量空气系数 α，保证燃烧过程的经济性是比较困难的。

而烟气中的氧气含量与过量空气系数 α 之间有比较固定的关系，通过测量和控制锅炉烟气中氧气的含量就可实现对过量空气系数 α 的测量和控制，也就实现了对送风量与燃料量配比的控制。因此，可在图 6-38 所示控制系统的基础上，将送风量控制回路设计成具有氧含量调节作用的串级比值控制系统，带氧含量调节作用的串级送风量控制系统结构方框图如图 6-39 所示。

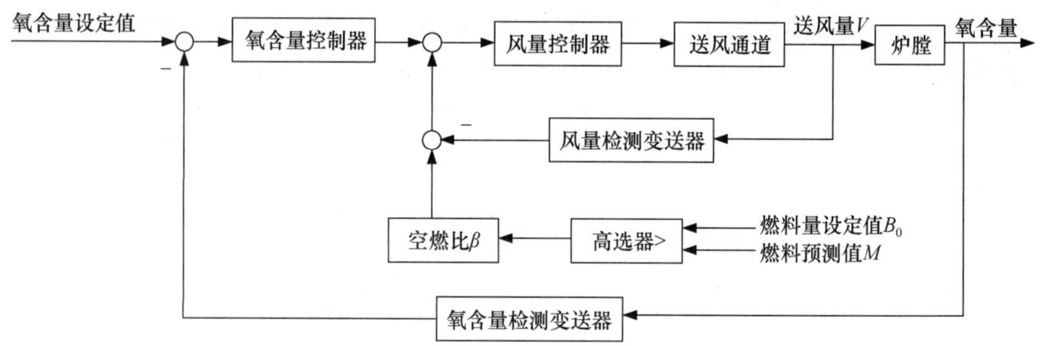

图 6-39 带氧含量调节作用的串级送风量控制系统结构方框图

在图 6-39 所示的控制系统中，副回路实现送风量 V 与燃料量 B 的比值控制。燃料量的测量误差或煤质变化使氧含量出现的偏差，由氧含量控制器进行调节，使氧含量等于氧含量设定值。而氧含量设定值由负荷经过函数计算得出。烟气中的氧含量本来就很小，如果在炉膛和取样点之间的烟道漏入空气，或测氧仪器取样管漏入空气，就会造成很大的测量误差，为了保证测氧计的气密性和抽取的烟气中氧含量具有代表性，取样点应尽可能靠近炉膛。此外，测氧计的测量速度也应满足一定要求。

另外，送风量测量值的准确性会受到被测空气压力、温度的影响，因此在送风量测量部分必须进行压力与温度的补偿校正，以保证送风量检测与控制的准确性。

(3) 炉膛压力控制系统

炉膛压力控制系统通过调节烟道引风机的风量，将炉膛压力 p_f 控制在设定值上，以保证人身和设备的安全和锅炉的经济运行。引风控制过程的惯性很小，控制通道和扰动通道的动态特性都可以近似为比例环节。由于空气流量存在脉动，被控量反应太灵敏会出现激烈跳动，因此需要采用阻尼器进行滤波，滤除高频脉动，以保持控制系统平稳运行。炉膛压力是送风量与引风量之间平衡关系的反映，为了提高控制质量，可对炉膛压力的主要扰动——送风量V进行前馈补偿，这样就构成了炉膛压力前馈-反馈复合控制系统，其结构方框图如图6-40所示。

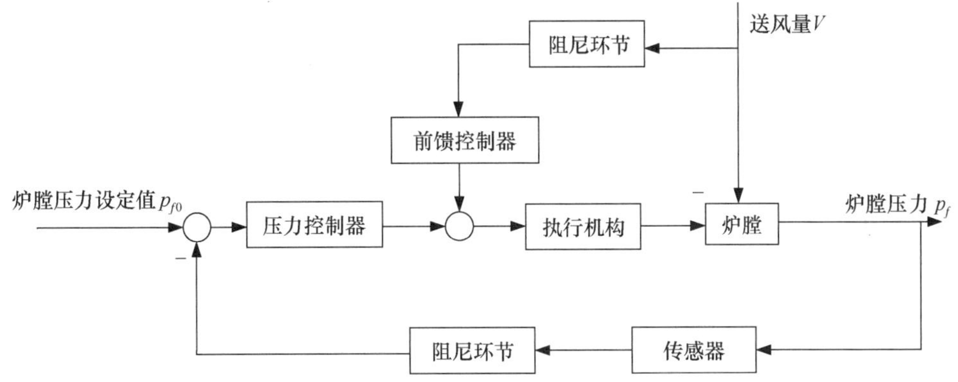

图6-40　炉膛压力前馈-反馈复合控制系统结构方框图

锅炉燃烧控制系统由燃料控制系统、送风控制系统、炉膛压力控制系统这三个密切联系、相互协调的子控制系统组成。燃烧控制系统接受蒸汽压力控制器的信号，调节燃料及燃烧过程的其他参数，使锅炉的过热蒸汽压力稳定在设定值上。锅炉燃烧控制系统的简化结构方框图如图6-41所示。其中，燃料控制子系统负责使锅炉跟踪外界负荷的变化，将过热蒸汽压力p_T稳定在设定值上；送风控制子系统负责保证锅炉燃烧系统的高效率运行；炉膛压力控制子系统负责保持炉膛压力值稳定。这三个子控制系统组成了不可分割的整体，共同保证锅炉燃烧系统运行的安全性、经济性以及对外界负荷变化的适应性。

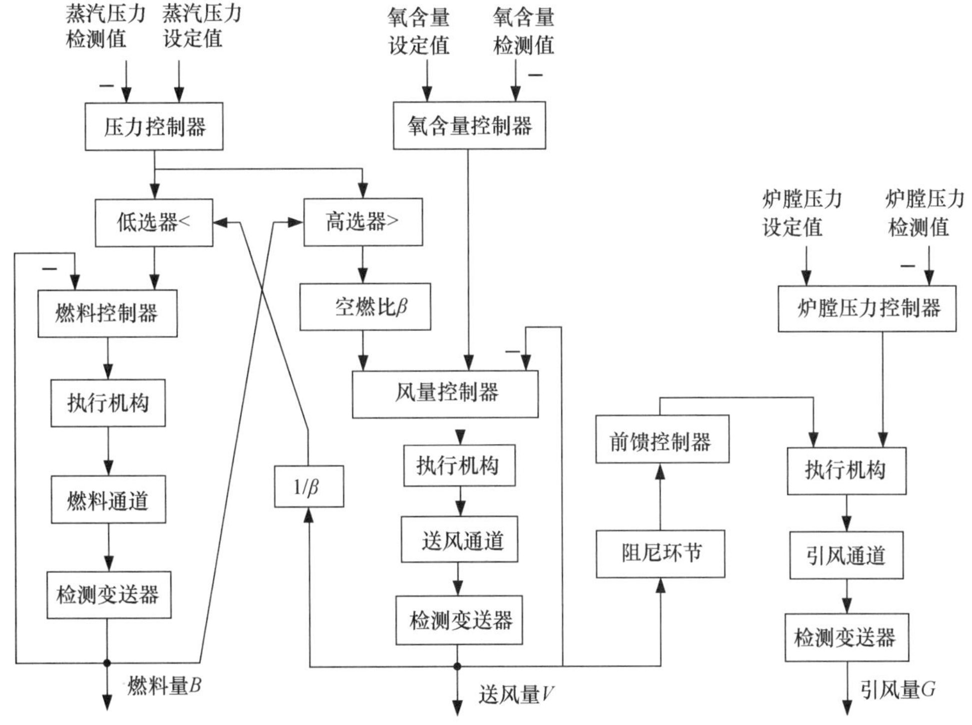

图6-41　锅炉燃烧控制系统的简化结构方框图

6.2 火力发电厂单元机组控制系统案例

这里以某 300 MW 火力发电机组为例，介绍其汽包水位控制系统（给水控制）、主蒸汽温度控制系统、机组负荷控制系统和燃烧控制系统。本机组的汽轮机为哈尔滨汽轮机厂有限责任公司制造的 C250/N300—16.7/537/537 型亚临界、一次中间再热、单轴、双缸（高中压缸合缸）双排汽、单抽供热凝汽式汽轮机，与哈尔滨电机厂有限责任公司制造的 QFSN-300-2 型发电机和哈尔滨锅炉厂有限责任公司生产的 HG-1025/17.5-YM 型煤粉锅炉相匹配。这款锅炉为亚临界参数、一次中间再热、平衡通风、固态排渣、自然循环汽包炉。此锅炉采用单炉膛倒 U 形布置，全钢构架，悬吊结构。

6.2.1 给水控制实例

该机组配有两台 50%额定容量的汽动给水泵和一台 50%额定容量的电动给水泵。在机组启动阶段，由于汽源不够稳定，故先使用电动给水泵。为满足机组启动过程中最小流量控制的需要，在电动给水泵出口至给水母管之间装有两条并联管路，一条管路上装有主给水截止阀，另一条管路上装有给水旁路截止阀和给水旁路调节阀。启动时通过给水旁路调节阀控制汽包水位；正常运行时，主给水截止阀全开，通过调整泵的转速控制汽包水位。电动给水泵转速通过液力耦合器调整，两台汽动给水泵由小汽轮机驱动。为防止给水泵在流量过低时产生汽蚀，每台给水泵出口都设有再循环管路至除氧器。图 6-42 所示为给水控制系统示意图。给水控制系统的任务是维持汽包水位在允许范围内，它以汽包水位为被控量，以调节给水流量为控制手段。由于汽包水位同时受锅炉侧和汽轮机侧的影响，因此，当锅炉负荷变化或汽轮机用汽量变化时，给水控制系统都应能限制汽包水位只在给定的范围内变化。

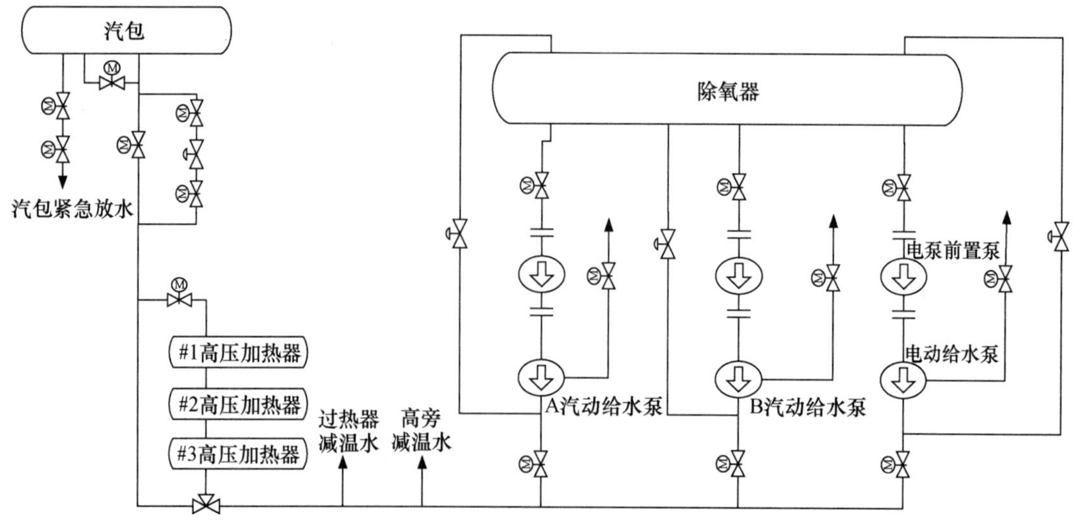

图 6-42　给水控制系统示意图

一个实际应用的300 MW机组给水控制系统主要由信号测量部分、单冲量控制回路、三冲量控制回路和逻辑控制部分组成。

1. 信号测量部分

(1) 汽包水位信号

汽包中饱和水和饱和蒸汽的密度会随压力的变化而变化,它们将影响水位测量的精确度,为此,可采用校正回路进行压力校正,即在水位差压变送器后引入校正回路。水位测量加入了汽包压力补偿环节,据汽、水密度与汽包压力的函数关系,得到水位校正系统的运算公式为

$$h=\frac{f_1(p_b)-\Delta p}{f_2(p_b)} \tag{6-18}$$

式中,p_d 为汽包压力,单位为Pa;Δp 为汽包水位差压变送器两侧压差,单位为Pa。汽包水位测量系统示意图如图6-43所示。

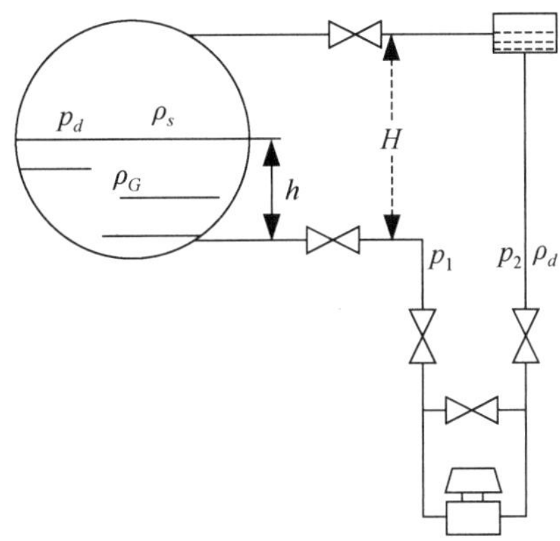

图6-43　汽包水位测量系统示意图

在图6-43中,p_d 为汽包压力,单位为Pa;H 为汽水连通管之间的垂直距离,即最大的变化范围,单位为m;h 为汽包水位高度,单位为mm;p_1、p_2 为加在水位差压变送器两侧的压力,单位为Pa;ρ_s 为饱和蒸汽的密度,单位为kg/m^3;ρ_G 为饱和水的密度,单位为kg/m^3;ρ_d 为汽包外平衡容器内水柱的密度,单位为kg/m^3。

由图6-43可以得出

$$p_1=\rho_G h+\rho_s(H-h) \tag{6-19}$$

$$p_2=\rho_d H \tag{6-20}$$

$$\Delta p=p_2-p_1=\rho_d H-\rho_G h-\rho_s H+\rho_s h=(\rho_d-\rho_s)H-(\rho_G-\rho_s)h \tag{6-21}$$

因此有

$$h=\frac{(\rho_d-\rho_s)H-\Delta p}{\rho_G-\rho_s} \tag{6-22}$$

从式(6-22)可以看出,当 H 一定时,汽包水位 h 是差压和汽、水密度的函数。密度 ρ_d 与环境温度有关,一般可取50℃时水柱的密度。在锅炉启动过程中,水温略有增加,但由于同时压力也在升高,两种因素对 ρ_d 的影响基本上可以抵消,即可近似地认为 ρ_d 是恒值。而饱和水和饱和蒸汽的密度 ρ_G 和 ρ_s 均为汽包压力 p_d 的函数,即有

$$\rho_d-\rho_s=f_1(p_d) \tag{6-23}$$

$$\rho_G - \rho_s = f_2(p_d) \tag{6-24}$$

由此,式(6-22)可以改写为式(6-18)的形式。

汽包水位信号形成逻辑图如图 6-44 所示。三路汽包压力信号经过“三取中”模块后得到三个测量值的中间值,此值作为汽包压力参数参与汽包水位的修正。三路汽包水位信号分别按照式(6-18)进行运算后,得到三路补偿后的汽包水位信号,再经过“三取中”模块得到最终的汽包水位信号 H。为防止变送器故障,将信号 H 分别与三路补偿后的汽包水位信号进行比较(图中略去了另外两路偏差比较报警线路)。如果偏差值超限,产生高低值报警的逻辑信号,使系统切换到手动操作模式,同时发出声光报警信号,待故障变送器被切除后,系统恢复正常工作。

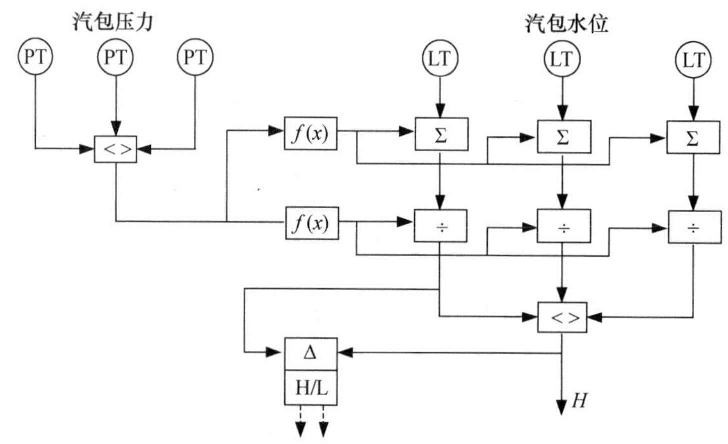

图 6-44　汽包水位信号形成逻辑图

(2) 给水流量信号

计算研究表明:当给水温度为 100℃不变,给水压力在 0.196～19.6 MPa 范围内变化时,给水流量的测量误差为 0.47%;当给水压力为 19.6 MPa 不变,给水温度在 100～290℃范围内变化时,给水流量的测量误差为 13%。所以,对给水流量测量信号可以只采用温度校正。给水流量信号形成逻辑图如图 6-45 所示,省煤器前给水流量的测量值采用“二选一”的信号测量方法。当两侧变送器工作正常时,通过切换继电器 T 切向其中一侧,此时两路测量信号一致,不会产生高低值报警的逻辑信号。当任何一侧变送器发生故障时,两路测量信号的偏差值超限,产生高低值报警的逻辑信号,使系统切换到手动操作模式,同时发出声光报警信号,待故障变送器被切除后,系统恢复正常工作。给水流量信号经给水温度修正后,汇总过热器一、二级减温器形成的一、二级喷水量和锅炉连续排污流量后,形成控制使用的给水流量信号 W。

(3) 主蒸汽流量信号

主蒸汽流量信号形成逻辑图如图 6-46 所示。主蒸汽流量信号的获取采用了两种方法。一种是采用汽轮机调节级压力经主蒸汽温度修正后形成主蒸汽流量 D,原理如式(6-25)所示,式(6-25)中 K 为比例系数,由汽轮机类型和设计工况确定,p_1、T_1 分别为调节级后蒸汽压力与蒸汽温度。另一种方法是采用调节级压力和一级抽汽压力经一级抽汽温度修正后形成主蒸汽流量 D,原理如式(6-26),式中,p_2、T_2 分别为第一级抽汽压力和蒸汽温度。当高压旁路投入时,主蒸汽流量信号还要加上旁路蒸汽流量。

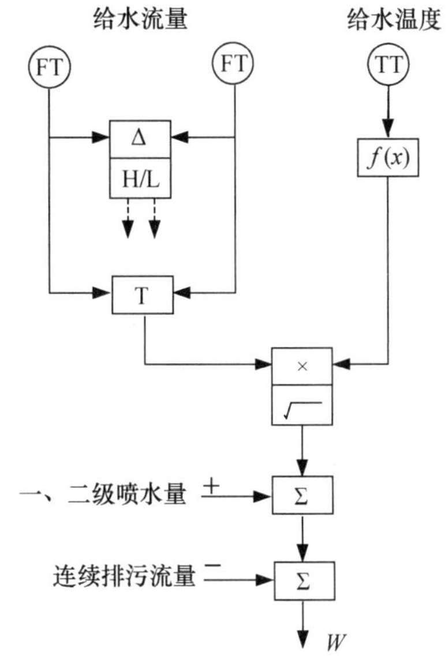

图 6-45　给水流量信号形成逻辑图

$$D = K\frac{p_1}{T_1} \tag{6-25}$$

$$D = K_1\sqrt{\frac{p_1^2 - p_2^2}{T_2}} \tag{6-26}$$

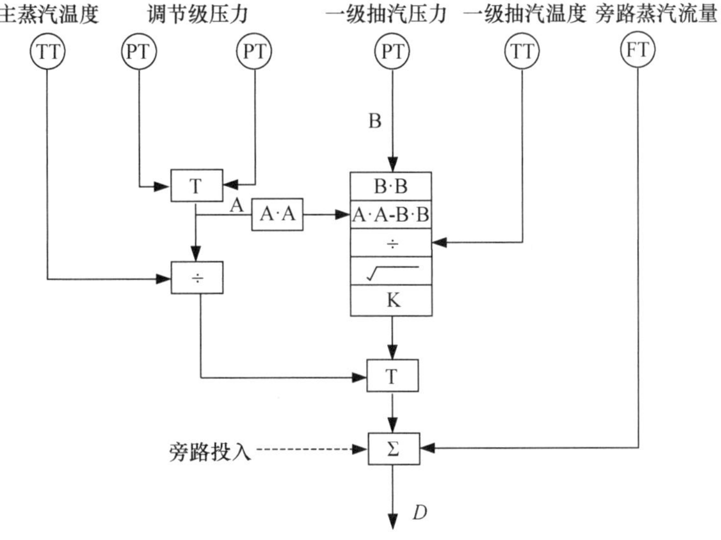

图 6-46　主蒸汽流量信号形成逻辑图

2. 单冲量控制回路

给水全程控制系统如图 6-47 所示。

在机组启、停及处于低负荷运行工况时，采用单冲量控制方式，通过单冲量控制器 PI1 控制给水旁路调节阀和电动给水泵。给水旁路调节阀及每台给水泵操作回路均配有手动/自动(M/A)操作站。汽包水位测量值 H 与汽包水位设定值进行比较,偏差经单冲量控制器、切换器、比例器 K2 和 M/A 操作站去控制给水旁路调节阀,此时电动给水泵保持一定转速,以满足启动和低负荷工况下给水流量的需求。当给水旁路调节阀开度大于 95%时,主给水电动门自动打开,电动给水泵可进入自动运行方式。此阶段仍采用单冲量控制方式,单冲量控制器 PI1 的输出经比例器 K1 和 M/A 操作站控制电动给水泵的转速,以维持汽包水位。由于采用给水旁路调节阀水位控制系统与电动给水泵转速水位控制系统的执行机构不同,因此采用了不同的比例器 K1 和 K2。

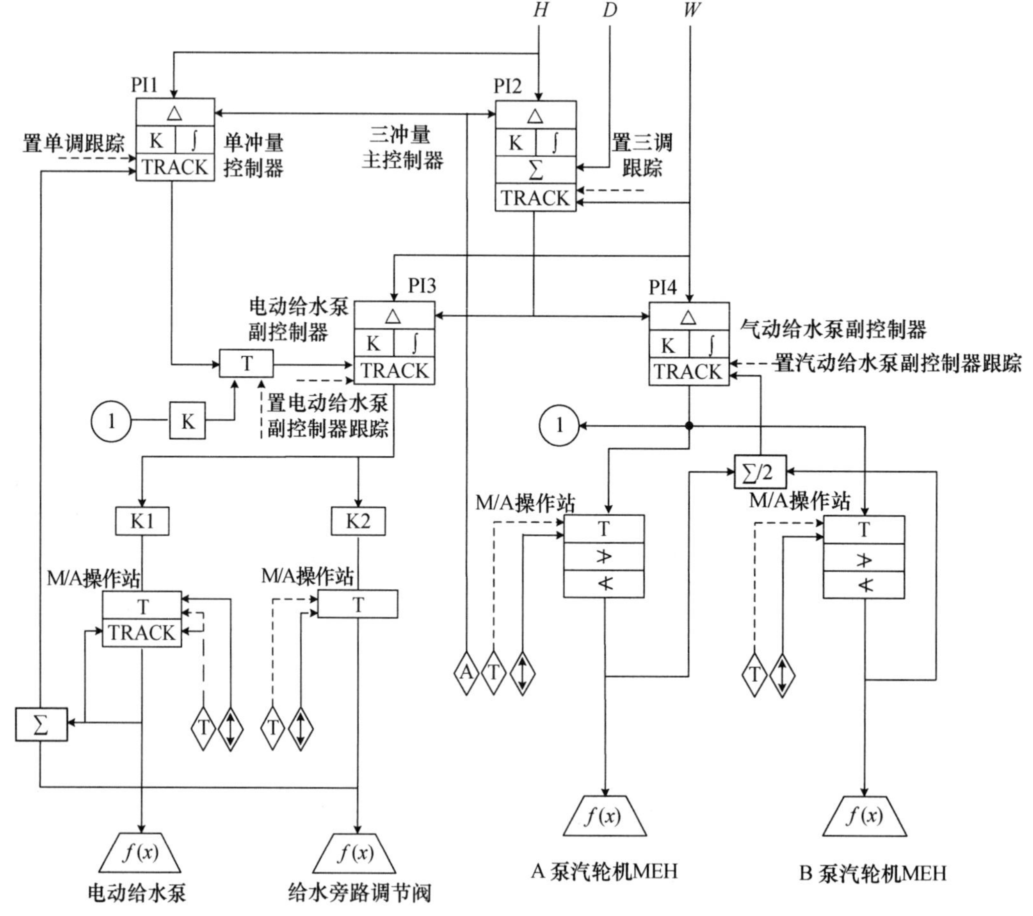

图 6-47 给水全程控制系统

3. 三冲量控制回路

当机组负荷大于 30%时,采用串级三冲量控制方案,系统中电动给水泵副控制器 PI3 和汽动给水泵副控制器 PI4 共用一个主控制器 PI2。

在给水流量和蒸汽流量测量信号可靠,且蒸汽流量大于或等于 30%时,系统可切换到三冲量控制方式。这是一个以汽包水位为主被控量,以蒸汽流量为前馈信号,以给水流量为副回路反馈信号的串级三冲量控制系统。三冲量主控制器输出加上蒸汽流量信号 D 将作为副控制器的设定值,给水流量 W 是反馈信号。在负荷由 30%升到 100%阶段,均采用串级三冲量控制方式。

在汽动给水泵未运行前，采用电动给水泵控制给水流量，三冲量主控制器 PI2 和电动给水泵副控制器 PI3 构成串级三冲量电动给水泵控制方式。当负荷达到 30%～40%时，汽动给水泵小汽轮机开始冲转、升速，当汽动给水泵转速进一步上升，汽动给水泵流量逐步提高，电动给水泵流量逐步下降后，可投入汽动给水泵自动运行模式，使电动给水泵退回到手动运行模式。当负荷升到 40%～50%时，第二台汽动给水泵开始运行。这时，三冲量主控制器 PI2 和汽动给水泵副控制器 PI4 构成串级三冲量汽动给水泵控制方式，给水泵汽轮机电液控制系统以汽动泵转速控制信号控制小汽轮机转速。

4. 逻辑控制部分

给水控制系统逻辑图如图 6-48 所示。

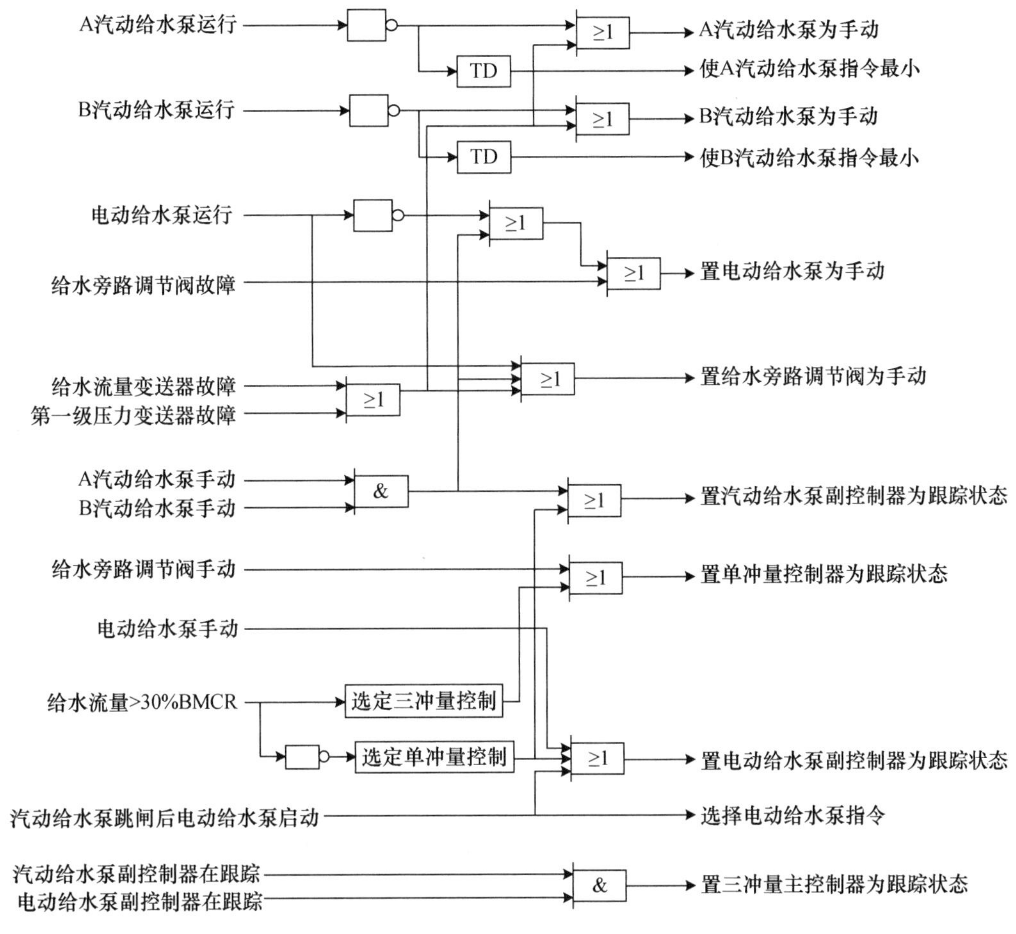

图 6-48 给水控制系统逻辑图

系统中主要有如下几个控制逻辑。

(1) 单冲量、三冲量控制方式之间的切换

锅炉负荷高于某个预设值(一般为 30%)时，只要三个给水泵 M/A 操作站有一个为自动方式，系统就会自动选择三冲量控制方式。如果锅炉负荷低于 30% BMCR 且给水为自动，则控制逻辑自动回到单冲量控制方式。

为便于系统实现手动/自动无扰切换，系统设置了一系列跟踪功能。若 A、B 汽动给水泵均为手动或系统选定单冲量控制方式，汽动给水泵副控制器处于跟踪状态，跟踪两台汽动给水泵控制指令的平均值；若给水旁路调节阀为手动或系统处于三冲量控制方式，单冲量控制器处于跟踪状态，跟踪给水旁路调节阀的指令和电动给水泵的指令；若电动给水泵手动或系统选定单冲量控制或汽动给水泵跳闸后电动给水泵启动，电动给水泵副控制器处于跟踪状态，由切换继电器 T 进行切换跟踪单冲量控制器输出信号或跟踪汽动给水泵控制指令（汽动给水泵跳闸时由电动给水泵根据指令控制给水流量）；若汽动给水泵副控制器和电动给水泵副控制器均处于跟踪状态，则三冲量主控制器也处于跟踪状态，跟踪给水流量测量信号。

（2）旁路调节阀控制

当出现给水流量变送器故障、第一级压力变送器故障、A 和 B 汽动给水泵均手动或电动给水泵故障等情况之一时，置给水旁路调节阀为手动控制状态。

（3）电动给水泵控制逻辑

当出现给水流量变送器故障、第一级压力变送器故障、A 和 B 汽动给水泵均手动或给水旁路调节阀执行器故障等情况之一时，置电动给水泵为手动控制状态。

（4）汽动给水泵控制逻辑

当出现汽动给水泵跳闸、给水流量变送器故障或第一级压力变送器故障等情况之一时，置汽动给水泵为手动控制状态。汽动给水泵跳闸时，经延时若干秒后系统发出超驰控制信号，使汽动给水泵控制指令最小。

6.2.2 主蒸汽温度控制实例

本机组过热器的调温采用二级三点喷水方式。第一级喷水减温器设于低温过热器到分隔屏的大直径连接管上，布置一点。第二级喷水减温器设于后屏过热器与末级过热器之间的大直径连接管上，分左右两点布置。图 6-49 为主蒸汽温度控制系统操作监控界面。主蒸汽温度控制以减温水流量为控制量。

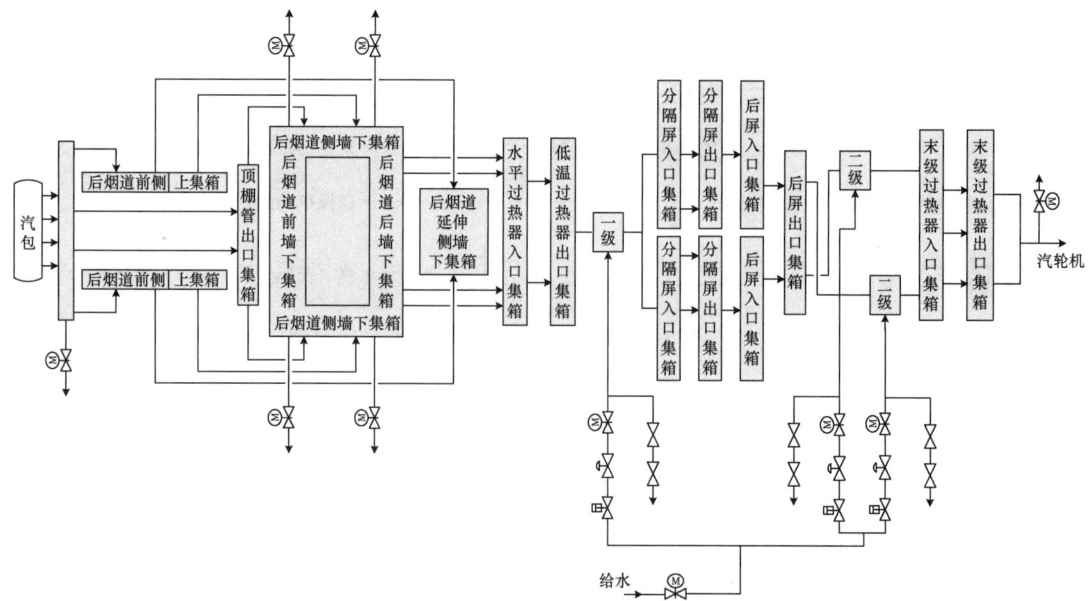

图 6-49 主蒸汽温度控制系统操作监控界面

主蒸汽温度控制系统由一级喷水减温控制回路和二级喷水减温控制回路(分为左、右侧)组成。

1. 一级喷水减温控制回路

过热器一级喷水减温的控制目标是：在机组不同负荷下，维持锅炉二级喷水减温器入口(即屏式过热器出口)的蒸汽温度为设定值。图 6-50 为一级喷水减温控制回路，该系统是一个串级控制系统，PI1 是主控制器，PI2 是副控制器。被控量是屏式过热器出口的蒸汽温度，导前信号是一级喷水减温器出口的蒸汽温度。

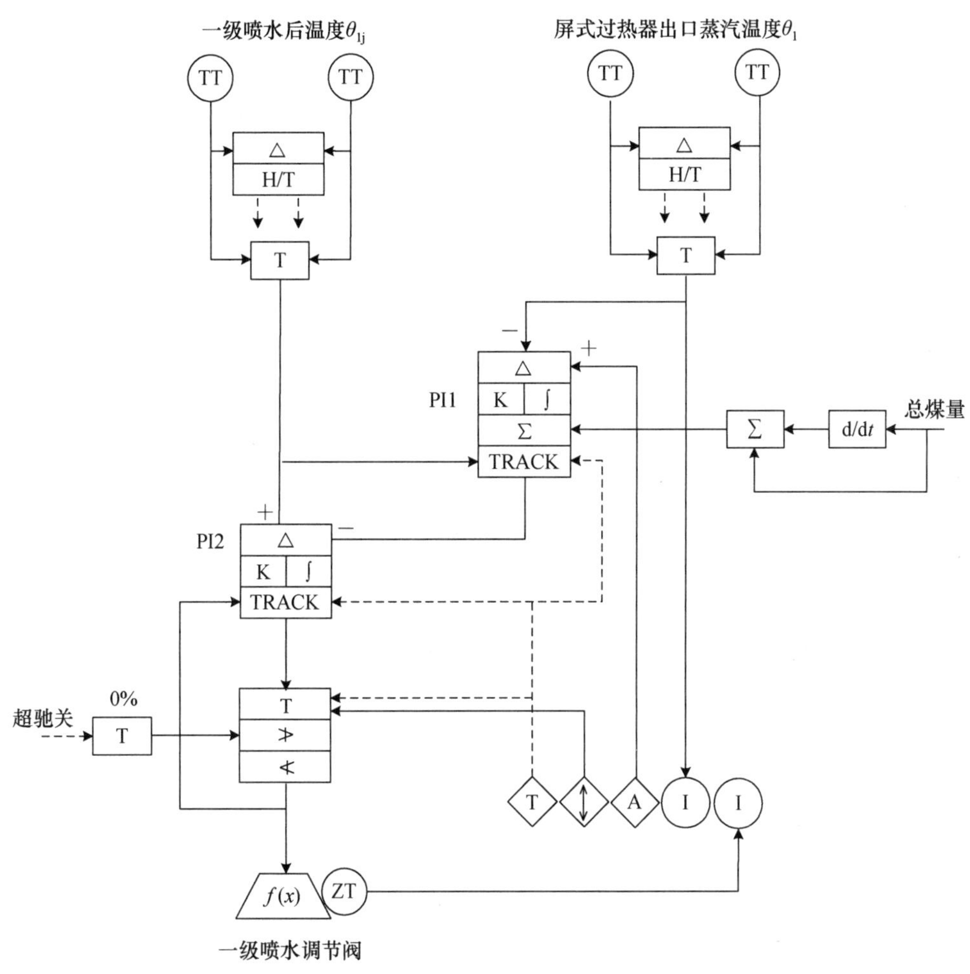

图 6-50　一级喷水减温控制回路

该系统主要由以下几个部分组成。

(1) 信号测量部分

为提高测量信号的可靠性，该系统采用“二选一”的信号测量方法。当两侧变送器工作均正常时，通过切换继电器 T 切向其中一侧，此时两路测量信号一致，不会产生高低值报警的逻辑信号；当任何一侧变送器发生故障时，两路测量信号的偏差值超限，产生高低值报警逻辑信号，使系统切换到手动模式，同时发出声光报警信号，待故障变送器被切除后，系统恢复正常工作。

(2) 串级控制系统

主控制器 PI1 的输入偏差信号是屏式过热器出口蒸汽温度设定值与实际测量值的偏差。一级喷水减温器出口温度与主控制器输出的差,加上前馈信号,形成副控制器 PI2 的输入偏差信号。总煤量信号的变化会引起过热蒸汽温度的明显变化,因此将其引入系统作为前馈信号,以抑制其对过热蒸汽温度的影响,改善系统的控制品质。

(3) 逻辑控制部分

为保证控制系统手动方式和自动方式的无扰切换,副控制器跟踪调节阀位置信号,主控制器跟踪一级喷水后的蒸汽温度。

图 6-51 为一级喷水减温控制回路逻辑图。

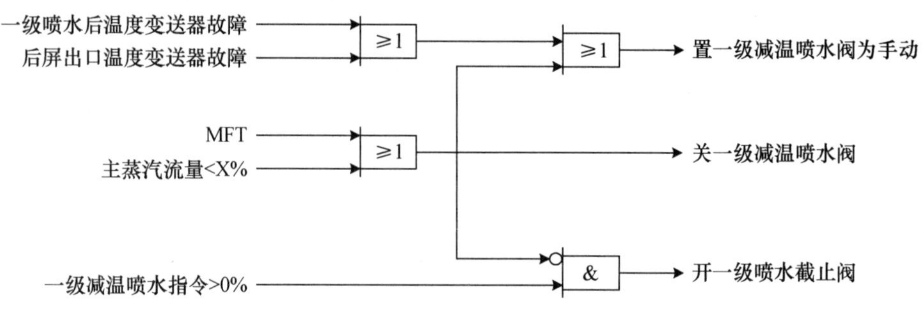

图 6-51 一级喷水减温控制回路逻辑图

该系统主要有如下几个控制逻辑。

① 当一级喷水减温器后的温度变送器故障、后屏过热器出口温度变送器故障、主燃料跳闸或主蒸汽流量小于 X[X 一般约为锅炉最大连续出力(Boiler Maximum Continuous Rating,BMCR)的 20%]时,一级减温喷水阀从自动切至手动。

② 当主燃料跳闸或负荷小于 20% BMCR 时,超驰减信号使一级喷水阀迅速关闭,同时关闭电动截止阀。超驰控制是在异常工况下的一种保护措施,一般放在控制器输出之后,它比正常控制的优先级高。当系统恢复正常后,其作用消失。

③ 当一级减温喷水阀指令大于 0%,且不出现主燃料跳闸和负荷小于 20% BMCR 时,打开一级喷水截止阀。

2. 二级喷水减温控制回路

二级喷水减温的控制目标是:在机组不同负荷下,维持过热器出口的主蒸汽温度为设定值。二级喷水减温控制回路如图 6-52 所示。

二级喷水减温控制系统作为喷水减温的细调,保证主蒸汽温度在允许的范围内变化。它的结构与一级喷水减温控制系统大体一致,不同之处如下。

(1) 二级喷水减温器装设在高温过热器的入口,由于屏式过热器和高温过热器均为左、右两侧对称布置,所以二级喷水减温器也是左、右两侧对称布置。左、右二级喷水调节阀的控制是一样的,因此图 6-52 中只画出一侧的控制方框图。

(2) 主蒸汽温度的设定值是负荷的函数。系统处于定压运行方式或是滑压运行方式时,负荷与主蒸汽温度定值的函数关系不同。因为定压运行和滑压运行机组对主蒸汽温度的要求不一样,滑压运行要求主蒸汽温度有更稳定的范围,所以系统具有 $f_1(x)$ 和 $f_2(x)$ 两个函数,分别对应滑压运行和定压运行,由切换器 T 根据运行方式选择。

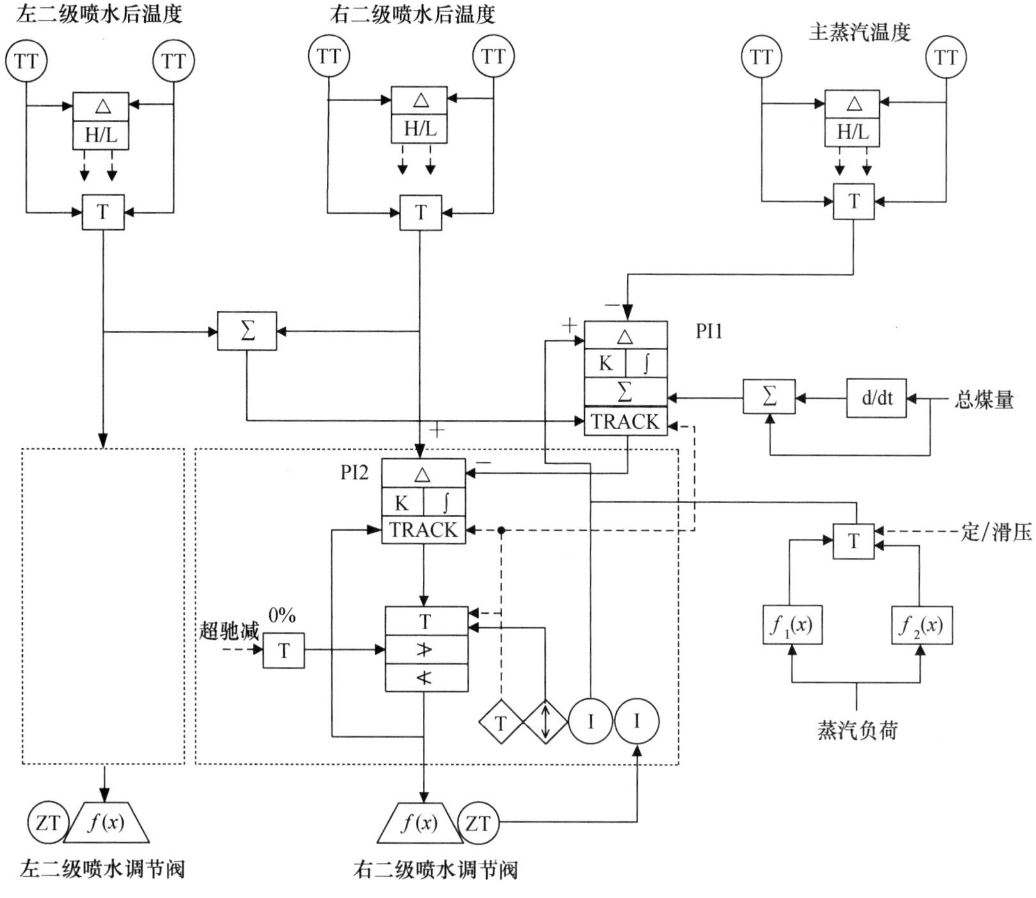

图 6-52 二级喷水减温控制回路

二级喷水减温控制系统与一级喷水减温控制系统的控制逻辑是一致的，具体控制逻辑如下。

(1) 当左二级喷水减温器后的温度变送器故障、高温过热器出口温度变送器故障、主燃料跳闸或主蒸汽流量小于 20% BMCR 时，左二级减温喷水阀从自动切换至手动。右二级减温喷水阀同理。

(2) 当主燃料跳闸或负荷小于 20%BMCR 时，超驰减信号使左、右二级减温喷水阀迅速关闭，同时关闭电动截止阀。

(3)当左二级减温喷水阀指令大于 0%，且不出现主燃料跳闸和负荷小于 20%BMCR 时，打开左二级喷水截止阀。右二级喷水截止阀同理。

6.2.3 机组负荷控制实例

实际大型机组的负荷控制系统一般有多种工作方式，既可以工作在锅炉跟随方式或汽机跟随方式，也可以工作在协调控制方式，各种方式之间通过切换开关进行切换。

在机组负荷控制中，机、炉主控制器的任务包括以下两个方面。

一是接收输出的负荷指令 P_0、机组实发电功率 P_E、主蒸汽压力 p_T、主蒸汽压力设定值

p_0 等信号，经运算产生锅炉的主控制指令和汽轮机主控制指令，并送往锅炉和汽轮机的相关子系统。

二是根据实际运行条件和要求，选择合适的负荷控制方式。单元机组负荷协调控制系统主控系统共有四种运行方式，即手动方式、锅炉跟随方式、汽轮机跟随方式、协调控制方式。

(1) 手动方式

当汽轮机和锅炉都出现故障或者控制回路尚未完成调试整定时，协调控制系统处于手动方式。在手动方式下，汽轮机侧汽轮机主控制器为手动模式或者 DEH"本机"模式；锅炉侧锅炉主控制器为手动模式或者锅炉各子系统为手动模式。

(2) 锅炉跟随方式

锅炉跟随方式是协调控制系统在汽轮机侧局部故障或者受限制情况下(此时汽轮机侧不能采取自动方式)的一种辅助运行方式。因为汽轮机侧有故障，所以机组负荷只能由汽轮机侧手动来完成。因此，锅炉跟随方式是锅炉侧自动调节蒸汽压力，汽轮机侧手动调节输出电功率。这种方式的优点是机组对电网的负荷响应较快，能够充分利用锅炉的蓄能；缺点是蒸汽压力波动较大，运行稳定性差。

(3) 汽轮机跟随方式

汽轮机跟随方式是协调控制系统在锅炉侧局部故障或受限制情况下(此时锅炉侧不能采取自动方式)的一种辅助运行方式。因为锅炉侧有故障，所以机组负荷只能由锅炉侧手动来完成。因此，汽轮机跟随方式是汽轮机侧自动调节蒸汽压力，锅炉侧手动调节输出电功率。这种方式的优点是压力波动较小，机组运行稳定；缺点是负荷响应较慢，不仅不能充分利用锅炉的蓄能，在负荷增加时还需要补充锅炉附加蓄能。

(4) 协调控制方式

协调控制方式的条件有：当锅炉的燃烧系统和汽轮机主控都处于自动运行模式时，可选择协调控制方式，此时，机、炉主控制器都将处于自动方式，即汽轮机指令和锅炉指令都是自动调整的。

协调控制方案比较多，例如，同时将外界负荷变化指令送达汽轮机侧和锅炉侧，采用直接能量平衡或间接能量平衡信号进行压力限制；采用各种前馈、微分环节等改善系统性能。

机组负荷控制系统主要包括负荷指令处理、主蒸汽压力设定值形成、机炉主控系统三部分。机组负荷控制系统的组成如图 6-53 所示。

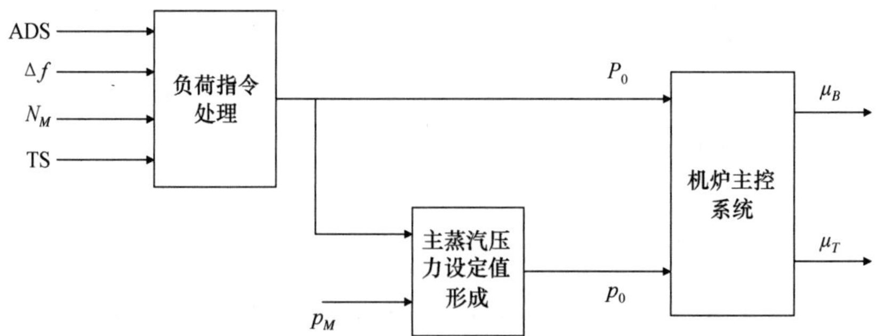

图 6-53 机组负荷控制系统的组成

1. 负荷指令处理

由图 6-53 可知,负荷指令处理组件的输入为中调负荷需求信号 ADS、频差信号 Δf 、机组值班员手动指令信号 N_M 以及机组主辅机运行状态信号 TS。负荷指令处理组件将对这些信号进行综合,产生机组实际负荷指令 P_0。此外,负荷指令处理组件还负责设置机组的最大负荷、最小负荷以及负荷的变化率,并在事故状态下,对机组指令进行闭锁、快速减负荷或迫升、迫降等。

2. 主蒸汽压力设定值形成

该机组采取变压运行方式,在 20%负荷以下和 70%负荷以上,机组维持定压运行,而在 20%~70%负荷范围内,机组滑压运行。负荷要求 P_0 和主蒸汽压力设定值 p_0 的关系如图 6-54 所示。图 6-53 中的主蒸汽压力设定值形成组件即按此曲线根据负荷指令 P_0 设置主蒸汽压力的设定值 p_0,图 6-53 中的 p_M 为运行人员手动指令,即在必要时,手动给出 p_0。

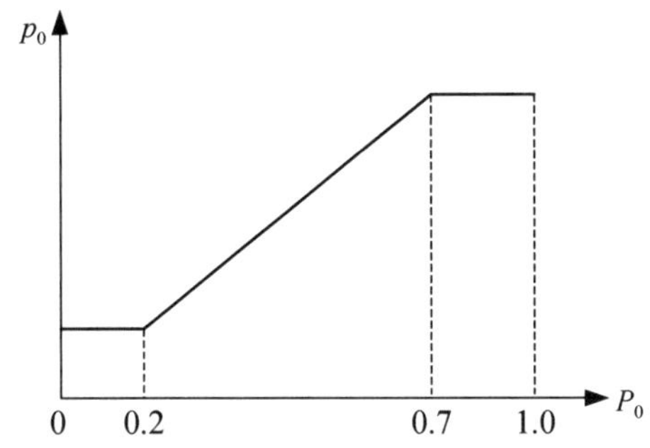

图 6-54　机组负荷和压力定值的关系

3. 机炉主控系统

机炉主控系统的工作方式由切换开关选择,可使机组工作于锅炉跟随汽轮机方式、汽轮机跟随锅炉方式和协调控制方式。

(1) 锅炉跟随汽轮机方式

在此方式下,汽轮机主控制器处于手动状态,此方式中锅炉控制指令的形成过程如图 6-55 所示。

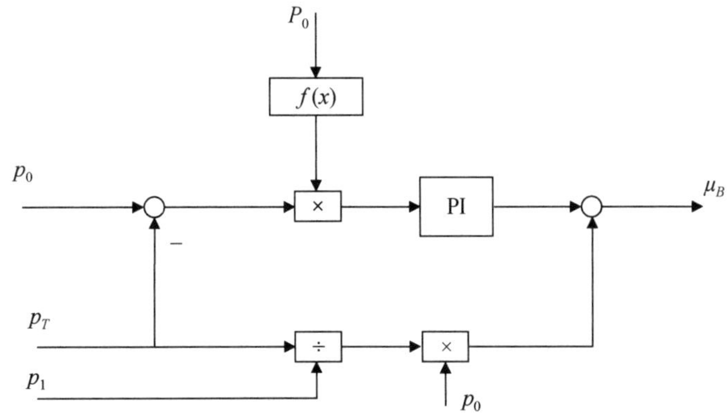

图 6-55　锅炉跟随汽轮机方式中锅炉控制指令的形成过程

这里的锅炉跟随汽轮机方式与图 6-28 所示的锅炉跟随汽轮机负荷控制系统相比有两点不同之处。一是蒸汽压力控制器的输入不只是压力偏差信号，而是 $f(p_0)(p_0-p_T)$。其中 P_0 代表实际负荷指令，显然它可用来改变控制系统的灵敏度，但因为主蒸汽压力设定值 p_0 与 P_0 有关，所以灵敏度也是 P_0 的函数。二是系统中增加了一条前馈通道，前馈信号为 $(p_1/p_T)p_0$，其中 p_1 为汽轮机第一级后的压力，它反映了进入汽轮机的蒸汽流量。比值 (p_1/p_T) 与汽轮机调节阀的开度成正比，无论什么原因使汽轮机调节阀开度发生变化，(p_1/p_T) 都能做出灵敏的反应，故可用它代表进入汽轮机的能量。用它作为前馈信号，可以平衡锅炉、汽轮机的能量供求，改善被控对象的动态品质。为了使信号标准化，前馈信号还要乘以 p_0。

(2) 汽轮机跟随锅炉方式

在此方式下，锅炉燃烧率指令由运行人员手动给出，汽轮机控制回路完成蒸汽压力的调节。此方式中汽轮机控制回路与图 6-29 所示的汽轮机跟随锅炉负荷控制系统中的汽机控制回路完全一致。

(3) 协调控制方式

在协调控制方式下，系统控制指令的形成过程如图 6-56 所示。

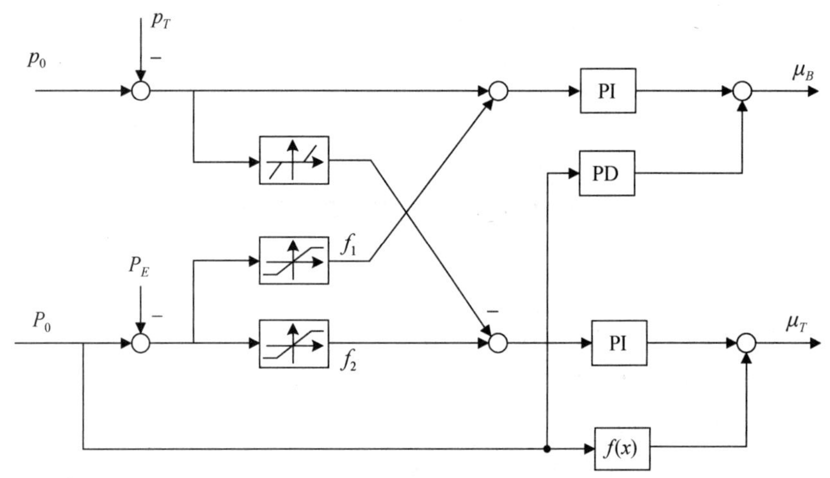

图 6-56　协调控制方式下系统控制指令的形成过程

与图 6-32 所示的协调控制方式相比，图 6-56 中增加了两个前馈通道，一是功率设定值通过 $f(x)$ 前馈至输出电功率控制器的输出端，并在此控制器的输入端加入一个具有上下限幅的非线性环节 f_2，二是将负荷指令 P_0 通过 PD 环节前馈至蒸汽压力控制器输出端，及时改变给煤量，以克服锅炉的惯性。

当负荷偏差 P_0-P_E 超过一定值时，f_1 的输出会使蒸汽压力的设定值增大，以加强锅炉的燃烧率指令，防止过大的压力偏差。根据机组的运行要求，滑压运行时，汽轮机调节阀应保持在一个较大的开度上，为此设置了从功率设定值通过 $f(x)$ 到功率控制器输出端的前馈通道和非线性环节 f_2。当机组负荷指令 P_0 增大时，前馈通道首先将汽轮机调节阀开度增大到一个较大数值上，进行一次性粗调，然后，由比例积分控制器对 P_0 和 P_E 间的有限偏差进行细调，最终使 P_0-P_E 等于零。

6.2.4　燃烧控制实例

在火力发电厂的燃烧控制中，需要先用输煤皮带将原煤从煤场运至煤斗，接着将煤斗中的原煤送至磨煤机磨成煤粉，然后由热空气携带煤粉经排粉风机将煤粉送入锅炉的炉膛内。燃烧所需的空气由送风机提供，这些空气经空气预热器预热后，一部分作为一次风进入制粉系统，用来干燥、分离煤粉，另一部分作为二次风送入燃烧系统提供燃烧所需的氧量。燃烧后产生出的烟气经水平烟道进入尾部烟道，接着经过烟气净化处理系统，最后由引风机送入烟囱排入大气。

该机组采用正压直吹式制粉系统，有 5 台 MPS170HP-Ⅱ型中速磨煤机，炉膛四角布置角式煤粉燃烧器，切圆燃烧，燃烧器最大摆动角度为 $\pm 30^{\circ}$。在燃烧器一二层、二三层、四五层之间布置有三层机械雾化油枪，一层燃烧器设有微油点火装置。正常情况下运行 4 台给煤机即能达到额定负荷，1 台给煤机备用。

系统配有 2 台送风机、2 台引风机、2 台一次风机。一次风机提供一次风，一次风从风机出来后分为两路，一路经过空气预热器，被加热，称为热一次风；一路不经过空气预热器，称为冷一次风。热一次风为磨煤机提供干燥出力和通风出力，将磨煤机磨好的煤粉吹干燥，然后携带煤粉进入到锅炉燃烧器。冷一次风与热一次风在磨煤机的入口处进行混合，起到调节磨煤机入/出口温度的作用，冷一次风同时也是磨煤机通风出力的一部分。送风机提供二次风，通过空气预热器后，为锅炉燃烧提供所需要的氧量，同时调整燃烧过程。引风机负责将锅炉的烟气抽出，主要起维持炉膛压力的作用。

该机组的燃烧控制系统除了有燃料控制、送风控制和引风控制这三个主要部分之外，还设计有磨煤机风量风温控制、一次风道压力控制、辅助风和燃料风(二次风量分配)控制。进行磨煤机风量风温控制是为了确保进入炉膛的煤粉干燥、不沉积堵塞。进行一次风道压力控制是为了维持一次风压力恒定，以顺利完成磨煤机风量控制。进行辅助风和燃料风控制是为了根据燃料投运层数改变二次风分配情况，从而使炉膛内的燃料燃烧良好，火球位置正确。只有各个系统综合控制，才能保证锅炉正确响应机组的负荷要求并安全、经济运行。

下面具体介绍一下该机组的燃料控制系统、磨煤机风量风温控制系统、一次风道压力控制系统、送风控制系统和炉膛压力控制系统。

1. 燃料控制系统

该机组的燃料控制系统如图 6-57 所示(为简便计，图中只给出了 A 给煤机的具体环节)。该燃料控制系统本质上是一个单回路控制系统，取锅炉负荷指令和总风量的较小值作为燃料控制器的设定值，经过发热量修正的总燃料量为反馈信号，二者进行比较，其偏差经过 PID 运算、M/A 操作站，形成燃料控制指令并行地送给各台给煤机，控制给煤机的转速，改变给煤量，以维持总给煤量与设定值一致，从而满足汽轮机负荷对锅炉热能的需求。

(1) 总燃料量的计算

5 台给煤机输出煤量信号相加后得到给煤量信号，给煤量信号经热值修正后与点火油流量信号相加得到锅炉总燃料量。每台给煤机的给煤量信号都经过一个切换器 T 和一个延时环节 $f(t)$。这是因为运行中给煤机有两种停运情况：一种是正常停运，给煤机停运后，磨煤机里的剩余煤粉在一段时间里还会继续投入炉膛，为了计入这段时间加入炉膛的煤量，切换器选择的零信号经延时环节 $f(t)$后才被送到加法器上；另一种是事故停磨，事故停磨时给煤机和磨煤机都停止运行，磨煤机出口煤闸门关闭，没有剩余煤量进入炉膛，此时系统将切除延时环节，零信号就不经延时环节被送到加法器。

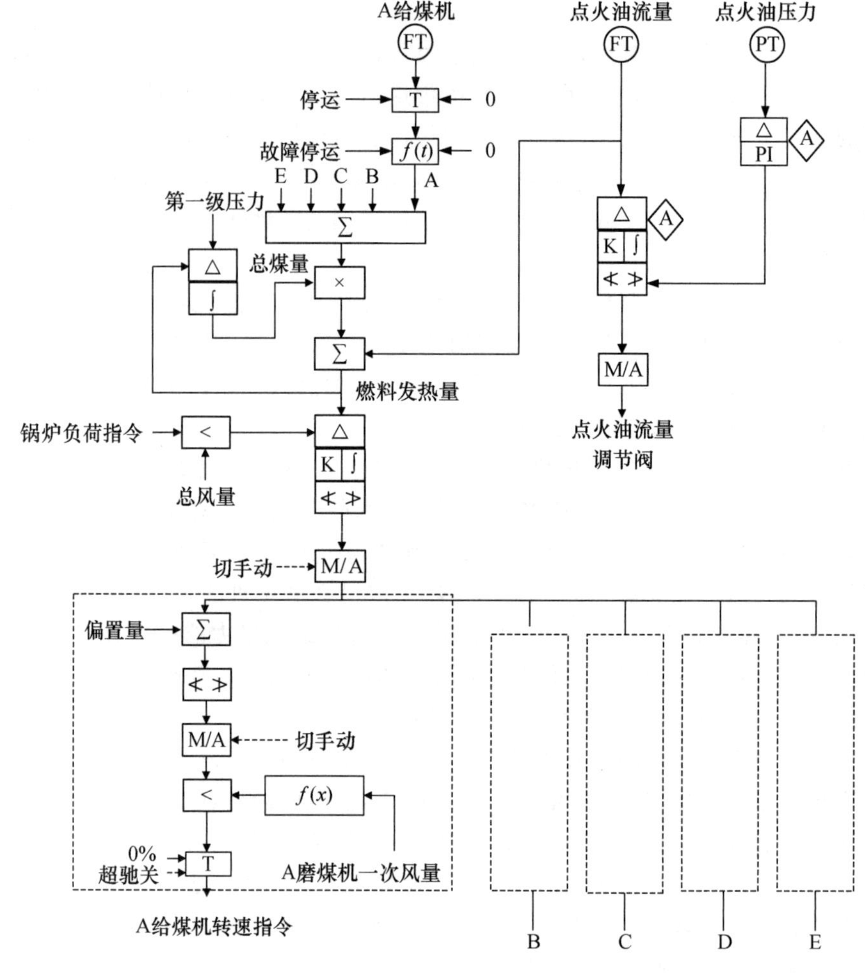

图 6-57 燃料控制系统

另外，给煤机运行时，从给煤机的给煤量变化到锅炉输入热量变化需要有一个过程，因此，给煤量信号经过 $f(t)$ 这一延时环节还起到了动态补偿的作用。

(2) 燃料的热值修正

实际应用中，由于煤种的不同，以及煤的水分含量的变化，导致煤的实际发热量与标准值有较大的差异。因此，必须对燃料的发热量进行自动修正，以确保燃料控制的正确和稳定。对发热量的修正是以实际燃料在锅炉中产生的发热量为基础进行的，系统用汽轮机第一级压力代表实际发热量。

若燃料发热量与第一级压力不相等，系统将利用偏差经过积分运算对热量系数进行修正，直到二者相等，修正后热量系数能正确反映燃料的总发热量。

(3) 给煤量控制

该机组中 5 台给煤机 A、B、C、D、E 的转速控制回路完全一样。燃料主控制指令和运行人员给出的偏置信号合成后，经上下限幅、M/A 操作站、低值选择器、超驰控制切换器，最终形成给煤机转速指令。

系统设置了磨煤机入口的一次风量限制，这是为了保证有足够的一次风量将煤粉送入炉膛。一次风量信号被输入到函数器 $f(x)$，然后被转换成该一次风量下最大允许给煤量对应的转速信号，该转速信号与燃料控制器发出的转速指令进入低值选择器，低值选择器选择二者中的小者后将其输出，以保证磨煤机在运行中空气量有一定的富裕度，防止磨煤机堵塞。

2. 磨煤机风量风温控制系统

为保证磨煤机中煤和煤粉的干燥度，便于制粉和输送，输送煤粉的一次风必须满足一定的温度。但是温度又不能太高，以免制粉系统中某些地方积粉自燃，影响安全，因此需要对磨煤机的出口风温进行控制。

为了使煤粉输送畅通，必须使煤粉管道中煤粉的速度和空气混合物的速度保持在一定范围内，一般为 20～30 m/s。若流速过低，轻则使煤燃烧器喷出的煤粉着火点靠近喷口，可能造成燃烧器过热或烧坏，重则会造成管道内煤粉沉积，使磨煤机内煤粉堵塞。若流速过高，将会影响煤粉的细度，使煤粉和空气在炉膛的混合度变差，增加不完全燃烧，还可能造成结渣。因此，必须根据磨煤机的煤量对磨煤机的出口风量和风温进行相应的控制。

输送煤粉的一次风是由冷一次风和热一次风混合而成的。冷风量和热风量可分别通过调节冷风管道和热风管道上的风门挡板开度进行调节。

该机组磨煤机风量风温控制系统如图 6-58 所示。在风量控制过程中，经一次风温修正后的一次风信号与设定值进行比较，偏差经 PID 运算、M/A 操作站、超驰优先关和优先开控制，去调节冷风挡板的开度，同时去同向调节热风挡板的开度，以使磨煤机出口风温较少受到影响。在温度控制过程中，调节热风挡板的同时，去反向调节冷风挡板，以使一次风量维持不变。

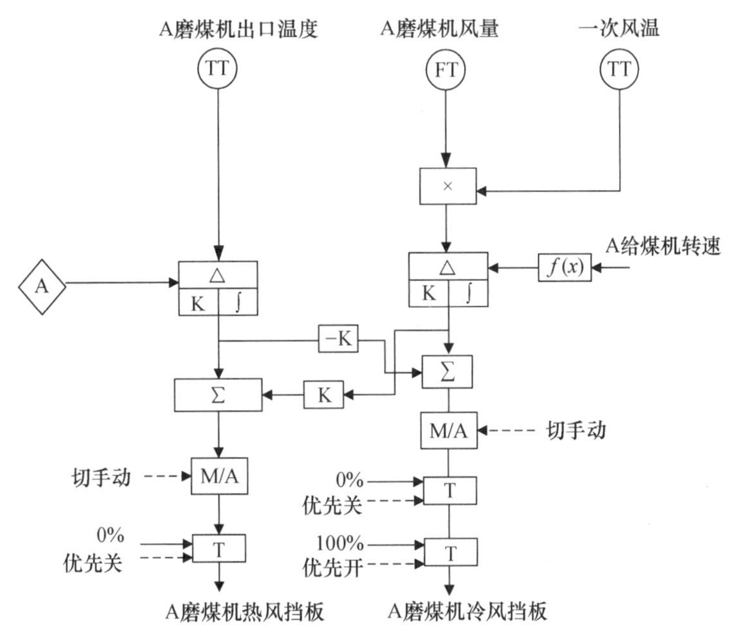

图 6-58　磨煤机风量风温控制系统

图 6-59 所示为磨煤机风量风温控制逻辑图。由此图可知，若机组发生主燃料跳闸或与风量控制有关的信号(给煤量、风量、风温、冷风挡板开度)质量坏的情况，则一次风量控制由

自动方式切换为手动方式，即置冷风挡板为手动状态。若机组发生主燃料跳闸或冷风挡板手动或与风温控制有关的信号(磨煤机出口风温、热风挡板开度)质量坏的情况，则风温控制由自动方式切换为手动方式，即置热风挡板为手动状态。

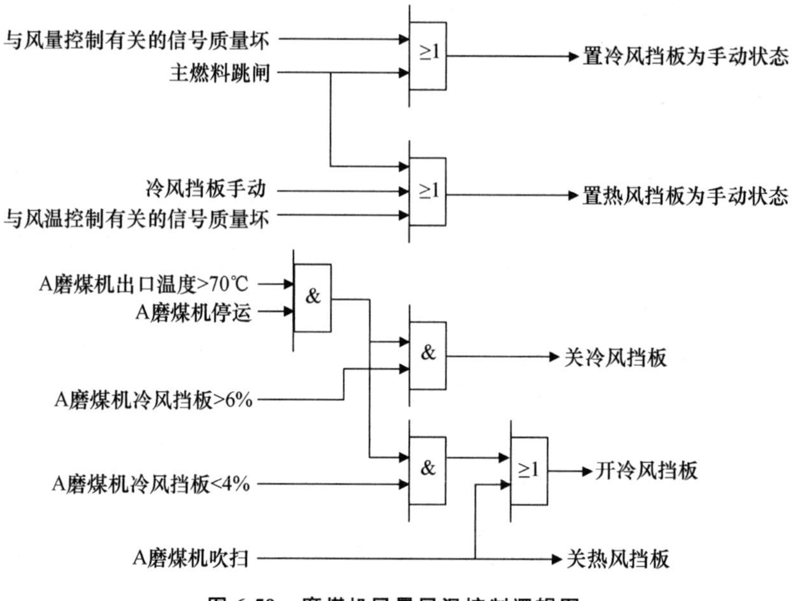

图 6-59 磨煤机风量风温控制逻辑图

风量的超驰控制有冷风挡板优先关和优先开两种方式。在磨煤机停运状态，当磨煤机出口温度大于 70℃时，系统通过优先关或优先开使冷风挡板的开度处于 50%左右。为使控制稳定，冷风挡板开度留有 4%～6%的动作死区。在磨煤机吹扫时，系统将通过优先开将冷风挡板开到 100%，同时通过优先关将热风挡板关到 0%。

3. 一次风道压力控制系统

在磨煤机风量风温控制中，磨煤机进口一次风量主要通过冷风挡板的开度来调节。为了使磨煤机冷风挡板的位置变化和一次风量相对应，一次风道压力应恒定，因此系统设置了一次风道压力控制，主要通过调节两台一次风机的入口静叶开度使一次风道压力满足要求。图 6-60 所示为一次风道压力控制系统。

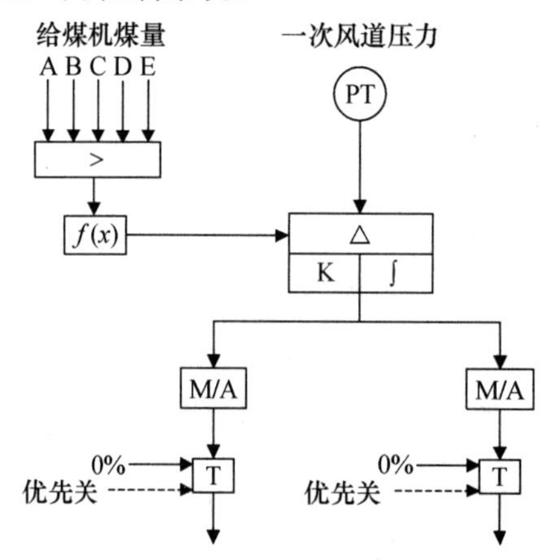

图 6-60 一次风道压力控制系统

这是一个单回路控制系统。被控量为一次风道压力信号，设定值为 5 台给煤机煤量的高选值经函数运算后的信号。一次风道压力以满足最大给煤量的磨煤机风量调节为准则。控制器输出指令被并行地送到 2 台一次风机静叶的控制回路，调节静叶开度，使一次风机风量维持在其设定值附近。

4. 送风控制系统

(1) 送风控制原理

帮助燃料在炉膛中完全燃烧的主要是二次风，即由 2 台轴流式送风机供给的风量。送风机输出的风量，经过空气预热器加热后，通过燃料风和辅助风挡板后进入炉膛。轴流式送风机输出风量的大小可以通过送风机动叶的开度来调节。

该机组的送风控制系统如图 6-61 所示。氧量修正控制器的被控量是氧量信号，它是由来自空气预热器前左右侧烟道内的两个氧量信号经平均计算后得到的。氧量修正控制器的设定值与锅炉负荷有关，一般随着锅炉负荷增加，设定值略有减小。氧量修正控制器中还增加了偏置设定器，以便操作员根据实际运行情况进行适当修正。

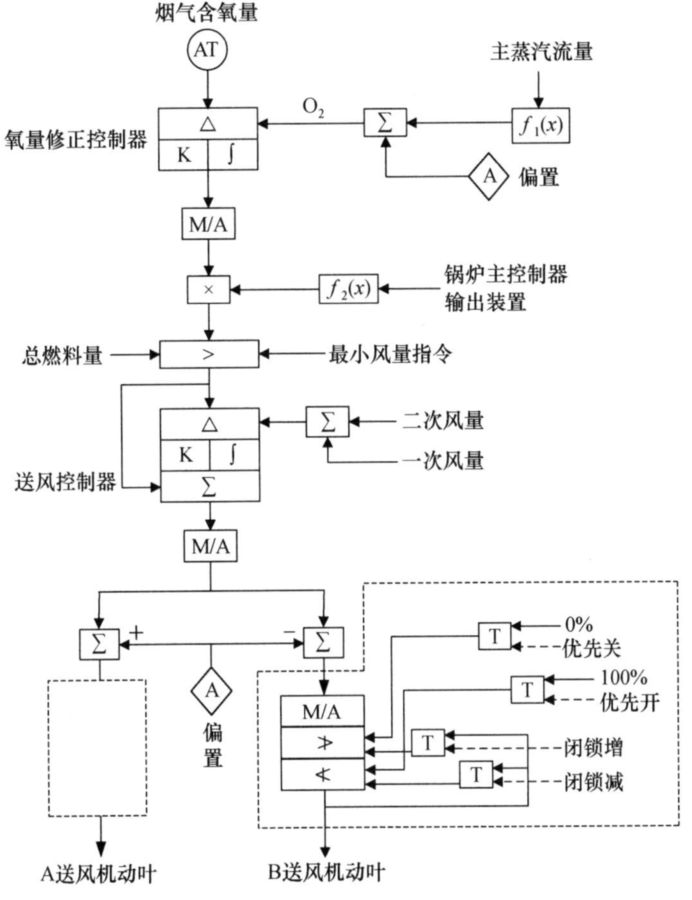

图 6-61　送风控制系统

锅炉主控制器的控制指令代表锅炉负荷或燃料量的需求，经函数 $f_2(x)$ 变换后给出不同负荷下的相应理论空气流量需求。一般随着锅炉主控制指令增大，理论空气流量也增大。理论空气流量经氧量修正后应更能适应负荷和煤质的变化，能进一步保证风/煤比，使煤粉在炉膛中完全燃烧，进而保证燃烧工况的经济性和安全性。氧量修正是通过氧量调节器输出一个与炉膛烟气含氧量有关的修正因子(0.8～1.2)，经乘法器完成的。

为避免负荷变动时缺氧燃烧，保证送风控制的安全，经氧量修正后的指令信号与测量的总燃料量、最小风量设定值(30％)经高选器后取最大值作为送风量的设定值，以保证总风量始终大于总燃料量，大于锅炉规定的最小风量。

送风控制器的反馈信号为总风量。总风量由总一次风量和左右两路二次风量相加得到。总一次风量为进入各台磨煤机(共 5 台)的一次风量之和。各台磨煤机的一次风量在磨煤机入口处测量，并用磨煤机进口一次风温进行修正。由于二次风管道有左右两路，故二次风量信号左右各有一个，它们是二次风温修正后相加得到总的二次风量。因此，总风量是经相应风温修正的，更符合实际情况。

经氧量校正形成的送风量设定值与实际总风量的偏差值，通过 PID 运算后，与为加强送风控制、保证送风量及时适应燃烧需求的前馈信号相加，最终形成送风量控制指令，被分别送至 2 台送风机。为使 2 台送风机的实际出力相等，将送风量控制指令加上运行人员的手动偏置作为送风机动叶控制指令，经 M/A 操作站、闭锁指令增减环节和超驰控制环节，去控制锅炉的送风量，以满足锅炉内燃烧的要求。

(2) 送风控制逻辑

当系统出现异常或故障时，送风控制系统将发出自动/手动切换、闭锁指令增/减、超驰开/关指令。该机组的送风控制逻辑图如图 6-62 所示。

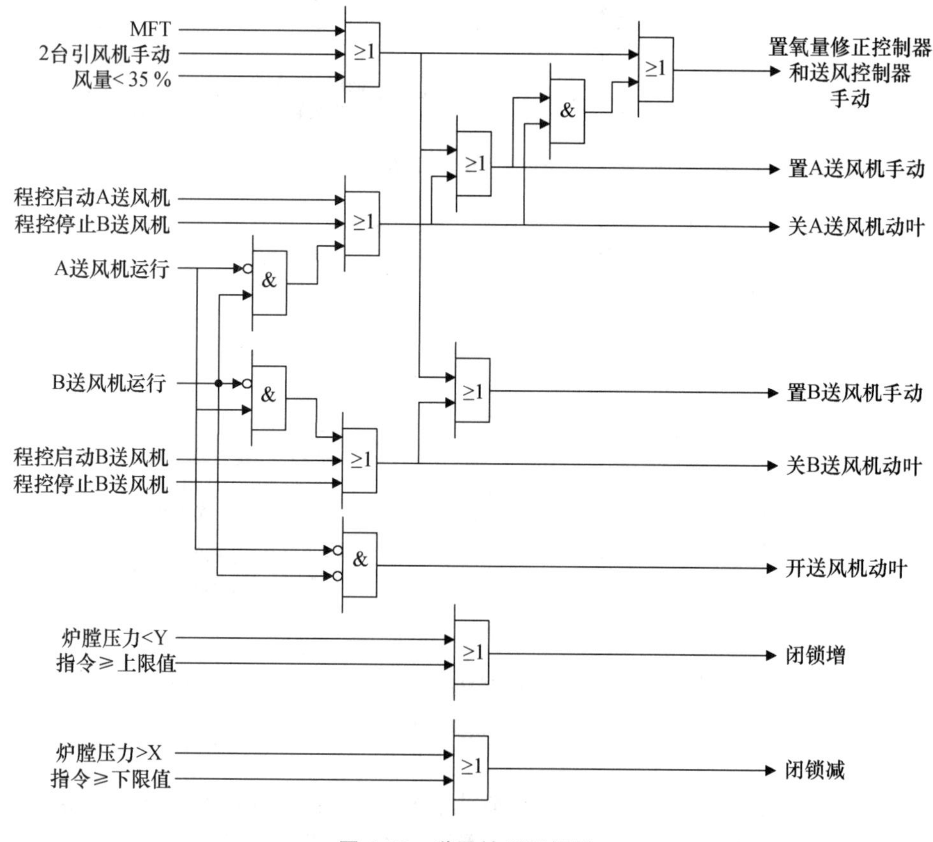

图 6-62 送风控制逻辑图

5. 炉膛压力控制系统

在锅炉运行时，炉膛压力应在正常范围内，炉膛压力过高或过低均不利于锅炉安全经济地运行。一般通过调节两台轴流式引风机动叶开度，使引风量和送风量相适应，从而保证炉膛压力在允许范围内。该机组的炉膛压力控制系统如图 6-63 所示。这是一个前馈加反馈单回路控制系统。本系统将送风机动叶位置的平均值作为前馈信号，送风量改变时使引风机动叶开度快速响应，使炉膛压力动态偏差尽可能小，最后通过反馈控制器将炉膛压力控制在设定值。

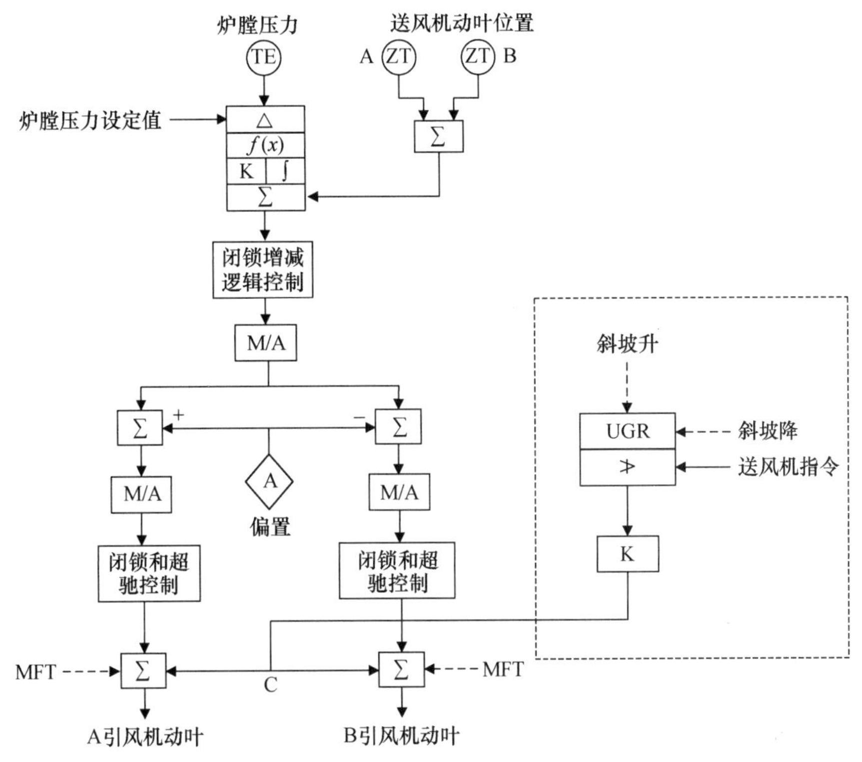

图 6-63　炉膛压力控制系统

控制器的反馈信号为炉膛压力信号。鉴于炉膛压力控制的重要性，为防止因变送器故障或信号管路堵塞影响信号的质量，进而影响炉膛压力控制的正常运行，炉膛压力信号用三重差压变送器进行测量。正常时取三个信号的中间值，当有一个或两个测量信号质量坏时，取一个质量好的信号，若三个信号质量全坏，系统会自动将炉膛压力控制由自动控制方式切换为手动控制方式。

控制器的被控信号与设定值的偏差经过死区继电器特性函数 $f(x)$变换后，在一定范围内的偏差下使控制器输出不变，执行器不动作。这样，可进一步消除因炉膛压力经常波动而使执行机构频繁动作的问题，提高系统的稳定性和执行机构的使用寿命。

经 $f(x)$处理后的偏差信号被送去进行 PID 控制运算，运算结果与作为前馈信号的送风机动叶位置平均值相加，最终形成引风机的控制指令，控制指令被分别送至 2 台引风机的 M/A 操作站，去控制引风机动叶开度。

当发生主燃料跳闸的情况时，为了防止因熄火引起炉膛压力大幅度下降，进而发生锅炉内爆事故，系统存储了当时引风机的动叶开度，同时按一定速率(斜坡降)瞬间动态关小引风机动叶开度，保持一段时间后再以斜坡变化，使引风机动叶重新开启直至恢复到主燃料跳闸瞬间的开度。

该机组的炉膛压力控制逻辑图如图 6-64 所示。

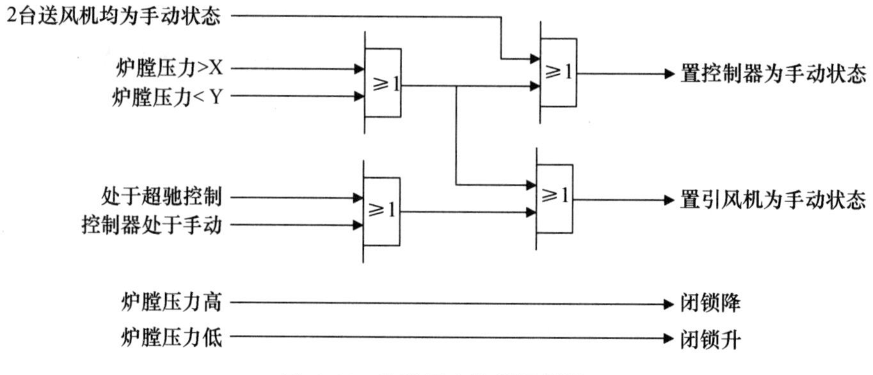

图 6-64　炉膛压力控制逻辑图

课 后 题

巩固练习

1. 给水被控对象的动态特性是什么？

2. 比较单级三冲量给水控制系统与串级三冲量给水控制系统的控制特点。

3. 过热蒸汽温度的动态特性有哪些？这些特性对蒸汽温度控制系统的稳定性有什么影响？

4. 画出串级过热蒸汽温度控制系统的结构方框图，并分析系统在扰动作用下的调节过程。

5. 单元机组负荷控制的原则是什么？单元机组负荷控制系统与机、炉常规控制系统之间是什么关系？

6. 单元机组协调控制系统有几种不同的控制方案？比较各方案的特点。

7. 燃烧控制系统的任务是什么？燃烧控制系统各子系统的被控量和控制量分别是什么？

拓展练习

1. 汽包锅炉给水控制系统的被控量为汽包水位 H，控制量为给水流量 W，负荷为蒸汽流量 D，H_0 为汽包水位的设定值，$G_W(s)$、$G_D(s)$分别为给水流量和蒸汽流量对汽包水位的传递函数，其计算公式为：

$$G_W(s)=\frac{\varepsilon}{s(T_1 s+1)},\quad G_D(s)=\frac{K_D}{T_2 s+1}-\frac{\varepsilon}{s}$$

机组 75%负荷和 100%负荷下给水流量和蒸汽流量的对象传递函数如表 6-1 所示。

表 6-1　机组 75%负荷和 100%负荷下给水流量和蒸汽流量对象传递函数

负荷	$G_w(s)$	$G_D(s)$
75%	$\frac{0.00277}{s(30s+1)}$	$\frac{2.7}{15s+1}-\frac{0.00277}{s}$
100%	$\frac{0.037}{s(30s+1)}$	$\frac{3.6}{15s+1}-\frac{0.037}{s}$

任选工况，在 MATLAB 中对不同的给水控制策略进行仿真，并对结果进行对比和分析。

2. 某过热蒸汽温度串级控制系统中，导前区对象 $W_{02}(s)$和惰性区对象 $W_{01}(s)$在机组 75%负荷和 100%负荷下的对象传递函数如表 6-2 所示。

表 6-2　过热蒸汽温度被控对象在 75%负荷和 100%负荷下的对象传递函数

负荷	$W_{02}(s)$	$W_{01}(s)$
75%	$-\frac{1.657}{(20s+1)^2}$	$\frac{1.202}{(27.1s+1)^7}$
100%	$-\frac{0.815}{(18s+1)^2}$	$\frac{1.276}{(18.4s+1)^6}$

任选工况，在 MATLAB 中对不同的过热蒸汽温度控制策略进行仿真，并对结果进行对比和分析。

第7章　过程控制系统设计实训

本章学习导言

工业过程控制的发展融合了控制理论、仪器仪表、通信网络、计算机等技术的最新成果，具有较强的综合性、应用性。为培养系统化和工程化的思想，这里采用三容四参数实验装置并配接AB-PLC控制器，开展过程控制系统设计实训。

三容四参数实验装置能够代表多种典型连续性工业生产工艺流程。将工程中常见的容器、管路、泵、阀门等设备进行微缩，通过柔性连接可以构成多种被控过程的物理模型，呈现一阶、二阶、三阶、大滞后、耦合等多种过程特性；通过自动测量装置、控制装置对四种典型的物理参数（液位、流量、压力、温度）进行测量、显示和自动控制，可实现从简单到复杂、从经典到现代的多种控制策略和控制算法的设计和研究。

本章以双容水箱液位控制系统设计为例，遵循工程项目开发流程，按照系统组态、控制组态和画面组态三大任务设计训练。

本章核心知识点思维导图

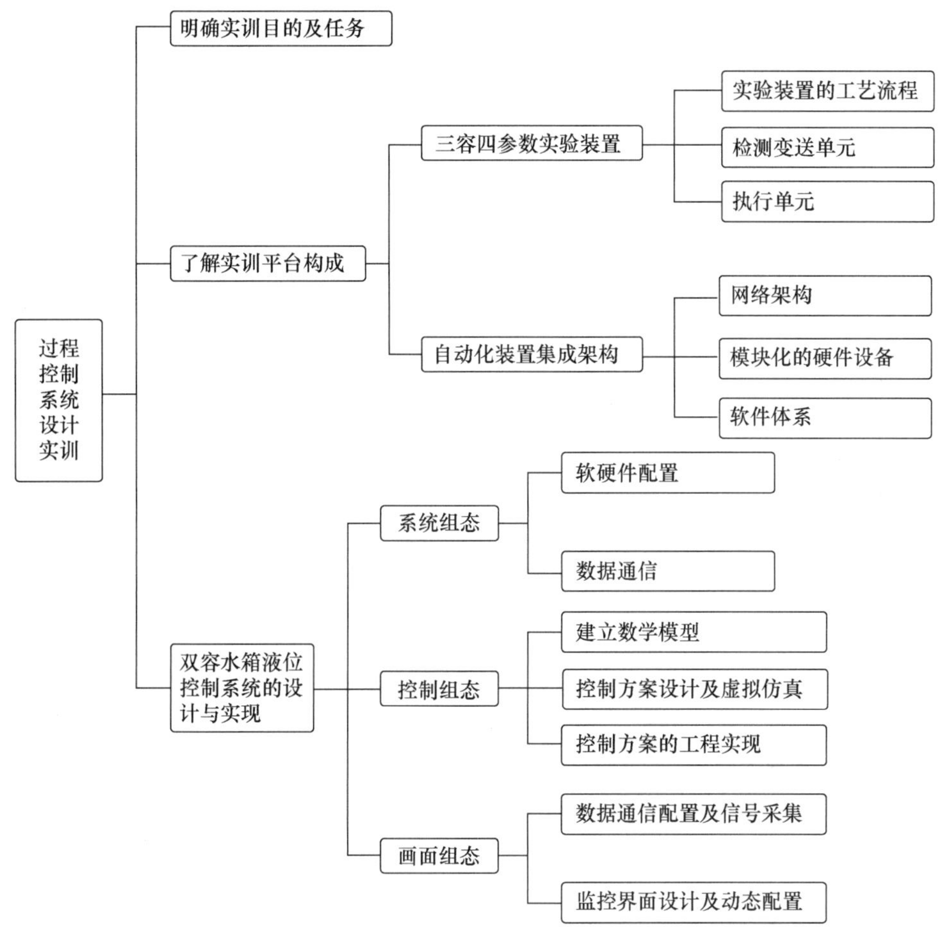

7.1 明确实训目的及任务

1. 实训目的

(1) 通过虚实结合的实训教学，使学生了解“非技术因素”对工程项目的影响，掌握工程设计的基本思路和开发流程；

(2) 培养学生应用软硬件设计平台对复杂工程问题进行分析、模拟、设计和调试整定的能力，使其理解设计平台的局限性且能正确处理相关问题；

(3) 通过小组合作的项目驱动式教学活动，培养具有团队合作精神、创新意识和良好沟通表达能力的复合型工程技术人才。

2. 实训任务

本实训项目主要包括以下几项实训任务。

(1) 了解“非技术因素”对工程项目的影响

工艺流程设计过程中通常要考虑合理性、经济性、可操作性、可控制性等几个方面，需要综合考量如下“非技术因素”对工程项目的影响：国家利益、社会责任、健康、文化、法律、法规、安全、环境、创新意识、经济性要求、知识产权、产业政策、企业的管理体系与行业规范、职业道德、团队合作、沟通能力、项目管理，等等。

(2) 熟悉控制系统的设计思路

控制系统的设计主要包括控制目标设计、控制方案设计、设备选型和调试投运等环节。

控制系统设计的首要任务是了解工艺流程的运行需求，明确控制任务和控制范围，进而确定控制目标、设计控制目标，可以用具体性能指标的形式体现控制目标。

控制方案设计是控制系统设计的关键环节，包括被控量、控制量的选择，控制系统结构设计及控制算法设计等。这些工作都建立在被控对象特性分析的基础之上。通过被控对象特性分析，结合控制目标，可合理选取被控量、控制量。设计控制系统结构和控制算法时，需要权衡安全性、稳定性和经济性之间的相互关系。

进行设备选型时主要应考虑过程参数的量程范围、仪表装置的精度等，此外，还要考虑经济成本等因素。

进行调试投运时，应先完成设备的接线工作，然后应实现数据的正确传输功能。在确保安全稳定长周期运行的前提下，还要考虑对控制器的参数进行优化，以获取更高的生产效益。

(3) 掌握工程组态设计方法

工程组态设计是应用软硬件设计平台将设计的控制方案进行工程实现的过程。工程组态主要包括系统组态、控制组态和画面组态。工程组态设计流程图如图 7-1 所示。系统组态在任务需求分析的基础上主要完成硬件选型配置和网络配置等。控制组态按系统建模、控制方案选择、控制程序设计、参数整定的步骤进行，以软件设计为主。画面组态负责提供一个适合用户操作的人机界面，方便用户监控生产流程，必要时还可发出故障报警或允许人工干预。

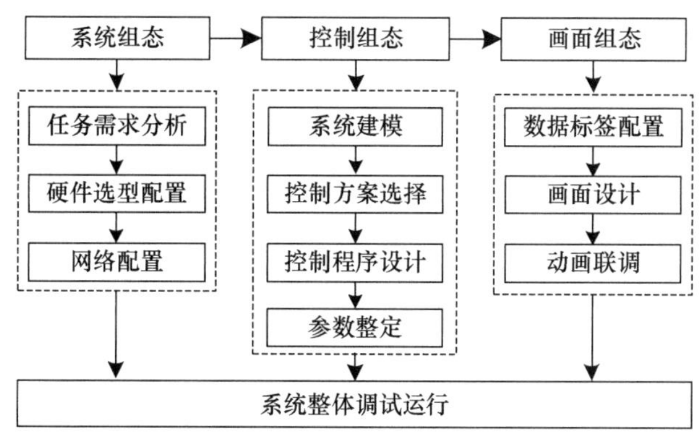

图 7-1 工程组态设计流程图

(4) 掌握控制器参数整定方法,完成实验装置控制系统投运工作

掌握常用的控制器参数工程整定方法,整定时应考虑物理系统中存在的约束条件和实际工程中的非技术因素影响,实现软硬件系统的整体联调,同时要进行各种扰动实验测试,以实现运行稳定、响应快速、无静差等目的。

(5) 完成文献检索、自主学习、资料撰写和答辩汇报等任务

以小组分工合作的形式开展项目驱动式的实训活动:① 合理进行人员工作任务分配、组织协调,以保证任务按期完成;② 进行文献检索、自主学习、小组讨论,以完成技术路线及方案论证;③ 提交开题报告、中期检查和结题报告等书面材料;④ 制作 PPT 并录制项目视频,完成结题答辩汇报。

7.2 了解实训平台构成

过程控制系统实训平台主要由三容四参数实验装置和罗克韦尔自动化集成装置两部分构成,如图 7-2 所示。

7.2.1 三容四参数实验装置

如图 7-3 所示的三容四参数实验装置是三容工艺设备,具有独立双回路、不锈钢容器、PPR 管路、控制装置,属于被控对象分体、信号端口开放的结构形式,由操控台和被控对象两部分组成,中间采用电缆束连接。操控台由显示盘、操作面板、信号输入输出接口、主机、显示器、键盘等组成。

实验装置采用工业铝合金框架式结构,配有散热顶罩、信号转接箱、移动脚轮等,是一套微缩水循环系统,其工艺流程图如图 7-4 所示。其中,典型的工艺过程参数主要包括上、中、下三个水箱的液位、主副流量、进出口温度、主泵出口压力等。储水槽和水箱等均由不锈钢材料制成,管路采用耐用环保的 PPR 管材,散热器内管为铝质,水泵采用离心式水泵。

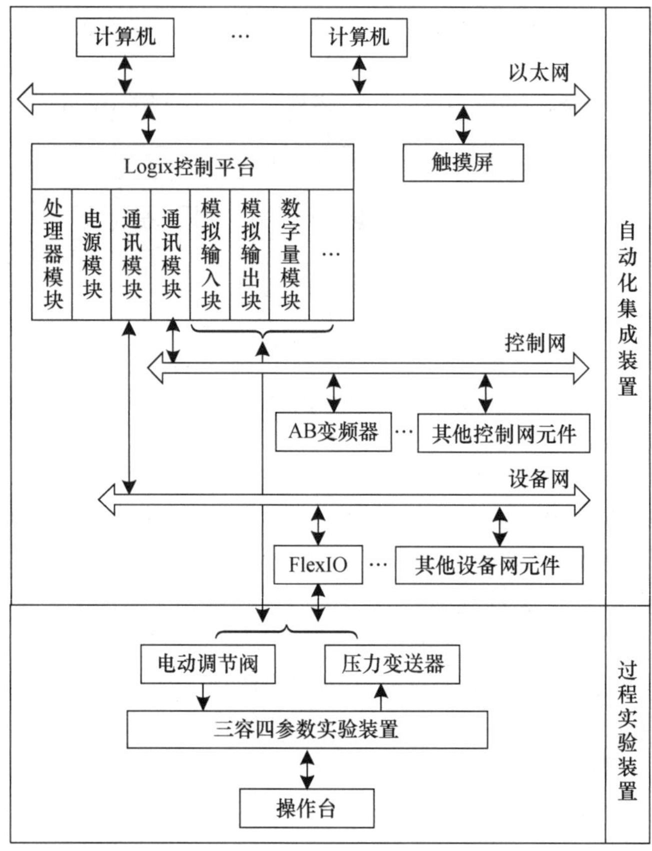

图 7-2　过程控制系统实训平台的构成

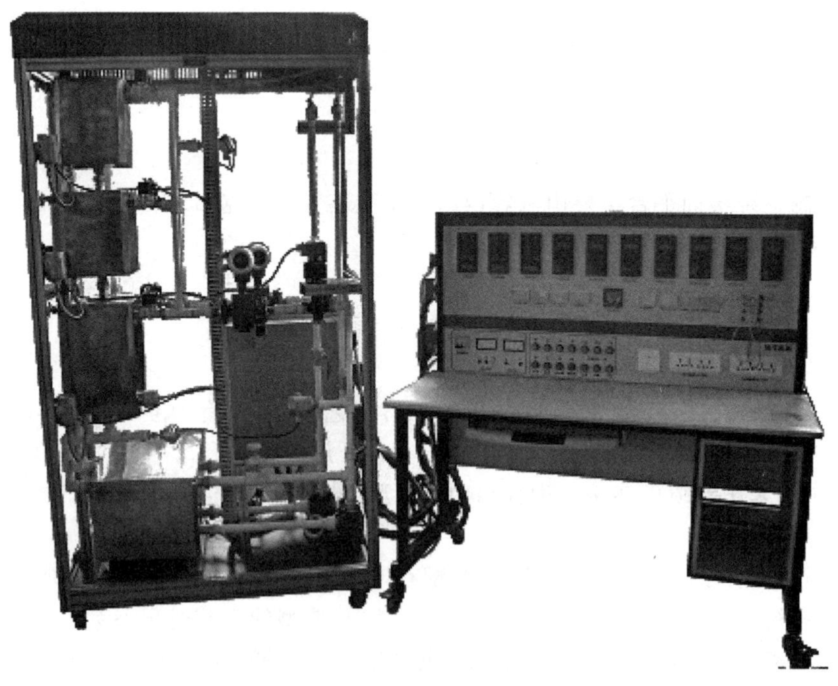

图 7-3　三容四参数实验装置实物图

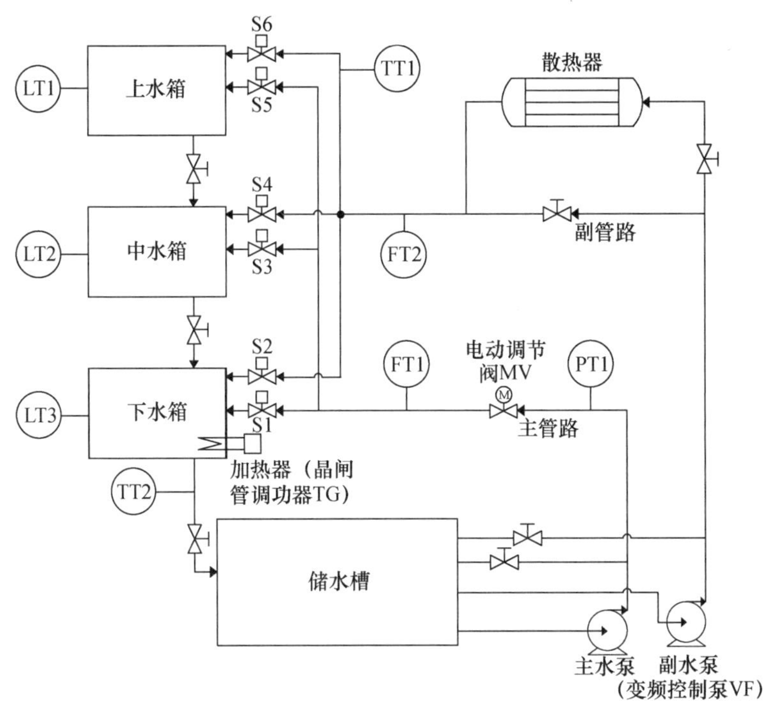

图 7-4　实验装置的工艺流程图

设备的控制装置用来测量和控制水循环系统运行过程中的关键工艺参数，由变送器、显示仪表、执行装置和控制器（采用罗克韦尔自动化集成产品）组成，均采用工业级产品。变送器和执行装置安装在过程设备上，相当于工程现场的一次仪表。操作台上有部分显示仪表和操作按钮，为常规仪表式监控装置，是基于罗克韦尔自动化集成产品构成的监控系统的备用装置。

完成四参数检测变送工作的装置为：

① 液位变送器 LT1、LT2、LT3，负责将上、中、下水箱内液位转换成 4～20 mA 的标准信号；

② 流量变送器 FT1、FT2，负责将主副回路的流体流量转换成 4～20 mA 的标准信号；

③ 压力变送器 PT1，负责将主水泵出口压力转换成 4～20 mA 的标准信号；

④ 温度变送器 TT1、TT2，负责将水箱进口、出口液体的温度转换成 4～20 mA 的标准信号。

执行装置有电动调节阀 MV、晶闸管调功器 TG 和变频控制泵 VF 三种类型，可实现多样化实训项目。电动调节阀接收控制信号，并根据控制信号改变开度，从而调节管道中流体的流量。晶闸管调功器接收控制信号，并根据控制信号改变晶闸管导通角，从而控制加热器的加热功率。变频控制泵接收控制信号，并根据控制信号改变泵的转速，从而控制管道中的液体流量。

管路中的电磁阀 S1～S6，可以遥控改变系统的工艺流程，实现管道的柔性连接。

管路中的手动阀门用于进行工艺流程和系统特性的人工干预。

根据实际需要，可选定合适类型的控制器，用以接收变送器或显示仪表的模拟信号和开关量信号，控制器根据现场给定系统的设定值或上位机远程给定系统的设定值进行 PID 运算和逻辑运算，输出控制信号给执行装置或报警联锁装置。开展实训时，可通过 PC 机进行编程设计，同时，还可以使用组态软件对系统进行监控、信息处理和储存等。

7.2.2 自动化集成装置的架构

本实训平台的控制装置主要采用罗克韦尔自动化集成产品，以 Logix 控制系统为核心，以 NetLinx 三层网络集成架构为纽带，将管理计算机、过程控制系统模型、触摸屏、变频器、电机等多种仪器仪表连接成一个有机的整体。控制器通过以太网模块和 Ethernet/IP 网络与接入 Ethernet/IP 网络的上位机进行通信，从而实现输入输出、下载组态数据、监视运行状态等功能。

Logix 控制系统是基于模块和网络组合，具备先进信息传递模式，采用计算机标准化数据结构，使用通用的软件操作方式，具有拓展性、延伸性、兼容性、通用性等特点的工业控制系统。该控制系统通过背板总线强大的网关功能完成信息层、控制层和设备层三个开放式通信平台之间的自由转换，并兼容 DH+、RI/O、DH485/串口等传统通信网络；IEC 1131-3 标准的结构体数据形式可表达生产过程数据实体，并可使控制器与外部系统在数据交换方面实现无缝连接。下面分别从网络架构、模块化的硬件设备和软件体系三方面对 Logix 控制系统进行具体介绍。

1. 网络架构

本实训平台采用 NetLinx 开放式网络架构，包括设备层网络、控制层网络和信息层网络，如图 7-5 所示。这三层网络的顶层均采用面向对象的控制与信息协议——通用工业协议(Common Industrial Protocol，CIP)，可方便地实现不同网络的互联。底层网络与顶层网络之间的高效、可靠的通信，能够使其他任何设备与 NetLinx 网络中的所有设备建立连接，并为应用软件提供丰富的数据接口，如 OPC、DDE 等标准数据接口，以及罗克韦尔软件产品的自身数据接口等。

(1) 设备层网络

设备层网络(DeviceNet)是基于 CAN 的一种底层网络，用于底层设备的低成本、高效率信息集成，可以不通过 I/O 模块直接连接控制器和工业设备，从而大大减少硬接线输入输出点。其主要任务是在各个 PLC 之间及各个 PLC 与各智能化控制设备之间进行数据交换、控制协调、网上编程及程序维护、远程设备配置和查排错误，也可以连接各种人机界面产品并对其进行监控。

(2) 控制层网络

控制层网络(ControlNet)是一种开放的、高速(或高吞吐量)的实时工业网络，具有确定性、可重复性的特点。其中，高速确定性是指对于对时间有苛刻要求的应用场合的信息传输，允许传送无时间苛刻要求的报文数据，但不会对有时间苛刻要求的数据传送造成冲击。

(3) 信息层网络

信息层网络(Ethernet/IP)采用以太网结构和 TCP/IP 控制协议，并在其应用层中加入 CIP 协议，支持同一链路上实现设备组态、实时控制、数据采集等功能。Ethernet/IP 是开放的工业网络技术，支持实时 I/O 控制和信息传递功能。信息层网络的主要特点是采用了世界范围内广为接受的以太网技术，能为几乎所有的计算机系统和应用软件包提供多方连通。

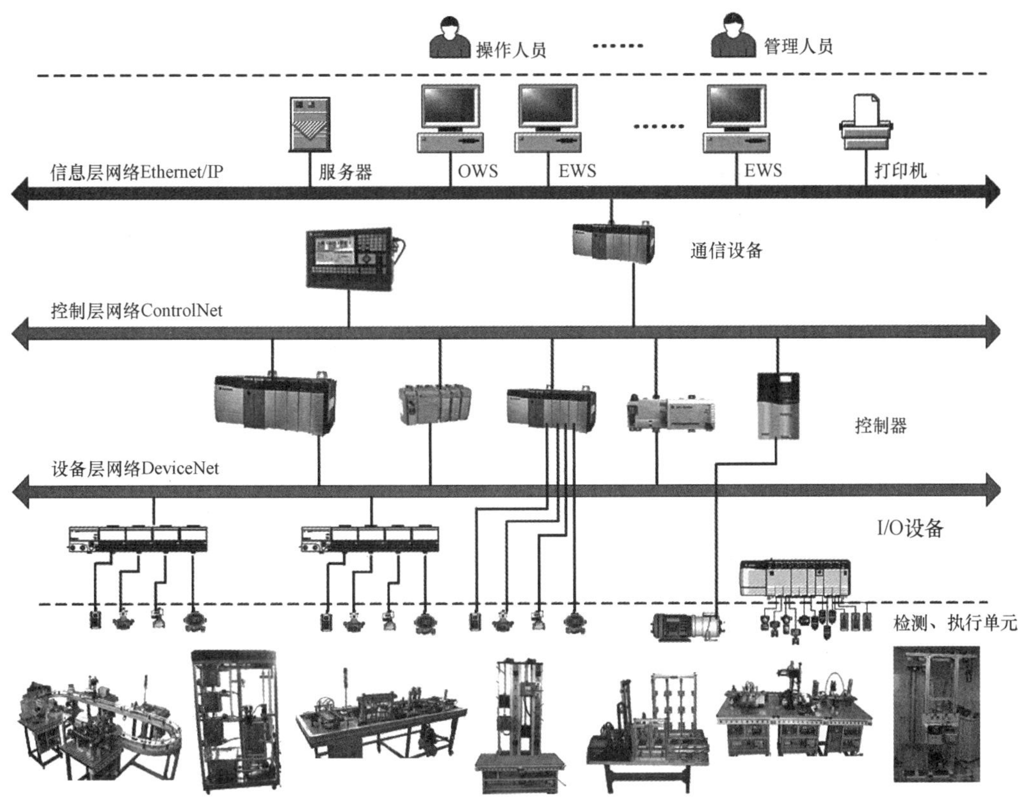

图 7-5 NetLinx 开放式网络架构

2. 模块化的硬件设备

Logix 控制系统可选用的控制器模块主要有 ControlLogix 控制器、CompactLogix 控制器、SoftLogix 控制器、FlexLogix 控制器和 DriveLogix 控制器等。其中，ControlLogix 控制器主要用于大型应用场合，CompactLogix 控制器主要用于小型和中型应用场合。在更复杂的系统中，可以增加其他网络，以实现运动控制和安全控制等功能。

Logix 控制系统的 I/O 模块有集成的通信总线，集成的通信总线通过可移动总线连接器将各模块连接起来。人们通常采用滤波器、光电耦合器或隔离脉冲变压器将来自现场的输入信号或驱动现场设备的输出信号与 CPU 隔离，以防止外来干扰引起的误动作或故障。各 I/O 模块均配有带手指保护顶盖的内置可拆卸端子块，用于连接 I/O 传感器和执行器。端子块位于 I/O 模块前盖板的后面。I/O 接线可从 I/O 模块下部连接到 I/O 端子。I/O 模块分为数字量输入/输出模块和模拟量输入/输出模块两大类。数字量输入/输出模块用来接收和采集现场设备的输入信号，如按钮、选择开关、行程开关、继电器触点、接近开关、光电开关、数字拨码开关等的输入信号，以及向各执行机构输出控制信号，如向接触器、电磁阀、指示灯和开关等输出控制信号。模拟量输入/输出模块能直接接收和输出模拟量信号。

3. 软件体系

Logix 控制系统的软件体系主要包括 RSLogix 5000 编程软件、RSLinx 通信软件、RSLogix Emulate 5000 虚拟仿真控制器软件和 RSView 32 组态软件。

(1) RSLogix 5000 编程软件

RSLogix 5000 编程软件是 Logix 控制系统的通用编程软件，可对 ControlLogix、CompactLogix、FlexLogix、SoftLogix、DriveLogix 和 DeviceLogix 控制器等进行编程，提供离线、在线编辑程序和程序上下载功能，同时支持梯形图(LD)、顺序功能流程图(SFC)、功能块(FBD)和结构化文本(ST)四种编程语言，可使开发人员选择适合项目的语言进行项目开发，从而节省开发的成本和时间。

(2) RSLinx 通信软件

RSLinx 通信软件是罗克韦尔各种平台的通信枢纽，可为所有网络配置提供可靠、完善的驱动程序，主要负责控制器和各软件模块之间的通信，还提供开放的数据接口，支持 DDE、OPC 通信模式，可与第三方应用程序进行通信，实现现场设备和罗克韦尔软件体系的连接。其具体功能主要有以下几项。

① 广泛的设备连接能力：具备 Allen-Bradley 品牌全系列 PLC 产品的连接能力，例如，从最初的 PLC-5 产品到 Controllogix 集成网关系统，从自有协议到开放的现场总线协议。

② 提供集成网络设备浏览环境，提供驱动设置、故障诊断等功能。

③ 提供开放的数据接口：可作为 OPC 服务器向其他的 OPC 客户端提供必要的接口，还提供通用 DDE、FastDDE、Advance DDE 等多种数据通信方式。

④ 远程网关连接能力：提供 PLC 产品企业级的连通能力，RSLinx 客户机能够通过 TCP/IP 网络访问 RSLinx 网关设备，数据的通信同样可以通过 DDE/OPC 实现，而且支持远程 OPC 应用，可以和车间级设备进行动态数据交换。

(3) RSLogix Emulate 5000 虚拟仿真控制器软件

RSLogix Emulate 5000 是用于 Logix 5000 控制器系列的虚拟仿真软件，主要在没有实际硬件控制器的情况下进行 RSLogix 5000 编程的模拟和调试。该软件通过 OPC 和其他软件建立数据通道，也可用于 RSLogix 5000 和 RSView 32 等软件开发过程中的仿真模拟测试。

(4) RSView 32 组态软件

RSView 32 是基于组件集成，用于监视和控制自动化设备和过程的人机界面监控软件，可以记录实时数据、报警数据、历史数据、报表等，并可与其他软件及第三方应用程序高度兼容。其具体功能主要有以下几项。

① 有开放的图形显示系统，通过 OLE 容器方式支持 ActiveX 控件，可供选择的第三方 ActiveX 控件有数千种，用户可以方便地将现有解决方案添加到 RSView 32 项目中。

② 用户可通过对象模型的开发实现对 RSView 32 核心功能的调用，同时 RSView 32 也可与其他基于组件技术的软件产品实现互操作。

③ 以 Visual Basic for Applications(VBA)作为内置编程语言，用户可以最大限度地实现对 RSView 32 项目的扩展和自定义。

④ 支持 OPC 标准，可以快速、方便地与众多生产制造商的硬件设备进行通信，同时还可以作为 OPC 服务器为其他 OPC 客户端提供服务。

⑤ 采用了 Add-On Architecture(AOA)插件技术，扩展了 RSView 32 的功能，将最新的技术集成到 RSView 32 的内核中。

7.3 双容水箱液位控制系统的设计与实现

无论涉及何种工业生产过程，过程控制的任务均可归结为：在了解、掌握工艺流程和生产过程的静态动态特性的基础上，根据安全性、经济性和稳定性的要求，应用相关理论对控制系统进行分析和综合，最后采用适宜的技术手段加以实现。因此，根据工程实际，可通过建模分析系统静态动态特性，设计控制系统结构，进行参数整定，进行系统闭环调试，最终完成控制系统的设计。

本节以双容水箱液位控制系统设计为例，介绍设置三容四参数实验装置相关调节阀的状态的知识，柔性连接后的系统工艺流程图如图 7-6 所示。该系统的控制任务是保证下水箱液位稳定在给定范围。

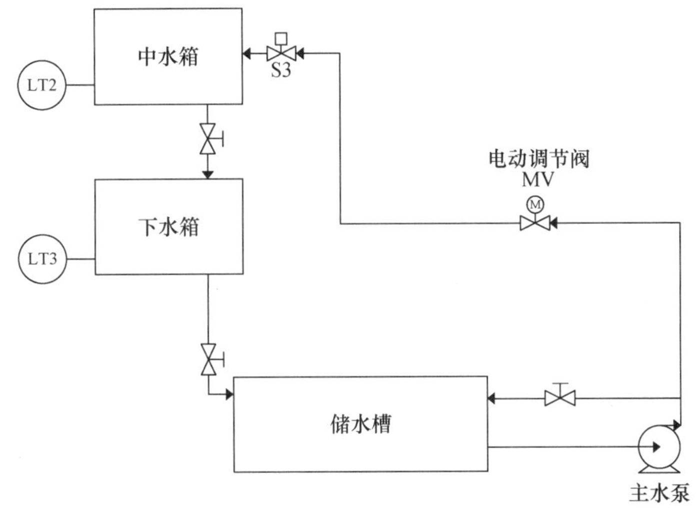

图 7-6　双容水箱液位控制系统工艺流程图

双容水箱液位控制系统是一套水循环系统，主水泵为定速泵，该系统通过定速泵从储水槽中抽水，抽取的水经过电动调节阀 MV 和中水箱的电磁阀 S3 后进入中水箱，再由中水箱流入下水箱，下水箱流出的水进入储水槽，完成一个水循环流程。该系统中，被控量为下水箱液位，控制量为电动调节阀开度。

中水箱、下水箱的液位由压力传感器 LT2、LT3 检测，压力传感器被安装在水箱底部，利用液体某一深度点的压强与该点至液面高度成正比的原理进行液位测量，并将测量信号转换成 4～20 mA 的标准电信号，电信号被送至控制器的模拟量输入模块中，电信号经模/数(A/D)转换后进入控制回路，控制回路对收到的电信号进行计算处理，然后输出控制指令。控制指令经模拟量输出模块的数/模(D/A)转换后作用于电动调节阀。电动调节阀有手动和自动两种模式，本实训在进行对象特性测试开环实验时采用手动模式，投入闭环运行时采用自动模式。控制器通过改变电动调节阀开度来调节管道中液体的流量，进而实现调节水箱液位的目的。

7.3.1 系统组态

1. 软硬件配置

本实训平台选用 CompactLogix 系列控制器，通过 RSLinx 软件设置 IP 地址并进行以太网驱动配置，从而使控制器与 PC 机相连。PC 机构建 Logix 软件体系，通过 RSLogix 5000、RSLinx、RSLogix Emulate 5000、RSView 32 等软件设计完成工程组态任务。实训中可根据输入输出信号端子数选择合适型号的 I/O 模块。I/O 模块与过程装置中的液位变送器和执行器(电动调节阀)等设备相连，从而实现控制水箱液位的任务。双容水箱液位控制系统的软硬件架构如图 7-7 所示。

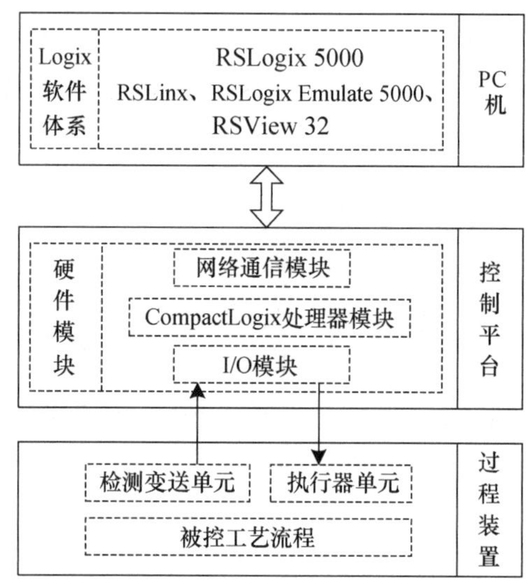

图 7-7 双容水箱液位控制系统软硬件架构

实训中，选用 CompactLogix 系列的 1769-L35E 型号控制器作为核心，并将电源模块、控制器模块、模拟量输入输出模块等安装在同一个背板中。CompactLogix 控制器配置概况如图 7-8 所示。图 7-8 中从左到右依次是 CompactLogix 1769-L35E 控制器、1769-IF4 模拟量输入模块、1769-OW16 数字量输出模块、电源模块、1769-SDN 设备扫描器、1769-IT6 热电偶模块、1769-IF4XOF2 模拟量输入输出模块。可使用两颗安装螺钉将 I/O 模块安装到面板上或直接安装到 DIN 导轨上。

将三容四参数实验装置和 CompactLogix 硬件平台相连，选用 1769-IF4 模拟量输入模块的 2 号通道作为下水箱液位值的输入端，1769-IF4XOF2 模拟量输入输出模块的 1 号通道作为输出端，并将模拟量输入输出信号分别接到控制台对应位置。

2. 数据通信

本实训通过 RSLinx 通信软件建立 Logix 系列控制器和软件平台之间的通信，构建网络架构，完成网络驱动、控制器、I/O 模块及相关设备的配置，从而实现各层设备之间的信息无缝连接。

图 7-8 CompactLogix 控制器配置概况图

首先在 RSLinx 中构建网络通道环节，在“Configure Drivers”对话框中，通过下拉菜单配置网络驱动并完成相关设置，如图 7-9 所示。通信配置成功后可通过“RSWho”功能查看在此驱动下的所有设备，RSLinx 网络配置界面如图 7-10 所示。

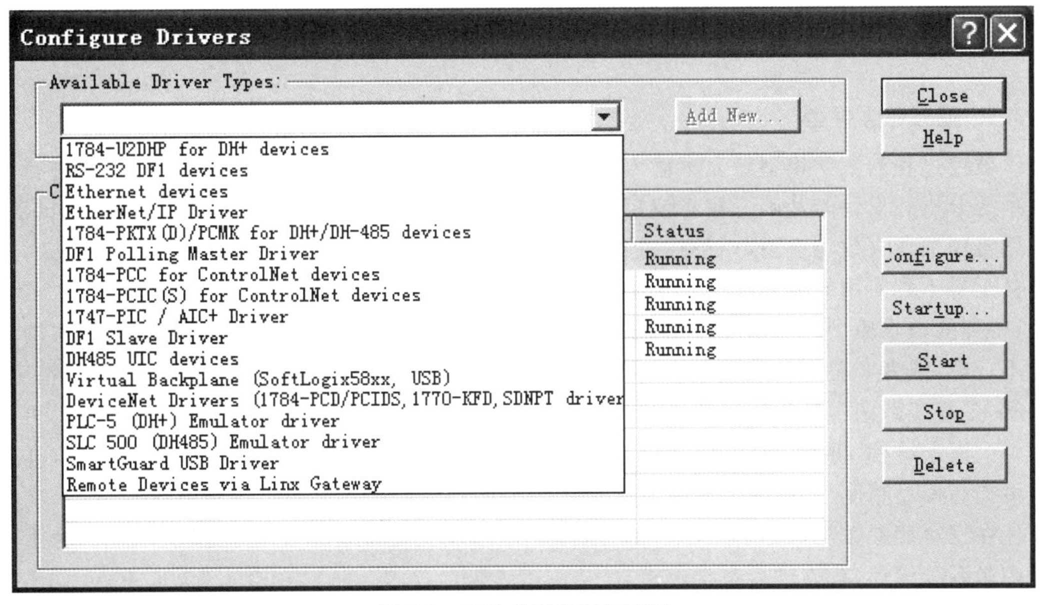

图 7-9 驱动类型选择界面图

7.3.2 控制组态

由图 7-6 所示的双容水箱液位控制系统工艺流程图可以看出，控制台设备系统连线后，接通电源，主水泵从储水槽抽取液体。在主水泵的出口有两条管路，一条是接电动调节阀的主管路，另一条是接旁路阀门的旁路。正常运行工况时，主管路的电动调节阀接收 4～20 mA 的控制信号，通过改变开度，调节水槽的进水流量。当水槽液位接近于设定值时，系统达到动态平衡。在低负荷工况下，为保证水泵必需的最小流量，旁路阀门自动开启，部分液体经旁路回流到储水槽，起到保护水泵的作用。这也被称为再循环管路。

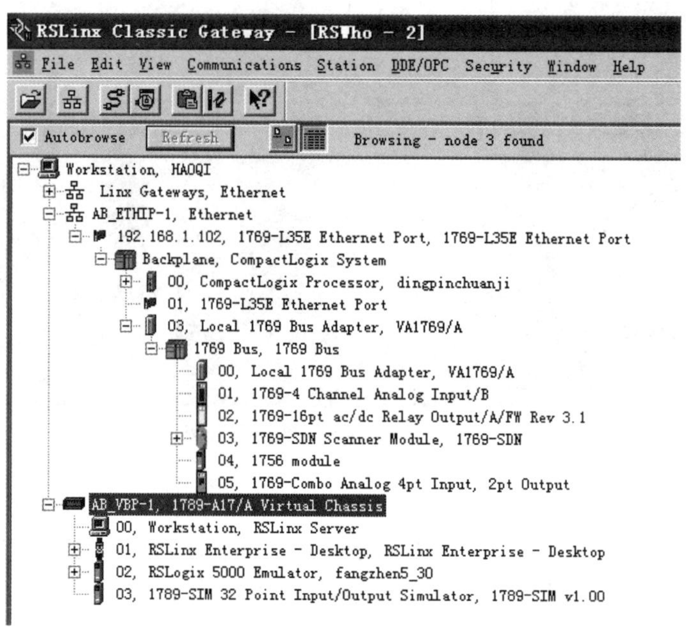

图 7-10 RSLinx 网络配置界面

1. 建立数学模型

被控过程的数学模型是表示输入变量与输出变量之间动态关系的数学描述，是进行控制系统分析和设计的基础。建立被控过程数学模型的基本方法有两种，即机理法和测试法。若用机理法建立数学模型，当被控过程机理太复杂时，得出的数学模型往往也非常复杂，有时甚至得不到实用的数学模型。这时不得不做一些简化和限制性约定，忽略掉一些次要因素，得到的数学模型的可信度与精确度也未必就好。测试法建模基于实验数据，如果实验设计不合理，或者实验过程有偏离，或者实验数据样本不够大，可能会影响数学模型的精度。因此，工程实践中常使用混合法进行建模，即把机理法和测试法结合起来使用，先通过机理法得到模型结构，再通过测试法确定模型参数，最终得到控制系统的实际数学模型。这样不仅可提高模型精度，还能减少建模工作量。

在三容四参数实训平台中，采用中水箱和下水箱构成双容水箱液位控制系统。为了进行控制系统设计，首先进行数学建模。

由第 2 章的机理建模法可知，分离式双容水箱液位控制系统的传递函数为

$$\frac{H_2(s)}{\mu(s)}=\frac{H_2(s)}{H_1(s)}\cdot\frac{H_1(s)}{\mu(s)}=\frac{K_2}{T_2+1}\ \frac{K_1}{T_1 s+1}=\frac{K}{(T_1 s+1)(T_2+1)} \tag{7-1}$$

其中，T_1 为中水箱的时间常数，T_2 为下水箱的时间常数，$K=K_1K_2$，K_1 为中水箱的静态增益，K_2 为下水箱的静态增益。

虽然在理论上可将分离式双容水箱液位控制系统的传递函数视为两个单容水箱液位控制系统传递函数的乘积，并且单容水箱的一阶数学模型较为简单。但在实际中，通常不采用由两个单容水箱独立建模来得到双容水箱液位控制系统的二阶数学模型的方法。

原因主要有两点：

(1) 下水箱的传递函数为 $H_2(s)/H_1(s)$，而非 $H_2(s)/\mu(s)$，对下水箱进行中水箱液位 H_1 的阶跃扰动实验较为困难；

(2) 分别进行两个单容水箱测试建模实验时，必须保证初始稳态值 H_{10} 和 H_{20} 完全相同，这在实际操作中不易实现。

当双容水箱液位控制系统处于开环、参数处于稳态时，通过手动或遥控装置使电动调节阀的开度(被控过程的输入量)作阶跃变化，记录水箱液位(系统输出量，即被控量)的变化，直到液位达到新的稳态，所得到的水箱液位变化曲线就是被控过程的阶跃响应曲线。然后可用切线法、单点法、两点法等方法对被控过程的输入输出实测数据进行处理，从而求得系统的开环传递函数。具体操作步骤如下。

(1) 确定并记录初始稳态数据。在电动调节阀开度 $\mu_0=10\%$时，观测水箱液位曲线是否达到稳态。当液位曲线接近水平时，记录中水箱初始稳态液位 $H_{10}=99.9$ mm，下水箱初始稳态液位 $H_{20}=168.29$ mm。

(2) 进行控制输入量阶跃扰动实验。在 4：49：38 时刻，电动调节阀开度由 10%增大到 20%，即 $\Delta\mu=10\%$为阶跃输入信号，得到双容水箱液位控制系统的阶跃响应曲线，如图 7-11 所示，其中 H_1 为中水箱液位，H_2 为下水箱液位。

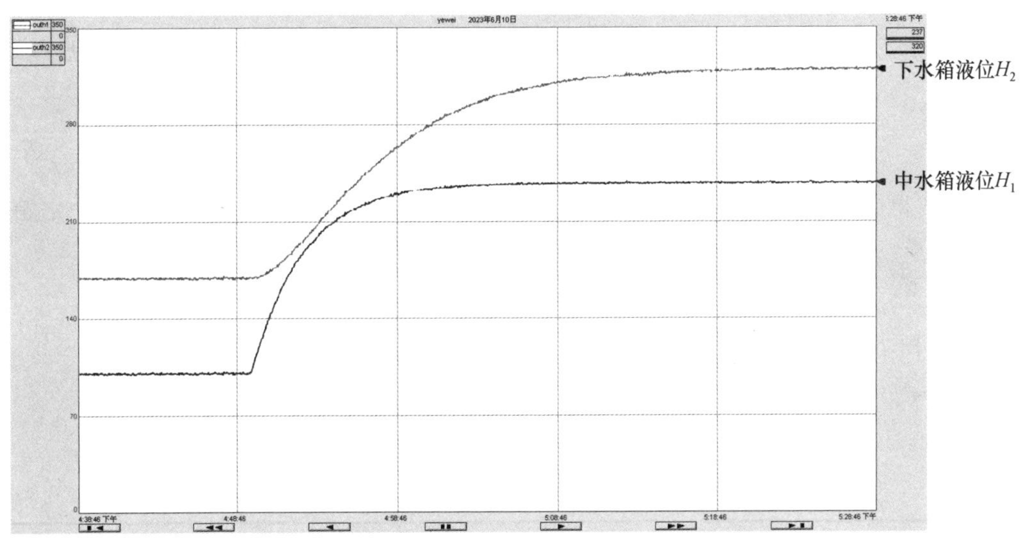

图 7-11 双容水箱液位控制系统的阶跃响应曲线截图

(3) 确认系统是否达到新的稳态。在 5：28：46 时刻，液位曲线再次接近水平形态，可认为本次阶跃响应实验的过渡过程结束。记录此时中水箱液位为 237.85 mm，下水箱液位为 320.09 mm，即 $\Delta H_2(\infty)=320.09-168.29=151.8$ mm，$\Delta H_1(\infty)=237.85-99.9=137.95$ mm。

(4) 根据下水箱液位 H_2 的实验结果和第二章测试建模的两点法相关公式，计算式(7-1)中的模型参数 K、T_1、T_2。

在阶跃响应曲线法建模中，系统的动态变化特性都是相对于稳态工况点而言的，记录数据均以初始稳态点为参考零点。在本次实验中，初始稳态点为(μ_0，H_{10}，H_{20})，实验曲线中的数据在代入公式计算时，要注意对初值数据的处理。

先计算静态增益，由式(2-54)可得

$$K=\frac{\Delta H_2(\infty)}{\Delta\mu}=\frac{151.8}{10}=15.18 \tag{7-2}$$

然后，在输出曲线上确定两点及其对应的时间和输出值。

$$H_2(t_1)=H_{20}+0.4\times\Delta H_2(\infty)=168.29+0.4\times151.8=229.01 \tag{7-3}$$

$$H_2(t_2)=H_{20}+0.8\times\Delta H_2(\infty)=168.29+0.8\times151.8=289.73 \tag{7-4}$$

根据式(7-3)和式(7-4)，读取数据对应的时间坐标，如图 7-12 所示。从图 7-12(a)中可以看出，在时刻 4:55:17 达到 $H_2(t_1)$，即 $t_1=339$ s；从图 7-12(b)可以看出，在 5:02:12 时刻达到 $H_2(t_2)$，即 $t_2=754$ s。

根据式(2-62)计算可得

$$\left.\begin{array}{l}T_1\approx190\\T_2\approx316\end{array}\right\} \tag{7-5}$$

将式(7-2)和式(7-5)的计算结果代入式(7-1)，可得双容水箱液位控制系统的传递函数为

$$\frac{H_2(s)}{\mu(s)}=\frac{14.98}{(190s+1)(316s+1)} \tag{7-6}$$

(5) 求得中水箱液位与电动调节阀开度之间的传递函数 $H_1(s)/\mu(s)$。根据中水箱液位 H_1 的实验结果，可得，$K_1=\dfrac{\Delta H_1(\infty)}{\Delta\mu}=\dfrac{137.65}{10}=13.765$，$T_1$ 已经由式(7-5)求出。

另外，由 $K=K_1K_2$，可得 $K_2=\dfrac{K}{K_1}=1.1$。

则式(7-6)又可写为

$$\frac{H_2(s)}{\mu(s)}=\frac{1.1}{316s+1}\,\frac{13.765}{190s+1} \tag{7-7}$$

考考你 7-1 如果采用图 7-12 的中水箱液位 H_1 曲线数据，通过式(2-63)计算时间常数 T_1，那么所得结果会与式(7-5)的结果相同吗？

2. 控制方案设计及虚拟仿真

在设备投运前，需要先对所设计的控制方案进行实验验证，确实运行准确可靠后才能应用到实际控制系统中。这里用 RSLogix Emulate 5000 虚拟仿真控制器软件进行仿真调试。

(1) 虚拟仿真控制器的设置

如图 7-13 所示，在机架的空卡槽位置可以组态仿真控制器 Emulator RSLogix Emulate 5000 Controller(槽号 2)和输入/输出仿真模块(槽号 3)。

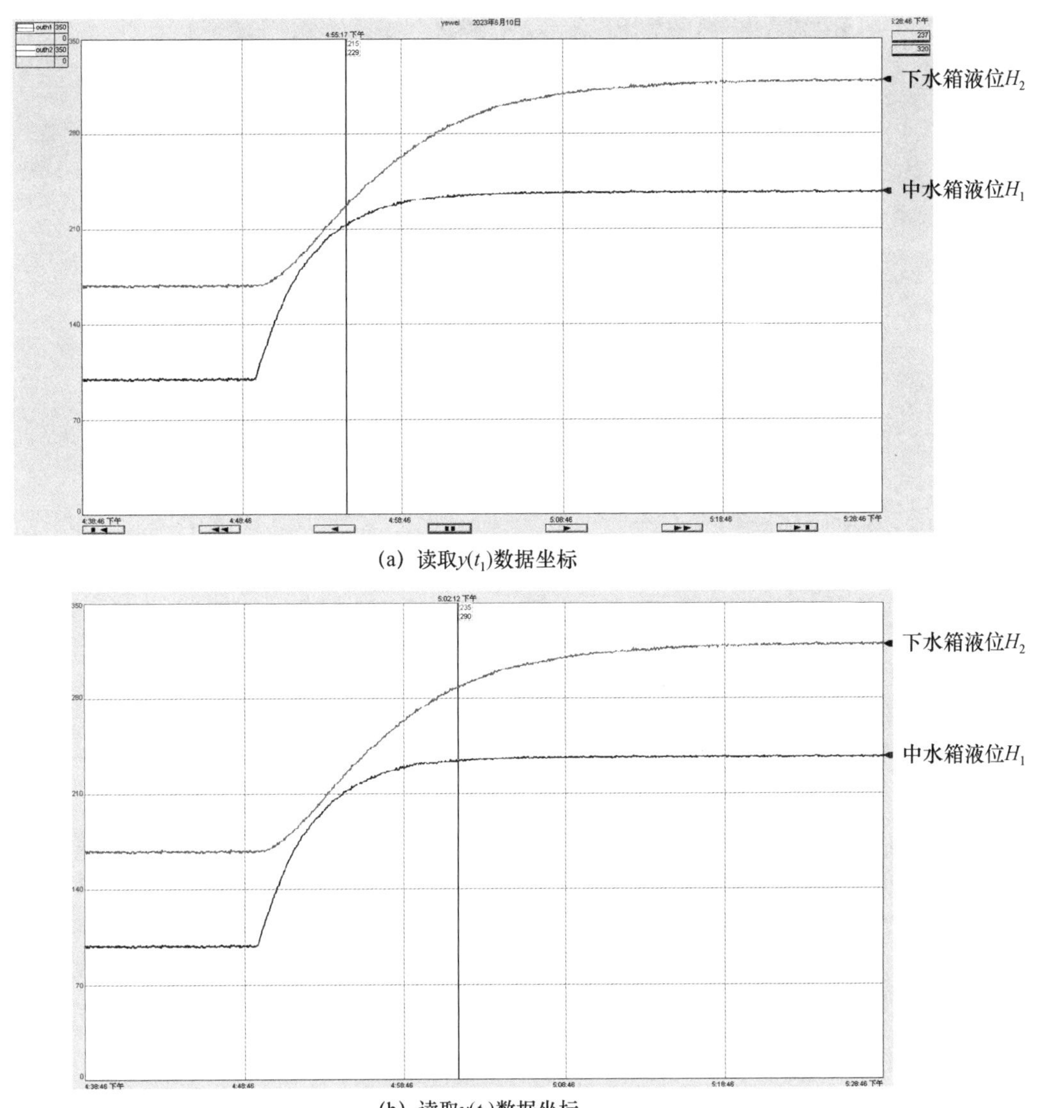

(a) 读取$y(t_1)$数据坐标

(b) 读取$y(t_2)$数据坐标

图 7-12　关键数据点的光标定位图

此时，需要在 RSLinx 中建立 Virtual Backplane（虚拟背板驱动）构建网络通道环节，在“Configure Drivers”对话框中配置通信驱动，并通过“RSWho”功能查看在此驱动下的所有设备。

相应地，在 RSLogix 5000 中新建项目的控制器类型选“Emulator RSLogix Emulate 5000 Controller”即可。RSLogix 5000 编程软件为 Logix 控制器提供控制策略组态，主要用梯形图实现逻辑切换，用功能块实现连续调节任务。其中，功能块图是一种图形化的编程语言，其指令输出参数是由输入参数（外部硬件输入参数或其他功能块的输出参数）通过内含算法计算产生的，指令可周期性执行或由事件驱动。

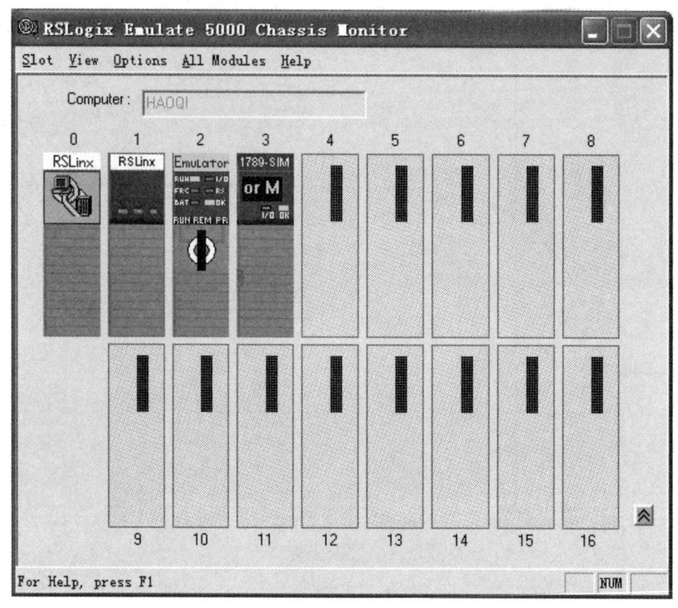

图 7-13 RSLogix Emulate 5000 虚拟仿真控制器

(2) 被控过程的仿真

为进行后续控制系统设计及方案验证,可对式(7-7)所示被控过程的传递函数进行仿真建模。

被控过程特性模拟系统组态图如图 7-14 所示,在功能块图编程方式下设计具有超前滞后模块(LDLG)的控制系统,在该模块中设置建模所得参数,用于模拟双容水箱液位控制系统中的中水箱和下水箱液位的特性,并通过梯形图编程设计控制方案,完成虚拟仿真实验。

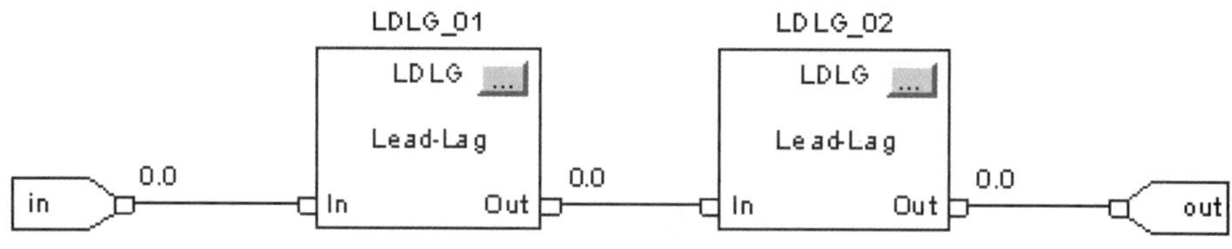

图 7-14 被控过程特性模拟系统组态图

(3) 单回路控制系统的设计及仿真

① 控制系统方案设计

单回路控制是最简单、最典型的控制结构,设计方案时通常被作为首选,经验证若性能无法满足需求则可再考虑其他方案。

在该实训中,被控量为下水箱的液位,控制量为电动调节阀的开度,干扰量主要有供水管道压力、下水箱出水流量等。该单回路液位控制系统通过主水泵将储水槽中的水泵入中水箱,中水箱中流出的水直接进入下水箱,液位变送器 LT3 将下水箱内液位转换成标准信号(4～20 mA),下水箱液位值将被作为反馈信号与设定值比较,控制器根据二者的差值调节电动调节阀的开度,以达到控制下水箱液位的目的。单回路液位控制系统结构方框图如图 7-15 所示。

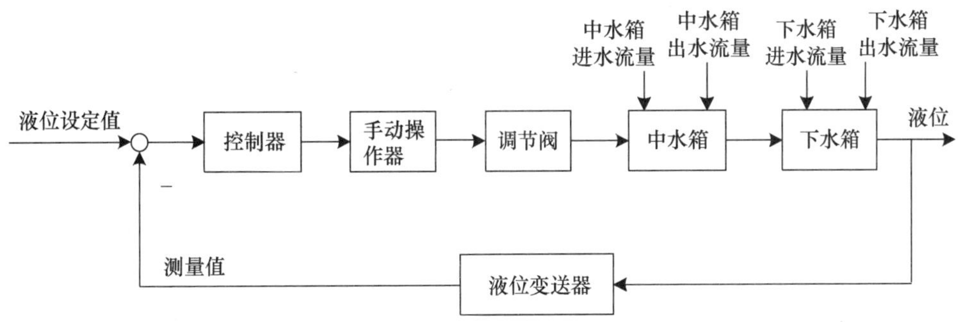

图 7-15　单回路液位控制系统结构方框图

② 虚拟仿真设计及实验

下面通过梯形图编程设计单回路控制方案，单回路 PID 控制仿真梯形图如图 7-16 所示。

图 7-16　单回路 PID 控制仿真梯形图

图 7-16 的控制器模块与图 7-14 的对象传递函数模块连接后，即可完成虚拟仿真实验，所得仿真曲线如图 7-17 所示。当下水箱液位设定值为 100 mm 时，单回路控制系统中曲线的超调量为 16%，过渡时间较长，约为 18 min，最终稳态值为 98 mm。

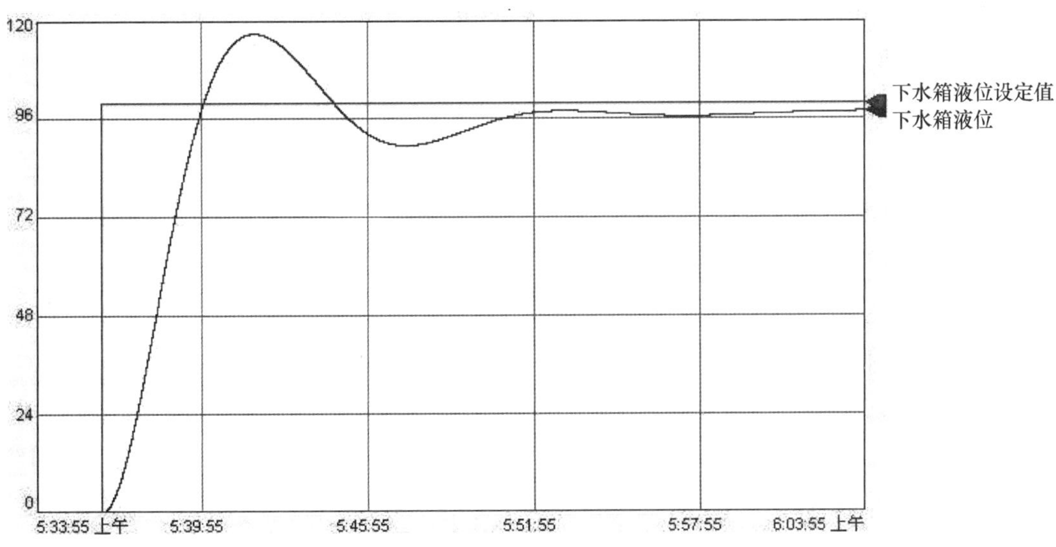

图 7-17　单回路液位控制系统仿真曲线

(4) 串级控制系统的设计及仿真

① 控制系统方案设计

双容水箱的被控过程惯性较大,图 7-17 所示的仿真曲线超调量较大、过渡时间较长。为进一步提高控制性能,可设计串级控制系统。

可建立以下水箱液位为主被控量、以中水箱液位为副被控量的双容水箱液位串级控制系统。在该系统中,下水箱液位变送器的主参数测量信号被输入主控制器,主控制器的输出将作为副控制器的给定信号,副控制器根据中水箱液位的副参数测量信号与来自主控制器的给定信号之间的偏差大小和方向,经 PID 运算,输出控制信号,此控制信号经手动操作器送至电动调节阀。电动调节阀调节中水箱进水流量,从而达到控制下水箱液位的目的。双容水箱液位控制系统结构方框图如图 7-18 所示。

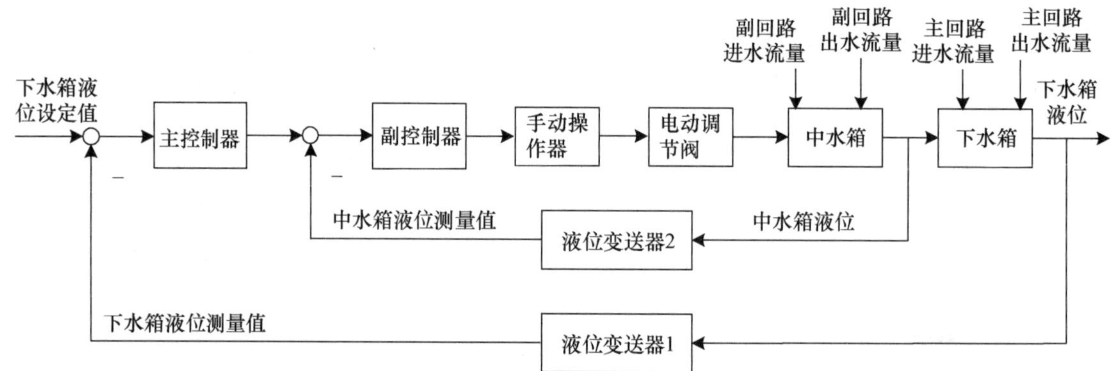

图 7-18 双容水箱液位串级控制系统结构方框图

② 虚拟仿真设计及实验

下面通过梯形图编程设计串级控制方案,串级控制仿真梯形图如图 7-19 所示。

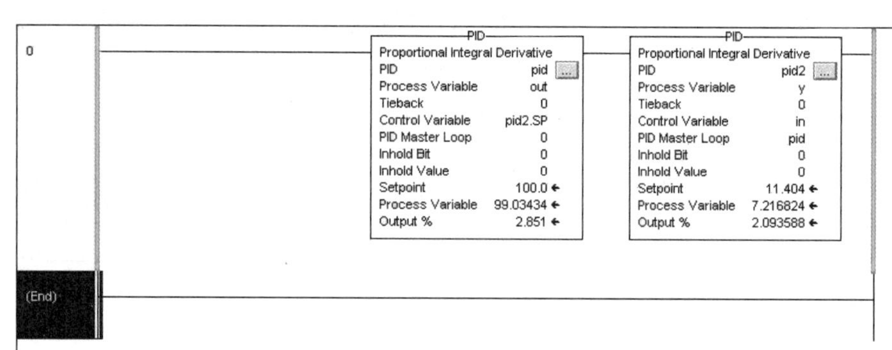

图 7-19 串级控制仿真梯形图

图 7-19 中的串级控制模块与图 7-14 中的对象模拟模块相连后,即可完成虚拟仿真实验,所得仿真曲线如图 7-20 所示。

从图 7-20 可以看出,在串级控制系统中,当下水箱液位设定值为 100 mm 时,经主回路比例积分控制、副回路比例控制的串级回路调节后,曲线超调量大大降低,为 8%,过渡时间也缩短为 14 min,最终稳态值为 99 mm。

很明显,串级控制系统的超调量更小,并且可以更快速、稳定地达到预期的控制效果。

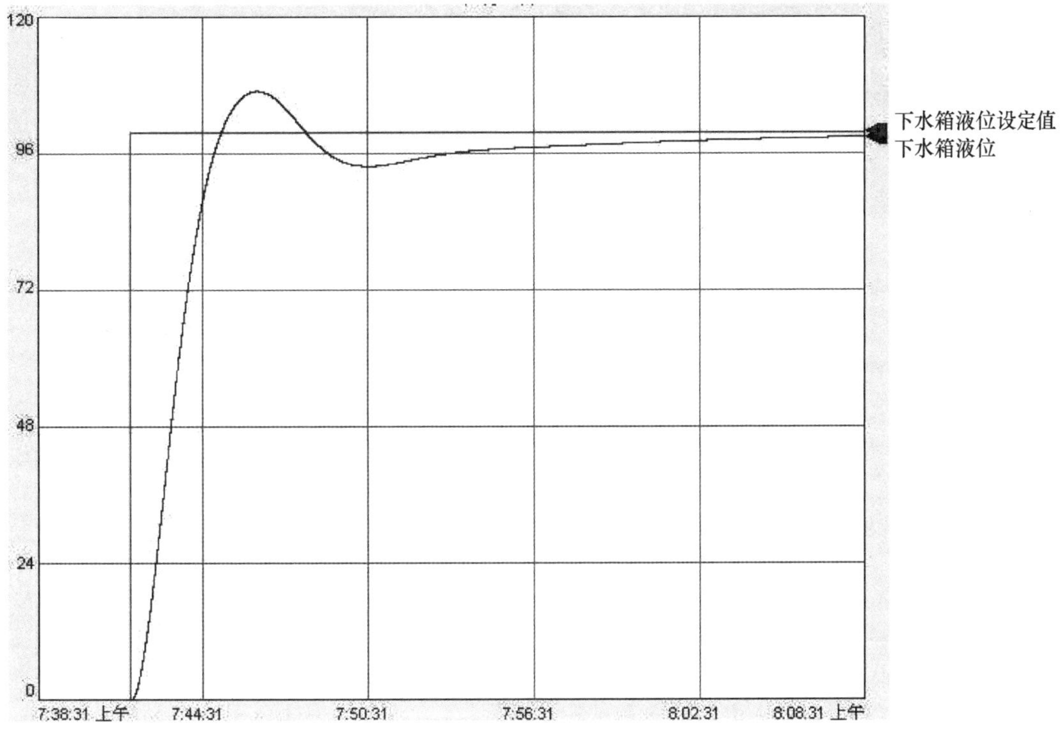

图 7-20　串级液位控制系统仿真曲线

3. **控制方案的工程实现**

前面设计了单回路控制系统和串级控制系统，并进行了虚拟仿真实验。下面对两种控制方案分别进行工程组态设计，把控制程序下载到实际的控制器模块中，在实际实验装置上完成实时控制任务。

(1) 单回路控制系统的工程实现

在 RSLogix 5000 编程软件中，单击菜单栏“File”菜单下的“New”选项，打开“New Controller”对话框，如图 7-21 所示。在“Type”下拉列表框中选择控制器类型“1769-L35E”，并设置项目名称“Name”及存放路径“Creat in”，然后单击“OK”按钮。

在 RSLogix 5000 组态软件中添加控制器模块、模拟量输入模块和模拟量输入输出模块等，并完成 I/O 模块的参数配置，实现各种过程物理量数据的实时传输。展开控制器项目管理器的“I/O Configuration”文件夹，在“CompactBus Local”上右击鼠标，在弹出的快捷菜单中选择“New Module”命令(如图 7-22 所示)，打开“Select Module”对话框(如图 7-23 所示)，分别新建 1769-IF4 模块和 1769-IF4XOF2 模块，并在“New Module”对话框(如图 7-24 所示)完成新建模块的相关设置操作。

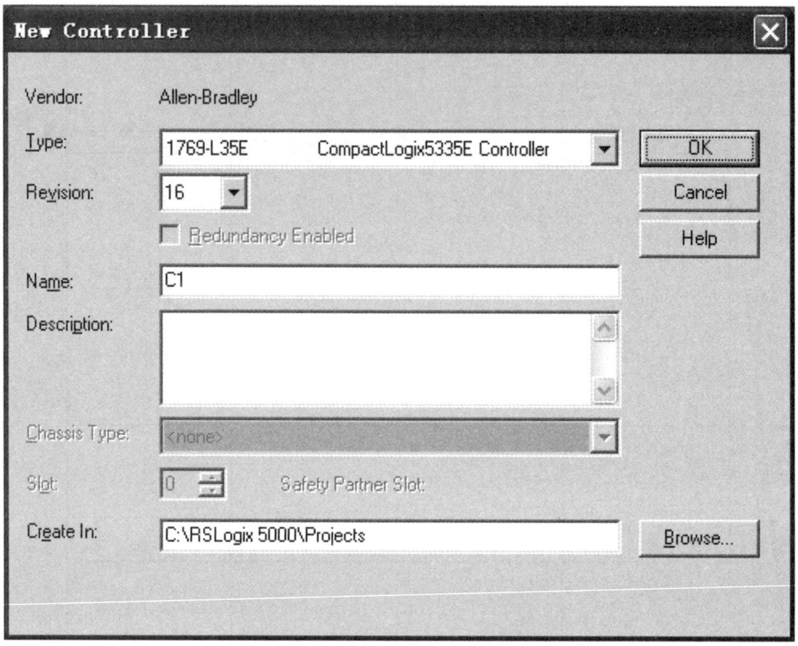

New Controller

Vendor: Allen-Bradley

Type: 1769-L35E CompactLogix5335E Controller

Revision: 16

Redundancy Enabled

Name: C1

Description:

Chassis Type: <none>

Slot: 0 Safety Partner Slot:

Create In: C:\RSLogix 5000\Projects

OK

Cancel

Help

Browse...

图 7-21 “New Controller”对话框

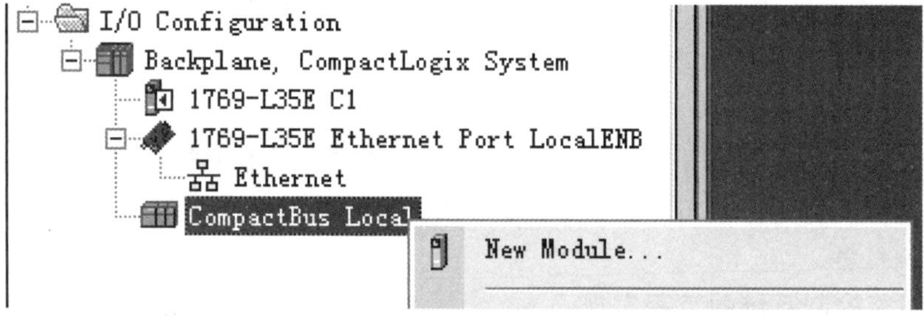

图 7-22 通过“CompactBus Local”的快捷菜单打开新建模块对话框

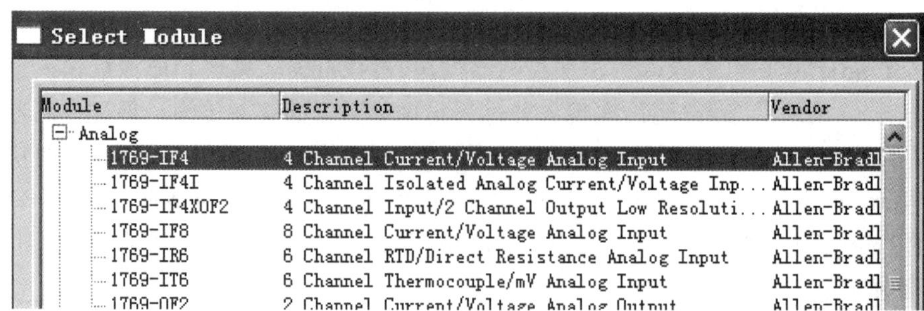

图 7-23 “Select Module”对话框

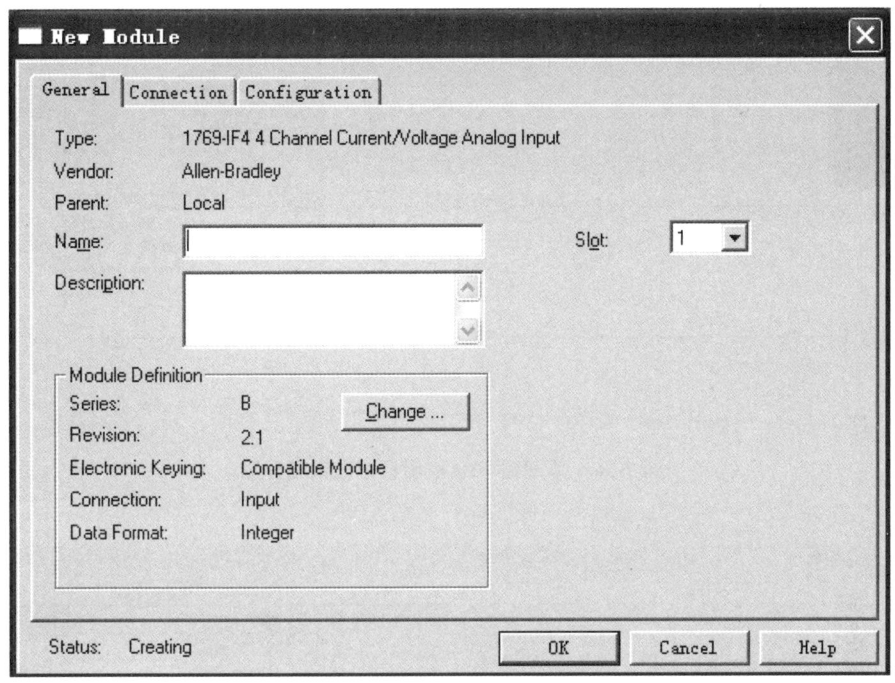

图 7-24　"New Module"对话框

任何类型控制器的应用程序都包括任务(Task)、程序(Program)和例程(Routine)三个部分。CompactLogix 控制系统中的程序是通过任务来执行的，每个工程可支持多个任务，每个任务中包含程序，程序中包含例程，在例程中可写入编程代码。程序中包含四种例程，分别是 Ladder Diagram(梯形图)、Sequential Function Chart(顺序功能图)、Function Block Diagram(功能模块图)和 Structured Text(结构文本，ST)，如图 7-25 所示。

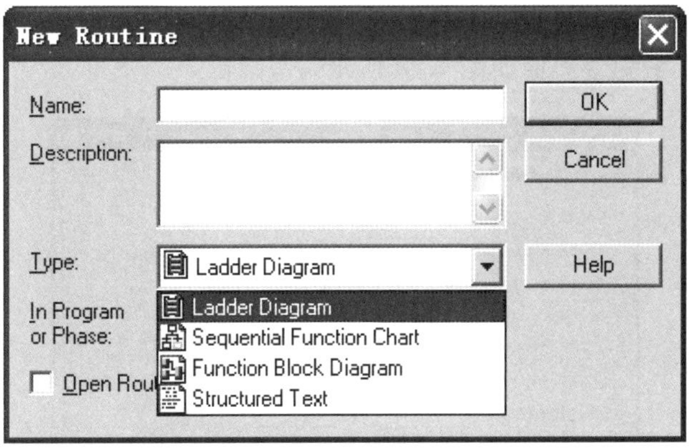

图 7-25　"New Routine"对话框

打开 RSLogix 5000 梯形图子例程，采用 PID 控制方法在梯级中进行单回路控制编程设计(如图 7-26 所示)，并建立标签将其存放到控制器全局标签库(如图 7-27 所示)中。

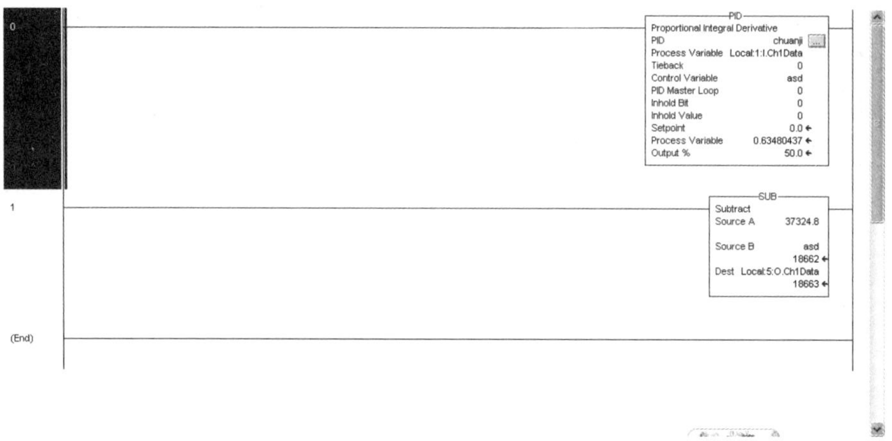

图 7-26　单回路 PID 控制梯形图编程界面

Scope: C1　Show...　Show All

Name	Value	Force Mask	Style	Data Type	Description
+ PID	{...}	{...}		PID	
+ Local:1:C	{...}	{...}		AB:1769_IF4:...	
+ Local:1:I	{...}	{...}		AB:1769_IF4:...	
+ Local:4:C	{...}	{...}		AB:1769_IF4...	
+ Local:4:I	{...}	{...}		AB:1769_IF4...	
+ Local:4:O	{...}	{...}		AB:1769_IF4...	

图 7-27　控制器全局标签库

根据系统接线，可知 Local：1：I：Ch2Data 为下水箱液位通道，为被控量(PV)；Local：5：O：Ch1Data 为电动调节阀通道，为控制量(CV)。控制方案确定后，各过程通道的静态和动态特性就已确定，系统的控制品质就取决于控制器的参数。整定 PID 控制器的参数，使其特性和被控过程的特性相匹配，以改善系统的动态和静态性能指标，取得最佳的控制效果。PID 控制器的参数配置界面如图 7-28 所示。

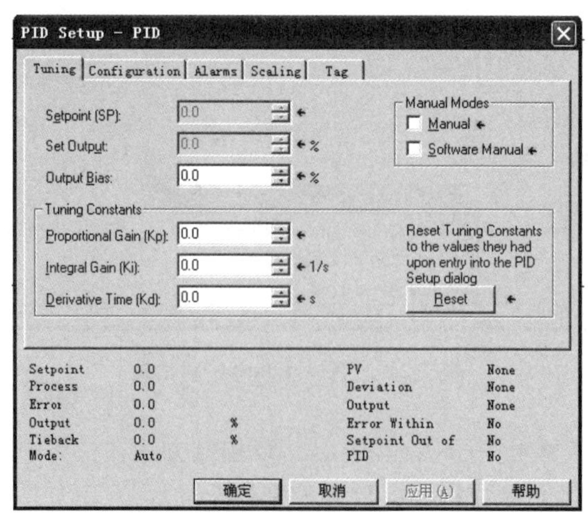

(a) 设置 K_p、K_i、K_d

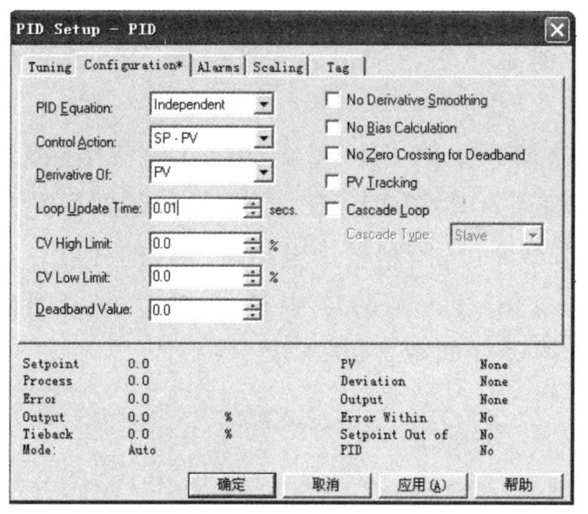

(b) 设置回路更新时间

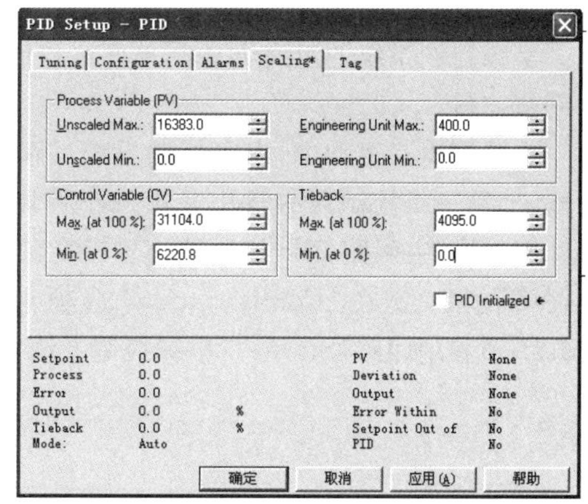

(c) 设置 PV、CV 范围

图 7-28 PID 控制器的参数配置界面

工程上,常常通过工程整定方法来整定 PID 控制器的参数,主要有经验法、临界比例度法、衰减曲线法和响应曲线法等。这里采用经验法调节 PID 控制器的各个参数,并记录相关数据,以便进行数据分析。通过整定 PID 控制器的各个参数可以得到不同效果的仿真曲线。

PID 控制器的各个参数设置与单回路控制系统仿真实验中各个参数设置相同,点击下载程序,通过趋势图观测标签变量 PID. SP 和 PID. PV 的实时响应曲线,得到下水箱液位实时趋势图,如图 7-29 所示。

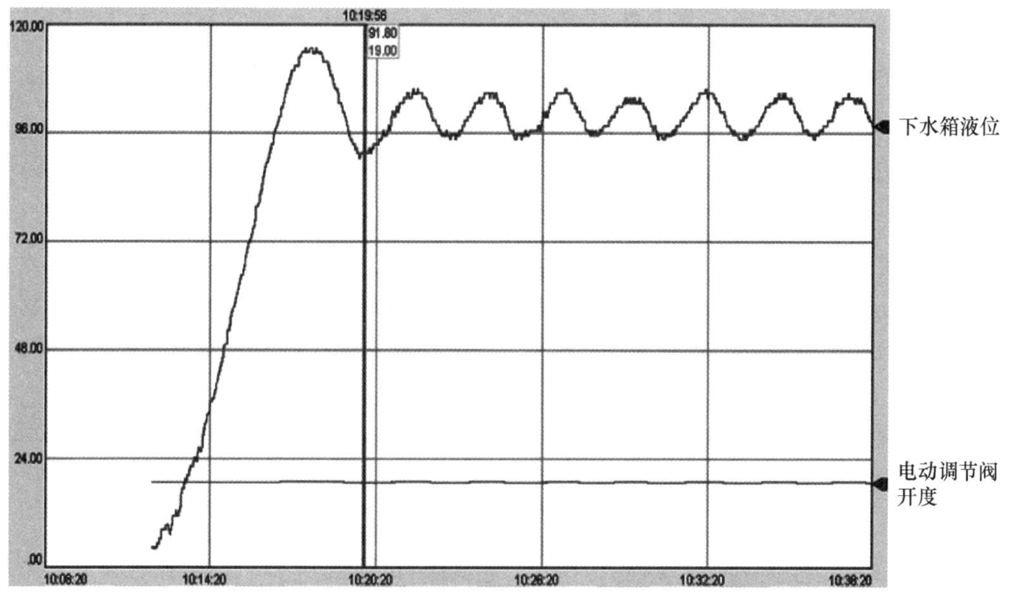

图 7-29 工程中单回路控制系统下水箱液位实时趋势图

考考你 7-2 对比图 7-17 和图 7-29 的曲线,说明为什么在相同的控制结构和控制器参数下,控制效果不一致。

(2) 串级控制系统的工程实现

串级控制系统的组态方法同单回路控制系统，选取下水箱液位为主被控量，中水箱液位为副被控量。

在控制组态过程中，串级控制系统的两个控制器均采用 PID 模块，可将两个 PID 模块串联，即第一个控制器的输出是第二个控制器的输入。其中，副 PID 控制器就是副回路的 PID 控制器，主回路 PID 控制器的过程变量为下水箱液位，控制量为电动调节阀的开度。需要注意的是，要在“Configuration”选项卡的 Cascade Loop 选项中选择相应的主回路(Master)和副回路(Slave)。串级控制系统的梯形图设计如图 7-30 所示。

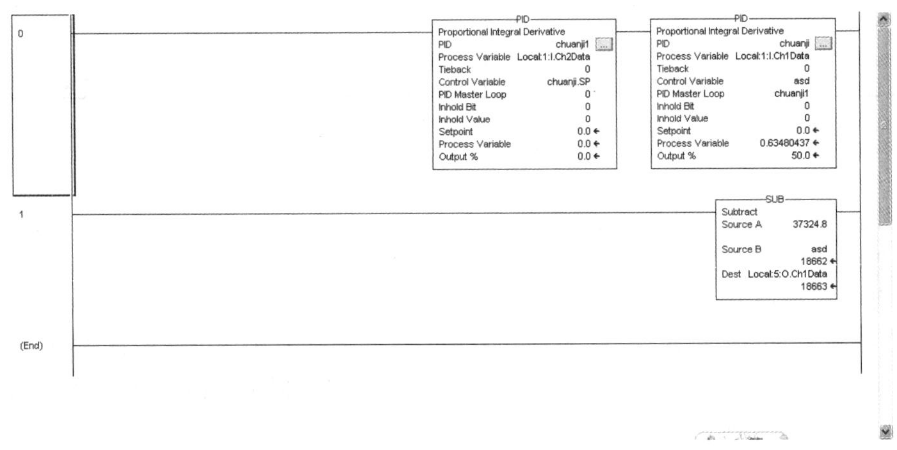

图 7-30　串级控制系统的梯形图设计

串级控制系统的控制器参数工程整定方法有逐步逼近法、一步整定法和两步整定法。其中常用的是一步整定法，即先根据经验将副控制器的参数一次调整好，不再变动，然后按一般单回路控制系统的参数整定方法整定主控制器的参数。在串级控制系统中，主被控量是主要的工艺操作指标，直接关系到产品质量的好坏，因此对它要求比较严格。设立副被控量主要是为了提高主被控量的控制质量，因此对副被控量本身没有很高的要求或要求不严，一般允许它在一定范围内变化，在进行控制器参数整定时不必将过多的精力放在副回路上，只要保证主被控量达到规定的质量指标即可。串级控制系统控制器参数整定主要包括以下几个步骤。

① 根据副被控量的类型，按经验值(如表 7-1 所示)选好副控制器参数，副控制器只用比例控制规律。

表 7-1　副控制器参数经验值

副被控量类型	副控制器比例增益 K_2
温度	5～1.7
压力	3～1.4
流量	2.5～1.25
液位	5～1.25

② 用单回路控制系统参数整定方法直接整定主控制器的参数。

③ 观察主被控量响应过程，适当调节主控制器的参数，使主被控量达到控制要求。

该控制系统能够快速消除进入副回路的干扰，由于副回路的存在，因此也能比较快地消除主回路的干扰。工程中串级控制系统下水箱液位实时趋势图如图7-31所示。

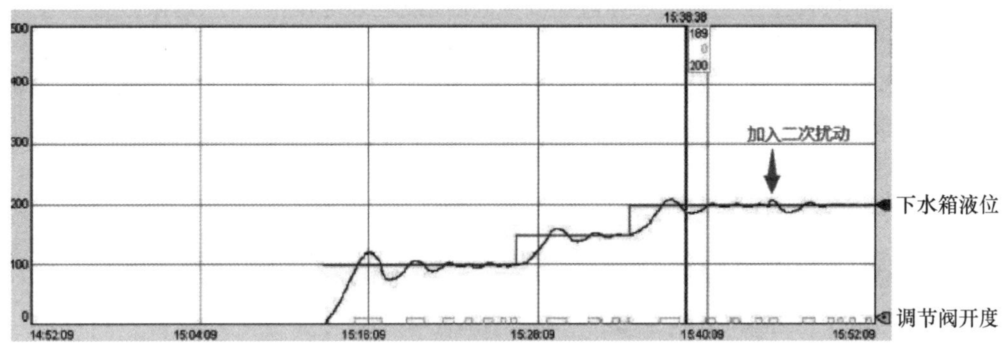

图7-31　工程中串级控制系统下水箱液位实时趋势图

分析图7-31可知，系统的超调量为12%，过渡时间为589 s，稳态值与设定值之间基本没有偏差，整个系统能够快速达到稳定状态。在此基础上，依次加入一次扰动和二次扰动，系统在较短的时间内又重新达到稳态，且波动不大。由此可见，在相同工况下，与单回路控制系统相比，串级控制系统不仅控制效果较好，而且具有一定的抗干扰能力，能够更加快速稳定地达到预期的控制效果。

7.3.3　画面组态

画面组态能够实现人与生产设备、控制装置之间的信息交互，是过程控制系统中必不可少的组成部分。按照发展新型工业和企业信息化的要求，监控系统担负着控制和管理生产过程的任务，是复杂生产过程优化控制和协调运行的保障。监控系统具体要完成显示生产流程画面，调节操作，显示趋势曲线，监视故障报警，显示参数列表、历史数据库和生产管理报表等功能。RSView 32组态软件可以对人机界面进行设计，通过调用软件数据库中的模型并配合相应的程序制作人机界面，可使系统实现各种监控功能。另外，RSView 32组态软件还可以用于对过程控制系统中各参数的变化趋势进行连续监控，并在内存中保留历史数据，以备工程人员查看。这样，通过各个软件相互配合，可使整个控制系统体系更加完善，获得更好的控制效果。

针对双容水箱液位控制系统，可通过RSView 32组态软件设计上位机监控系统，主要包括以下几个步骤。

(1) 数据通信配置

在RSLinx通信软件中通过配置OPC驱动，建立OPC服务器；在RSView 32组态软件中进行通道和节点的配置，通过Tag Database(标记数据库)建立标签并使用文件夹管理标签。通过以上几步最终完成监控界面和控制系统之间的实时数据通信。

(2) 数据信号采集

对水箱的液位值进行采集，并对采集到的信号进行处理和运算。这些信号在生产现场经检测变送环节转换成标准信号并被反馈至CompactLogix系统。RSView 32组态软件需从1769-L35E控制器中获取数据，两者之间采用OPC通信方式。

(3) 监控界面设计

打开图形显示编辑器,在图形库中调出与系统相关的图形、按钮、滑块等元件,建立流程动态画面、趋势图、报警监视和报表等监控画面,完成液位系统操作控制、越限报警等设计。

(4) 动态数据配置

可用图形和曲线等形式显示液位控制系统的动态画面和趋势图等,可通过添加对象标签动画效果使图形的外观随标签值的变化而变化,并可通过操作画面查询实时数据和历史数据。

下面介绍一下以上几个步骤的具体操作。

在 RSLinx 通信软件中,建立 OPC 服务器,如图 7-32 所示。

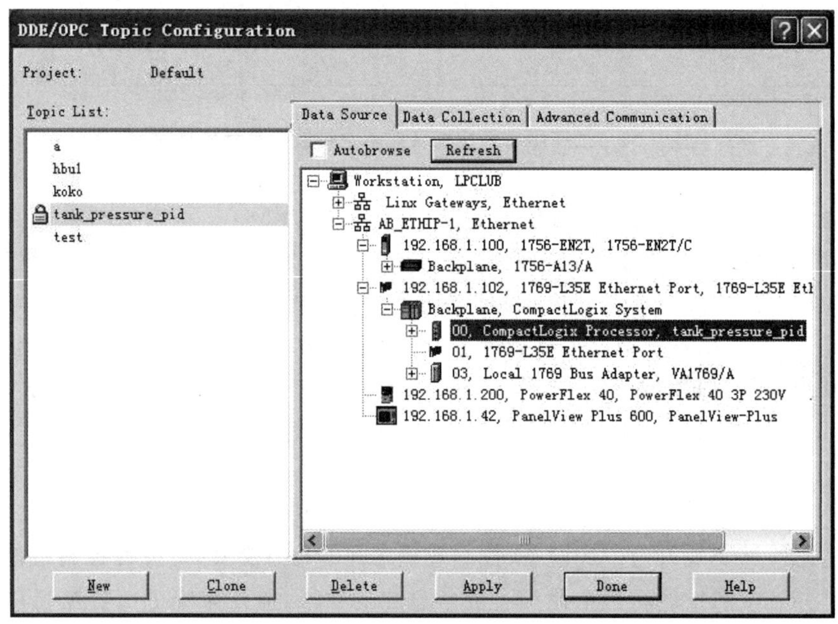

图 7-32 建立 OPC 服务器

单击 RSView 32 项目管理器的“System”文件夹(如图 7-33 所示),单击“Node”打开“Node”对话框(如图 7-34 所示),在此对话框中进行节点和通道配置。打开“Tag Database”(如图 7-35 所示),建立数据标签并使用文件夹管理标签。可通过修改 RSView 32 软件中各标签的值,来改变控制器中程序的参数值,完成上位机监控界面和液位控制系统之间的实时数据通信。

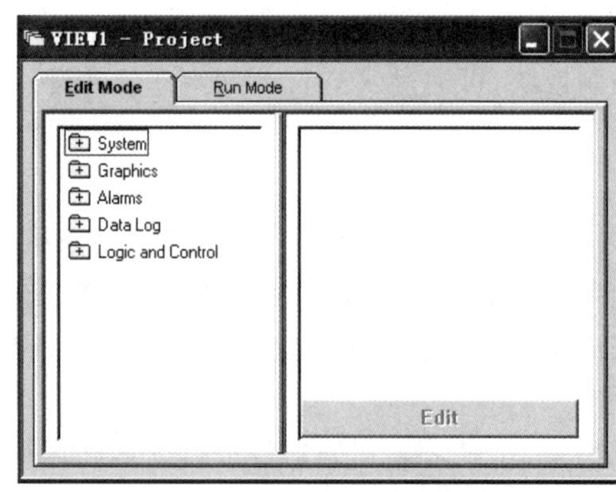

图 7-33 RSView 32 项目管理器

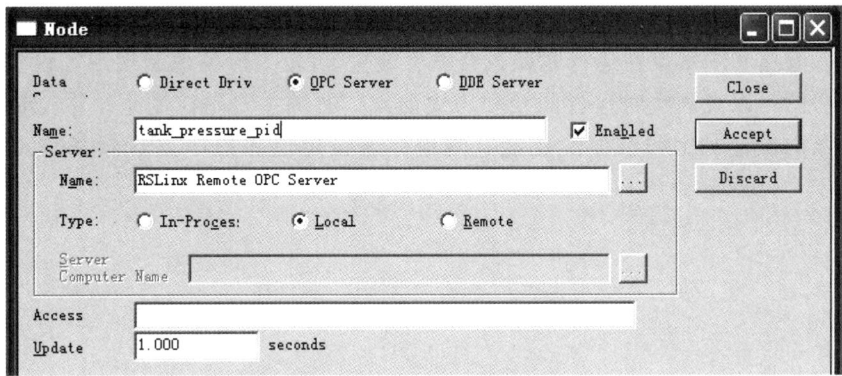

图 7-34 "Node"对话框

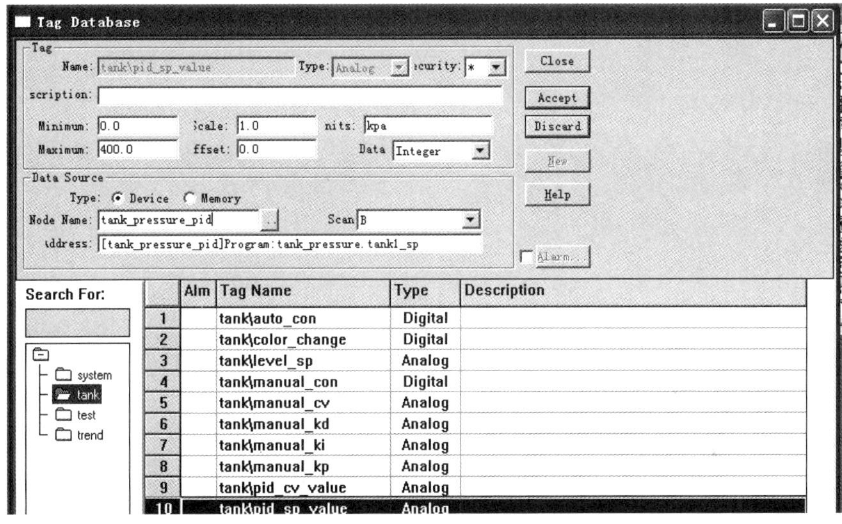

图 7-35 "Tag Database"对话框

双击"Graphics"文件夹下的"Display",打开图形显示编辑器,在图形库中调出与系统相关的图形、按钮、滑块等元件组建显示界面,并设置相应动画效果,经编辑组合得到上位机的监控画面(如图 7-36 所示)。

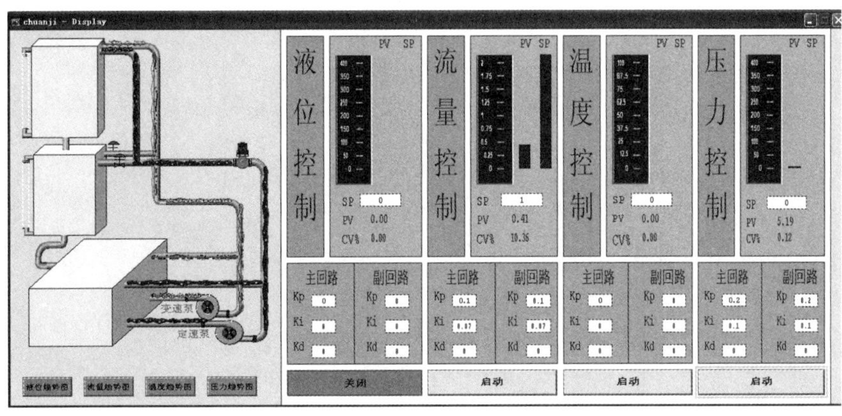

图 7-36 上位机监控画面

该监控画面大体可分为左右两部分，左侧是过程控制装置的工艺流程和趋势图。其中电动调节阀、管道和主水泵在运行时颜色会发生变化，可较为形象地展现现场设备的运行情况，通过趋势图可以观测实时运行曲线和历史曲线。右侧主要是控制系统中变量的显示和处理，矩形条的位置变化和数值变化能直观地体现设定值和程序 PID 模块输出值的变化情况。

附　　录

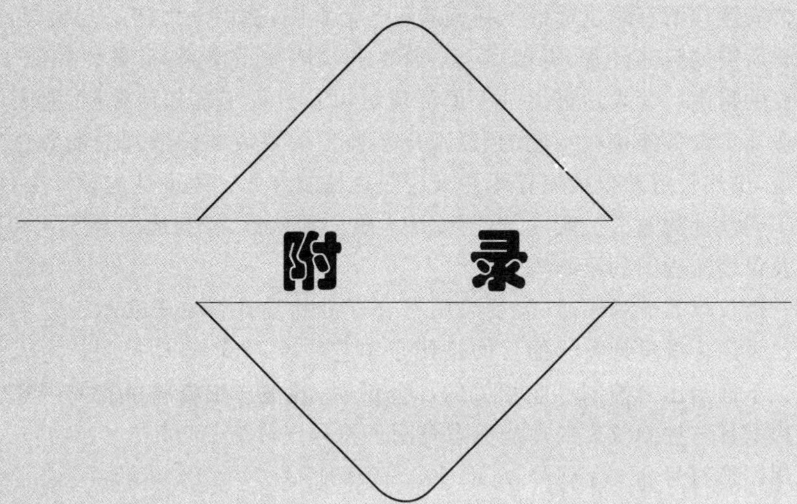

附录 A　管道及仪表流程图

管道及仪表流程图(Piping and Instrument Diagram，P&ID)是根据工艺流程图(Process Flow Diagram，PFD)的要求，详细表示系统的全部设备、仪表、管道、调节阀和其他有关公用工程系统的图纸，是指导设备管道安装、运行、维护和改造等工作的重要资料。

管道及仪表流程图有时也称带控制点的工艺流程图，适用于生产工艺装置，用图示的方法把工艺流程所需的全部设备、机器、管道、管件和仪表表示出来，是设计和施工的依据，也是运行和检修的指南。其表达重点是管道的流程以及过程工艺如何控制，能表明管道系统是如何将工业加工设备连接在一起的，以及用于监控的仪表和调节阀的安装位置。从专业划分意义上说，虽然管道及仪表流程图并未被归在控制专业工程设计的设计文件内，但它仍是整个控制工程设计的龙头。所以，控制设计人员必须认真、仔细地配合工艺和系统设计人员完成管道及仪表流程图的绘制等工作。

在设计管道及仪表流程图时，需要采用符合标准的设计符号来表示工艺流程中的检测和控制系统。采用标准设计符号的目的是便于工艺技术人员、自动控制技术人员和管理人员沟通交流。下面给出与控制专业相关的部分说明，其他详细资料可查阅国家或行业相关标准，如《过程测量与控制仪表的功能标志及图形符号》(HG/T 20505—2014)、《过程检测和控制流程图用图形符号和文字代号》(GB 2625—1981)。

在管道及仪表流程图中，设计符号分为文字符号和图形符号两类。

A.1　文字符号

文字符号中，主要用英文字母作为功能标志，用数字编号等来表示仪表回路编号。仪表位号由仪表功能标志字母和仪表回路编号组成。

1. 标志字母

标志字母是指在管道及仪表流程图中表示被测变量和仪表功能的字母，标志字母及其含义如表 A-1 所示。

表 A-1　标志字母及其含义

标志字母	首位字母		后续字母		
	第 1 列	第 2 列	第 3 列	第 4 列	第 5 列
	被测变量或引发变量	修饰词	读出功能	输出功能	修饰词
A	分析		报警		
B	烧嘴、火焰		供选用	供选用	供选用
C	电导率			调节	关位
D	密度	差			偏差
E	电压(电动势)		检测元件、一次元件		

续表

标志字母	首位字母		后续字母		
	第 1 列	第 2 列	第 3 列	第 4 列	第 5 列
	被测变量或引发变量	修饰词	读出功能	输出功能	修饰词
F	流量	比率(比值)			
G	可燃气体或有毒气体		视镜、观察		
H	手动				高
I	电流		指示		
J	功率	扫描			
K	时间、时间程序	变化速率		操作器	
L	物位		灯		低
M	水分或湿度				中、中间
N	供选用		供选用	供选用	供选用
O	供选用		孔板、限制		开位
P	压力		连续或测试点		
Q	数量	积算、累积	积算、累积		
R	核辐射		记录或打印		运行
S	速度、频率	安全		开关或连锁	停止
T	温度			传送(变送)	
U	多变量		多功能	多功能	
V	振动、机械监视			阀、风门、百叶窗	
W	重量、力		套管,取样器		
X	未分类	X 轴	附属设备,未分类	未分类	未分类
Y	事件、状态	Y 轴		辅助设备	
Z	位置、尺寸	Z 轴		驱动器、执行元件,未分类的最终控制元件	

在管道及仪表流程图中,通常用字母组合来表示被测变量与仪表功能。同一个字母在不同位置有不同含义,处于第一位表示被测变量或引发变量,处于第二位表示是第一位的修饰词,一般用小写字母表示,在不致于造成混淆时,也可以大写,处于后续几位则表示仪表功能。例如:

TT 表示温度变送器,第一个 T 表示被测变量是温度,第二个 T 表示变送器;

PSV 表示压力安全阀,P 表示被测变量是压力,S 表示具有安全功能,V 表示控制阀;

ST 表示转速变送器,S 表示被测变量是转速,T 表示变送器;

TS 表示温度开关,T 表示被测变量是温度,S 表示开关。

后续字母 Y 表示该仪表具有继电器、计算器或转换器的功能。例如,可以是一个放大器或气动继电器等,也可以是一个乘法器、加法器或实现前馈控制规律的函数关系等,还可以是电信号转换为气信号的电气转换器或频率-电流转换器和其他转换器。过程控制系统中常用字母组合示例如表 A-2 所示。

表 A-2　过程控制系统中常用字母组合示例

仪表功能	被测变量					
	温度 *T*	温差 *Td*	压力 *P*	压差 *Pd*	流量 *F*	液位 *L*
检测元件	TE		PE		FE	LE
变送	TT	TdT	PT	PdT	FT	LT

续表

仪表功能	被测变量					
	温度 *T*	温差 *Td*	压力 *P*	压差 *Pd*	流量 *F*	液位 *L*
指示	TI	TdI	PI	Pd	F	L
指示、变送	TIT	TdIT	PIT	PdIT	FIT	LIT
指示、报警	TIA	TdIA	PIA	PdIA	FIA	LIA
指示、连锁、报警	TISA	TdISA	PISA	PdISA	FISA	LISA
指示、积算					FIQ	
记录	TR	TdR	PR	PdR	FR	LR
记录、调节	TRC	TdRC	PRC	PdRC	FRC	LRC
记录、报警	TRA	TdRA	PRA	PdRA	FRA	LRA
调节	TC	TdC	PC	PdC	FC	LC

2. 仪表位号

在检测控制系统中，构成一个回路将用到一组工业自动化仪表，其中每个仪表(或元件)都需要用唯一的仪表位号来进行标识。

仪表位号由仪表功能标志字母和仪表回路编号两部分组成。仪表位号中的第一位字母表示被测变量，后继字母表示仪表的功能；仪表回路编号由工序号和顺序号组成，一般用 3～5 位阿拉伯数字表示，某简单仪表位号的示例如图 A-1 所示。

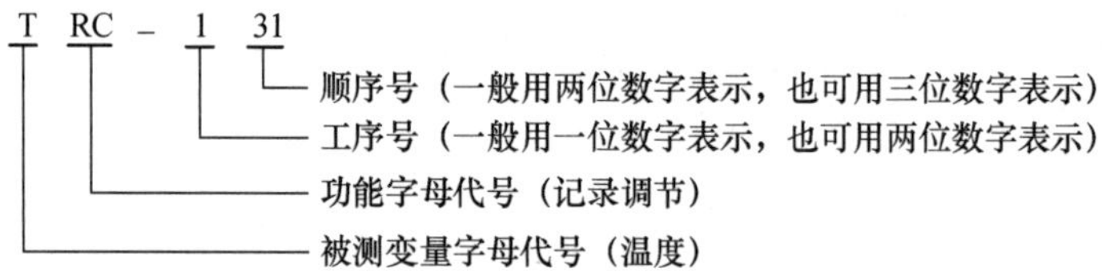

图 A-1　某简单仪表位号示例

仪表位号按被测量变量不同进行分类，同一个装置(或工序)的同类被测量变量的仪表位号从 1 开始按顺序编制，中间允许有空号；不同被测变量的仪表位号不能连续编号。

仪表位号在管道及仪表流程图和系统图中的标注方法是：字母代号填写在仪表圆圈的上半圆中，回路编号填写在下半圆中。

A.2　常用图形符号

过程检测和控制系统的图形符号一般来讲分为测量点、连接线(引线、信号线)和仪表三部分。

1. 测量点

测量点(包括检出元件)是由过程设备或管道符号引到仪表圆圆的连接引线的起点，一般无特定的图形符号，如图 A-2(a)所示。当有必要标明测量点在过程设备中的具体位置时，一般用在连接引线的起点加一个直径约为 2 mm 的圆形符号的形式表示，这时要将线引到设备轮廓线内的适当位置，如图 A-2(b)所示。

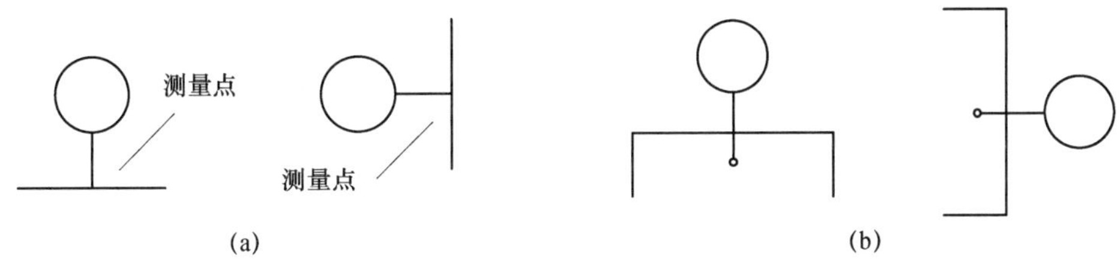

图 A-2　测量点的表示形式

2. 连接线

机械连接线、仪表圆圈与过程测量点的连接引线、通用的仪表信号线和能源线的符号都是细实线。当有必要标注能源类别时,可将相应的缩写字标注在能源线上方,例如,AS-0.14 为 0.14 MPa 的空气源,ES-24DC 为 24 V 的直流电源。

当用细实线表示通用仪表信号线可能造成混淆时,可在细实线上加斜短划线(斜短划线与直细实线成 45°角)。当有必要区分信号线的类别时,还可用专门的图形符号来表示。在复杂系统中,当有必要表明信息流动的方向时,应在信号线上加箭头。仪表连接线的常用形式如表 A-3 所示。

表 A-3　仪表信号线的常用形式

图形符号	应用类别	图形符号	应用类别
————————	仪表与设备、测点连接,通用仪表线,连续变量信号线	—X————X—	导压毛细管
- - - - - - - - -	电子或电气连续变量,二进制信号	—∽————∽—	有导向的电磁、声波,光缆
——¦——	连接线交叉	∼　∼	无导向的电磁、光、辐射、声等,无线通信连接,无线信号
——┼——	连接线相交	—○————○—	(系统内部或共享设备之间的)通信连接和系统总线
—/————/—	未定义信号或用于 PFD	—●————●—	2 个及以上设备的通信连接或总线,系统之间的现场总线
—//————//—	气动信号	—○— — — —○—	设备与远程调校设备间的通信连接,一般设备与智能设备的连接
—L————L—	液压信号	—◇————◇—	现场总线设备之间的通信连接,一般设备与高智能设备的连接

3. 仪表

仪表的图形符号用于表示仪表的类型、安装位置、操作人员可否监控等。基本仪表图形符号的特征描述与功能说明如表 A-4 所示。例如,用细实线的“正方形内切圆”图形符号表示首选或基本过程控制系统,用“正方形内置菱形”的图形符号表示备选或安全仪表系统,这两种类型属于共享显示、共享控制的范畴。

表 A-4　基本仪表图形符号的特征描述与功能说明

图形符号	图形特征描述	功能说明
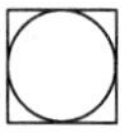	细实线正方形与内切圆	首选或基本过程控制系统
	细实线正方形与内接菱形	备选或安全仪表系统
	细实线正六边形	计算机系统及软件
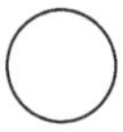	细实线圆圈(直径约 10 mm)	单台仪表
	细实线菱形	联锁逻辑系统
	细实线正方形或矩形	信号处理功能
	细实线圆圈与四条细实线短线	指示灯

为了表示仪表的安装位置,可在基本仪表图形符号的基础上再加横线,这里以单台仪表的圆圈符号为例进行说明,单台仪表的圆圈符号及安装位置说明如表 A-5 所示。

表 A-5　单台仪表的圆圈符号及安装位置说明

图形符号	增加横线形式	安装位置说明
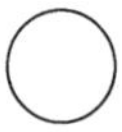	无	现场就地安装
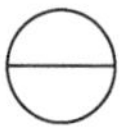	1 条细实线	盘面安装
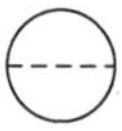	1 条细虚线	盘后安装
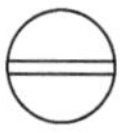	2 条细实线	就地盘面安装
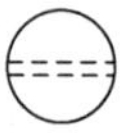	2 条细虚线	就地盘内安装

设计过程控制系统时,常用仪表设备的图形符号及其安装位置与可接近性如表 A-6 所示。

表 A-6　常用仪表设备的图形符号及其安装位置与可接近性

序号	A 首选或基本过程控制系统	B 备选或安全仪表系统	C 计算机系统及软件	D 单台(单台仪表设备或功能)	安装位置与可接近性
1					● 位于现场 ● 非仪表盘、机柜、控制台安装 ● 现场可视 ● 可接近性：通常允许
2					● 位于控制室 ● 控制盘/台正面 ● 在控制盘的正面或视频显示器上可视 ● 可接近性：通常允许
3					● 位于控制室 ● 控制盘背面 ● 位于控制盘后的机柜内 ● 在控制盘的正面或视频显示器上不可视 ● 可接近性：通常不允许
4					● 位于现场控制盘/台正面 ● 在控制盘的正面或视频显示器上可视 ● 可接近性：通常允许
5					● 位于现场控制盘背面 ● 位于现场机柜内 ● 在盘的正面或视频显示器上不可视 ● 可接近性：通常不允许

4. 最终控制元件图形符号

最终控制元件为执行器，是由调节机构(调节阀或风门、挡板等)和执行机构组合而成的。调节阀和风门的图形符号如表 A-7 所示，执行机构的图形符号如表 A-8 所示。

表 A-7　调节阀和风门的图形符号

符号	描述	符号	描述
(a) (b)	通用性两通阀、直通截止阀、闸阀		偏心旋转阀
	通用性两通角阀、角形截止阀、安全角阀	(a) (b)	隔膜阀
	通用型三角阀、三通截止阀(箭头表示故障或未经激励时的流路)		夹管阀

续表

符号	描述	符号	描述
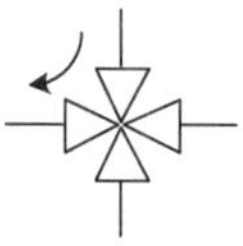	通用性四通阀、四通旋塞阀或球阀 (箭头表示故障或未经激励时的流路)		波纹管密封阀
	蝶阀		通用型风门、通用型百叶窗
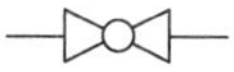	球阀	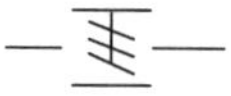	平行叶片风门、平行叶片百叶窗
	旋塞阀	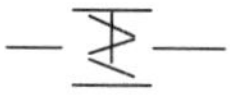	对称叶片风门、对称叶片百叶窗

表 A-8　执行机构的图形符号

符号	描述	符号	描述
	通用型执行机构、弹簧-薄膜执行机构	 S	可调节的电磁执行机构、用于工艺过程的开关阀的电磁执行机构
	带定位器的弹簧-薄膜执行机构		带侧装手轮的执行机构
	压力平衡式薄膜执行机构		带顶装手轮的执行机构
	直行程活塞执行机构、单作用(弹簧复位)、双作用		手动执行机构
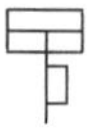	带定位器的直行程活塞执行机构	 E H	电液直行程或角行程执行机构
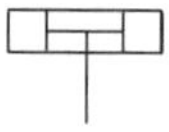	角行程活塞执行机构,可以是单作用(弹簧复位)或双作用		带手动部分行程测试设备的执行机构
	带定位器的角行程活塞执行机构	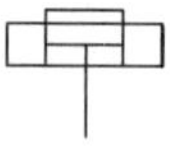	带远程部分行程测试设备的执行机构
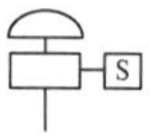 S	波纹管弹簧复位执行机构		自动复位开关型电磁执行机构
 S	电机(回旋马达)操作执行机构, 电动、气动或液动, 直行程或角行程动作	 M	手动或远程复位开关型电磁执行机构

为了保证控制系统的安全和产品的质量,并减少能耗,在能源中断时,调节阀应处于合理的位置。能源中断时调节阀阀位的图形符号如表 A-9 所示。

表 A-9　能源中断时调节阀阀位的图形符号

A	B	描述
FO		能源中断时，阀开
FC		能源中断时，阀关
FL		能源中断时，阀保位
FL/DO		能源中断时，阀保位，趋于开
FL/DC		能源中断时，阀保位，趋于关

A.3　管道及仪表流程图示例

某管道及仪表流程图示例如图 A-3 所示。

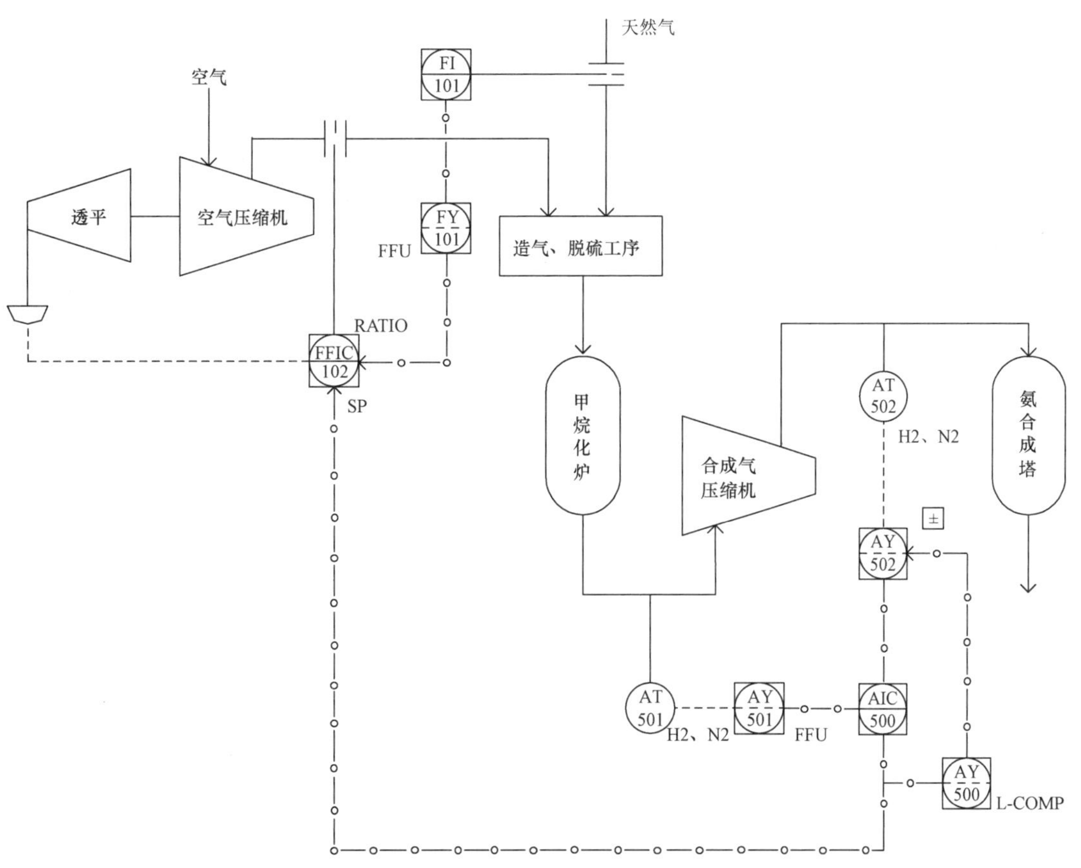

图 A-3　某管道及仪表流程图示例

绘制管道及仪表流程图前，应根据工艺专业提出的工艺流程图，以及有关的工艺参数、条件等，确定全工艺过程的控制方案。绘制时，通常把控制点尽可能标注在进出口附近，有时为照顾图面的质量，可适当移动某些控制点的位置。此外，还需按照各设备上控制点的分布情况，适当调整布局，以免图面上出现疏密不均的情况。

附录 B　控制系统 SAMA 图

SAMA 图是美国科学仪器制造协会(Scientific Apparatus Maker's Association)所采用的绘制图例，它易于理解，能清楚地反映系统的全部控制功能和信号处理功能，表达设计者的设计思想，其输入输出关系及流程方向与控制组态方式比较接近，在国内外的过程控制工程设计中得到广泛应用。

国际上各大仪表公司的 SAMA 图例有一些区别，但大部分 SAMA 图例都是通用的。这里给出 SAMA 图的一些基本功能及图例说明。

B.1　SAMA 图的图例外形分类

SAMA 图的图例外形分为四类，每一种形状都有明确的含义，SAMA 图的图例外形及相应功能说明如表 B-1 所示。

表 B-1　SAMA 图的图例外形及相应功能说明

图例外形	功能说明
圆形框 ○	表示测量或信号读出功能
矩形框 ▭	表示自动信号处理功能
正菱形框 ◇	表示手动信号处理功能
等腰梯形框 ⏢	表示最终控制装置，如执行机构等

B.2　常用 SAMA 图的图例符号

常用 SAMA 的图例符号及其意义如表 B-2 所示，使用时要结合边框形状和标识字母来理解其含义。

表 B-2 常用 SAMA 图的图例符号及其意义

图例符号	意义	图例符号	意义	图例符号	意义	图例符号	意义
TT	温度变送器	I/P	电流、气转换	Σ	求和	⊁	高限幅
LT	液位变送器	P/I	气、电流转换	×	乘法	⊀	低限幅
PT	压力变送器	V/P	电压、气转换	√	开平方	V⊁	速率限制
FT	流量变送器	P/V	气、电压转换	/	除法	>	高选
ZT	位置变送器	R/I	电阻、电流转换	△	比较	<	低选
AT	分析变送器	I/R	电流、电阻转换	K	比例	<>	中值选择
I	指示仪表	V/I	电压、电流转换	∫	积分	H/	高限报警
R	记录仪表	I/V	电流、电压转换	d/dt	微分	/L	低限报警
H/L	高低限报警	A	模拟信号发生器	MO	电动执行器	&	与
A/D	模数转换	T	操作员切换	HO	液动执行器	≥1	或
Track	跟踪器	↕	手动信号发生器	$f(x)$	未注明执行器		非
$f(x)$	函数		指示灯		直行程阀	=1	异或
$f(t)$	时间函数	QC	品质检测		三通阀	TD	正向延迟
±	偏置器		气动执行机构		旋转球阀	RD	反向延迟
	脉冲	M	电动执行机构		球阀	M/R	记忆/复位

此外，SAMA 图中还有一些常用符号用于各个页面或信号的标识注解等，如图 B-1 所示。

图 B-1 SAMA 图中其他常用符号

在应用 SAMA 图例绘制系统回路时，也常将一些符号组合画在一起，表示某些仪表组件具有的功能，常见的形式如图 B-2 所示。

图 B-2(a)为常用的 PID 控制器，由六个功能块组合而成，其主要功能包括：

(1) 求测量值与设定值的偏差；

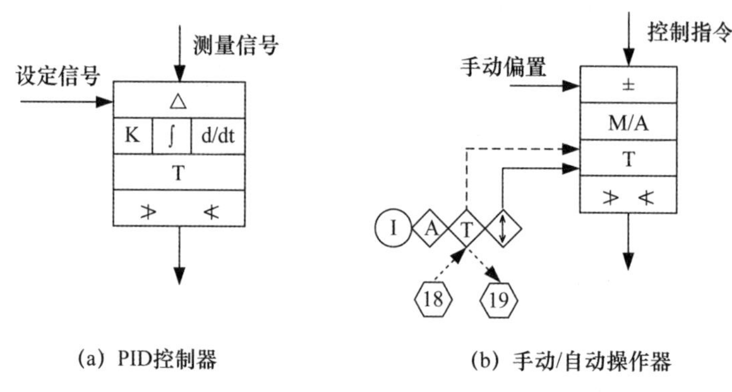

(a) PID控制器　　(b) 手动/自动操作器

图 B-2　组合型 SAMA 图例

(2) 对偏差进行比例积分运算；

(3) 手动/自动切换；

(4) 输出信号限幅。

图 B-2(b)为手动/自动操作器，多用于 PID 控制器之外实现切换功能的情况，其边框形状有三类，信号线有实线和虚线两类，能够表示：

(1) 自动时，输出信号为输入信号＋偏置信号，并有高低限幅的限制；

(2) 手动时，输出信号为操作人员手动增减后的信号，且有高低限幅的限制；

(3) 手动/自动切换可以由操作人员进行，也可以由逻辑信号完成；

(4) 〈18〉为来自逻辑运算的切换信号，〈19〉为手动/自动状态信号，将被送去进行逻辑运算。

B.3　SAMA 图绘制实例

描述系统功能的形式有垂直图和水平图两种，连续量控制系统通常绘制成垂直图，逻辑量控制系统通常绘制成水平图。

在垂直图中，信息流程从上而下显示，来自工业现场的被控过程检测变量画在最上方，被控变量通常经过测量信号的修正处理、自动控制指令的计算、手动/自动信号切换及跟踪处理等环节后，被送至现场的执行器，执行器负责完成连续量的调节任务。另外，凡是辅助功能，如手动操作、设定值、偏置值等信号都要和主信号垂直。

在水平图中，信息流程从左向右显示，来自现场的各种设备状态，通过逻辑运算后得到逻辑控制指令，然后各控制指令被送至各设备或控制回路。

某物料流量前馈-反馈复合控制系统如图 B-3 所示，图 B-3(a)是该控制系统的垂直图。为便于说明其功能，已将组件功能(含义)写在相应的 SAMA 图例旁边。此垂直图被两条虚线分为上、中、下三部分。上、下两部分均表示现场设备，上部分是变送器；下部分是电流、气压转换器(或调节阀定位器)、气动调节阀；中间部分是调节、信号处理、输入输出等功能组件，以及显示和操作仪表。

图 B-3(b)是该控制系统的手动/自动操作器界面，以方便大家对照理解 SAMA 图中关于操作部分的功能。

该物料流量前馈-反馈复合控制系统的结构方框图如图 B-4 所示。

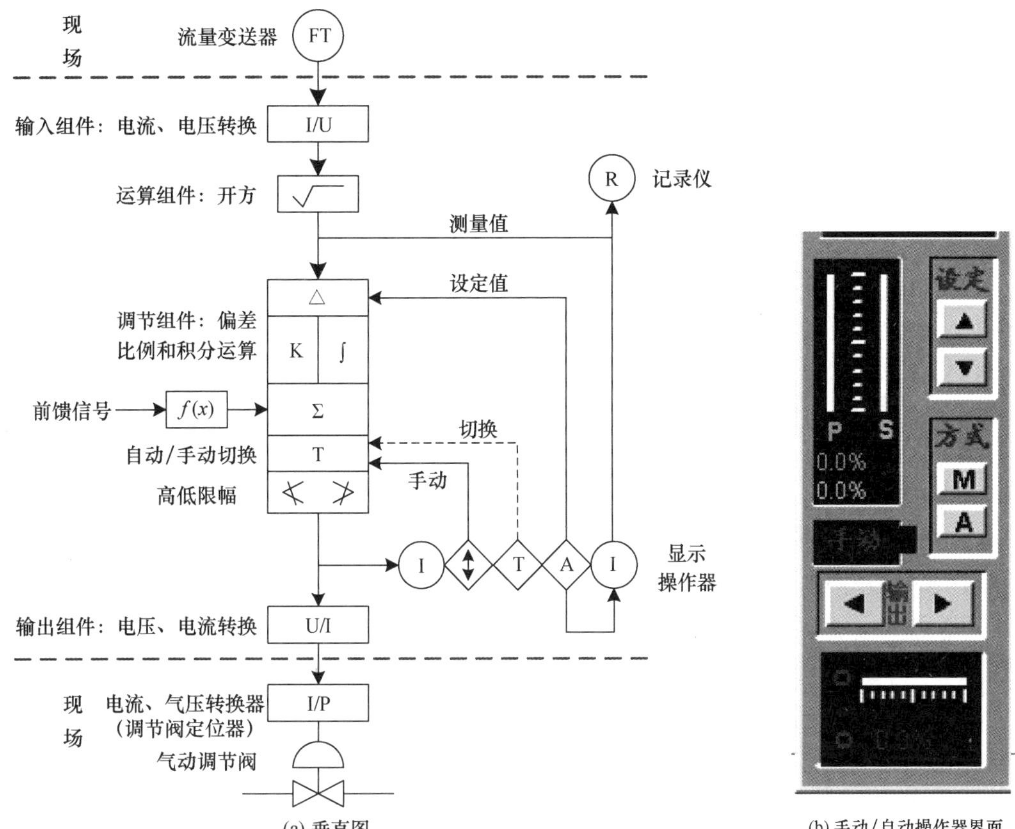

(a) 垂直图　　(b) 手动/自动操作器界面

图 B-3　某物料流量前馈-反馈复合控制系统

扰动
F
前馈信号
f(x)
扰动通道
$G_f(s)$
流量设定值
PI
A
高低限幅
$G_v(s)$
$G_o(s)$
Y
被控对象
被控流量
M
手动操作
测量变送单元
$G_m(s)$

图 B-4　某物料流量前馈-反馈复合控制系统的结构方框图

SAMA 图只标明检测控制部分的功能，不呈现被控过程，在绘制闭环控制系统结构方框图时需要自行进行补充，并且原理结构图中不体现监控界面或仪表显示的信号。

某锅炉蒸汽温度控制系统中的一级过热蒸汽温度控制系统的 SAMA 图如图 B-5 所示。

大型锅炉的过热器一般被布置在炉膛上部和高温烟道中，过热器往往被左右两侧布置且被分成多段，中间设置二级或三级喷水减温，图 B-5 所示为一级减温控制系统，是典型的串级控制系统。

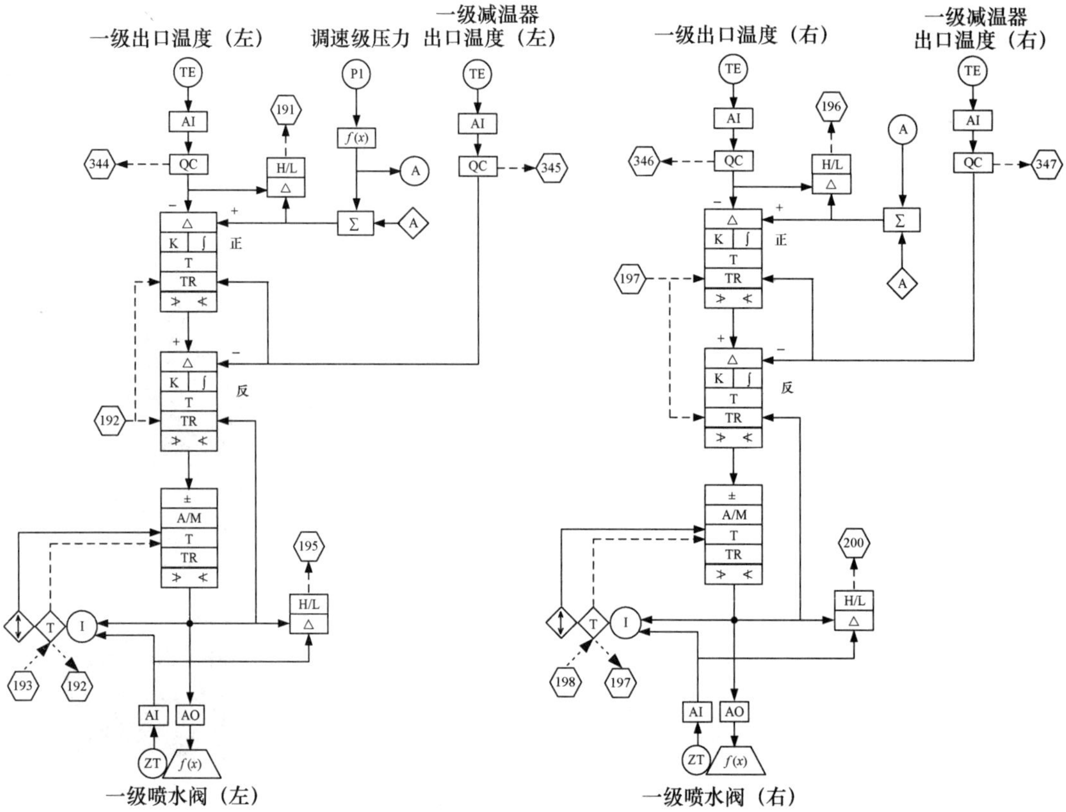

(a) 左侧喷水控制　　(b) 右侧喷水控制

图 B-5　某一级过热蒸汽温度控制系统 SAMA 图

在该控制系统中，一级过热蒸汽温度的设定值由操纵人员进行设定，并且叠加了调速级压力信号相关的修正。主控制器为正作用，副控制器为反作用。此外，在工程实践中还需要针对测量信号质量、执行器的阀位反馈及手动/自动切换无扰跟踪等方面进行设计，图 B-5 中包含多个用⬡表示的逻辑信号，目的是通过逻辑保护运算增强系统的安全性。该一级过热蒸汽温度控制系统的逻辑保护 SAMA 图如图 B-6 所示，为垂直型 SAMA 图。

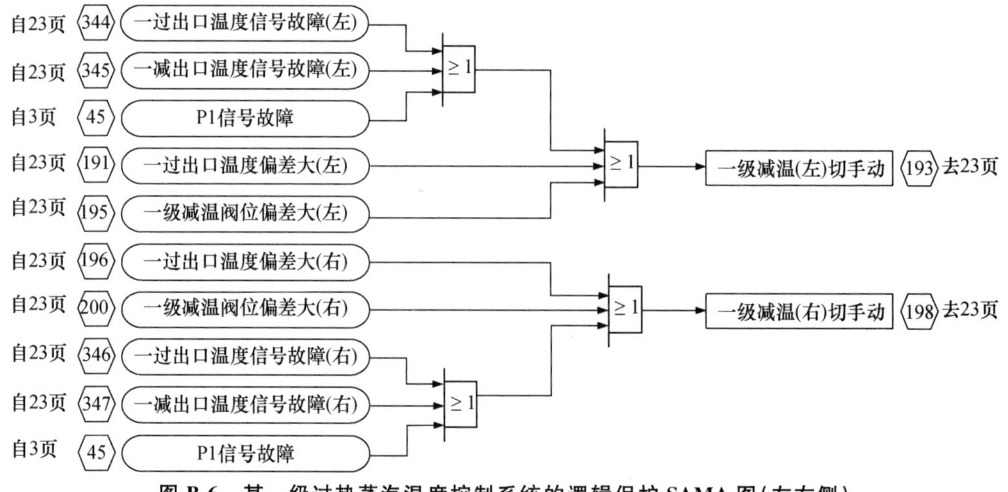

图 B-6　某一级过热蒸汽温度控制系统的逻辑保护 SAMA 图(左右侧)

参考文献

F. G. Shinskey,2004. 过程控制系统：应用、设计与整定：第3版[M]. 萧德云,吕伯明,译. 北京：清华大学出版社.

边立秀,周俊霞,赵劲松,等,2012. 热工控制系统[M]. 北京：中国电力出版社.

方康玲,2013. 过程控制及其 MATLAB 实现 [M]. 2版. 北京：电子工业出版社.

韩璞,2017. 现代工程控制论[M]. 北京：中国电力出版社.

何衍庆,俞金寿,2002. 集散控制系统原理及应用[M]. 北京：化学工业出版社.

黄德先,王京春,金以慧,2011. 过程控制系统[M]. 北京：清华大学出版社.

金以慧,1993. 过程控制[M]. 北京：清华大学出版社.

鲁照权, 方敏,2014. 过程控制系统[M]. 北京：机械工业出版社.

王建国,孙灵芳,张利辉,2015. 电厂热工过程自动控制[M]. 2版. 北京：中国电力出版社.

王再英,刘淮霞,陈毅静,2013. 过程控制系统与仪表[M]. 北京：机械工业出版社.

俞金寿,孙自强,2009. 过程控制系统[M]. 北京：机械工业出版社.

张玉铎,王满稼,1985. 热工自动控制系统[M]. 北京：水利电力出版社.

柴天佑,2016. 工业过程控制系统研究现状与发展方向[J]. 中国科学：信息科学,46(08)：1003-1015.

吕志民,周茂林,2001. 使用 Pade 近似式处理数字控制系统中的纯滞后[J]. 中山大学学报(自然科学版),(01)：114-115.

吴从金,单体臻,2007. 双冲量均匀控制系统在海化纯碱厂的应用[J]. 纯碱工业,(02)：38-40.